计算机建筑应用系列

AutoCAD 2005 中文版
建筑施工图快易通

郭朝勇　主编

中国建筑工业出版社

图书在版编目（CIP）数据

AutoCAD 2005 中文版建筑施工图快易通/郭朝勇主编.
北京：中国建筑工业出版社，2005
（计算机建筑应用系列）
ISBN 978-7-112-07318-4

Ⅰ.A… Ⅱ.郭… Ⅲ.建筑制图—计算机辅助设计—
应用软件，AutoCAD 2005 Ⅳ.TU204

中国版本图书馆 CIP 数据核字（2005）第 027573 号

本书系统介绍了 AutoCAD2005 中文版的强大绘图功能及其在建筑设计中的应用方法与实例。全书共分 15 章，主要包括 AutoCAD 绘图基础、常用建筑部件的制作方法、建筑总平面图、建筑平面图、建筑立面图、建筑施工详图、钢筋混凝土结构图、基础图、楼层结构布置平面图、三维建模基础、楼梯间三维建模和整座楼房三维建模、由三维模型生成渲染图、由建立的三维模型生成建筑施工图等内容。

全书以“轻松上手”、“实例为主”为编写理念，使具有一定建筑制图知识的人员能够方便、快捷地利用 AutoCAD 绘制建筑工程图及进行三维造型设计，并通过示例的学习，快速掌握 AutoCAD 在建筑设计绘图中的应用技巧。所举实例汇集了作者多年的实践经验，内容翔实、结构清晰、实例丰富、操作方法详细明了。

本书可供 AutoCAD 建筑设计与绘图方面的初学者使用，也可供有一定应用基础的建筑设计人员参考，亦可作为大、中专学校建筑类专业 CAD 课程的参考教材。

* * *

责任编辑：郭 栋
责任设计：赵 力
责任校对：刘 梅 王金珠

计算机建筑应用系列
AutoCAD 2005 中文版建筑施工图快易通
郭朝勇 主编
*
中国建筑工业出版社出版、发行（北京西郊百万庄）
各地新华书店、建筑书店经销
北京市密东印刷有限公司印刷
*
开本：787×1092 毫米 1/16 印张：31 字数：770 千字
2005 年 5 月第一版 2009 年 8 月第五次印刷
印数：6901—8100 册 定价：**48.00** 元
ISBN 978-7-112-07318-4
（13272）

前　　言

AutoCAD 是美国 Autodesk 公司推出的通用计算机辅助设计和绘图软件，随着 CAD 应用技术的普及，作为目前国内外最为大众化的 CAD 软件，AutoCAD 在建筑、机械、轻工、电子等许多行业得到了非常广泛的应用。AutoCAD2005 中文版作为最新本地化版本，在总体性能、绘图生产率、网上协同设计、数据共享能力、管理工具、开发手段等方面都有了程度不同的改进、增强和提高。

随着 CAD 技术的日益普及，越来越多的单位和个人将 AutoCAD 广泛应用于建筑设计和绘图等领域。由于 AutoCAD 功能强大，命令繁多、复杂，许多初学者不得要领，把大量的时间和精力花费在学习众多并不常用的绘图命令及选项上，投入大而收效微，虽然学习了很多的命令，但仍不能熟练地综合运用来解决建筑设计和绘图应用中的具体问题。

本书在内容上分为 AutoCAD 基础和建筑设计应用实例两大部分。前 8 章 AutoCAD 基础部分系统介绍了 AutoCAD 的各种命令及主要功能，使读者对软件有一个全面的了解；后 7 章结合大量建筑设计实例，较为系统地介绍了 AutoCAD 在建筑设计中的应用方法和技巧，使具有一定建筑绘图知识的专业技术人员，能够利用 AutoCAD2005 所提供的绘图功能，方便、快捷地绘制建筑工程图样和进行三维建筑造型。

本书以“轻松上手、实例为主”为编写理念，在内容取舍上不求面面具到，强调实用、需要；在内容编排上，适当采用了任务驱动编写方式，突出可操作性，按应用设置章节；在说明方法和示例上，尽量做到简单明了、通俗易懂并侧重于建筑设计实际应用，同时注意遵守我国建筑制图国家标准的有关规定。

本书的编写人员都有着多年的教学和实践经验，因此在本书的编写过程中将多年来教学经验与实践体会融入了其中。本书由郭朝勇主编，参加编写的有：路清献、张会斌、邱荣茂、段红梅、范枫、房文静、韩恩健、杨谆、荆玉丽、李翠、李强、王延芹、王中平、岳鑫、周雪燕、毕明娟、刘学志、刘兴典、刘清波、李秀丽、李华北、刘玉叶、何德莉、郝忠杰。

限于时间和编者水平，书中若有不当之处，恳请读者批评指正。我们的 Email 地址为：chaoyongguo@21cn．com。

编者

目　录

第 1 章　AutoCAD 概述

AutoCAD 是美国 Autodesk 公司推出的，集二维绘图、三维设计、渲染及关联数据库管理和互联网通讯功能为一体的计算机辅助设计与绘图软件。自 1982 年推出，二十多年来，从初期的 1.0 版本，经 2.17、2.6、R10、R12、R14、2000、2002、2004 等多次典型版本更新和性能完善，现已发展到 AutoCAD2005，该软件在机械、电子和建筑等工程设计领域得到了大规模的应用，目前已成为微机 CAD 系统中应用最为广泛和普及的图形软件。

本章将对 AutoCAD2005 的主要功能、软硬件需求、软件安装与启动、用户界面、基本操作等作一概略的介绍，使读者对该软件有一个整体的认识。

1.1　AutoCAD 的主要功能

1．强大的二维绘图功能

AutoCAD 提供了一系列的二维图形绘制命令，可以方便地用各种方式绘制二维基本图形对象，如：点、直线、圆、圆弧、正多边形、椭圆、组合线、样条曲线等，并可对指定的封闭区域填充以图案（如剖面线、非金属材料、涂黑、砖、砂石、渐变色等）。

2．灵活的图形编辑功能

AutoCAD 提供了很强的图形编辑和修改功能，如：移动、旋转、缩放、延长、修剪、倒角、倒圆角、复制、阵列、镜像、删除等，可以灵活方便地对选定的图形对象进行编辑和修改。

3．实用的辅助绘图功能

为了绘图的方便、规范和准确，AutoCAD 提供了多种绘图辅助工具，包括绘图区光标点的坐标显示、用户坐标系、栅格、捕捉、目标捕捉、自动捕捉、正交方式等功能。

4．方便的尺寸标注功能

利用 AutoCAD 提供的尺寸标注功能，用户可以定义尺寸标注的样式，为绘制的图形标注尺寸、尺寸公差、几何形状和位置公差、注写中文和西文字体。

图 1-1 所示为利用 AutoCAD 绘制的建筑平面图图例。

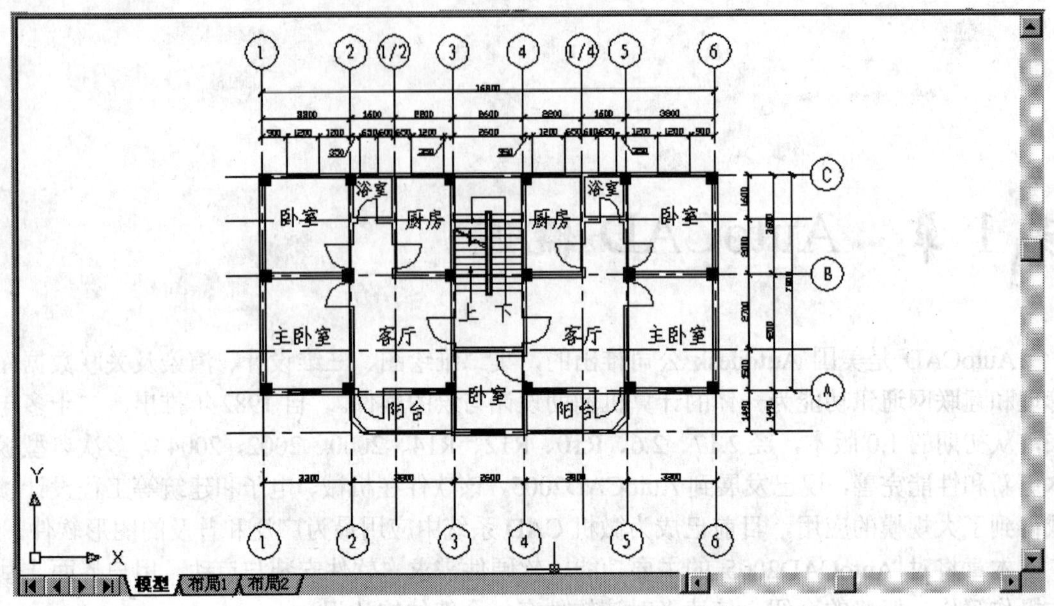

图 1-1　利用 AutoCAD 绘制的建筑平面图

5．显示控制功能

AutoCAD 提供了多种方法来显示和观看图形。“缩放”及“鹰眼”功能可改变当前视口中图形的视觉尺寸，以便清晰地观察图形的全部或某一局部的细节；“扫视” 功能相当于窗口不动，在窗口后上、下、左、右移动一张图纸，以便观看图形上的不同部分；“三维视图控制”功能能选择视点和投影方向，显示轴测图、透视图或平面视图，消除三维显示中的隐藏线，实现三维动态显示等；“多视窗控制”能将屏幕分成几个窗口，每个窗口可以单独进行各种显示并能定义独立的用户坐标系；重画或重新生成图形等。

6．图层、颜色和线型设置管理功能

为了便于对图形的组织和管理，AutoCAD 提供了图层、颜色、线型、线宽及打印样式设置功能，可以对绘制的图形对象赋予不同的图层、用户喜欢的颜色、所要求的线型、线宽及打印控制等对象特性，并且图层可以被打开或关闭、冻结或解冻、锁定或解锁。

7．图块和外部参照功能

为了提高绘图效率，AutoCAD 提供了图块和对非当前图形的外部参照功能，利用该功能，可以将需要重复使用的图形定义成图块，在需要时依不同的基点、比例、转角插入到新绘制的图形中，或将外部及局域网上的图形文件以外部参照的方式链接到当前图形中。

8．三维实体造型功能

AutoCAD 提供了多种三维绘图命令，如创建长方体、圆柱体、球、圆锥、圆环、楔形体等，以及将平面图形经回转和平移分别生成回转扫描体和平移扫描体等，通过对立体间进行交、并、差等布尔运算，可以进一步生成更为复杂的形体。图 1-2 所示为利用 AutoCAD

完成的建筑三维造型。AutoCAD 提供的三维实体编辑功能可以完成对实体的多种编辑，如：倒角、倒圆角、生成剖面图和剖视图等。实体的查询功能可以方便地自动完成三维实体的质量、体积、质心、惯性矩等物性计算。此外，借助于对三维图形的消隐或阴影处理，可以帮助增强三维显示效果。若为三维造型设置光源、再赋以材质，经渲染处理后，可获得像照片一样非常逼真的三维真实感效果图。图 1-3 为对图 1-2 所示建筑进行渲染后的三维效果图。

图 1-2　用 AutoCAD 完成的建筑三维造型

图 1-3　用 AutoCAD 渲染生成的建筑三维效果图

9．幻灯演示和批量执行命令功能

在 AutoCAD 下可以将图形的某些显示画面生成幻灯片，以供对其进行快速显示和演播。可以建立脚本文件，如同 DOS 系统下的批处理文件一样，自动地执行在脚本文件中预定义的一组 AutoCAD 命令及其选项和参数序列，从而提高绘图的自动化成分。

10．用户定制功能

AutoCAD 本身是一个通用的绘图软件，不针对某个行业、专业和领域，但其提供了多种用户化定制途径和工具，允许将其改造为一个适用于某一行业、专业或领域并满足用户个人习惯和喜好的专用设计和绘图系统。可以定制的内容包括：为 AutoCAD 的内部命令定义用户便于记忆和使用的命令别名、建立满足用户特殊需要的线形和填充图案、重组或修改系统菜单和工具栏、通过形文件建立用户符号库和特殊字体等。

11．数据交换功能

在图形数据交换方面，AutoCAD 提供了多种图形图像数据交换格式和相应的命令，通过 DXF、IGES 等规范的图形数据转换接口，可以与其他 CAD 系统或应用程序进行数据交换。利用 Windows 环境的剪贴板和对象链接嵌入技术，可以极为方便地与其他 Windows 应用程序交换数据。此外，还可以直接对光栅图像进行插入和编辑。

12．连接外部数据库

AutoCAD 能够将图形中的对象与存储在外部数据库（如 dBASE、ORACLE、Microsoft Access、SQL Server 等）中的非图形信息连接起来，从而能够减小图形的大小、简化报表并可编辑外部数据库。这一功能特别有利于大型项目的协同设计工作。

13．用户二次开发功能

AutoCAD 提供有多种编程接口，支持用户使用内嵌或外部编程语言对其进行二次开发，以扩充 AutoCAD 的系统功能。可以使用的开发语言包括：AutoLISP、Visual Lisp、Visual C++（ObjectARX）和 Visual BASIC（VBA）等。

14．网络支持功能

利用 AutoCAD 绘制的图形，可以在 Internet/Intranet 上进行图形的发布、访问及存取，为异地设计小组的网上协同工作提供了强有力的支持。

15．图形输出功能

在 AutoCAD 中可以以任意比例将所绘图形的全部或部分输出到图纸或文件中，从而获得图形的硬拷贝或电子拷贝。

16．完善而友好的帮助功能

AutoCAD 提供了方便的在线帮助功能，可以指导用户进行相关的使用和操作，并帮助解决软件使用中遇到的各种技术问题。

1.2 AutoCAD 软件的安装与启动

1.2.1 安装 AutoCAD 所需的系统配置

AutoCAD 所进行的大部分工作是图形处理，其中涉及大量的数值计算，因此对计算机系统的硬软件环境有着较高的要求。下面列出的是运行 AutoCAD 所需的最低硬、软件配置：

（1）Windows XP、 Windows NT 4.0 或 Windows2000 操作系统。

（2）Microsoft Internet Explorer 6.0 浏览器。

（3）Pentium III 或更高主频的 CPU（最低 500 MHz）。

（4）最低 128MB RAM。

（5）300MB 或更多的空余磁盘空间。

（6）具有真彩色的 1024×768 VGA 或更高分辨率的显示器。

（7）4 倍速以上光盘驱动器（仅用于软件安装）。

（8）鼠标或其他定位设备。

（9）其他可选设备，如：打印机、绘图仪、数字化仪、Open GL 兼容三维视频卡、调制解调器或其他访问 Internet 的连接设备、网络接口卡等。

为了保证 AutoCAD 顺利运行和图形绘制与显示的速度和效果，建议采用更高的配置，以提高工作效率。

1.2.2 安装前的准备工作

（1）检查计算机系统的硬件配置和软件安装是否满足 AutoCAD 2005 所需的最低配置要求。

（2）启动 Windows 2000、Windows XP 或 Windows NT 4.0。

（3）关闭其他所有正在运行的应用程序（包括防病毒程序）。

（4）把 AutoCAD 2005 的安装光盘放入光盘驱动器。

1.2.3 安装过程

下面以在 Windows 2000 下安装 AutoCAD2005 中文版为例，介绍 AutoCAD 的安装过程，整个过程大约需要十几分钟。

AutoCAD2005 的安装界面风格与其他 Windows 应用软件相似，安装程序具有智能化的安装向导，操作非常方便，用户只需一步一步按照屏幕上的提示操作即可完成整个安装过程。

软件安装光盘上带有自动安装程序 Autorun，将 AutoCAD 2005 的安装光盘放入光驱，系统将自动运行该安装程序。

（1）屏幕上首先出现如图 1-4 所示的安装界面。

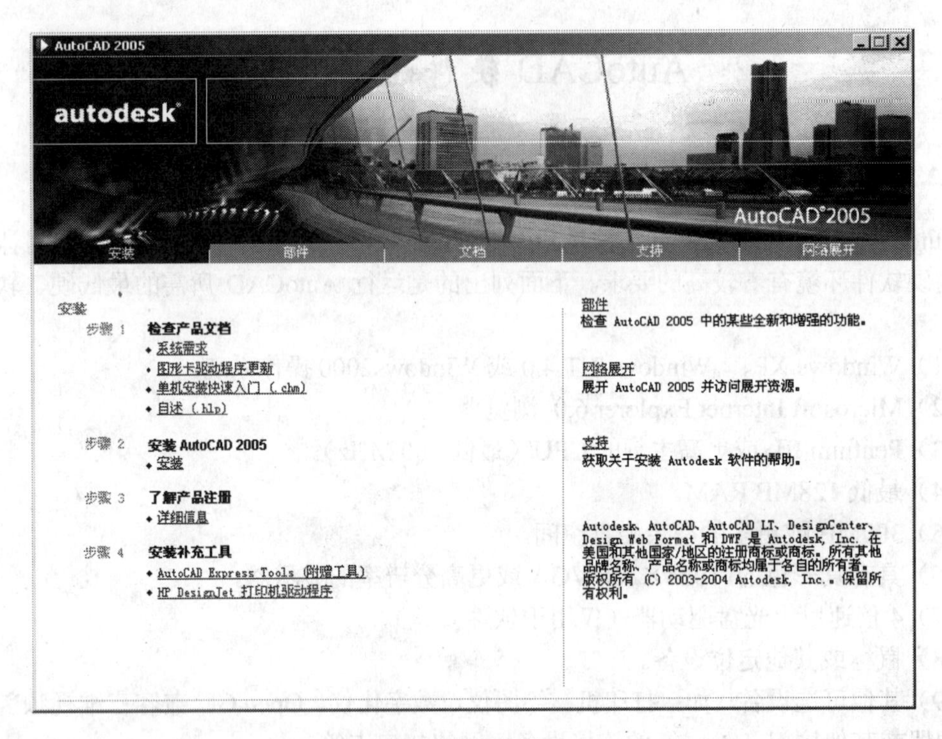

图 1-4　安装界面

（2）单击其中的“安装”，将弹出如图 1-5 所示的欢迎界面，单击“下一步（N）>”按钮。

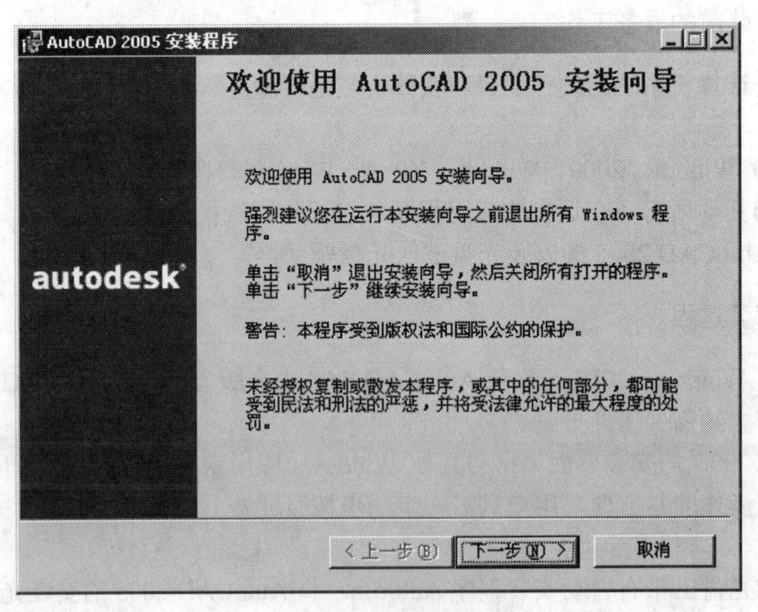

图 1-5　欢迎界面

（3）弹出如图 1-6 所示的“Autodesk 软件许可协议”对话框。在该对话框中，首先单击“我接受”单选按钮，这样“下一步（N）>”按钮才变为黑色的可选状态。

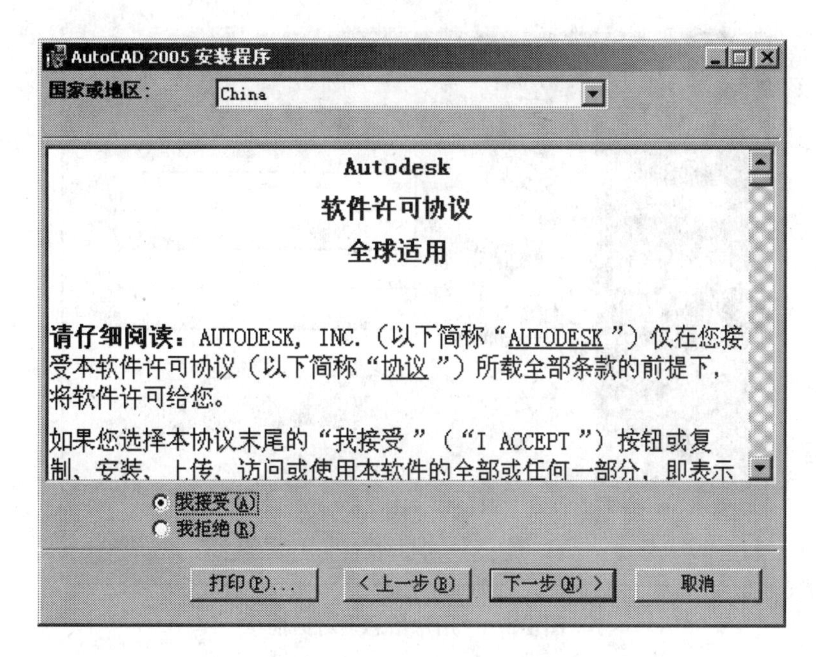

图 1-6　“软件许可协议”对话框

（4）单击“下一步（N）>”按钮，弹出图 1-7 所示“序列号”对话框。在“序列号”下面的文本编辑框中，输入随所购 AutoCAD 2005 软件提供的产品序列号。

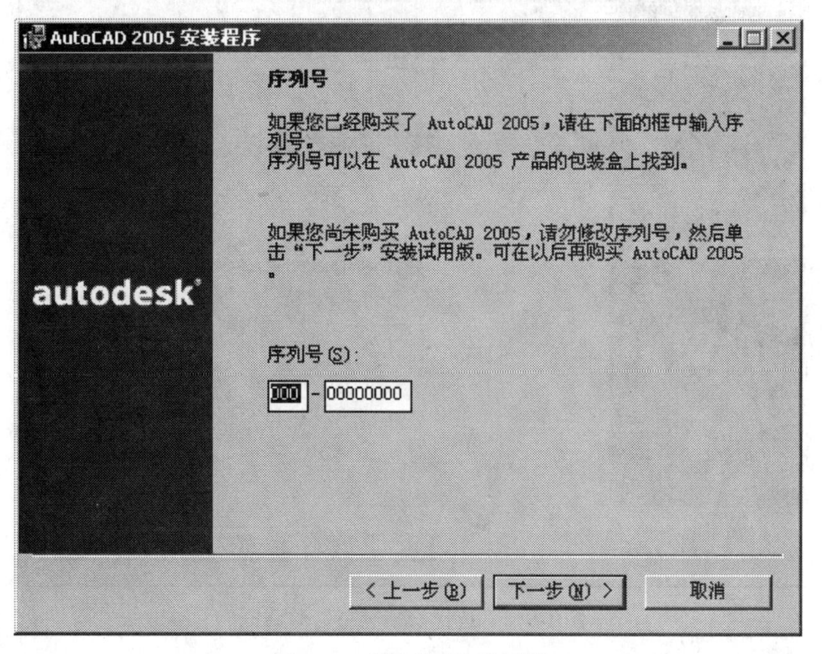

图 1-7　“序列号”对话框

（5）单击“下一步（N）>”按钮，打开如图 1-8 所示的“用户信息”对话框。依次输入“姓氏”、“名字”、“单位”、“经销商”和“经销商电话”等信息，单击“下一步（N）>”按钮。

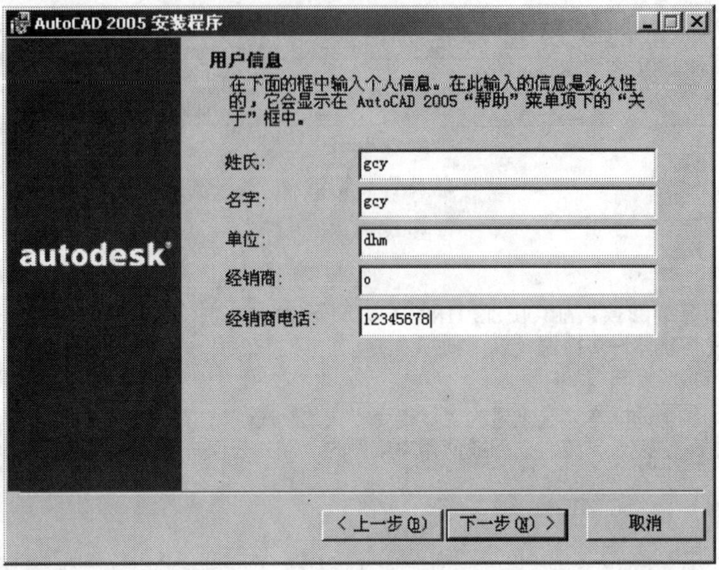

图 1-8 “用户信息”对话框

（6）弹出图 1-9 所示“选择安装类型”对话框。该对话框中有“完全” 和“自定义”两个选项。为保证系统完整起见，一般可选择“完全”安装。

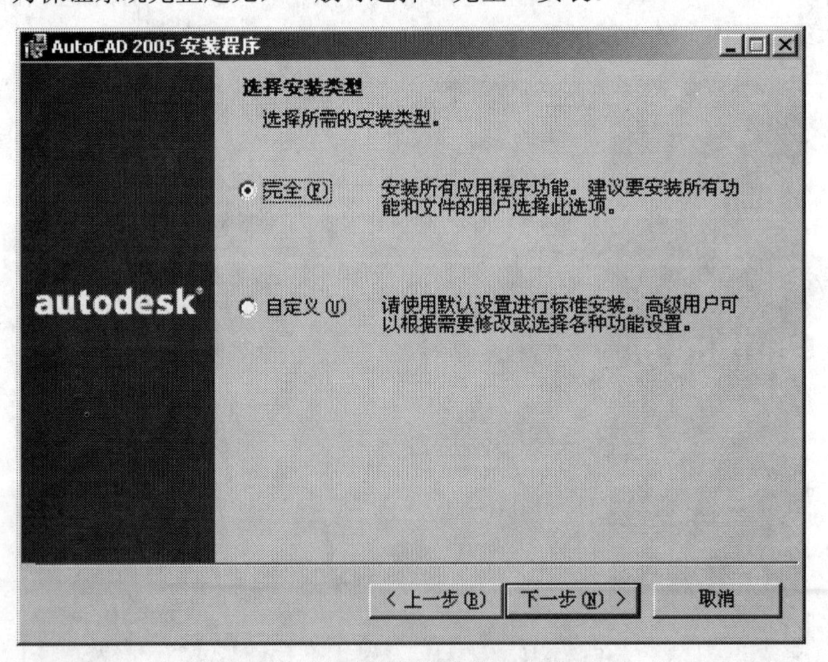

图 1-9 “选择安装类型”对话框

（7）单击“下一步（N）>”按钮，弹出如图 1-10 所示的“目标文件夹”对话框，要求指定 AutoCAD 2005 的安装路径，也就是在硬盘上的位置。默认的安装路径是“C:\Program Files\AutoCAD 2005\”。如果要改变安装位置，可单击该对话框右侧的“浏览”按钮，在弹出的对话框中指定 AutoCAD 2005 的其他安装路径。

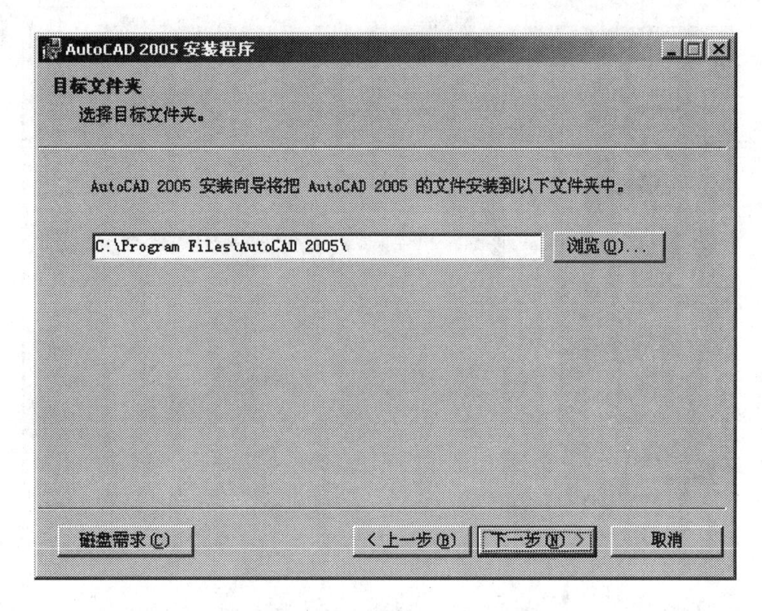

图 1-10　“目标文件夹”对话框

（8）确定安装路径后，单击“下一步（N）>”按钮，弹出如图 1-11 所示的“选项”对话框。要求指定 AutoCAD 2005 的文本编辑器，默认的是“C:\WINNT\notepad.exe”(即 WINDOWS 系统提供的“记事本”)。如果要改变文本编辑器，则单击该对话框右侧的“浏览”按钮，在弹出的对话框中指定 AutoCAD 2005 的其他文本编辑器（如 Microsoft Word 等）。

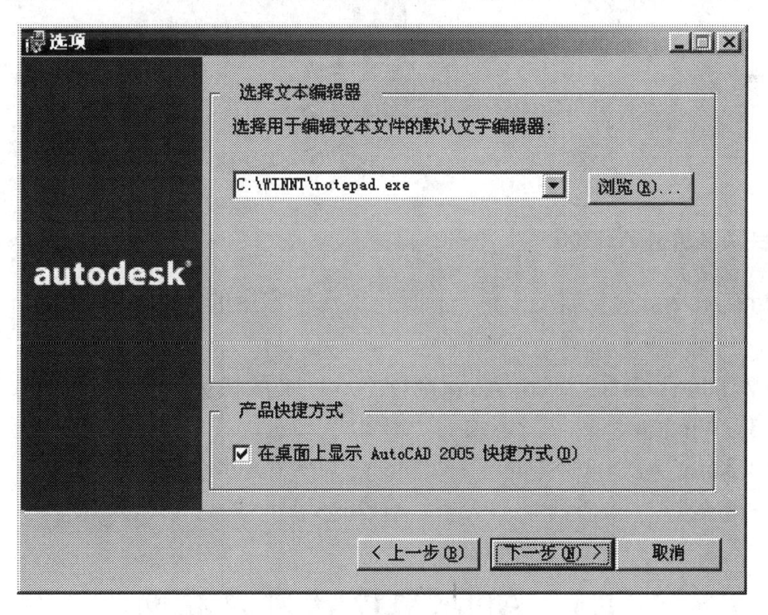

图 1-11　“选项”对话框

（9）单击“下一步（N）>”按钮，弹出如图 1-12 所示的“开始安装”对话框。如果要修改前面输入的信息，可以单击“<上一步（B）”按钮，返回到前面的对话框进行修改，重新输入有关信息；如果单击“下一步（N）>”按钮，则系统开始安装 AutoCAD 2005 的文件，并出现进度条及安装进程提示。

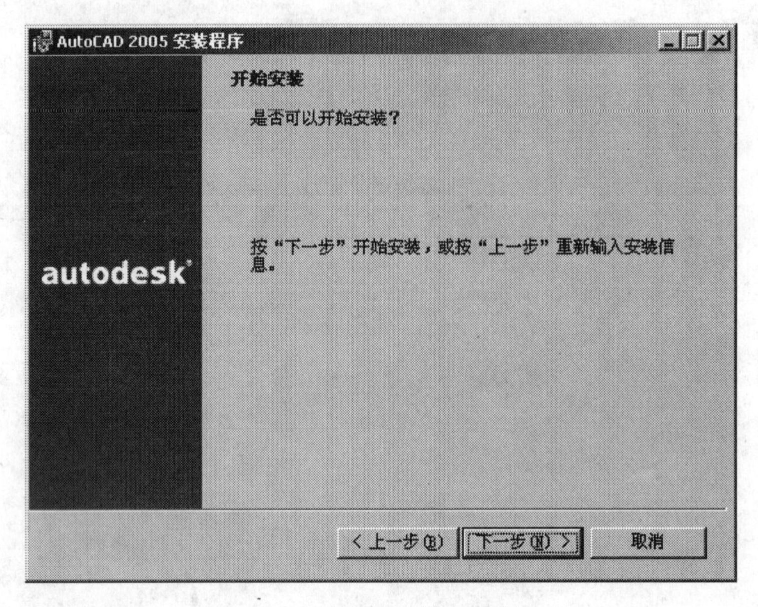

图 1-12 “开始安装”对话框

（10）安装程序结束后，请重新启动计算机。

正确安装 AutoCAD2005 中文版后，会在计算机的桌面上，自动生成 AutoCAD2005 中文版快捷图标，如图 1-13 所示。

图 1-13 AutoCAD 2005 中文版快捷图标

1.2.4 启动 AutoCAD2005

启动 AutoCAD2005 的方法很多，下面介绍几种常用的方法：

（1）在 Windows 桌面上双击 AutoCAD2005 中文版快捷图标。

（2）单击 Windows 桌面左下角的“开始”按钮，在弹出的菜单中选择“程序”→“Autodesk”“AutoCAD2005-Simplified Chinese”→“AutoCAD2005”。

（3）双击已经存盘的任意一个 AutoCAD2005 图形文件（*.dwg 文件）。

1.3 AutoCAD 的用户界面

1.3.1 初始用户界面

启动 AutoCAD2005 后，即出现如图 1-14 所示的 AutoCAD2005 用户界面，包括标题栏、菜单栏、工具栏、绘图窗口、命令行窗口、文本窗口及状态栏等内容，下面分别介绍。

图 1-14　AutoCAD2005 用户界面

1．标题栏

AutoCAD2005 的标题栏位于用户界面的顶部，左边显示该程序的图标及当前所操作图形文件的名称，与其他 Windows 应用程序相似，单击图标按钮 ，将弹出系统菜单，可以进行相应的操作；右边分别为：窗口最小化按钮、窗口最大化按钮、关闭窗口按钮，可以实现对程序窗口状态的调节。

2．菜单栏

AutoCAD2005 的菜单栏中共有 11 个菜单：“文件”、“编辑”、“视图”、“插入”、“格式”、“工具”、“绘图”、“标注”、“修改”、“窗口”和“帮助”，包含了该软件的主要命令。单击菜单栏中的任一菜单，即弹出相应的下拉菜单，如图 1-15 所示。现就下拉菜单中的菜单项说明如下：

（1）普通菜单项：如图 1-15 中的“矩形”、“圆环”等，菜单项无任何标记，单击该菜单项即可执行相应的命令。

（2）级联菜单项：如图 1-15 中的“圆”、“文字”等，菜单项右端有一黑色小三角，表示该菜单项中还包含多个菜单选项，单击该菜单项，将弹出下一级菜单，称为级联菜单，可进一步在级联菜单中选取菜单项。

（3）对话框菜单项：如图 1-15 中的“图案填充”等，菜单项后带有“...”，表示单击该菜单项将弹出一个对话框，用户可以通过该对话框实施相应的操作。

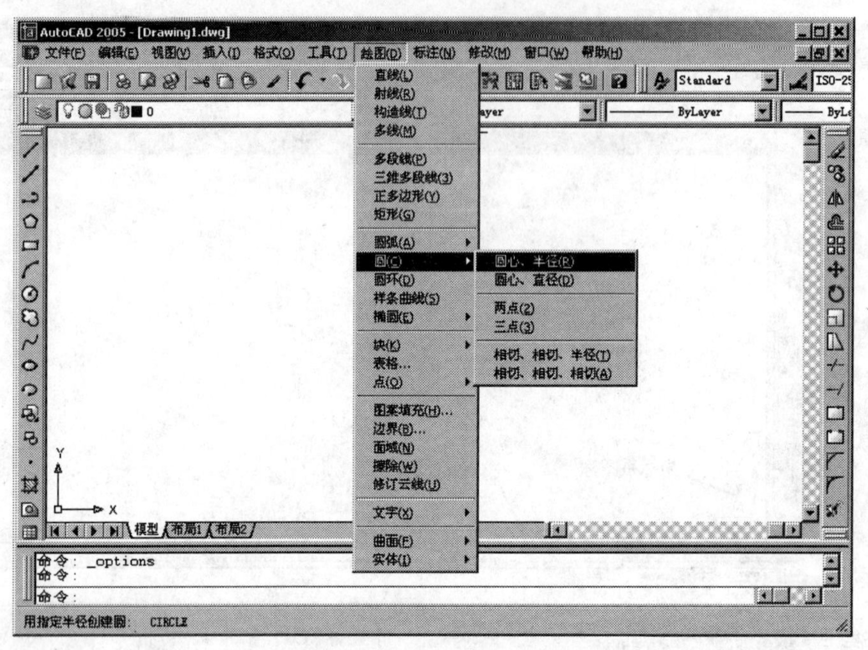

图 1-15　下拉菜单

3. 工具栏

工具栏是一组图标型工具的集合，它为用户提供了另一种调用命令和实现各种绘图操作的快捷执行方式。

AutoCAD2005 中共包含 29 个工具栏，在默认情况下，将显示“标准”工具栏、“对象特性”工具栏、“样式”工具栏、“图层”工具栏、“绘图”工具栏和“修改”工具栏，如图 1-16 所示。单击工具栏中的某一图标，即可执行相应的命令；把光标移动到某个图标上稍停片刻，即在该图标的一侧显示相应的工具提示。

4. 绘图窗口

绘图窗口是 AutoCAD 显示、编辑图形的区域，用户可以根据需要打开或关闭某些窗口，以便合理地安排绘图区域。

（1）绘图窗口中的光标为十字光标，用于绘制图形及选择图形对象，十字线的交点为光标的当前位置，十字线的方向与当前用户坐标系的 X 轴、Y 轴方向平行。

（2）选项卡控制栏位于绘图窗口的下边缘，单击其中的“模型/布局”选项卡，即可以在模型空间和图纸空间之间进行切换。

（3）在绘图窗口的左下角有一个坐标系图标，它反映了当前所使用的坐标系形式和坐标方向。在 AutoCAD 中绘制图形，可以采用两种坐标系；

1）世界坐标系（WCS）：这是用户刚进入 AutoCAD 时的坐标系统，是固定的坐标系

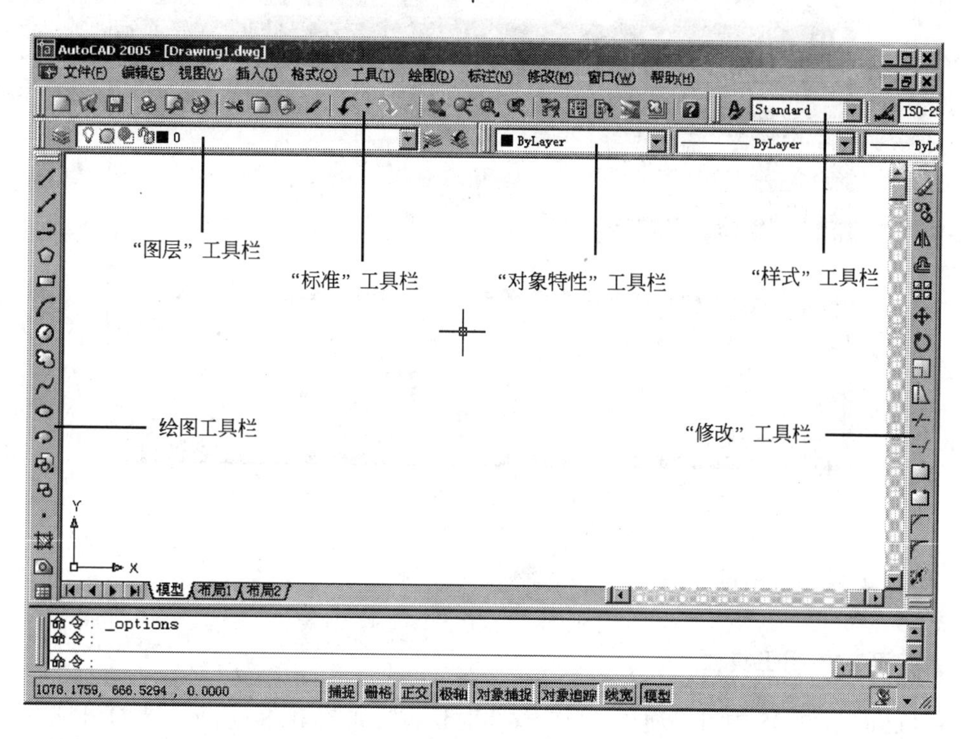

图 1-16　AutoCAD2005 中默认显示的工具栏

统，绘制图形时多数情况下都是在这个坐标系统下进行的。

2）用户坐标系（UCS）：这是用户利用 UCS 命令相对于世界坐标系重新定位、定向的坐标系。

在默认情况下，当前 UCS 与 WCS 重合。

5. 命令行窗口

命令行窗口是用户输入命令（Command）名和显示命令提示信息的区域。默认的命令行窗口位于绘图窗口的下方，其中保留最后 3 次所执行的命令及相关的提示信息。用户可以用改变一般 Windows 窗口的方法来改变命令行窗口的大小。

6. 文本窗口

AutoCAD2005 的“文本”窗口，如图 1-17 所示，显示当前绘图进程中命令的输入和执行过程的相关文字信息，按 F2 键可以实现绘图窗口和文本窗口的切换。

7. 状态栏

AutoCAD2005 的状态栏位于屏幕的底部，缺省情况下，左端显示绘图区中光标定位点的 X、Y、Z 坐标值；中间依次有“捕捉”、“栅格”、“正交”、“极轴”、“对象捕捉”、“对象追踪”、“线宽”和“模型”8 个辅助绘图工具按钮，单击任一按钮，即可打开相应的辅助绘图工具，右端为状态栏托盘，单击右端的下拉箭头，即可弹出“状态行菜单”，在该菜单中可以设置状态栏中显示的辅助绘图工具按钮。

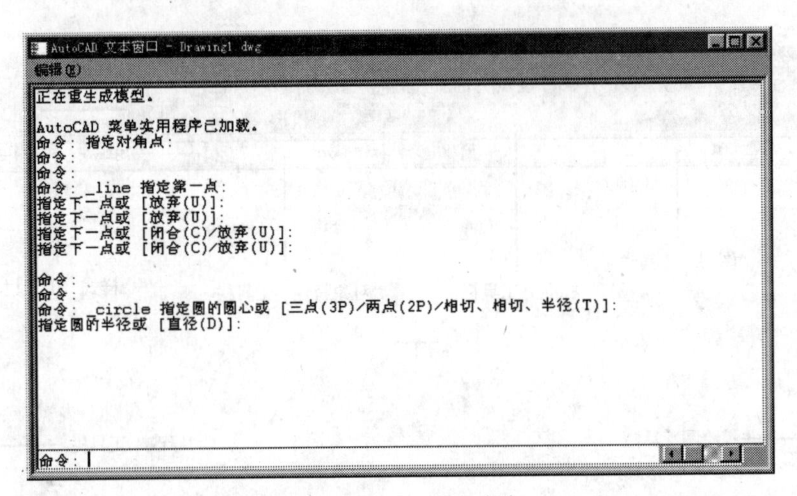

图 1-17　AutoCAD 文本窗口

1.3.2　工具栏常用操作

1. 打开或关闭工具栏

在 AutoCAD2005 中可以通过“自定义”对话框（如图 1-18*a* 所示）来打开或关闭工具栏，调出该对话框的方法有三种：

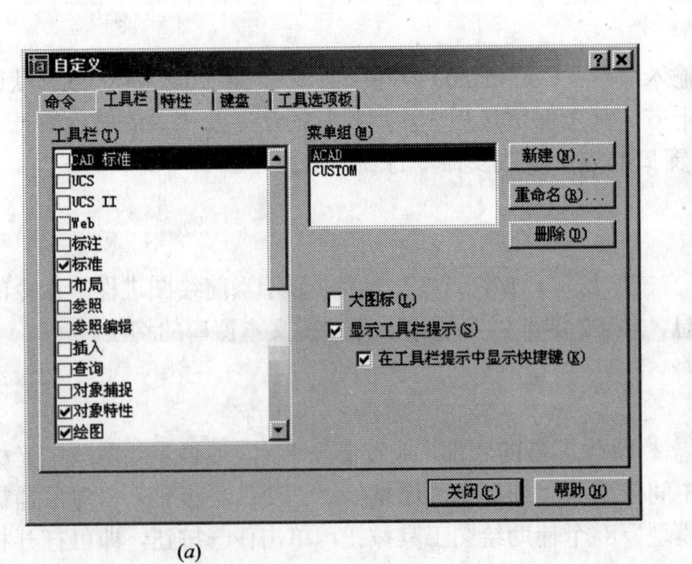

CAD 标准
UCS
UCS II
Web
标注
标准
布局
参照
参照编辑
插入
查询
对象捕捉
对象特性
绘图
绘图顺序
曲面
三维动态观察器
实体
实体编辑
视口
视图
缩放
图层
文字
修改
修改 II
渲染
样式
着色
自定义(C)...

(*b*)

图 1-18　“自定义”对话框及工具栏名称列表框

（*a*）“自定义”对话框；（*b*）工具栏名称列表框

- 在菜单栏中选择“视图”→“工具栏”;
- 在命令行中输入命令：**TOOLBAR**;
- 将光标移动到任一工具栏的非标题区，右击鼠标，在弹出的快捷菜单中选择“自定义”。

也可用鼠标右击任一工具栏，在弹出的工具栏名称列表框（见图 1-18*b*）中选中欲显示的工具栏。

2．浮动或固定工具栏

在用户界面中，工具栏的显示方式有两种：固定方式和浮动方式。

（1）当工具栏显示为浮动方式时，如图 1-19 所示的“绘图”工具栏，将显示该工具栏的标题，并可以关闭该工具栏，如果将光标移动到标题区，按住鼠标左键，则可拖动该工具栏在屏幕上自由移动，当拖动工具栏到图形区边界时，则工具栏的显示变为固定方式。

图 1-19 浮动显示的“绘图”工具栏

（2）固定方式显示的工具栏被锁定在 AutoCAD2005 窗口的顶部、底部或两边，并隐藏工具栏的标题（如图 1-16 所示）。同样也可以把固定工具栏拖出，使其成为浮动工具栏。

3．弹出式工具栏

如图 1-20 所示，在某些工具栏中，会出现右下角带有一个小三角标记的图标，将光标移动到该图标上，按住鼠标左键，将弹出相应的工具栏，此时按住鼠标左键不放，移动光标到某一图标上然后松手，则该图标成为当前图标，单击当前图标，将执行相应的命令。

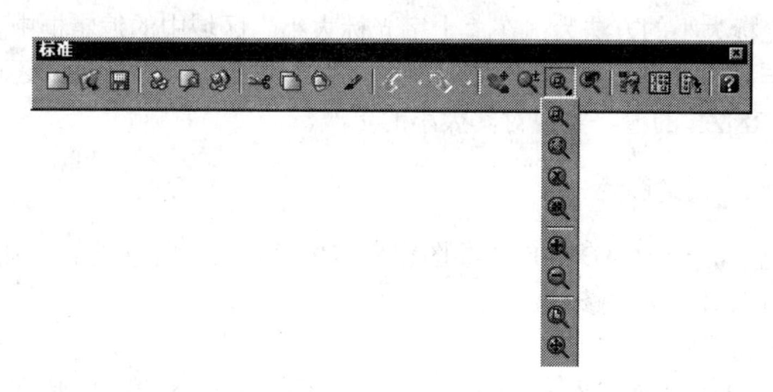

图 1-20 弹出式工具栏

1.3.3 用户界面的修改

在 AutoCAD2005 的菜单栏中，选择“工具”→“选项”，则弹出“选项”对话框，如

图 1-21 所示，单击其中的“显示”标签，将弹出“显示”选项卡，其中包括 6 个区域：“窗口元素”、“显示精度”、“布局元素”、“显示性能”，以及“十字光标大小”和“参照编辑的褪色度”，分别对其进行操作，即可以实现对原有用户界面中某些内容的修改。现仅对其中常用内容的修改加以说明：

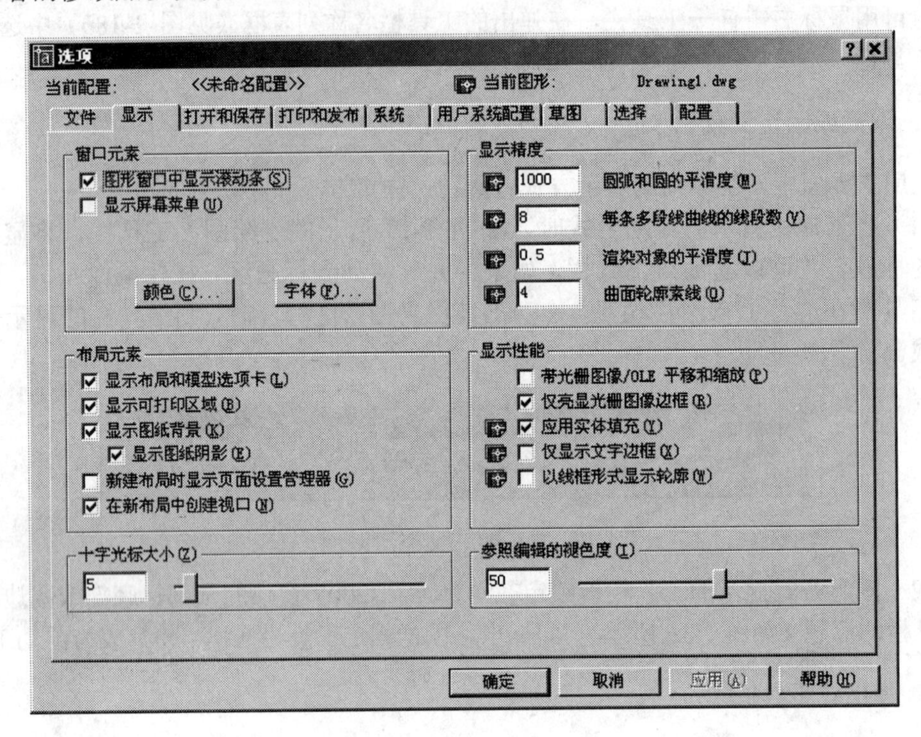

图 1-21　“选项”对话框

1．修改图形窗口中十字光标的大小

系统预设十字光标的长度为屏幕大小的 5%，用户可以根据绘图的实际需要更改其大小。改变十字光标大小的方法为：在“十字光标大小”区域中的编辑框中直接输入数值，或者拖动编辑框后的滑块，即可以对十字光标的大小进行调整。此外，还可以通过设置系统变量 CURSORSIZE 的值，实现对其大小的更改。

2．修改绘图窗口的颜色

在默认情况下，AutoCAD2005 的绘图窗口是黑色背景、白色线条，利用“选项”对话框，用户同样可以对其进行修改。

修改绘图窗口颜色的步骤为：

（1）单击“窗口元素”区域中的“颜色”按钮，弹出图 1-22 所示“颜色选项”对话框。

（2）单击“颜色选项”对话框内“颜色”文本框右侧的下拉箭头，在弹出的下拉列表中，选择“白色”，如图 1-23 所示，然后单击“应用并关闭”按钮，则 AutoCAD2005 的绘图窗口将变成白色背景、黑色线条。

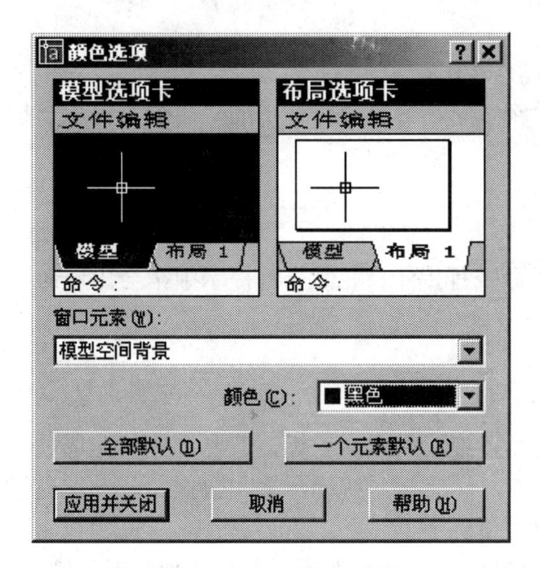

图 1-22 “颜色选项”对话框

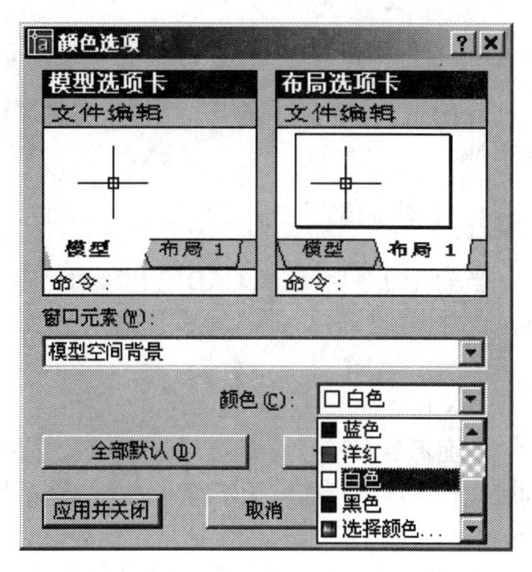

图 1-23 “颜色选项”对话框中的颜色下拉列表

1.4 AutoCAD 命令和系统变量

AutoCAD 的操作过程由 AutoCAD 命令控制，AutoCAD 系统变量是设置与记录 AutoCAD 运行环境、状态和参数的变量。

AutoCAD 命令名和系统变量名均为西文，如命令 LINE（直线）、CIRCLE（圆）等，系统变量 TEXTSIZE（文字高度）、THICKNESS（对象厚度）等。

1.4.1 命令的调用方法

有多种方法可以调用 AutoCAD 命令（以画直线为例）：

（1）在命令行输入命令名。即在命令行的“命令：”提示后键入命令的字符串，命令字符可不区分大、小写。例如：命令：**LINE**。

（2）在命令行输入命令缩写字。如 L（Line）、C（Circle）、A（Arc）、Z（Zoom）、R（Redraw）、M（More）、CO（Copy）、PL（Pline）、E（Erase）等。例如：命令：**L**。

（3）单击下拉菜单中的菜单选项。在状态栏中可以看到对应的命令说明及命令名。

（4）单击工具栏中的对应图标。如点取“绘图”工具栏中的图标，也可执行画直线命令，同时在状态栏中也可以看到对应的命令说明及命令名。

1.4.2 命令及系统变量的有关操作

1. 命令的取消

在命令执行的任何时刻都可以用 Esc 键取消和终止命令的执行。

2．命令的重复使用

若在一个命令执行完毕后欲再次重复执行该命令，可在命令行中的“命令”提示下按回车键。

3．命令选项

当输入命令后，AutoCAD 会出现对话框或命令行提示，在命令行提示中常会出现命令选项，如：

命令: **ARC↙**

指定圆弧的起点或 [圆心(C)]:

前面不带中括号的提示为缺省选项，因此可直接输入起点坐标，若要选择其他选项，则应先输入该选项的标识字符，如圆心选项的 C，然后按系统提示输入数据。若选项提示行的最后带有尖括号，则尖括号中的数值为缺省值。

在 AutoCAD 中，也可通过“快捷菜单”用鼠标点取命令选项。在上述画圆弧示例中，当出现“指定圆弧的起点或 [圆心(C)]:”提示时，若单击鼠标右键，则弹出图 1-24 所示快捷菜单，从中可用鼠标快速选定所需选项。右键快捷菜单随不同的命令进程而有不同的菜单选项。

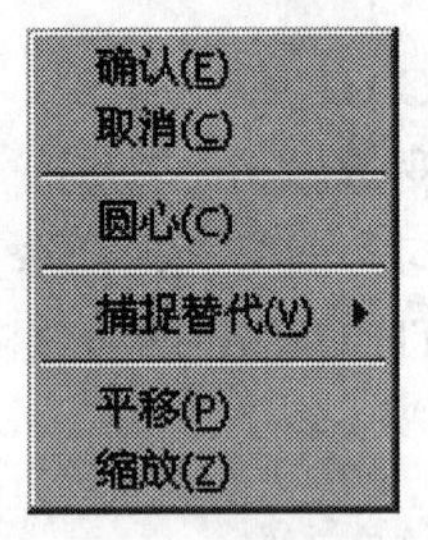

图 1-24　快捷菜单

4．透明命令的使用

有的命令不仅可直接在命令行中使用，而且可以在其他命令的执行过程中插入执行，该命令结束后系统继续执行原命令，输入透明命令时要加前缀单撇号“’”。

例如：

命令: **ARC↙**

指定圆弧的起点或 [圆心(C)]: **’ ZOOM↙**（透明使用显示缩放命令）

>> ...（执行 ZOOM 命令）

正在恢复执行 ARC 命令。

指定圆弧的起点或 [圆心(C)]: （继续执行原命令）

不是所有命令都能透明使用，可以透明使用的命令在透明使用时要加前缀“’”。使用透明命令也可以从菜单或工具栏中选取。

5．命令的执行方式

有的命令有两种执行方式，通过对话框或通过命令行输入命令选项。如指定使用命令行方式，可以在命令名前加一减号来表示用命令行方式执行该命令，如“-LAYER”。

6. 系统变量的访问方法

访问系统变量可以直接在命令提示下输入系统变量名或点取菜单项，也可以使用专用命令 SETVER。

1.4.3　数据的输入方法

1. 点的输入

绘图过程中,常需要输入点的位置，AutoCAD 提供了如下几种输入点的方式：

（1）用键盘直接在命令行中输入点的坐标。

点的坐标可以用直角坐标、极坐标、球面坐标或柱面坐标表示，其中直角坐标和极坐标最为常用。

直角坐标有两种输入方式：X，Y [，Z]（点的绝对坐标值，例如：100，50）和@ X，Y [，Z]（相对于上一点的相对坐标值，例如：@ 50，－30）。坐标值均相对于当前的用户坐标系。

极坐标的输入方式为：长度 < 角度 （其中，长度为点到坐标原点的距离，角度为原点至该点连线与 X 轴的正向夹角，例如：20<45）或@长度 < 角度（相对于上一点的相对极坐标，例如 @ 50<－30）。

（2）用鼠标等定标设备移动光标单击左键在屏幕上直接取点。

（3）用键盘上的箭头键移动光标按回车键取点。

（4）用目标捕捉方式捕捉屏幕上已有图形的特殊点（如端点、中点、中心点、插入点、交点、切点、垂足点等，详见第 4 章）。

（5）先用光标拖拉出橡筋线确定方向，然后用键盘输入距离。

（6）使用过滤法得到点。

2．距离值的输入

在 AutoCAD 命令中，有时需要提供高度、宽度、半径、长度等距离值。AutoCAD 提供了两种输入距离值的方式：一种是用键盘在命令行中直接输入数值；另一种是在屏幕上点取两点，以两点的距离值定出所需数值。

1.5　AutoCAD 的文件命令

对于 AutoCAD 图形，AutoCAD 提供了一系列图形文件管理命令。

1.5.1　新建图形文件

1. 命令

命令行：NEW

菜单：文件 → 新建

图标：“标准”工具栏中

2. 说明

打开图 1-25 所示“选择样板”对话框，可从中间位置的样板文件“名称”框中选择基础图形样板文件（也可从“打开”按钮右侧的下拉列表框内选择“无样板打开-（公制）”），然后单击“打开”按钮，则系统以默认的 drawing1.dwg 为文件名开始一幅新图的绘制。

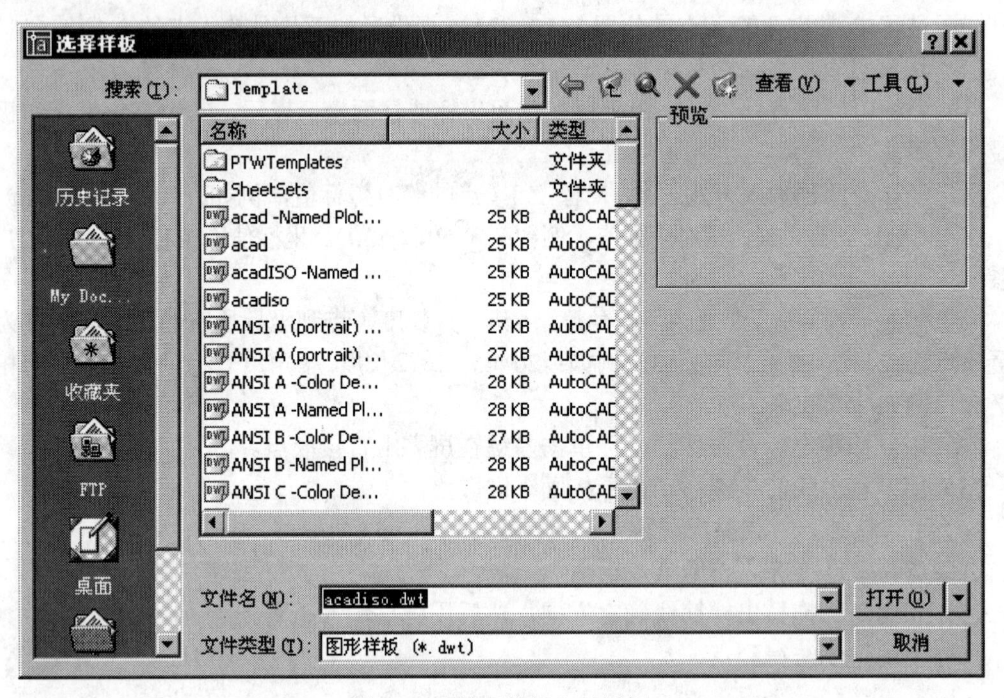

图 1-25 “选择样板”对话框

1.5.2 打开已有图形文件

1. 命令

命令行：OPEN
菜单：文件 → 打开

图标：“标准”工具栏

2. 说明

打开图 1-26 所示“选择文件”对话框。在“文件类型”列表框中用户可选图形文件（*.dwg）、dxf 文件、样板文件（*.dwt）等。

图 1-26 “选择文件”对话框

1.5.3　快速保存文件

1. 命令

命令行：QSAVE
菜单：文件 → 保存

图标：“标准”工具栏

2. 说明

若文件已命名，则 AutoCAD 自动保存；若文件未命名（即为缺省名 drawing1.dwg）则系统调用“图形另存为”对话框，用户可以命名保存。在“存为类型”下拉列表框中可以指定保存文件的类型。

1.5.4　另存文件

1. 命令

命令行：SAVEAS
菜单：文件 → 另存为

2. 说明

调用“另存图形为”对话框，AutoCAD 用另存名保存，并把当前图形更名。

1.5.5 同时打开多个图形文件

在一个 AutoCAD 任务下可以同时打开多个图形文件。方法是在“选择文件”对话框（图 1-26）中，按下 Ctrl 键的同时选中几个要打开的文件，然后单击“打开”按钮即可。也可以从 Windows 浏览框把多个图形文件导入 AutoCAD 任务中。

若欲将某一打开的文件设置为当前文件，只需单击该文件的图形区域即可。也可以通过组合键 CTRL+F6 或 CTRL+TAB 在已打开的不同图形文件之间切换。

同时打开多个图形文件的功能为重用过去的设计及在不同图形文件间移动、复制图形对象及对象特性提供了方便。

1.5.6 局部打开图形文件

当绘制大而复杂的图形时，可以只打开用户关心的那部分图形对象，从而节省图形存取时间，提高作图效率。可以基于视图或图层来打开图形文件中所要关注的那部分图形或外部参照文件。

局部打开图形文件的方法是，在“选择文件”对话框中选中欲打开的文件，然后点取“打开”按钮右侧的下拉列表框，从中选择“局部打开”选项，在随后弹出的“局部打开”对话框（见图 1-27）中，按视图或图层选定要打开的部分。

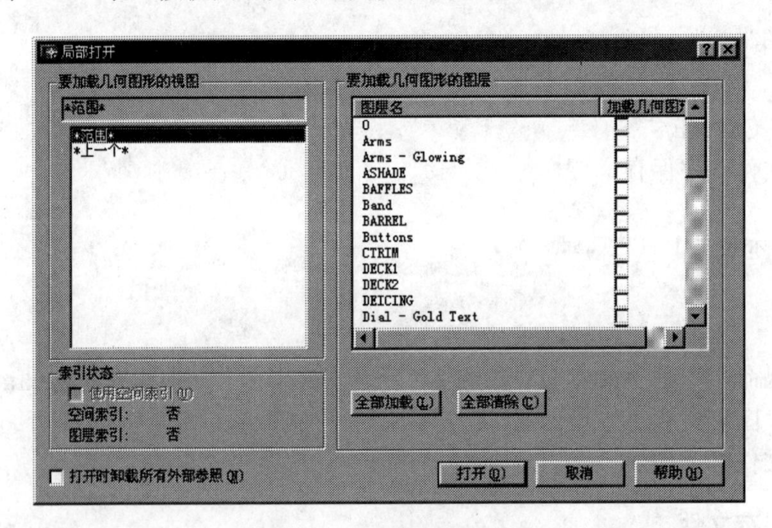

图 1-27 “局部”对话框

1.5.7 退出 AutoCAD

用户结束 AutoCAD 作业后应正常地退出 AutoCAD。可以使用菜单：文件 → 退出、在命令行中输入 QUIT 命令或单击 AutoCAD 界面右上角的“关闭”按钮☒。若用户对图形所作的修改尚未保存，则会出现图 1-28 所示的系统警告框。

选择“是”按钮系统将保存文件，然后退出；选择“否”按钮系统将不保存文件。

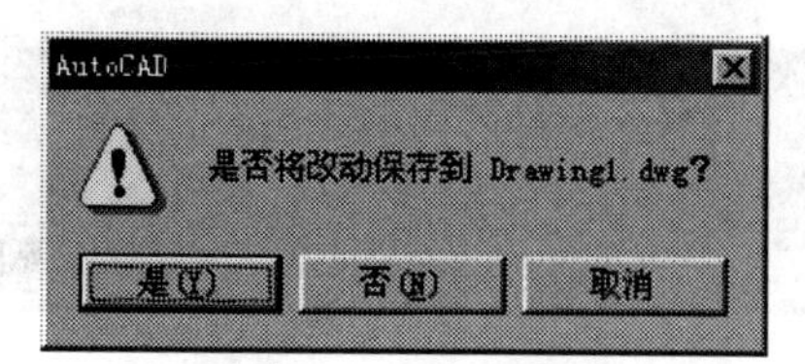

图 1-28　系统警告框

1.6　带你绘制一幅图形

本节以绘制图 1-29 所示“餐厅”示意图为例，介绍用 AutoCAD 绘图的基本方法和步骤，以使读者对使用 AutoCAD 绘图的全过程有一个概略的直观了解。这一过程中涉及到的部分内容可能读者一时还不大清楚，不过没有关系，在后续章节中将陆续对其分别作详细的介绍，在这里只需能按所给步骤操作，绘出图形即可。

在图 1-29 中，由首尾相接的 4 条直线构成的矩形 1234 表示餐厅房间，中间的大圆表示餐桌，环绕大圆的 8 个小圆表示圆凳。

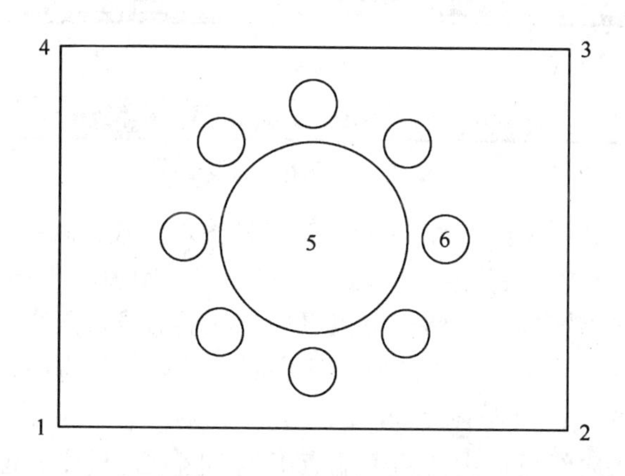

图 1-29　“餐厅”示意图

1. 启动 AutoCAD2005 中文版

在计算机桌面上双击 AutoCAD2005 中文版图标（AutoCAD 2005 Simplified C...），启动 AutoCAD2005 中文版软件系统，将显示图 1-30 所示绘图界面，可由这里开始进行具体的绘图。

2. 绘图

将光标移动到屏幕左下方的命令行处，在此处键入 AutoCAD 命令，即可执行相应的命令功能。

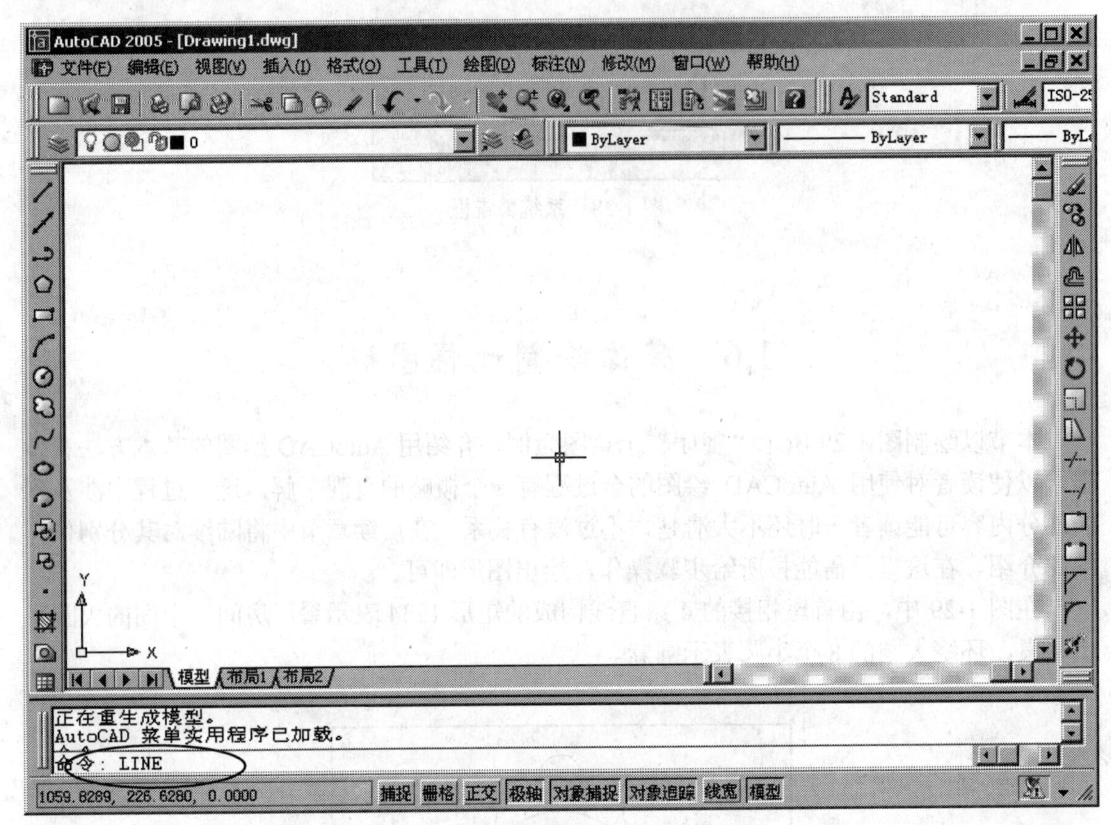

图 1-30　AutoCAD 绘图界面及命令的输入

由上一节中的介绍知道，AutoCAD 命令有多种输入方式（命令行、下拉菜单、工具栏等），但命令行是所有方式中最为基本的输入方式。在本例中，AutoCAD 命令均是以命令行方式给定的，若读者有兴趣，当然也可以采用其他的命令输入方式。

这里，先用画直线命令 LINE 来绘制餐厅房间。具体步骤为：在命令行中的命令提示符“命令:”后键入“LINE”（见图 1-30 左下方），然后回车，则系统将执行 LINE 画直线命令。大家知道，一条直线可以由其两个端点确定，因此，只要给定两个点就可以在两点之间绘制出一条直线。执行 LINE 命令后，将在命令窗口中显示命令提示“指定第一点:”，意即要求指定直线的一个端点，此处用直角坐标来指定点的位置，在提示“指定第一点:”后键入端点的直角坐标值“80,30”然后回车。这里的 80 和 30 分别为点的 X、Y 坐标，坐标系原点在绘图区的左下角。接下来的提示为“指定下一点或 [放弃(U)]:”，意即要求指定直线的另一个端点，仍然用直角坐标来指定点的位置，在提示“指定下一点或 [放弃(U)]:”后键入“410,30”然后回车，则屏幕上将绘制出图 1-29 中 1 点→2 点的直线，此时的绘图区显示如图 1-31 所示。后续的提示继续为“指定下一点或 [放弃(U)]:”，可依次输入图 1-29 中 3 点和 4 点的直角坐标，最后键入“C”来完成房间的绘制并结束 LINE 命令。

上述整个操作过程的输入和提示可归结如下（均用小号字排版，其中，用仿宋体编排部分为 AutoCAD 的系统提示，用黑体编排部分为用户的键盘输入，括弧中用宋体编排部分为注释和说明。符号↙代表回车）：

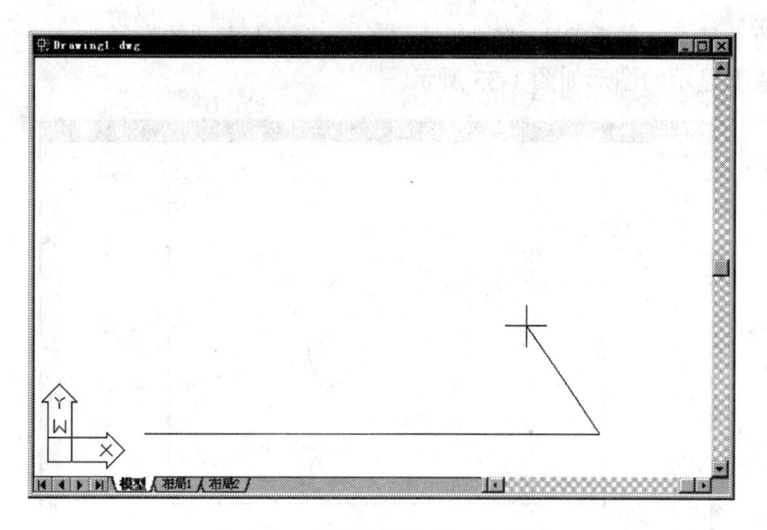

图 1-31　绘制房间的第一条直线

命令: **LINE**↙　　(输入 LINE 命令)
指定第一点: 80,30↙　　(输入图 1-29 中 1 点的坐标)
指定下一点或 [放弃(U)]: **410,30**↙　　(输入图 1-29 中 2 点的坐标)
指定下一点或 [放弃(U)]: **410,270**↙　　(输入图 1-29 中 3 点的坐标)
指定下一点或 [闭合(C)/放弃(U)]: **80,270**↙　　(输入图 1-29 中 4 点的坐标)
指定下一点或 [闭合(C)/放弃(U)]: **C**↙　　(使四边形图形闭合并结束 LINE 命令)
此时屏幕上显示的图形如图 1-32 所示。

图 1-32　绘制完成的餐厅房间

接下来用画圆命令来绘制餐厅中的圆桌。操作过程如下:
命令: **CIRCLE**↙　　(输入 CIRCLE 命令)
指定圆的圆心或 [三点(3P)/两点(2P)/相切、相切、半径(T)]: **245,150**↙ (输入图 1-29 中大圆的圆心 5 点坐标)

指定圆的半径或 [直径(D)] <15.0000>: **60**↙ （输入大圆的半径）

此时屏幕上显示的图形如图 1-33 所示。

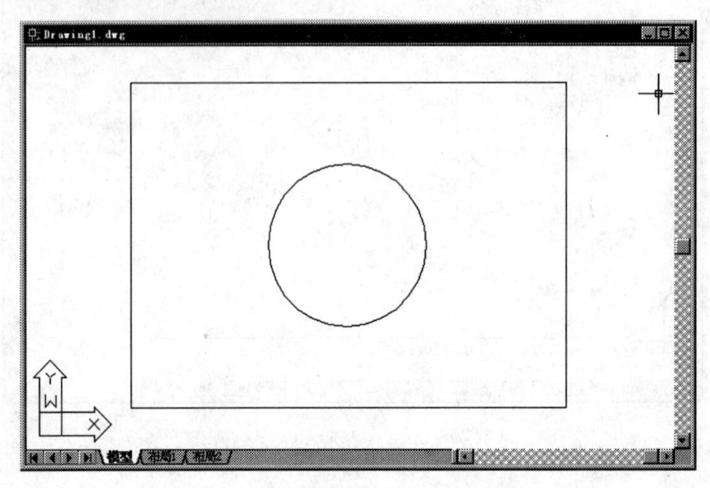

图 1-33 绘制完餐桌后的图形

接下来仍然用 CIRCLE 命令来绘制图 1-29 中最右边的那个小圆凳。过程如下：

命令: **CIRCLE**↙ （输入 CIRCLE 命令）

指定圆的圆心或 [三点(3P)/两点(2P)/相切、相切、半径(T)]: **330,150**↙（输入图 1-29 中最右小圆的圆心 6 点坐标）

指定圆的半径或 [直径(D)] <15.0000>: **15**↙ （输入小圆的半径）

此时屏幕上显示的图形如图 1-34 所示。

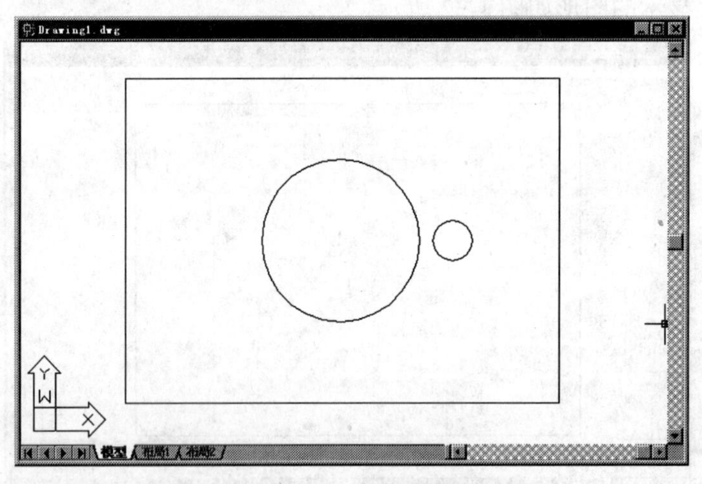

图 1-34 绘制了一个小圆凳后的图形

下面用阵列命令 ARRAY 将上面绘制的小圆凳再复制 7 个。过程如下：

命令: **-ARRAY**↙ （输入阵列命令）

选择对象: （此时，光标变为一个小的正方形，将光标移到刚才绘制的小圆上，然后单击鼠标左键，则该小圆将变为虚线显示，见图 1-35）

找到 1 个

选择对象: ↙

输入阵列类型 [矩形(R)/环形(P)] <R>: **P**↙（设置将小圆绕大圆环绕一周）

指定阵列中心点: （在此提示下，先按住键盘上的上档键 Shift 不放，再单击鼠标右键，将弹出图 1-36 所示光标菜单，用鼠标左键选择其中的“圆心”选项，则菜单消失且光标变为十字形）

_cen 于 （将光标移到大圆上，则在大圆的圆心处将显示一红色的小圆，并在当前光标处出现“圆心”伴随说明。见图 1-37，此时单击鼠标左键）

输入阵列中项目的数目: **8**↙ （环绕大圆的小圆总数）

指定填充角度 (+=逆时针, -=顺时针) <360>:↙

是否旋转阵列中的对象？[是(Y)/否(N)] <Y>:↙

绘制完成的“餐厅”图形如图 1-38 所示。

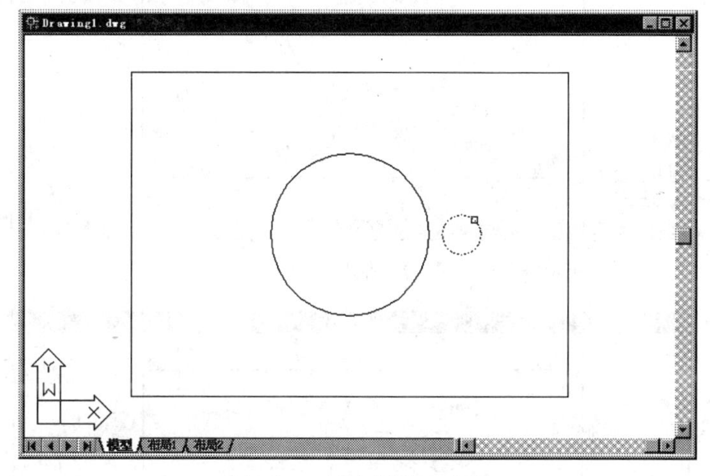

图 1-35　用光标选中小圆

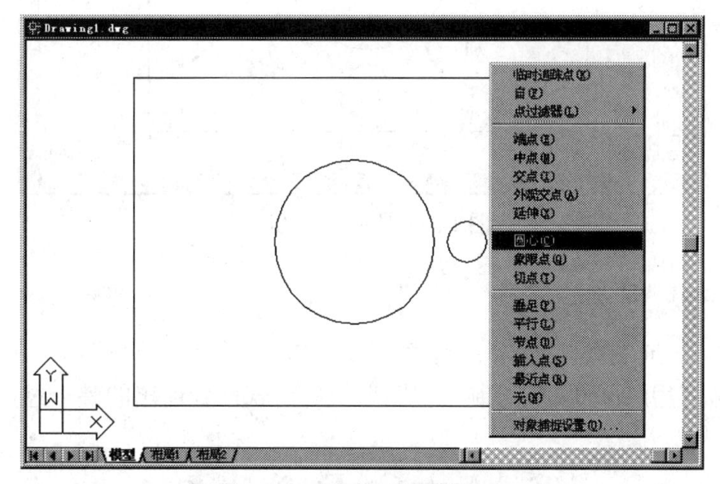

图 1-36　设置捕捉大圆圆心

3．将图形存盘保存

接下来可以将图形保存起来，以便日后使用。在命令行键入赋名存盘命令 SAVEAS 后，将弹出“图形另存为”对话框。在“文件名”文本框中输入图形文件的名称“餐厅”，然后单击“保存”按钮，则系统将所绘图形保存到名为“餐厅.DWG”的图形文件中。

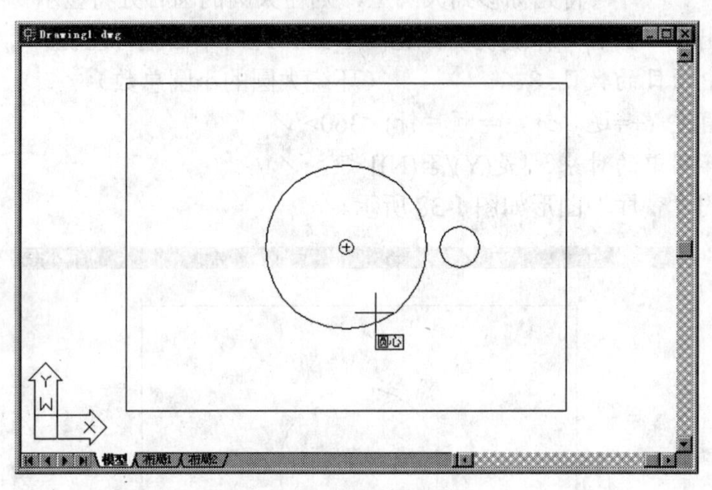

图 1-37　捕捉大圆圆心

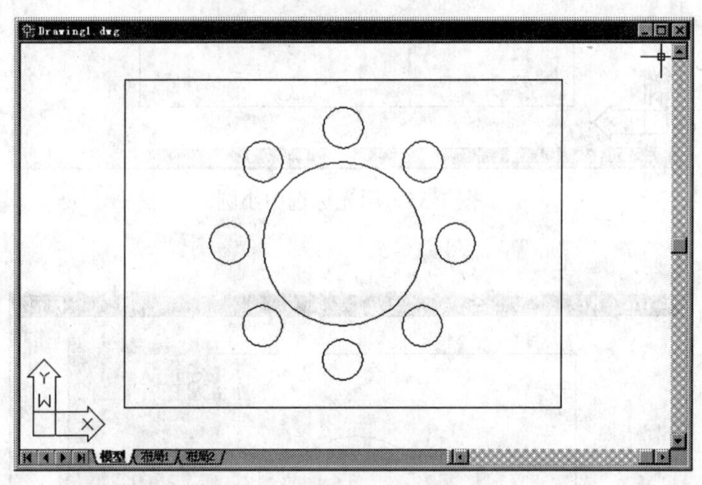

图 1-38　绘制完成的图形

4．退出 AutoCAD 系统

在命令行键入 QUIT 然后回车，将退出 AutoCAD 系统，返回到 Windows 桌面。

至此就完成了用 AutoCAD 绘制一幅图形从启动软件到退出的整个过程。

1.7　AutoCAD 设计中心

AutoCAD 设计中心是 AutoCAD 提供的一个集成化图形组织和管理工具。通过设计中心，可以组织对块、填充、外部参照和其他图形内容的访问。可以将源图形中的任何内容拖动到当前图形中。可以将图形、块和填充拖动到工具选项板上。源图形可以位于用户的计算机上、网络位置或网站上。如果打开了多个图形，则可以通过设计中心在图形之间复制和粘贴其他内容（如图层定义、布局和文字样式）来简化绘图过程。

启动 AutoCAD 设计中心的方法为：

命令行：ADCENTER

菜单：工具 → 设计中心

工具栏：“标准”工具栏

启动后，在绘图区左边出现设计中心窗口（图 1-39），AutoCAD 设计中心对图形的一切操作都是通过该窗口实现的。

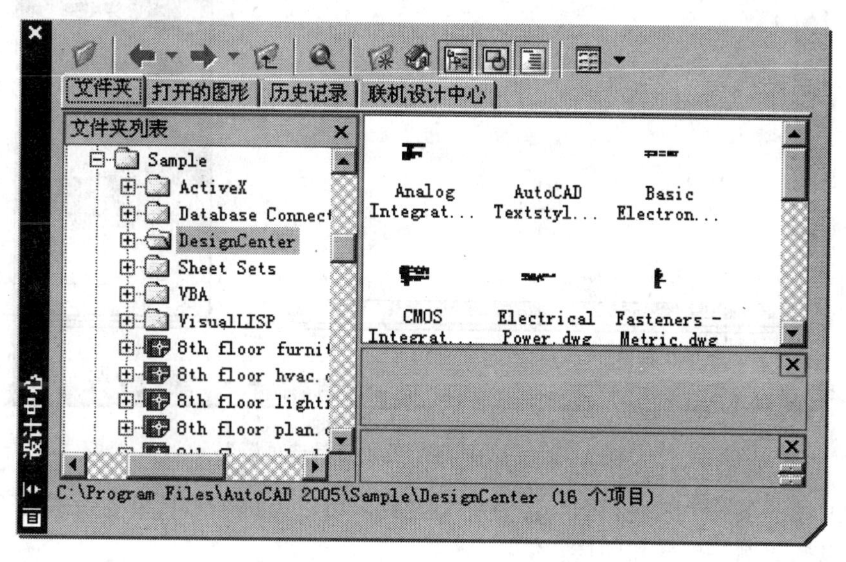

图 1-39　AutoCAD 设计中心窗口

使用设计中心可以：

（1）浏览用户计算机、网络驱动器和 Web 页上的图形内容（例如图形或符号库）；

（2）在定义表中查看图形文件中命名对象（例如块和图层）的定义，然后将定义插入、附着、复制和粘贴到当前图形中；

（3）更新（重定义）块定义；

（4）创建指向常用图形、文件夹和 Internet 网址的快捷方式；

（5）向图形中添加内容（例如外部参照、块和填充）；

（6）在新窗口中打开图形文件；

（7）将图形、块和填充拖动到工具选项板上以便于访问。

1.8　工具选项板

工具选项板是一个选项卡形式的区域，它提供了一种组织、共享和放置块及填充图案的有效方法。初始环境下的“工具选项板”如图 1-40 所示。

1. 使用工具选项板插入块和图案填充

可以将常用的块和图案填充放置在工具选项板上。需要向图形中添加块或图案填充时，只需将其从工具选项板中拖放至绘图区图形内即可。

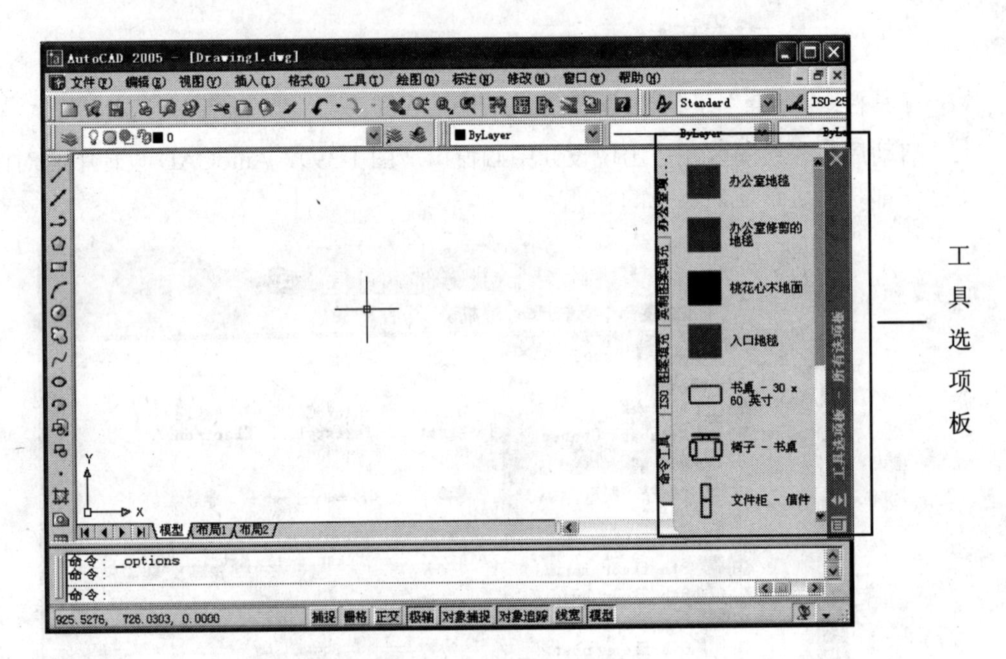

图 1-40 初始环境下的“工具选项板”

位于工具选项板上的块和图案填充称为工具，可以为每个工具单独设置若干个工具特性，其中包括比例、旋转和图层。

将块从工具选项板拖动到图形中时，可以根据块中定义的单位比率和当前图形中定义的单位比率自动对块进行缩放。例如，如果当前图形的单位为米，而所定义的块的单位为厘米，单位比率即为 1m/100cm。将块拖动到图形中时，则会以 1/100 的比例插入。如果源块或目标图形中的“拖放比例”设置为“无单位”，则使用“选项”对话框的“用户系统配置”选项卡中的“源内容单位”和“目标图形单位”设置。

2. 更改工具选项板设置

工具选项板的选项和设置可以从“工具选项板”窗口上各区域中的快捷菜单中获得。这些设置包括：

自动隐藏：当光标移动到“工具选项板”窗口的标题栏上时，“工具选项板”窗口会自动滚动打开或滚动关闭。

透明度：可以将“工具选项板”窗口设置为透明，从而不会挡住下面的对象。

视图：工具选项板上图标的显示样式和大小可以更改。

可以将“工具选项板”窗口固定在应用程序窗口的左边或右边。按住 Ctrl 键可以防止“工具选项板”窗口在移动时固定。

3. 控制工具特性

可以更改工具选项板上任何工具的插入特性或图案特性。例如，可以更改块的插入比例或填充图案的角度。

要更改这些工具特性，在某个工具上单击右键，在快捷菜单中单击“特性”，然后在“工具特性”对话框中更改工具的特性。“工具特性”对话框中包含两类特性：插入特性或图案特性类别以及基本特性类别。

插入特性或图案特性：控制指定对象的特性，例如比例、旋转和角度。

基本特性：替代当前图形特性设置，例如图层、颜色和线型。

如果更改块或图案填充的定义，则可以在工具选项板中更新其图标。在“工具特性”对话框中，更改“源文件”字段（对于块）或“图案名”字段（对于图案填充）中的条目，然后再将条目更改回原来的设置。这样将强制更新该工具的图标。

4. 自定义工具选项板

使用“工具选项板”窗口中标题栏上的“特性”按钮可以创建新的工具选项板。使用以下方法可以在工具选项板中添加工具：

（1）将图形、块和图案填充从设计中心拖动到工具选项板上。

（2）使用“剪切”、“复制”和“粘贴”可以将一个工具选项板中的工具移动或复制到另一个工具选项板中。

（3）右键单击设计中心树状图中的文件夹、图形文件或块，然后在快捷菜单中单击“创建工具选项板”，创建预填充的工具选项板选项卡。

将工具放置到工具选项板上后，通过在工具选项板中拖动这些工具可以对其进行重新排列。

5. 保存和共享工具选项板

可以通过将工具选项板输出或输入为工具选项板文件来保存和共享工具选项板。可以在工具板区域单击鼠标右键，在弹出的快捷菜单中选择“自定义(Z)...”，从“自定义”对话框中的“工具选项板”选项卡上输入和输出工具选项板。工具选项板文件的扩展名为 .xtp。

1.9 绘图输出

图形绘制完成后，通常需要输出到图纸上，用来指导工程施工、零件加工、部件装配以及进行设计者与用户之间的技术交流。常用的图形输出设备主要是绘图机（有喷墨、笔式等形式）和打印机（有激光、喷墨、针式等形式）。此外，AutoCAD 还提供有一种网上图形输出和传输方式——电子出图（ePLOT），以适应 Internet 技术的迅猛发展和日益普及。

1. 命令

命令行：PLOT
菜单：文件 → 打印
图标：“标准”工具栏

2. 功能

图形绘图输出。

3. 对话框及说明

弹出图 1-41 所示“打印”对话框。从中可配置打印设备和进行绘图输出的打印设置。

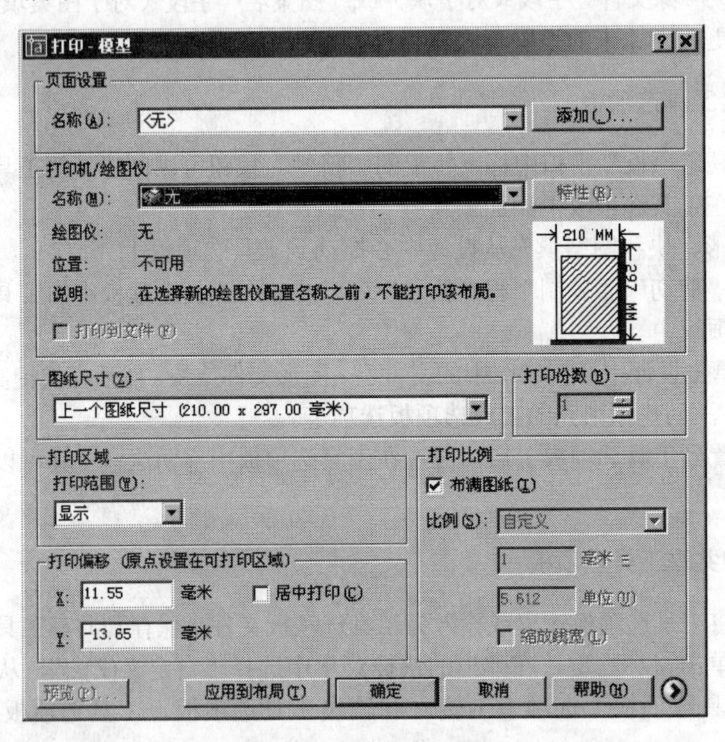

图 1-41 “打印”对话框

点取对话框左下角的“预览”按钮，可以预览图形的输出效果。若不满意，可对打印参数进行调整。最后，单击“确定”按钮即可将图形绘图输出。

1.10 AutoCAD 的在线帮助

1. AutoCAD 的帮助菜单

用户可以通过下拉菜单“帮助”→“AutoCAD 帮助”查看 AutoCAD 命令、AutoCAD

系统变量和其他主题词的帮助信息，用户按“显示”按钮即可查阅相关的帮助内容。通过帮助菜单，用户还可以查询 AutoCAD 命令参考、用户手册、定制手册等有关内容。

2．AutoCAD 的帮助命令

（1）命令

命令行： HELP 或 ？

菜单：帮助 → 帮助

图标：“标准”工具栏 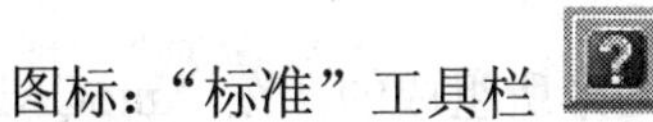

（2）说明

HELP 命令可以透明使用，即在其他命令执行过程中查询该命令的帮助信息。

帮助命令主要有两种应用：

①在命令的执行过程中调用在线帮助。例如，在命令行输入 LINE 命令，在出现“*指定第一点:*”提示时单击帮助图标，则在弹出的帮助对话框中自动出现与 LINE 命令有关的帮助信息。关闭帮助对话框则可继续执行未完的 LINE 命令。

②在命令提示符下，直接检索与命令或系统变量有关的信息。例如，欲查询 LINE 命令的帮助信息，可以单击帮助图标，弹出帮助对话框，在索引选项卡中输入“LINE”，则 AutoCAD 自动定位到 LINE 命令，并显示 LINE 命令的有关帮助信息（如图 1-42 所示）。

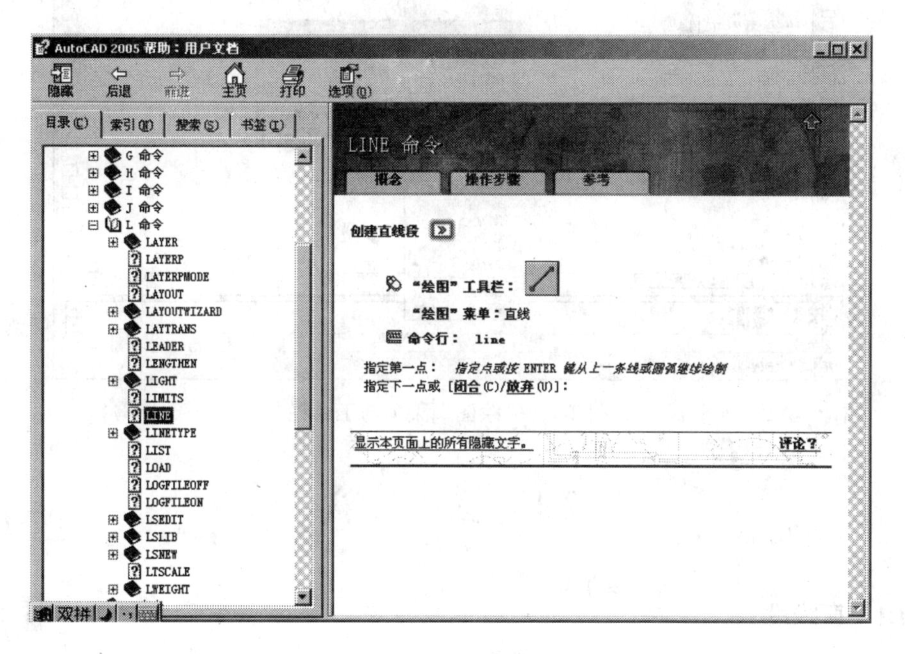

图 1-42　“帮助”信息

第 2 章　二维绘图命令

任何复杂的图形都可以看作是由直线、圆弧等基本的图形所组成的，在 AutoCAD 中绘图也是如此，掌握这些基本图元的绘制方法是学习 AutoCAD 的基础。本章将介绍 AutoCAD 的二维绘图命令，以及完成一个 AutoCAD 作业的过程。

绘图命令汇集在下拉菜单“绘图”中，且在“绘图”工具栏中，包括了本章介绍的绘图命令，如图 2-1。

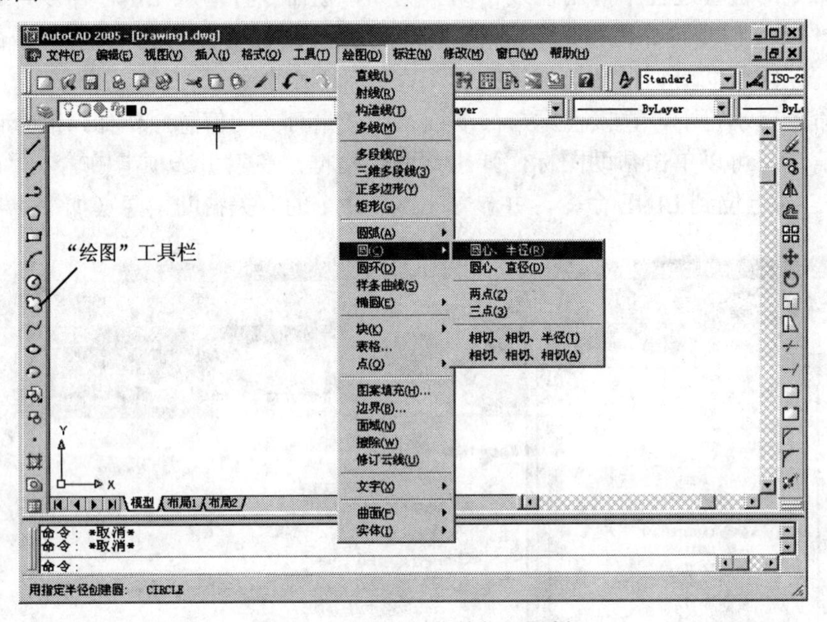

图 2-1　“绘图”菜单与工具栏

2.1　直　　线

2.1.1　直线段

1. 命令

命令行：LINE（缩写名：L）
菜单：绘图 → 直线

图标：“绘图”工具栏

2. 功能

绘制直线段、折线段或闭合多边形，其中每一线段均是一个单独的对象。

3. 格式

命令：**LINE**↙

指定第一点：（输入起点）

指定下一点或 [放弃(U)]：（输入直线端点）

指定下一点或 [放弃(U)]：（输入下一直线段端点、输入选项“U”放弃或用回车键结束命令）

指定下一点或 [闭合(C)/放弃(U)]：（输入下一直线段端点、输入选项“C”使直线图形闭合、输入选项“U”放弃或用回车键结束命令）

4. 选项

（1）C 或 Close：从当前点画直线段到起点，形成闭合多边形，结束命令。

（2）U 或 Undo：放弃刚画出的一段直线，回退到上一点，继续画直线。

（3）Continue：在命令提示“指定第一点：”时，输入 Continue 或用回车键，指从刚画完的线段开始画直线段，如刚画完的是圆弧段，则新直线段与圆弧段相切。

5. 示例

【例 2-1】 绘制图 2-2 所示五角星。

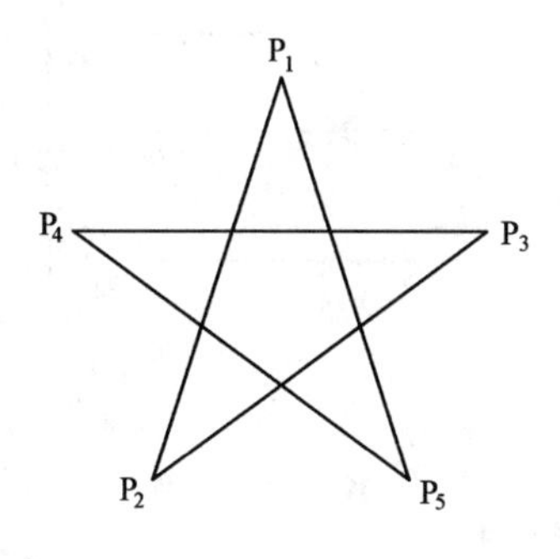

图 2-2 五角星

命令： **LINE**↙

指定第一点：**120,120**↙ （用绝对直角坐标指定 P_1 点）

指定下一点或 [放弃(U)]：**@ 80 < 252**↙ （用对 P_1 点的相对极坐标指定 P_2 点）

指定下一点或 [放弃(U)]：**159.091,90.870**↙ （指定 P_3 点）

指定下一点或 [闭合(C)/放弃(U)]： **@80,0**↙ （输入了一个错误的 P_4 点坐标）

指定下一点或 [闭合(C)/放弃(U)]： **U**↙ （取消对 P_4 点的输入）

指定下一点或 [闭合(C)/放弃(U)]: **@-80,0↙**　　　（重新输入 P4 点）
指定下一点或 [闭合(C)/放弃(U)]: **144.721,43.916↙**（指定 P5 点）
指定下一点或 [闭合(C)/放弃(U)]: **C↙**　　　　（封闭五角星并结束画直线命令）

2.1.2　构造线

1．命令

命令行：XLINE（缩写名：XL）
菜单：绘图 →构造线
图标："绘图"工具栏 

2．功能

创建过指定点的双向无限长直线，指定点称为根点，可用中点捕捉拾取该点。这种线模拟手工作图中的辅助作图线，它们用特殊的线型显示，在绘图输出时可不作输出。常用于辅助作图。

3．格式及示例

命令: **XLINE↙**
指定点或 [水平(H)/垂直(V)/角度(A)/二等分(B)/偏移(O)]: （给出根点 1）
指定通过点: （给定通过点 2，画一条双向无限长直线）
指定通过点: （继续给点，继续画线，如图 2-3（*a*），用回车结束命令）

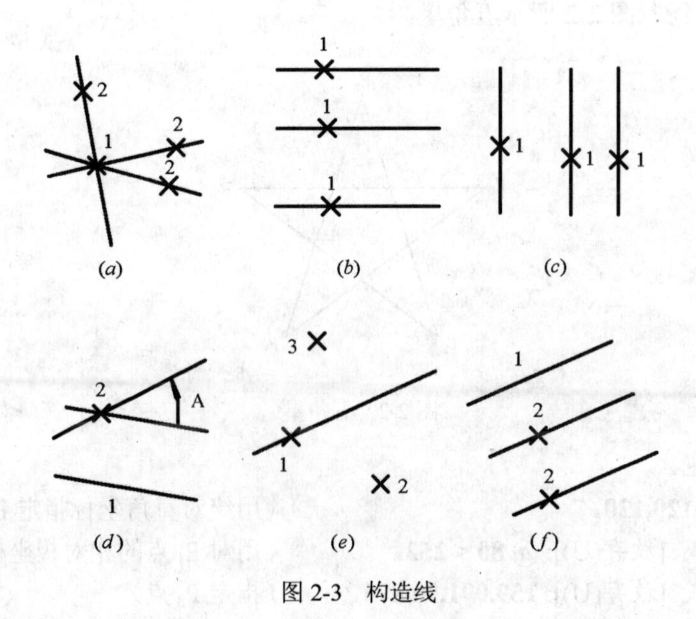

图 2-3　构造线

4．选项说明

(1) 水平（*H*）：给出通过点，画出水平线，如图 2-3（*b*）；

(2) 垂直（*V*）：给出通过点，画出铅垂线，如图 2-3（*c*）；

(3) 角度（*A*）：指定直线 1 和夹角 A 后，给出通过点，画出和 1 具有夹角 A 的参照线，如图 2-3（*d*）；

(4) 二等分（*B*）：指定角顶点 1 和角的一个端点 2 后，指定另一个端点 3，则过 1 点画出∠213 的平分线，如图 2-3（*e*）；

(5) 偏移（*O*）：指定直线 1 后，给出 2 点，则通过 2 点画出 1 直线的平行线，如图 2-3（*f*），也可以指定偏移距离画平行线。

5．应用

下面为利用构造线进行辅助几何作图的两个例子。图 2-4（*a*）为用两条 XLINE 线求出矩形的中心点；图 2-4（*b*）为通过求出三角形∠A 和∠B 的两条平分线来确定其内切圆心 1。

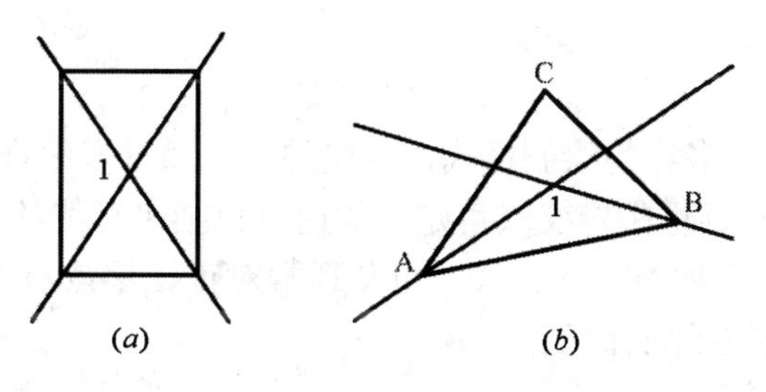

图 2-4　构造线在几何作图中的应用

2.1.3　射线

1．命令

命令行：RAY
菜单：绘图 → 射线

2．功能

通过指定点，画单向无限长直线，与上述构造线一样，通常作为辅助作图线。

3．格式

命令：**RAY↙**
指定起点：（给出起点）
指定通过点：（给出通过点,画出射线）
指定通过点：（过起点画出另一射线，用回车结束命令）

2.1.4 多线

1．命令

命令行：MLINE（缩写名：ML）
菜单：绘图 → 多线

2. 功能

创建多条平行线。

3．格式

命令: **MLINE↙**
当前设置: 对正 = 上，比例 = 20.00，样式 = STANDARD
指定起点或 [对正(J)/比例(S)/样式(ST)]: （给出起点或选项）
指定下一点: （指定下一点，后续提示与画直线命令 LINE 相同）

4．选项说明

（1）样式(ST)：设置多线的绘制样式，多线的样式通过多线样式命令 MLSTYLE 从图 2-5 所示“多线样式”对话框中定义（可定义的内容包括平行线的数量、线型、间距等）；
（2）对正(J)：设置多线对正的方式，可从顶端对正、零点对正或底端对正中选择；
（3）比例(S)：设置多线的比例。

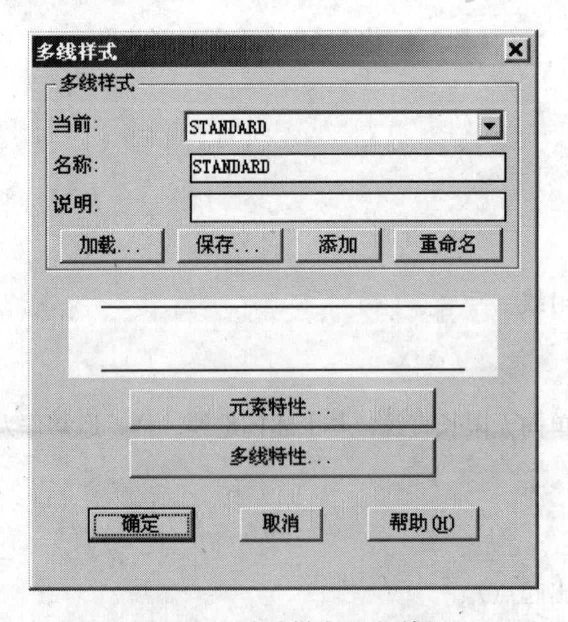

图 2-5 “多线样式”对话框

图 2-6 所示建筑平面图中的墙体就是用多线命令绘制的。

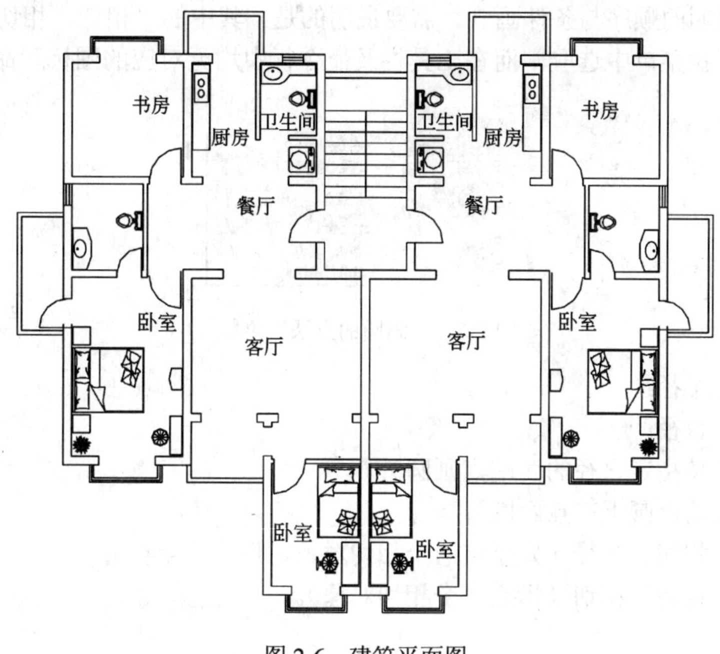

图 2-6　建筑平面图

2.2　圆 和 圆 弧

2.2.1　圆

1. 命令

命令行：CIRCLE（缩写名：C）
菜单：绘图 → 圆

图标：“绘图”工具栏

2. 功能

画圆。

3. 格式

命令: **CIRCLE**↙
指定圆的圆心或 [三点(3P)/两点(2P)/相切、相切、半径(T)]: （给圆心或选项）
指定圆的半径或 [直径(D)]: （给半径）

4. 使用菜单

在下拉菜单画圆的级联菜单中列出了 6 种画圆的方法(如图 2-7 所示)，选择其中之一，即可按该选项说明的顺序与条件画圆。需要说明的是，其中的“相切、相切、相切”画圆方式只能从此下拉菜单中选取，而在工具栏及命令行中均无对应的图标和命令。

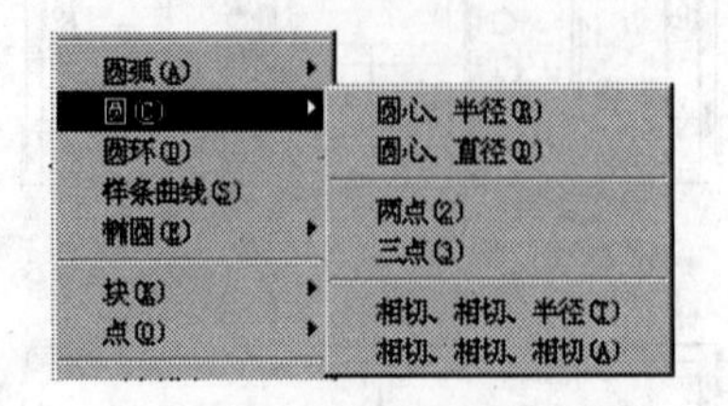

图 2-7 “画圆的方法”菜单

（1）圆心、半径；
（2）圆心、直径；
（3）两点（按指定直径的两端点画圆）；
（4）三点（给出圆上三点画圆）；
（5）相切、相切、半径（先指定两个相切对象，后给出半径）；
（6）相切、相切、相切（指定三个相切对象）。

5. 示例

【例 2-2】 下面以绘制图 2-8 所示图形为例说明不同画圆方式的绘图过程。

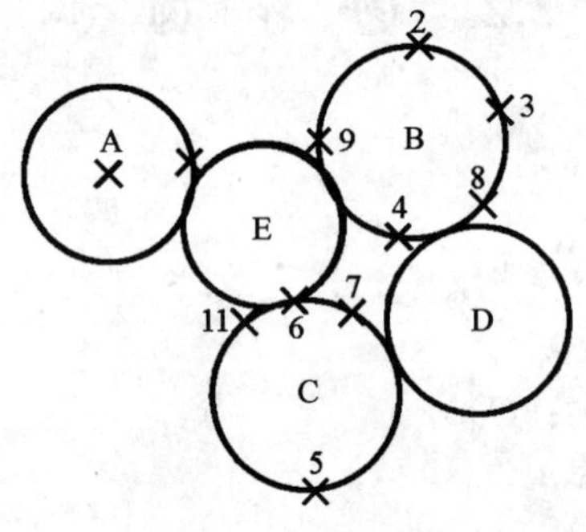

图 2-8 画圆示例

命令: **CIRCLE**
指定圆的圆心或 [三点(3P)/两点(2P)/相切、相切、半径(T)]: **150,160** （1 点）
指定圆的半径或 [直径(D)]: **40** （画出 A 圆）
命令: **CIRCLE**
指定圆的圆心或 [三点(3P)/两点(2P)/相切、相切、半径(T)]: **3P** （3 点画圆方式）
指定圆上的第一点: **300,220** （2 点）
指定圆上的第二点: **340,190** （3 点）
指定圆上的第三点: **290,130** （4 点）（画出 B 圆）
命令: **CIRCLE**
指定圆的圆心或 [三点(3P)/两点(2P)/相切、相切、半径(T)]: **2P** （2 点画圆方式）
指定圆直径的第一个端点: **250,10** （5 点）
指定圆直径的第二个端点: **240,100** （6 点）（画出 C 圆）

命令: **CIRCLE**
指定圆的圆心或 [三点(3P)/两点(2P)/相切、相切、半径(T)]: **T**（相切、相切、半径画圆方式）
在对象上指定一点作圆的第一条切线: （在 7 点附近选中 C 圆）
在对象上指定一点作圆的第二条切线: （在 8 点附近选中 B 圆）
指定圆的半径: <45.2769>:**45** （画出 D 圆）
（选取下拉菜单“绘图→圆→相切、相切、相切”）
命令: _circle 指定圆的圆心或 [三点(3P)/两点(2P)/相切、相切、半径(T)]: _3p
指定圆上的第一点: _tan 到 （在 9 点附近选中 B 圆）
指定圆上的第二点: _tan 到 （在 10 点附近选中 A 圆）
指定圆上的第三点: _tan 到 （在 11 点附近选中 C 圆）（画出 E 圆）

2.2.2 圆弧

1. 命令

命令行：ARC（缩写名：A）
菜单：绘图 → 圆弧
图标：“绘图”工具栏 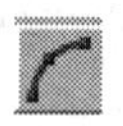

2. 功能

画圆弧。

3. 格式

命令: **ARC**
指定圆弧的起点或 [圆心(C)]: （给起点）
指定圆弧的第二点或 [圆心(C)/端点(E)]: （给第二点）
指定圆弧的端点: （给端点）

4. 使用菜单

在下拉菜单圆弧项的级联菜单中，按给出画圆弧的条件与顺序的不同，列出 11 种画圆弧的方法(如图 2-9 所示)，选中其中一种，应按其顺序输入各项数据，现说明如下（见图 2-10）:

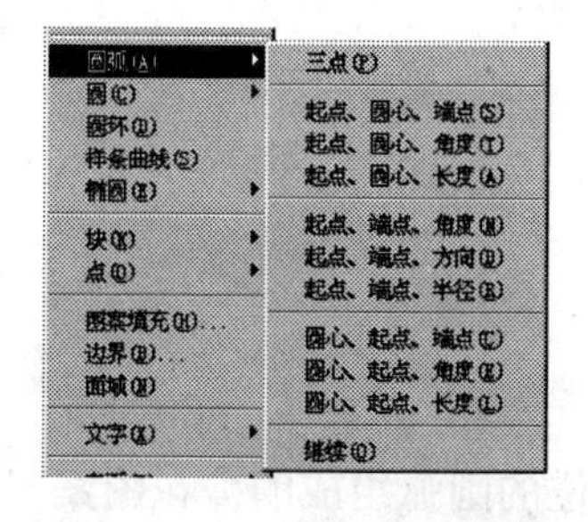

图 2-9　画圆弧的方法菜单

（1）三点：给出起点（S）、第二点（2）、端点（E）画圆弧，见图 2-10（*a*）；

（2）起点（S）、圆心（C）、端点（E）：圆弧方向按逆时针，见图 2-10（*b*）；

（3）起点（S）、圆心（C）、角度（A）：圆心角（A）逆时针为正，顺时针为负，以度计量，见图 2-10（*c*）；

（4）起点（S）、圆心（C）、长度（L）：圆弧方向按逆时针，弦长度（L）为正画出劣弧（小于半圆），弦长度（L）为负画出优弧（大于半圆），见图 2-10（*d*）；

（5）起点（S）、端点（E）、角度（A）：圆心角（A）逆时针为正，顺时针为负，以度计量，见图 2-10（*e*）；

（6）起点（S）、端点（E）、方向（D）：方向（D）为起点处切线方向，见图 2-10（*f*）；

（7）起点（S）、端点（E）、半径（R）：半径（R）为正对应逆时针画圆弧，为负对应顺时针画圆弧，见图 2-10（*g*）；

（8）圆心（C）、起点（S）、端点（E）：按逆时针画圆弧，见图 2-10（*h*）；

（9）圆心（C）、起点（S）、角度（A）：圆心角（A）逆时针为正，顺时针为负，以度计量，见图 2-10（*i*）；

（10）圆心（C）、起点（S）、长度（L）：圆弧方向按逆时针，弦长度（L）为正画出劣弧（小于半圆），弦长度（L）为负画出优弧（大于半圆），见图 2-10（*j*）；

（11）继续：与上一线段相切，继续画圆弧段，仅提供端点即可，见图 2-10（*k*）。

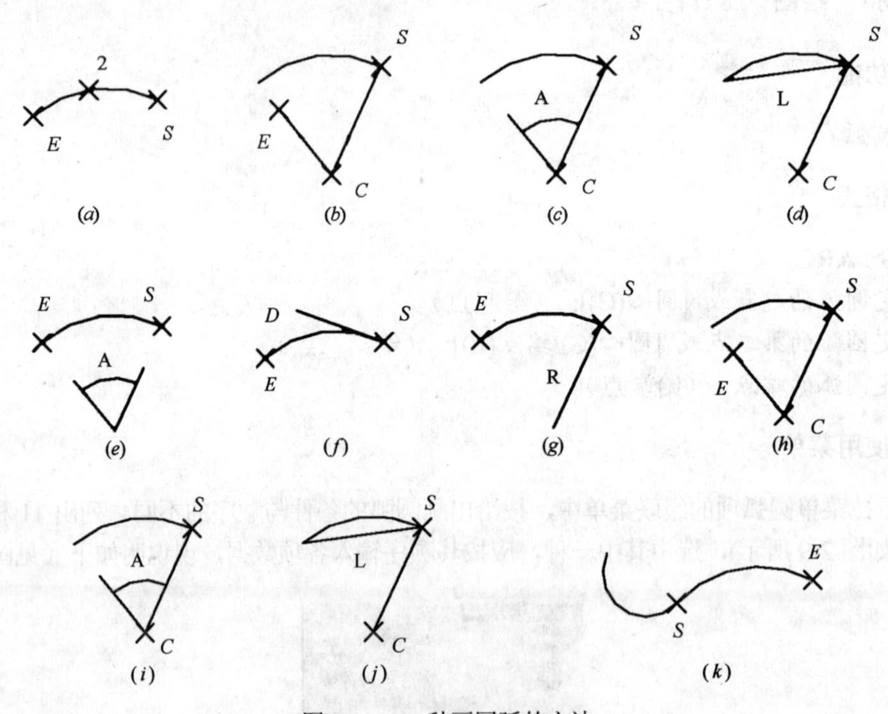

图 2-10　11 种画圆弧的方法

5. 示例

【例 2-3】　绘制由不同方位的圆弧组成的梅花图案（见图 2-11），各段圆弧也使用了不同的参数给定方式。为保证圆弧段间的首尾相接，绘图中使用了“端点捕捉”辅助工具，有关“端点捕捉”等辅助工具的详细介绍，请参见第 4 章。

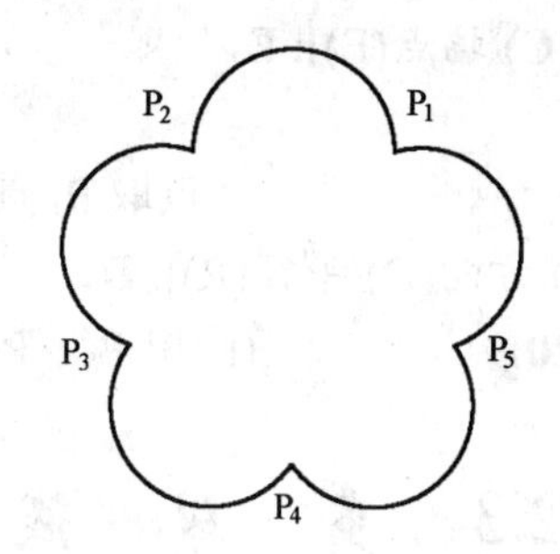

图 2-11　圆弧组成的梅花图案

命令: **ARC**↙
指定圆弧的起点或 [圆心(C)]: **140,110**↙　　(P1 点)
指定圆弧的第二点或 [圆心(C)/端点(E)]: **E**↙
指定圆弧的端点: **@40<180**↙　　(P2 点)
指定圆弧的圆心或 [角度(A)/方向(D)/半径(R)]: **R**↙
指定圆弧半径: **20**↙
命令: ↙　　(重复执行画圆弧命令)
指定圆弧的起点或 [圆心(C)]: **END**↙
于　　(点取 P2 点附近右上圆弧)
指定圆弧的第二点或 [圆心(C)/端点(E)]: **E**↙
指定圆弧的端点: **@40<252**↙　　(P3 点)
指定圆弧的圆心或 [角度(A)/方向(D)/半径(R)]: **A**↙
指定包含角: **180**↙
命令: ↙
指定圆弧的起点或 [圆心(C)]: **END**↙
于　　(点取 P3 点附近左上圆弧)
指定圆弧的第二点或 [圆心(C)/端点(E)]: **C**↙
指定圆弧的圆心: **@20<324**↙
指定圆弧的端点或 [角度(A)/弦长(L)]: **A**↙
指定包含角: **180**↙　　(画出 P3→P4 圆弧)
命令: ↙
指定圆弧的起点或 [圆心(C)]: **END**↙
于　　(点取 P4 点附近左下圆弧)
指定圆弧的第二点或 [圆心(C)/端点(E)]: **C**↙
指定圆弧的圆心: **@20<36**↙
指定圆弧的端点或 [角度(A)/弦长(L)]: **L**↙
指定弦长: **40**　　(画出 P4→P5 圆弧)
命令: ↙
指定圆弧的起点或 [圆心(C)]: **END**↙

于　　　　　　　　　　　　　　　（点取 P_5 点附近右下圆弧）
指定圆弧的第二点或 [圆心(C)/端点(E)]: **E**↙
指定圆弧的端点: **END**↙
于　　　　　　　　　　　　　　　（点取 P_1 点附近上方圆弧）
指定圆弧的圆心或 [角度(A)/方向(D)/半径(R)]: **D**↙
指定圆弧的起点切向: **@20,20**↙　　　　（画出 P_5→P_1 圆弧）

2.3　多　段　线

1. 命令

命令名：PLINE（缩写名：PL）
菜单：绘图 → 多段线
图标：“绘图”工具栏 

2. 功能

画多段线。它可以由直线段、圆弧段组成，是一个组合对象。可以定义线宽，每段起点、端点宽度可变。可用于画粗实线、箭头等。利用编辑命令 PEDIT 还可以将多段线拟合成曲线。

3. 格式

命令：**PLINE**↙
指定起点：（给出起点）
当前线宽为 **0.0000**
指定下一个点或 [圆弧(A)/半宽(H)/长度(L)/放弃(U)/宽度(W)]：（给出下一点或键入选项字母）
指定下一点或 [圆弧（A）/闭合（C）/半宽（H）/长度（L）/放弃（U）/宽度（W）]>:

4. 选项

H 或 W：定义线宽；
C：用直线段闭合；
U：放弃一次操作；
L：确定直线段长度；
A：转换成画圆弧段提示：
指定圆弧的端点或 [角度（A）/圆心（CE）/闭合（CL）/方向（D）/半宽（H）/直线（L）/半径（R）/第二个点（S）/放弃（U）/宽度（W）]:
直接给出圆弧端点，则此圆弧段与上一段相切连接；
选 A、CE、D、R、S 等均为给出圆弧段的第二个参数，相应会提示第三个参数。选 L

转换成画直线段提示；

用回车键结束命令。

5. 示例

【例 2-4】　用多段线绘制图 2-12 所示线宽为 1 的长圆形。

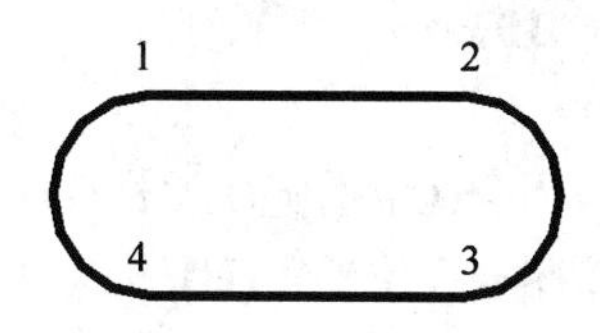

图 2-12　长圆形

命令: **PLINE**↙

指定起点: 260,110↙　　　　　　　　　　（1 点）

当前线宽为 0.0000

指定下一点或 [圆弧(A)/闭合(C)/半宽(H)/长度(L)/放弃(U)/宽度(W)]: **W**↙

指定起始宽度 <0.0000>: **1**↙

指定终止宽度 <1.0000>:↙

指定下一点或 [圆弧(A)/闭合(C)/半宽(H)/长度(L)/放弃(U)/宽度(W)]:**@40,0**↙　（2 点）

指定下一点或 [圆弧(A)/闭合(C)/半宽(H)/长度(L)/放弃(U)/宽度(W)]: **A**↙（转换成画圆弧段）

指定圆弧的端点或

[角度(A)/圆心(CE)/闭合(CL)/方向(D)/半宽(H)/直线(L)/半径(R)/第二点(S)/
　　放弃(U)/宽度(W)]: @0,−25↙　　　　　　　　　　（3 点）

指定圆弧的端点或

[角度(A)/圆心(CE)/闭合(CL)/方向(D)/半宽(H)/直线(L)/半径(R)/第二个点(S)/
　　放弃(U)/宽度(W)]: **L**↙

指定下一点或 [圆弧(A)/闭合(C)/半宽(H)/长度(L)/放弃(U)/宽度(W)]:**@ −40,0**↙（4 点）

指定下一点或 [圆弧(A)/闭合(C)/半宽(H)/长度(L)/放弃(U)/宽度(W)]: **A**↙

指定圆弧的端点或[角度(A)/圆心(CE)/闭合(CL)/方向(D)/半宽(H)/直线(L)/
　　半径(R)/第二点(S)/放弃(U)/宽度(W)]: **CL**↙

命令:

【例 2-5】　用多段线绘制图 2-13 所示符号。

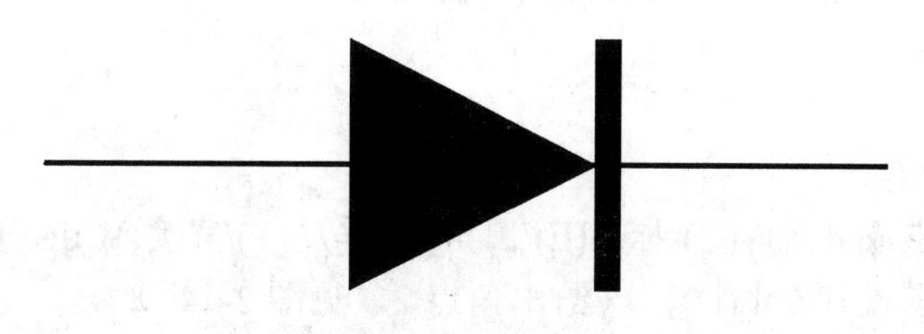

图 2-13　图形符号

命令: **PLINE**↙
指定起点: **10,30**↙
当前线宽为 0.0000
指定下一点或 [圆弧(A)/闭合(C)/半宽(H)/长度(L)/放弃(U)/宽度(W)]: **30,30**↙
指定下一点或 [圆弧(A)/闭合(C)/半宽(H)/长度(L)/放弃(U)/宽度(W)]: **W**↙
指定起始宽度 <0.0000>: **10**↙
指定终止宽度 <10.0000>: **0**↙
指定下一点或 [圆弧(A)/闭合(C)/半宽(H)/长度(L)/放弃(U)/宽度(W)]: **40,30**↙
指定下一点或 [圆弧(A)/闭合(C)/半宽(H)/长度(L)/放弃(U)/宽度(W)]: **W**↙
指定起始宽度 <0.0000>: **10**↙
指定终止宽度 <10.0000>:↙
指定下一点或 [圆弧(A)/闭合(C)/半宽(H)/长度(L)/放弃(U)/宽度(W)]: **41,30**↙
指定下一点或 [圆弧(A)/闭合(C)/半宽(H)/长度(L)/放弃(U)/宽度(W)]: **W**↙
指定起始宽度 <10.0000>: **0**↙
指定终止宽度 <0.0000>:↙
指定下一点或 [圆弧(A)/闭合(C)/半宽(H)/长度(L)/放弃(U)/宽度(W)]: **60,30**↙
指定下一点或 [圆弧(A)/闭合(C)/半宽(H)/长度(L)/放弃(U)/宽度(W)]: ↙
命令:

2.4 平面图形

AutoCAD 提供了一组绘制简单平面图形的命令，它们都由多段线创建而成。

2.4.1 矩形

1. 命令

命令行：RECTANG（缩写名：REC）
菜单：绘图 → 矩形
图标：“绘图”工具栏 

2. 功能

画矩形，底边与 X 轴平行，可带倒角、圆角等。

3. 格式

命令: **RECTANG**↙
指定第一个角点或 [倒角(C)/标高(E)/圆角(F)/厚度(T)/宽度(W)]: （给出角点 1）
指定另一个角点或 [尺寸(D)]: （给出角点 2，见图 2-14*a*）

4. 选项

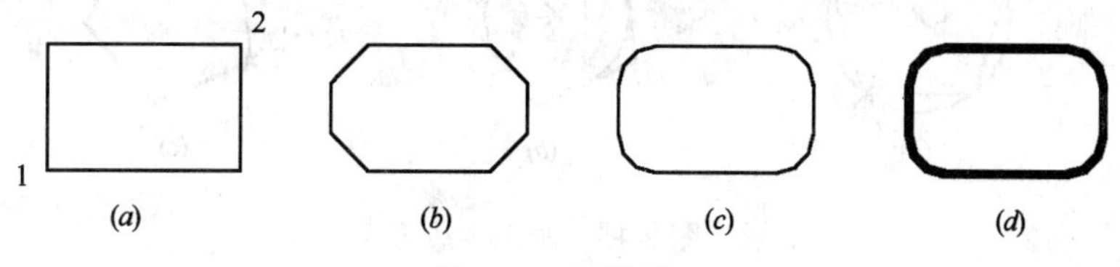

图 2-14　画矩形

选项 C 用于指定倒角距离，绘制带倒角的矩形（见图 2-14*b*）；

选项 E 用于指定矩形标高（Z 坐标），即把矩形画在标高为 Z，和 XOY 坐标面平行的平面上，并作为后续矩形的标高值；

选项 F 用于指定圆角半径，绘制带圆角的矩形（见图 2-14*c*）；

选项 T 用于指定矩形的厚度；

选项 W 用于指定线宽（见图 2-14*d*）；

选项 D 用于指定矩形的长度和宽度数值。

2.4.2　正多边形

1. 命令

命令行：POLYGON（缩写名：POL）

菜单：绘图 → 正多边形

图标：“绘图”工具栏 

2. 功能

画正多边形，边数 3～1024，初始线宽为 0，可用 PEDIT 命令修改线宽。

3. 格式与示例

命令: **POLYGON**↙

输入边的数目 <4>:**6**↙　　　　　　　（给出边数 6）

指定多边形的中心点或 [边(E)]: （给出中心点 1）

输入选项 [内接于圆(I)/外切于圆(C)] <I>:↙（选内接于圆，见图 2-15*a*，如选外切与圆，见图 2-15*b*）；

指定圆的半径:（给出半径）

4. 说明

选项 E 指提供一个边的起点 1、端点 2，AutoCAD 按逆时针方向创建该正多边形（见图 2-15*c*）。

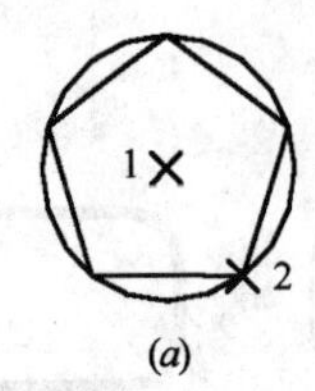

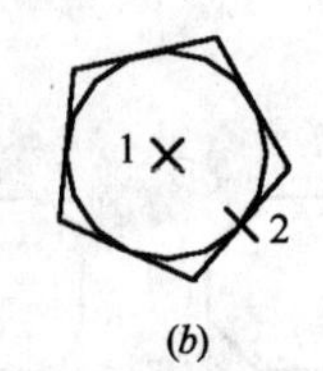

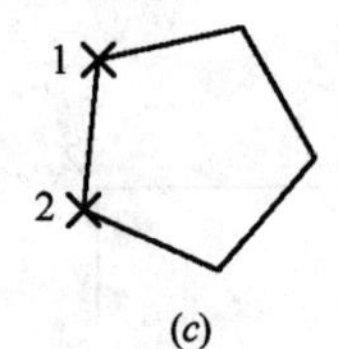

图 2-15　画正多边形

2.4.3　圆环

1. 命令

命令行：DONUT（缩写名：DO）
菜单：绘图 → 圆环

2. 功能

画圆环。

3. 格式

命令: **DONUT**↙
指定圆环的内径 <10.0000>: (输入圆环内径或回车)
指定圆环的外径 <20.0000>: (输入圆环外径或回车)
指定圆环的中心点或 <退出>:（可连续画，用回车结束命令，见图 2-16*a*）

4. 说明

如内径为零，则画出实心填充圆（见图 2-16*b*）。

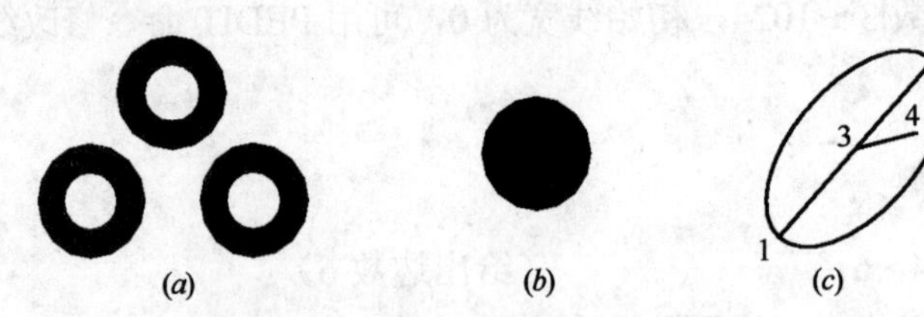

图 2-16　画圆环、椭圆

2.4.4　椭圆和椭圆弧

1. 命令

命令行：ELLIPSE（缩写名：EL）
菜单：绘图 → 椭圆

图标：“绘图”工具栏  

2. 功能

画椭圆，当系统变量 PELLPSE 为 1 时，画由多线段拟合成的近似椭圆，当系统变量 PELLPSE 为 0（缺省值）时，创建真正的椭圆，并可画椭圆弧。

3. 格式

命令: **ELLIPSE↙**
指定椭圆的轴端点或 [圆弧(A)/中心点(C)]: （给出轴端点 1，见图 2-16*c*）
指定轴的另一个端点: （给出轴端点 2）
指定另一条半轴长度或 [旋转(R)]: （给出另一半轴的长度 3→4，画出椭圆）

2.5　点

2.5.1　点

1. 命令

命令行：POINT（缩写名：PO）
菜单：绘图 → 点 → 单点 或 多点
图标：“绘图”工具栏

2. 格式

命令: **POINT↙**
当前点模式: PDMODE=0　PDSIZE=0.0000
指定点: (给出点所在位置)
命令:

3. 说明

（1）单点只输入一个点，多点可输入多个点；
（2）点在图形中的表示样式，共有 20 种。可通过命令 DDPTYPE 或拾取菜单：格式 → 点样式，从弹出的“点样式”对话框来设置，见图 2-17。

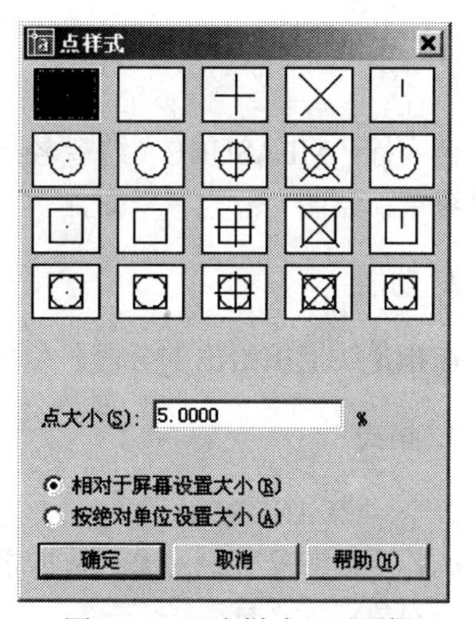

图 2-17　“点样式”对话框

2.5.2　定数等分点

1. 命令

命令行：DIVIDE（缩写名：DIV）
菜单：绘图 → 点 → 定数等分

2. 功能

在指定线（直线、圆、圆弧、椭圆、椭圆弧、多段线和样条曲线）上，按给出的等分段数，设置等分点。

3. 格式

命令：**DIVIDE↙**

选择要定数等分的对象：(指定直线、圆、圆弧、椭圆、椭圆弧、多段线和样条曲线等等分对象)

输入线段数目或 [块(B)]： (输入等分的段数,或 B 选项在等分点插入图块)

4. 说明

（1）等分数范围 2～32767；

（2）在等分点处，按当前点样式设置画出等分点；

（3）在等分点处也可以插入指定的块（BLOCK）（见第 7 章）；

（4）图 2-18（*a*）为在一多段线上设置等分点（分段数为 6）的示例。

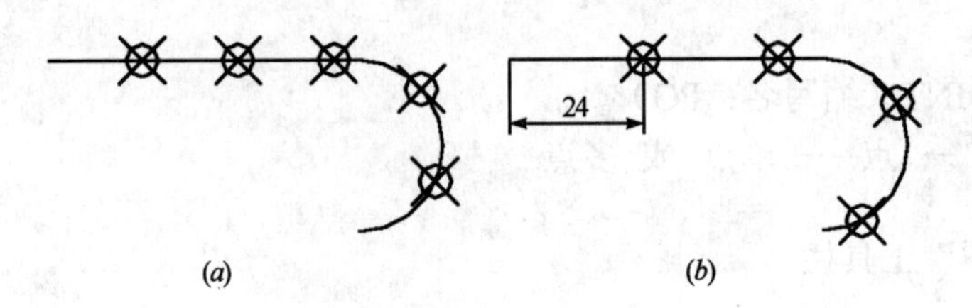

图 2-18 定数等分点和定距等分点

2.5.3 定距等分点

1. 命令

命令行：MEASURE（缩写名：ME）

菜单：绘图 → 点 → 定距等分

2. 功能

在指定线上按给出的分段长度放置点。

3. 格式

命令：**MEASURE↙**

选择要定距等分的对象： (指定直线、圆、圆弧、椭圆、椭圆弧、多段线和样条曲线等等分对象)

指定线段长度或 [块(B)]： (指定距离或键入 B)

4. 示例

图 2-18（*b*）为在同一条多段线上放置点，分段长度为 24，测量起点在直线的左端点处。

2.6 样 条 曲 线

样条曲线广泛应用于曲线、曲面造型领域，AutoCAD 使用 NURBS（非均匀有理 B 样条）来创建样条曲线。

1. 命令

命令名：SPLINE（缩写名：SPL）
菜单：绘图 → 样条曲线
图标："绘图"工具栏

2. 功能

创建样条曲线，也可以把由 PEDIT 命令创建的样条拟合多段线转化为真正的样条曲线。

3. 格式

命令：SPLINE↙
指定第一个点或 [对象(O)]：（输入第 1 点）
指定下一点：（输入第 2 点，这些输入点称样条曲线的拟合点）
指定下一点或 [闭合(C)/拟合公差(F)] <起点切向>:（输入点或回车，结束点输入）
指定起点切向:
指定端点切向:
（如输入 C 选项后，要求输入闭合点处切线方向）
输入切向:

4. 选项说明

对象（O）：要求选择一条用 PEDIT 命令创建的样条拟合多段线，把它转换为真正的样条曲线。

拟合公差（F）：控制样条曲线偏离拟合点的状态，缺省值为零，样条曲线严格地经过拟合点。拟合公差愈大，曲线对拟合点的偏离愈大。利用拟合公差可使样条曲线偏离波动较大的一组拟合点，从而获得较平滑的样条曲线。

图 2-19（*a*）为输入拟合点 1、2、3、4、5，起点切向 1→6，终点切向 5→7 生成的样条曲线，图 2-19（*b*）为拟合点 1、2、3、4、5 位置不变，改变切向 1→6、5→7 位置，引起样条曲线造型结果改变的情况。图 2-19（*c*）为拟合公差非零（如取值为 20）的情况。

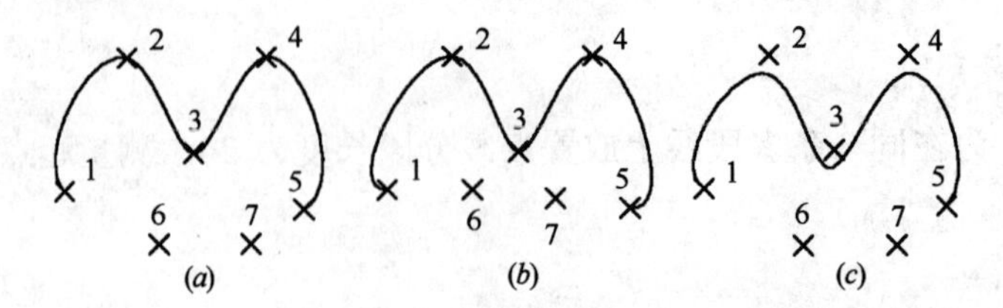

图 2-19　样条曲线和拟合点

图 2-20（*a*）为输入拟合点 1、2、3、4、5，生成闭合样条曲线，闭合点 1 处切向为 1→6 的情况。

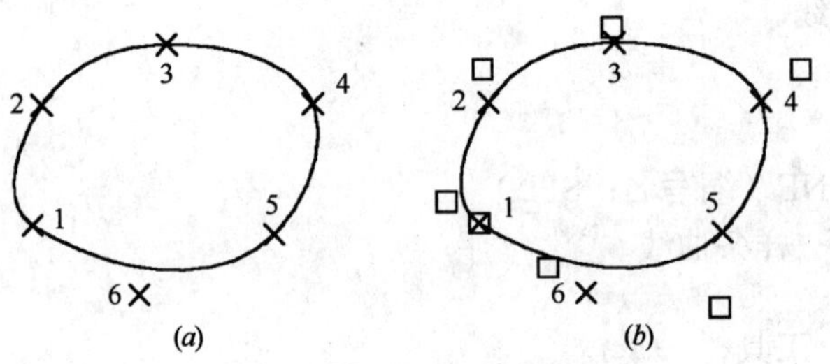

图 2-20　闭合样条曲线

5. 控制点

根据样条曲线的生成原理，AutoCAD 在由拟合点确定样条曲线后，还计算出该样条曲线的控制多边形框架，控制多边形各顶点称为样条曲线的控制点，如图 2-20（*b*），为闭合样条曲线的控制点位置，改变控制点的位置也可以改变样条曲线的形状。

例如，图 2-21(*a*)为一多段线，并用 PEDIT 命令生成的样条拟合多段线。在使用 SPLINE 命令，选择对象（O）后，可以把它转化为真正的样条曲线，如图 2-21（*b*），由于该样条曲线没有由输入拟合点生成，所以它只记录控制点信息，而没有拟合点的信息。

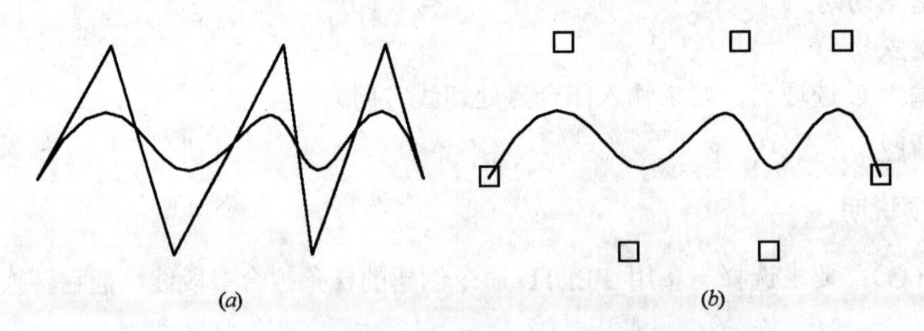

图 2-21　样条拟合多段线转化为真正的样条曲线

2.7　图案填充

AutoCAD 的图案填充（HATCH）功能可用于绘制剖面符号或剖面线；表现表面纹理或涂色。它应用在绘制建筑图、机械图、地质构造图等各类图样中。

2.7.1 概述

1. AutoCAD 提供的图案类型

AutoCAD 提供下列 3 种图案类型：

（1）“预定义”类型：即用图案文件 ACAD.PAT（英制）或 ACADISO.PAT（公制）定义的类型。当采用公制时，系统自动调用 ACADISO.PAT 文件。每个图案对应有一个图案名，图 2-22 所示为其部分图案，每个图案实际上由若干组平行线条组成。此外，还提供了一个名为 SOLID（实心）的图案，它是光栅图像格式的填充，如图 2-23（*a*），图 2-23（*b*）是在一个封闭曲线内的实心填充。

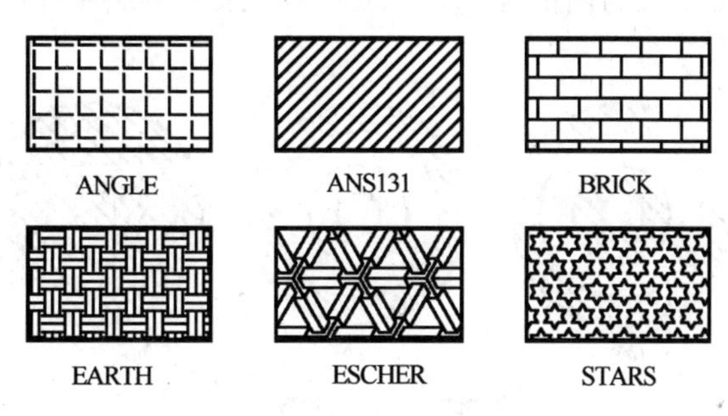

图 2-22　预定义类型图案

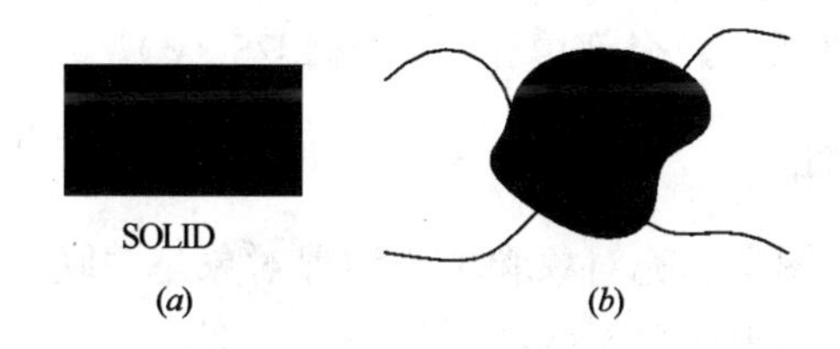

图 2-23　实心图案

（2）“用户定义”类型：图案由一组平行线组成，可由用户定义其间隔与倾角，并可选用由两组平行线互相正交的网格形图案。它是最简单也是最常用的，通常称为 U 类型。

（3）“自定义”类型：是用户自定义图案数据，并写入自定义图案文件的图案。

2. 图案填充区边界的确定与孤岛检测

AutoCAD 规定只能在封闭边界内填充，封闭边界可以是圆、椭圆、闭合的多段线、样条曲线等。

如图 2-24（*a*），不存在封闭边界，因此不能完成填充。在图 2-24（*b*）中，其外轮廓线为 4 条直线段，首尾不相连，但可以通过 BOUNDARY（边界）命令，构造一条闭合多段线边界，或在执行 BHATCH 命令过程中，系统自动构造一条临时的闭合多段线边界，所以是可以填充的。

出现在填充区内的封闭边界，称为孤岛，它包括字符串的外框等，如图 2-24（*b*）。AutoCAD 通过孤岛检测可以自动查找，并且在缺省情况下，对孤岛不填充。

确定图案填充区的边界是进行正确图案填充的一个重要问题。

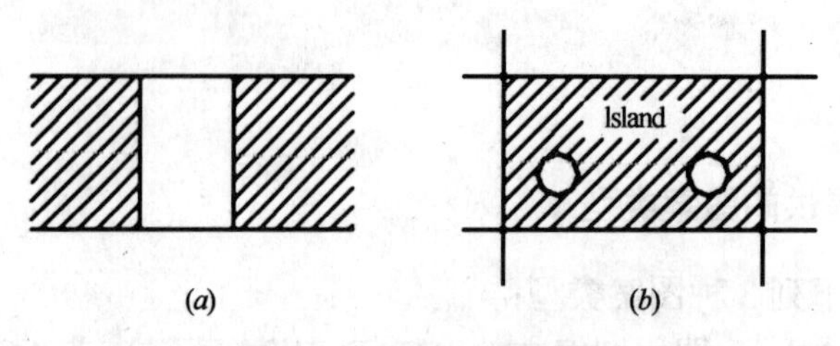

图 2-24　填充区边界和孤岛

3．图案填充的边界样式

AutoCAD 提供 3 种填充样式，供用户选用：

（1）普通样式：对于孤岛内的孤岛，AutoCAD 采用隔层填充的方法，如图 2-25（*a*），这是缺省设置的样式；

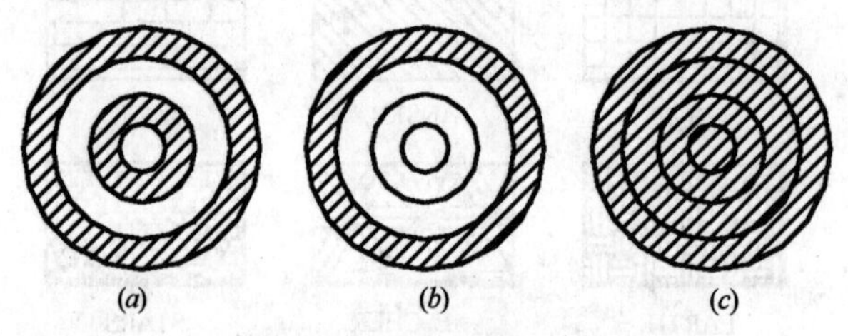

图 2-25　图案填充样式

（2）外部样式：只对最外层进行填充，如图 2-25（*b*）；

（3）忽略样式：忽略孤岛，全部填充，如图 2-25（*c*）。

4．图案填充的关联性

在缺省设置情况下，图案填充对象和填充边界对象是关联的，这使得对于绘制完成的图案填充，可以使用各种编辑命令修改填充边界，图案填充区域也随之作关联改变，十分方便。

2.7.2　图案填充

1．命令

命令名：BHATCH（缩写名：H、BH；命令名 HATCH 只用于命令行）

菜单：绘图 → 图案填充

图标："绘图"工具栏

2．功能

用对话框操作，实施图案填充，包括：

（1）选择图案类型，调整有关参数；

（2）选定填充区域，自动生成填充边界；

（3）选择填充样式；

（4）控制关联性；

（5）预视填充结果。

3．对话框及其操作说明

BHATCH 命令启动以后，出现“边界图案填充”对话框，如图 2-26 所示。其包含“图案填充”、“高级”和“渐变色”三个选项卡，缺省时打开的是“图案填充”选项卡，其主要选项及操作说明如下：

（1）“类型”：用于选择图案类型，可选项为：预定义、用户定义和自定义。

（2）“图案”：显示当前填充图案名，单击其后的“...”按钮将弹出“填充图案选项板”对话框，显示 ACAD.PAT 或 ACADISO.PAT 图案文件中各图案的图像块菜单（如图 2-27），供用户选择装入某种预定义的图案。

当选用“用户定义（U）”类型的图案时，可用“间距”项控制平行线的间隔，用“角度”项控制平行线的倾角。并用“双向”项控制是否生成网格形图案。

（3）“样例”：显示当前填充图案。

（4）“角度”：填充图案与水平方向的倾斜角度。

（5）“比例”： 填充图案的比例。

（6）“拾取点”：提示用户在图案填充边界内任选一点，系统按一定方式自动搜索，从而生成封闭边界。其提示为：

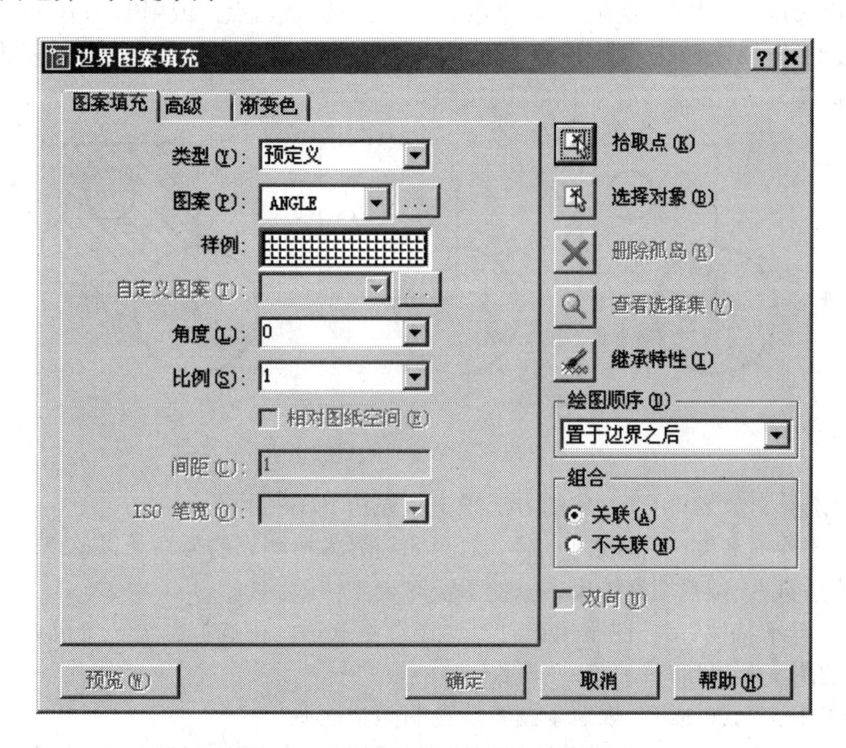

图 2-26　“边界图案填充”对话框

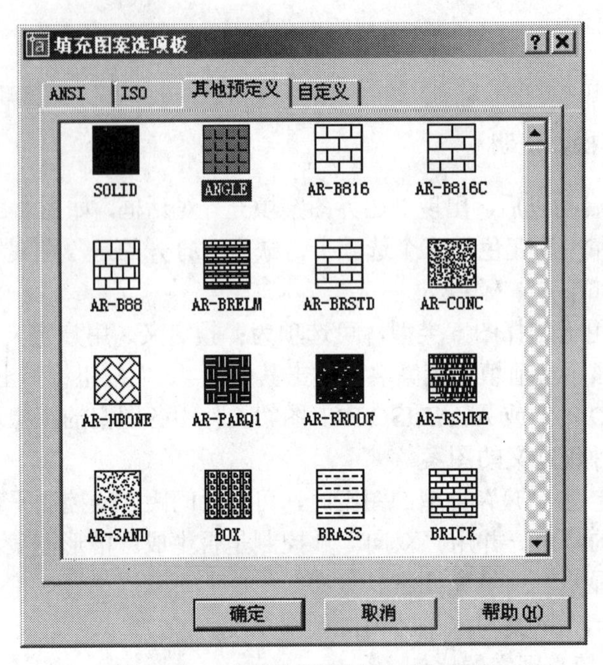

图 2-27　选用预制类图案的图标菜单

选择内部点：(拾取一内点)

选择内部点：(用回车结束选择或继续拾取另一区域内点，或用 U 取消上一次选择)

图 2-28（*a*）所示为拾取一内点，图 2-28（*b*）为显示自动生成的临时封闭边界（包括检测到的孤岛），图 2-28（*c*）为填充的结果。

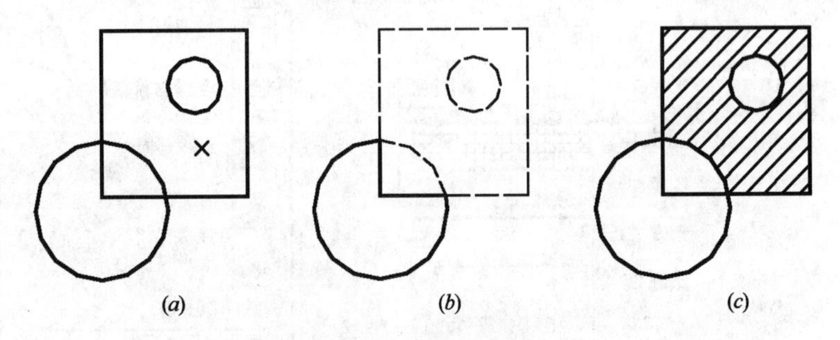

图 2-28　填充边界的自动生成

（7）“选择对象”：用选对象的方法确定填充边界。

（8）“删除孤岛”：在拾取内点后，对封闭边界内检测到的孤岛予以忽略。

（9）“预览”：预视填充结果，以便于及时调整修改。

（10）“继承特性”：在图案填充时，通过继承选项，可选择图上一个已有的图案填充来继承它的图案类型和有关的特性设置。

（11）“组合”选项组：规定了图案填充的两个性质：

“关联”：缺省设置为生成关联图案填充，即图案填充区域与填充边界是关联的；

“不关联”：缺省设置为“关闭”，即图案填充作为一个对象（块）处理；如把“不关联”设置为“开”，则图案填充分解为一条条直线，并丧失关联性。

（12）“确定”：按所作的选择绘制图案填充。

填充图案按当前设置的颜色和线型绘制。

“高级”选项卡如图 2-29 所示，它用于改变在图案填充时系统所作的缺省设置。

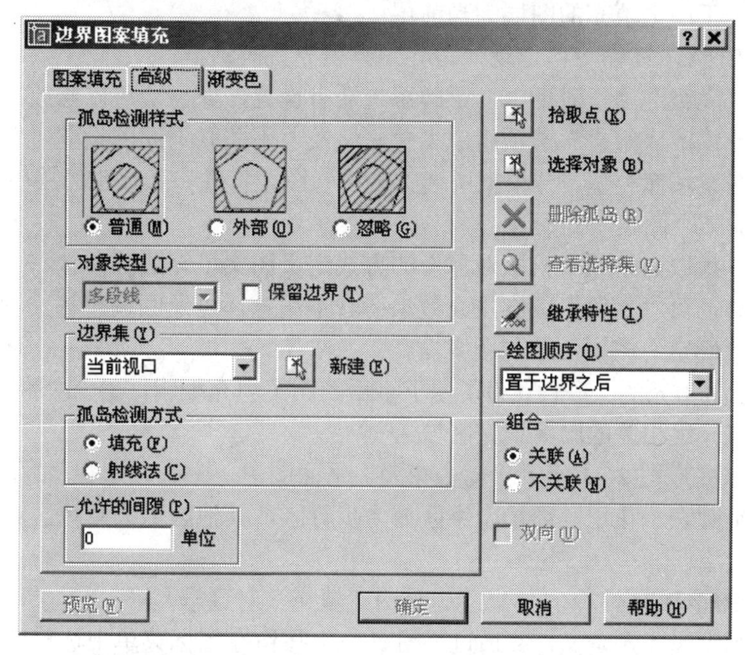

图 2-29　“边界图案填充”对话框中的“高级”选项卡

“渐变色”选项卡如图 2-30 所示，通过它可以以单色浓淡过渡或双色渐变过渡对指定区域进行渐变颜色填充。

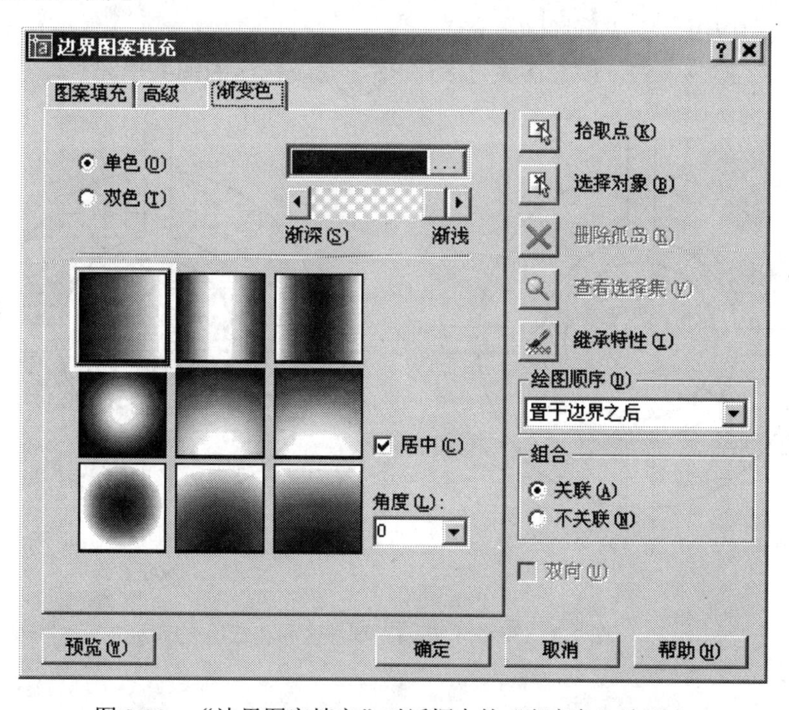

图 2-30　“边界图案填充”对话框中的“渐变色”选项卡

4．操作过程及举例

图案填充的操作过程如下：

（1）设置用于图案填充的图层为当前层；

（2）启动 BHATCH 命令，出现“边界图案填充”对话框；

（3）启动“高级选项”对话框，了解系统缺省设置，如需要可以修改；

（4）确认或修改“组合”选项组中“关联”及“不关联”间的设置；

（5）选择图案填充类型，并根据所选类型设置图案特性参数，也可用“继承特性”选项；继承已画的某个图案填充对象；

（6）通过“拾取点”或“拾取对象”的方式定义图案填充边界；

（7）必要时，可“预览”图案填充效果；若不满意，可返回调整相关参数；

（8）单击“确定”按钮，绘制图案填充；

（9）由于图案填充的关联性，为了便于事后的图案填充编辑，在一次图案填充命令中，最好只选一个或一组相关的图案填充区域。

【例 2-6】　完成图 2-31 所示“街心花园”平面图中，中心花坛和草坪区的图案填充。图中，中间的小圆表示花坛，环形十字区域为步行区，其他区域为草坪区。

操作步骤如下：

（1）启动 BHATCH 命令，弹出“边界图案填充”对话框；

（2）图案类型设为预定义，并通过“图案... ”按钮在图标菜单中选草坪图案 GRASS；

（3）在“比例”文本框中，调整“比例”选项的值；

（4）单击对话框右上角的“拾取点”按钮，在欲填充的草坪区内各选一内点，定义填充边界；

（5）预视和应用，完成草坪区填充；

（6）重复（1）~（5），填充图案选 STARS，完成花坛的图案填充。

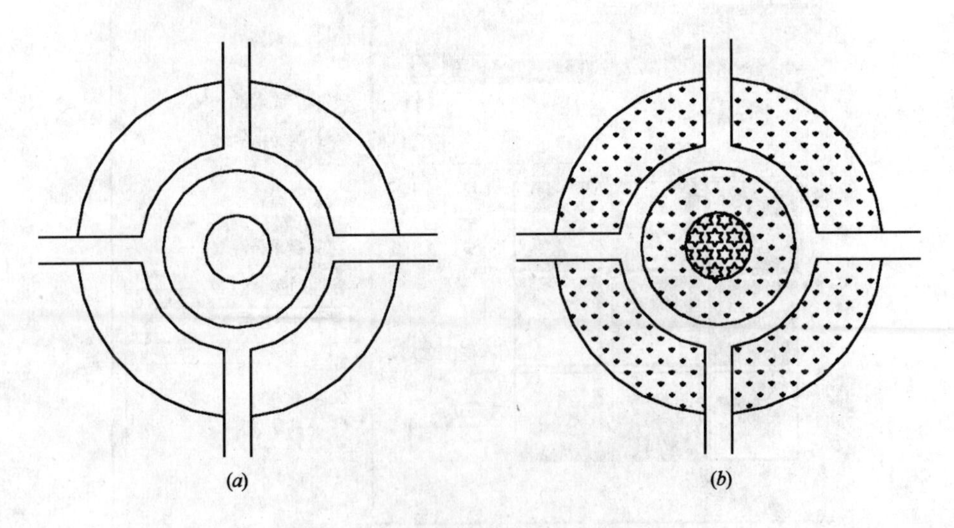

图 2-31　“街心花园”草坪区和花坛填充

5. 图案填充有关的系统变量

（1）HPANG：当前图案填充倾角；
（2）HPBOUND：填充边界的类型, < 0 > = Polyline,　1 = Region
（3）HPDOUBLE：U 类型图案填充时画网格线，< 0 > = Off,　1 = On
（4）HPNAME：填充图案名；
（5）HPSCALE：填充图案比例；
（6）HPSPACE：U 类型图案填充时，平行线间隔，缺省值为 1.0。

前面各节介绍了绘制二维图形的基本命令和方法，各个命令在使用的过程中还有很多技巧，需要用户在不断的绘图实践中去领会。对于复杂图形，绘图命令与下一章介绍的编辑命令结合使用会更好。有些命令（如徒手线 SKETCH、实体图形 SOLID、轨迹线 TRACK、修订云线 REVCLOUD 等）在实际绘图中较少使用，本书未作介绍，感兴趣的读者不妨自己上机试一下。

2.8　AutoCAD 绘图的作业过程

完成一个 AutoCAD 作业，需要综合应用各类 AutoCAD 命令，现简述如下，在后面的章节中将继续对用到的各类命令作详细介绍。

（1）利用设置类命令，设置绘图环境，如单位、捕捉、栅格等（详见第 4 章）；
（2）利用绘图类命令，绘制图形对象；
（3）利用修改类命令，编辑与修改图形，如用删除（Erase）命令，擦去已画的图形，用放弃（U）命令，取消上一次命令的操作等（详见第 3 章）；
（4）利用视图类命令及时调整屏幕显示，如利用缩放（Zoom）命令和平移（Pan）命令等（详见第 5 章）；
（5）利用文件类命令创建、保存或打印图形。

第3章 二维图形编辑

图形编辑是指对已有图形对象进行移动、旋转、缩放、复制、删除及其他修改操作。它可以帮助用户合理构造与组织图形，保证作图的准确度，减少重复的绘图操作，从而提高设计与绘图效率。本章将介绍有关图形编辑的菜单、工具栏及二维图形编辑命令。

图形编辑命令集中在下拉菜单“修改”中，有关图标集中在“修改”工具栏中，有关修改多段线、多线、样条曲线、图案填充等命令的图标集中在“修改Ⅱ”工具栏中，见图3-1。

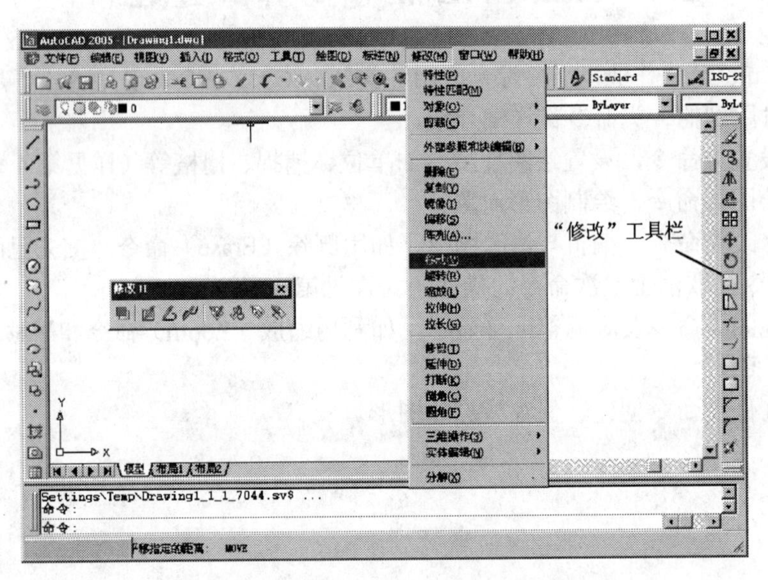

图3-1 “修改”菜单和“修改”工具栏

3.1 构造选择集

编辑命令一般分两步进行：

（1）在已有的图形中选择编辑对象，即构造选择集；

（2）对选择集实施编辑操作。

1. 构造选择集的操作

输入编辑命令后出现的提示为：

选择对象：

即开始了构造选择集的过程，在选择过程中，选中的对象醒目显示（即改用虚线显示），表示已加入选择集。AutoCAD 提供了多种选择对象及操作的方法，现列举如下：

（1）直接拾取对象：拾取到的对象醒目显示；

（2）M：可以多次直接拾取对象，该过程用回车结束，此时所有拾取到的对象醒目显示；

（3）L：选最后画出的对象，它自动醒目显示；

（4）ALL：选择图中的全部对象（在冻结或加锁图层中的除外）；

（5）W：窗口方式，选择全部位于窗口内的所有对象；

（6）C：窗交方式，即除选择全部位于窗口内的所有对象外，还包括与窗口四条边界相交的所有对象；

（7）BOX：窗口或窗交方式，当拾取窗口的第一角点后，如用户选择的另一角点在第一角点的右侧，则按窗口方式选择对象，如在左侧，则按窗交方式选对象；

（8）WP：圈围方式，即构造一个任意的封闭多边形，在圈内的所有对象被选中；

（9）CP：圈交方式，即圈内及和多边形边界相交的所有对象均被选中；

（10）F：栏选方式，即画一条多段折线，像一个栅栏，与多段折线各边相交的所有对象被选中；

（11）P：选择上一次生成的选择集；

（12）SI：选中一个对象后，自动进入后续编辑操作；

（13）AU：自动开窗口方式，当用光标拾取一点，并未拾取到对象时，系统自动把该点作为开窗口的第一角点，并按 BOX 方式选用窗口或窗交；

（14）R：把构造选择集的加入模式转换为从已选中的对象中移出对象的删除模式，其提示转化为：

删除对象：

在该提示下，亦可使用直接拾取对象、开窗口等多种选取对象方式；

（15）A：把删除模式转化为加入模式，其提示恢复为：

选择对象：

（16）U：放弃前一次选择操作；

（17）回车：在“选择对象：”或“删除对象：”提示下，用回车响应，就完成构造选择集的过程，可对该选择集进行后续的编辑操作。

2. 示例

在当前屏幕上已绘有图 3-2 所示两段圆弧和两条直线，现欲对其中的部分图形进行删除操作，则首先应指定要删除的图形对象，即构造选择集，然后才能对选中的部分执行删除操作。

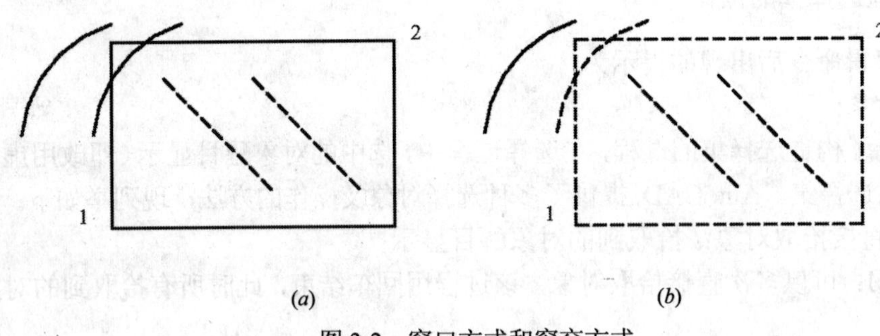

图 3-2　窗口方式和窗交方式

命令: **ERASE**↙　　　　（删除图形命令）
选择对象: **W**↙　　　　（选窗口方式）
指定第一个角点:　　　（单击 1 点）
指定对角点:　　　　　（单击 2 点）
找到 2 个　　　　　　（选中部分变虚显示，见图 3-2*a*）
选择对象:　　　　　　（回车，结束选择过程，删去选定的直线）

在上面构造选择集的操作中，如选择窗交方式 C，则还有一条圆弧和窗口边界相交（如图 3-2*b*），也会删去。

3. 说明

（1）在“选择对象”提示下，如果输入错误信息，则系统出现下列提示：

需要点或窗口(W)/上一个(L)/窗交(C)/框(BOX)/全部(ALL)/栏选(F)/圈围(WP)/圈交(CP)/编组(G)/类
(CL)/添加(A)/删除(R)/多个(M)/上一个(P)/放弃(U)/自动(AU)/单个(SI)
选择对象:

系统用列出所有选择对象方式的信息来引导用户正确操作；

（2）AutoCAD 允许用名词/动词方式进行编辑操作，即可以先用拾取对象、开窗口等方式构造选择集，然后再启动某一编辑命令；

（3）有关选择对象操作的设置，可由“对象选择设置”（Ddselect）命令控制；

（4）AutoCAD 提供一个专用于构造选择集的命令：“选择”（SELECT）；

（5）AutoCAD 提供对象编组（Group）命令来构造和处理命名的选择集；

（6）AutoCAD 提供“对象选择过滤器”（Filter）命令来指定对象过滤的条件，用于创造合适的选择集；

（7）对于重合的对象，在选择对象时同时按 Ctrl 键，则进入循环选择，可以决定所选的对象。

选择集模式的控制集中于“选项”对话框中“选择”选项卡下的“选择模式”选项组内，具体如图 3-3 所示。用户可按自己的需要设置构造选择集的模式。显示“选项”对话框的方法为：选择菜单“工具”→“选项”→“选择”选项卡。

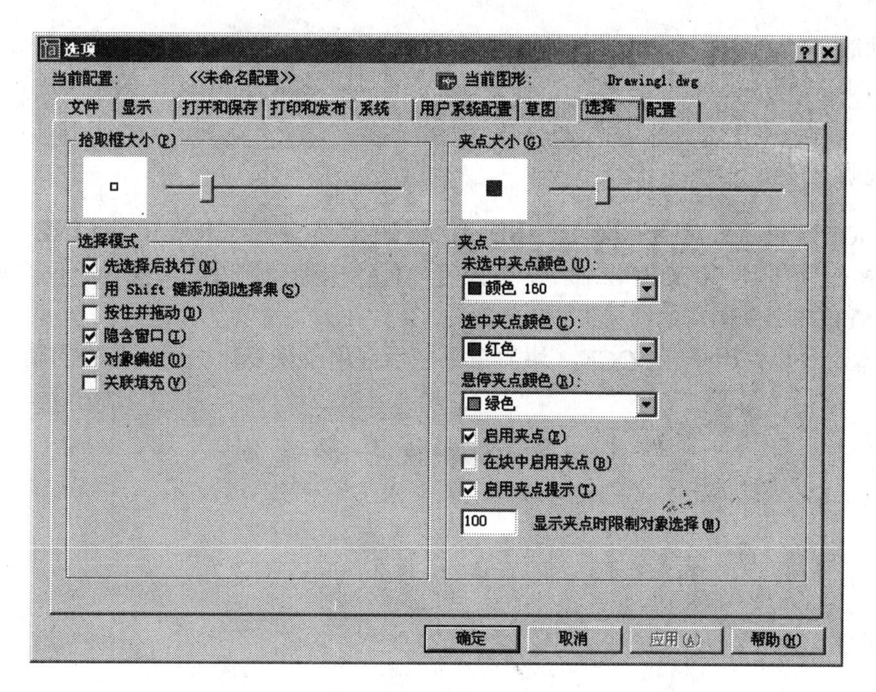

图 3-3 “选择”选项卡

3.2　删除和恢复

3.2.1　删除

1. 命令

命令行：ERASE （缩写名：E）
菜单：修改 → 删除

图标：“修改”工具栏

2. 格式

命令： **ERASE**↙
选择对象：（选对象，如图 3-2 所示）
选择对象：（回车，删除所选对象）

3.2.2　恢复

1. 命令

命令行：OOPS

2. 功能

恢复上一次用 ERASE 命令所删除的对象。

3. 说明

(1) OOPS 命令只对上一次 ERASE 命令有效，如使用 ERASE > LINE > ARC > LAYER 操作顺序后，用 OOPS 命令，则恢复 ERASE 命令删除的对象，而不影响 LINE、ARC、LAYER 命令操作的结果；

(2) 本命令也常用于 BLOCK（块）命令之后，用于恢复建块后所消失的图形。

3.3 命令的放弃和重做

3.3.1 放弃（U）命令

1. 命令

命令行：U

菜单：编辑 → 放弃

图标："标准"工具栏

2. 功能

取消上一次命令操作，它是 UNDO 命令的简化格式，相当于 UNDO 1，但 U 命令不是 UNDO 命令的缩写名。U 和 UNDO 命令不能取消诸如 PLOT、SAVE、OPEN、NEW 或 COPYCLIP 等对设备做读、写数据的命令。

3.3.2 放弃（UNDO）命令

1. 命令

命令行：UNDO

2. 功能

放弃上几次命令操作，并控制 UNDO 功能的设置。

3. 格式

命令：**UNDO**↙

输入要放弃的操作数目或 [自动(A)/控制(C)/开始(BE)/结束(E)/标记(M)/后退(B)] <1>:（输入取消命令的次数或选项）

4. 选项说明

（1）要放弃的操作数目： 指定取消命令的次数。

（2）自动（A）：控制是否把菜单项的一次拾取看作一次命令（不论该菜单项是由多少条命令的顺序操作组成），它出现提示：

输入 UNDO 自动模式 [开(ON)/关(OFF)] <On>:

（3）控制（C）：控制 UNDO 功能，它出现提示：

输入 UNDO 控制选项 [全部(A)/无(N)/一个(O)] <全部>:

A 为全部 UNDO 功能有效；N 为取消 UNDO 功能；O 为只有 UNDO 1（相当于 U 命令）有效；

（4）开始（BE）和结束（E）： 用于命令编组，一组命令在 UNDO 中只作为一次命令对待，例如，操作序列为：

LINE > UNDO BE > ARC > CIRCLE > ARC > UNDO E > DONUT

则 ARC > CIRCLE > ARC 为一个命令编组；

（5）标记（M）和返回（B）： 在操作序列中，用 UNDO M 作出标记，如后续操作中使用 UNDO B，则取消该段操作中的所有命令，如果前面没有作标记，则出现提示：

将放弃所有操作。确定？<Y>:

确认则作业过程将退回到 AutoCAD 初始状态。

在试画过程中，利用设置 UNDO M 可以迅速取消试画部分；

3.3.3 重做（REDO）命令

1. 命令

命令行：REDO

菜单： 编辑 → 重做

图标：“标准”工具栏 

2. 功能

重做刚用 U 或 UNDO 命令所放弃的命令操作。

3.4 复制和镜像

3.4.1 复制

1. 命令

命令行： COPY（缩写名：CO、CP）

菜单： 修改 → 复制

图标：“修改”工具栏

2. 功能

复制选定对象，可作多重复制。

3. 格式及示例

命令： **COPY**↙
选择对象：（构造选择集，如图 3-4 选一圆）
找到 1 个
选择对象：（回车，结束选择）
指定基点或位移，或者 [重复(M)]：（定基点 A）
指定位移的第二点或 <用第一点作位移>:（位移点 B，该圆按矢量$\overline{AB}$复制到新位置）
命令:
（在选择“重复”进行多重复制时：）
指定基点或位移，或者 [重复(M)]: **M**↙
指定基点：（定基点 A）
指定位移的第二点或 <用第一点作位移>:（B 点）
指定位移的第二点或 <用第一点作位移>:（C 点）
指定位移的第二点或 <用第一点作位移>:（回车）
(所选圆按矢量$\overline{AB}$、$\overline{AC}$复制到两个新位置，如图 3-5)

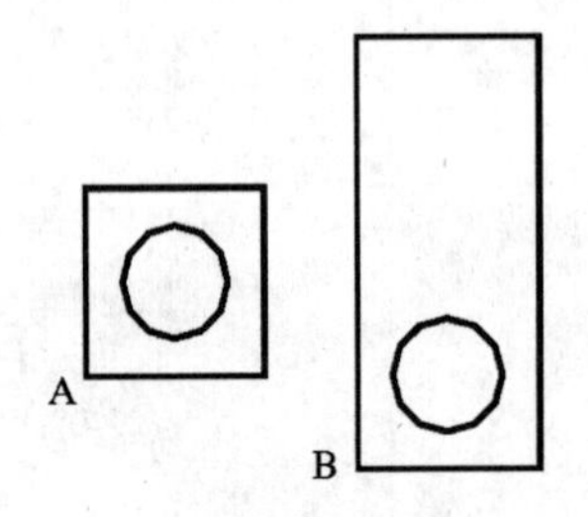

图 3-4 复制对象

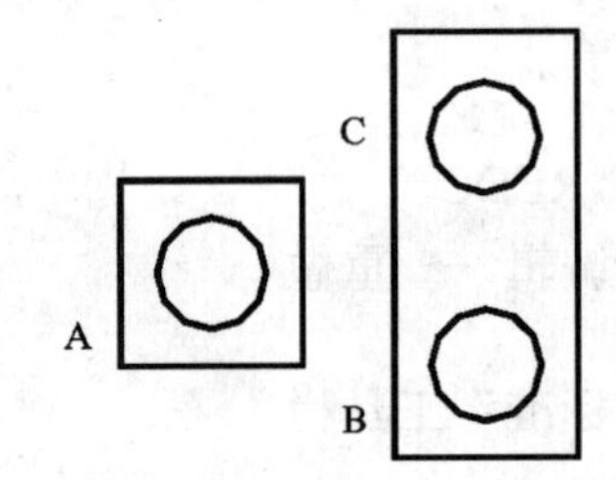

图 3-5 多重复制对象

4. 说明

（1）在单个复制时，如对提示 位移第二点：用回车响应，则系统认为 A 点是位移点，基点为坐标系原点 O（0,0,0），即按矢量$\overline{OA}$复制；

（2）基点与位移点可用光标定位，坐标值定位，也可利用对象捕捉来准确定位。

3.4.2 镜像

1. 命令

命令行：MIRROR（缩写名：MI）
菜单：修改 → 镜像
图标："修改"工具栏 

2. 功能

用轴对称方式对指定对象作镜像，该轴称为镜像线，镜像时可删去原图形，也可以保留原图形（镜像复制）。

3. 格式及示例

在图 3-6 中欲将左下图形和 ABC 字符相对 AB 直线镜像出右上图形和字符，则操作过程如下：

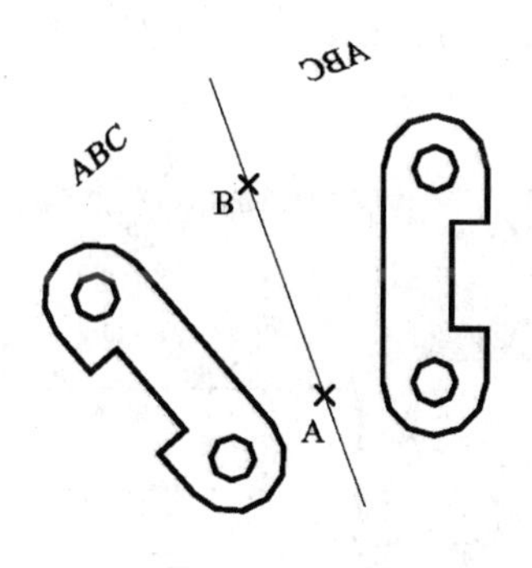

图 3-6 文本完全镜像

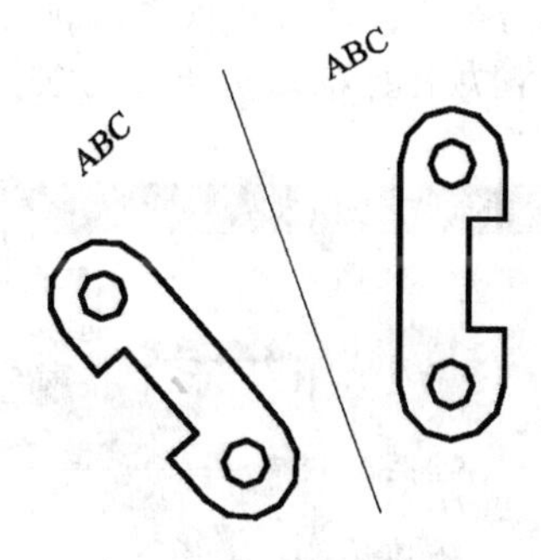

图 3-7 文本可读镜像

命令：**MIRROR**↙
选择对象：（构造选择集，在图 3-6 中选中左下图形和 ABC 字符）
选择对象：（回车，结束选择）
指定镜像线的第一点：（指定镜像线上的一点，如 A 点）
指定镜像线的第二点：（指定镜像线上的另一点，如 B 点）
是否删除源对象？[是(Y)/否(N)] <N>:↙（回车，不删除原图形）

4. 说明

在镜像时，镜像线是一条临时的参照线，镜像后并不保留。

在图 3-6 中，文本做了完全镜像，镜像后文本变为反写和倒排，使文本不便阅读。如在调用镜像命令前，把系统变量 MIRRTEXT 的值置为 0（off），则镜像时对文本只做文本框的镜像，而文本仍然可读，此时的镜像结果如图 3-7。

3.5 阵列和偏移

3.5.1 阵列

1. 命令

命令行： ARRAY（缩写名：AR）
菜单：修改 → 阵列

图标：“修改”工具栏

2. 功能

对选定对象作矩形或环形阵列式复制。

3. 对话框及操作

启动阵列命令后，将弹出图 3-8 所示“阵列”对话框。从中可对阵列的方式（矩形阵列或环行阵列）及其具体参数进行设置。

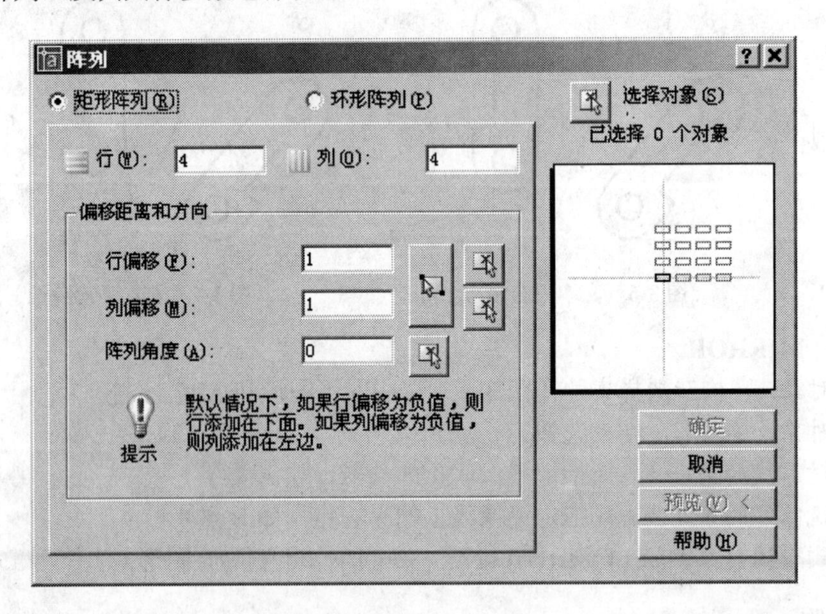

图 3-8 “阵列”对话框

（1）矩形阵列

矩形阵列的含义如图 3-9 所示。是指将所选定的图形对象（如图中的 1）按指定的行数、列数复制为多个。

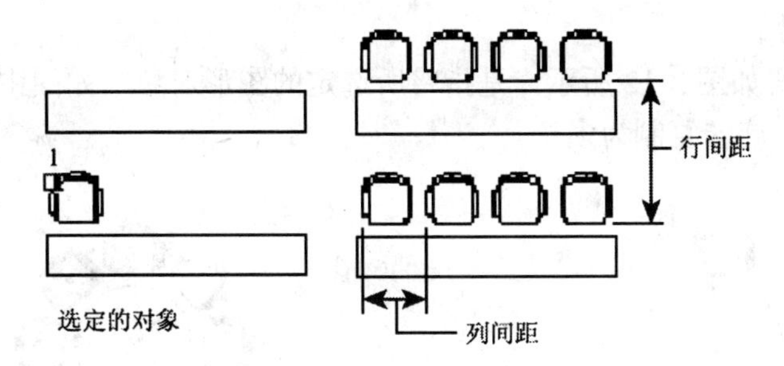

图 3-9　矩形阵列的含义

创建矩形阵列的操作步骤如下：

1）在“阵列”对话框中选取“矩形阵列”单选按钮，此时的对话框如图 3-8 所示；

2）选择“选择对象”按钮，则“阵列”对话框关闭，AutoCAD 提示选择对象；

3）选取要创建阵列的对象，然后回车；

4）在“行”和“列”文本框中，输入欲阵列的行数和列数；

5）使用以下方法之一指定对象间水平和垂直间距（偏移），则样例框将示意性显示阵列的结果。

①在“行偏移”和“列偏移”文本框中，输入行间距和列间距。

②单击“拾取两个偏移”按钮，使用定点设备指定阵列中某个单元的相对角点。此单元决定行和列的水平和垂直间距。

③单击“拾取行偏移”或“拾取列偏移”按钮，使用定点设备指定水平和垂直间距。

6）要修改阵列的旋转角度，可在“阵列角度”文本框中输入新的角度；

7）选择“确定”，创建矩形阵列。

图 3-10 所示为对 A 三角形进行两行、三列矩形阵列的结果，其对话框具体设置如图 3-8 所示。图 3-11 所示为通过“拾取两个偏移”来指定阵列单元相对角点时的阵列情况。

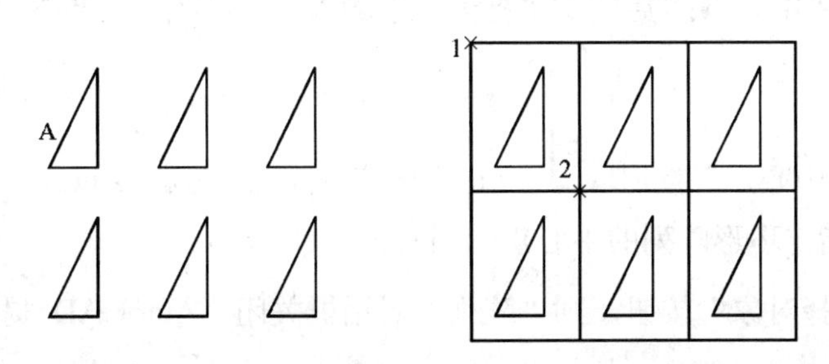

图 3-10　矩形阵列　　　图 3-11　单位框格的使用

（2）环形阵列

环形阵列的含义如图 3-12 所示，是指将所选定的图形对象（如图中的 1）绕指定的中心点（如图中的 2）旋转复制为多个。

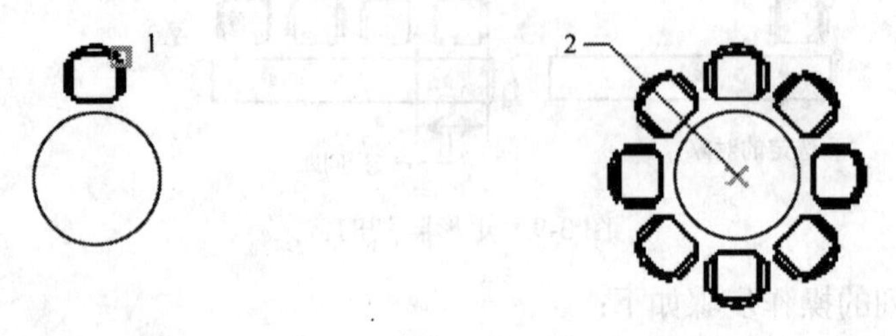

图 3-12　环形阵列的含义

创建环形阵列的操作步骤如下：

1）在“阵列”对话框中选取“环形阵列”单选按钮，此时的对话框如图 3-13 所示。

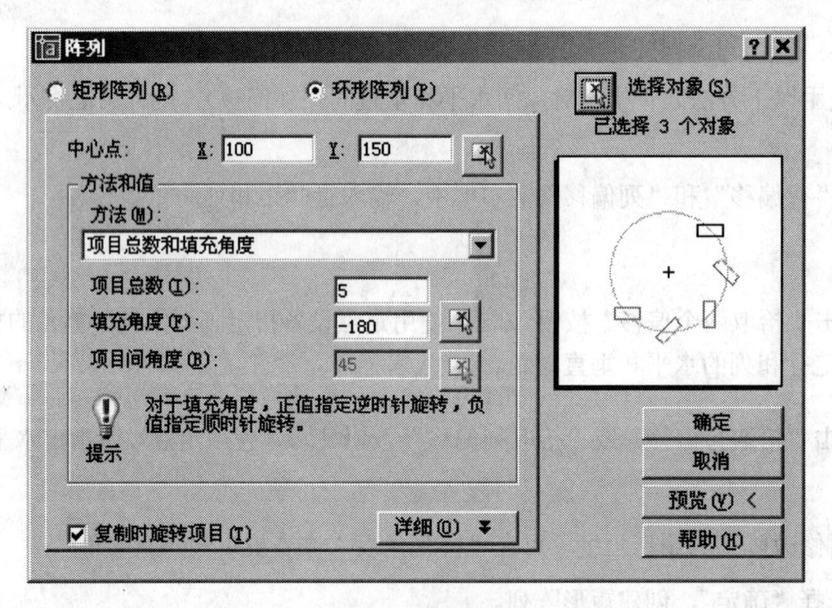

图 3-13　环形阵列

2）执行以下操作之一，指定环形阵列的中心点：

①在对话框中“中心点:”后的文本框内分别输入环形阵列中心点的 X 坐标值和 Y 坐标值。

②单击“拾取中心点”按钮，则“阵列”对话框关闭，AutoCAD 提示选择对象，此时可使用鼠标指定环形阵列的中心点（圆心）。

3）选择“选择对象”按钮，则“阵列”对话框关闭，AutoCAD 提示选择对象。

4）选取要创建阵列的对象，然后回车。

5）在“方法”下拉列表框中，选择下列方法之一，指定环形阵列的方式：

①项目总数和填充角度；

②项目总数和项目间的角度；

③填充角度和项目间的角度。

6）在“项目总数”文本框中输入作环形阵列的项目数量（包括原对象）（如果可用）。

7）使用下列方法之一，指定环形阵列的角度，则样例框将示意性显示阵列的结果。

①输入填充角度和项目间角度（如果可用）。“填充角度”指定围绕阵列圆周要填充的距离；“项目间角度”指定每个项目之间的距离；

②单击“拾取要填充的角度”按钮和“拾取项目间角度”按钮，然后用鼠标指定填充角度和项目间的角度。

8）指定环形阵列复制时所选对象自身是否绕中心点旋转。要沿阵列方向旋转对象，请选择“复制时旋转项目”复选框，则样例框将示意性显示阵列的结果，否则将只作平移旋转。

9）选择“确定”，创建环形阵列。

图 3-14 所示为对 A 三角形进行 180° 环形阵列的结果，其对话框具体设置如图 3-13 所示，采用“复制时旋转项目”设置；图 3-15 所示为取消“复制时旋转项目”时的环形阵列情况。

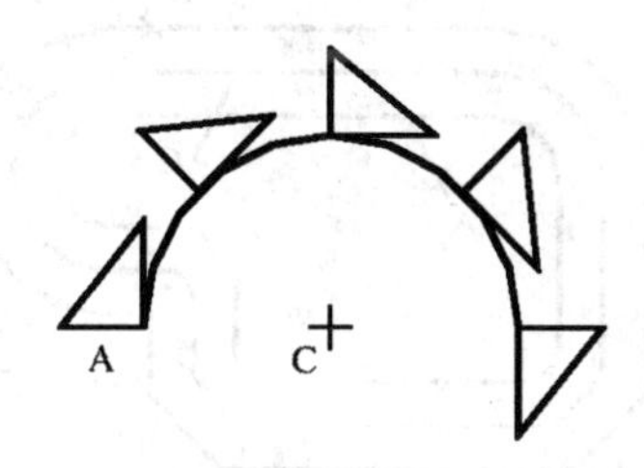

图 3-14　环形阵列的同时旋转原图

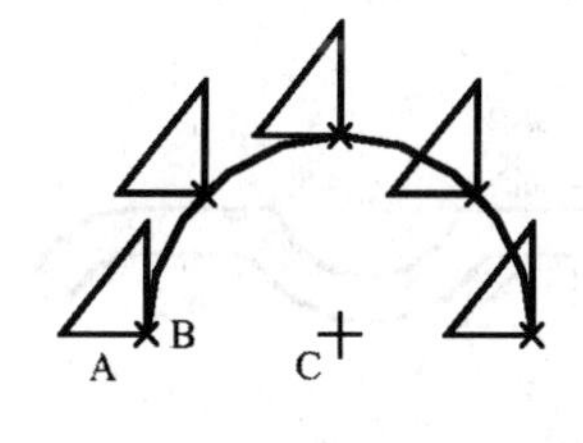

图 3-15　环形阵列时原图只作平移

4. 说明

环形阵列时，缺省情况下原图形的基点由该选择集中最后一个对象确定。直线取端点，圆取圆心，块取插入点，如图 3-15 中 B 点为三角形的基点。显然，基点的不同将影响图 3-14 和图 3-15 中各复制图形的布局。要修改缺省基点设置，请单击图 3-13 对话框中的“详细”按钮，在弹出的“对象基点”选项组中清除“设为对象的默认值” 复选框选项，然后在 X 和 Y 文本框中输入具体坐标值，或者单击“拾取基点”按钮并用鼠标指定点。

3.5.2　偏移

1. 命令

命令行：OFFSET（缩写名：O）

菜单：修改 → 偏移

图标：“修改”工具栏 

2. 功能

画出指定对象的偏移，即等距线。直线的等距线为平行等长线段；圆弧的等距线为同心圆弧，保持圆心角相同；多段线的等距线为多段线，其组成线段将自动调整，即其组成的直线段或圆弧段将自动延伸或修剪，构成另一条多段线，如图 3-16。

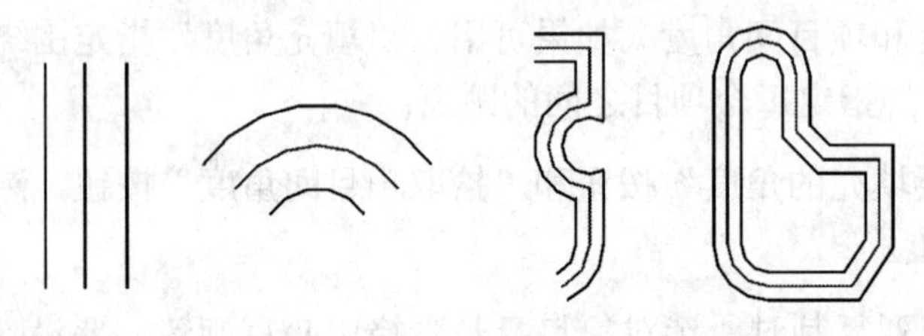

图 3-16　偏移

3. 格式和示例

AutoCAD 用指定偏移距离和指定通过点两种方法来确定等距线位置，对应的操作顺序分别为：

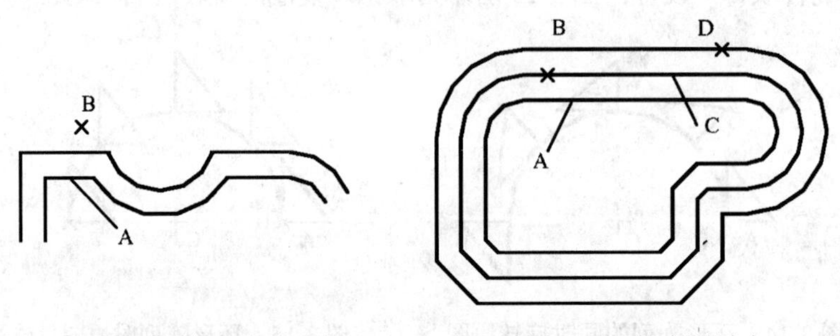

图 3-17　指定偏移距离　　　　图 3-18　指定通过点

（1）指定偏移距离值，见图 3-17。

命令：**OFFSET**↙
指定偏移距离或 [通过(T)] <1.0000>：**2**↙　（偏移距离）
选择要偏移的对象或 <退出>：(指定对象，选择多段线 A)
指定点以确定偏移所在一侧：（用 B 点指定在外侧画等距线）
选择要偏移的对象或 <退出>：(继续进行或用回车结束)

（2）指定通过点，见图 3-18。

命令：**OFFSET**↙
指定偏移距离或 [通过(T)] <5.0000>：**T**↙　（指定通过点方式）
选择要偏移的对象或 <退出>：(选定对象，选择多段线 A)
指定通过点：(指定通过点 B)
　　　　　　(画出等距线 C)

选择要偏移的对象或 <退出>:（继续选一对象 C）
指定通过点:（指定通过点 D）
（画出等距线）
选择要偏移的对象或 <退出>:（继续进行或用回车结束）

从图 3-17、3-18 可以看出，生成多段线的等距线过程中，各组成线段将自动调整，原图中有的线段可能没有对应的等距线段（见图 3-18）。

3.5.3　综合示例

图 3-19（*a*）为一建筑平面图，现欲用 OFFSET 命令画出墙内边界，用 MIRROR 命令把开门方位修改。

操作步骤如下：

（1）用 OFFSET 命令指定通过点的方法画墙的内边界：

命令: **OFFSET**↙
指定偏移距离或 [通过（T）]<通过>: ↙（回车）
选择要偏移的对象或 <退出>:（拾取墙外边界 A）
指定通过点:（用端点捕捉拾取到 B 点）
选择要偏移的对象或 <退出>: ↙（回车）

结果如图 3-19（*b*）所示。

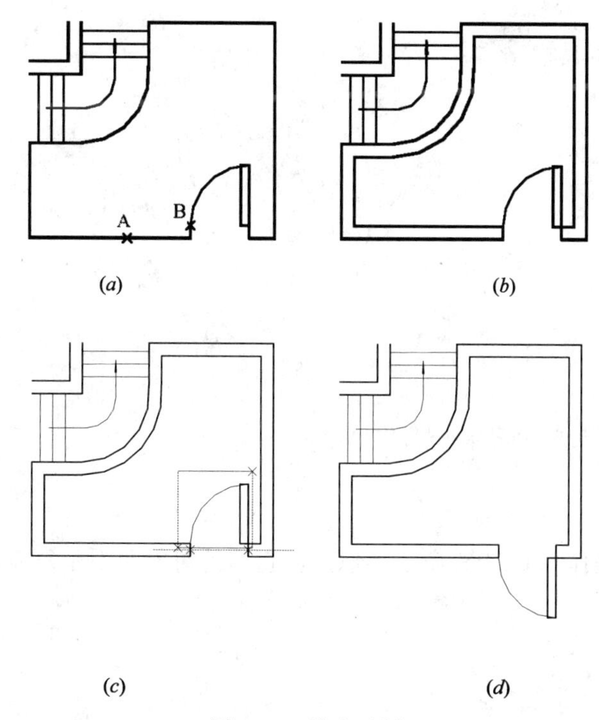

图 3-19　综合示例

（2）用 MIRROR 命令把开门方位修改：

命令: **MIRROR**↙

选择对象：w↙
指定第一个角点：（用窗口方式选择门，见图 3-19*c*）
指定对角点：↙
已找到 2 个
选择对象：↙　（回车，结束选择）
指定镜像线的第一点：（用中点捕捉拾取墙边线中点）
指定镜像线的第二点：（捕捉另一墙边线中点）
是否删除源对象？[是(Y)/否（N）]<N>：Y↙（删去原图）
结果如图 3-19（*d*）。

3.6　移动和旋转

3.6.1　移动

1. 命令

命令行：MOVE （缩写名：M）
菜单：修改 → 移动

图标："修改"工具栏

2. 功能

平移指定的对象。

3. 格式

命令：**MOVE**↙
选择对象：
指定基点或位移：
指定位移的第二点或 <用第一点作位移>：

4. 说明

MOVE 命令的操作和 COPY 命令类似，但它移动对象而不是复制对象。

3.6.2　旋转

1. 命令

命令行：ROTATE　（缩写名：RO）
菜单：修改 → 旋转

图标："修改"工具栏 

2. 功能

绕指定中心旋转图形。

3. 格式及示例

命令：**ROTATE**↙
UCS 当前的正角方向：ANGDIR=逆时针　ANGBASE=0
选择对象：（选一长方块，如图 3-20*a*）
找到 1 个
选择对象：↙（回车）
指定基点：（选 A 点）
指定旋转角度或 [参照(R)]：**150**↙（旋转角，逆时针为正）
结果如图 3-20（*b*）所示。
必要时可选择参照方式来确定实际转角，仍如图 3-20（*a*）：
命令：**ROTATE**↙
UCS 当前的正角方向：ANGDIR=逆时针　ANGBASE=0
选择对象：（选一长方块，如图 3-20*a*）
找到 1 个
选择对象：↙（回车）
指定基点：（选 A 点）
指定旋转角度或 [参照(R)]：**R**↙（选参照方式）
指定参照角 <0>：（输入参照方向角，本例中用点取 A、B 两点来确定此角）
指定新角度：（输入参照方向旋转后的新角度，本例中用 A、C 两点来确定此角）
结果仍如图 3-20（*b*）所示，即在不预知旋转角度的情况下，也可通过参照方式把长方块绕 A 点旋转与三角块相贴。

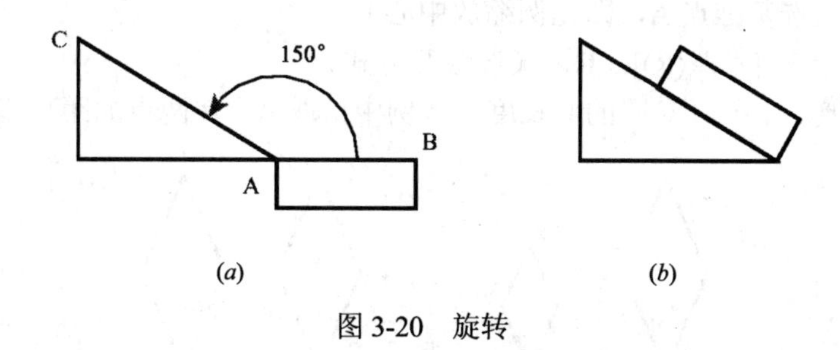

图 3-20　旋转

3.7 比例和对齐

3.7.1 比例

1. 命令

命令行：SCALE （缩写名：SC）
菜单：修改 → 比例
图标："修改"工具栏

2. 功能

把选定对象按指定中心进行比例缩放。

3. 格式及示例

命令：**SCALE**↙
选择对象：（选一菱形，见图 3-21*a*）
找到 X 个
选择对象：↙ （回车）
指定基点：（选基准点 A，即比例缩放中心）
指定比例因子或 [参照(R)]: **2**↙ （输入比例因子）
结果见图 3-21（*b*）。
必要时可选择参照方式（R）来确定实际比例因子，仍如图 3-21（*a*）：
命令：**SCALE**↙
选择对象：（选一菱形）
找到 X 个
选择对象：↙（回车）
指定基点：（选基准点 A，即比例缩放中心）
指定比例因子或 [参照(R)]: **R**↙（选参照方式）
指定参照长度 <1>:（参照的原长度，本例中拾取 A、B 两点的距离指定）

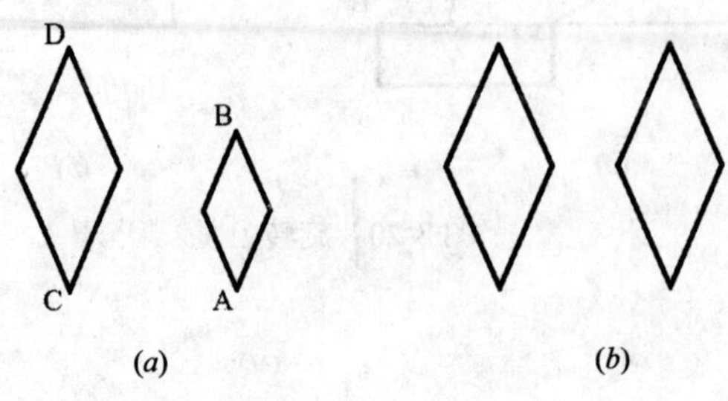

图 3-21 比例缩放

指定新长度：（指定新长度值，若点取 C、D 两点，则以 C、D 间的距离作为新长度值，这样可使两个菱形同高）

结果仍如图 3-21（*b*）所示。

3.7.2　对齐

1. 命令

命令行：ALIGN　　（缩写名：AL）

菜单：修改 → 三维操作 → 对齐

2. 功能

把选定对象通过平移和旋转操作使之与指定位置对齐。

3. 格式和示例

命令：**ALIGN**↙

正在初始化

选择对象：…（选择一指针，如图 3-22*a*）

选择对象：↙　（回车）

指定第一个源点：　　（选源点 1）

指定第一个目标点：（选目标点 1，捕捉圆心 A）

指定第二个源点：　　（选源点 2）

指定第二个目标点：（选目标点 2，捕捉圆上点 B）

指定第三个源点或 <继续>: ↙

是否基于对齐点缩放对象？[是(Y)/否(N)] <否>: （是否比例缩放对象，使它通过目标点 B，图 3-22*b* 为“否”，图 3-22*c* 为“是”）。

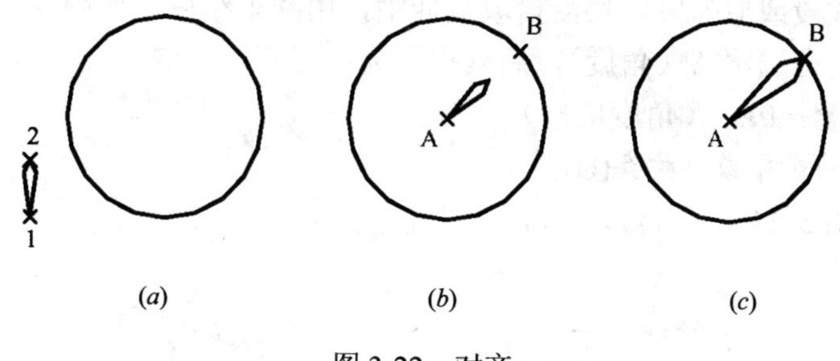

图 3-22　对齐

4. 说明

（1）第 1 对源点与目标点控制对象的平移；

（2）第 2 对源点与目标点控制对象的旋转，使原线 12 和目标线 AB 重合；

（3）一般利用目标点 B 控制对象旋转的方向和角度，也可以通过是否比例缩放的选项，以 A 为基准点进行对象变比，作到源点 2 和目标点 B 重合，如图 3-22（*c*）　。

3.8 拉长和拉伸

3.8.1 拉长

1. 命令

命令行：LENGTHEN （缩写名：LEN）
菜单：修改 → 拉长

2. 功能

拉长或缩短直线段、圆弧段，圆弧段用圆心角控制。

3. 格式和示例

命令: **LENGTHEN**
选择对象或 [增量(DE)/百分数(P)/全部(T)/动态(DY)]:

4. 选项及说明

（1）选择对象: 选直线或圆弧后，分别显示直线的长度或圆弧的弧长和包含角，即：
当前长度: ××× 或
当前长度: ×××，包含角: ×××
（2）增量（DE）: 用增量控制直线、圆弧的拉长或缩短。正值为拉长量，负值为缩短量，后续提示为:
输入长度增量或 [角度(A)] <0.0000>: （长度增量）
选择要修改的对象或 [放弃(U)]:
可连续选直线段或原弧段，将沿拾取端伸缩，用回车结束。如图 3-23。
对圆弧段，还可选用 A（角度），后续提示为:
输入角度增量 <0>: （角度增量）
选择要修改的对象或 [放弃(U)]:
操作效果如图 3-24;

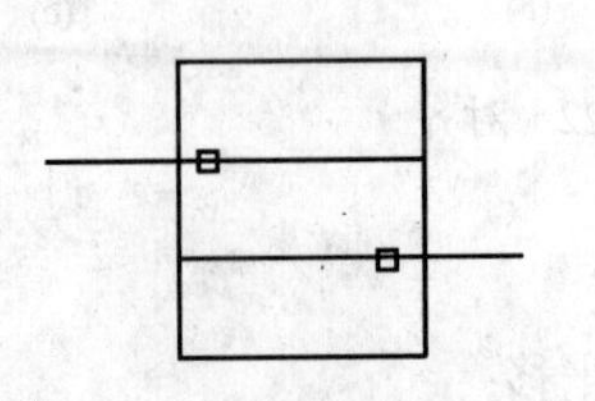
图 3-23 直线的拉长

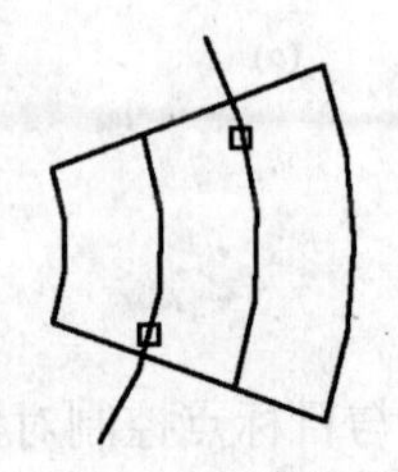
图 3-24 圆弧的拉长

（3）百分比（P）：用原值的百分数控制直线段、圆弧段的伸缩，如 75 为 75%，是缩短 25%，125 为 125%，是伸长 25%，故必须用正数输入。后续提示：

输入长度百分数 <100.0000>:

选择要修改的对象或 [放弃(U)]:

（4）总长（T）：用总长、总张角来控制直线段、圆弧段的伸缩，后续提示为：

指定总长度或 [角度(A)] <1.0000)>:

选择要修改的对象或 [放弃(U)]:

若选 A（角度）选项，则后续提示为：

指定总角度 <57>:

选择要修改的对象或 [放弃(U)]:

（5）动态（DY）：进入拖动模式，可拖动直线段、圆弧段、椭圆弧段一端进行拉长或缩短，后续提示：

选择要修改的对象或 [放弃(U)]:

3.8.2　拉伸

1．命令

命令行：STRETCH　　（缩写名：S）

菜单：修改 → 拉伸

图标："修改"工具栏

2. 功能

拉伸或移动选定的对象，本命令必须要用窗交（Crossing）方式或圈交（CPolygon）方式选取对象，完全位于窗内或圈内的对象将发生移动（与 MOVE 命令相同），与边界相交的对象将产生拉伸或压缩变化。

3．格式及示例

命令: **STRETCH**↙

以交叉窗口或交叉多边形选择要拉伸的对象...

选择对象:（用 C 或 CP 方式选取对象，如图 3-25*a*）

指定第一个角点:（1 点）

指定对角点:　　（2 点）

找到 X 个

选择对象: ↙　　（回车）

指定基点或位移:（用交点捕捉，拾取 A 点）

指定位移的第二个点或 <用第一个点作位移>:（选取 B 点）

图形变形如图 3-25（*b*）。

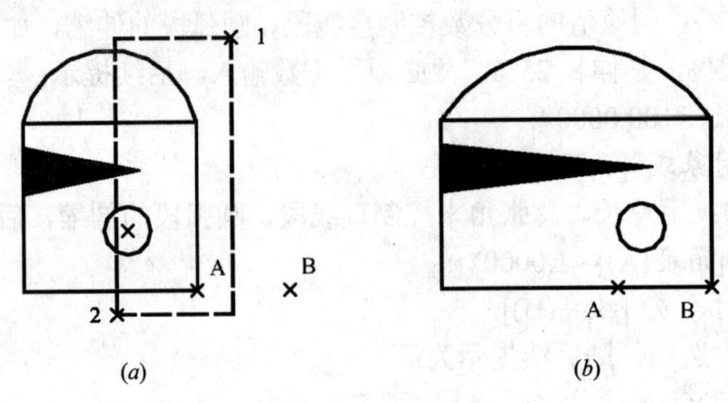

图 3-25　拉伸

4．说明

（1）对于直线段的拉伸，在指定拉伸区域窗口时，应使得直线的一个端点在窗口之外，另一个端点在窗口之内。拉伸时，窗口外的端点不动，窗口内的端点移动，从而使直线作拉伸变动；

（2）对于圆弧段的拉伸，在指定拉伸区域窗口时，应使得圆弧的一个端点在窗口之外，另一个端点在窗口之内。拉伸时，窗口外的端点不动，窗口内的端点移动，从而使圆弧作拉伸变动。圆弧的弦高保持不变；

（3）对于多段线的拉伸，按组成多段线的各分段直线和圆弧的拉伸规则执行。在变形过程中，多段线的宽度、切线和曲线拟合等有关信息保持不变；

（4）对于圆或文本的拉伸，若圆心或文本基准点在拉伸区域窗口之外，则拉伸后圆或文本仍保持原位不动；若圆心或文本基准点在窗口之内，则拉伸后圆或文本将作移动。

3.9　打断、修剪和延伸

3.9.1　打断

1. 命令

命令行：BREAK （缩写名：BR）

菜单：修改 → 打断

图标：“修改”工具栏 ［图标］ 和 ［图标］

2．功能

切掉对象的一部分或切断成两个对象。

3. 格式和示例

命令：**BREAK↙**

选择对象:（在1点处拾取对象，并把1点看作第一断开点，如图3-26*a*）
指定第二个打断点或 [第一点(F)]:（指定2点为第二断开点，结果如图3-26*b*）

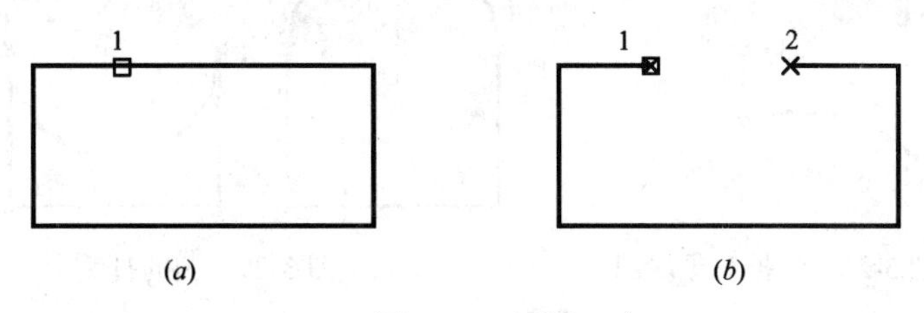

图3-26　打断

4．说明

（1）Break 命令的操作序列可以分为下列4种情况：

①拾取对象的点为第一断开点，输入另一个点A确定第二断开点。此时，另一点A可以不在对象上，AutoCAD 自动捕捉对象上的最近点为第二断开点，如图3-27(*a*)，对象被切掉一部分，或分离为两个对象；

②拾取对象点为第一断开点，而第二断开点与它重合，此时可用符号@来输入。

指定第二个打断点或 [第一点(F)]: @

结果如图3-27（*b*），此时对象被切断，分离为两个对象；

③拾取对象的点不作为第一断开点，另行确定第一断开点和第二断开点，此时提示系列为：

指定第二个打断点或 [第一点(F)]:　**F**

指定第一个打断点:（A点，用来确定第一断开点）

指定第二个打断点:（B点，用来确定第二断开点）

结果如图3-27（*c*）：

④如情况③中，在“指定第二个打断点:”提示下输入@，则为切断，结果如图3-27（*d*）。

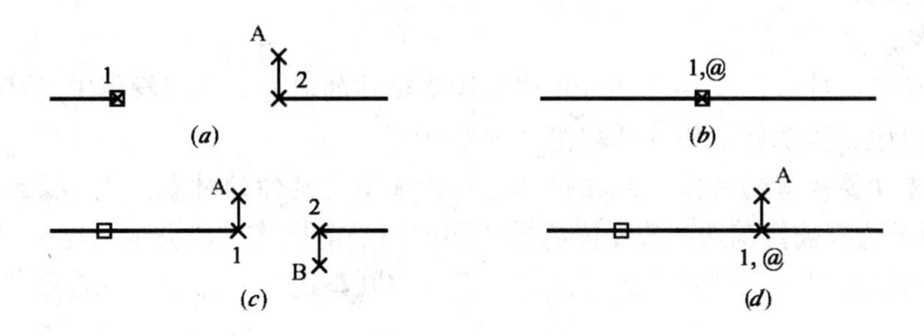

图3-27　打断的4种情况

（2）如第二断开点选取在对象外部，则对象的该端被切掉，不产生新对象。如图3-28；

（3）对圆，从第一断开点逆时针方向到第二断开点的部分被切掉，转变为圆弧，如图3-29；

（4）BREAK 命令的功能和TRIM命令（见后述）有些类似，但BREAK命令可用于没有剪切边，或不宜作剪切边的场合。同时，用BREAK命令还能切断对象（一分为二）。

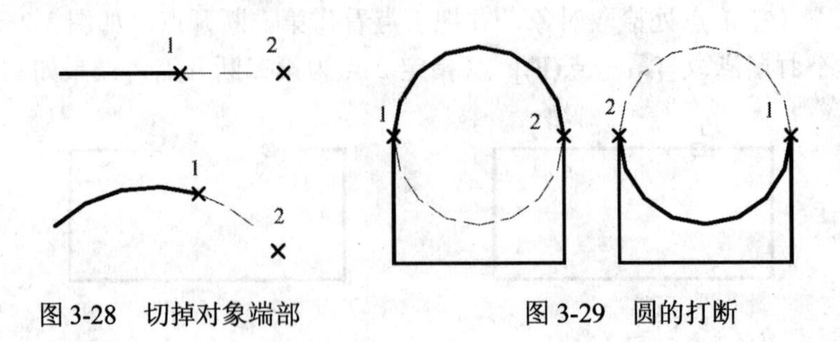

图 3-28 切掉对象端部　　　　图 3-29 圆的打断

3.9.2 修剪

1. 命令

命令行：TRIM （缩写名：TR）

菜单：修改 → 修剪

图标："修改"工具栏

2. 功能

在指定剪切边后，可连续选择被切边进行修剪。

3. 格式和示例

命令：**TRIM**↙

当前设置：投影=UCS 边=无

选择剪切边

选择对象：（选定剪切边，可连续选取，用回车结束该项操作，如图 3-30（*a*)，拾取两圆弧为剪切边）

选择对象：↙ （回车）

选择要修剪的对象，或按住 Shift 键选择要延伸的对象，或 [投影(P)/边(E)/放弃(U)]:（选择被修剪边、改变修剪模式或取消当前操作）

提示"选择要修剪的对象，或按住 Shift 键选择要延伸的对象，或 [投影(P)/边(E)/放弃(U)]: "用于选择被修剪边、改变修剪模式和取消当前操作，该提示反复出现，因此可以利用选定的剪切边对一系列对象进行修剪，直至用回车退出本命令。该提示的各选项说明如下：

(1) 选择要修剪的对象：AutoCAD 根据拾取点的位置，搜索与剪切边的交点，判定修剪部分，如图 3-30（*b*)，拾取 1 点，则中间段被修剪，继续拾取 2 点，则左端被修剪；

(2) 按住 Shift 键选择要延伸的对象：在按下 Shift 键状态下选择一个对象，可以将该对象延伸至剪切边（相当于执行延伸命令 EXTEND)；

(3) 投影（P）：选择修剪的投影模式，用于三维空间中的修剪。在二维绘图时，投影模式 = UCS，即修剪在当前 UCS 的 XOY 平面上进行；

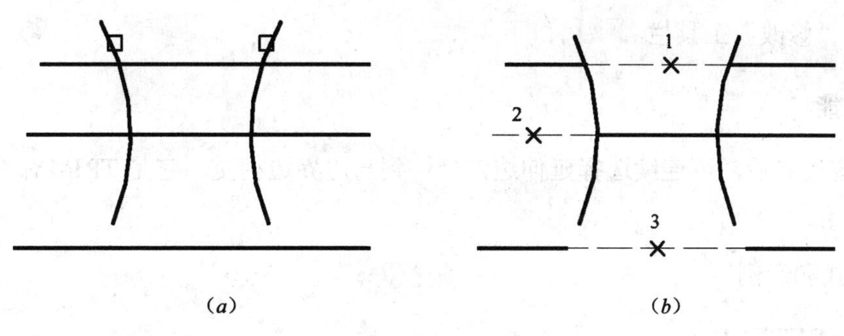

图 3-30　修剪

（4）边（E）：选择剪切边的模式，可选项为：

输入隐含边延伸模式 [延伸(E)/不延伸(N)] <不延伸>:

即分延伸有效和不延伸两种模式，如图 3-30（*b*），当拾取 3 点时，因开始时边模式为不延伸，所以将不产生修剪。但按下述操作，则产生修剪。

选择要修剪的对象，或按住 Shift 键选择要延伸的对象，或 [投影(P)/边(E)/放弃(U)]: **E**

输入隐含边延伸模式 [延伸(E)/不延伸(N)] <不延伸>: **E**

选择要修剪的对象或 [投影(P)/边(E)/放弃(U)]: （拾取 3 点）

4．说明和示例

（1）剪切边可选择多段线、直线、圆、圆弧、椭圆、构造线、射线、样条曲线和文本等，被切边可选择多段线、直线、圆、圆弧、椭圆、射线、样条曲线等；

（2）同一对象既可以选为剪切边，也可同时选为被切边。

例如图 3-31（*a*），选择 4 条直线和大圆为剪切边，即可修剪成图 3-31（*b*）的形式。

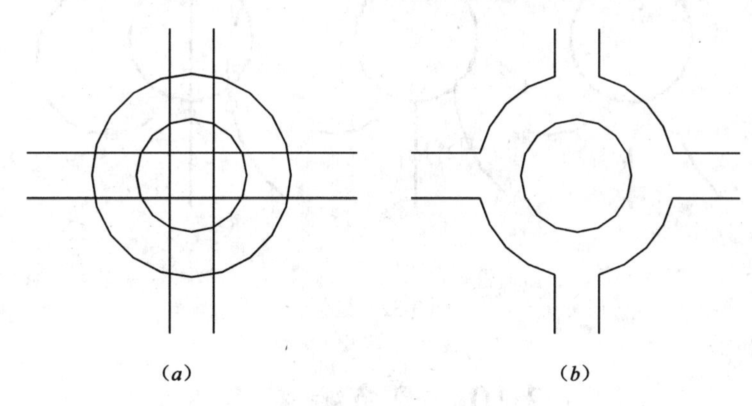

图 3-31　示例

3.9.3　延伸

1．命令

命令行：EXTEND　（缩写名：EX）

菜单：修改 → 延伸

图标："修改"工具栏 

2．功能

在指定边界后，可连续选择延伸边，延伸到与边界边相交。它是 TRIM 命令的一个对应命令。

3. 格式和示例

命令：**EXTEND**↙
当前设置：投影=UCS 边=延伸
选择边界的边 ...
选择对象：(选定边界边，可连续选取，用回车结束该项操作，如图 3-32*a*，拾取一圆为边界边)
选择要延伸的对象，或按住 Shift 键选择要修剪的对象，或 [投影(P)/边(E)/放弃(U)]:（选择延伸边、改变延伸模式或取消当前操作）

提示"选择要延伸的对象或 [投影(P)/边(E)/放弃(U)]: "用于选择延伸边、改变延伸模式或取消当前操作，其含意和修剪命令的对应选项类似。该提示反复出现，因此可以利用选定的边界边，使一系列对象进行延伸，在拾取对象时，拾取点的位置决定延伸的方向，最后用回车退出本命令。

例如，图 3-32（*b*）为拾取 1、2 两点延伸的结果，图 3-32（*c*）为继续拾取 3、4、5 三点延伸的结果。

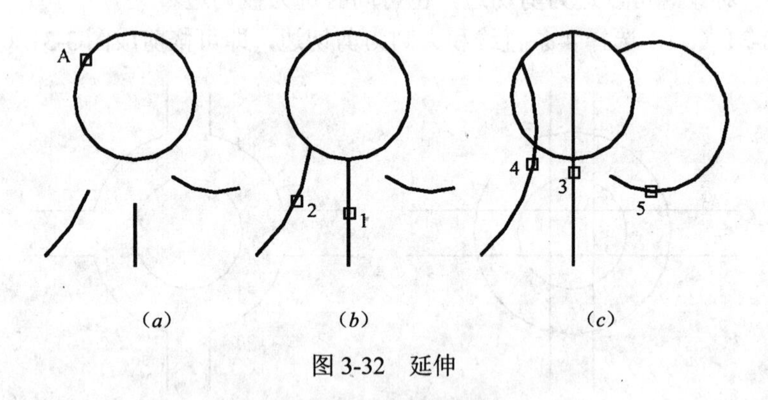

图 3-32　延伸

3.10　圆角和倒角

3.10.1　圆角

1. 命令

命令行：FILLET （缩写名：F）

菜单：修改 → 圆角

图标："修改"工具栏 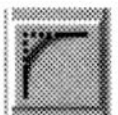

2. 功能

在直线，圆弧或圆间按指定半径作圆角，也可对多段线倒圆角。

3. 格式与示例

命令：**FILLET**↙
当前模式：模式 ＝ 修剪，半径 ＝10.0000
选择第一个对象或 [多段线(P)/半径(R)/修剪(T)/多个(U)]：**R**↙
指定圆角半径 <10.0000>：**30**↙
命令：↙
当前模式：模式 ＝ 修剪，半径 ＝30.0000
选择第一个对象或 [多段线(P)/半径(R)/修剪(T)/多个(U)]：（拾取 1，见图 3-33*a*）
选择第二个对象：（拾取 2）

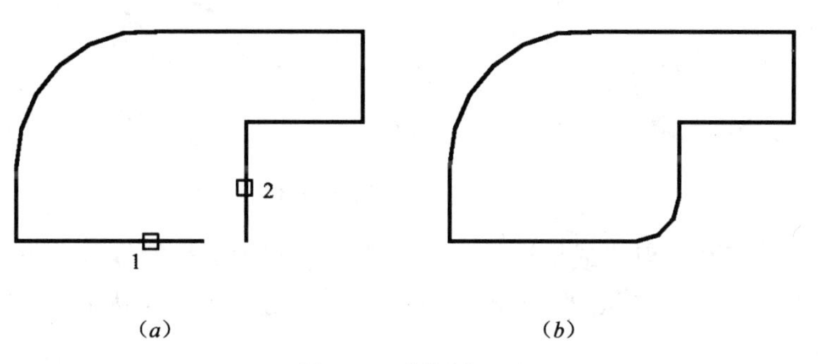

（*a*）　（*b*）

图 3-33　倒圆角

结果如图 3-33（*b*），由于处于"修剪模式"，所以多余线段被修剪。

有关选项说明如下：

(1) 多段线（P）：选二维多段线作倒圆角，它只能在直线段间倒圆角，如两直线段间有圆弧段，则该圆弧段被忽略，后续提示为：

选择二维多段线：（选多段线，如图 3-34*a*）

结果如图 3-34（*b*）。

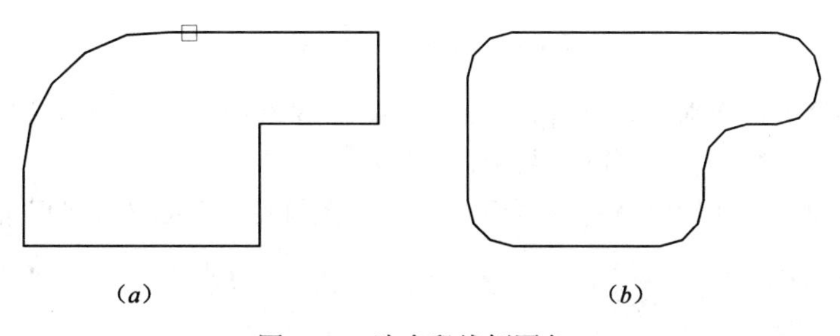

（*a*）　（*b*）

图 3-34　选多段线倒圆角

（2）半径（R）：设置圆角半径。

（3）修剪（T）：控制修剪模式，后续提示为：

输入修剪模式选项 [修剪(T)/不修剪(N)] <修剪>:

如改为不修剪，则倒圆角时将保留原线段，既不修剪、也不延伸。

（4）多个(U)：连续倒多个圆角。

4．说明

（1）在圆角半径为零时，FILLET 命令将使两边相交；

（2）FILLET 命令也可对三维实体的棱边倒圆角，详见第 9 章；

（3）在可能产生多解的情况下，AutoCAD 按拾取点位置与切点相近的原则来判别倒圆角位置与结果；

（4）对圆不修剪，如图 3-35；

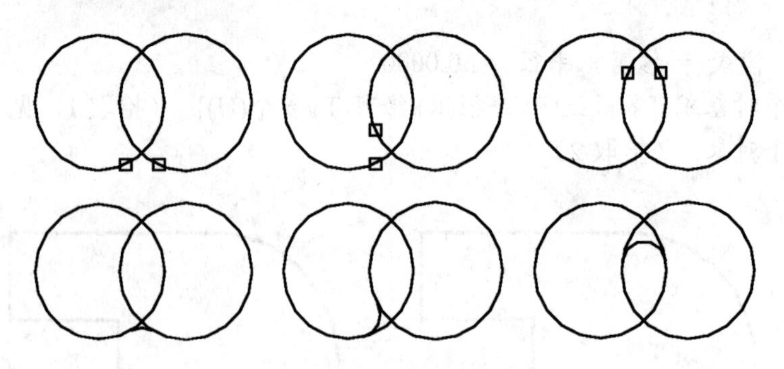

图 3-35　对圆的倒圆角

(5) 对平行的直线、射线或构造线，它忽略当前圆角半径的设置，自动计算两平行线的距离来确定圆角半径，并从第一线段的端点绘制圆角（半圆），因此，不能把构造线选为第一线段，如图 3-36；

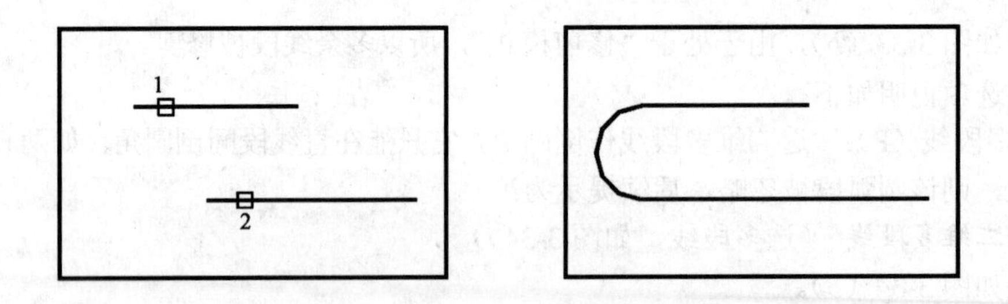

图 3-36　对平行线的倒圆角

(6) 当倒圆角的两个对象，具有相同的图层、线型和颜色时，创建的圆角对象也相同，否则，创建的圆角对象采用当前图层、线型和颜色；

(7) 系统变量 FILLETRAD 存放圆角半径值，系统变量 TRIMMODE 存放修剪模式。

3.10.2　倒角

1. 命令

命令行：CHAMFER　（缩写名：CHA）
菜单：修改 → 倒角

图标：“修改”工具栏 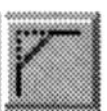

2. 功能

对两条直线边倒棱角，倒棱角的参数可用 2 种方法确定。
（1）距离方法：由第一倒角距 A 和第二倒角距 B 确定，如图 3-37（*a*）。
（2）角度方法：由对第一直线的倒角距 C 和倒角角度 D 确定，如图 3-37（*b*）。

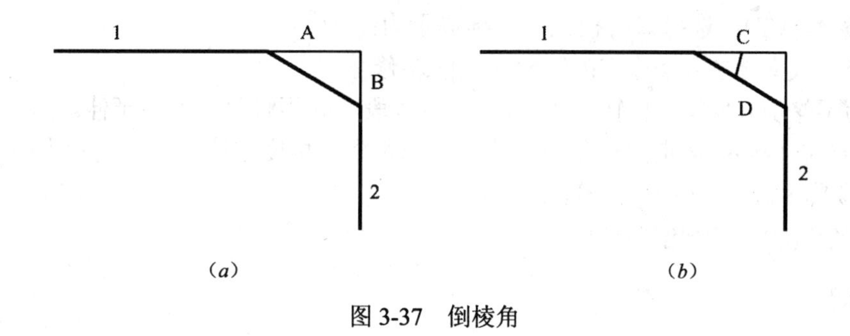

（*a*）　（*b*）

图 3-37　倒棱角

3. 格式与示例

命令：**CHAMFER↙**
（“修剪”模式）当前倒角距离 1 = 10.0000，距离 2 = 10.0000
选择第一条直线或 [多段线(P)/距离(D)/角度(A)/修剪(T)/方式(M) /多个(U)]: **D↙**
指定第一个倒角距离 <10.0000>: **4↙**
指定第二个倒角距离 <4.0000>: **2↙**
选择第一条直线或 [多段线(P)/距离(D)/角度(A)/修剪(T)/方式(M) /多个(U)]:（选直线 1，图 3-37*a*）
选择第二条直线：（选直线 2，作倒棱角）

4. 选项

（1）多段线（P）：在二维多段线的直角边之间倒棱角，当线段长度小于倒角距时，则不作倒角，如图 3-38 顶点 A 处。

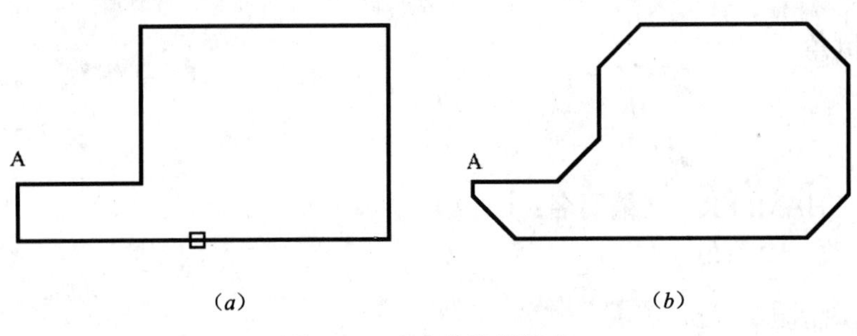

（*a*）　　（*b*）

图 3-38　选多段线倒棱角

（2）距离（D）：设置倒角距离，见上例。

（3）角度（A）：　用角度方法确定倒角参数，后续提示为：

指定第一条直线的倒角长度 <10.0000>: **20**

指定第一条直线的倒角角度 <0>: **45**

实施倒角后，结果如图 3-38（*b*）。

（4）修剪（T）：选择修剪模式，后续提示为：

输入修剪模式选项 [修剪(T)/不修剪(N)] <不修剪>:

如改为不修剪（N），则倒棱角时将保留原线段，既不修剪、也不延伸。

（5）方式（M）：选定倒棱角的方法，即选距离或角度方法，后续提示为：

输入修剪方法 [距离(D)/角度(A)] <角度>:

（6）多个(U)：连续倒多个倒角。

5．说明：

（1）在倒角为零时，CHAMFER 命令将使两边相交；

（2）CHAMFER 命令也可以对三维实体的棱边倒棱角，详见第 9 章；

（3）当倒棱角的两条直线具有相同的图层、线型和颜色时，创建的棱角边也相同，否则，创建的棱角边将用当前图层、线型和颜色；

（4）系统变量 CHAMFERA、 CHAMFERB 存储采用距离方法时的第一倒角距和第二倒角距；系统变量 CHAMFERC、CHAMFERD 存储采用角度方法时的倒角距和角度值；系统变量 TRIMMODE 存储修剪模式；系统变量 CHAMMODE 存储倒棱角的方法。

3.10.3　综合示例

利用编辑命令由图 3-39（*a*）所示单间办公室修改为图 3-39（*b*）所示公共办公室。

操作步骤如下：

（1）两次使用拉伸 STRETCH 命令，分别使房间拉长和拉宽（注意：在选择对象时一定要使用“C”选项）；

（2）用拉伸 STRETCH 命令将房门移动到中间位置；

（3）利用倒角 CHAMFER 命令作出左上角处墙外侧边界的倒角；

（4）根据墙厚相等，利用等距线 OFFSET 命令作出墙外侧斜角边的等距线，再利用剪切 TRIM 命令修剪成墙上内侧的倒角斜线；

（5）利用阵列 ARRAY 命令，对办公桌和扶手椅进行 2 行、4 列的矩形阵列，复制成 8 套；

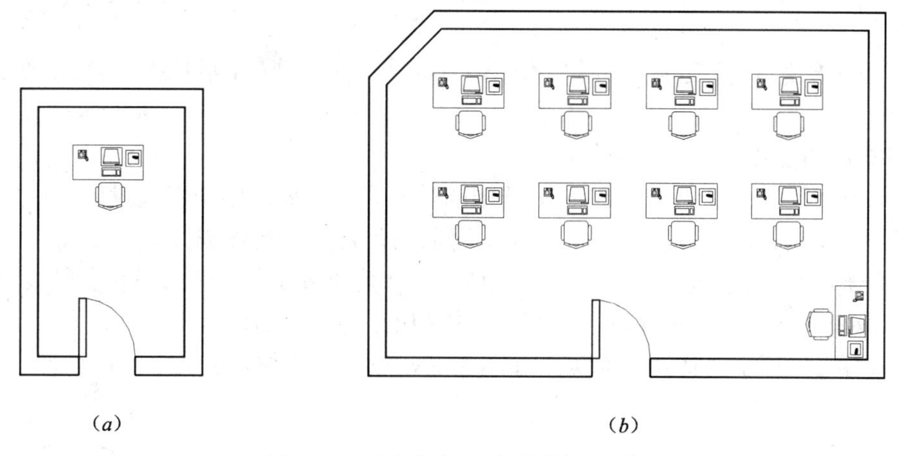

图 3-39　“办公室”平面图编辑示例

（6）使用复制 COPY 命令，将桌椅在右下角复制 1 套；

（7）利用对齐 ALIGN 命令，通过平移和旋转，在右下角点处定位该套桌椅（也可以连续使用移动 MOVE 和旋转 ROTATE 命令）。

3.11　多段线的编辑

1. 命令

命令名：　PEDIT　（缩写名：PE）

菜单：修改 → 对象 → 多段线

图标：“修改Ⅱ”工具栏

2.　功能

用于对二维多段线、三维多段线和三维网络的编辑，对二维多段线的编辑包括修改线段宽、曲线拟合、多段线合并和顶点编辑等。

3. 格式及举例

命令：**PEDIT**↙

选择多段线或 [多条(M)]：(选定一条多段线或键入“M”然后选择多条多段线)

输入选项

[闭合(C)/合并(J)/宽度(W)/编辑顶点(E)/拟合(F)/样条曲线(S)/非曲线化(D)/线型生成(L)/放弃(U)]：（输入一选项）

在“选择多段线: ”提示下，若选中的对象只是直线段或圆弧，则出现提示：

所选对象不是多段线

是否将其转换为多段线？<Y>

如用 Y 或回车来响应，则选中的直线段或圆弧转换成二维多段线。对二维多段线编辑的后续提示为：

[闭合(C)/合并(J)/宽度(W)/编辑顶点(E)/拟合(F)/样条曲线(S)/非曲线化(D)/线型生成(L)/放弃(U)]:

对各选项的操作，分别举例说明如下：

（1）闭合（C）或 打开（O）：如选中的是开式多段线，则用直线段闭合；如选中的是闭合多段线，则该项出现 打开（O），即可取消闭合段，转变成开式多段线。

（2）合并（J）：以选中的多段线为主体，合并其他直线段、圆弧段和多段线，连接成为一条多段线，能合并的条件是各段端点首尾相连。后续提示为：

选择对象：(用于选择合并对象，如图 3-40，以 1 为主体，合并 2、3。)

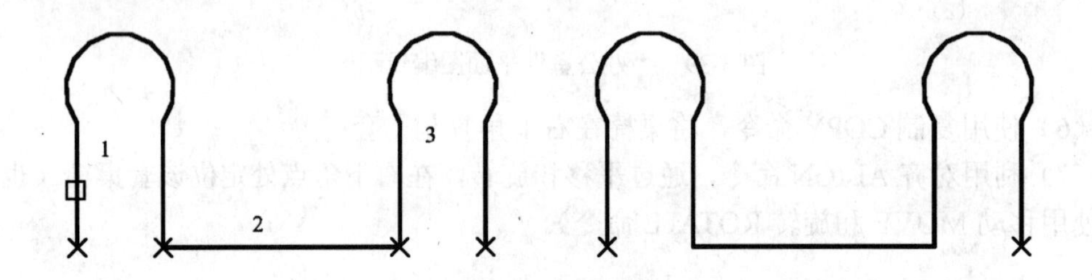

图 3-40 多段线的合并

（3）宽度（W）：修改整条多段线的线宽，后续提示为：

指定所有线段的新宽度:

如图 3-41(*a*)，原多段线各段宽度不同，利用该选项可调整为具有同一线宽图 3-41(*b*)。

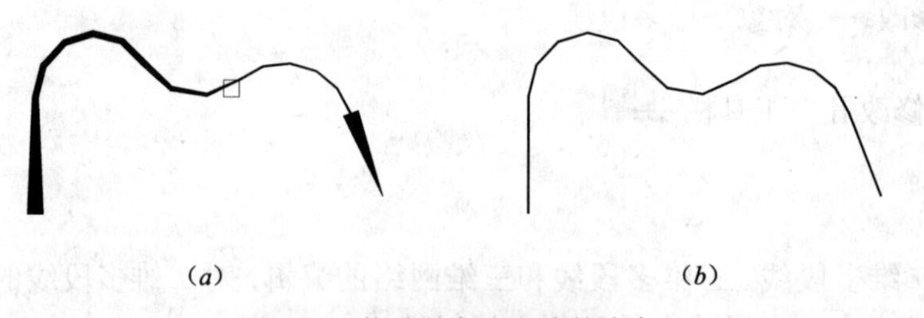

图 3-41 修改整条多段线的线宽

（4）编辑顶点（E）：进入顶点编辑，在多段线某一顶点处出现斜十字叉，它为当前顶点标记，按提示可对其进行多种编辑操作。

（5）拟合（F）：生成圆弧拟合曲线，该曲线由圆弧段光滑连接（相切）组成，见图 3-42。每对顶点间自动生成两段圆弧，整条曲线经过多段线的各顶点。并且，可以通过调整顶点处的切线方向（见顶点编辑 Edit vertex 选项），在通过相同顶点的条件下控制圆弧拟合曲线的形状。

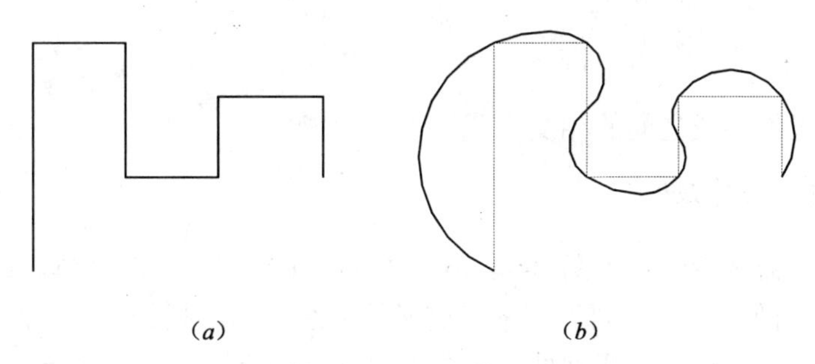
（a）　（b）

图 3-42　生成圆弧拟合曲线

（6）样条曲线（S）：生成 B 样条曲线，多段线的各顶点成为样条曲线的控制点。对开式多段线，样条曲线的起点、终点和多段线的起点、终点重合；对闭式多段线，样条曲线为一光滑封闭曲线。

（7）非曲线化（D）：取消多段线中的圆弧段（用直线段代替），对于选用拟合（F）或样条曲线（S）选项后生成的圆弧拟合曲线或样条曲线，则删去生成曲线时新插入的顶点，恢复成由直线段组成的多段线。

（8）线型生成（L）：控制多段线的线型生成方式，即使用虚线、点划线等线型时，如为开（ON），则按多段线全线的起点与终点分配线型中各线段，如为关（OFF），则分别按多段线各段来分配线型中各线段，图 3-43（*a*）为 ON，图 3-43（*b*）为 OFF。后续提示为：

输入多段线线型生成选项 [开(ON)/关(OFF)] <off>:

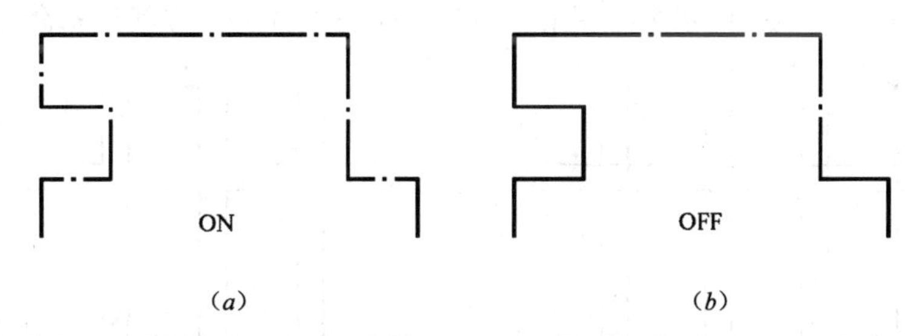

（a）　（b）

图 3-43　控制多段线的线型生成

从图 3-43（*b*）中可以看出，当线型生成方式为 OFF 时，若线段过短，则点划线将退化为实线段，影响线段的表达。

（9）放弃（U）：取消编辑选择的操作。

3.12　多线的编辑

1. 命令

命令名：MLEDIT

菜单：修改 → 对象 → 多线

2. 功能

编辑多线，设置多线之间的相交方式。

3. 对话框及其操作示例

启动多线编辑命令后，弹出图 3-44 所示“多线编辑工具”对话框。该对话框以 4 列显示多线编辑样例图像。第一列处理十字交叉的多线，第二列处理 T 形相交的多线，第三列处理角点连接和顶点，第四列处理多线的剪切或接合。单击任意一个图像样例，在对话框的左下角显示关于此选项的简短描述。

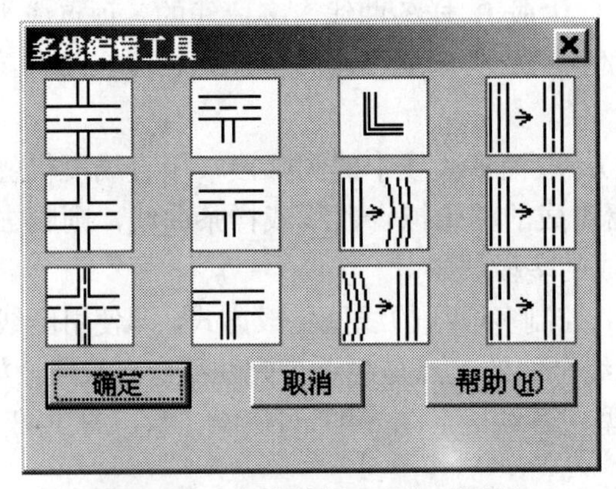

图 3-44 “多线编辑工具”对话框

现结合将图 3-45（*a*）所示多线图形编辑为图 3-45（*b*）介绍多线编辑命令的操作方法。

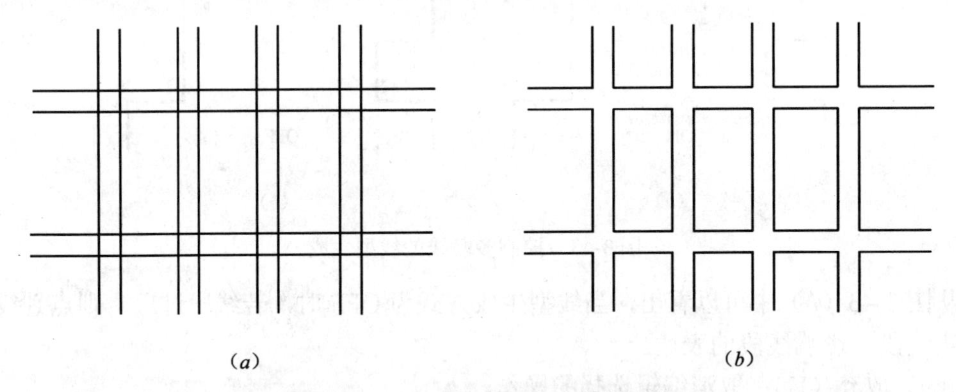

图 3-45 “十字打开”方式多线编辑

启动 MLEDIT 命令，在图 3-44 所示对话框中选择第 1 列第 2 个样例图像（即“十字打开” 编辑方式），则 AutoCAD 的提示为：

选择第一条多线：（选择图 3-45*a* 中的任一多线）

选择第二条多线：（选择与其相交的任一多线）

AutoCAD 将完成十字交点的打开并提示：

选择第一条多线或 [放弃(U)]：（选择另一条多线继续进行“十字打开”编辑操作，直至编辑完所有交点；键入“U”可取消所进行的“十字打开”编辑操作；回车将结束多线编辑命令）

3.13　图案填充的编辑

1. 命令

命令名：HATCHEDIT（缩写名：HE）
菜单：修改 → 对象 → 图案填充

图标：“修改Ⅱ”工具栏

2. 功能

对已有图案填充对象，可以修改图案类型和图案特性参数等。

3. 对话框及其操作说明

HATCHEDIT 命令启动后，出现“图案填充编辑”对话框，它的内容和“边界图案填充”对话框完全一样，只是有关填充边界定义部分变灰（不可操作），如图 3-46。利用本命令，对已有图案填充可进行下列修改：

（1）改变图案类型及角度和比例；
（2）改变图案特性；
（3）修改图案样式；
（4）修改图案填充的组成：关联与不关联。

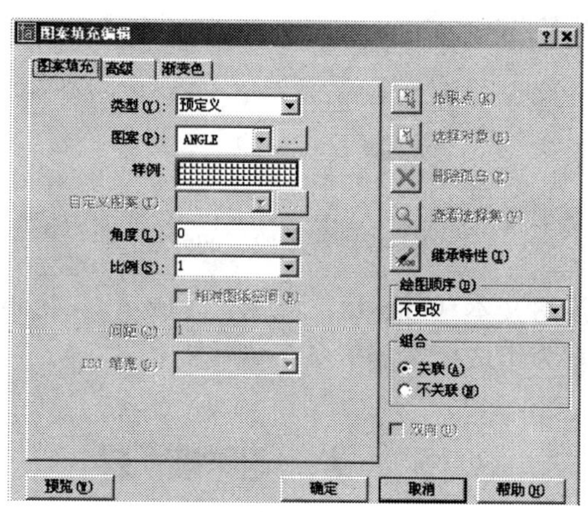

图 3-46　“图案填充编辑”对话框

3.14　分　　解

1. 命令

命令行：EXPLODE　（缩写名：X）

菜单：修改 → 分解

图标："修改"工具栏

2. 功能

用于将组合对象如多段线、块、图案填充等拆开为其组成成员。

3. 格式

命令：**EXPLODE**↙
选择对象：（选择要分解的对象）

4. 说明

对不同的对象，具有不同的分解后的效果

（1）块：对具有相同 X，Y，Z 比例插入的块，分解为其组成成员，对带属性的块分解后将丢失属性值，显示其相应的属性标志。

系统变量 EXPLMODE 控制对不等比插入块的分解，其缺省值为 1，允许分解，分解后的块中的圆、圆弧将保持不等比插入所引起的变化，转化为椭圆、椭圆弧。如取值为 0，则不允许分解；

（2）二维多段线：分解后拆开为直线段或圆弧段，丢失相应的宽度和切线方向信息，对于宽多线段，分解后的直线段或圆弧段沿其中心线位置，如图 3-47；

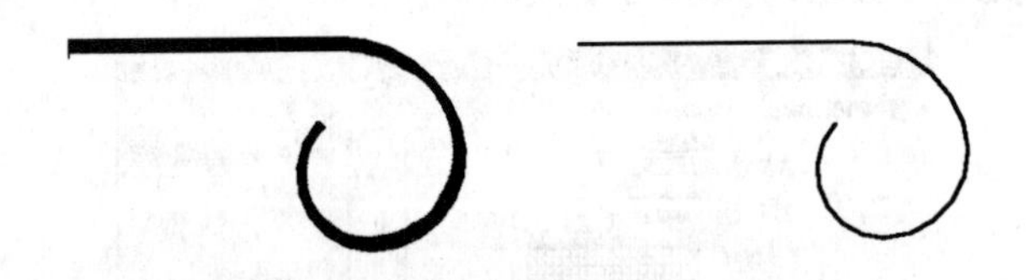

图 3-47　宽多段线的分解

（3）尺寸：分解为段落文本（mtext）、直线、区域填充（solid）和点；
（4）图案填充：分解为组成图案的一条条直线；

3.15 夹点编辑

对象夹点提供了进行图形编辑的另外一类方法，本节介绍对象夹点概念、夹点对话框和用夹点进行快速编辑。

3.15.1 对象夹点

对象的夹点就是对象本身的一些特殊点。如图 3-48，直线段和圆弧段的夹点是其两个端点和中点，圆的夹点是圆心和圆上的最上、最下、最左、最右 4 个点（象限点），椭圆的夹点是椭圆心和椭圆长、短轴的端点，多段线的夹点是构成多段线的直线段的端点、圆弧段的端点和中点等。

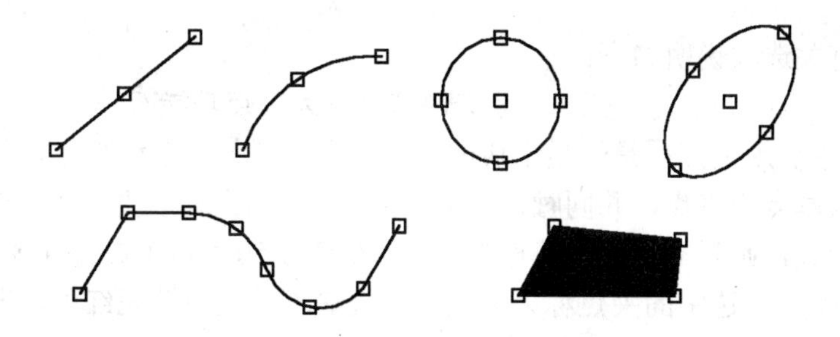

图 3-48　对象的夹点

对象夹点提供了另一种图形编辑方法的基础，无需启动 AutoCAD 命令，只要用光标拾取对象，该对象就进入选择集，并显示该对象的夹点。

当显示对象夹点后，定位光标移动到夹点附近，系统将自动吸引到夹点的位置，因此，它可以实现某些对象捕捉 (见第 4 章) 的功能，如端点捕捉、中点捕捉等。

3.15.2　夹点的控制

1. 命令

命令行：DDGRIPS（可透明使用）
菜单：工具 → 选项 → 选择

2. 功能

启动“选择”选项卡中的夹点设置界面，如图 3-49 所示，用于控制夹点功能开关，夹点颜色及大小。

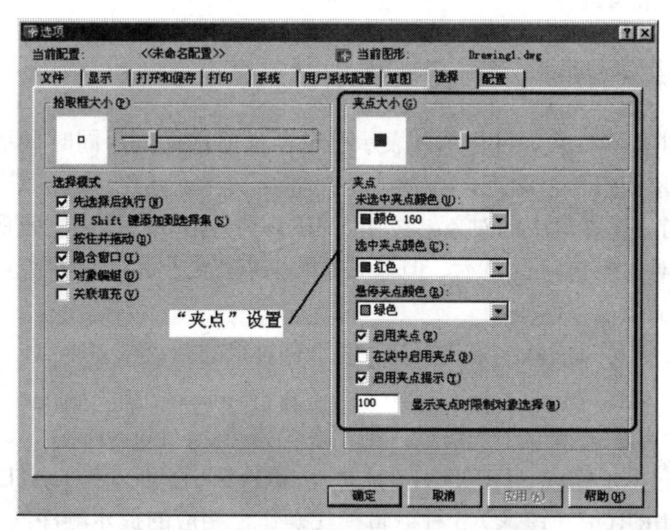

图 3-49　“选择”选项卡中的夹点设置

3. 对话框操作

对话框中有关选项说明如下：

（1）启用夹点：夹点功能开关，系统缺省设置为夹点功能有效。

（2）在块中启用夹点：是否显示块成员的夹点的开关，系统缺省设置为开，此时对插入块，其插入基点为夹点，并同时显示块成员的夹点（此时块并未被拆开），如图 3-50（*a*），如设置为关，则只显示插入基点为夹点，如图 3-50（*b*）（块的概念参见第 7 章）。

（3）夹点颜色：选中的夹点称为热点，系统缺省设置为填充红色，未选中的夹点框为蓝色。

（4）夹点大小：控制夹点框的大小。

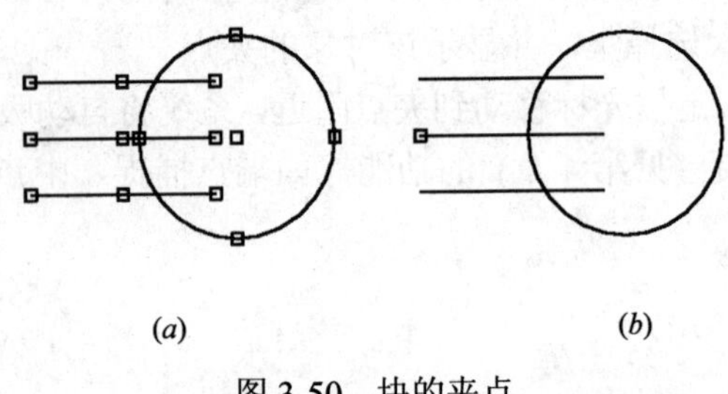

图 3-50　块的夹点

4. 说明

当夹点功能有效时，AutoCAD 绘图区的十字叉丝交点处将显示一个拾取框，这个拾取框在“先选择后执行”功能有效时（是系统缺省设置，可由“对象选择设置”对话框控制）也显示，所以只有在这两项功能都为关闭时，十字叉丝的交点处才没有拾取框。

3.15.3　夹点编辑操作

1. 夹点编辑操作过程

（1）拾取对象，对象醒目显示，表示已进入当前选择集，同时显示对象夹点，在当前选择集中的对象夹点称为温点。

（2）如对当前选择集中的对象，按住 SHIFT 键再拾取一次，则就把该对象从当前选择集中撤除，该对象不再醒目显示，但该对象的夹点仍然显示，这种夹点称为冷点，它仍能发挥对象捕捉的效应。

（3）按 ESC 键可以清除当前选择集，使所有对象的温点变为冷点，再按一次 ESC 键，则清除冷点。

（4）在一个对象上拾取一个温点，则此点变为热点（hot grips），即当前选择集进入夹点编辑状态，它可以完成 STRETCH（拉伸），MOVE（移动），ROTATE（旋转），SCALE（比例缩放），MIRROR（镜象）5 种编辑模式操作，相应的提示顺序次序为：

** 拉伸 **

指定拉伸点或 [基点(B)/复制(C)/放弃(U)/退出(X)]:

** 移动 **

指定移动点或 [基点(B)/复制(C)/放弃(U)/退出(X)]:

** 旋转 **

指定旋转角度或 [基点(B)/复制(C)/放弃(U)/参照(R)/退出(X)]:

** 比例缩放 **

指定比例因子或 [基点(B)/复制(C)/放弃(U)/参照(R)/退出(X)]:

** 镜像 **

指定第二点或 [基点(B)/复制(C)/放弃(U)/退出(X)]:

在选择编辑模式时，可用回车键、空格键、鼠标右键或输入编辑模式名进行切换。要生成多个热点，则在拾取温点时要同时按住 SHIFT 键。然后再放开 SHIFT 键，拾取其中一个热点来进入编辑模式。如图 3-51（*a*），当前选择集为 2 条平行线，1 个热点，5 个温点，圆弧上的夹点为冷点，图 3-51（*b*）同时有 2 个热点。

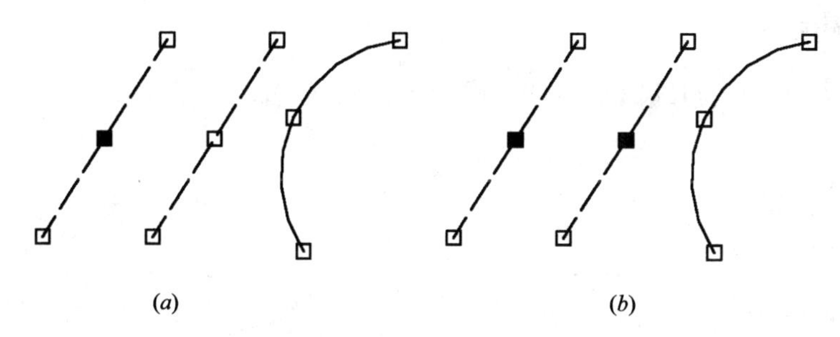

图 3-51　热点、温点和冷点

例如，图 3-52（*a*）为一多段线，现利用夹点拉伸模式将其修改成图 3-52（*b*）。操作步骤如下：

（1）拾取多段线，出现温点；

（2）按下 SHIFT 键，把 1，2，3 转化为热点；

（3）放开 SHIFT 键，再拾取 1 点，进入编辑模式，出现提示：

** 拉伸 **

指定拉伸点或 [基点(B)/复制(C)/放弃(U)/退出(X)]:

（4）拾取 4 点，则拉伸成图 3-52（*b*）。

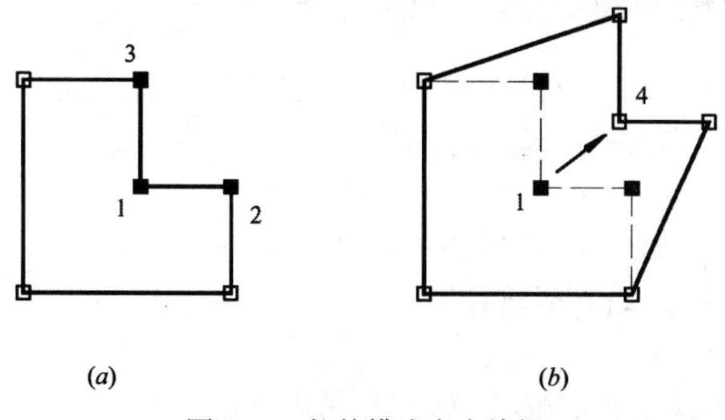

图 3-52　拉伸模式夹点编辑

2. 夹点编辑操作说明

（1）选中的热点，在缺省状态下，系统认为是拉伸点、移动的基准点、旋转的中心点、变比的中心点或镜象线的第一点。因此，可以在拖动中快速完成相应的编辑操作。

（2）必要时，可以利用 B（基点）选项，另外指定基准点或旋转的中心等。

（3）像 Rotate（旋转）和 Scale（比例缩放）编辑命令一样，在旋转与变比模式中也可采用 R（参照）选项，用来间接确定旋转角或比例因子。

（4）通过 C（复制）选项，可进入复制方式下的多重拉伸、多重移动、多重变比等状态。如果在确定第一个复制位置时，按 SHIFT 键，则 AutoCAD 建立一个临时捕捉网格，对拉伸、移动等模式可实现矩形阵列式操作，对旋转模式可实现环形阵列式操作。

（5）对多段线的圆弧拟合曲线、样条拟合多段线，其夹点为其控制框架顶点，用夹点编辑变动控制顶点位置，将直接改变曲线形状，比利用 Pedit 命令修改更为方便。

3. 夹点编辑示例

将图 3-53（*a*）用夹点编辑功能使其成为图 3-53（*b*）。

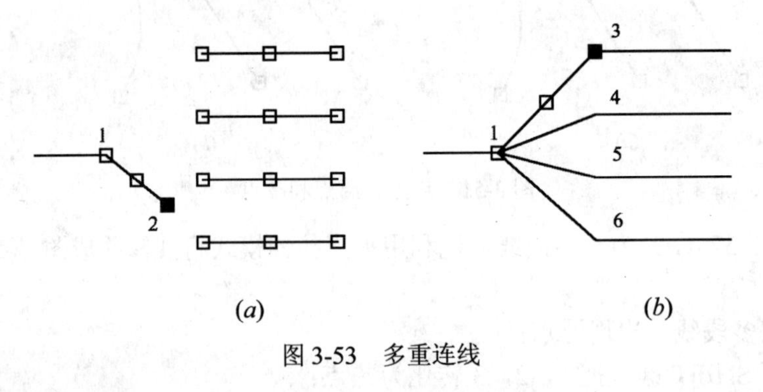

图 3-53　多重连线

操作步骤如下：

（1）拾取 5 条直线，出现温点；

（2）拾取热点 2，进入夹点编辑模式：

** 拉伸 **

指定拉伸点或 [基点(B)/复制(C)/放弃(U)/退出(X)]:把 2 点拉伸到新位置 3，直线 12 变成 13；

（3）按住 SHIFT 键，拾取右侧 4 条直线，变直线上的夹点为冷点；

（4）拾取热点 3，进入夹点编辑模式：

** 拉伸 **

指定拉伸点或 [基点(B)/复制(C)/放弃(U)/退出(X)]:

（5）选取 C（复制），进入多重拉伸模式：

** 拉伸 (多重) **

指定拉伸点或 [基点(B)/复制(C)/放弃(U)/退出(X)]:

（6）利用夹点的对象捕捉功能，在多重拉伸模式下，把 3 点拉伸到顺序与其余 3 条直线左端点连接；

（7）选取 X（退出），退出多重拉伸模式，完成如图 3-53（*b*）。

3.16　样条曲线的编辑

1. 命令

命令名：　SPLINEDIT（缩写名：SPE）
菜单：修改 → 样条曲线
图标：“修改Ⅱ”工具栏 

2. 功能

用于对由 SPLINE 命令生成的样条曲线的编辑操作，包括修改样条起点及终点的切线方向、修改拟合偏差值、移动控制点的位置及增加控制点、增加样条曲线的阶数、给指定的控制点加权，以修改样条曲线的形状；也可以修改样条曲线的打开或闭合状态。

3. 格式

命令：**SPLINEDIT**↙
选择样条曲线：（拾取一条样条曲线）
拾取样条后，系统将显示该样条的控制点位置（图 3-54）。

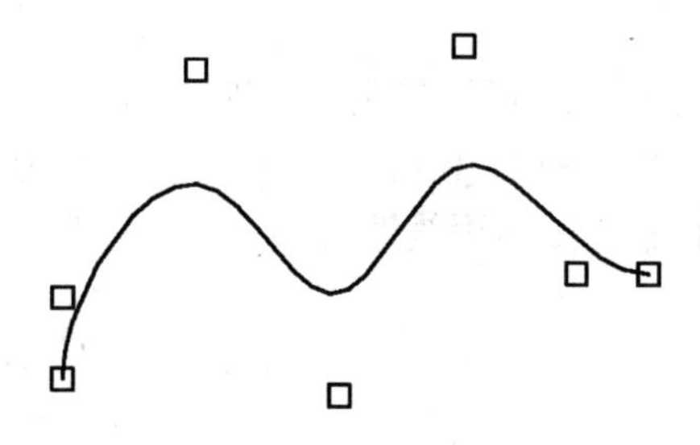

图 3-54　样条曲线的控制点

拾取样条后，出现的提示为：
输入选项 [闭合(C)/移动顶点(M)/精度(R)/反转(E)/放弃(U)/退出(X)] <退出>:
输入不同的选项，可以对样条曲线进行多种形式的编辑。

3.17　综 合 示 例

利用编辑命令根据图 3-55（*a*），完成图 3-55（*b*）。
操作步骤如下：

（1）先在点画线图层上，画出图形的对称中心线。

（2）比较图 3-55 左、右两图的小圆图形，可以看出，多段线圆弧段的起点、终点在小圆半径中点处，圆弧段的圆心即小圆圆心，圆弧段的宽度为小圆半径，即可画出右图的小圆图形。两图的差别就是圆弧段的宽度不同，为此可以用 PEDIT 命令，选择小圆弧段，选宽度（W）项，修改宽度为小圆半径，使其成为如右图的图形。

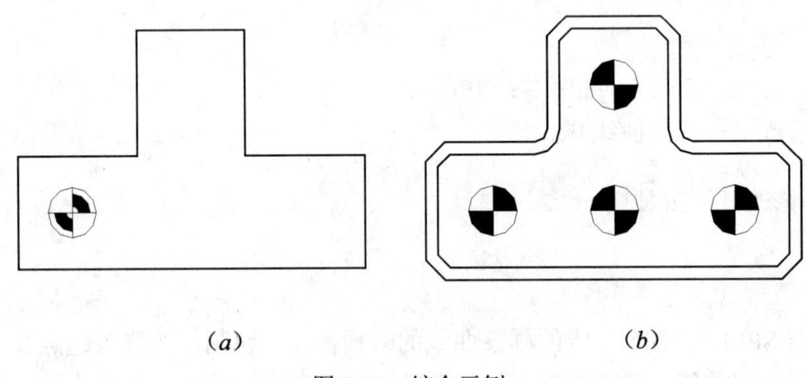

（*a*）　　　　（*b*）

图 3-55　综合示例

（3）右图有 4 个小圆，两两相同，为此可以用 COPY（选多重复制）命令。首先复制成 4 个小圆，然后用 ROTATE 命令把其中两个小圆旋转 90° 即可。

（4）对于图形外框，如左图为一条多段线，则可以利用 CHAMFER 命令，设置倒角距离，然后选多段线，全部倒棱角。

（5）由于有两个小圆角，为此可以先用 EXPLODE 拆开多段线，在有小圆角的部位，用 ERASE 命令删去原有的两条倒角棱边，再用 FILLET 命令，指定圆角半径后，作出两个小圆角。

（6）为了做外轮廓线的等距线，可以使用 OFFSET 命令，但当前的外轮廓线已是分离的直线段和圆弧段。为此，先用 PEDIT 命令中的连接（J）选项，把外轮廓线合并为一条多段线，然后再用 OFFSET 命令做等距线即可。

第 4 章 辅助绘图命令

利用前面两章介绍的绘图命令和编辑功能，用户已经能够绘制出基本的图形对象，但在实际绘图中仍会遇到很多问题。例如，想用点取的方法找到某些特殊点（如圆心、切点、交点等），无论怎么小心，要准确地找到这些点都非常困难，有时甚至根本不可能；要画一张很大的图，由于显示屏幕的大小有限，与实际所要画的图比例存在很大悬殊时，图中一些细小结构要看清楚就非常困难。运用 AutoCAD 提供的多种辅助绘图工具就可轻松地解决这些问题。

对象特性是指对象的图层、颜色、线型、线宽和打印样式。它是 AutoCAD 提供的另一类辅助绘图命令。图层类似于透明胶片，用来分类组织不同的图形信息；颜色可以用来区分图形中相似的图形对象；线型可以很容易区分不同的图形对象（如实线、虚线、点画线等）；同一线型的不同线宽可用来表示不同的表达对象（如工程制图中的粗线和细线）；打印样式可控制图形的输出形式。而用图层来组织和管理图形对象可使得图形的信息管理更加清晰。

本章将介绍 AutoCAD 提供的主要辅助绘图命令，包括：绘图单位、精度的设置；图形界限的设置；间隔捕捉和栅格、对象捕捉、UCS 命令的使用和图形显示控制。以及 AutoCAD 对象特性的概念、命令、设置和应用。

4.1 绘图单位和精度

1. 命令

命令行：DDUNITS（可透明使用）
菜单：格式→单位

2. 功能

调用“图形单位”对话框（见图 4-1），规定记数单位和精度（另有命令 UNITS，仅用于命令行，功能与此相同）。

（1）长度单位缺省设置为十进制，小数位数为 4；

（2）角度单位缺省设置为度，小数位数为 0；

（3）“方向”按钮弹出角度“方向控制”对话框，缺省设置为 0 度，方向为正东，逆时针方向为正。

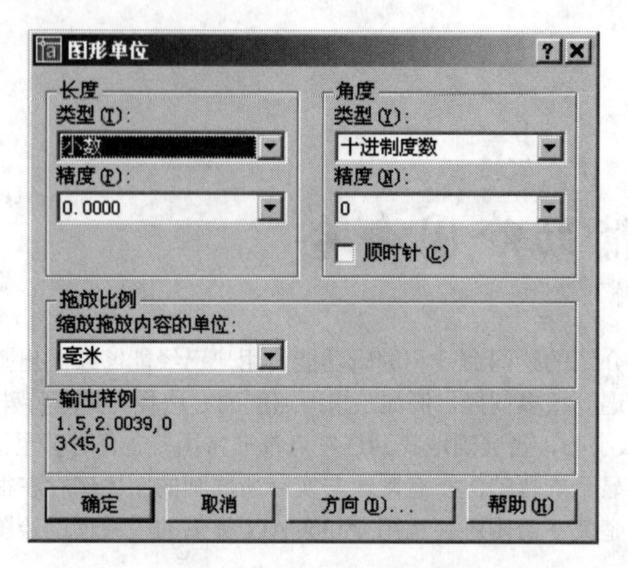

图 4-1 “图形单位”对话框

4.2 图形界限

1. 命令

命令行：LIMITS（可透明使用）
菜单：格式 → 图形界限

2. 功能

设置图形界限，以控制绘图的范围。图形界限的设置方式主要有两种：

（1）按绘图的图幅设置图形界限。如对 A3 图幅，图形界限可控制在 420mm×297mm 左右；

（2）按实物实际大小使用绘图面积，设置图形界限。这样可以按 1∶1 绘图，在图形输出时设置适当的比例系数。

3. 格式

命令：**LIMITS**
重新设置模型空间界限：
指定左下角点或 [开(ON)/关(OFF)] <0.0000,0.0000>:（重设左下角点）
指定右上角点 <420.0000,297.0000>:（重设右上角点）

4. 说明

提示中的“[开(ON)/关(OFF)]”指打开图形界限检查功能，设置为 ON 时，检查功能打开，图形画出界限时 AutoCAD 会给出提示。

4.3　辅助绘图工具

当在图上画线、圆、圆弧等对象时，定位点的最快的方法是直接在屏幕上拾取点。但是，用光标很难准确地定位于对象上某一个特定的点。为解决快速精确定点问题，AutoCAD 提供了一些辅助绘图工具，包括捕捉、栅格显示、正交模式、极轴追踪、对象捕捉、对象捕捉追踪、显示/隐藏线宽等。利用这些辅助工具，能提高绘图精度，加快绘图速度。

4.3.1　捕捉和栅格

捕捉用于控制间隔捕捉功能，如果捕捉功能打开，光标将锁定在不可见的捕捉网格点上，做步进式移动。捕捉间距在 X 方向和 Y 方向一般相同，也可以不同。

栅格是显示可见的参照网格点，当栅格打开时，它在图形界限范围内显示出来。栅格既不是图形的一部分，也不会输出，但对绘图起很重要的辅助作用，如同坐标纸一样。栅格点的间距值可以和捕捉间距相同，也可以不同。

1. 命令

命令行：DSETTINGS（可透明使用）

菜单：工具 → 草图设置

2. 功能

利用对话框打开或关闭捕捉和栅格功能，并对其模式进行设置。

3. 格式

命令：**DSETTINGS**

AutoCAD 打开“草图设置”对话框，其中的“捕捉和栅格”选项卡用来对捕捉和栅格功能进行设置，如图 4-2 所示。

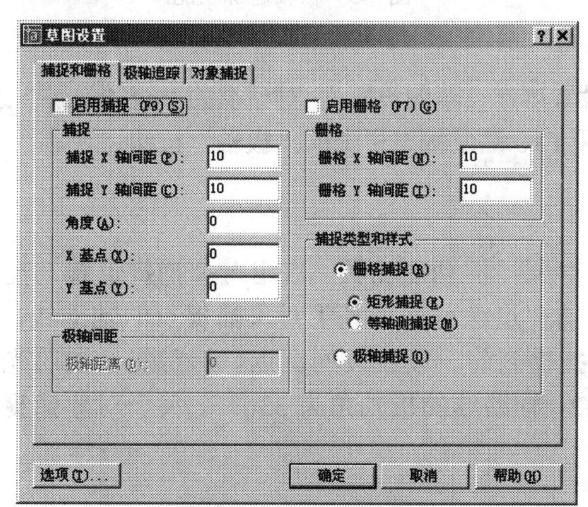

图 4-2　“草图设置”对话框的“捕捉和栅格”选项卡

对话框中的“启用捕捉”复选框控制是否打开捕捉功能；在“捕捉”选项组中可以设置捕捉栅格的 X 向间距和 Y 向间距；“角度”文本框用于输入捕捉网格的旋转角度；“X 基点”和“Y 基点”用来确定捕捉网格旋转时的基准点。利用 F9 键也可以在打开和关闭捕捉功能之间切换。

“启用栅格” 复选框控制是否打开栅格功能；“栅格”选项组用来设置可见网格的间距。利用 F7 键也可以在打开和关闭栅格功能之间切换。

4.3.2 自动追踪

AutoCAD 提供的自动追踪功能，可以使用户在特定的角度和位置绘制图形。打开自动追踪功能，执行绘图命令时屏幕上会显示临时辅助线，帮助用户在指定的角度和位置上精确地绘出图形对象。自动追踪功能包括两种：极轴追踪和对象捕捉追踪。

1. 极轴追踪

在绘图过程中，当 AutoCAD 要求用户给定点时，利用极轴追踪功能可以在给定的极角方向上出现临时辅助线。例如，图 4-3 中先从点 1 到 2 画一水平线段，再从点 2 到 3 画一条线段与其成 60° 角，这时可以打开极轴追踪功能并设极角增量为 60° ，则当光标在 60° 位置附近时 AutoCAD 显示一条辅助线和提示，如图 4-3 所示，光标远离该位置时辅助线和提示消失。

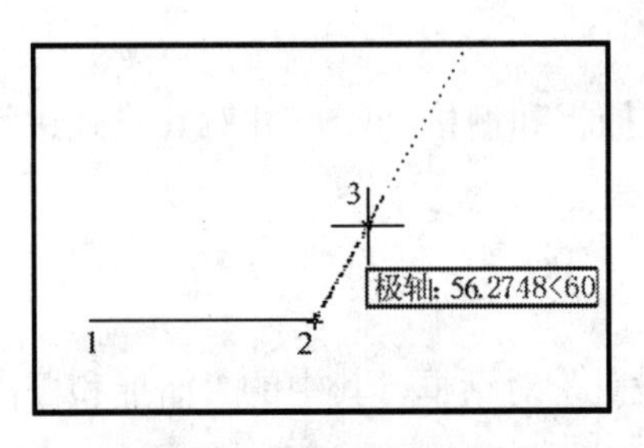

图 4-3 极轴追踪功能

极轴追踪的有关设置可在“草图设置” 对话框的“极轴追踪”选项卡中完成。是否打开极轴追踪功能，可用 F10 键或状态栏中的“极轴”按钮切换。

2. 对象捕捉追踪

对象捕捉追踪与对象捕捉功能相关，启用对象捕捉追踪功能之前必须先启用对象捕捉功能。利用对象捕捉追踪可产生基于对象捕捉点的辅助线，例如图 4-4 中，在画线过程中 AutoCAD 捕捉到前一段线段的端点，追踪提示说明光标所在位置与捕捉的端点间距离为 44.6312，辅助线的极轴角为 330° 。关于对象捕捉功能将在本章第 4 节中介绍。

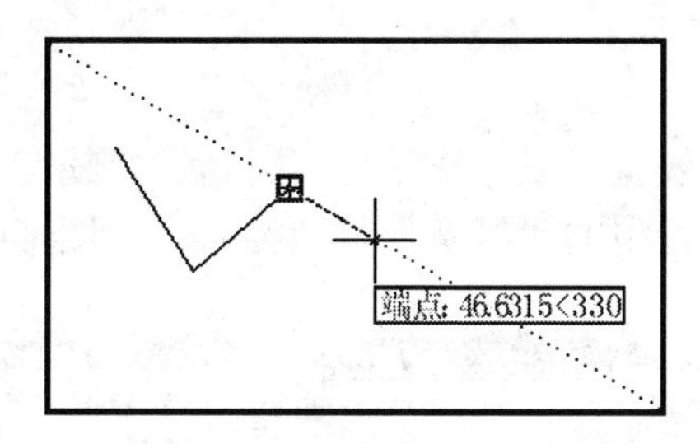

图 4-4　对象捕捉追踪

4.3.3　正交模式

当正交模式打开时，AutoCAD 限定只能画水平线和铅垂线，使用户可以精确地绘制水平线和铅垂线，这样可以大大地方便绘图。另外，执行移动命令时也只能沿水平和铅垂方向移动图形对象。

1. 命令

命令行：ORTHO

2. 功能

控制是否以正交方式画图。

3. 格式

命令: **ORTHO**↙
输入模式 [开(ON)/关(OFF)] <OFF>:
在此提示下，选择 ON 可打开正交模式绘制水平或铅垂线，选择 OFF 则关闭正交模式，用户可画任意方向的直线。另外，用户也可以按 F8 键或状态栏中的“正交”按钮，在打开和关闭正交功能之间进行切换。

4.3.4　设置线宽

为所绘图形指定图线宽度。

1. 命令

命令行：LINEWEIGHT
菜单：格式 → 线宽
图标：“对象特性”工具栏中的“线宽”下拉列表框（见图 4-5*a*）

2. 功能

设置当前线宽及线宽单位，控制线宽的显示及调整显示比例。

3. 格式

打开图 4-5（*b*）所示“线宽设置”对话框。可通过“线宽”列表框设置图线的线宽。“显示线宽”复选框和状态栏中的“线宽”按钮控制当前图形中是否显示线宽。

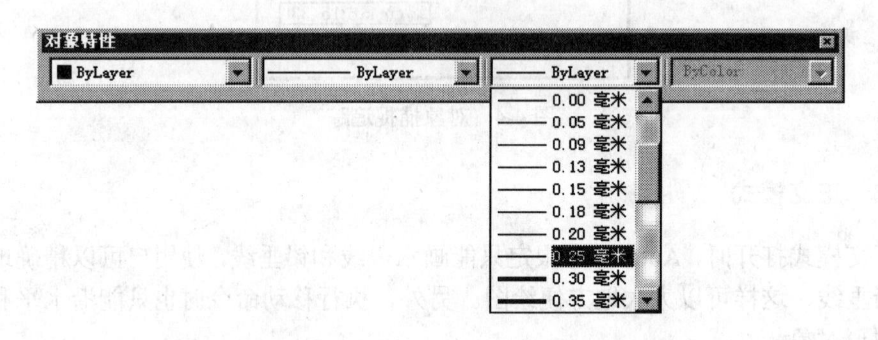

（*a*）

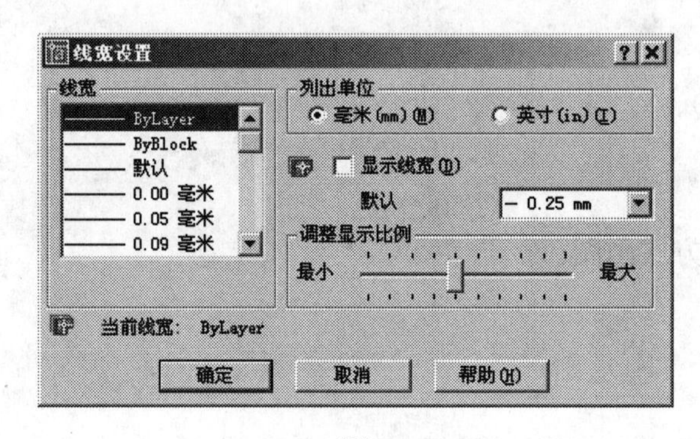

（*b*）

图 4-5 “线宽设置”图标及对话框

（*a*）图标；（*b*）对话框

4.3.5 状态栏控制

状态栏位于 AutoCAD 绘图界面的底部，见图 4-6，自左至右排列的按钮“捕捉”、“栅格”、“正交”、“极轴”、“对象捕捉”、“对象追踪”、“线宽”、“模型”分别显示捕捉模式、栅格模式、正交模式、极轴追踪、对象捕捉、对象捕捉追踪、线宽显示以及模型空间功能是否打开，按钮弹起时表示该功能关闭，按钮按下时表示该功能打开。单击按钮，可以在打开与关闭功能之间进行切换。

图 4-6 状态栏

4.3.6 举例

设置一张 A4（210mm×297mm）图幅，单位精度选小数 2 位，捕捉间隔为 1.0，栅格间距为 10.0。

步骤如下：

（1）开始画新图，采用“无样板打开 — 公制”；

（2）从“格式”菜单中选择“单位”选项，打开“图形单位”对话框，将长度单位的类型设置为小数，精度设为 0.00；

（3）调用 LIMITS 命令，设图形界限左下角为 10，10，右上角为 220，307；

（4）使用 ZOOM 命令的 All（全部）选项，按设定的图形界限调整屏幕显示；

（5）从“工具”菜单中选择“草图设置”命令，打开“草图设置”对话框，在“捕捉与栅格”选项卡内设置捕捉 X 轴间距为 1，捕捉 Y 轴间距为 1；设置栅格 X 轴间距为 10，栅格 Y 轴间距为 10；选中“启用捕捉”和“启用栅格”复选框，打开捕捉和栅格功能；

（6）用 PLINE 命令，画出图幅边框；

（7）用 PLINE 命令，按左边有装订边的格式以粗实线画出图框（线宽 W=0.7），单击状态栏中的“线宽”按钮，以显示线宽设置效果；

（8）注意在状态栏中 X、Y 坐标显示的变化；

（9）单击状态栏中“捕捉”、“栅格”和“线宽”按钮，观察对绘图与屏幕显示的影响。

4.4 对象捕捉

对象捕捉是 AutoCAD 精确定位于对象上某点的一种重要方法，它能迅速地捕捉图形对象的端点、交点、中点、切点等特殊点和位置，从而提高绘图精度，简化设计、计算过程，提高绘图速度。

4.4.1 设置对象捕捉模式

1. 命令

命令行：OSNAP（可透明使用）

菜单：工具 → 草图设置

2. 功能

设置对象捕捉模式。

3. 格式

命令：**OSNAP**↙

打开“草图设置”对话框的“对象捕捉”选项卡（见图 4-7）。

选项卡中的两个复选框“启用对象捕捉”和“启用对象捕捉追踪”用来确定是否打开对象捕捉功能和对象捕捉追踪功能。在“对象捕捉模式”选项组中，规定了对象上 13 种特征点的捕捉。选中捕捉模式后，在绘图屏幕上，只要把靶区放在对象上，即可捕捉到对象上的特征点。并且在每种特征点前都规定了相应的捕捉显示标记，例如中点用小三角表示，圆心用一个小圆圈表示。选项卡中还有“全部选择”和“全部清除”两个按钮，单击前者，则选中所有捕捉模式；单击后者，则清除所有捕捉模式。

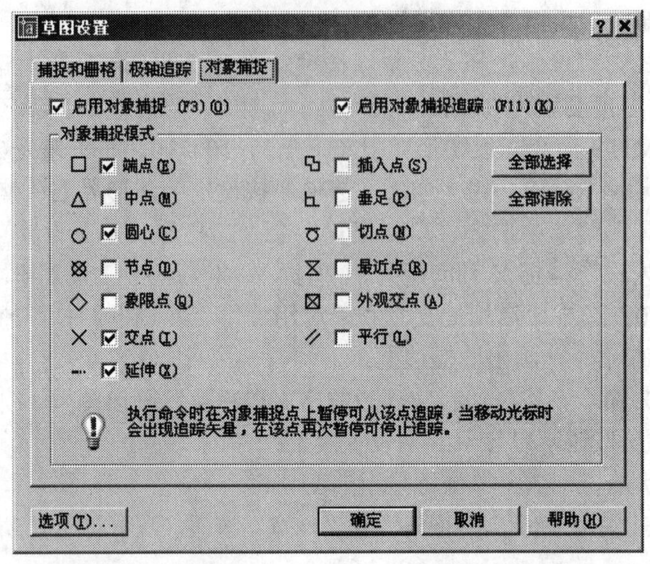

图 4-7 “草图设置”对话框的“对象捕捉”选项卡

各捕捉模式的含义如下：

（1）端点（END）：捕捉直线段或圆弧的端点，捕捉到离靶框较近的端点；

（2）中点（MID）：捕捉直线段或圆弧的中点；

（3）圆心（CEN）：捕捉圆或圆弧的圆心，靶框放在圆周上，捕捉到圆心；

（4）节点（NOD）：捕捉到靶框内的孤立点；

（5）象限点（QUA）：相对于当前 UCS，圆周上最左、最右、最上、最下的 4 个点称为象限点，靶框放在圆周上，捕捉到最近的一个象限点；

（6）交点（INT）：捕捉两线段的显示交点和延伸交点；

（7）延伸（EXT）：当靶框在一个图形对象的端点处移动时，AutoCAD 显示该对象的延长线，并捕捉正在绘制的图形与该延长线的交点；

（8）插入点（INS）：捕捉图块、图像、文本和属性等的插入点；

（9）垂足（PER）：当向一对象画垂线时，把靶框放在对象上，可捕捉到对象上的垂足位置；

（10）切点（TAN）：当向一对象画切线时，把靶框放在对象上，可捕捉到对象上的切点位置；

（11）最近点（NEA）：当靶框放在对象附近拾取，捕捉到对象上离靶框中心最近的点；

（12）外观交点（APP）：当两对象在空间交叉，而在一个平面上的投影相交时，可以从投影交点捕捉到某一对象上的点；或者捕捉两投影延伸相交时的交点；

（13）平行（PAR）：捕捉图形对象的平行线。

对垂足捕捉和切点捕捉，AutoCAD 还提供延迟捕捉功能，即根据直线的两端条件来准确求解直线的起点与端点。如图 4-8（*a*）为求两圆弧的公切线；图 4-8（*b*）为求圆弧与直的公垂线；图 4-8（*c*）为作直线与圆相切且和另一直线垂直。

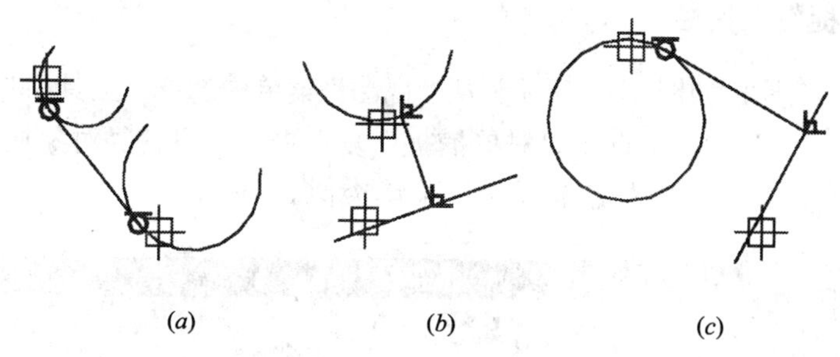

图 4-8 延迟捕捉功能

注意：

（1）选择了捕捉类型后，在后续命令中，要求指定点时，这些捕捉设置长期有效，作图时可以看到出现靶框要求捕捉。若要修改，要再次启动“草图设置”对话框；

（2）AutoCAD 为了操作方便，在状态栏中设置有对象捕捉开关，对象捕捉功能可通过状态栏中的“对象捕捉”按钮来控制其打开和关闭。

4.4.2 利用光标菜单和工具栏进行对象捕捉

AutoCAD 还提供有另一种对象捕捉的操作方式，即在命令要求输入点时，临时调用对象捕捉功能，此时它覆盖“对象捕捉”选项卡的设置，称为单点优先方式。此方式只对当前点有效，对下一点的输入就无效了。

1. 对象捕捉光标菜单

在命令要求输入点时，同时按下 SHIFT 键和鼠标右键，在屏幕上当前光标处出现对象捕捉光标菜单，如图 4-9 所示。

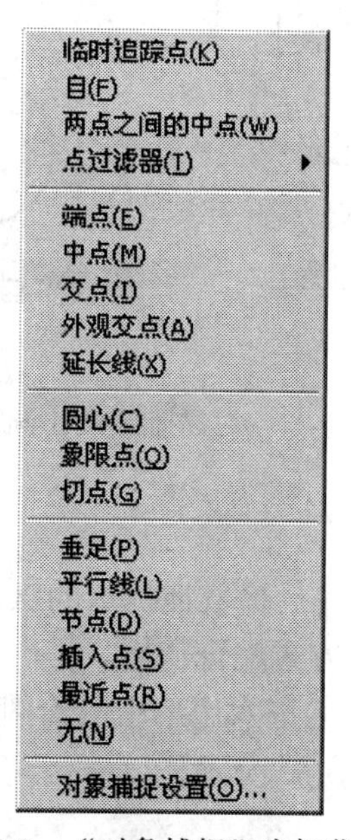

图 4-9 “对象捕捉”光标菜单

2. “对象捕捉”工具栏

“对象捕捉”工具栏如图 4-10 所示，从“视图”菜单中选择“工具栏”选项，打开“工具栏” 对话框，在该对话框中选中“对象捕捉”复选框，即可使“对象捕捉”工具栏显示在屏幕上。从内容上看，它与对象捕捉光标菜单类似。

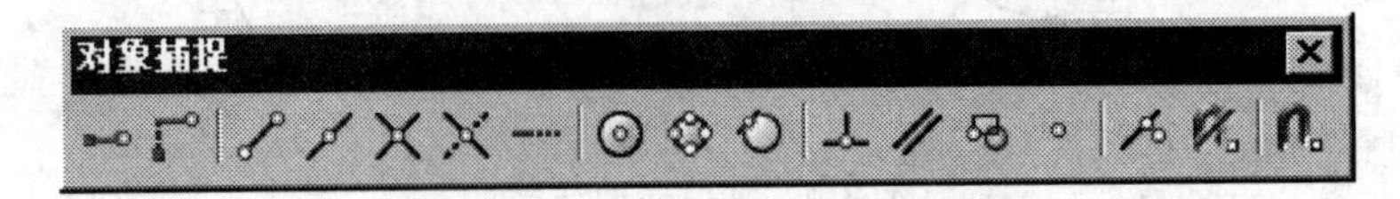

图 4-10 “对象捕捉”工具栏

【例 4-1】 如图 4-11（*a*）所示，已知上边一圆和下边一条水平线，现利用对象捕捉功能从圆心 → 直线中点 → 圆切点 → 直线端点画一条折线。

具体过程如下：

命令：**LINE**↙

指定第一点：（单击“对象捕捉”工具栏的“捕捉到圆心”图标）

_cen 于 （拾取圆 1）

指定下一点或 [放弃(U)]：（单击“对象捕捉”工具栏的“捕捉到中点”图标）

_mid 于 （拾取直线 2）

指定下一点或 [放弃(U)]：（单击“对象捕捉”工具栏的“捕捉到切点”图标）

_tan 到 （拾取圆 3）

指定下一点或 [闭合(C)/放弃(U)]：（单击“对象捕捉”工具栏的“捕捉到端点”图标）

_endp 于 （拾取直线 4）

指定下一点或 [闭合(C)/放弃(U)]：↙ （回车）

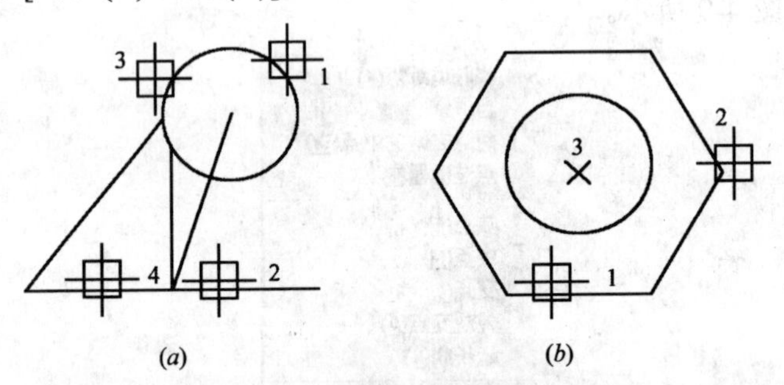

图 4-11 对象捕捉应用举例

3. 追踪捕捉

追踪捕捉用于二维作图，可以先后提取捕捉点的 X、Y 坐标值，从而综合确定一个新点。因此，它经常和其他对象捕捉方式配合使用。

【例 4-2】 以图 4-11（*b*）中的正六边形中心为圆心，画一半径为 30mm 的圆。

具体过程如下：

（先绘制出图中的六边形）

命令：**CIRCLE**↙

指定圆的圆心或 [三点(3P)/两点(2P)/相切、相切、半径(T)]: **TRACKING**↙ （拾取追踪捕捉，自动打开正交功能）

第一个追踪点:（拾取中点捕捉）

_mid 于（拾取底边中心 1 处）

下一点 (按 ENTER 键结束追踪): （拾取交点捕捉）

_int 于（拾取交点 2 处）

下一点 (按 ENTER 键结束追踪): ↙ （回车结束追踪，AutoCAD 提取 1 点 X 坐标，2 点 Y 坐标，定位于 3 点，即正六边形中心）

指定圆的半径或 [直径(D)]: **30**↙（画一半径为 30mm 的圆）

命令:

打开追踪后，系统自动打开正交功能，拾取到第 1 点后，如靶框水平移动，则提取 1 点的 Y 坐标，如靶框垂直移动则提取 1 点的 X 坐标，然后由第二点补充另一坐标。

4. 点过滤器

点过滤是通过过滤拾取点的坐标值的方法来确定一个新点的位置，在图 4-9 所示的光标菜单中“点过滤器”菜单项的下一级菜单内：“.X ”为提取拾取点的 X 坐标；“.XY”为提取拾取点的 X、Y 坐标。

【例 4-3】 在图 4-12 中，以正六边形中心点为圆心，画一半径为 30mm 的圆。

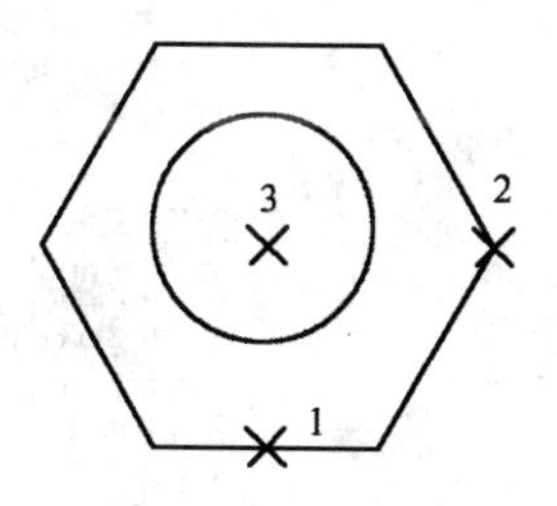

图 4-12　利用点过滤器绘图

利用点过滤实现绘图的操作过程如下：

命令: **CIRCLE**↙

指定圆的圆心或 [三点(3P)/两点(2P)/相切、相切、半径(T)]:（同时按 shift 键和鼠标右键，弹出光标菜单，拾取光标菜单点过滤器子菜单的 .XZ 项）

XZ 于（拾取中点捕捉）

_mid 于（拾取中点 1）

（需要 Y）:（拾取交点捕捉）

_int 于 （拾取 2 点，综合后定位于 3 点）

指定圆的半径或 [直径(D)]: **30**↙（画出圆）

把这种操作与追踪捕捉对照，就可以看出追踪捕捉就是在二维作图中取代了点过滤的操作。

4.5 自 动 捕 捉

AutoCAD 的自动捕捉功能提供了视觉效果来指示出对象正在被捕捉的特征点，以便使用户正确地捕捉。当光标放在图形对象上时，自动捕捉会显示一个特征点的捕捉标记和捕捉提示。可通过图 4-13 所示的“选项”对话框中的“草图”选项卡设置自动捕捉的有关功能。打开该对话框的方法是：从“工具”菜单中选择“选项”命令，即可打开“选项”对话框，在该对话框中单击“草图”标签，即可打开“草图”选项卡。

在该选项卡中列出了自动捕捉的有关设置：

（1）标记：如选中该复选框，则当拾取靶框经过某个对象时，该对象上符合条件的特征点就会显示捕捉点类型标记并指示捕捉点的位置，如图 4-14 所示，中点的捕捉标记为一个小三角形；在该选项卡中，还可以通过“自动捕捉标记大小”和“自动捕捉标记颜色”两项来调整标记的大小和颜色；

（2）磁吸：如选中该复选框，则拾取靶框会锁定在捕捉点上，拾取靶框只能在捕捉点间跳动；

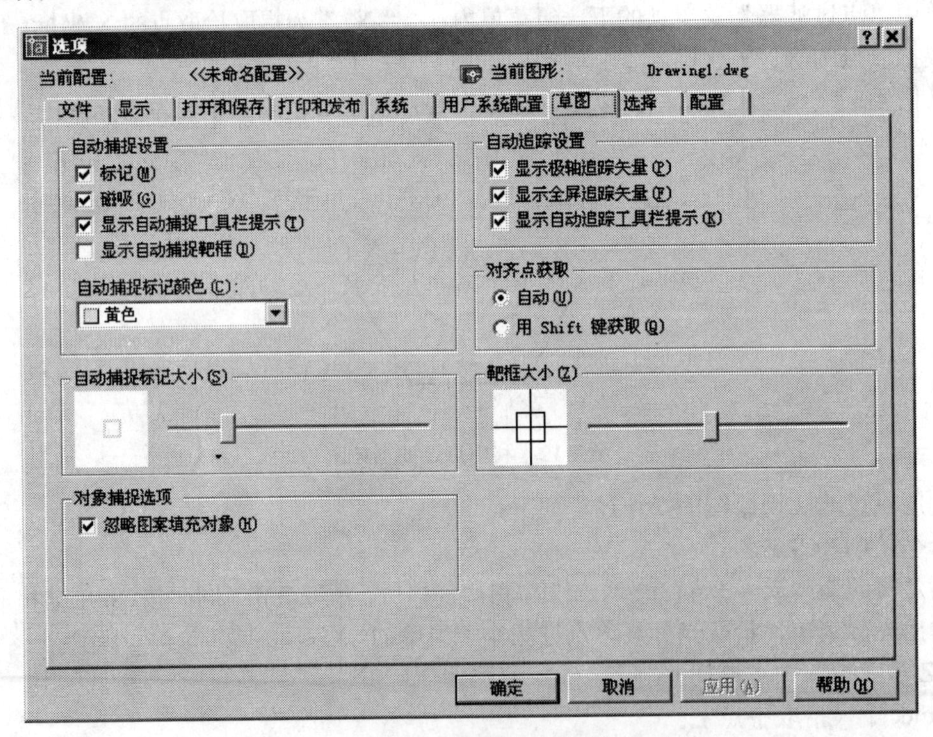

图 4-13 “选项”对话框的“草图”选项卡

（3）显示自动捕捉工具栏提示：如选中该复选框，则系统将显示关于捕捉点的文字说明，捕捉到中点，则在该点旁边显示“中点”，如图 4-14 所示；

（4）显示自动捕捉靶框：如选中该复选框，则系统将显示拾取靶框；选项卡中的“靶框大小”项用于调整靶框的大小。

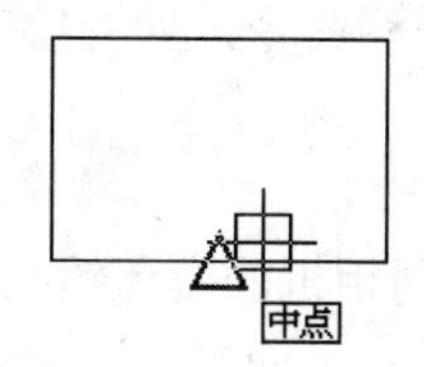

图 4-14　捕捉标记和捕捉提示

4.6　用户坐标系的设置

在二维绘图中，利用用户坐标系 UCS 的平移或旋转，也可以准确与方便地作图。其主要操作如下：

（1）调用菜单：视图 → 显示 →UCS 坐标，设置 UCS 图标的显示、关闭、位置及相关特性；

（2）平移：调用菜单：工具 → 移动 UCS，把坐标系平移到新原点处；

（3）旋转：调用菜单：工具 → 新建 UCS，把坐标系绕某一坐标轴旋转或 XOY 面绕原点旋转；

（4）保存：调用菜单：工具 → 命名 UCS，把当前 UCS 命名保存；

（5）特定位置：调用菜单：工具 → 正交 UCS，将 UCS 设置为俯视、仰视、左视、主视、右视、后视，或其他预先设置好的位置。

关于 UCS 的全面利用，将在三维绘图中介绍。

图 4-15（*a*）为利用 UCS 平移作图；图 4-15（*b*）为利用 UCS 旋转作图。

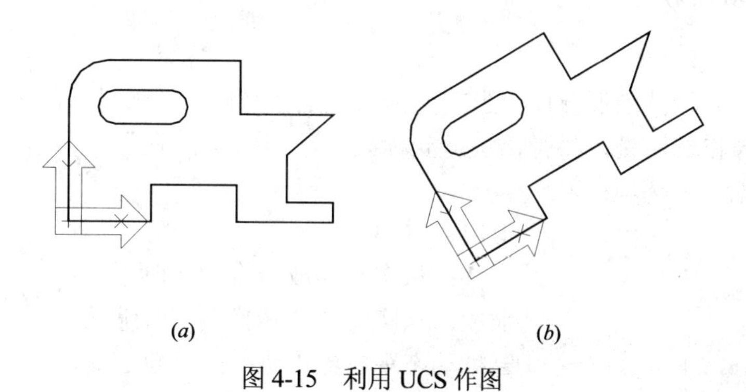

(*a*)　　(*b*)

图 4-15　利用 UCS 作图

4.7　显示控制

在绘图过程中，经常需要对所画图形进行显示缩放、平移、重画、重生成等各种操作。本节的命令用于控制图形在屏幕上的显示，可以按照用户所期望的位置、比例和范围控制屏幕窗口对“图纸”相应部位的显示，便于观察和绘制图形。这些命令只改变视觉效果，而不改变图形的实际尺寸及图形对象间的相互位置关系。本节将介绍刷新屏幕的重画和重生成命令，以及控制显示的缩放和平移命令，并介绍鸟瞰视图。

4.7.1 显示缩放

显示缩放命令 ZOOM 的功能如同相机的变焦镜头，它能将镜头对准“图纸”上的任何部分，放大或缩小观察对象的视觉尺寸，而其实际尺寸保持不变。

1. 命令

命令名：ZOOM（缩写名：Z，可透明使用）

菜单：视图 → 缩放 → 由级联菜单列出各选项

图标：“标准工具栏”的三个图标：“实时缩放”；“缩放前一个”；“缩放窗口”和弹出工具栏，见图 4-16。

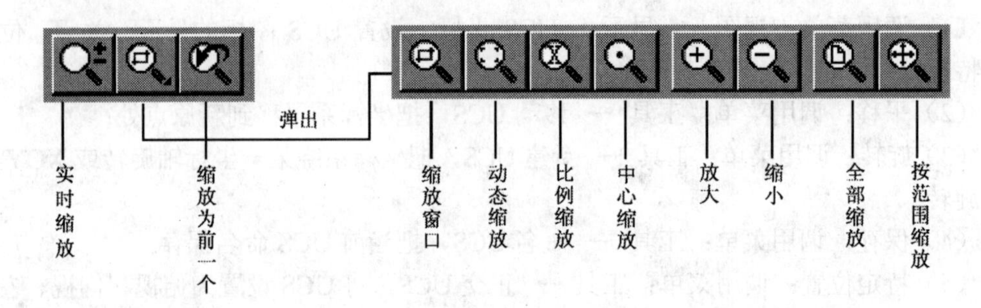

图 4-16 显示缩放的图标

2. 常用选项说明

（1）实时缩放（R）：

在实时缩放时，从图形窗口中当前光标点处上移光标，图形显示放大；下移光标，图形显示缩小。按鼠标右键，将弹出快捷光标菜单，如图 4-17 所示：

该菜单包括下列选项：

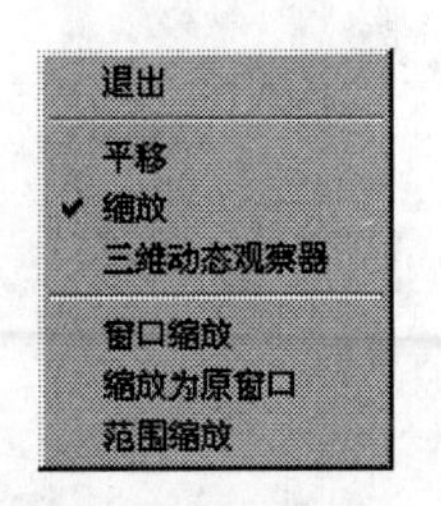

图 4-17 快捷光标菜单

①退出实时模式；
②平移：从实时缩放转换到实时平移；
③缩放：从实时平移转换到实时缩放；
④三维动态观察器：进行三维轨道显示；
⑤窗口缩放：显示一个指定窗口，然后回到实时缩放；
⑥缩放为原窗口：恢复原窗口显示；
⑦范围缩放：按图形界限显示全图，然后回到实时缩放。

（2）缩放为前一个（P）：恢复前一次显示。

（3）缩放窗口（W）：指定一个窗口（如图 4-18*a*），把窗口内图形放大到全屏（图 4-18*b*）。

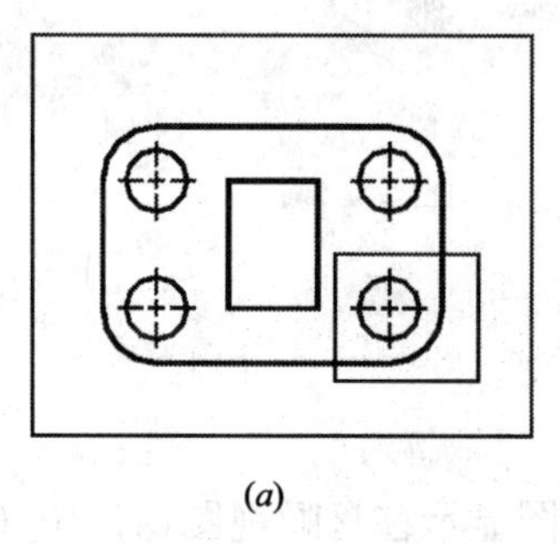

(a)

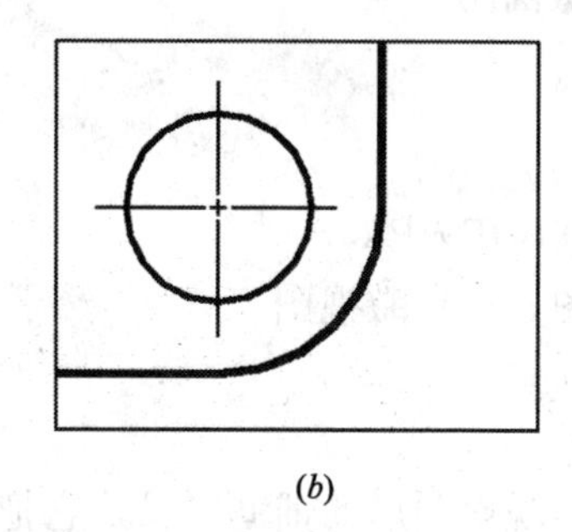

(b)

图 4-18　缩放窗口

（4）比例缩放（S）：以屏幕中心为基准，按比例缩放，如：

2：以图形界限为基础，放大一倍显示；

0.5：以图形界限为基础，缩小一半显示；

2x：以当前显示为基础，放大一倍显示；

0.5x：以当前显示为基础，缩小一半显示。

（5）放大（I）：相当于 2x 的比例缩放。

（6）缩小（O）：相当于 0.5x 的比例缩放。

（7）全部缩放（A）：按图形界限显示全图。

（8）按范围缩放（E）：按图形对象占据的范围全屏显示，而不考虑图形界限的设置。

4.7.2　显示平移

1. 命令

命令名：PAN（可透明使用）

菜单：视图 → 平移 → 由级联菜单列出常用操作；

图标："标准"工具栏中"实时平移" 

2. 说明

在选择"实时平移"时，光标变成一只小手，按住鼠标左键移动光标，当前视口中的图形就会随着光标的移动而移动。

在选择"定点"平移时，AutoCAD 提示：

指定基点或位移：（输入点 1）

指定第二点：（输入点 2）

通过给定的位移矢量 12 来控制平移的方向与大小。

进入实时平移或缩放后，按 ESC 键或回车键可以随时退出"实时"状态。

4.7.3 鸟瞰视图

1. 命令

命令名：DSVIEWER
菜单：视图 → 鸟瞰视图

2. 功能

鸟瞰视图是观察图形的辅助工具，它把绘图显示在鸟瞰视图窗口中（通常放在屏幕右下角）。若在鸟瞰视图窗口中使用 ZOOM/PAN 命令，则在图形窗口中就会显示出相应的效果。在观察一幅复杂图形时，这是处理全局搜索与局部放大的方便办法。

如图 4-19，在鸟瞰视图中设置一个窗口，在图形窗口中就显示该窗口的局部放大图。

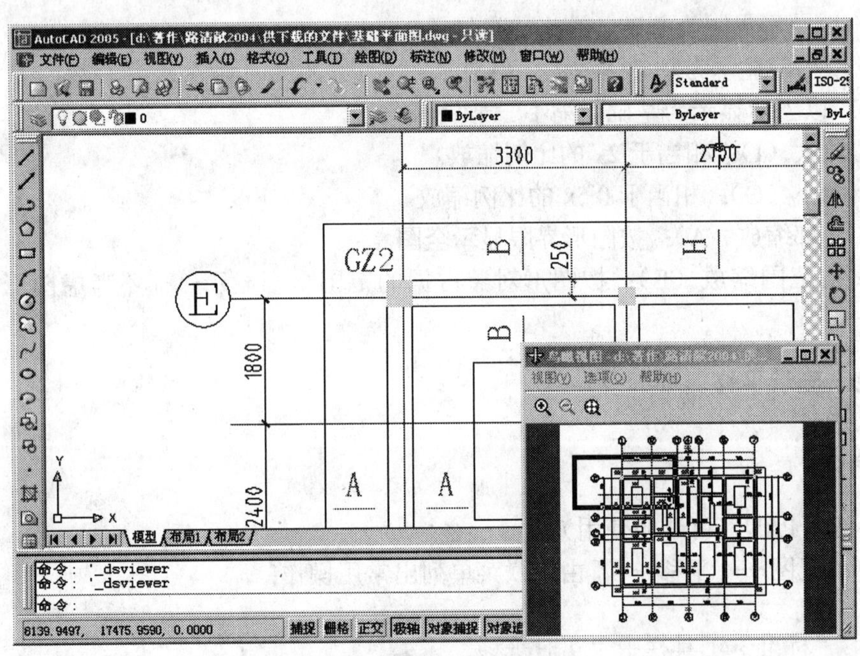

图 4-19 鸟瞰视图

4.7.4 重画

1. 命令

命令名：REDRAW（缩写名：R，可透明使用）
菜单：视图 → 重画

2. 功能

快速地刷新当前视口中显示内容，去掉所有的临时“点标记”和图形编辑残留。

4.7.5 重生成

1. 命令

命令名：REGEN（缩写名：RE）
菜单：视图 → 重生成

2. 功能

重新计算当前视口中的所有图形对象，进而刷新当前视口中的显示内容。它将原显示不太光滑的图形重新变得光滑。REGEN 命令比 REDRAW 命令更费时间。对绘图过程中有些设置的改变，如填充（FILL）模式、快速文本（QTEXT）的打开与关闭，往往要执行一次 REGEN，才能使屏幕产生变动。

4.8 对象特性概述

对象特性是指对象的图层、颜色、线型、线宽和打印样式。它是 AutoCAD 提供的另一类辅助绘图命令。图层类似于透明胶片，用来分类组织不同的图形信息；颜色可以用来区分图形中相似的图形对象；线型可以很容易区分不同的图形对象（如实线、虚线、点画线等）；同一线型的不同线宽可用来表示不同的表达对象（如工程制图中的粗线和细线）；打印样式可控制图形的输出形式。而用图层来组织和管理图形对象可使得图形的信息管理更加清晰。

4.8.1 图层

图形分层的例子是司空见惯了的。套印和彩色照片都是分层做成的。AutoCAD 的图层（Layer）可以被想像为一张没有厚度的透明纸，上边画着属于该层的图形对象。图形中所有这样的层叠放在一起，就组成了一个 AutoCAD 的完整图形。

应用图层在图形设计和绘制中具有很大的实际意义。例如在城市道路规划设计中，就可以将道路、建筑以及给水、排水、电力、电信、煤气等管线的布置图画在不同的图层上，把所有层加在一起就是整条道路规划设计图。而单独对各个层进行处理时（例如要对排水管线的布置进行修改），只要单独对相应的图层进行修改即可，不会影响到其他层。

图层是 AutoCAD 用来组织图形的有效工具之一，AutoCAD 图形对象必须绘制在某一层上。

图层具有下列特点：

（1）每一图层对应有一个图层名，系统缺省设置的图层为“0”（零）层。其余图层由用户根据绘图需要命名创建，数量不限；

（2）各图层具有同一坐标系，好像透明纸重叠在一起一样。每一图层对应一种颜色、一种线型。新建图层的缺省设置为白色、连续线（实线）。图层的颜色和线型设置可以修改。一般在一个图层上创建图形对象时，就自然采用该图层对应的颜色和线型，称为随层（Bylayer）方式；

（3）当前作图使用的图层称为当前层，当前层只有一个，但可以切换；

（4）图层具有以下特征，用户可以根据需要进行设置：

1）打开（ON）/关闭（OFF）：控制图层上的实体在屏幕上的可见性。图层打开，则该图层上的对象可见，图层关闭，该图层的对象从屏幕上消失。

2）冻结（Freeze）/解冻（Thaw）：也影响图层的可见性，并且控制图层上的实体在打印输出时的可见性。图层冻结，该图层的对象不仅在屏幕上不可见，而且也不能打印输出。另外，在图形重新生成时，冻结图层上的对象不参加计算，因此可明显提高绘图速度。

3）锁定（Lock）/解锁（Unlock）：控制图层上的图形对象能否被编辑修改，但不影响其可见性。图层锁定，该图层上的对象仍然可见，但不能对其作删除、移动等图形编辑操作。

（5）AutoCAD 通过图层命令（LAYER）、“对象特性”工具栏中的图层列表以及工具图标等实施图层操作。

图 4-20 为一“建筑平面图”，右侧为其“图层”工具栏中的图层列表，从中可以看到该图的部分图层设置。

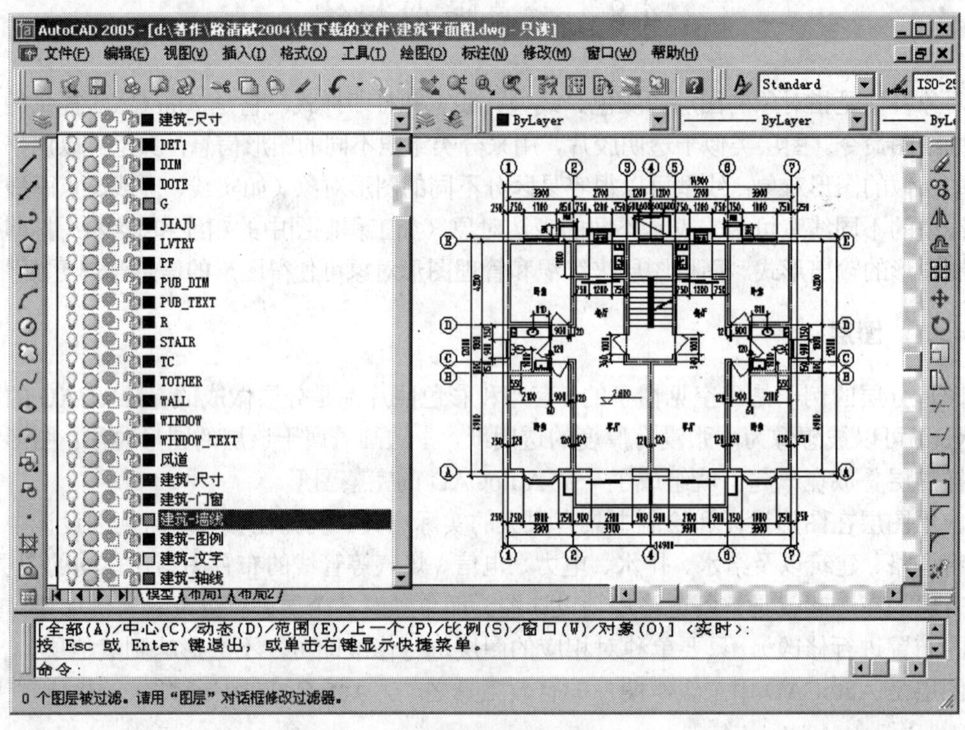

图 4-20 “建筑平面图”的图层设置

4.8.2 颜色

颜色也是 AutoCAD 图形对象的重要特性，在 AutoCAD 颜色系统中，图形对象的颜色设置可分为：

（1）随层（Bylayer）：依对象所在图层，具有该层所对应的颜色；

（2）随块（Byblock）：当对象创建时，具有系统缺省设置的颜色（白色），当该对象定义到块中，并插入到图形中时，具有块插入时所对应的颜色（块的概念及应用将在第 7

章中介绍)；

(3)指定颜色：即图形对象不随层、随块时，可以具有独立于图层和图块的颜色，AutoCAD 颜色由颜色号对应，编号范围是 1～255，其中 1～7 号是 7 种标准颜色，如表 4-1 所示。其中 7 号颜色随背景而变，背景为黑色时，7 号代表白色；背景为白色时，则其代表黑色。

标准颜色列表　　表 4-1

编号	颜色名称	颜色
1	RED	红
2	YELLOW	黄
3	GREEN	绿
4	CYAN	青
5	BLUE	蓝
6	MAGENTA	绛红
7	WHITE/BLACK	白/黑

因此，根据具体的设置，画在同一图层中的图形对象，可以具有随层的颜色，也可以具有独立的颜色。在实际操作中，颜色的设置常用“选择颜色”对话框（见图 4-21）直观选择。AutoCAD 提供的 COLOR 命令，可以打开该对话框。

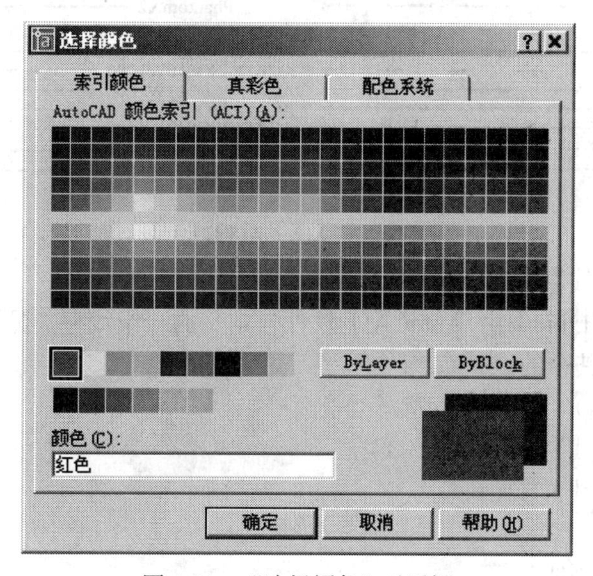

图 4-21　“选择颜色”对话框

4.8.3　线型

线型(Linetype)是 AutoCAD 图形对象的另一重要特性，在公制测量系统中，AutoCAD 提供线型文件 acadiso.lin，其以毫米为单位定义了各种线型（虚线、点画线等）的划长、间隔长等。AutoCAD 支持多种线型，用户可据具体情况选用，例如中心线一般采用点画线，可见轮廓线采用粗实线，不可见轮廓线采用虚线等。

1. 线型分类

用 AutoCAD 绘图时可采用的线型分三大类：ISO 线型、AutoCAD 线型和组合线型，下面分别予以介绍：

（1）ISO 线型：

在线型文件 acadiso.lin 中按国际标准（ISO）、采用线宽 W=1.00mm 定义的一组标准线型。例如：

Acad_iso02w100：线型说明为 ISO dash，即 ISO 虚线。

Acad_iso04w100：线型说明为 ISO long-dash dot，即 ISO 长点画线。

AutoCAD 的连续线（Continuous）用于绘制粗实线或细实线。

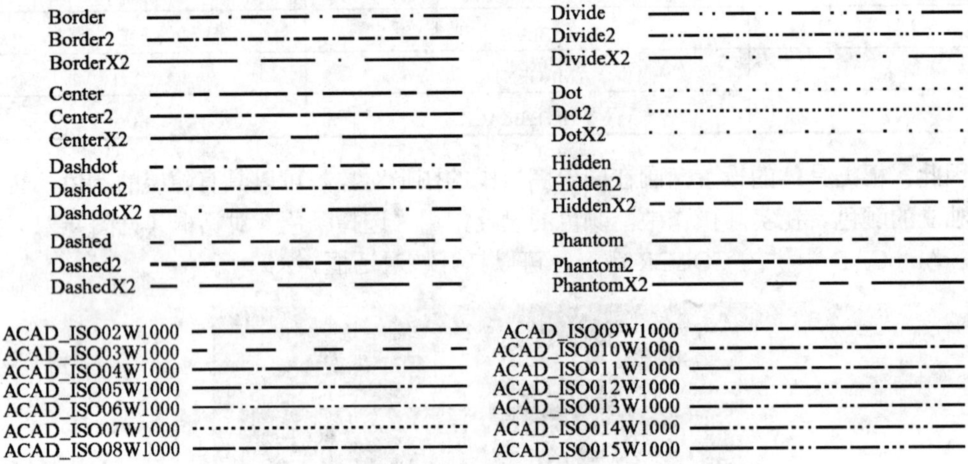

Border
Border2
BorderX2
Center
Center2
CenterX2
Dashdot
Dashdot2
DashdotX2
Dashed
Dashed2
DashedX2
Divide
Divide2
DivideX2
Dot
Dot2
DotX2
Hidden
Hidden2
HiddenX2
Phantom
Phantom2
PhantomX2
ACAD_ISO02W1000
ACAD_ISO03W1000
ACAD_ISO04W1000
ACAD_ISO05W1000
ACAD_ISO06W1000
ACAD_ISO07W1000
ACAD_ISO08W1000
ACAD_ISO09W1000
ACAD_ISO010W1000
ACAD_ISO011W1000
ACAD_ISO012W1000
ACAD_ISO013W1000
ACAD_ISO014W1000
ACAD_ISO015W1000

图 4-22 AutoCAD 线型

（2）AutoCAD 线型：

在线型文件 acad.lin 中由 AutoCAD 软件自定义的一组线型（见图 4-22）。除连续线（Continuous）外，其余的线型有：

DASHED（虚线）

HIDDEN（隐藏线）

CENTER（中心线）

DOT（点线）

DASHDOT（点画线）等。

AutoCAD 线型定义中，短划、间隔的长度和线宽无关。为了使用户能调整线型中短划和间隔的长度，AutoCAD 又把一种线型按短划、间隔长度的不同，扩充为 3 种，例如：

DASHED（虚线），短划、间隔具有正常长度；

DASHED.5X(虚线)，短划、间隔为正常长度的一半；

DASHED2X（虚线），短划、间隔为正常长度的 2 倍。

（3）组合线型：

除上述一般线型外，AutoCAD 还在 ltypeshp.lin 线型文件中提供了一些组合线型（见图 4-23）：由线段和字符串组合的线型，如 Gas line（煤气管道线）、Hot water supply（热水供运管线）等；由线段和图案（形）组合的线型，如 Fenceline（栅栏线）、Zigzag（折线）等。它们的使用方法和简单线型相同。

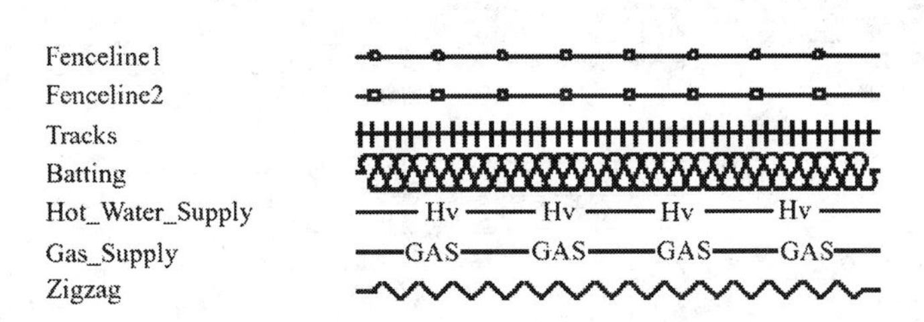

图 4-23 AutoCAD 中的组合线型

2. 线型设置

和颜色相似，AutoCAD 中图形对象的线型设置有 3 种方式：

（1）随层（Bylayer）：按对象所在图层，具有该层所对应的线型；

（2）随块（Byblock）：当对象创建时，具有系统缺省设置的线型（连续线），当该对象定义到块中，并插入到图形中时，具有块插入时所对应的线型；

（3）指定线型：即图形对象不随层、随块，而是具有独立于图层的线型，用对应的线型名表示。

因此，画在同一图层中的对象可以具有随层的线型，也可以具有独立的线型。在实际操作中，线型的设置常通过对话框直观地从线型文件中加载到当前图形。AutoCAD 提供的 LINETYPE 命令，用于定义线型、加载线型和设置线型。执行该命令，打开图 4-24 所示“线型管理器”对话框，在文本窗口中列出了 AutoCAD 默认的 3 种线型设置：随层、随块、连续线，可从中选取，如果其中没有所需线型，单击“加载”按钮，打开图 4-25 所示的“加载或重载线型”对话框，选取相应的线型文件，单击 OK 将其加载到线型管理器当中，然后再进行选择。

3. 线型比例

AutoCAD 还提供线型比例的功能，即对一个线段，在总长不变的情况下，用线型比例来调整线型中短划、间隔的显示长度，该功能通过 LTSCALE 命令实现。具体如下：

命令名：LTSCALE（缩写名：LTS；可透明使用）

格式：

命令：**LTSCALE**↙

新比例因子<1.0000>:（输入新值）

此时 AutoCAD 根据新的比例因子自动重新生成图形。比例因子越大，则线段越长。

图 4-24 “线型管理器”对话框

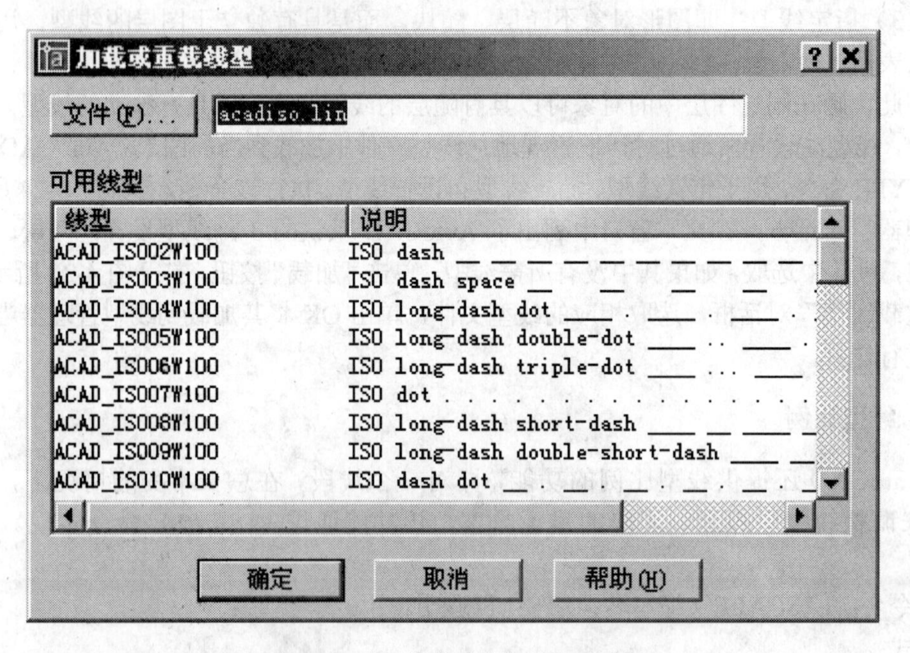

图 4-25 “加载或重载线型”对话框

4.8.4 对象特性的设置与控制

AutoCAD 提供了“图层”及“对象特性”两个工具栏（见图 4-26），排列了有关图层、颜色、线型的有关操作。由此可方便地设置和控制有关的对象特性。

图4-26 “图层”及“对象特性”工具栏

1．将对象的图层置为当前

用于改变当前图层。单击该图标，然后在图形中选择某个对象，则该对象所在图层将成为当前层。

2．图层特性管理器

用于打开图层特性管理器。单击该图标，AutoCAD 打开图 4-27 所示的图层特性管理器，可对图层的各个特性进行修改。

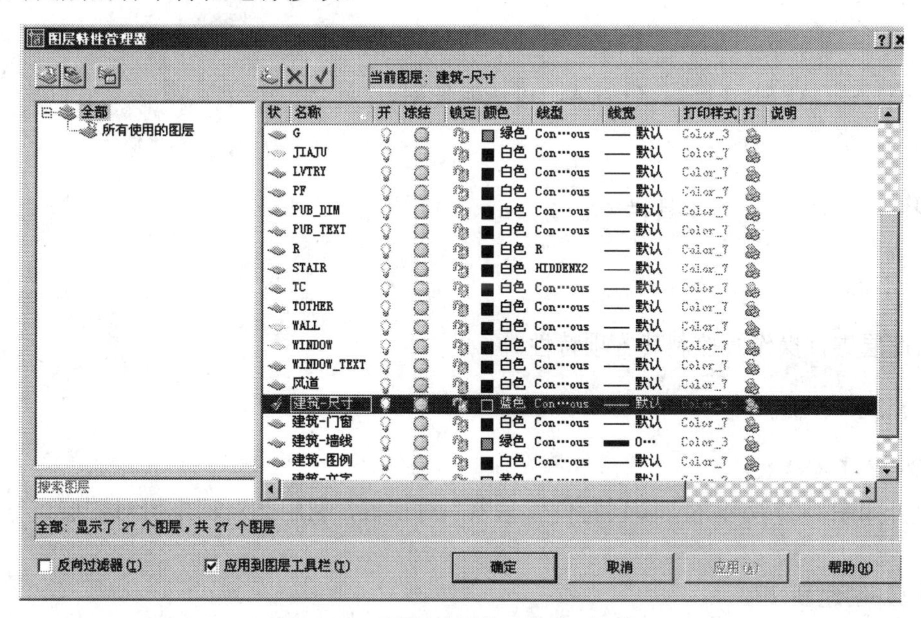

图4-27 “图层特性管理器”对话框

3．图层列表

用于修改图层的开/关、锁定/解锁、冻结/解冻、打印/非打印特性。单击右侧箭头，出现图层下拉列表，用户可单击相应层的相应图标改变其特性。

4．颜色控制

用于修改当前颜色。下拉列表中列出了“随层”、“随块”及七种标准颜色，单击“其他”按钮可打开“选择颜色”对话框，从中可修改当前绘制图形所用的颜色。此修改不影响当前图层的颜色设置。

5．线型控制

用于修改当前线型。此修改只改变当前绘制图形用的线型，不影响当前图层的线型设置。

6．线宽控制

用于修改当前线宽。与前两项相同，不影响图层的线宽设置。

7．打印样式控制

用于修改当前的打印样式，不影响对图层打印样式的设置。

4.9 图　　层

AutoCAD 提供的图层特性管理器，使用户可以方便地对图层进行操作，例如建立新图层、设置当前图层、修改图层颜色、线型以及打开/关闭图层、冻结/解冻图层、锁定/解锁图层等。

4.9.1 图层的设置与控制

1．命令

命令行：LAYER（缩写名：LA，可透明使用）

菜单：格式 → 图层

图标："对象特性"工具栏中

2．功能

对图层进行操作，控制其各项特性。

3 格式

命令：**LAYER↙**

打开如图 4-27 所示的"图层特性管理器"对话框，利用此对话框可对图层进行各种操作。

（1）创建新图层

单击"新建"按钮创建新图层，新图层的特性将继承 0 层的特性或继承已选择的某一图层的特性。新图层的缺省名为"图层 *n*"，显示在中间的图层列表中，用户可以立即更名。图层名也可以使用中文。

一次可以生成多个图层，单击"新建"按钮后，在名称栏中输入新层名，紧接着输入","，就可以再输入下一个新层名。

（2）图层列表框

在图层特性管理器中有一个图层列表框，列出了用户指定范围的所有图层，其中"0"图层为 AutoCAD 系统默认的图层。对每一图层，都有一状态条说明该层的特性，内容如下：

①名称：列出图层名；

②开：有一灯泡形图标，单击此图标可以打开/关闭图层，灯泡发光说明该层打开，灯泡变暗说明该图层关闭；

③在所（有视口冻结）：有一雪花形/太阳形图标，单击此图标可以冻结/解冻图层，图标为太阳说明该层处于解冻状态，图标为雪花说明该层被冻结，注意当前层不可以被冻结；

④锁（定）：有一锁形图标，单击此图标可以锁定/解锁图层，图标为打开的锁说明该层处于解锁状态，图标为闭合的锁说明该层被锁定；

⑤颜色：有一色块形图标，单击此图标将弹出“选择颜色”对话框（见图 4-21），可修改图层颜色；

⑥线型：列出图层对应的线型名，单击线型名，将弹出图 4-28 所示的“选择线型”对话框，可以从已加载的线型中选择一种代替该图层线型，如果“选择线型”对话框中列出的线型不够，则可单击底部的“加载”按钮调出“加载或重载线型”对话框（见图 4-25），从线型文件中加载所需的线型；

⑦线宽：列出图层对应的线宽，单击线宽值，AutoCAD 打开“线宽”对话框，如图 4-29 所示，可用于修改图层的线宽；

⑧打印样式：显示图层的打印样式；

⑨打（印）：有一打印机形图标，单击它可控制图层的打印特性，打印机上有一红色球时表明该层不可被打印，否则可被打印。

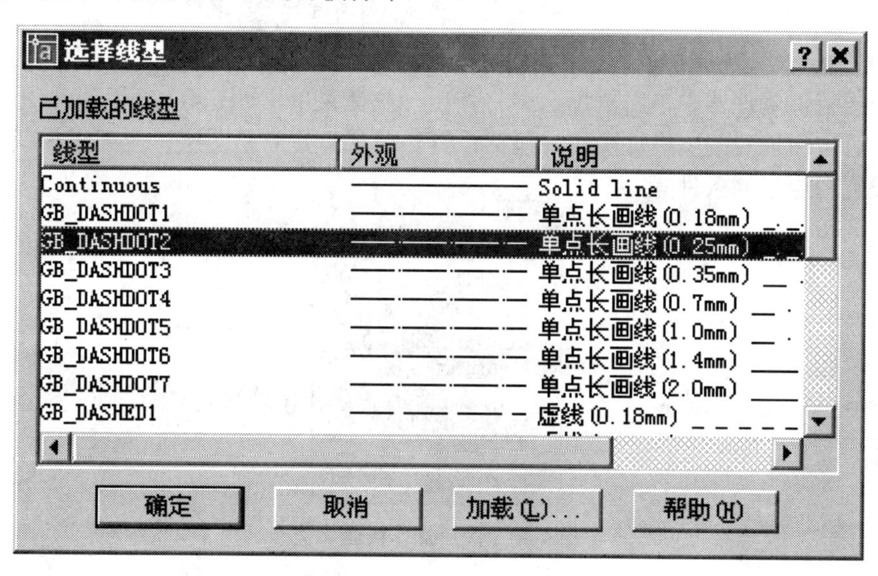

图 4-28　“选择线型”对话框

（3）设置当前图层

从图层列表框中选择任一图层，按“当前”按钮，即把它设置为当前图层。

（4）图层排序

单击图层列表中的“名称”，就可以改变图层的排序。例如要按层名排序，第一次单击“名称”，系统按字典顺序降序排列；第二次单击“名称”，系统按字典顺序升序排列。如单击“颜色”，则图层按 AutoCAD 颜色排序。

（5）删除已创建的图层

用户创建的图层若从未被引用过，则可以用“删除”按钮将其删去。方法是，选中该图层，单击“删除”按钮，则该图层消失。系统创建的 0 层不能删除。

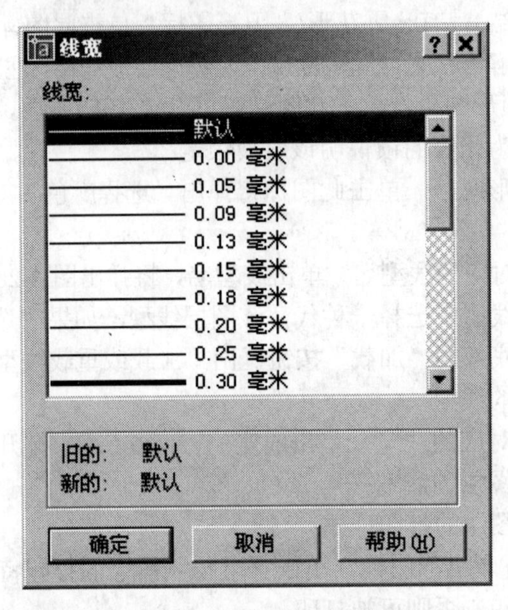

图 4-29 “线宽”对话框

（6）图层操作快捷菜单

在图层特性管理器中单击鼠标右键将弹出一快捷菜单，如图 4-30 所示，利用此菜单中的各选项可方便地对图层进行操作，包括设置当前层、建立新图层、全部选择或全部删除图层、设置图层过滤条件等。

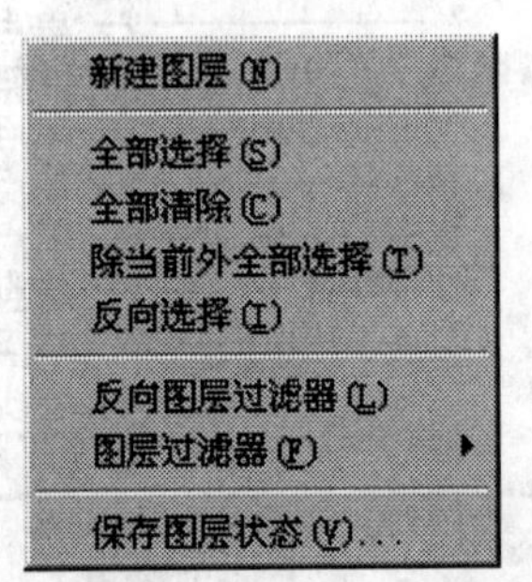

图 4-30 图层操作快捷菜单

4.9.2 图层的应用

图层广泛应用于组织图形，通常可以按线型（如粗实线、细实线、虚线和点画线等）、按图形对象类型（如图形、尺寸标注、文字标注、剖面线等）、按功能（如桌子、椅子等）或按生产过程、管理需要来分层，并给每一层赋予适当的名称，使图形管理变得十分方便。

【例 4-4】 图 4-31 为一零件的工程图，现结合绘图与生产过程对其设置图层和进行绘图操作。

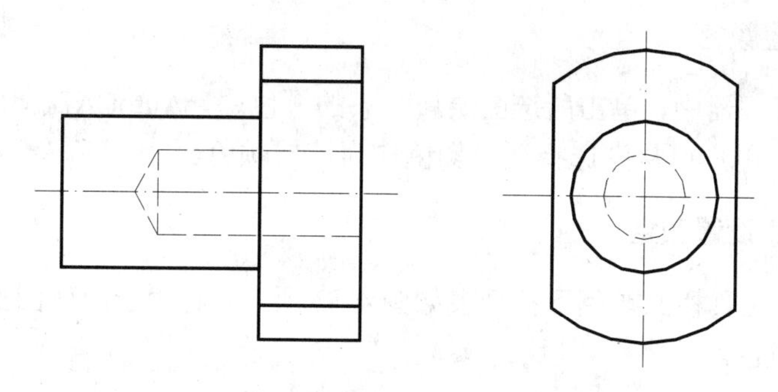

图 4-31　零件工程图

步骤如下：

（1）打开“图层特性管理器”，建立 3 个图层，并规定其名称、颜色、线型、线宽如下，通常保留系统提供的 0 层，供辅助作图用：

A 层：红色，ACAD_ISO04W100，线宽 0.1 ——用于画定位轴线（细点画线）；

B 层：蓝色，Continuous，线宽 0.3 —— 用于画可见轮廓线（粗实线）；

C 层：绿色，ACAD_ISO02W100，线宽 0.1 —— 用于画不可见轮廓线（虚线）；

（2）中 A 层，单击“当前”按钮，将其设为当前层，画定位轴线；

（3）设 B 层为当前层，画可见轮廓线；

（4）设 C 层为当前层，画中间钻孔；

（5）如设 0 层为当前层，并关闭 C 层，则显示钻孔前的零件图形，如图 4-32。

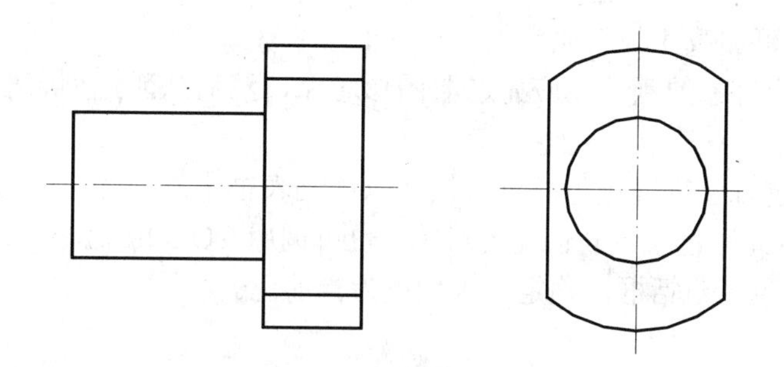

图 4-32　显示钻孔前的零件图形

4.10　颜　　色

用户可以根据需要为图形对象设置不同的颜色，从而把不同类型的对象区分开来。颜色的确定可以采用“随层”方式，即取其所在层的颜色；也可以采用“随块”方式，对象随着图块插入到图形中时，根据插入层的颜色而改变；对象的颜色还可以脱离于图层或图块单独设置。对于若干取相同颜色的对象，比如全部的尺寸标注，可以把它们放在同一图层上，为图层设定一个颜色，而对象的颜色设置为“随层”方式。有关颜色的操作说明如下：

1. 为图层设置颜色

在图层特性管理器中，单击所选图层属性条的颜色块，AutoCAD 弹出“选择颜色”对话框，见图 4-19，用户可从中选择适当颜色作为该层颜色。

2. 为图形对象设置颜色

“对象特性”工具栏的颜色下拉列表如图 4-33 所示，它用于改变图形对象的颜色或为新创建对象设置颜色。

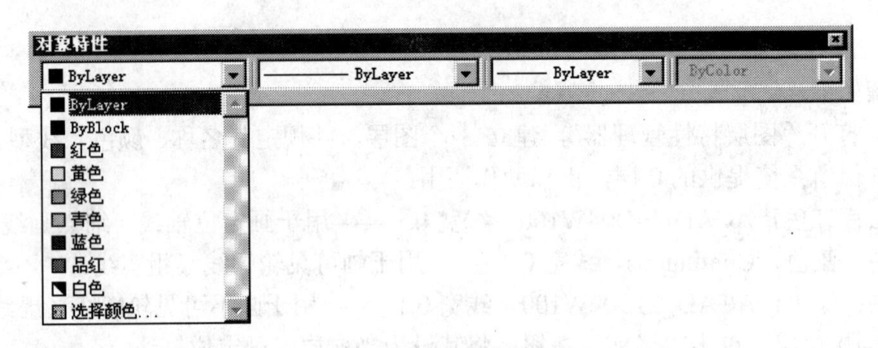

图 4-33　颜色下拉列表

（1）颜色列表框中的颜色设置：第一行通常显示当前层的颜色设置。列表框中包括“随层”(ByLayer)、“随块”（ByBlock)、7 种标准颜色和选择其他颜色，选择“选择颜色…”将弹出“选择颜色”对话框，用户可从中选择颜色，新选中的颜色将加载到颜色列表框的底部，最多可加载 4 种其他颜色；

（2）改变图形对象的颜色：应先选取图形对象，然后从颜色列表框中选择所需要的颜色；

（3）为新创建对象设置颜色：可直接从颜色列表框中选取颜色，它显示成为当前颜色，AutoCAD 将以此颜色绘制新创建的对象；也可调用 COLOR 命令，在命令行输入该命令，打开“选择颜色”对话框，确定一种颜色为当前色。

4.11　线　　型

除了用颜色区分图形对象之外，用户还可以为对象设置不同的线型。线型的设置可采用“随层”方式，即与其所在层的线型一致；“随块”方式，与所属图块插入到的图层线型一致；还可以独立于图层和图块而具有确定的线型。为方便绘图，可以把相同线型的图形对象放在同一图层上绘制，而其线型采用“随层”方式，例如，可把所有的中心线放在一个层上，该层的线型设定为点画线。有关线型的操作说明如下：

1. 为图层设置线型

在图层特性管理器中单击所选图层属性条中的“线型”项，通过“选择线型”对话框

（图 4-28）和“加载或重载线型”对话框（图 4-25）为该图层设置线型。

2. 为图形对象设置线型

（1）修改图形对象的线型

可通过“对象特性”工具栏中的“线型控制”下拉列表框（图 4-34）实现，先选中要修改线型的图形对象，然后在下拉列表框中选择某一线型，则该对象的线型就改为所选线型。

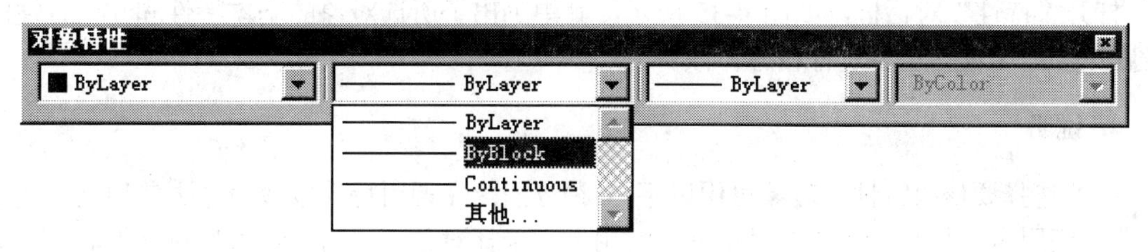

图 4-34　“线型控制”下拉列表

（2）为新建图形对象设置线型

用户可以通过线型管理器为新建的图形设置线型，在线型管理器的线型列表中选择一种线型，单击“当前”，即可把它设置为当前线型。打开线型管理器的方法有：

①命令行：LINETYPE

②菜单：格式→线型；

③图标：“对象特性”工具栏中的“线型控制”下拉列表。

4.12　修改对象特性

AutoCAD 提供了修改对象特性的功能，可执行 PROPERTIES 命令打开“特性”对话框来实现。其中包含对象的图层、颜色、线型、线宽、打印样式等基本特性以及该对象的几何特性，可根据需要进行修改。

另外，AutoCAD 还提供了特性匹配命令 MATCHPROP，可以方便地把一个图形对象的图层、线型、线型比例、线宽等特性赋予另一个对象，而不用再逐项设定，可大大提高绘图速度，节省时间，并保证对象特性的一致性。

4.12.1　修改对象特性

1. 命令

命令行：PROPERTIES

菜单：修改 → 特性

图标：“标准”工具栏 

2. 功能

修改所选对象的图层、颜色、线型、线型比例、线宽、厚度等基本属性及其几何特性。

3. 格式

命令：**PROPERTIES**↙

打开“特性”对话框，如图 4-35 所示，其中列出了所选对象的基本特性和几何特性的设置，用户可根据需要进行相应修改。

4. 说明

（1）选择要修改特性的对象可用以下 3 种方法：在调用特性修改命令之前用夹点选中对象；调用命令打开“特性”对话框之后用夹点选择对象；单击“特性”对话框右上角的“快速选择”按钮，打开“快速选择”对话框，产生一个选择集。

（2）选择的对象不同，对话框中显示的内容也不一样。选取一个对象，执行特性修改命令，可修改的内容包括对象所在的图层、对象的颜色、线型、线型比例、线宽、厚度等基本特性以及线段长度、角度、坐标、直径等几何特性，图 4-35 为修改直线特性的对话框。

（3）如选取多个对象，则执行修改特性命令后，对话框中只显示这些对象的图层、颜色、线型、线型比例、线宽、厚度等基本特性，如图 4-36 所示，可对这些对象的基本特性进行统一修改，文本框中的“全部（5）”表示共选择了 5 个对象。也可单击右侧箭头，在下拉列表中选择某一对象对其特性进行单独修改。

图 4-35 “特性”对话框

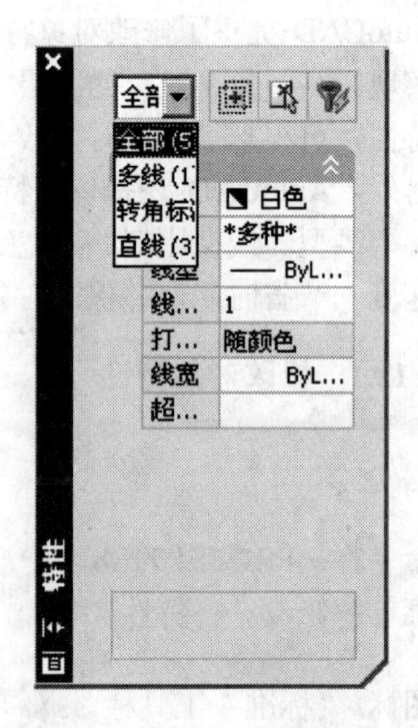

图 4-36 “特性”对话框设置示例

4.12.2　特性匹配

1．命令

命令行：MATCHPROP（缩写名：MA，可透明使用）
菜单：修改 → 特性匹配
图标："标准" 工具栏 

2．功能

把源对象的图层、颜色、线型、线型比例、线宽和厚度等特性复制到目标对象。

3．格式

命令：**MATCHPROP**↙
选择源对象：（拾取 1 个对象）
当前活动设置:颜色 图层 线型 线型比例 线宽 厚度 打印样式 文字 标注 填充图案
选择目标对象或 [设置(S)]：（拾取目标对象）
则源对象的图层、颜色、线型、线型比例和厚度等特性将复制到目标对象。

利用选项"设置(S)"，打开"特性设置"对话框，如图 4-37 所示，可设置复制源对象的指定特性。

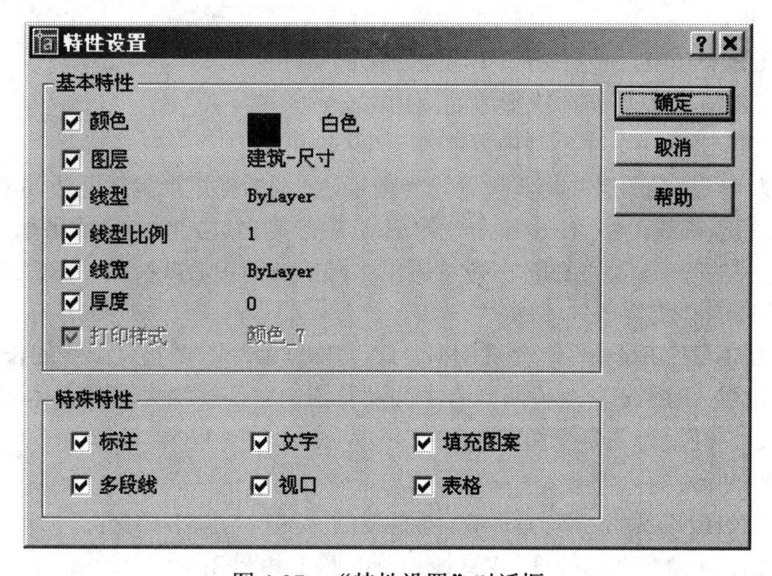

图 4-37　"特性设置"对话框

4.13 综合应用示例

本节介绍的两个示例综合应用了第 2、3、4 章介绍的有关命令，目的是给读者一个相对完整的绘图概念。

【例 4-5】 利用相关命令由图 4-38（*a*）完成图 4-38（*b*）。

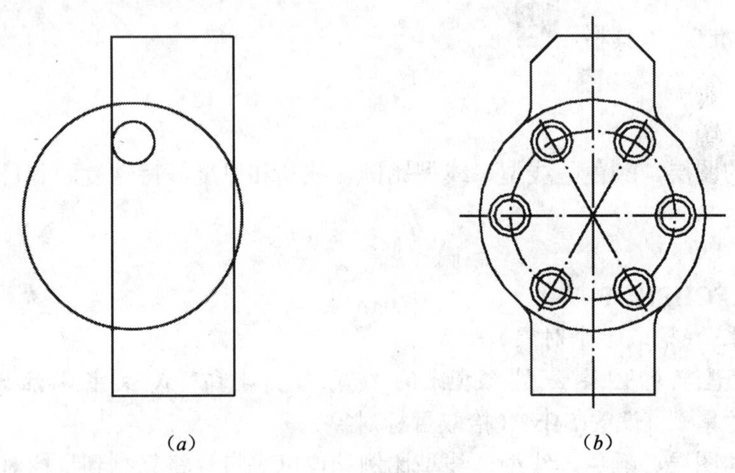

图 4-38 图形编辑

操作步骤：

（1）利用 LINE 命令或 XLINE 命令找出矩形的中心，然后用 MOVE 命令使得大圆圆心与矩形中心重合；

（2）用 CHAMFER 命令作出矩形上部的两个倒角；

（3）用 TRIM 命令剪切掉矩形边的圆内部分；

（4）用 OFFSET 命令在小圆内复制其一个同心圆；

（5）新建一点画线图层并将其设置为当前层，分别捕捉矩形上下两边的中点，用 LINE 命令绘制出竖直点画线；用 XLINE 命令的 H 选项绘制出过大圆圆心的水平点画线；分别捕捉大圆和小圆的圆心，用 LINE 命令绘制出小圆的法向中心线；用 CIRCLE 命令绘制过小圆圆心的切向中心线；

（6）用 LENGTHEN 命令（或 TRIM、EXTEND 命令）调整点画线的长度；

（7）用阵列 ARRAY 命令将两同心小圆及其法向中心线绕大圆圆心环形阵列 6 个。

【例 4-6】 利用相关命令由图 4-39（*a*）完成图 4-39（*b*）。

操作步骤：

（1）用 EXTEND 命令分别延伸 3、4 直线的两端均与圆 1 相交；

（2）用 TRIM 命令剪切掉 3、4 直线外侧的圆 1 和圆 2；

（3）用 ARRAY 命令将 3、4 直线及圆 1 和圆 2 的剩余部分绕圆心作环形阵列两份；

（4）用 TRIM 剪切命令剪切掉“大十字”形的中间部分；

（5）用 FILLET 命令在 5、6 直线与圆 2 及圆 7 间倒圆角；

（6）用 ARRAY 命令将 5、6 直线及其相连圆角绕圆心作环形阵列 4 份；

（7）新建一点画线图层并将其设置为当前层，捕捉最左、最右圆弧的中点，用 LINE 命令绘制水平对称线；捕捉最上、最下圆弧的中点，用 LINE 命令绘制垂直对称线。

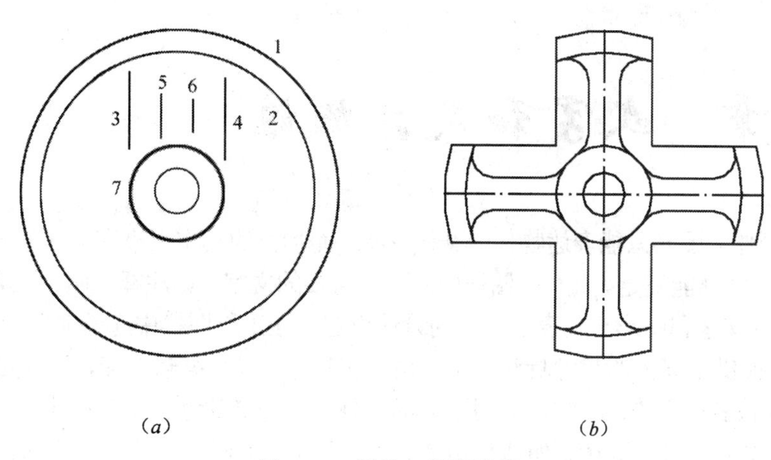

图 4-39　零件 2 图形编辑

。

第5章　文字和尺寸标注

在工程设计中，图形只能表达物体的结构形状，而物体的真实大小和各部分的相对位置则必须通过标注尺寸才能确定。此外，图样中还要有必要的文字，如注释说明、技术要求以及标题栏等。尺寸、文字和图形一起表达完整的设计思想，在工程图样中起着非常重要的作用。

AutoCAD 提供了强大的尺寸标注、文字输入和尺寸、文字编辑功能，而且支持包括 True Type 字体在内的多种字体，用户可以用不同的字体、字型、颜色、大小和排列方式等达到多种多样的文字效果。本章将介绍如何利用 AutoCAD 进行图样中尺寸、文字的标注和编辑。

5.1　字体和字样

在工程图中，不同位置可能需要采用不同的字体，即使用同一种字体又可能需要采用不同的样式，如有的需要字大一些，有的需要字小一些，有的需要水平排列，有的需要垂直排列或倾斜一定角度排列等等，这些效果可以通过定义不同的文字样式来实现。

5.1.1　字体和字样的概念

AutoCAD 系统使用的字体定义文件是一种形（SHAPE）文件，它存放在文件夹 FONTS 中，如 txt.shx，romans.shx，gbcbig.shx 等。由一种字体文件，采用不同的高宽比、字体倾斜角度等可定义多种字样。系统默认使用的字样名为 STANDARD，它根据字体文件 txt.shx 定义生成。用户如果需定义其他字体样式，可以使用 STYLE（文字样式）命令。

AutoCAD 还允许用户使用 Windows 提供的 TrueType 字体，包括宋体、仿宋体、隶书、楷体等汉字和特殊字符，它们具有实心填充功能。由同一种字体可以定义多种样式，图 5-1 所示为用仿宋体定义的几种文字样式。

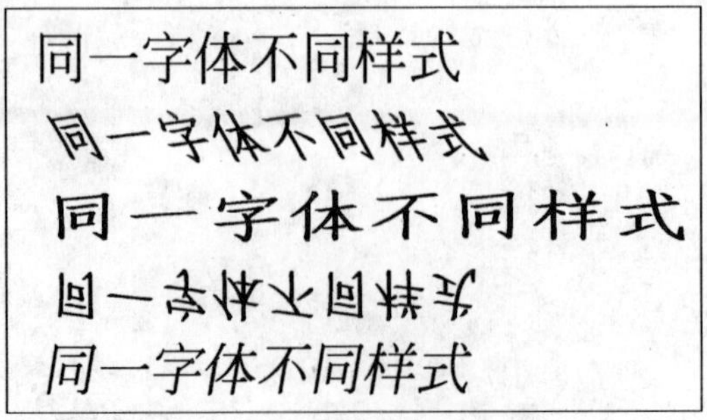

同一字体不同样式
同一字体不同样式
同 一 字 体 不 同 样 式
同一字体不同样式
同一字体不同样式

图 5-1　用仿宋体创建的不同文字样式

5.1.2　文字样式的定义和修改

用户可以利用 STYLE 命令建立新的文字样式，或对已有样式进行修改。一旦一个文字样式的参数发生变化，则所有使用该样式的文字都将随之更新。

1. 命令

命令行：STYLE
菜单：格式 → 文字样式

图标：“文字”工具栏中

2. 功能

定义和修改文字样式，设置当前样式，删除已有样式以及文字样式重命名。

3. 格式

命令：　**STYLE**↙
打开如图 5-2 所示“文字样式”对话框，从中可以选择字体，建立或修改文字样式。

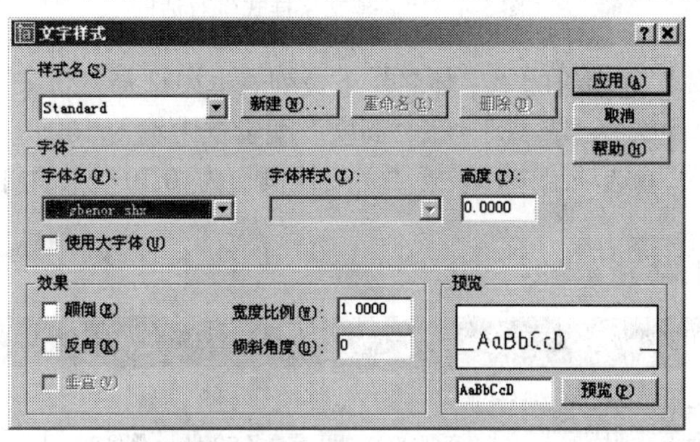

图 5-2　“文字样式”对话框

图 5-3 所示为不同设置下的文字效果。

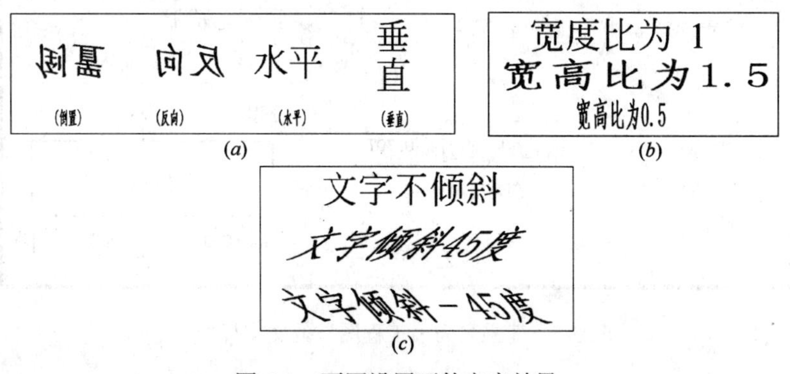

图 5-3　不同设置下的文字效果

（*a*）不同放置；（*b*）不同宽度比例；（*c*）不同倾斜角度

在“文字样式”对话框中，也可使用 AutoCAD 中文版提供的符合我国制图国家标准的长仿宋矢量字体。具体方法为：选中“使用大字体”前面的复选框，然后在“字体样式”下拉列表框中选取“gbcbig.shx”。

4. 示例

【例 5-1】 建立名为“工程图”的工程制图用文字样式，字体采用仿宋体，常规字体样式，固定字高 10mm，宽度比例为 0.707。

步骤如下：

（1）在“格式”菜单中选择“文字样式”命令，打开“文字样式”对话框。

（2）单击“新建”按钮打开图 5-4 所示的“新建文字样式”对话框，输入新建文字样式名“工程图”后，单击“确定”按钮关闭该对话框。

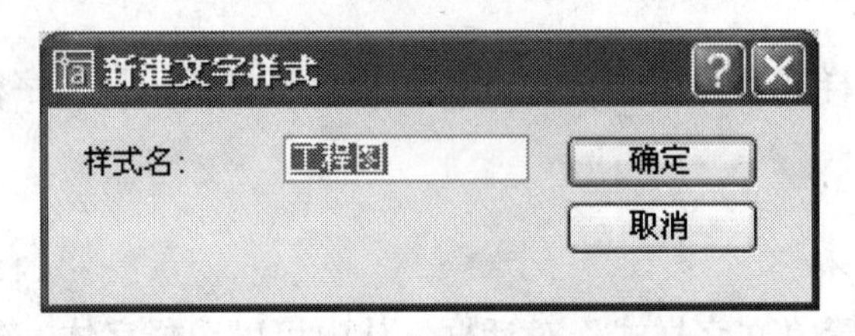

图 5-4 “新建文字样式”对话框

（3）在“字体”选项组的“字体名”下拉列表框中选择“仿宋_GB2312”，在“字体样式”下拉列表框中选择“常规”，在“高度”编辑框中输入 10。

（4）在“效果” 选项组中，设置“宽度比例”为 0.707，“倾斜角度”为 0，其余复选框均不选中。

各项设置如图 5-5 所示。

图 5-5 建立名为“工程图”的文字样式

（5）依次单击“应用”和“关闭”按钮，建立此字样并关闭对话框。

图 5-6 为用上面建立的“工程图”字样书写的文字效果。

图样是工程界的一种技术语言

图 5-6　使用“工程图”字样书写的文字

5.2　单 行 文 字

1. 命令

命令行：TEXT 或 DTEXT
菜单：绘图 → 文字 → 单行文字
图标：“文字”工具栏

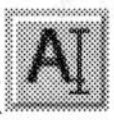

2. 功能

动态书写单行文字，在书写时所输入的字符动态显示在屏幕上，并用方框显示下一文字书写的位置。书写完一行文字后回车可继续输入另一行文字，利用此功能可创建多行文字，但是每一行文字为一个对象，可单独进行编辑修改。

3. 格式

命令：**TEXT**↙
指定文字的起点或 [对正(J)/样式(S)]：（点取一点作为文本的起始点）
指定高度 <2.5000>:（确定字符的高度）
指定文字的旋转角度 <0>:（确定文本行的倾斜角度）
输入文字: (输入文字内容)
输入文字：（输入下一行文字或直接回车）

4. 选项及说明

（1）指定文字的起点
为默认选项，用户可直接在屏幕上点取一点作为输入文字的起始点。
（2）对正（J）
用于选择输入文本的对正方式，对正方式决定文本的哪一部分与所选的起始点对齐。执行此选项，AutoCAD 提示：
输入选项
[对齐(A)/调整(F)/中心(C)/中间(M)/右(R)/左上(TL)/中上(TC)/右上(TR)/左中(ML)/正中

(MC)/右中(MR)/左下(BL)/中下(BC)/右下(BR)]:

AutoCAD 提供了 14 种对正方式，这些对正方式都基于为水平文本行定义的顶线、中线、基线和底线，以及 12 个对齐点：左上（TL）/左中（ML）/左下（BL）/中上（TC）/正中（MC）/中央（M）/中心（C）/中下（BC）/右上（TR）/右中（MR）/右（R）/右下（BR），各对正点如图 5-7 所示。

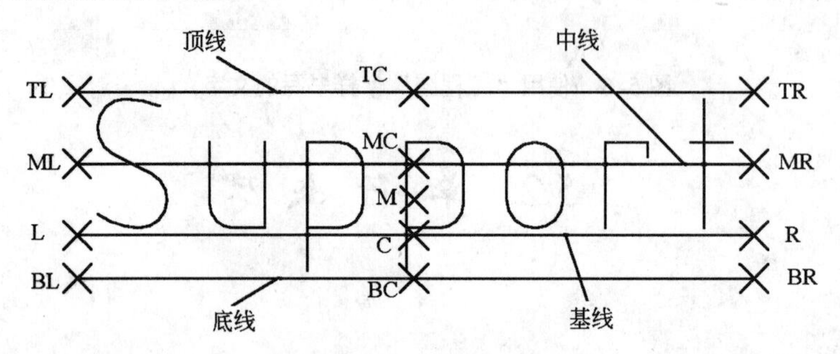

图 5-7 文字的对正方式

用户应根据文字书写外观布置要求，选择一种适当的文字对正方式。

（3）样式（S）

确定当前使用的文字样式。

5. 文字输入中的特殊字符

对有些特殊字符，如直径符号、正负公差符号、度符号以及上划线、下划线等，AutoCAD 提供了控制码的输入方法，常用控制码及其输入实例和输出效果如表 5-1 所示。

常 用 控 制 码 **表 5-1**

控制码	意义	输入实例	输出效果
%%o	文字上划线开关	%%oAB%%oCD	ABCD
%%u	文字下划线开关	%%uAB%%uCD	ABCD
%%d	度符号	45%%d	45°
%%p	正负公差符号	50%%p0.5	50±0.5
%%c	圆直径符号	%%c60	Φ60

5.3 多 行 文 字

MTEXT 命令允许用户在多行文字编辑器中创建多行文本，与 TEXT 命令创建的多行文本不同的是，前者所有文本行为一个对象，作为一个整体进行移动、复制、旋转、镜像等编辑操作。多行文本编辑器与 Windows 的文字处理程序类似，可以灵活方便地输入文字，不同的文字可以采用不同的字体和文字样式，而且支持 TrueType 字体、扩展的字符格式（如粗体、斜体、下画线等）、特殊字符，并可实现堆叠效果以及查找和替换功能等。多行文本的宽度由用户在屏幕上画定一个矩形框来确定，也可在多行文本编辑器中精确设置，文字书写到该宽度后自动换行。

1. 命令

命令行：MTEXT
菜单：绘图 → 文字 → 多行文字

图标："绘图"工具栏

"文字"工具栏

2. 功能

利用多行文字编辑器书写多行的段落文字，可以控制段落文字的宽度、对正方式，允许段落内文字采用不同字样、不同字高、不同颜色和排列方式，整个多行文字是一个对象。

图5-8为一个多行文字对象，其中包括五行，各行采用不同的字体、字样或字高。

ABCDEFGHIJKLMN
多行文字多行文字
多行文字多行文字
ABCDEFGHIJKLMN
ABCDEFGHIJKLMN

图5-8　多行的段落文字

3. 格式

命令：**MTEXT**↙
当前文字样式: Standard。文字高度: 2.5
指定第一角点: (指定矩形框的第一个角点)
指定对角点或 [高度(H)/对正(J)/行距(L)/旋转(R)/样式(S)/宽度(W)]:

在此提示下指定矩形框的另一个角点，则显示一个矩形框，文字按默认的左上角对正方式排布，矩形框内有一箭头表示文字的扩展方向。当指定第二角点后，AutoCAD弹出图5-9所示带有"文字格式"工具栏的"多行文字编辑器"对话框，从中可输入和编辑多行文字，并进行文字参数的多种设置。

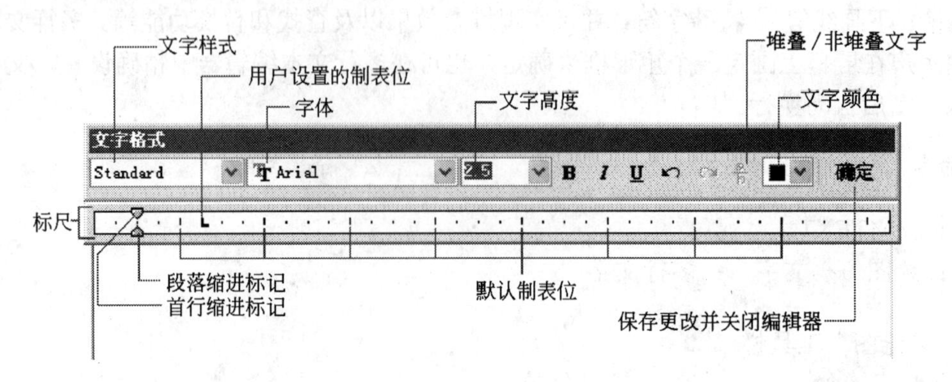

图 5-9 “多行文字编辑器”对话框

4. 说明与操作

“文字格式”工具栏用于控制多行文字对象的文字样式和选定文字的字符格式。其中从左至右的各选项说明如下：

文字样式：设定多行文字的文字样式。

字体：为新输入的文字指定字体或改变选定文字的字体。TrueType 字体按字体族的名称列出。AutoCAD 编译的形 (SHX) 字体按字体所在文件的名称列出。

文字高度：按图形单位设置新文字的字符高度或更改选定文字的高度。如果当前文字样式没有固定高度，则文字高度是 TEXTSIZE 系统变量中存储的值。多行文字对象可以包含不同高度的字符。

粗体：为新输入文字或选定文字打开或关闭粗体格式。此选项仅适用于使用 TrueType 字体的字符。

斜体：为新输入文字或选定文字打开或关闭斜体格式。此选项仅适用于使用 TrueType 字体的字符。

下画线：为新输入文字或选定文字打开或关闭下画线格式。

放弃：在多行文字编辑器中撤销操作，包括对文字内容或文字格式的更改。

重做：在多行文字编辑器中重做操作，包括对文字内容或文字格式的更改。

堆叠：如果选定文字中包含堆叠字符，则创建堆叠文字（例如分数）。如果选定堆叠文字，则取消堆叠。使用堆叠字符、插入符 (^)、正向斜杠 (/) 和磅符号 (#) 时，堆叠字符左侧的文字将堆叠在字符右侧的文字之上。

默认情况下，包含插入符 (^) 的文字转换为左对正的公差值。包含正斜杠 (/) 的文字转换为置中对正的分数值，斜杠被转换为一条同较长的字符串长度相同的水平线。包含磅符号 (#) 的文字转换为被斜线（高度与两个字符串高度相同）分开的分数。斜线上方的文字向右下对齐，斜线下方的文字向左上对齐。

文字颜色：为新输入文字指定颜色或修改选定文字的颜色。可以将文字颜色设置为随层(BYLAYER)或随块(BYBLOCK)。也可以从颜色列表中选择一种颜色。

关闭：关闭多行文字编辑器并保存所做的任何修改。也可以在编辑器外的图形中单击以保存修改并退出编辑器。

在多行文字编辑器中单击右键将显示快捷菜单（如图 5-10 所示），从中可进行多行文字的进一步设置。菜单顶层的选项是基本编辑选项：放弃、重做、剪切、复制和粘贴。后面的选项是多行文字编辑器特有的选项。现择其主要选项说明如下：

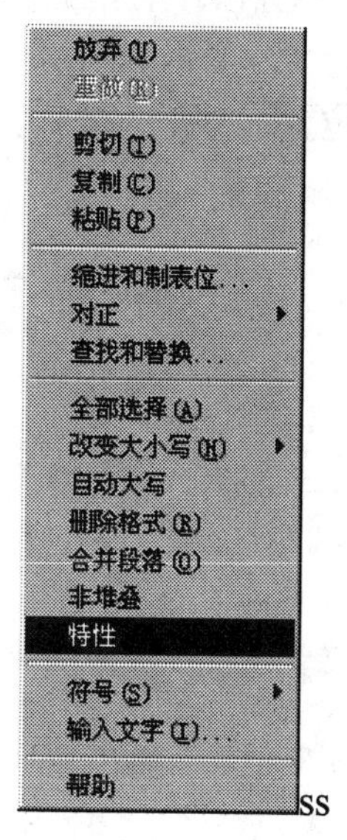

图 5-10　“多行文字编辑器”快捷菜单

缩进和制表位：设置段落的缩进和制表位。段落的第一行和其余行可以采用不同的缩进。

对正：设置多行文字对象的对正和对齐方式。

查找和替换：查找指定的字符串或用新字符串替代指定的字符串。其操作方法和一般字处理程序的查找、替换功能相同。

删除格式：清除选定文字的粗体、斜体或下画线格式。

合并段落：将选定的段落合并为一段并用空格替换每段的回车。

堆叠/非堆叠：如果选定的文字中包含堆叠字符则堆叠文字。如果选择的是堆叠文字则取消堆叠。

特性：显示“堆叠特性”对话框，从中可设置编辑堆叠文字的内容、堆叠样式、位置和大小等。

符号：在光标位置插入列出的符号或不间断空格。在“符号”列表中单击“其他”将显示“字符表”对话框，其中包含了当前字体的整个字符集。要从对话框插入字符，请选中该字符，然后单击“选择”。选择要使用的所有字符，然后单击“复制”。在多行文字编辑器中单击右键，然后在快捷菜单中单击“粘贴”。

需注意的是，在多行文字编辑器中，直径符号显示为 %%c，而不间断空格显示为空心矩形。两者在图形中会正确显示。

输入文字：可将已有的纯文本文件或. RTF 文件输入到编辑框中，而不必再逐字输入。

5.4 文字的修改

用户可以利用 DDEDIT 命令或 PROPERTIES 命令编辑已创建的文本对象，但 DDEDIT 命令只能修改单行文本的内容和多行文本的内容及格式，而 PROPERTIES 命令不仅可以修改文本的内容，还可以改变文本的位置、倾斜角度、样式和字高等属性。

5.4.1 修改文字内容

1. 命令

命令行：DDEDIT
菜单：修改 → 对象 → 文字 → 编辑

图标："文字"工具栏

2. 功能

修改已经绘制在图形中的文字内容。

3. 格式

命令: **DDEDIT**↙
选择注释对象或 [放弃(U)]:
在此提示下选择想要修改的文字对象，如果选取的文本是用 TEXT 命令创建的单行文本，则打开如图 5-11 所示的"编辑文字"对话框，在其中的"文字"文本框中显示出所选的文本内容，可直接对其进行修改。如果选取的文本是用 MTEXT 命令创建的多行文本，选取后则打开"多行文字编辑器"（如图 5-9），可在对话框中对其进行编辑。

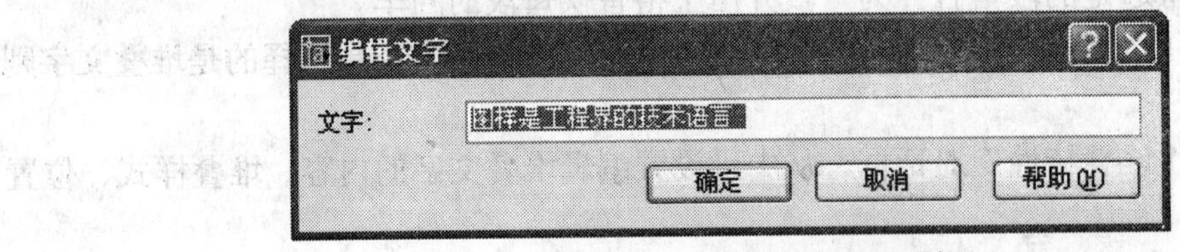

图 5-11 "编辑文字"对话框

5.4.2 修改文字大小

1. 命令

命令行：SCALETEXT
菜单：修改 → 对象 → 文字 → 比例

图标："文字"工具栏

2. 功能

修改已经绘制在图形中的文字的大小。

3. 格式

命令: **SCALETEXT**↙
选择对象: （指定欲缩放的文字）
输入缩放的基点选项
[现有(E)/左(L)/中心(C)/中间(M)/右(R)/左上(TL)/中上(TC)/右上(TR)/左中(ML)/正中(MC)/右中(MR)/左下(BL)/中下(BC)/右下(BR)] <现有>:（指定缩放的基点选项）
指定新高度或 [匹配对象(M)/缩放比例(S)] <2.5>: （指定新高度或缩放比例）

5.4.3 一次修改文字的多个参数

1. 命令

命令行：PROPERTIES
菜单：修改 → 对象特性
图标：“标准”工具栏

2. 功能

修改文字对象的各项特性。

3. 格式

命令: **PROPERTIES**↙
先选中需要编辑的文字对象，然后启动该命令， AutoCAD 将打开“特性”对话框（如图 5-12 所示)，利用此对话框可以方便地修改文字对象的内容、样式、高度、颜色、线型、位置、角度等属性。

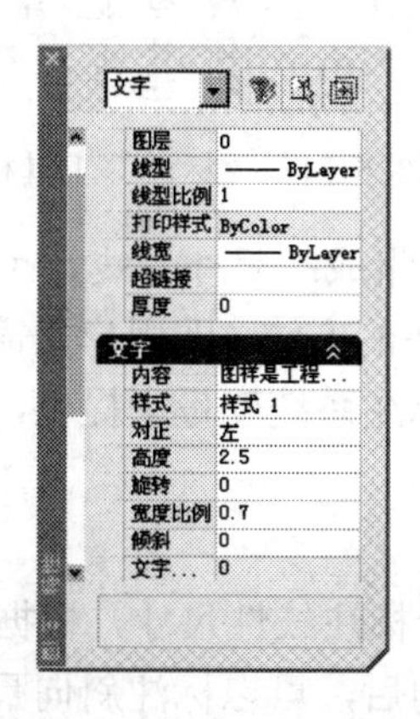

图 5-12 “特性”对话框

5.5 尺寸标注命令

由于标注类型较多， AutoCAD 把标注命令和标注编辑命令集中安排在“标注”下拉菜单和“标注”工具栏（如图 5-13 所示）中，使得用户可以灵活方便地进行尺寸标注。图 5-14 列出了“标注”工具栏中每一图标的功能。

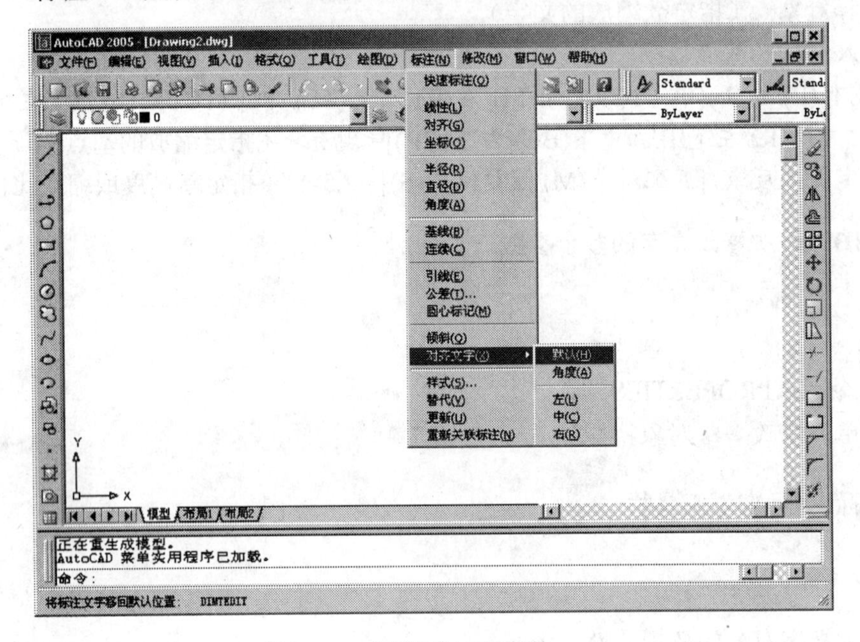

图 5-13 “标注”下拉菜单

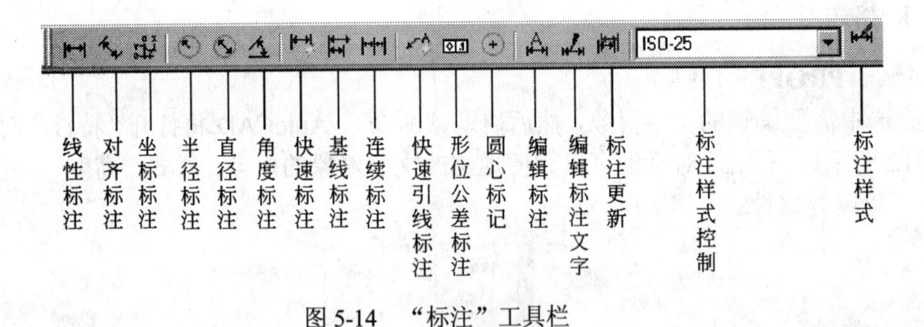

图 5-14 “标注”工具栏

一个完整的尺寸标注由四部分组成：尺寸界线、尺寸线、箭头和尺寸文字，涉及大量的数据。AutoCAD 采用半自动标注的方法，即用户只需指定一个尺寸标注的关键数据，其余参数由预先设定的标注样式和标注系统变量来提供，从而使尺寸标注得到简化。

5.5.1 线性尺寸标注

命令名为 DIMLINEAR，用于标注线性尺寸，根据用户操作能自动判别标出水平尺寸或垂直尺寸，在指定尺寸线倾斜角后，可以标注斜向尺寸。

1. 命令

命令行：DIMLINEAR
菜单：标注 → 线性

图标：“标注”工具栏 

2. 功能

标注垂直、水平或倾斜的线性尺寸。

3. 格式

命令：**DIMLINEAR**↙
指定第一条尺寸界线原点或 <选择对象>:（指定第一条尺寸界线的起点）
指定第二条尺寸界线原点:（指定第二条尺寸界线的起点）
指定尺寸线位置或[多行文字(M)/文字(T)/角度(A)/水平(H)/垂直(V)/旋转(R)]:（指定尺寸线的位置）

用户指定了尺寸线位置之后，AutoCAD 自动判别标出水平尺寸或垂直尺寸，尺寸文字按 AutoCAD 自动测量值标出，如图 5-15(*a*)所示。

4. 选项说明

（1）在“指定第一条尺寸界线原点或〈选择对象〉:”提示下，若按回车键，则光标变为拾取框，系统要求拾取一条直线或圆弧对象，并自动取其两端点为两条尺寸界线的起点；

（2）在“指定尺寸线位置或[多行文字(M)/文字(T)/角度(A)/水平(H)/垂直(V)/旋转(R)]:”提示下，如选 M（多行文字），则系统弹出多行文字编辑器，用户可以输入复杂的标注文字；

（3）如选 T（文字），则系统在命令行显示尺寸的自动测量值，用户可以修改尺寸值；

（4）如选 A（角度），则可指定尺寸文字的倾斜角度，使尺寸文字倾斜标注；

（5）如选 H（水平），则取消自动判断并限定标注水平尺寸；

（6）如选 V（垂直），则取消自动判断并限定标注垂直尺寸；

（7）如选 R（旋转），则取消自动判断，尺寸线按用户输入的倾斜角标注斜向尺寸。

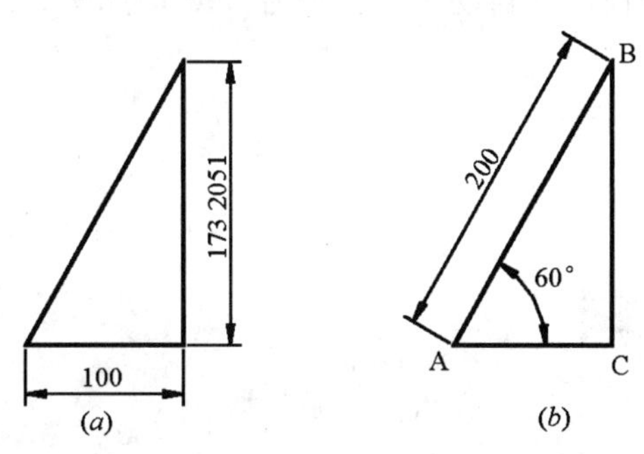

图 5-15 线性尺寸标注和角度尺寸标注

5.5.2 对齐尺寸标注

命令名为 DIMALIGNED，也是标注线性尺寸，其特点是尺寸线和两条尺寸界线起点连线平行，如图 5-15(*b*)。

1. 命令

命令行：DIMALIGNED
菜单：标注 → 对齐

图标："标注"工具栏

2. 功能

标注对齐尺寸。

3. 格式

命令：**DIMALIGNED**↙
指定第一条尺寸界线原点或 <选择对象>:（指定 A 点，见图 5.15(*b*)）
指定第二条尺寸界线原点:（指定 B 点）
指定尺寸线位置或[多行文字(M)/文字(T)/角度(A)]: （指定尺寸线位置）
尺寸线位置确定之后，AutoCAD 即自动标出尺寸，尺寸线和 AB 平行，见图 5-15(*b*)。

4. 选项说明

(1) 如果直接回车用拾取框选择要标注的线段，则对齐标注的尺寸线与该线段平行。
(2) 其他选项 M、T、A 的含义与线性尺寸标注中相应选项相同。

5.5.3 坐标型尺寸标注

命令名为 DIMORDINATE，用于标注指定点相对于 UCS 原点的 X 坐标或 Y 坐标，但这种标注结果和我国现行标准不符合。

5.5.4 半径标注

用于标注圆或圆弧的半径，并自动带半径符号"R"，如图 5-16(*a*)中的 R50。

1. 命令

命令行：DIMRADIUS
菜单：标注 → 半径

图标："标注"工具栏

2. 功能

标注半径。

3. 格式

命令：**DIMRADIUS**↙
选择圆弧或圆：（选择圆弧，我国标准规定对圆及大于半圆的圆弧应标注直径）
标注文字=50
指定尺寸线位置或 [多行文字(M)/文字(T)/角度(A)]:（确定尺寸线的位置，尺寸线总是指向或通过圆心）

4. 选项说明

3 个选项的含义与前面相同。

5.5.5 直径标注

在圆或圆弧上标注直径尺寸，并自动带直径符号“ *ϕ*”，如图 5-16（*b*）。

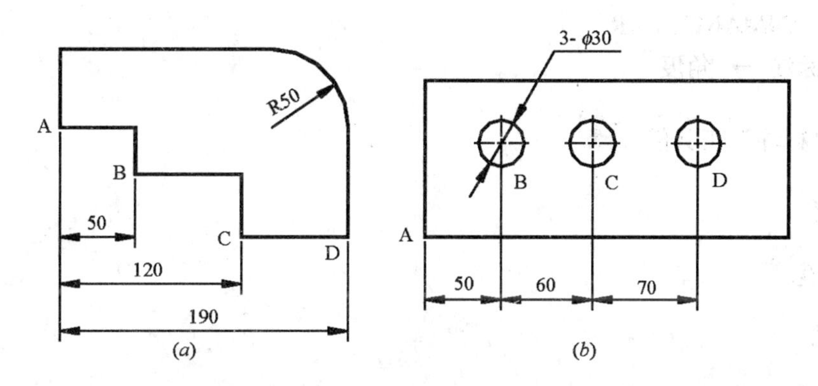

图 5-16　半径和直径标注、基线标注和连续标注

1. 命令

命令行：DIMDIAMETER
菜单：标注 → 直径

图标：“标注”工具栏

2. 功能

标注直径。

3. 格式及示例

命令：DIMDIAMETER↙
选择圆弧或圆：（选择要标注直径的圆弧或圆，如图 5-16（*b*）中的小圆）
标注文字=30
指定尺寸线位置或 [多行文字(M)/文字(T)/角度(A)]:T（输入选项 T）
输入标注文字 <30>: 3-<>↙（“<>”表示测量值，“3-”为附加前缀）

指定尺寸线位置或 [多行文字(M)/文字(T)/角度(A)]: （确定尺寸线位置）
结果如图 5-16（*b*）中的 3- ϕ30。

4．选项说明

命令选项 M、T 和 A 的含义和前面相同。当选择 M 或 T 项在多行文字编辑器或命令行修改尺寸文字的内容时，用"<>"表示保留 AutoCAD 的自动测量值。若取消"<>"，则用户可以完全改变尺寸文字的内容。

5.5.6 角度型尺寸标注

用于标注角度尺寸，角度尺寸线为圆弧。如图 5-15（*b*），指定角度顶点 A 和 B、C 两点，标注角度 60°。此命令可标注两条直线所夹的角、圆弧的中心角及三点确定的角。

1. 命令

命令行：DIMANGULAR
菜单：标注 → 角度

图标："标注"工具栏

2. 功能

标注角度。

3. 格式

命令：**DIMANGULAR**↙
选择圆弧、圆、直线或 <指定顶点>:（选择一条直线）
选择第二条直线:（选择角的第二条边）
指定标注弧线位置或 [多行文字(M)/文字(T)/角度(A)]:（确定尺寸弧的位置）
标注文字=60

5.5.7 基线标注

用于标注有公共的第一条尺寸界线（作为基线）的一组尺寸线互相平行的线性尺寸或角度尺寸。但必须先标注第一个尺寸后才能使用此命令，如图 5-16（*a*），在标注 AB 间尺寸 50 后，可用基线尺寸命令选择第二条尺寸界线起点 C、D 来标注尺寸 120、190。

1. 命令

命令行：DIMBASELINE
菜单：标注 → 基线

图标："标注"工具栏

2. 功能

标注具有共同基线的一组线性尺寸或角度尺寸。

3. 格式及示例

命令：**DIMBASELINE**↙
指定第二条尺寸界线原点或 [放弃(U)/选择(S)] <选择>:（回车选择作为基准的尺寸标注）
选择基准标注:（如图 5-16 *a*，选择 AB 间的尺寸标注 50 为基准标注）
指定第二条尺寸界线原点或 [放弃(U)/选择(S)] <选择>:（指定 C 点，标注出尺寸 120）
指定第二条尺寸界线原点或 [放弃(U)/选择(S)] <选择>:（指定 D 点，标注出尺寸 190）

5.5.8 连续标注

用于标注尺寸线连续或链状的一组线性尺寸或角度尺寸。如图 5-16（*b*），从 A 点标注尺寸 50 后，可用连续尺寸命令继续选择第二条尺寸界线起点，链式标注尺寸 60、70。

1. 命令

命令行：DIMCONTINUE
菜单：标注 → 连续

图标："标注"工具栏中

2. 功能

标注连续型链式尺寸。

3. 格式及示例

命令：**DIMCONTINUE**↙
指定第二条尺寸界线原点或 [放弃(U)/选择(S)] <选择>:（回车选择作为基准的尺寸标注）
选择连续标注:（选择图 5-16*b* 中的尺寸标注 50 作为基准）
指定第二条尺寸界线原点或 [放弃(U)/选择(S)] <选择>:（指定 C 点，标出尺寸 60）
指定第二条尺寸界线原点或 [放弃(U)/选择(S)] <选择>:（指定 D 点，标出尺寸 70）

5.5.9 标注圆心标记

用于给指定的圆或圆弧画出圆心符号或中心线。圆心标记见图 5-17。

1. 命令

命令行：DIMCENTER
菜单：标注 → 圆心标记

图标："标注"工具栏 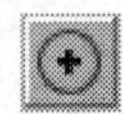

2. 功能

为指定的圆或圆弧标绘制圆心标记或中心线。

3. 格式

命令：**DIMCENTER**↙
选择圆弧或圆:

3. 说明

可以选择圆心标记或中心线，并在设置标注样式时指定它们的大小。也可以使用 DIMCEN 系统变量，修改中心标记线的长短。

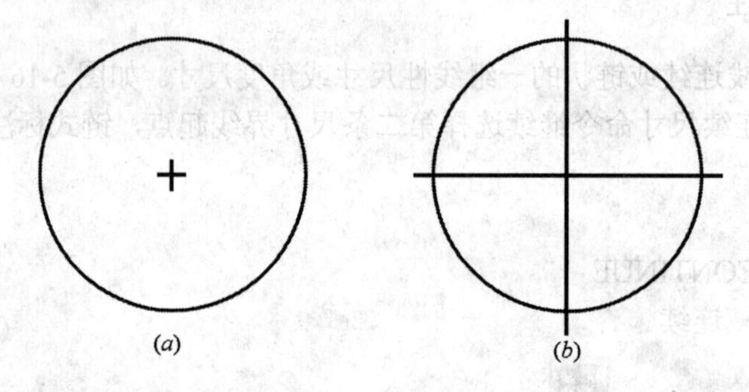
图 5-17 圆心标记
（*a*）圆心符号;（*b*）中心线

5.5.10 引线标注

1. LEADER 命令

（1）命令
命令行：LEADER
（2）功能
完成带文字的注释或形位公差标注。图 5-18 为用不带箭头的引线标注圆柱管螺纹和圆锥管螺纹代号的标注示例。

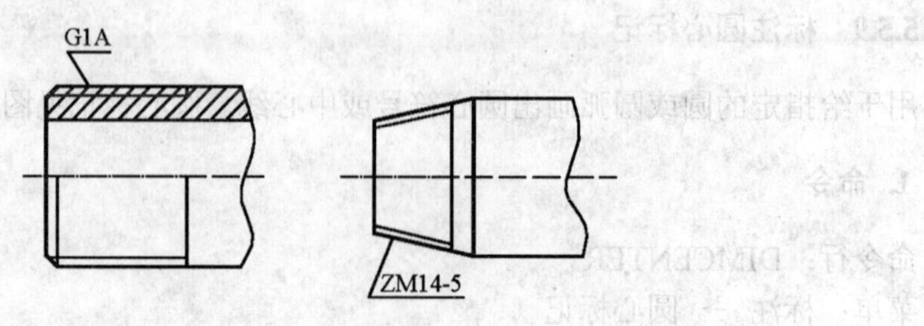

图 5-18 引线标注

（3）格式

命令：**LEADER↙**

指定引线起点：

指定下一点：

指定下一点或 [注释(A)/格式(F)/放弃(U)] <注释>：

在此提示下直接回车，则输入文字注释。回车后提示如下：

输入注释文字的第一行或〈选项〉：

在此提示下，输入一行注释后回车，则出现以下提示：

输入注释文字的下一行：

在此提示下可以继续输入注释，回车则结束注释的输入。

若需要改变文字注释的大小、字体等，在提示“输入注释文字的第一行或〈选项〉：”下直接回车，则提示“输入注释选项［公差(T)/副本(C)/块(B)/无(N)/多行文字(M)］〈多行文字〉：”，继续回车将打开“多行文字编辑器”对话框。可由此输入和编辑注释。

如果需要修改标注格式，在提示指定下一点或 [注释(A)/格式(F)/放弃(U)] <注释>:下选择选项格式(F)，则后续提示为：

输入引线格式选项 [样条曲线(S)/直线(ST)/箭头(A)/无(N)] <退出>：

各选项说明如下：

①样条曲线(S)：设置引线为样条曲线；

②直线(ST)：设置引线为直线；

③箭头(A)：在引线的起点绘制箭头；

④无(N)：绘制不带箭头的引线。

2．QLEADER 命令

（1）命令

命令行：QLEADER

菜单：标注 → 引线

工具栏：“标注”工具栏

（2）功能

快速绘制引线和进行引线标注。利用 QLEADER 命令可以实现以下功能：

①进行引线标注和设置引线标注格式；

②设置文字注释的位置；

③限制引线上的顶点数；

④限制引线线段的角度。

（3）格式

命令：**QLEADER↙**

指定第一个引线点或 [设置(S)]<设置>：

指定下一点：

指定下一点：

指定文字宽度 <0>:

输入注释文字的第一行 <多行文字(M)>:（在该提示下回车，则打开“多行文字编辑器”对话框）

输入注释文字的下一行:

若在提示指定第一个引线点或 [设置(S)]<设置>:下直接回车，则打开“引线设置”对话框，如图 5-19 所示。

在引线设置对话框有 3 个选项卡，通过选项卡可以设置引线标注的具体格式。

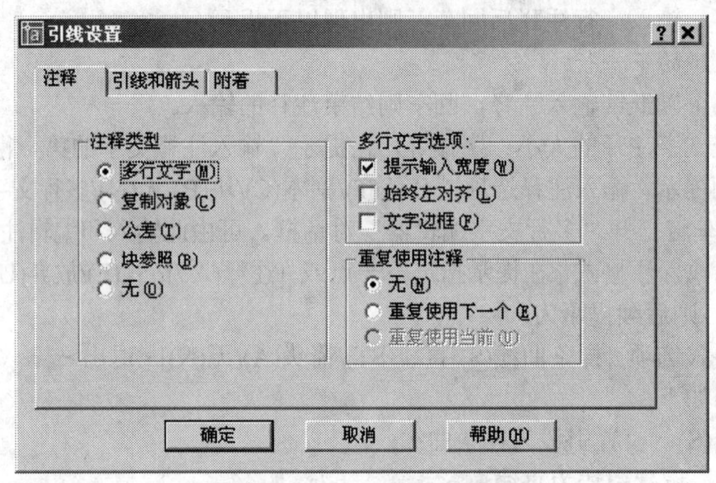

图 5-19 “引线设置”对话框

5.5.11 形位公差标注

对于一个零件，其实际形状和位置相对于理想形状和位置存在一定的误差，该误差称为形位公差。在工程图中，应当标注出零件某些重要要素的形位公差。AutoCAD 提供了标注形位公差的功能。形位公差标注命令为 TOLERANCE。所标注的形位公差文字的大小由系统变量 DIMTXT 确定。

1. 命令

命令行：TOLERANCE

菜单：标注 → 公差

工具栏：“标注”工具栏

2．功能

标注形位公差。

3．格式

启动该命令后，打开“形位公差”对话框，如图 5-20 所示。

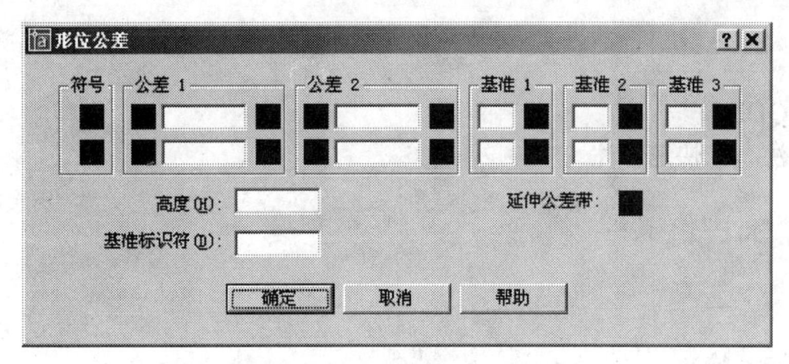

图 5-20　“形位公差”对话框

在对话框中，“单击符号”下面的黑色方块，打开“特征符号”对话框，如图 5-21 所示，通过该对话框可以设置形位公差的代号。在该对话框中，选择某个符号则单击该符号，若不进行选择，则单击右下角的白色方块或按 ESC 键。

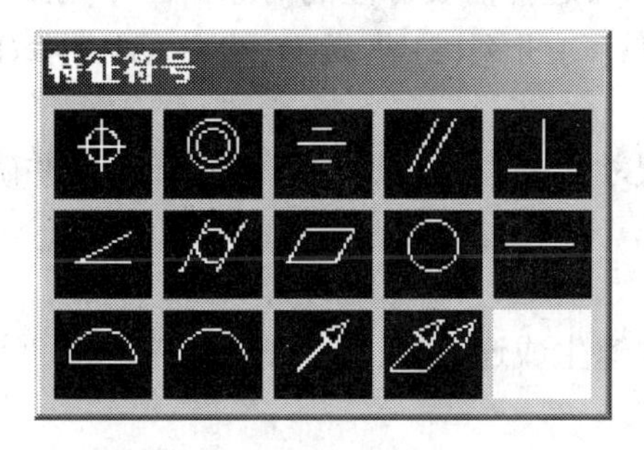

图 5-21　“特征符号”对话框

在“形位公差”对话框“公差 1”输入区的文本框中输入公差数值，单击文本框左侧的黑色方块则设置直径符号ϕ，单击文本框右侧的黑色方块，则打开“包容条件”对话框，利用该对话框设置包容条件。

若需要设置两个公差，利用同样的方法在“公差 2”输入区进行设置。

在“形位公差”对话框的“基准”输入区设置基准，在其文本框输入基准的代号，单击文本框右侧的黑色方块，则可以设置包容条件。

图 5-22 为标注的圆柱轴线的直线度公差。

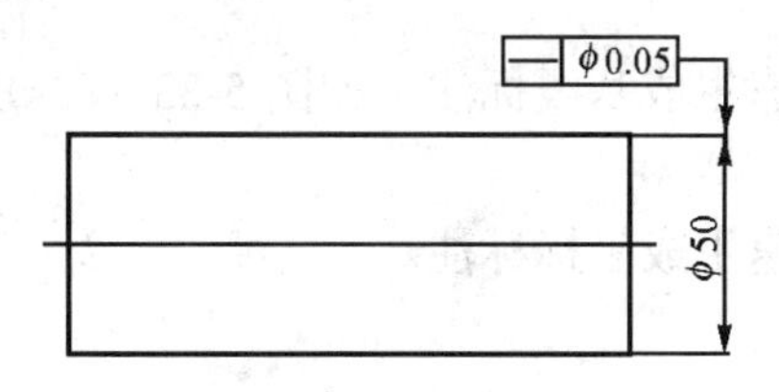

图 5-22　圆柱轴线的直线度公差

5.5.12　快速标注

一次选择多个对象，可同时标注多个相同类型的尺寸，这样可大大节省时间，提高工作效率。

1．命令

命令行：QDIM

菜单：标注 → 快速标注

工具栏："标注"工具栏

2．功能

快速生成尺寸标注。

3．格式

命令：**QDIM**↙

选择要标注的几何图形：(选择需要标注的对象，回车则结束选择)

指定尺寸线位置或[连续(C)/并列(S)/基线(B)/坐标(O)/半径(R)/直径(D)/基准点(P)/编辑(E)/设置(T)]<连续>:

系统默认状态为指定尺寸线的位置，通过拖动鼠标可以并确定调整尺寸线的位置。其余各选项说明如下：

（1）连续(C)

对所选择的多个对象快速生成连续标注，如图 5-23（*a*）所示。

（2）并列(S)

对所选择的多个对象快速生成尺寸标注，如图 5-23（*b*）所示。

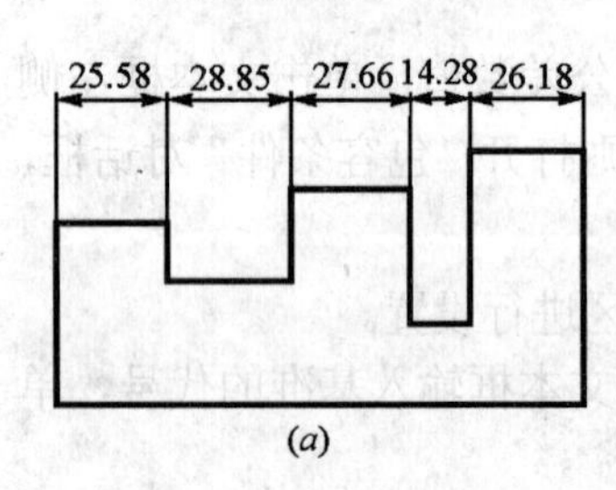

(*a*)

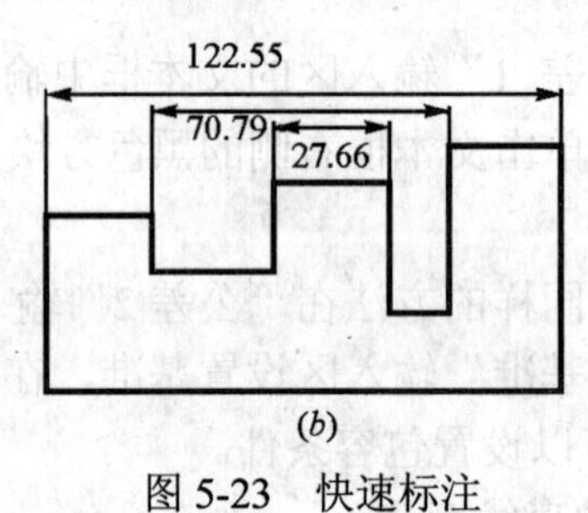

(*b*)

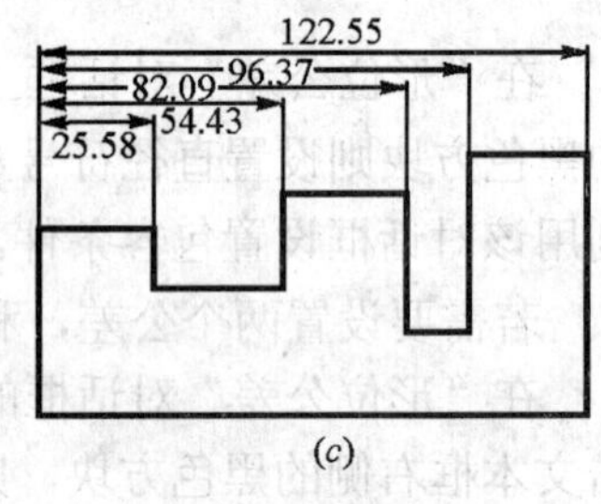

(*c*)

图 5-23　快速标注

（3）基线(B)

对所选择的多个对象快速生成基线标注，如图 5-23（*c*）所示。

（4）坐标(O)

对所选择的多个对象快速生成坐标标注。

（5）半径(R)

对所选择的多个对象标注半径。

（6）直径(D)

对所选择的多个对象标注直径。

（7）基准点(P)

为基线标注和连续标注确定一个新的基准点。

（8）编辑(E)

5.6 尺寸标注的修改

如前所述，AutoCAD 提供的尺寸标注功能是一种半自动标注，它只要求用户输入最少的标注信息，其他参数是通过标注样式的设置来确定的，而标注样式中的各种状态与参数都对应有相应的尺寸标注系统变量。

在进行尺寸标注时，系统的标注形式可能不符合具体要求，在此情况下，可以根据需要对所标注的尺寸进行编辑。

5.6.1　修改标注样式

当进行尺寸标注时，AutoCAD 默认的设置往往不能满足需要，这就需要对标注的样式进行修改，DIMSTYLE 命令提供了设置和修改标注样式的功能。

1. 命令

命令名行：DIMSTYLE
菜单：标注 → 样式

图标：“标注”工具栏 

2. 功能

创建和修改标注样式，设置当前标注样式。

3. 格式

调用 DIMSTYLE 命令后，打开“标注样式管理器”，如图 5-24 所示。

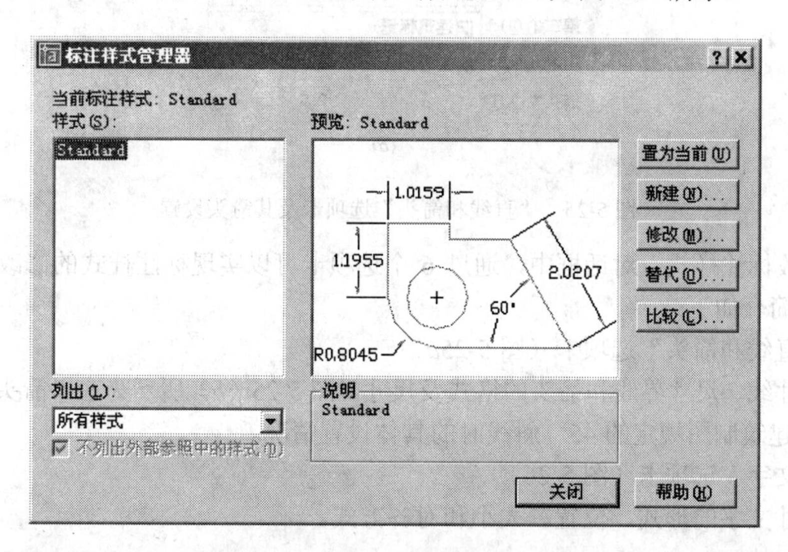

图 5-24　“标注样式管理器”对话框

在该对话框的“样式”列表框，显示标注样式的名称。若在“列出”下拉列表框选择“所有样式”，则在“样式”列表框显示所有样式名；若在下拉列表框选择“正在使用的样式”，则显示当前正在使用的样式的名称。AutoCAD 提供的默认标注样式为 Standard。

在该对话框单击“修改”按钮，打开“修改标注样式”对话框，如图 5-25 所示。

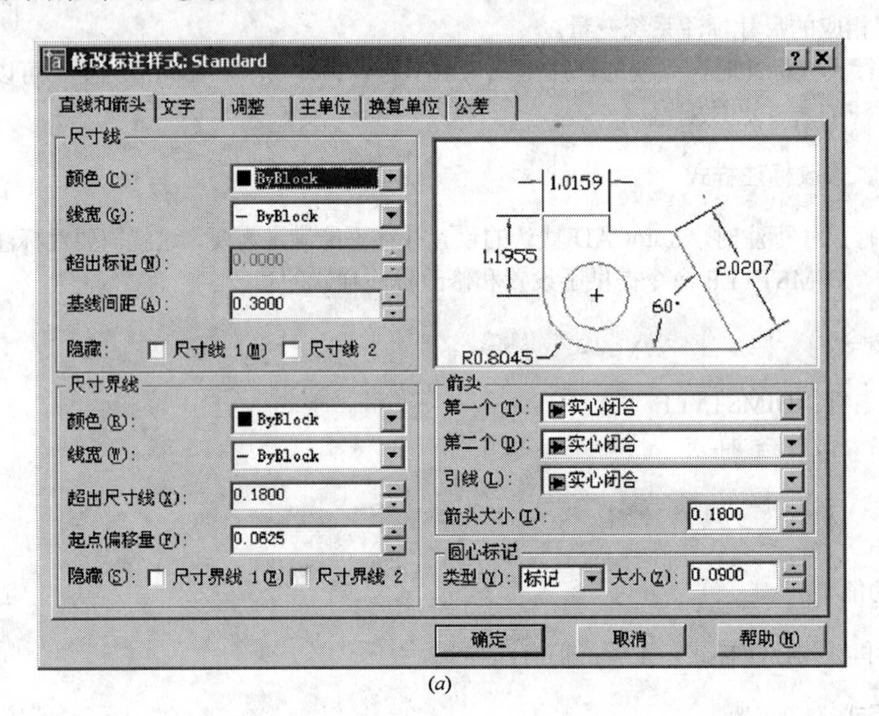

(*a*)

(*b*)

图 5-25 “直线和箭头”选项卡及其箭头设置

在“修改标注样式”对话框中，通过 6 个选项卡可以实现标注样式的修改。各选项卡的主要内容简介如下：

（1）“直线和箭头”选项卡（图 5-25*a*）

设置尺寸线、尺寸界线和箭头的格式及尺寸。图 5-25（*b*）所示为在“箭头”选项组中将箭头设为建筑制图规定的 45° 斜线时的具体设置情况。

（2）“文字”选项卡（图 5-26）

设置尺寸文字的形式、位置、大小和对齐方式。

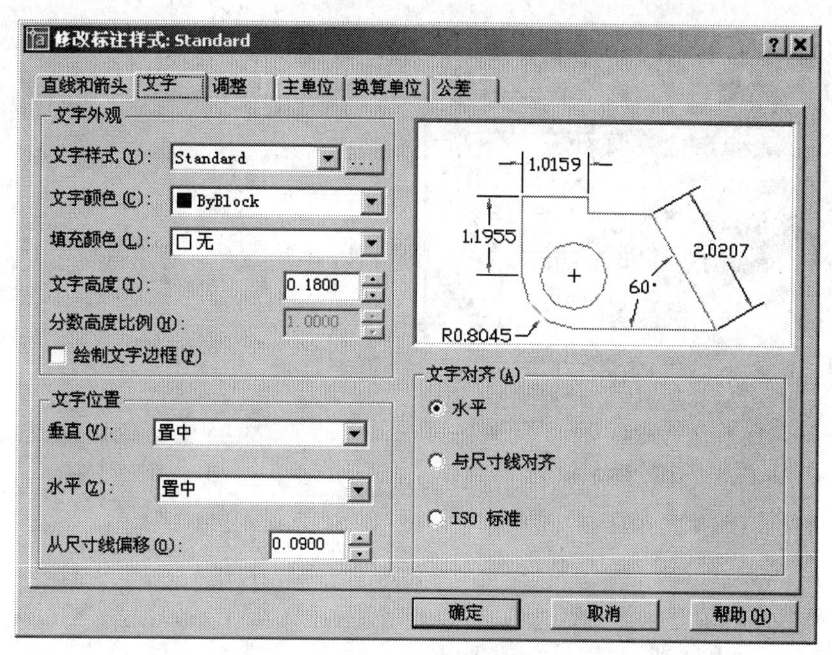

图 5-26　“文字”选项卡

（3）“调整”选项卡（图 5-27）

在进行尺寸标注时，在某些情况下尺寸界线之间的距离太小，不能够容纳尺寸数字，在此情况下，可以通过该选项卡根据两条尺寸界线之间的空间，设置将尺寸文字、尺寸箭头放在两尺寸界线的里边还是外边，以及定义尺寸要素的缩放比例等。

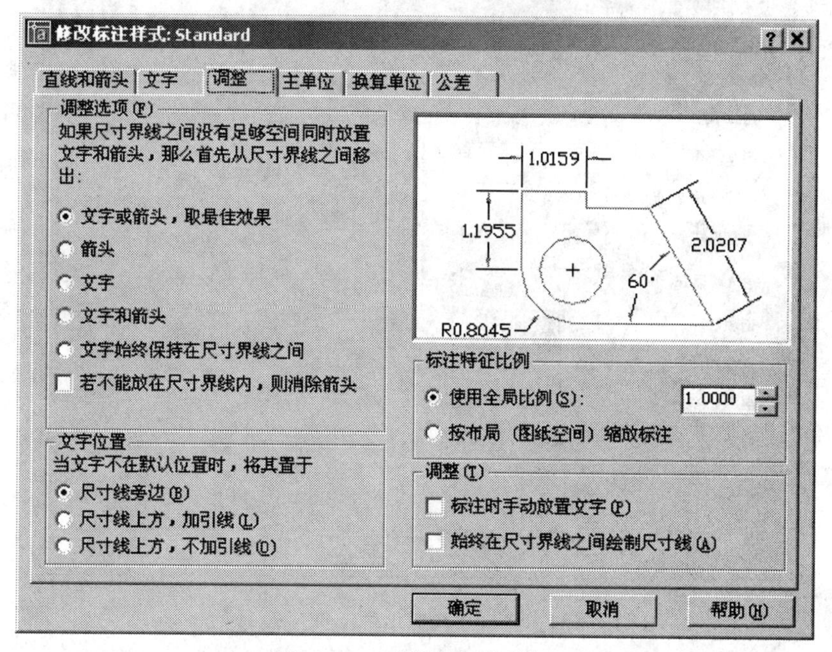

图 5-27　“调整”选项卡

（4）“主单位“选项卡（如图 5-28）

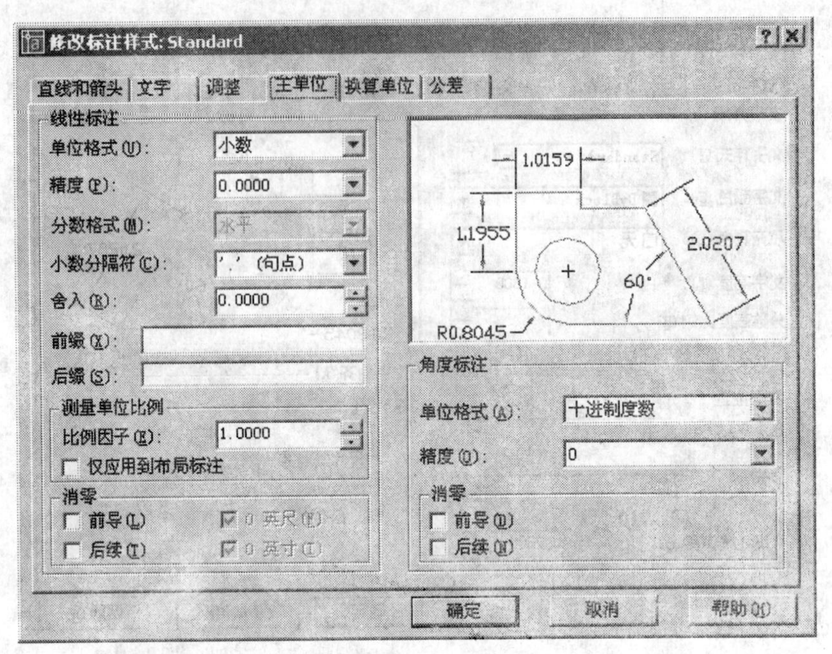

图 5-28 “主单位”选项卡

设置尺寸标注的单位和精度等。

（5）“换算单位”选项卡（如图 5-29）

设置换算单位及格式。

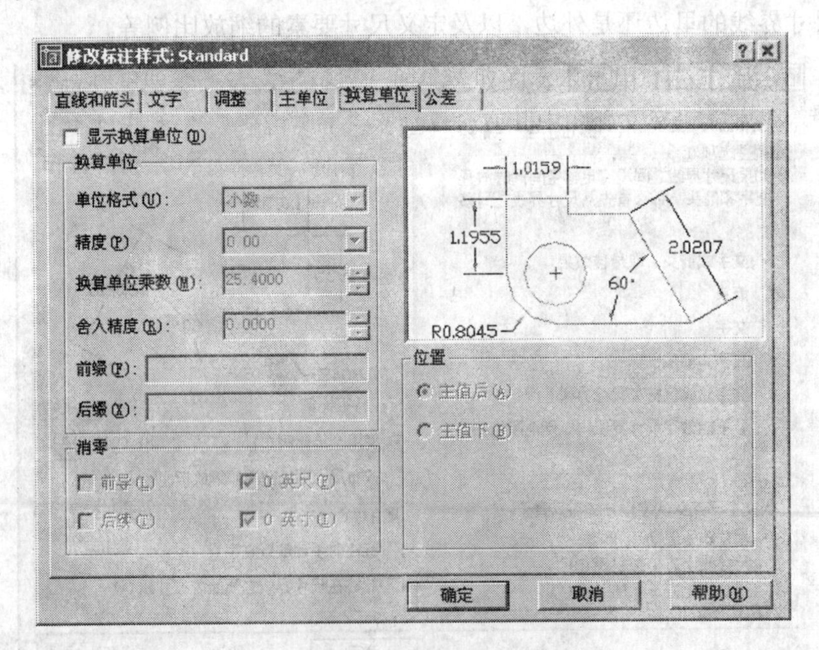

图 5-29 “换算单位”选项卡

（6）“公差”选项卡（图 5-30）

设置尺寸公差的标注形式和精度。

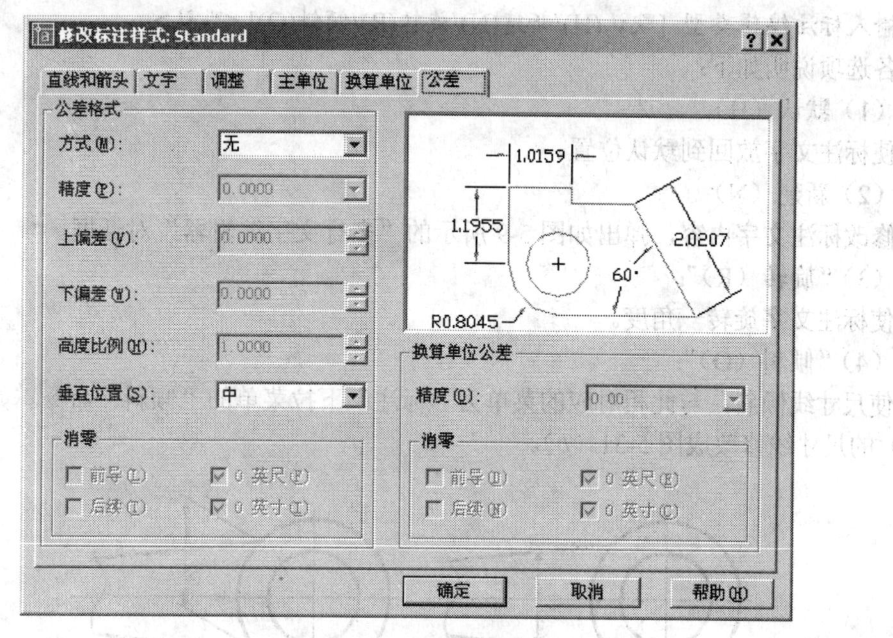

图 5-30　“公差”选项卡

5.6.2　修改尺寸标注系统变量

标注样式中的各种状态与参数设置除可以通过上述“修改标注样式”对话框控制外，它们还都对应有相应的尺寸标注系统变量，也可直接修改尺寸标注系统变量来设置标注状态与参数。

尺寸标注系统变量的设置方法与其他系统变量的设置完全一样，下面的例子说明了尺寸标注中文字高度变量的设置过程：

命令: **DIMTXT**↙

输入 DIMTXT 的新值 <2.5000>: **5.0**↙

5.6.3　修改尺寸标注

1．命令

命令行：DIMEDIT

工具栏：“标注”工具栏 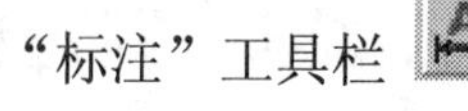

2．功能

用于修改选定标注对象的文字位置、文字内容和倾斜尺寸线。

3．格式

命令：**DIMEDIT**↙

输入标注编辑类型 [默认(H)/新建(N)/旋转(R)/倾斜(O)] <默认>:

各选项说明如下:

（1）默认（H）

使标注文字放回到默认位置。

（2）新建（N）

修改标注文字内容，弹出如图 5-9 所示的“多行文字编辑器”对话框。

（3）“旋转（R）”:

使标注文字旋转一角度。

（4）“倾斜（O）”:

使尺寸线倾斜，与此相对应的菜单为“标注”下拉菜单的“倾斜”命令。如把图 5-31（*a*）的尺寸线修改成图 5-31（*b*）。

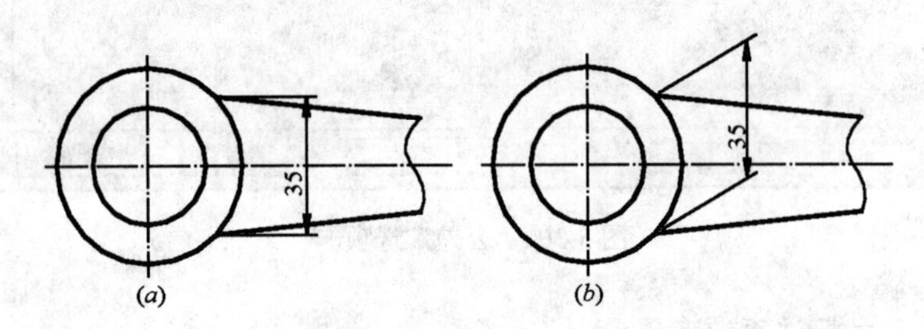

图 5-31　使尺寸线倾斜

5.6.4　修改尺寸文字位置

1．命令

命令行：DIMTEDIT

菜单：标注 → 对齐文字

工具栏：“标注”工具栏

2．功能

用于移动或旋转标注文字，可动态拖动文字。

3．操作

命令: **DIMTEDIT**↙

选择标注:（选择一标注对象）

指定标注文字的新位置或 [左(L)/右(R)/中心(C)/默认(H)/角度(A)]:

提示默认状态为指定标注所选择的标注对象的新位置，通过鼠标拖动所选对象到合适的位置。其余各选项说明如表 5-2 所示。

尺寸文字编辑命令的选项　　表 5-2

选 项 名	说　明	图　例
左（L）	把标注文字左移	图 5-32（*a*）
右（R）	把标注文字右移	图 5-32（*b*）
中心（C）	把标注文字放在尺寸线上的中间位置	图 5-32（*c*）
默认（H）	把标注文字恢复为默认位置	
角度（A）	把标注文字旋转一角度	图 5-32（*d*）

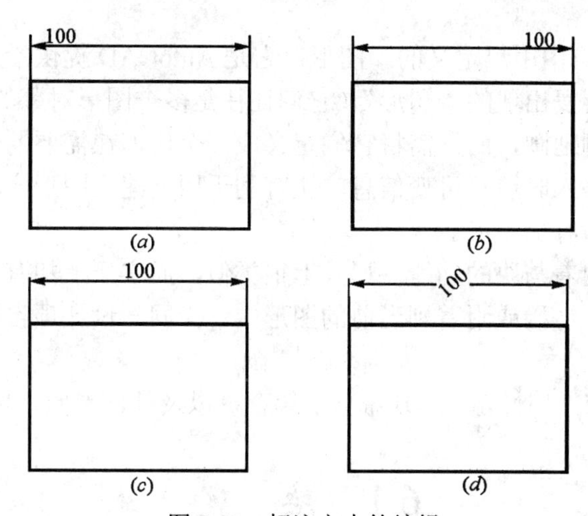

图 5-32　标注文本的编辑

第 6 章　块、外部参照和图像附着

块（BLOCK）是可由用户定义的子图形，它是 AutoCAD 提供给用户的最有用的工具之一。对于在绘图中反复出现的“图形”（它们往往是多个图形对象的组合），不必再花费重复劳动、一遍又一遍地画，而只需将它们定义成一个块，在需要的位置插入它们。还可以给块定义属性，在插入时填写可变信息。块有利于用户建立图形库，便于对子图形的修改和重定义，同时节省存储空间。

外部参照和图像附着与块的功能在形式上很类似，而实质上却有很大不同，它们是将外部的图形、图像文件链接或附着到当前的图形中，为同一设计项目多个设计者的协同工作提供了极大的方便。

本章将介绍块定义、属性定义、块插入、块存盘以及外部参照、光栅图像附着等内容。

6.1　块　定　义

1. 命令

命令行：BMAKE（缩写名：B）

菜单：绘制 → 块 → 创建

图标：“绘图”工具栏

2. 功能

以对话框方式创建块定义，弹出“块定义”对话框，如图 6-1（另一个命令 BLOCK 是通过命令行输入的块定义命令，两者功能相似）。

对话框内各项的意义为：

（1）名称：在名称输入框中指定块名，它可以是中文或由字母、数字、下画线构成的字符串。

（2）基点：在块插入时作为参考点。可以用两种方式指定基点，一是单击“拾取点”按钮，在图形窗口给出一点，二是直接输入基点的 X、Y、Z 坐标值。

（3）“对象”选项组：指定定义在块中的对象。可以用构造选择集的各种方式，将组成块的对象放入选择集。选择完毕，重新显示对话框，并在选项组下部显示：已选择 X 个对象。

保留：保留构成块的对象。

转换为块：将定义块的图形对象转换为块对象。

删除：定义块后，生成块定义的对象被删除，可以用 OOPS 命令恢复构成块的对象。

在定义完块后，单击“确定”按钮。如果用户指定的块名已被定义，则 AutoCAD 显示一个警告信息，询问是否重新建立块定义，如果选择重新建立，则同名的旧块定义将被取代。

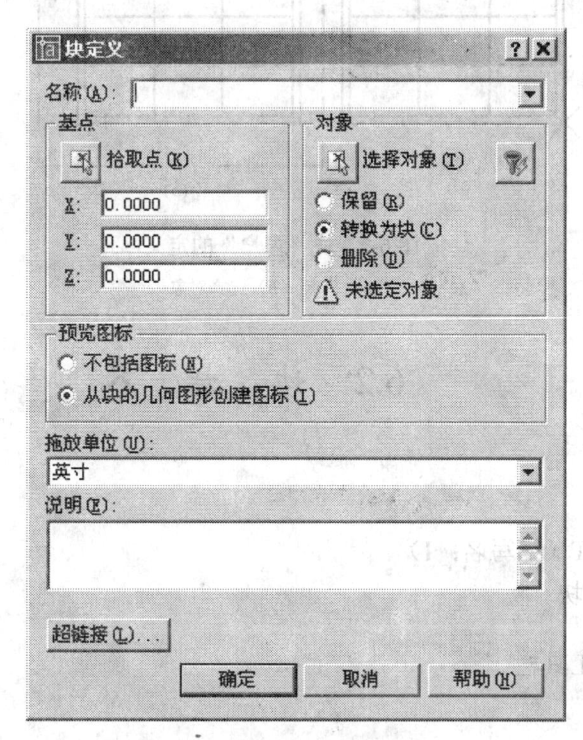

图 6-1　“块定义”对话框

3. 块定义的操作步骤

下面以将图 6-2 所示图形定义成名为“窗户”的块为例，介绍块定义的具体操作步骤。

（1）画出块定义所需的图形；

（2）调用 BMAKE 命令，弹出“块定义”对话框；

（3）输入块名“窗户”（也可单击右边弹出列表框按钮来查看已定义的块名）；

（4）用“拾取点”按钮，在图形中拾取基点（例如图 6-2（*a*）所示窗户的左下角），也可以直接输入坐标值；

（5）用“选择对象”按钮，在图形中选择定义块的对象（如图 6-2（*b*）所示整个窗户图形），对话框中将显示块成员的数目；

（6）若选中“保留”复选框，则块定义后保留原图形，否则原图形将被删除；

（7）按“确定”按钮，完成块“窗户”的定义，它将保存在当前图形中。

4. 说明

（1）用 BMAKE 命令定义的块称为内部块，它保存在当前图形中，且只能在当前图形中用块插入命令引用；

（2）块可以嵌套定义，即块成员可以包括插入的其他块。

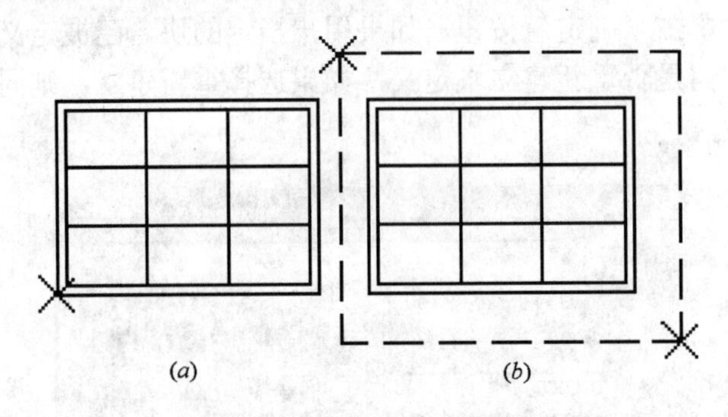

图 6-2　块“窗户”的定义

（a）基点；（b）选择对象

6.2　块　插　入

1. 命令

命令行：INSERT（缩写名：I）

菜单：插入 → 块

图标：“绘图”工具栏

2. 功能

弹出“插入”对话框（如图 6-3 所示），将块或另一个图形文件按指定位置插入到当前图中。插入时可改变图形的 X、Y 方向比例和旋转角度。图 6-4 为将块“窗户”多重插入后构成的楼房图形。（另一个命令-INSERT 是通过命令行输入的块插入命令，两者功能相似。）

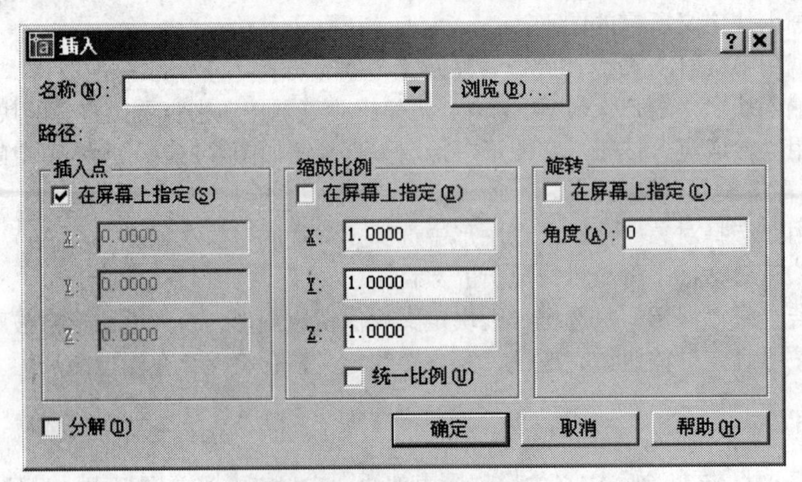

图 6-3　“插入”对话框

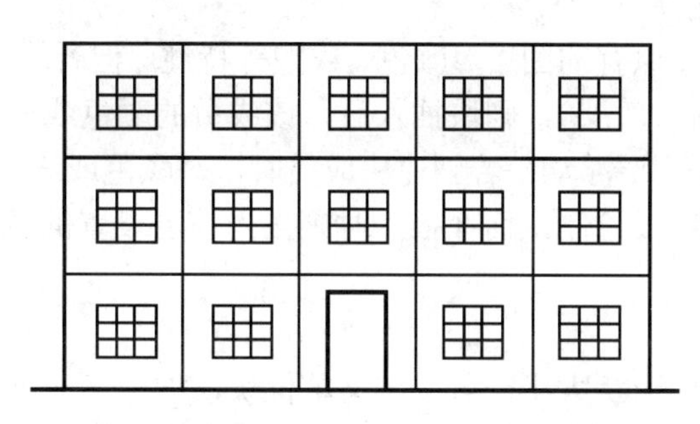

图 6-4　插入块“窗户”后构成的楼房图形

3. 对话框操作说明

（1）利用“名称”下拉列表框，可以弹出当前图中已定义的块名表供选用。

（2）利用“浏览…”按钮，弹出“选择文件”对话框，可选一图形文件插入到当前图形中，并在当前图形中生成一个内部块。

（3）可以在对话框中，用输入参数的方法指定插入点、缩放比例和旋转角，若选中“在屏幕上指定”复选框，则可以在命令行依次出现相应的提示：

指定插入点或 [比例(S)/X/Y/Z/旋转(R)/预览比例(PS)/PX/PY/PZ/预览旋转(PR)]:（给出插入点）

输入 X 比例因子，指定对角点，或者 [角点(C)/XYZ] <1>:（给出 X 方向的比例因子）

输入 Y 比例因子或 <使用 X 比例因子>:（给出 Y 方向的比例因子或回车）

指定旋转角度 <0>:（给出旋转角度）

（4）选项：

角点（C）：以确定一矩形两个角点的方式，对应给出 X、Y 方向的比例值。

XYZ：用于确定三维块插入，给出 X、Y、Z 三个方向的比例因子。

比例因子若使用负值，可产生对原块定义镜像插入的效果。图 6-5 为将门定义成图块并以 X 方向和 Y 方向分别使用正比例因子和负比例因子插入后的结果。

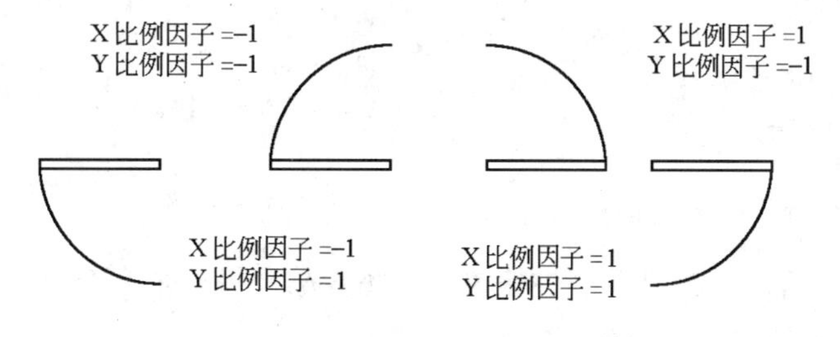

图 6-5　使用正、负比例因子插入

（5）“分解”复选框：

若选中该复选框，则块插入后分解为构成块的各成员对象；反之，块插入后仍是一个对象。对于未进行分解的块，在插入后的任何时候都可以用 EXPLODE 命令将其分解。

4. 块和图层、颜色、线型的关系

块插入后，插入体的信息（如插入点、比例、旋转角度等）记录在当前图层中，插入体的各成员一般继承各自原有的图层、颜色、线型等特性。但若块成员画在“0”层上，且颜色或线型使用 Bylayer（随层），则块插入后，该成员的颜色或线型采用插入时当前图层的颜色或线型，称为“0”层浮动；若创建块成员时，对颜色或线型使用 Byblock（随块），则块成员采用白色与连续线绘制，而在插入时则按当前层设置的颜色或线型画出。

5. 单位块的使用

为了控制块插入时的形状大小，可以定义单位块，如定义一个 1×1 的正方形为块，则插入时，X，Y 方向的比例值就直接对应所画矩形的长和宽。

6.3 定义属性

图块除了包含图形对象以外，还可以具有非图形信息，例如把一台电视机图形定义为图块后，还可把其型号、参数、价格以及说明等文本信息一并加入到图块中。图块的这些非图形信息，叫做图块的属性，它是图块的一个组成部分，与图形对象一起构成一个整体，在插入图块时 AutoCAD 把图形对象连同属性一起插入到图形中。

一个属性包括属性标记和属性值两方面的内容。例如，可以把 PRICE（价格）定义为属性标记，而具体的价格“1998 元”是属性值。在定义图块之前，要事先定义好每个属性，包括属性标记、属性提示、属性的缺省值、属性的显示格式（在图中是否可见）、属性在图中的位置等。属性定义好后，以其标记在图中显示出来，而把有关信息保存在图形文件中。

当插入图块时，AutoCAD 通过属性提示要求用户输入属性值，图块插入后属性以属性值显示出来。同一图块，在不同点插入时可以具有不同的属性值。若在属性定义时把属性值定义为常量，AutoCAD 则不询问属性值。在图块插入以后，可以对属性进行编辑，还可以把属性单独提取出来写入文件，以供统计、制表用，也可以与其他高级语言（如 C、FORTRAN 等）或数据库（如 FoxBase、Access 等）进行数据通讯。

1. 命令

命令行：ATTDEF（缩写名：ATT）
菜单：绘图 → 块 → 定义属性

2. 功能

通过“属性定义”对话框创建属性定义（见图 6-6）（另一个命令-ATTDEF 是通过命令行输入的定义属性命令，两者功能相似）。

3. 使用属性的操作步骤

以图 6-7 为例，如布置一办公室，各办公桌应注明编号、姓名、年龄等说明，则可以使用带属性的块定义，然后在块插入时给属性赋值。属性定义的操作步骤如下：

（1）画出相关的图形（如办公桌，见图 *a*）；

（2）调用 ATTDEF 命令，弹出“属性定义”对话框；

（3）在“模式”选项组中，规定属性的特性，如属性值可以显示为“可见”或“不可见”，属性值可以是“固定”或“非常数”等；

（4）在“属性”选项组中，输入属性标记（如“编号”），属性提示（若不指定则用属性标记），属性值（指属性缺省值，可不指定）；

（5）在“插入点”选项组中，指定字符串的插入点，可以用“拾取点”按钮在图形中定位，或直接输入插入点的X、Y、Z坐标；

（6）在“文字选项”选项组中，指定字符串的对正方式、文字样式、字高和字符串旋转角；

（7）按“确定”按钮即定义了一个属性，此时在图形相应的位置会出现该属性的标记（如“编号”）；

（8）同理，重复（2）～（7）可定义属性“姓名”和“年龄”。在定义“姓名”时，若选中对话框中的“在前一个属性下方对齐”复选框，则“姓名”自动定位在“编号”的下方；

（9）调用BMAKE命令，把办公桌及三个属性定义为块“办公桌”，其基准点为A（见图*a*）。

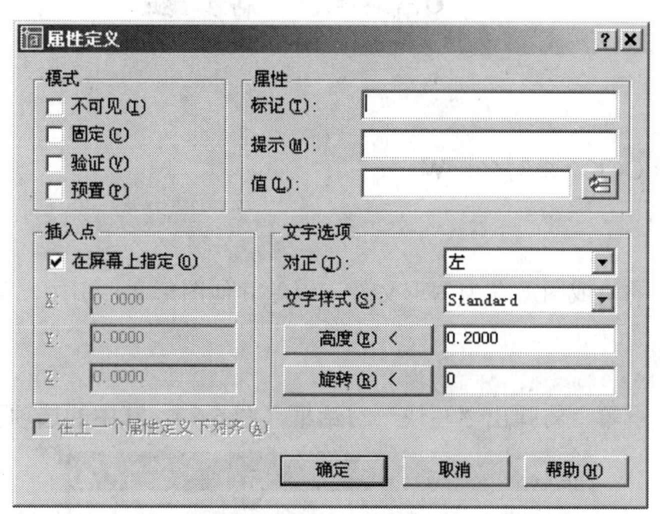

图6-6　“属性定义”对话框

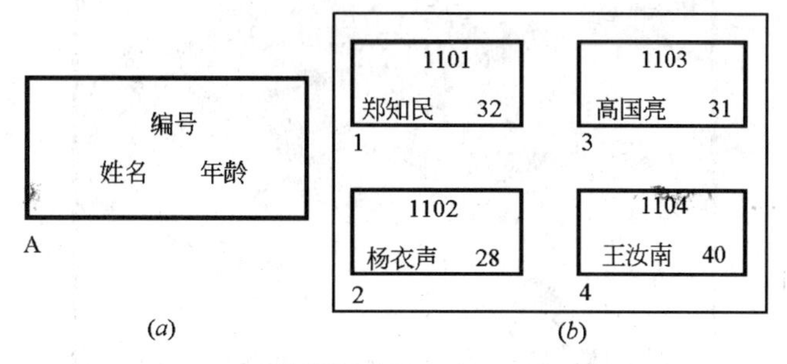

(*a*)　(*b*)

图6-7　使用属性的操作步骤的例图

4. 属性赋值的步骤

属性赋值是在插入带属性的块的操作中进行的，其步骤如下：

（1）调用INSERT命令，指定插入块为“办公桌”；

（2）在图 6-7（*b*）中，指定插入基准点为 1，指定插入的 X、Y 比例，旋转角为 0，由于“办公桌”带有属性，系统将出现属性提示（“编号”、“姓名”和“年龄”），应依次赋值，在插入基准点 1 处插入“办公桌”；

（3）同理，再调用 INSERT 命令，在插入基准点 2、3、4 处依次插入“办公桌”，即完成图 6-7（*b*）。

5. 关于属性操作的其他命令

-ATTDEF：在命令行中定义属性。

ATTDISP：控制属性值显示可见性。

ATTEDIT：通过对话框修改一个插入块的属性值。

ATTEXT：通过对话框提取属性数据，生成文本文件。

6.4 块 存 盘

1. 命令

命令行：WBLOCK（缩写名：W）

2. 功能

将当前图形中的块或图形存为图形文件，以便其他图形文件引用，又称为“外部块”。

3. 操作及说明

输入命令后，屏幕上将弹出“写块”对话框（图 6-8）。其中的选项及含义如下：

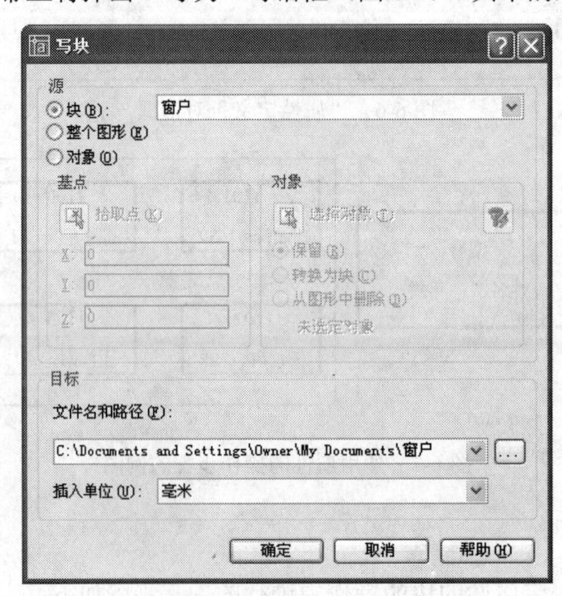

图 6-8　“写块”对话框

（1）“源”选项组：指定存盘对象的类型。

①块：当前图形文件中已定义的块，可从下拉列表中选定。

②整个图形：将当前图形文件存盘，相当于 SAVEAS 命令，但未被引用过的命名对象，如块、线型、图层、字样等不写入文件。

③对象：将当前图形中指定的图形对象赋名存盘，相当于在定义图块的同时将其存盘。此时可在“基点”和“对象”选项组中指定块基点及组成块的对象和处理方法。

（2）“目标”选项组：指定存盘文件的有关内容。

①文件名和路径：存盘的文件名及其存盘路径。文件名可以与被存盘块名相同，也可以不同。

②插入单位：图形的计量单位。

4. 一般图形文件和外部块的区别

一般图形文件和用 WBLOCK 命令创建的外部块都是.DWG 文件，格式相同，但在生成与使用时略有不同：

（1）一般图形文件常带有图框、标题栏等，是某一主题完整的图形，图形的基准点常采用缺省值，即（0,0）点；

（2）一般图形文件常按产品分类，在对应的文件夹中存放；

（3）外部块常带有子图形性质，图形的基准点应按插入时能准确定位和使用方便为准，常定义在图形的某个特征点处；

（4）外部块的块成员，其图层、颜色、线型等的设置，更应考虑通用性；

（5）外部块常作成单位块，便于公用，使用户能用插入比例控制插入图形的大小；

（6）外部块是用户建立图库的一个元素，因此其存放的文件夹和文件命名都应按图库创建与检索的需要而定。

6.5　更新块定义

随设计规范和设计标准的不断更新或设计的修改，一些图例符号会发生变化，因而会经常需要更新图库的块定义。

更新内部块定义使用 BMAKE 或 BLOCK 命令。具体步骤为：

（1）插入要修改的块或使用图中已存在的块；

（2）用 EXPLODE 命令将块分解，使之成为独立的对象；

（3）用编辑命令按新块图形要求修改旧块图形；

（4）运行 BMAKE 或 BLOCK 命令，选择新块图形作为块定义选择对象，给出与分解前的块相同的名字。

（5）完成此命令后会出现图 6-9 所示警告框，此时若单击“是”按钮，块就被重新定义，图中所有对该块的引用插入同时被自动修改更新。

例如，图 6-10 所示为在（*b*）图中插入（*a*）图所定义“窗户”图块后的情况。在此基础上，若将（*a*）图修改为（*c*）图所示形状，然后再将其定义成图块“窗户”，在弹出的图

6-9 所示警告框中单击“是”按钮，则图块“窗户”将被重新定义成（*c*）图所示的形状，且（*b*）图被自动修改更新为（*d*）图。

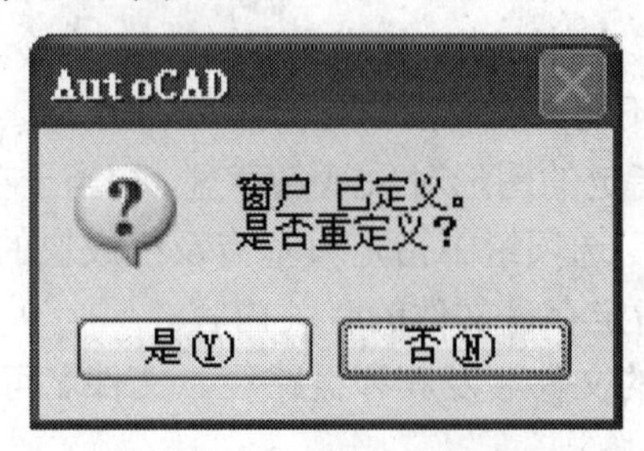

图 6-9　块重定义警告框

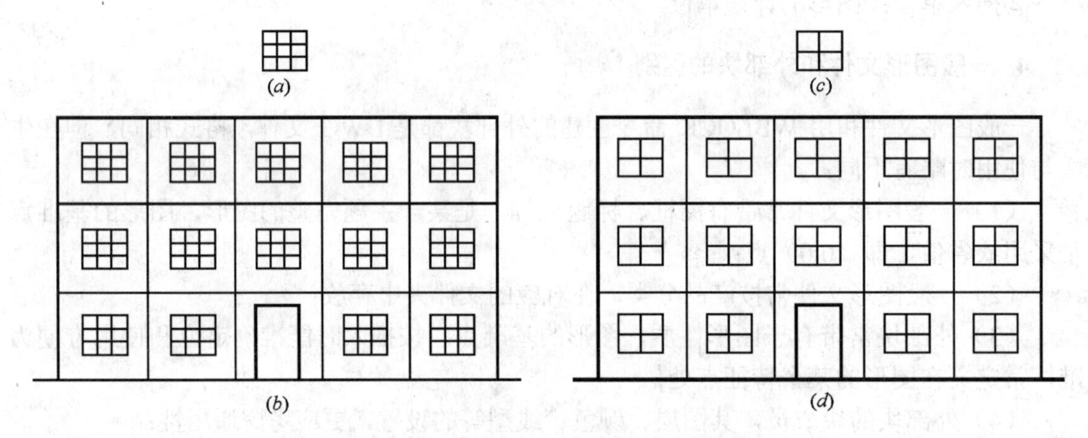

图 6-10　块的重定义及其自动更新

6.6　外 部 参 照

外部参照是把已有的其他图形文件链接到当前图形中，而不是象插入块那样把块的图形数据全部存储在当前图形中。它的插入操作和块十分类似，但有以下特点：

（1）当前图形（称为宿主图形）只记录链接信息，因此当插入大图形时将大幅度减小宿主图形的尺寸；

（2）每次打开宿主图形时总能反映外部参照图形的最新修改。

外部参照特别适用于多个设计者的协同工作。

6.6.1　外部参照附着

1. 命令

命令行：XATTACH（缩写名：XA）

菜单：插入 → 外部参照

图标：“参照”工具栏

2. 功能

先弹出“选择参照文件”对话框（见图 6-11），从中选定欲参照的图形文件，然后弹出“外部参照”对话框（见图 6-12），把外部参照图形附着到当前图形中。

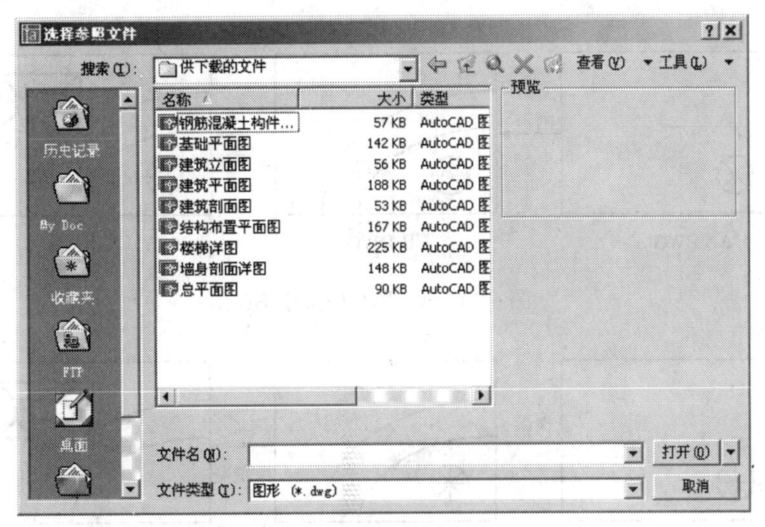

图 6-11 “选择参照文件”对话框

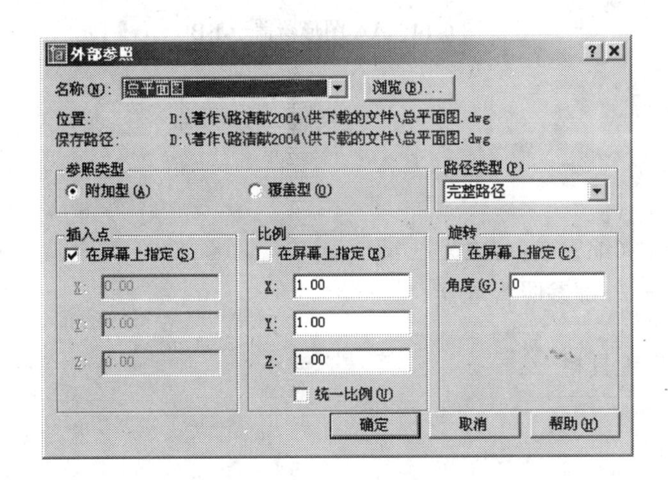

图 6-12 “外部参照”对话框

3. 操作过程

（1）在“名称”栏中，选择要参照的图形文件，列表框中列出当前图形已参照的图形名，通过“浏览…”按钮用户可以选择新的参照图形。若右侧的“保留路径”复选框被选中，则显示的图形名将包含路径。

（2）在“参照类型”栏中选定附着的类型。

①附加型：指外部参照可以嵌套，即当 AA 图形附加于 BB，而 BB 图附加于或覆盖 CC 图时，AA 图也随 BB 图链入到 CC 图中（见图 6-13）。

②覆盖型：指外部参照不嵌套，即当 AA 图覆盖于 BB 图，而 BB 图又附加于或覆盖

于 CC 图时，AA 图不随 BB 图链入到 CC 图中（见图 6-14）。

（3）在“插入点”、“比例”及“旋转”选项组中，可以分别确定插入点的位置、插入的比例和旋转角。它们既可以在编辑框中输入，也可以在屏幕上确定，同块的插入操作类似。

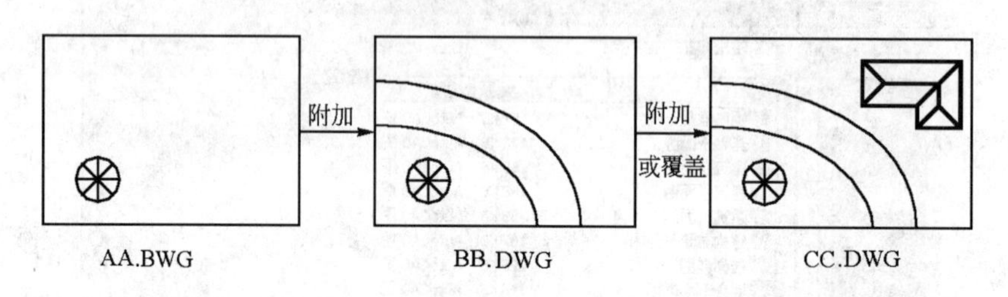

图 6-13　AA 图形附加于 BB

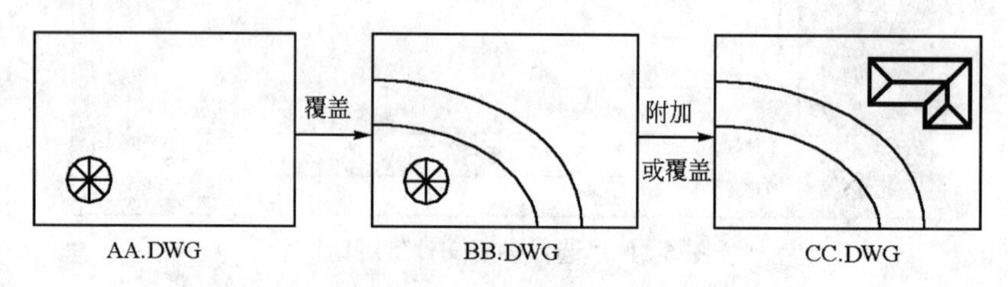

图 6-14　AA 图形覆盖于 BB

6.6.2　外部参照

1. 命令

命令行：XREF（缩写名：XR）
菜单：插入 → 外部参照管理器

图标：“参照”工具栏

2. 功能

弹出“外部参照管理器”对话框（见图 6-15 和图 6-16），可以管理所有外部参照图形，具体功能如下：

（1）附着新的外部参照，它将弹出“外部参照”对话框，执行附着操作；
（2）拆离现有的外部参照，即删除外部参照；
（3）重载或卸载现有的外部参照，卸载不是拆离只是暂不参照，必要时可参照；
（4）附加型与覆盖型互相转换，双击图 6-15 中的类型列，即可实现转换；
（5）将外部参照绑定到当前图形中，绑定是将外部参照转化为块插入；
（6）修改外部参照路径。

图 6-15 是对外部参照图形作列表图显示，图 6-16 是外部参照图形作树状图显示。

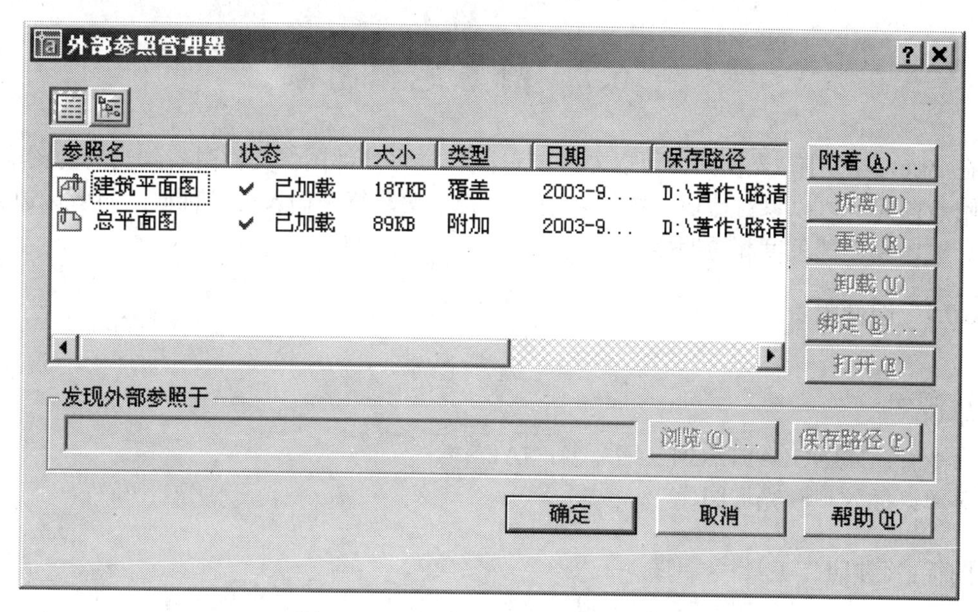

图 6-15　外部参照图形作列表图显示

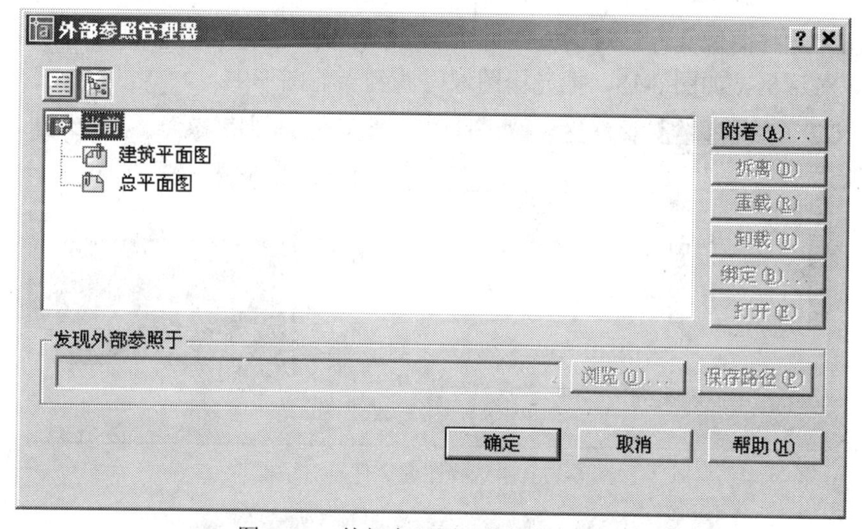

图 6-16　外部参照图形作树状图显示

6.6.3　其他有关命令与系统变量

（1）XBIND 命令：将外部参照中参照图形图层名、块名、文字样式名等命令对象（用依赖符号表示），绑定到当前图形中，转化为非依赖符号表示。

（2）XCLIP 命令：对外部参照附着和块插入，可使用 XCLIP 命令定义剪裁边界，剪裁边界可以是矩形、正多边形或用直线段组成的多边形。在剪裁边界内的图形可见。此时，外部参照附着和块插入的几何图形并未改变，只是改变了显示可见性。

（3）XCLPFRAME：是系统变量，<0>表示剪裁边界不可见，<1>表示剪裁边界可见。

6.7 附着光栅图像

在 AutoCAD 中，光栅图像可以象外部参照一样将外部图像文件附着到当前的图形中，一旦附着图像，可以象对待块一样将它重新附着多次，每个插入可以有自己的剪裁边界、亮度、对比度、褪色度和透明度。

6.7.1 图像附着

1. 命令

命令行：IMAGEATTACH（缩写名：IAT）

菜单：插入 → 光栅图像

图标："参照"工具栏

2. 功能

先弹出"选择图像文件"对话框（见图 6-17），从中选定欲附着的图像文件。然后弹出"图像"对话框，如图 6-18，把光栅图像附着到当前图形中。

图 6-17 "选择图像文件"对话框

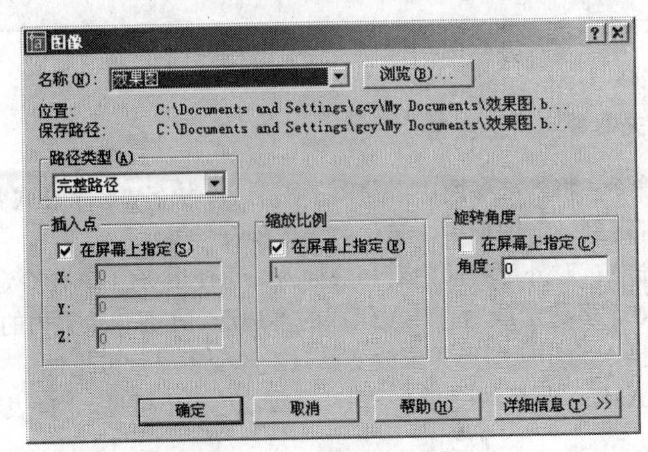

图 6-18 "图像"对话框

3. 操作过程

（1）在“名称”栏中，选择要附着的图像文件，该命令支持绝大多数的图像文件格式（如：bmp、gif、jpg、pcx、tga、tif 等）。在列表框中将列出附着的图像文件名，若选中右侧的“保留路径”复选框，则图像文件名将包括路径。按“浏览”按钮将再次弹出“选择图像文件”对话框，可以继续选择图像文件；

（2）在“插入点”、“比例”及“旋转”选项组中，可分别指定插入基点的位置、比例因子和旋转角度，若选中“在屏幕上指定”复选框，则可以在屏幕上用拖动图像的方法来指定；

（3）若选择“详细信息>>”按钮，对话框将扩展，并列出选中图像的详细信息，如精度、图像象素尺寸等。

图 6-19 所示是在一建筑的平面图中附着该建筑外观渲染图像后的显示效果。

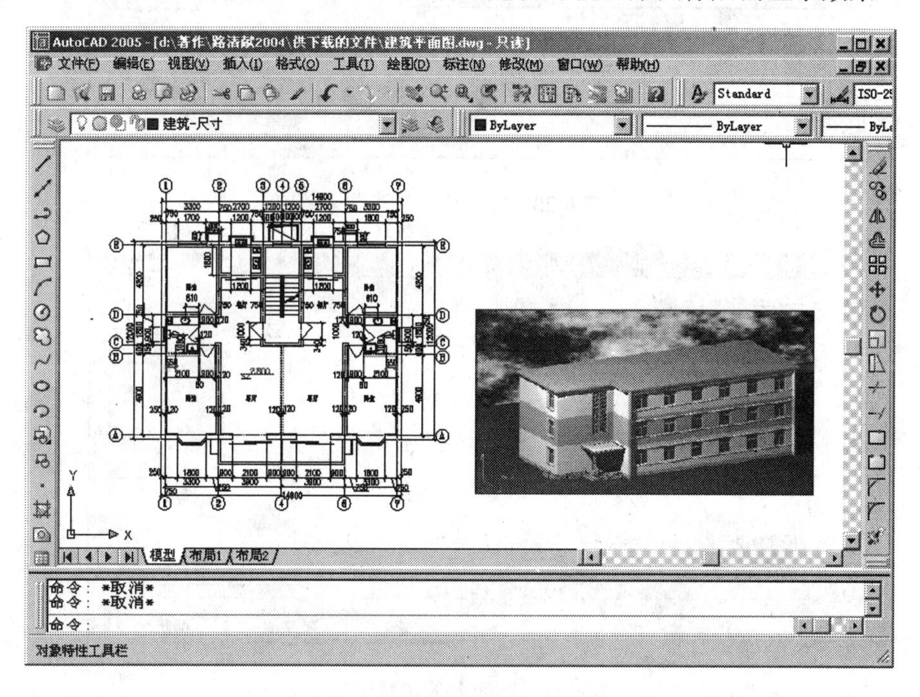

图 6-19　图像附着

6.7.2　光栅图像

1. 命令

命令行：IMAGE（缩写名：IM）

菜单：插入 → 图像管理器

图标：“参照”工具栏

2. 功能

弹出“图像管理器”对话框，有列表和树状图两种显示方式，如图 6-20 和图 6-21。该对话框和“外部参照”对话框类似，可以管理所有附着图像，包括附着、拆离、重载、卸载等操作，若按“细节”按钮，系统将弹出“图像文件详细信息”对话框，见图 6-22。

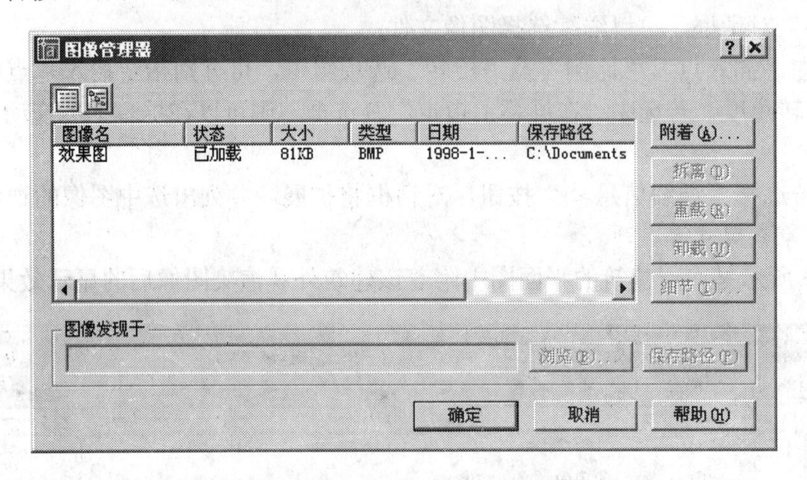

图 6-20　图像名的列表显示

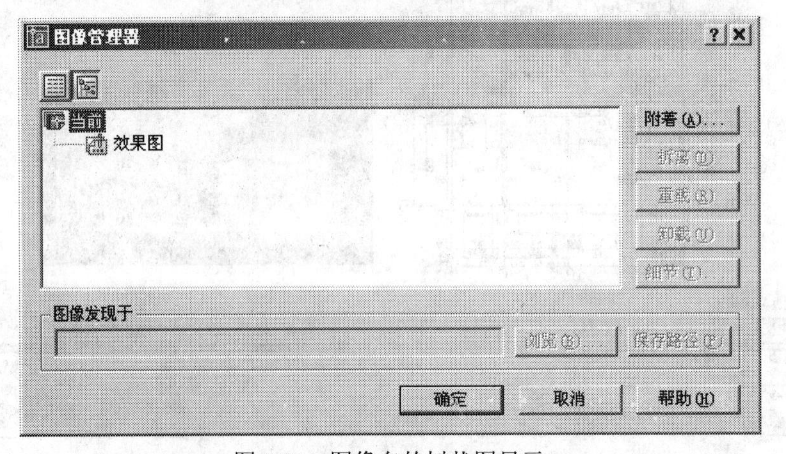

图 6-21　图像名的树状图显示

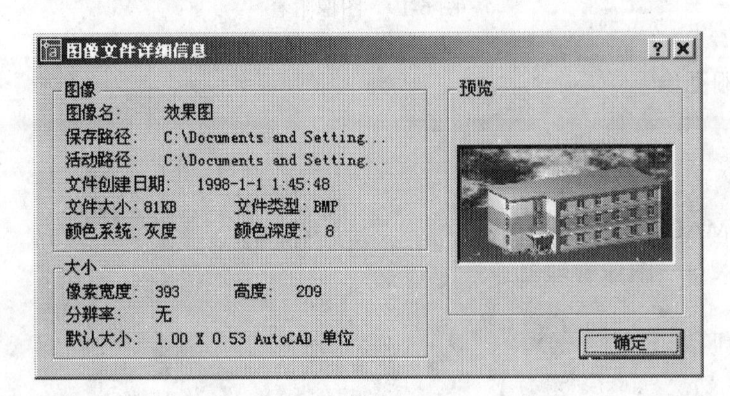

图 6-22　“图像文件详细信息”对话框

6.7.3　其他有关命令

IMAGCLIP 命令：剪裁图像边界的创建与控制，可以用矩形或多边形作剪裁边界，可以控制剪裁功能的打开与关闭，也可以删除剪裁边界。

IMAGEFRAME 命令：控制图像边框是否显示。

IMAGEADJUST 命令：控制图像的亮度、对比度和褪色度。

IMAGEQUALITY 命令：控制图像显示的质量，高质量显示速度较慢，草稿式显示速度较快。

TRANSPARENCY 命令：控制图像的背景象素是否透明。

读者可自行实践一下上述命令的用法，此处不再详述。

6.8　图形数据交换

块插入、外部参照和光栅图像附着都可以看作 AutoCAD 图形数据交换的一些方法。另外，通过 Windows 剪贴板、Windows 的对象链接和嵌入（OLE）技术以及 AutoCAD 的文件格式输入、输出，也可以完成 AutoCAD 在不同绘图之间以及和其他 Windows 应用程序之间的图形数据交换。

6.8.1　文件菜单中的“输出…”选项

它执行 EXPORT 命令，系统将弹出“输出数据”对话框，可把 AutoCAD 图形按下列格式输出：

（1）3DS：用于 3D Studio 软件的.3ds 文件（3DSOUT 命令）；

（2）BMP：输出成位图文件.bmp（BMPOUT 命令）；

（3）DWG：输出成块存盘文件.dwg（WBLOCK 命令）；

（4）DWF：输出成 AutoCAD 网络图形文件.dwf（DWFOUT 命令）；

（5）DXF：输出成 AutoCAD 图形交换格式文件.dxf（DXFOUT 命令）；

（6）EPS：输出成封装 PostScript 文件.eps（PSOUT 命令）；

（7）SAT：输出成 ACIS 实体造型文件.sat（ACISOUT 命令）；

（8）WMF：输出成 Windows 图元文件.wmf（WMFOUT 命令）。

6.8.2　编辑菜单中的剪切、复制、粘贴等选项

这是 AutoCAD 图形与 Windows 剪贴板和其他应用程序间的图形编辑手段，具体包括如下内容：

（1）剪切：把选中的 AutoCAD 图形对象从当前图形中删除，剪切到 Windows 剪贴板上（CUTCLIP 命令）；

（2）复制：把选中的 AutoCAD 图形对象复制到 Windows 剪贴板上（COPYCLIP 命令）；

（3）复制链接：把当前视口复制到 Windows 剪贴板上，用于和其他 OLE（对象链接和嵌入）应用程序链接（COPTLINK 命令）；

（4）粘贴：从 Windows 剪贴板上把数据（包括图形、文字等）插入到 AutoCAD 图形中（PASTECLIP 命令）；

（5）选择性粘贴：从 Windows 剪贴板上把数据插入到 AutoCAD 图形中，并控制其数据格式，它可以把一个 OLE 对象从剪贴板上粘贴到 AutoCAD 图形中（PASTESPEC 命令）；

（6）OLE 链接：更新、修改和取消现有的 OLE 链接（OLELINKS 命令）。

6.8.3 “插入”菜单的文件格式输入

AutoCAD 读入其他文件格式，转化为 AutoCAD 图形，具体格式如下：

（1）3D Studio：输入用于 3D Studio 软件的.3ds 文件（3DSIN 命令）；

（2）ACIS 实体：输入 ACIS 实体造型文件.sat（ACISIN 命令）；

（3）图形交换二进制：输入二进制格式图形交换.dxb（DXBIN 命令）；

（4）图元文件：输入 Windows 图元文件.wmf（WMFIN 命令）；

（5）封装 PostScript：输入封装 PostScript 文件.eps（PSIN 命令）。

6.8.4 “插入”菜单中的“OLE 对象”

在 AutoCAD 图形中插入 OLE 对象（INSERTOBJ 命令）。

第 7 章　三维建模基础

前面各章介绍了利用 AutoCAD 绘制二维图形的方法。二维图形作图方便，表达图形全面、准确，是建筑等工程图样的主要形式。但二维图形缺乏立体感，直观性较差，只有经过专门训练的人才能看懂，且无法观察产品或建筑物的设计效果。而三维图形则能更直观地反映空间立体的形状，富有立体感，更易为人们所接受，是图形设计的发展方向。

三维图形的表达按描述方式可分为线框模型、表面模型和实体模型。线框模型是以物体的轮廓线架来表达立体的。该模型结构简单，易于处理，可以方便地生成物体的三视图和透视图。但由于其不具有面和体的信息，因此不能进行消隐、着色和渲染处理。表面模型是用面来描述三维物体，不光有棱边，而且由有序的棱边和内环构成了面，由多个面围成封闭的体。表面模型在 CAD 和计算机图形学中是一种重要的三维描述形式，如工业造型、服装款式、飞机轮廓设计和地形模拟等三维造型中，大多使用的是表面模型。表面模型可以进行消隐、着色和渲染处理。但其没有实体的信息，如空心的气球和实心的铅球在表面模型描述下是相同的。实体模型是三种模型中最高级的一种，除具有上述线框模型和表面模型的所有特性外，还具有体的信息，因而可以对三维形体进行各种物性计算如质量、重心、惯性矩等。要想完整表达三维物体的各类信息，必须使用实体模型。实体模型也可以用线框模型或表面模型方式显示。

AutoCAD 提供了强大的三维绘图功能，包括三维图形元素、三维表面和三维实体的创建，三维形体的多面视图、轴侧图、透视图表示和富于真实感的渲染图表示等。利用它可以绘制出形象逼真的立体图形，使一些在二维平面中无法表达的东西能够清晰地出现在屏幕上，就象一幅生动的照片。

要快速而准确地绘制三维图形，只在以前所介绍的二维图形空间中操作是无法实现的，还要进行一些辅助的设置。用户坐标系在三维作图中具有非常重要的作用。

7.1　模型空间和图纸空间

模型空间和图纸空间是 AutoCAD 中最重要的内容之一，二者与三维绘图、实体造型、多视口和视点设置有着密切的关系。本节介绍模型空间和图纸空间的概念、设置方法等内容。

7.1.1　模型空间和图纸空间的概念

AutoCAD 为用户提供两种工作空间：模型空间和图纸空间。模型空间是指可以在其中建立二维和三维模型的三维空间，即一种造型工作环境。在这个空间中可以使用 AutoCAD 的全部绘图、编辑、显示命令，它是 AutoCAD 为用户提供的主要工作空间。图纸空间是一个二维空间，类似于用户绘图时的绘图纸，把模型空间中的二维和三维模型投影到图纸空间，用户可在图纸空间绘制模型的各个视图，并在图中标注尺寸和注写文字。

用户在模型空间工作是对二维和三维模型进行构造，可以采用多视口显示，但这只是为了图形的观察和绘图方便。各视口的图形不能构成工程制图中表示物体的视图。并且多视口中只有一个视口处于激活状态（成为当前视口）。在输出图形时每次只能将当前视口中的图形绘出，不能同时绘出各视口中的图形。因此，用户只有模型空间完成不了空间模型与其视图的直接转换，而图纸空间恰好解决了这个问题。图纸空间也具有多视口功能，每一视口与视口内的图形有直接的关系，如果删除了某个视口边框，其内部的图形也同时消失。在图纸空间中，采用多视口的主要目的是便于进行图纸的合理布局。用户可以在多视口中布置表达模型的几个视图，在视图中写字，整张图形完成后就可以用绘图机一次全部输出。图 7-1 为模型空间下的多视图；图 7-2、图 7-3 为图纸空间下的多视图。

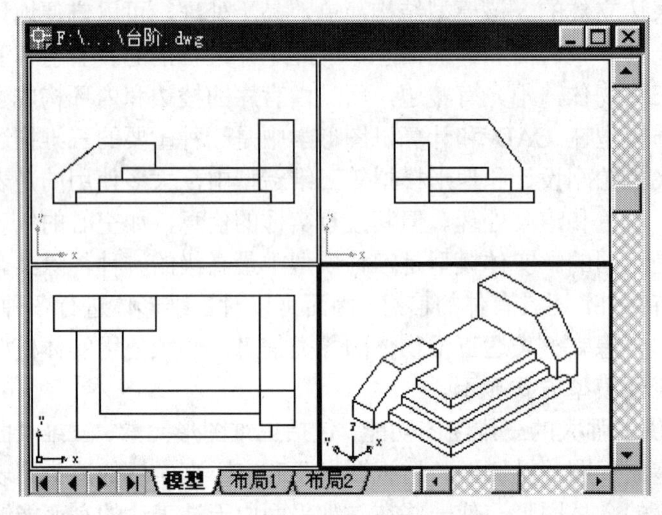

图 7-1　模型空间下的多视图

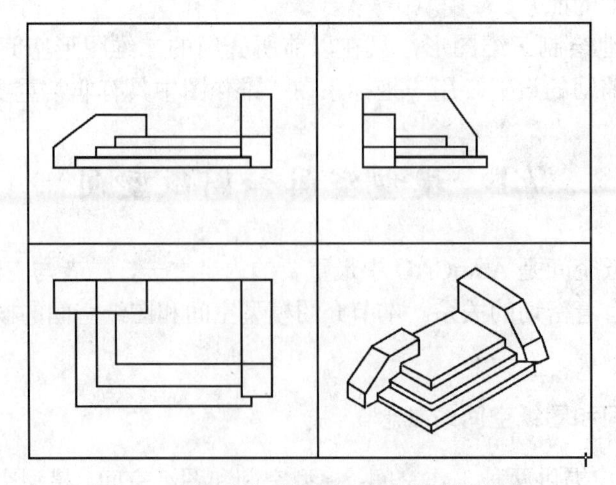

图 7-2　图纸空间多视图（关闭边框层前）

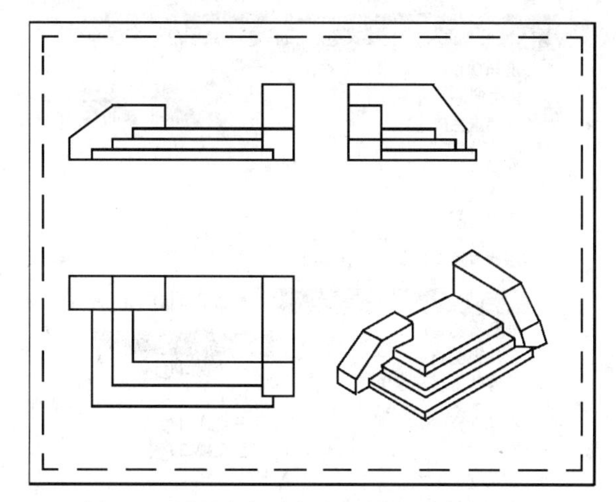

图 7-3　图纸空间多视图（关闭边框层后）

7.1.2　模型空间与图纸空间的切换

在 AutoCAD 中，模型空间与图纸空间的切换可通过绘图区下部的切换标签来实现。单击“模型”标签，即可进入模型空间；单击“布局”标签，则进入图纸空间。

AutoCAD 在默认状态下，将进入模型空间。在绘图工作中，用户进入图纸空间尚需要进行一些布局方面的设置，具体操作如下：

（1）右击“布局 1”标签，从中选择“页面设置管理器”菜单项，打开“页面设置管理器”对话框；单击其中的“修改”按钮，打开“页面设置-布局 1”对话框。

（2）在“页面设置-布局 1”对话框中，可以进行图纸大小、打印范围、打印比例等方面的设置。

状态行最右边的按钮“模型/图纸”可用于在图纸空间和浮动模型空间之间进行切换。当该按钮显示“图纸”字样时，单击它可进入浮动模型空间；当该按钮显示“模型”字样时，单击它可进入图纸空间。

7.2　设置多视口

视口是 AutoCAD 在屏幕上用于显示图形的区域，通常用户总是把整个绘图区作为一个视口，用户观察和绘制图形都是在视口中进行的。绘制三维图形时，常常要把一个绘图区域分割成为几个视口，在各个视口中设置不同的视点，从而可以更加全面地观察物体。图 7-1 所示的屏幕被分割成为四个视口。

在模型空间中设置多视口，其根本目的是为了用户在绘制三维图形时全面地观察物体，而无需反复更改视点的设置。

设置视口的命令为：

（1）命令行：VPORTS

（2）菜单：“视图”→“视口”→“新建视口…”（如图 7-4 所示）

（3）图标：“视口”工具栏 （如图 7-5 所示）

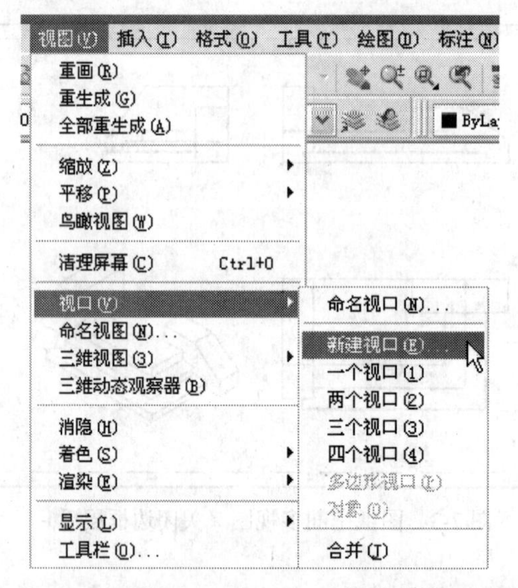

图 7-4 “视口”子菜单

图 7-5 “视口”工具栏

启动“视口”命令后，弹出“视口”对话框，如图 7-6 所示。

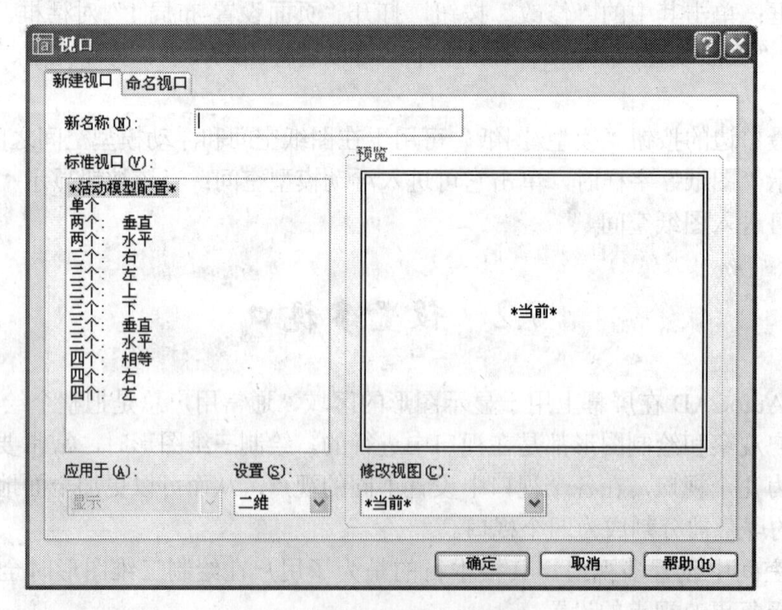

图 7-6 “视口”对话框

对话框的“标准视口”列表框中列出了各种可供选择的视口名称，单击任一种，“预览”框中便显示该种视口的布置形式。“新名称”文本框用于给所选定的视口命名。当选定所需视口类型后，单击“确定”按钮即可完成视口的设置。

7.3 设置三维视点

7.3.1 三维视点概述

绘制二维图形时，所进行的绘图工作都是在 XY 坐标面上进行的，绘图的视点不需要改变。但在绘制三维图形时，一个视点往往不能满足观察物体各个部位的需要，用户常常需要变换视点，从不同的方向来观察三维物体；在模型空间的多视口中，各视口如果设置成不同的视点，则可使多视口中的图形构成真正意义上的多个视图和等轴测图，使用户不需要变换视点，就能够同时观察到物体不同方向的形状。

7.3.2 设置三维视点

可通过下面的途径之一设置三维视点：

（1）命令行：VPOINT

（2）菜单："视图"→"三维视图"子菜单（如图 7-7 所示）

（3）图标："视图"工具栏中的有关按钮（如图 7-8 所示）

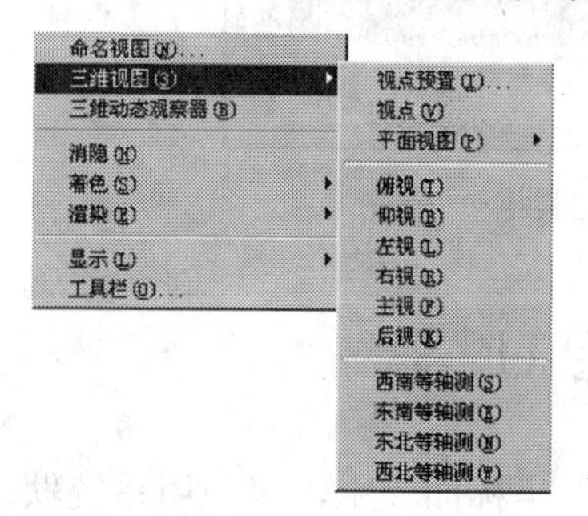

图 7-7 "三维视图"子菜单

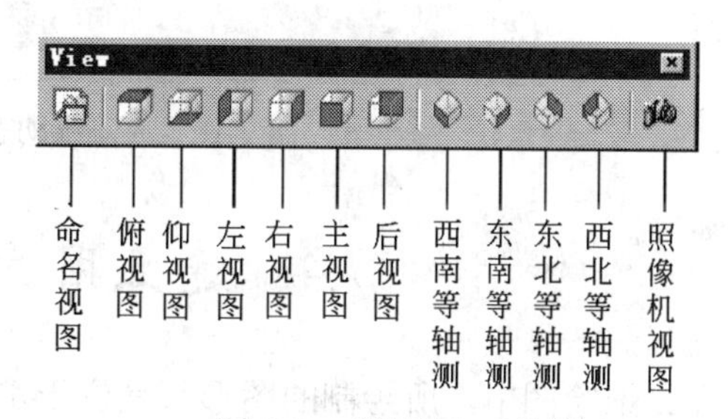

图 7-8 "视图"工具栏

假设已经有图 7-9（*a*）所示轴测图(三维模型)，下面介绍设置三维视点的方法步骤。

1. 设置视口

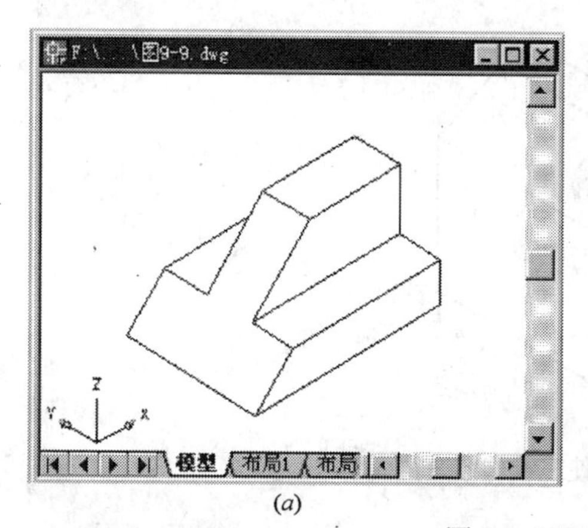

(*a*)

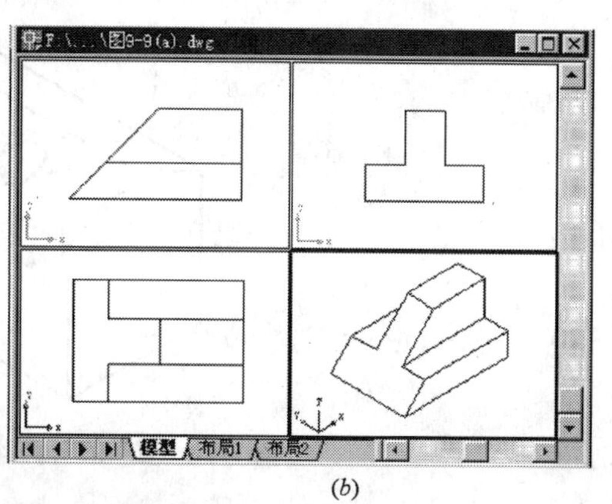

(*b*)

图 7-9 设置视口与视点

（*a*）单视口；（*b*）四个视口

单击菜单“视图”→“视口”→“4 个视口”，将绘图区分成四个视口。

2. 设置视口中的视点

（1）单击左上角视口，使其成为活动视口。然后单击“视图”工具栏的“主视图”按钮，则左上角视口显示物体的正面图。

（2）单击右上角视口，使其成为当前视口。然后单击“视图”工具栏的“左视图”按钮，则右上角视口显示物体的左侧面图。

（3）单击左下角视口，使其成为当前视口。然后单击“视图”工具栏的“俯视图”按钮，则左下角视口显示物体的平面图。

（4）右下角视口仍然为等轴测图，不需改变视点。

设置视点后各视口显示的图形如图 7-9（*b*）所示。

除了用上述方法设置各种预设的视点外，AutoCAD2005 还提供了功能强大的“三维动态观察器”工具栏，如图 7-10 所示。用户通过其中的按钮命令可以方便地从任何角度观察所创建的三维形体，甚至任意控制形体的自动旋转。

图 7-10　“三维动态观察器”工具栏

7.4　建立用户坐标系 UCS

在二维绘图中，所绘制的图形都是位于水平面（XY 坐标面）上，仅使用系统默认的世界坐标系就足够了。但在绘制三维图形时，由于每个点都可能有互不相同的 X、Y、Z 坐标，此时仍使用世界坐标系就显得不大方便。如图 7-11 所示要在斜坡屋面上打一个垂直于屋面的圆洞，若在世界坐标系中完成是不可能的；若将坐标系建立在屋面上，作图就很容易完成。

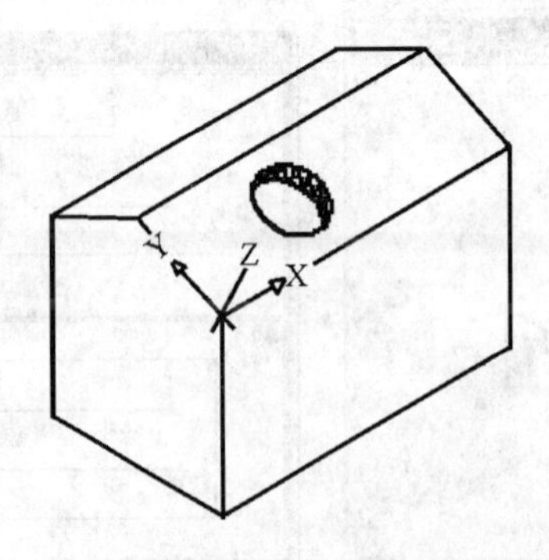

图 7-11　适当的 UCS 使三维作图变得简单

7.4.1　控制 UCS 图标的显示位置及可见性

1．控制 UCS 图标显示的命令

（1）命令行：UCSICON（根据提示选择“开”或“关”、“原点”或“非原点”）

（2）菜单：“视图”→“显示”→“UCS 图标”→“开”、“原点”、“特性”（如图 7-12 所示）

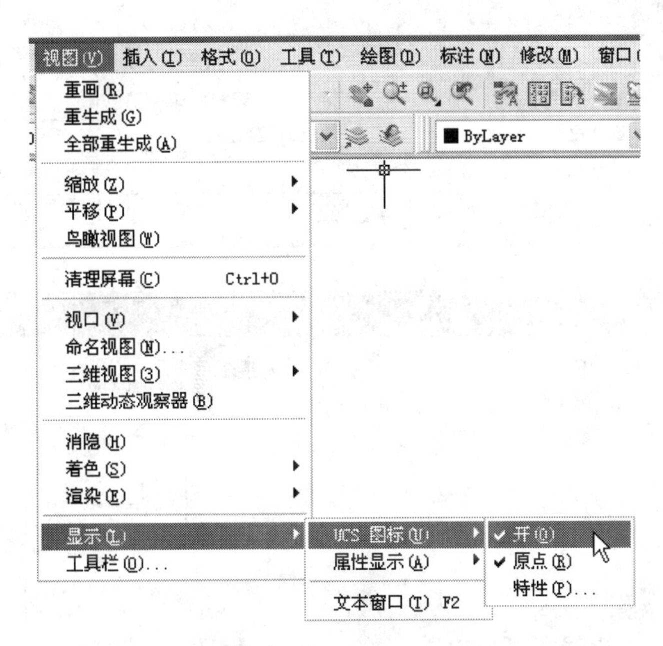

图 7-12　UCS 图标的显示控制菜单

2．命令操作格式

在命令提示下输入 UCSICON 命令并按回车键，AutoCAD 提示：

输入选项 [开(ON)/关(OFF)/全部(A)/非原点(N)/原点(OR)/特性(P)] <开>

各选项意义如下：

开(ON)/关(OFF)：控制 UCS 图标显示或不显示，缺省值为开。

全部(A)：改变所有视口中的 UCS 图标的显示状况，否则只对当前视口起作用。

非原点(N)：UCS 图标位于视口的左下角，与 UCS 原点位置无关。

ORingin：将 UCS 图标显示在当前的 UCS 原点处。

特性(P)：显示“UCS 图标”对话框，“UCS 图标”对话框如图 7-13 所示。从中可以控制 UCS 图标的样式（二维或三维）、图标的尺寸大小、图标的颜色。当选中“UCS 图标样式”中的“三维”选项时，显示三维图标，其中 X、Y 轴带箭头，如图 7-13（*a*）所示；当选中“二维”选项时，显示二维图标，如图 7-13（*b*）所示。

要想让坐标系图标随原点的变化而移动，只要选择“OR”即可。如果你习惯于 AutoCAD 早期版本的坐标系图标，可以通过对话框将图标设置成二维形式。

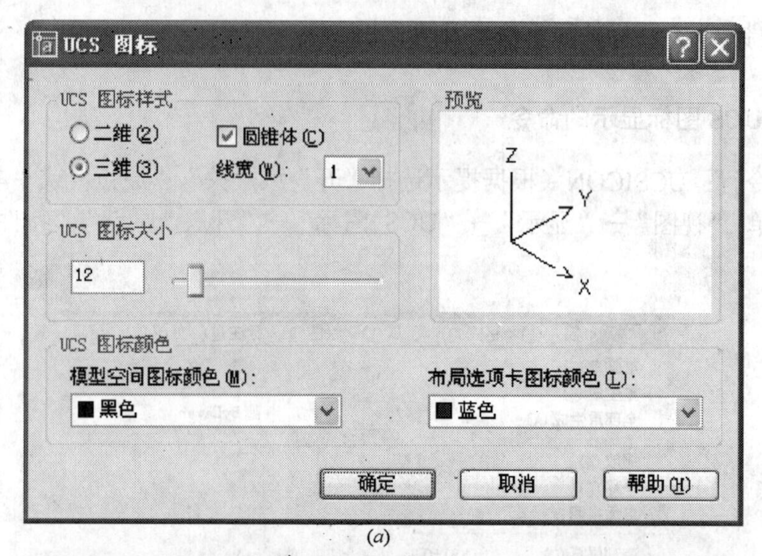

(*a*)

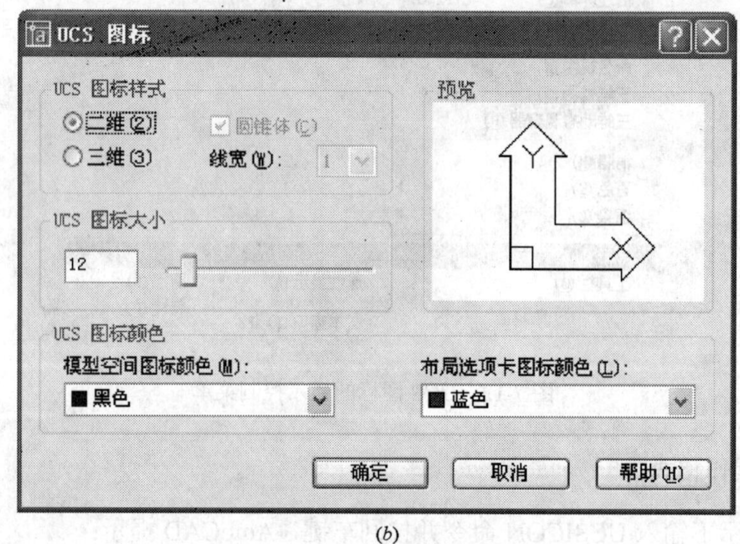

(*b*)

图 7-13 “UCS 图标”对话框

（*a*）三维图标；（*b*）二维图标

7.4.2 在三维绘图中定义用户坐标系

定义用户坐标系（UCS）主要是改变坐标系原点以及 XY 坐标面的位置和坐标轴的方向。在三维空间中，UCS 原点以及 XY 坐标面的位置和坐标轴的方向可以任意改变，也可随时定义、保存和调用多个用户坐标系。

1. 定义 UCS 的命令

（1）命令行：UCS

（2）菜单：“工具”→“正交 UCS”、“新建 UCS”、“命名 UCS”、“移动 UCS”

（3）图标："UCS"工具栏（如图7-14所示）

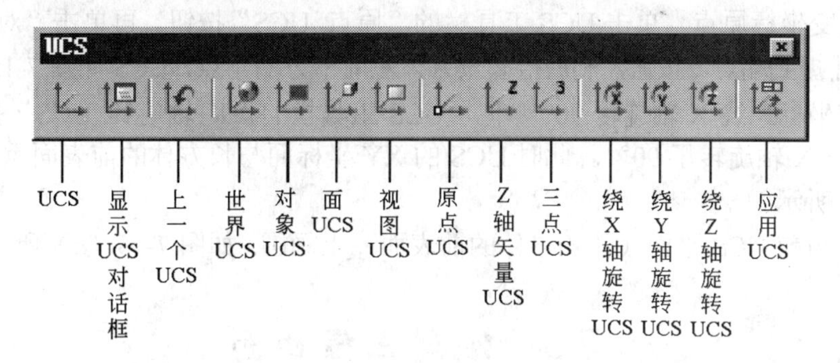

图7-14　UCS工具栏

2. 在三维绘图中定义UCS举例

【例7-1】　在长方体的前表面上画圆（图7-15*d*）。

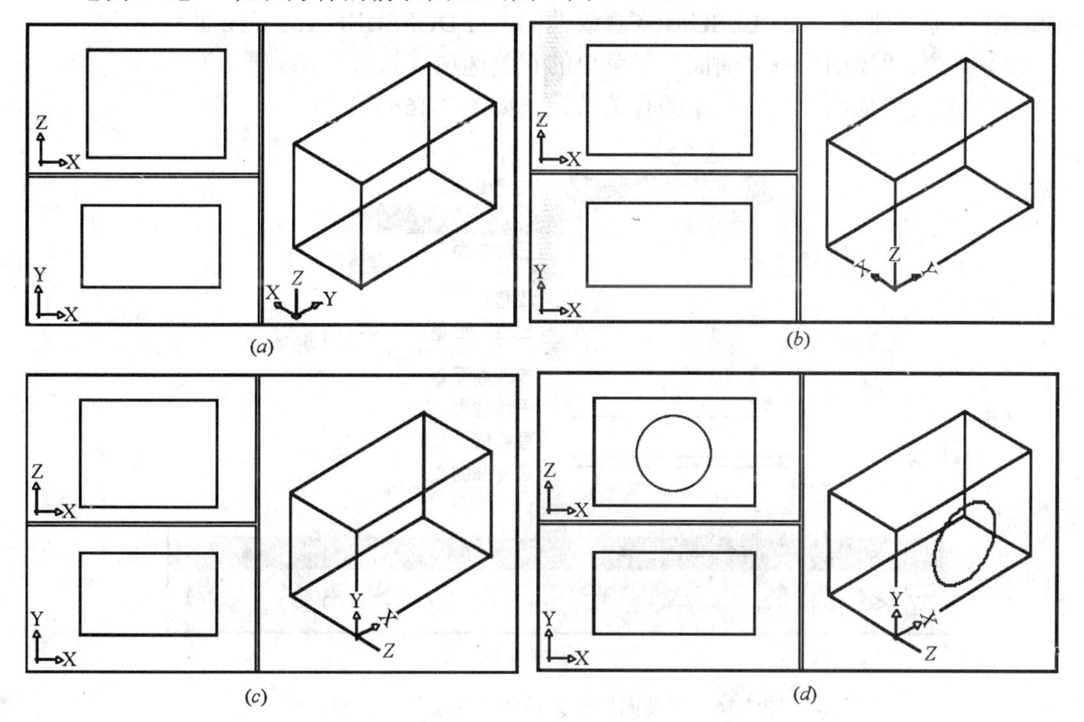

图7-15　在三维绘图中定义UCS

（*a*）设置视口与视点；（*b*）将UCS原点移到长方体的左前下角点

（*c*）将UCS绕X轴旋转90°；（*d*）在当前UCS平面内画圆

作图步骤如下：

（1）绘制长方体　选择菜单"绘图"→"实体"→"长方体"，然后在绘图区中按下鼠标左键并拖动以确定长方体的长和宽，再根据提示确定长方体的高度，即生成一个长方体。

（2）设置视口和视点　将图形窗口分成三个视口，并把三个视口的视点分别设置成正面图、侧面图、西南等轴测图。如图 7-15（*a*）所示。

（3）改变坐标原点　单击 UCS 工具栏的“原点 UCS”按钮。再单击“对象捕捉”工具栏中的“捕捉到端点”按钮，然后拾取长方体左前下方的角点，UCS 如图 7-15（*b*）所示。

（4）使坐标系绕 X 轴旋转 90°　单击 UCS 工具栏的“X 轴旋转 UCS”按钮并回车，坐标系统 X 轴旋转了 90°。此时 UCS 的 XY 坐标面与长方体的前表面重合。UCS 如图 7-15（*c*）所示。

（5）在当前 UCS 平面（即长方体的前表面）上画圆，如图 7-15（*d*）所示。

7.5　绘制三维曲面

7.5.1　绘制三维曲面的命令

（1）命令行：3DFACE（三维面）、3DMESH（三维网格面）、REVSURF（旋转曲面）、TABSURF（平移曲面）、RULESURF（直纹曲面）、EDGESURF（边界曲面）

（2）菜单：“绘图”→“曲面”子菜单的有关选项（如图 7-16*a* 所示）

（3）图标：“曲面”工具栏中的有关按钮（如图 7-16*b* 所示）

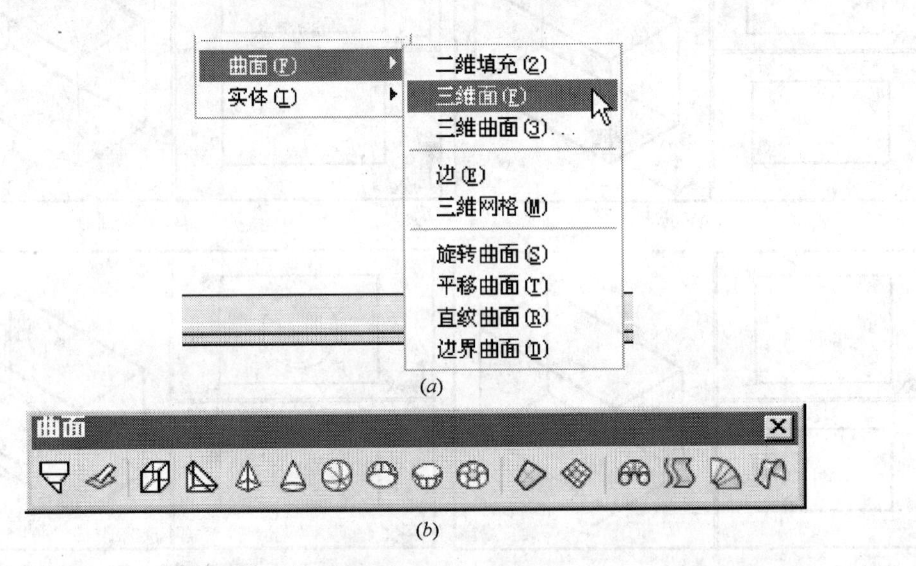

图 7-16　“曲面”子菜单和“曲面”工具栏

其中的回转曲面、直纹曲面、边界曲面等在很多场合都会用到，尤其是边界曲面能够构造出许多复杂的曲面和形体，而这些形体是用三维实体造型所无法构造出来的。

7.5.2　绘制三维曲面

1. 绘制预定义的三维表面

AutoCAD 为用户定义了若干种基本的三维表面，包括长方体表面、棱锥面、楔形体表面、圆锥体表面、下半球面、上半球面、球面、网格面。

下面通过绘制一个圆锥面介绍绘制三维曲面的方法步骤：

（1）单击“绘图”→“曲面”→“三维曲面…”，弹出一个“三维对象”对话框，如图 7-17 所示（或者打开图 7-16*a* 所示“曲面”工具栏）。

（2）双击对话框中的圆锥面或单击工具栏中的“圆锥面”按钮。

（3）在图形窗口中确定圆锥面的底圆中心。

（4）指定圆锥的底圆半径。

（5）指定圆锥的上底圆半径（缺省半径为 0）。

（6）指定圆锥的高度。

（7）输入圆锥面表面的线段数（缺省值为 16）。此时已得到圆锥面的俯视图。

（8）单击菜单“视图”→“三维视图”→“西南等轴测”，显示圆锥面轴测图。如图 7-18 所示。

其他预定义曲面的绘制方法与圆锥表面的绘制类似。

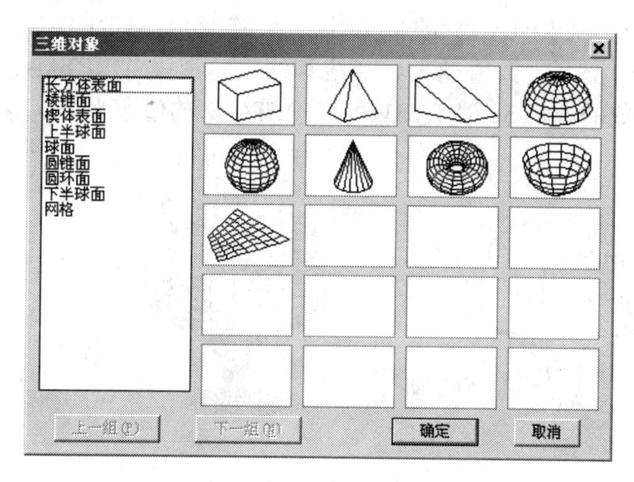

图 7-17　“三维对象”选择框

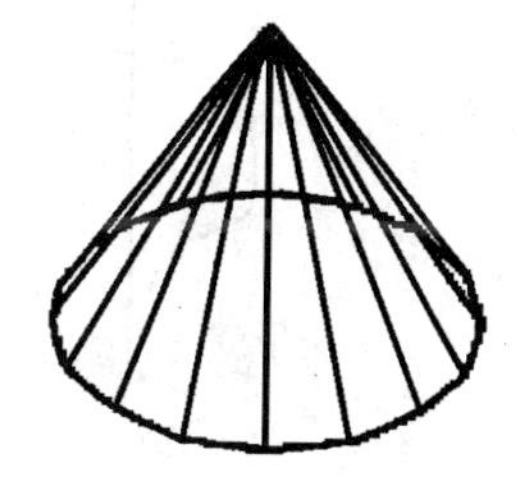

图 7-18　圆锥面

2．绘制旋转曲面

一条平面曲线（或称为路径曲线）绕同一平面内的一根轴线旋转所生成的曲面称为旋转曲面。

启动绘制旋转曲面的命令的方法是：

（1）命令行：REVSURF

（2）菜单：“绘图”→“曲面”→“旋转曲面”

（3）图标：“曲面”工具栏（如图 7-19 所示）

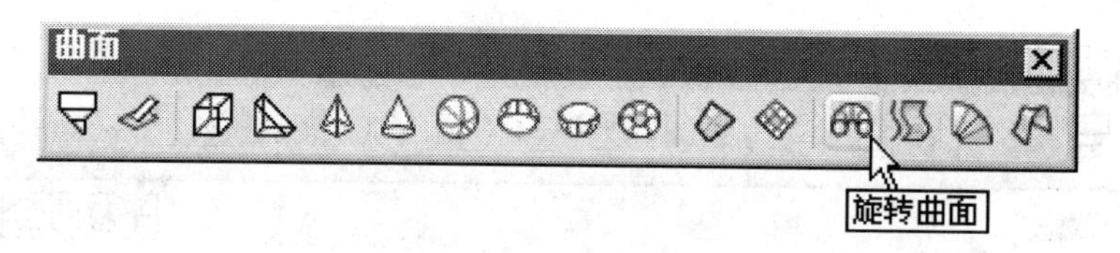

图 7-19　“旋转曲面”按钮

【例 7-2】 以绘制图 7-20 所示酒杯为例，介绍绘制旋转曲面的方法：

（1）使 UCS 与正立面平行：单击“视图”工具栏的“主视图”按钮，此时 UCS 与正立面平行。

（2）在当前坐标系中绘制酒杯的轮廓线、回转轴线，如图 7-21（*a*）。

（3）启动 revsurf 命令。

（4）拾取要旋转的对象（酒杯轮廓线）。

（5）选定旋转轴线。

（6）输入起始角度（0°）

（7）输入包含角度（360°），完成旋转曲面的绘制。如图 7-21（*b*）。

图 7-20 酒杯

从图中看出，生成的酒杯精度很差，杯口是一个多边形，轮廓线也不是光滑的曲线。这是由于系统变量 SURFTAB1 和 SURFTAB2 的值太小（系统变量 SURFTAB1 和 SURFTAB2 分别控制经线和纬线的密度，数值越大，经线和纬线越密；SURFTAB1 和 SURFTAB2 的缺省值均为 6）所造成的。将 SURFTAB1 和 SURFTAB2 的值改为 24，然后重新绘制该酒杯，如图 7-21 (*c*)。

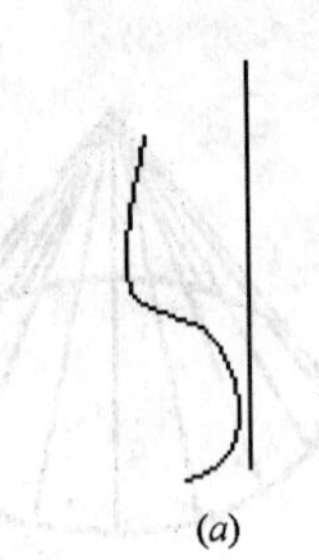
(*a*)

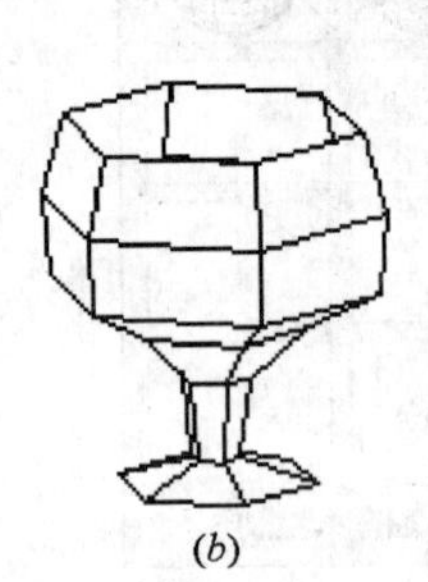
(*b*)

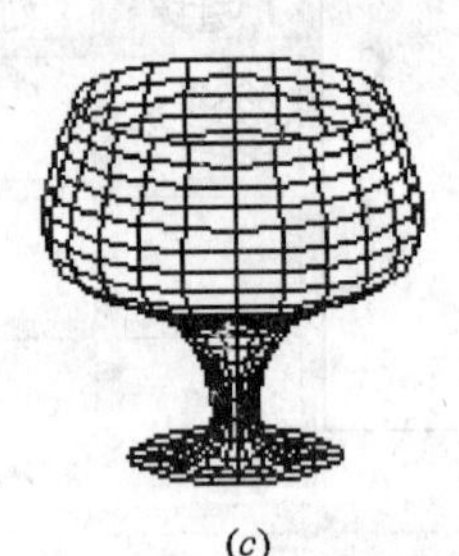
(*c*)

图 7-21 旋转曲面

(*a*) 平面曲线及回转轴；（*b*）surftab1、surftab2 为 6 时的回转面；（*c*）surftab1、surftab2 为 24 时的回转面

3. 绘制平移曲面

一条与方向矢量平行且长度与方向矢量相同的动直线沿一指定路径（可以是直线或曲线）移动的轨迹称为平移曲面，如图 7-23 所示。动直线在移动过程中始终平行于方向矢量。

启动绘制平移曲面命令的方法是：

（1）命令行：TABSURF

（2）菜单：“绘图”→“曲面”→“平移曲面”

（3）图标：“曲面”工具栏 （如图 7-22 所示）

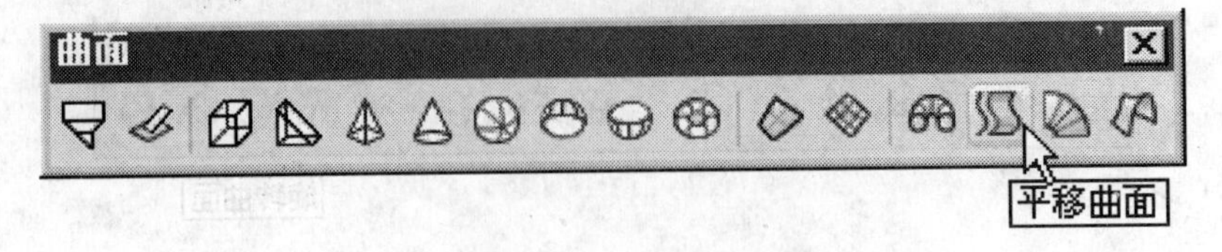

图 7-22 “平移曲面”按钮

【例 7-3】　以图 7-23 为例，介绍绘制平移曲面的方法。具体步骤如下：

（1）绘制路径曲线、方向矢量。如图 7-23 中样条曲线为路径曲线，直线为方向矢量。

（2）启动 TABSURF 命令。

（3）选择路径曲线。

（4）选择方向矢量。完成平移曲面的绘制。

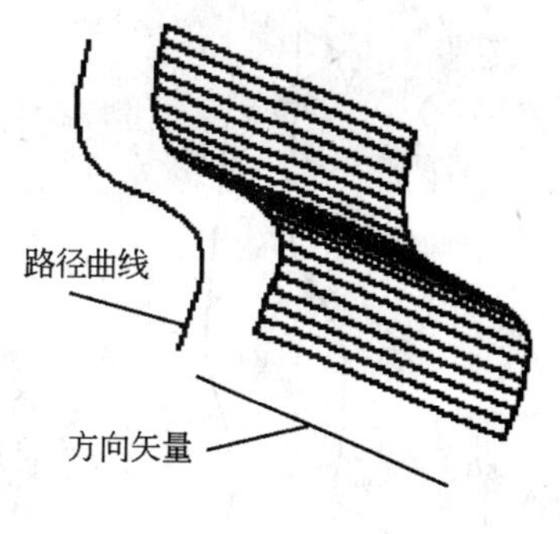

图 7-23　平移曲面

4．绘制边界曲面

由四条首尾相连的边界线（直线或曲线）所决定的表面称为边界曲面，边界曲面是用多边形网格表示的曲面，如图 7-25 所示。

启动绘制边界曲面命令的方法是：

（1）命令行：EDGESURF

（2）菜单："绘图"→"曲面"→"边界曲面"

（3）图标："曲面"工具栏 （如图 7-24 所示）

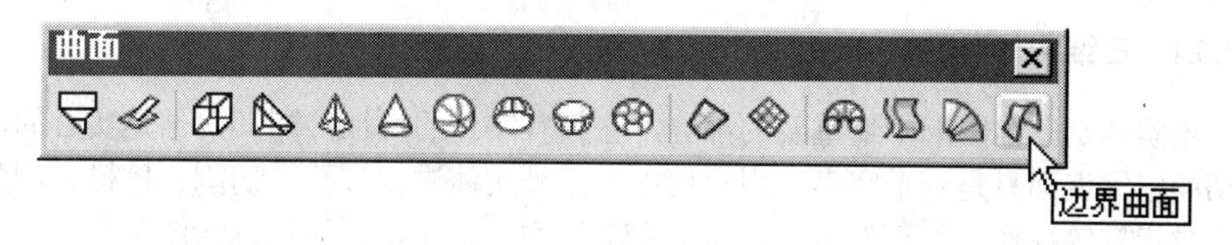

图 7-24　"边界曲面"按钮

【例 7-4】　以图 7-25 为例，介绍绘制边界曲面的方法：

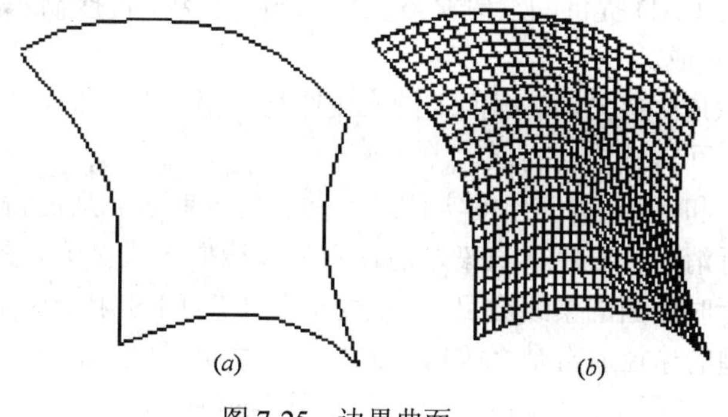

图 7-25　边界曲面

（1）画出决定曲面的四条边界线，如图 7-25（*a*）。

（2）启动 EDGESURF 命令。

（3）按任意次序拾取四条边界，回车完成边界曲面的作图。

图 7-26（*a*）是两条分别位于不同高度的水平面内的多段线和两条位于同一侧平面内的样条曲线，这四条曲线首尾相接。图 7-26（*b*）是由这四条曲线确定的边界曲面。利用镜像命令做出另一半，如图 7-26（*c*），这是一桌子腿的表面模型，渲染后如图 7-26（*d*）所示。

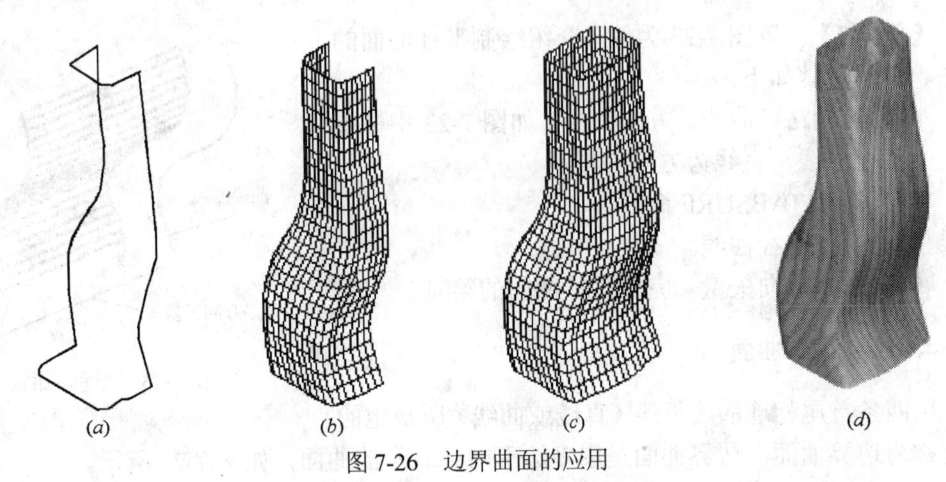

图 7-26　边界曲面的应用

（a）　四条边界线；（b）半个桌子腿模型；（c）完整的桌子腿模型；（d）桌子腿的渲染效果

7.6　三维实体造型

7.6.1　三维实体造型概述

三维实体是三维图形中最重要的部分，它具有实体的特征，即其内部是实心的，而上节介绍的三维表面只是一个空壳。用户可以对三维实体进行打孔、切割、挖槽、倒角以及进行布尔运算等操作，从而形成具有实际意义的物体。在实际的三维绘图工作中，三维实体是最常见的。

三维实体造型的方法通常有以下三种：

（1）利用 AutoCAD 提供的绘制基本实体的相关函数，直接输入基本实体的控制尺寸，由 AutoCAD 自动生成。

（2）由当前 UCS 的 XY 坐标面上的二维图形，沿 Z 轴方向或指定的路径拉伸而成；或者将二维图形绕回转轴旋转而成。

（3）将（1）和（2）所创建的实体进行并、交、差运算从而得到更加复杂的形体。

在对实体进行消隐、着色、渲染之前，实体以线框方式显示。系统变量 ISOLINES 用于控制以线框显示时曲面的素线数目；系统变量 FACETRES 用于调整消隐和渲染时的平滑度。执行实体造型的途径通常是“实体”工具栏和菜单（“绘图”→“实体”子菜单）。“实体”工具栏如图 7-27 所示，“实体”子菜单如图 7-28 所示。

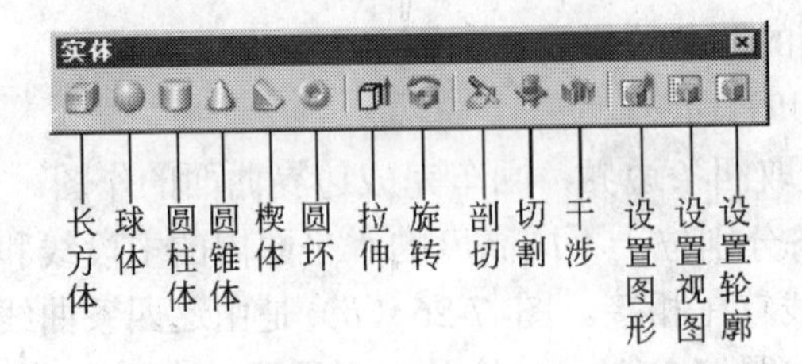

图 7-27　“实体”工具栏

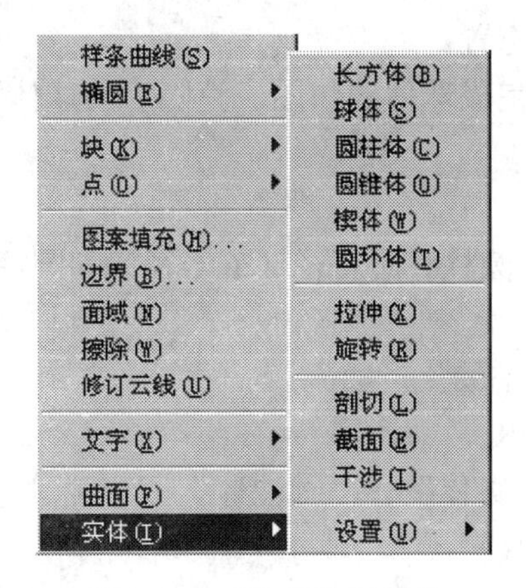

图 7-28　“实体”子菜单

7.6.2　创建基本实体

基本实体包括长方体、球体、圆柱体、圆锥体、楔形体、圆环体。下面分别介绍这些基本实体的绘制方法。

1. 长方体

长方体由底面的两个对角顶点和长方体的高度定义，如图 7-29 所示。

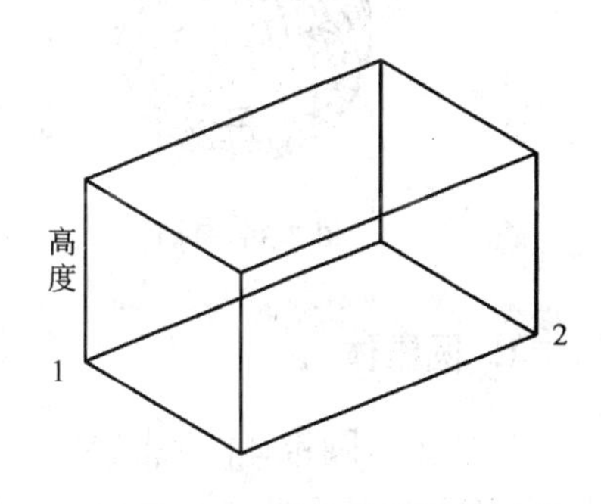

图 7-29　确定长方体的要素

启动长方体命令的方法是：

（1）命令行：BOX

（2）菜单：“绘图”→“实体”→“长方体”

（3）图标：“实体”工具栏

绘制长方体的步骤如下：

（1）启动 BOX 命令。

（2）指定长方体底面一个角点 1 的位置。

（3）指定对角顶点 2 的位置。

（4）指定一个距离作为长方体的高度，完成长方体的作图。高度值可以从键盘输入，也可以用鼠标在屏幕指定一个距离作为高度值。

2. 球体

球体由球心的位置及半径（或直径）定义。

启动绘制球体命令的方法是：

（1）命令行：SPHERE

（2）菜单：“绘图”→“实体”→“球体”

（3）图标：“实体”工具栏

绘制球体的步骤如下：

（1）启动 SPHERE 命令。

（2）指定球体中心点的位置。

（3）输入球体的半径，完成球体的作图。消隐后的球体如图 7-30 所示。

3．圆柱体

圆柱体由圆柱底圆中心、圆柱底圆直径（或半径）和圆柱的高度确定，圆柱的底圆位于当前 UCS 的 XY 平面上。

启动绘制圆柱体命令的方法是：

（1）命令行：CYLINDER

（2）菜单："绘图"→"实体"→"圆柱体"

（3）图标："实体" 工具栏

绘制圆柱体的步骤如下：

（1）启动 CYLINDER 命令。

（2）指定圆柱的底圆中心点。

（3）确定底圆的半径。

（4）确定圆柱的高度，完成圆柱的作图。消隐后的圆柱体如图 7-31 所示。

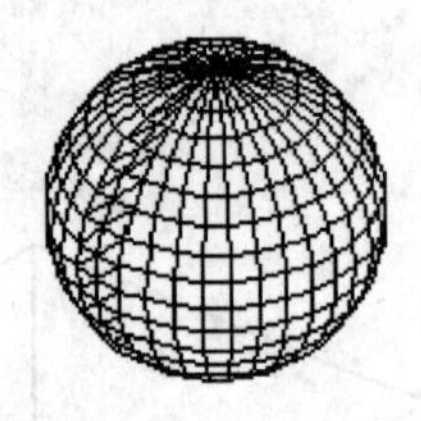

图 7-30 球体

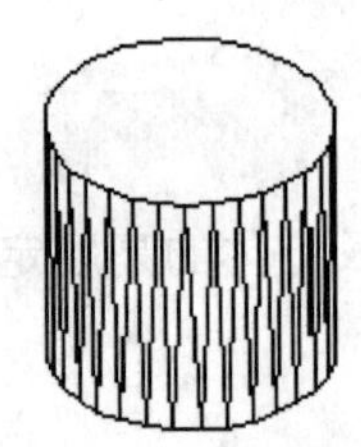

图 7-31 圆柱体

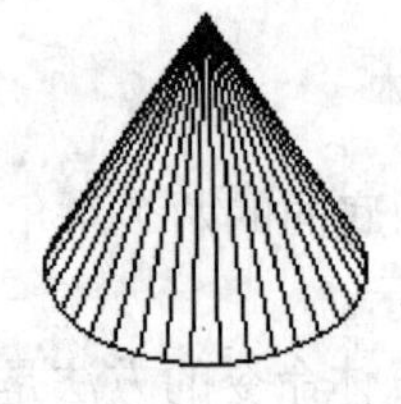

图 7-32 圆锥体

4．圆锥体

圆锥体由圆锥体的底圆中心、圆锥底圆直径（或半径）和圆锥的高度确定，底圆位于当前 UCS 的 XY 平面上。

启动绘制圆锥体命令的方法是：

（1）命令行：CONE

（2）菜单："绘图"→"实体"→"圆锥体"

（3）图标："实体" 工具栏

绘制圆锥体的步骤如下：

（1）启动 CONE 命令。

（2）指定圆锥底圆的中心点。

（3）确定圆锥底圆的半径。

（4）确定圆锥的高度，完成圆锥的作图。消隐后的圆锥如图 7-32 所示。

5．圆环

圆环由圆环的中心、圆环的直径（或半径）和圆管的直径（或半径）确定，圆环的中心位于当前 UCS 的 XY 平面上且对称面与 XY 平面重合。

启动绘制圆环命令的方法是：

（1）命令行：TORUS

（2）菜单："绘图"→"实体"→"圆环"

（3）图标："实体" 工具栏

绘制圆环的步骤如下：

（1）启动 TORUS 命令；

（2）指定圆环的中心；

（3）指定圆环的半径；

（4）指定圆管的半径，完成圆环体的作图。消隐后的圆环如图 7-33 所示。

6．楔体

楔体由底面的一对对角顶点和楔体的高度确定，其斜面正对着第一个顶点，底面位于 UCS 的 XY 平面上，与底面垂直的四边形通过第一个顶点且平行于 UCS 的 Y 轴，如图 7-34 所示。

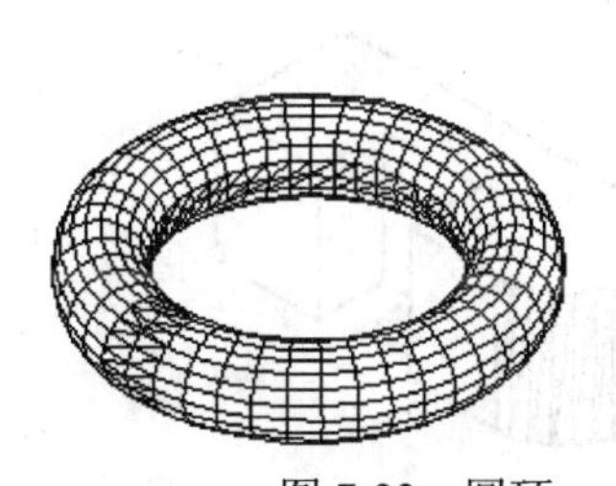

图 7-33　圆环

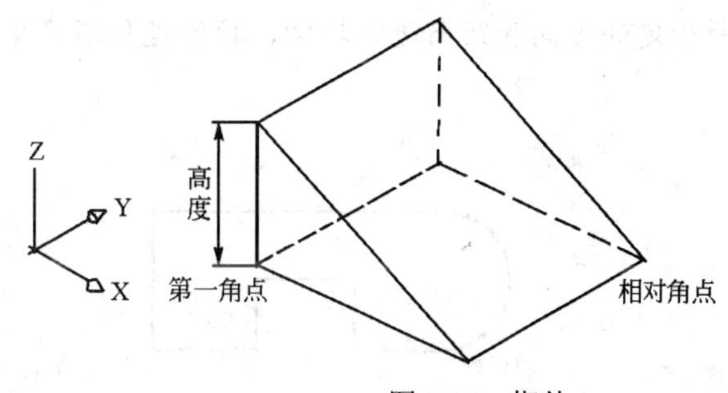

图 7-34　楔体

启动绘制楔体命令的方法是：

（1）命令行：WEDGE

（2）菜单："绘图"→"实体"→"楔体"

（3）图标："实体"工具栏

绘制楔形体的步骤如下：

（1）启动 WEDGE 命令；

（2）指定底面上的第一个顶点；

（3）指定底面上的对角顶点；

（4）给出楔形体的高度，完成作图。结果如图 7-34 所示。

7.6.3　绘制拉伸实体

封闭的二维多段线、多边形、圆、椭圆等实体，沿 Z 轴方向或某一指定路径进行拉伸，可以得到三维实体，如图 7-35 所示。拉伸的过程中，不但可以指定拉伸的高度，还可以使截面沿拉伸方向发生变化。

启动拉伸实体命令的方法是：

（1）命令行：EXTRUDE

（2）菜单："绘图"→"实体"→"拉伸"

（3）图标："实体"工具栏

绘制拉伸实体的方法和步骤如下：

（1）在当前 UCS 的 XY 平面上绘制封闭的二维多段线（或圆、多边形、椭圆等对象），如图 7-35（*a*）所示。

（2）启动 EXTRUDE 命令。

（3）选择要拉伸的对象（即所绘制的二维多段线）。此时系统提示：

指定拉伸高度或 [路径（P）]：

（4）在此提示下输入拉伸高度（或输入 P 以指定拉伸路径）。

（5）指定拉伸的倾斜角度（缺省值为 0）即可生成三维实体。

（6）切换到西南等轴测视图观察，消隐后的三维实体如图 7-35（*b*）所示。

说明：拉伸路径可以是直线也可以是曲线。若不指定拉伸的路径，二维图形将沿 Z 轴方向进行拉伸；拉伸高度为正值时，沿 Z 轴的正方向拉伸，负值时沿 Z 轴的负方向拉伸；若拉伸的倾斜角为 0 度（缺省值），则拉成柱体；若指定拉伸路径，则二维图形将沿拉伸路径所确定的方向和距离进行拉伸，拉伸过程不产生倾斜角。

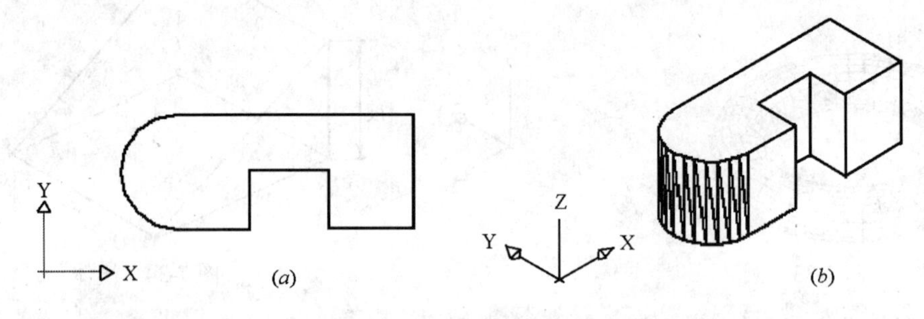

图 7-35　拉伸实体

（*a*）闭合的多段线；（*b*）拉伸所得的形体

7.6.4　绘制旋转实体

旋转实体是将二维对象绕指定的轴旋转而形成的三维实体。用于旋转生成三维实体的二维对象可以是圆、椭圆、闭合的二维多段线。

启动生成旋转实体命令的方法是：

（1）命令行：REVOLVE

（2）菜单："绘图"→"实体"→"旋转"

（3）图标："实体"工具栏

【例 7-5】　以图 7-36 所示圆形盥洗池为例介绍绘制旋转实体的方法和步骤：

（1）为使旋转轴平行于正立面，需改变视点：

单击"视图"工具栏中的"主视图"按钮或单击菜单"视图"→"三维视图"→"前视图"，此时 UCS 与正立面平行。

（2）在当前 UCS 平面上用二维多段线绘制闭合的二维图形（半个纵断面图）和旋转

轴，如图 7-36（*a*）所示。

（3）启动 REVOLVE 命令。

（4）选择要旋转的对象（闭合的二维图形），此时 AutoCAD 提示：

定义轴依照[对象（0）/X 轴（X）/Y 轴（Y）]

（5）指定旋转轴（可以利用对象捕捉确定回转轴的两个端点；或者输入“0”，然后直接拾取回转轴；也可以指定 X、Y、Z 轴作为旋转轴）。

（6）输入旋转角度（取缺省值 360°）。此时已生成回转体，且以线框模型表示，如图 7-36（*b*）所示。

（7）单击“视图”→“三维视图”→“西南等轴测”，图形窗口显示轴测图的线框模型。

（8）单击“视图”→“消隐”，显示消隐后的轴测图。如图 7-36（*c*）所示。

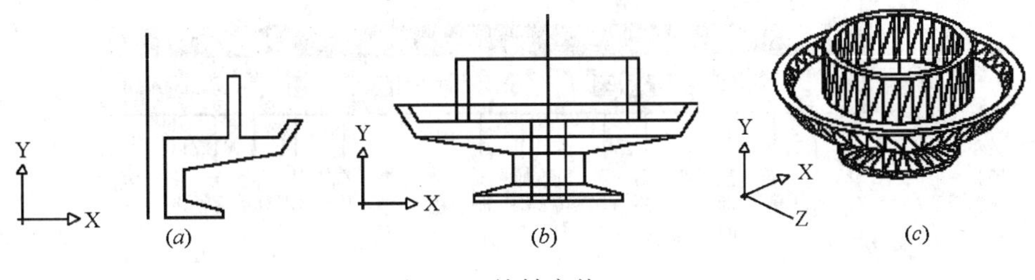

图 7-36　旋转实体

（*a*）轮廓线与回转轴；（*b*）生成的回转体的正面图(轮廓线)；（*c*）回转体的等轴测视图

7.7　三维实体的布尔运算

在三维绘图中，复杂的实体往往不能一次生成，一般都是由相对简单的实体通过布尔运算组合而成的。布尔运算就是对多个三维实体进行求并、求交、求差的运算，使他们进行组合，最终形成用户所需要的实体。

AutoCAD 提供了三种布尔运算操作，它们分别是：

（1）并运算（Union）

（2）差运算（Subtract）

（3）交运算（Intersect）

7.7.1　求并运算

求并运算就是将两个或两个以上三维实体合并成一个三维实体。

启动求并运算命令的方法是：

（1）命令行：UNION

（2）菜单：“修改”→“实体编辑”→“并集”（如图 7-37 所示）

（3）图标：“实体编辑” 工具栏 （“实体编辑”工具栏如图 7-38 所示）

图 7-37　并、交、差的菜单位置

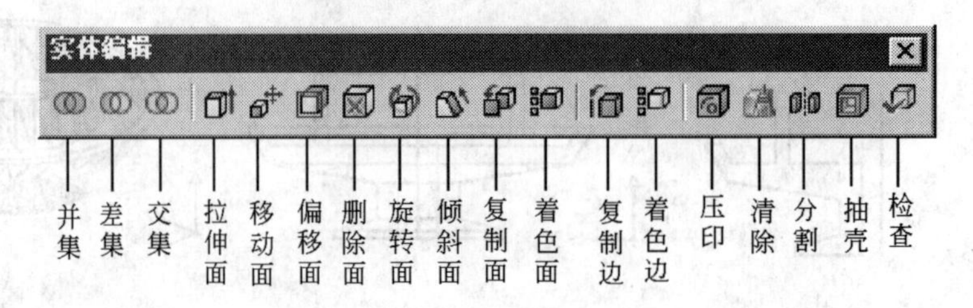

图 7-38　“实体编辑”工具栏

启动 UNION 命令后，AutoCAD 提示：

选择对象:

此时只要选择要进行合并的实体，按回车键便完成合并操作。两个实体合并前后如图 7-39 所示。

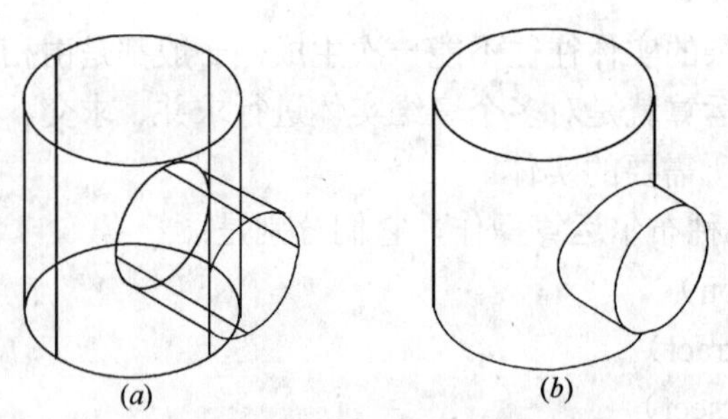

图 7-39　求并操作

(*a*) 求“并”前；(*b*) 求“并”后

7.7.2　求差运算

求差运算就是从一个实体中减去另一个(或多个)实体，生成一个新的实体。

启动求差运算命令的方法是：

（1）命令行：SUBTRACT

（2）菜单：“修改”→“实体编辑”→“差集”（见图 7-37）

（3）图标：“实体编辑” 工具栏

启动求差运算命令后，AutoCAD 提示及操作过程如下：

命令:_**SUBTRACT**↙

选择要从中减去的实体或面域...

选择对象:（选择被减的实体）

选择对象: ↙

选择要减去的实体或面域…

选择对象:（选择要减去的一组实体，回车结束选取并完成求差运算）

下面的操作过程说明了从圆端形板中减去圆柱体而形成圆柱孔的方法步骤。

命令: **SUBTRACT**↙

选择要从中减去的实体或面域...

选择对象:（选择圆端形板）

选择对象: ↙

选择要减去的实体或面域...

选择对象:（选择圆柱体）

选择对象: ↙

求差并消隐后的三维实体，如图 7-40（*b*）所示。

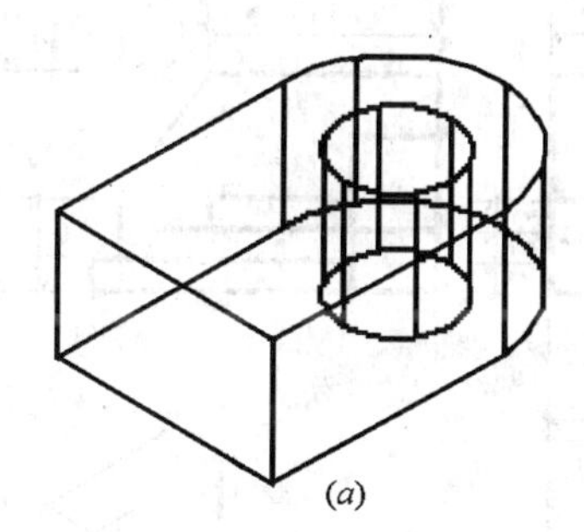
(*a*)

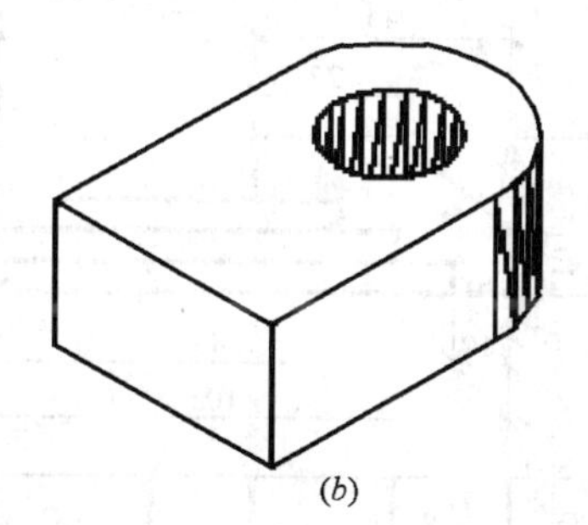
(*b*)

图 7-40　求差操作

（*a*）求差前;（*b*）求差后并作消隐

7.7.3　求交运算

求交运算就是将两个或两个以上的三维实体的公共部分形成一新的三维实体，而每个实体的非公共部分将会被删除。

启动求交运算命令的方法是:

（1）命令行：INTERSECT

（2）菜单：“修改”→“实体编辑”→“交集”

（3）图标：“实体编辑” 工具栏

启动求交运算命令后，AutoCAD 提示及操作如下：

命令: **INTERSECT**↙

选择对象:（选择进行交运算的实体，如图中的半球和长方体）

选择对象: ↙（完成求交运算）

求交并消隐后得到的三维实体如图 7-41（*b*）所示。

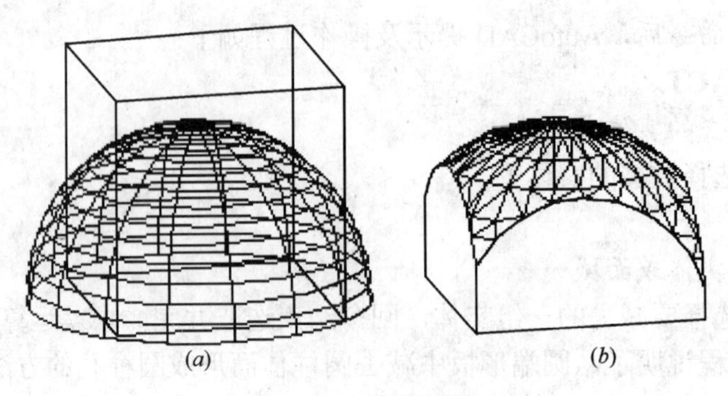

图 7-41　求交操作

（a）求交前；（b）求交后

7.8　三维实体造型的综合举例

【例 7-6】　绘制图 7-42 所示台阶的三维模型。

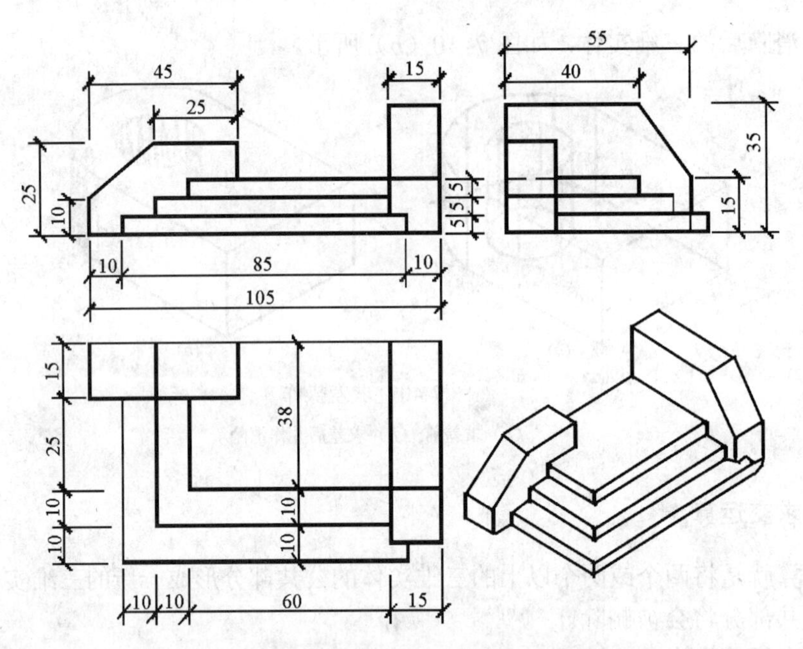

图 7-42　台阶的三视图及其三维模型

具体方法和步骤如下：

（1）绘制最下面一级台阶的底面，该底面为长方形，长 85mm，宽 60 mm，如图 7-43（*a*）所示。

（2）将矩形沿 Z 轴方向拉伸成长方体，厚度为 5 mm。此时窗口没有任何变化。因为底板的水平投影与其外轮廓重合。

（3）单击“视图”→“三维视图”→“西南等轴测”，此时窗口显示刚生成的最下面一级台阶的等轴测图，如图 7-43（*b*）所示。

（4）将坐标系原点移到长方体的右后上角处，如图 7-43（*c*）所示。

（5）绘制第二级台阶，如图 7-43（*d*）所示。

（6）将坐标原点移到第二级台阶的右后上角，并绘制第三级台阶，如图 7-43（*e*）所示。

（7）将坐标系原点移到最下面一级台阶的左后下角，并将其绕 X 轴旋转 90°（使 XOY 坐标面平行正立面），然后绘制左后方的栏板。绘制栏板时，先从点（-10，0）开始，按逆时针方向并利用极轴和直角坐标绘制栏板的侧面（即后面），如图 7-43（*f*）所示。

（8）拉伸栏板侧面生成栏板，如图 7-43（*g*）所示。

（9）单击 UCS 工具栏的“原点 UCS”按钮，并键入“80，0”，此时坐标原点移到右侧栏板的左后下角处，然后将坐标系绕 Y 轴旋转-90°，结果如图 7-43（*h*）所示。

（10）绘制右边栏板的左侧面，如图 7-43（*i*） 所示。

（11）将栏板侧面沿 Z 方向拉伸，厚度-15，结果如图 7-43（*j*）所示。

（12）将各级台阶、左右两块栏板进行合并，结果如图 7-43（*k*）所示。

（13）将合并后的台阶进行消隐，结果如图 7-43（*l*）所示。

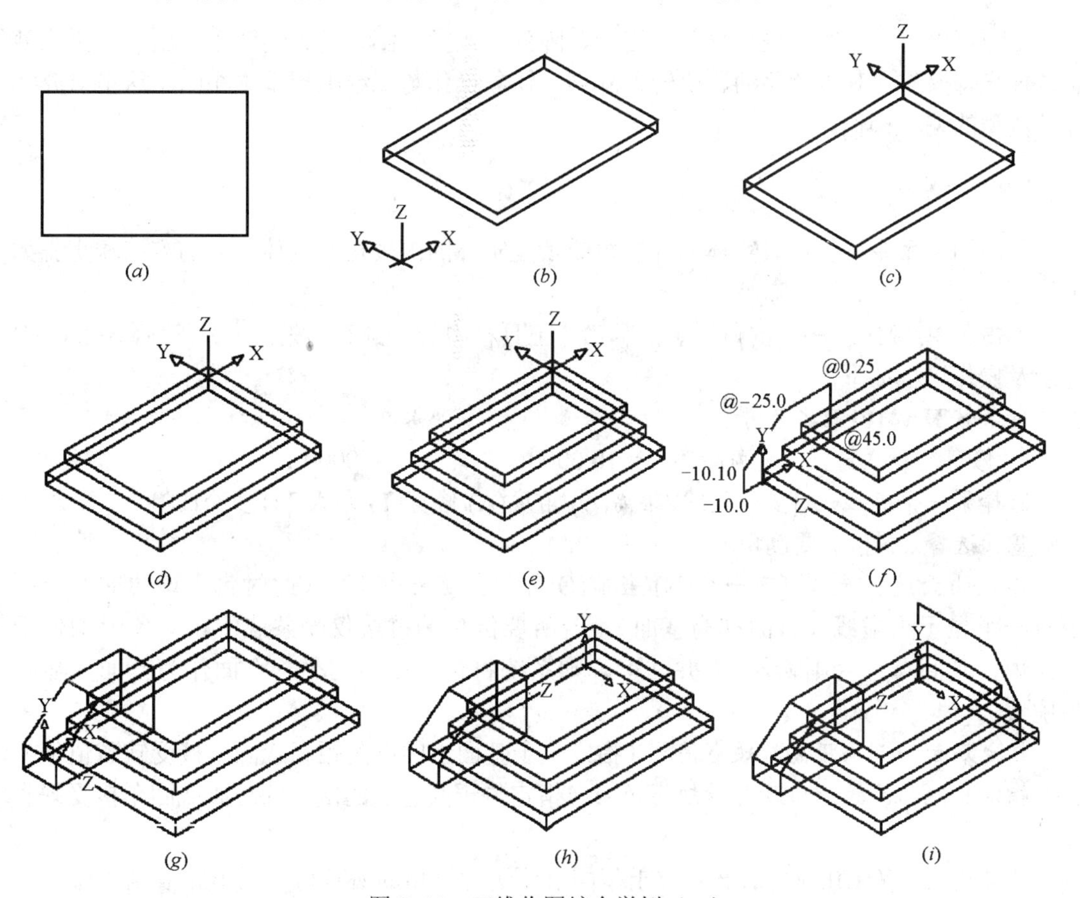

图 7-43 三维作图综合举例（一）

（*a*）画最下面一级台阶底面；（*b*）拉伸成长方体；（*c*）平移坐标原点；

（*d*）绘制第二级台阶；（*e*）绘制第三级台阶；（*f*）绘制左边栏板侧面；

（*g*）拉伸侧面生成栏板；（*h*）平移坐标系；（*i*）绘制右边栏板侧面；

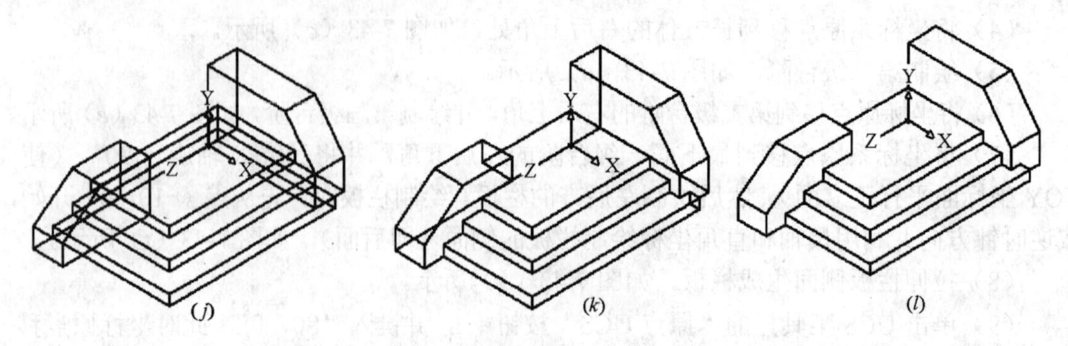

图 7-43　三维作图综合举例（二）

（j）拉伸侧面形成栏板；（k）合并各组成部分；（l）消隐

7.9　三维实体的编辑

用户可以对三维实体进行移动、旋转、阵列、镜像、倒直角、倒圆角、剖切、生成截面、抽壳等操作。其中的移动、旋转、阵列、镜象操作与二维图形基本相同。这里只介绍几种典型的编辑操作。

7.9.1　倒角

利用倒角命令可以切去实体的外棱角或填充实体的内棱角。实体倒角的方法和步骤如下：

单击菜单"修改"→"倒角"(或"修改"工具栏中的"倒角"按钮)，随后 AutoCAD 提示及操作过程如下：

命令: **CHAMFER↙**

(“修剪”模式) 当前倒角距离 1= 10.0000，距离 2 = 10.0000

选择第一条直线或 [多段线(P)/距离(D)/角度(A)/修剪(T)/方式(M)/多个(U)]:

基面选择...（拾取要倒角的边）

输入曲面选择选项 [下一个(N)/当前(OK)] <当前>: <OK>:（此时包含该边的两个面中有一个显示为虚线（该面称为基面），若所要倒角的棱边仅一条或不止一条但均位于该面内，则回车；否则输入 N 并回车，则系统将包含该边的另一个面作为基面（显示为虚线））

指定基面的倒角距离 <缺省值>:（指定位于基面上的倒角距离或回车接受缺省值值）

指定其他曲面的倒角距离 <缺省值>:（指定位于其它面的倒角的距离或回车接受缺省值）

选择边或 [环(L)]:（再次选择位于基面且要进行倒角的所有边，回车完成倒角操作）

注：若输入 L 并回车，则 AutoCAD 把围绕基面的所有边作为一个封闭的环，只要选择一条边，AutoCAD 自动将基面上的所有边都选中进行倒角处理。圆端形板（图 7-44*a*)倒角后如图 7-44（*b*）所示。

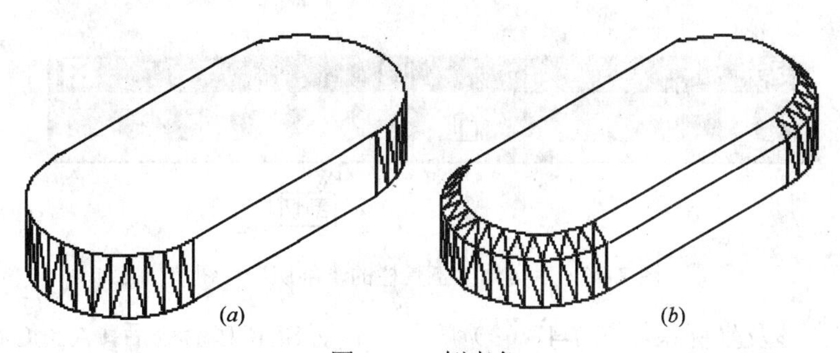

图 7-44　倒直角

（a）倒角前；（b）倒角后

7.9.2　圆角

圆角命令可以用来对三维实体的凸边倒圆角或对凹边填充圆角。三维实体倒圆角的方法和步骤如下：

单击菜单“修改”→“圆角”（或“修改”工具栏中的“圆角”按钮），随后 AutoCAD 提示及操作过程如下：

命令:**FILLET**↙

当前设置: 模式 = 修剪，半径 =<缺省值>:

选择第一个对象或 [多段线(P)/半径(R)/修剪(T)/多个(U)]: (选择要倒圆角的一条边)__

输入圆角半径 <缺省值>: （指定圆角半径或回车接受缺省值）

选择边或 [链(C)/半径(R)]: （选择其他要倒圆角的边，回车则选中的边都被倒圆角）

图 7-45（a）所示物体倒圆角后的结果如图 7-45（b）所示。

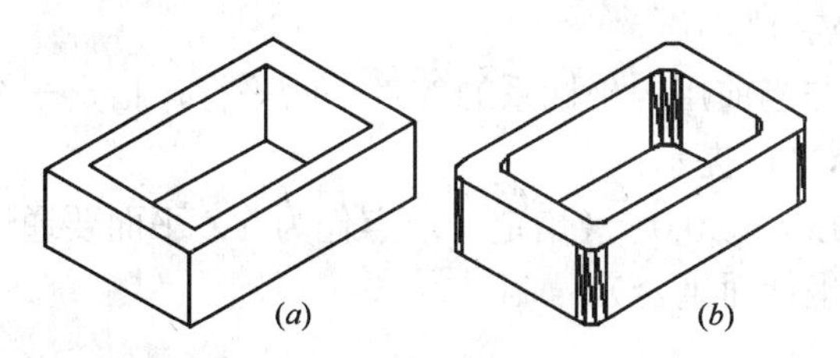

图 7-45　倒圆角

（a）倒圆角前；（b）倒圆角后

说明：当形体的凸角和凹角相交时，应先倒凹角再倒凸角。若先倒凸角，则无法倒凹角，在倒凹角时系统提示倒角失败。

7.9.3　剖切实体

可以将三维实体用剖切平面切开，然后根据需要保留实体的一半或两半都保留。

启动剖切实体命令的方法是：

（1）命令行：SLICE

（2）菜单：“绘图”→“实体”→“剖切”

（3）图标：“实体” 工具栏 （如图 7-46 所示）

图 7-46 “实体“工具栏的“剖切”按钮

设剖切前立体及坐标系如图 7-47（*a*）所示，启动 SLICE 命令后，AutoCAD 提示及操作过程如下：

命令: **SLICE↙**

选择对象:（选择要剖切的三维实体）

指定切面上的第一个点，依照 [对象(O)/Z 轴(Z)/视图(V)/XY 平面(XY)/YZ 平面(YZ)/ZX 平面(ZX)/三点(3)] <三点>:（根据情况选择一个选项以确定剖切平面）

上述各选项用于确定剖切面的位置，较常用的选项介绍如下：

（1）“三点”

此选项是缺省选项，回车即选中此选项。该选项将提示用户输入三个点，通过此三个点确定剖切平面。

（2）“XY 平面（XY）”

该选项将使剖切面与当前用户坐标系的 XY 平面平行，指定一个点可确定剖切面的位置，选择此项后，AutoCAD 提示：

指定 XY 平面上的点 <0,0,0>:（指定一个点作为剖切平面要通过的点，缺省为坐标原点，即剖切平面与 XY 坐标面重合）

（3）“YZ 平面（YZ）”

该选项将使剖切面与当前用户坐标系的 YZ 平面平行，指定一个点可确定剖切面的位置，选择此项后，AutoCAD 提示：

指定 YZ 平面上的点 <0,0,0>:（指定一个点作为 YZ 平面要通过的点，缺省为坐标原点，即剖切平面与 YZ 坐标面重合）。

（4）“ZX”平面

该选项将使剖切面与当前用户坐标系的 ZX 平面平行，指定一个点可确定剖切面的位置，选择此项后，AutoCAD 提示：

指定 ZX 平面上的点 <0,0,0>:（指定一个点作为 ZX 平面要通过的点，缺省为坐标原点，即剖切平面与 ZX 坐标面重合）。

此处选择 ZX 选项。在输入 ZX 选项后，AutoCAD 接着提示及操作如下：

在要保留的一侧指定点或 [保留两侧(B)]:（用鼠标在要保留一侧单击一下。若两侧都要保留则输入 B）。

为确保不误删除，建议输入 B 将两侧都保留下来，如图 7-47（*b*）所示；然后再用删除命令删掉不需要的一半，完成对三维实体的剖切，如图 7-47（*c*）所示。

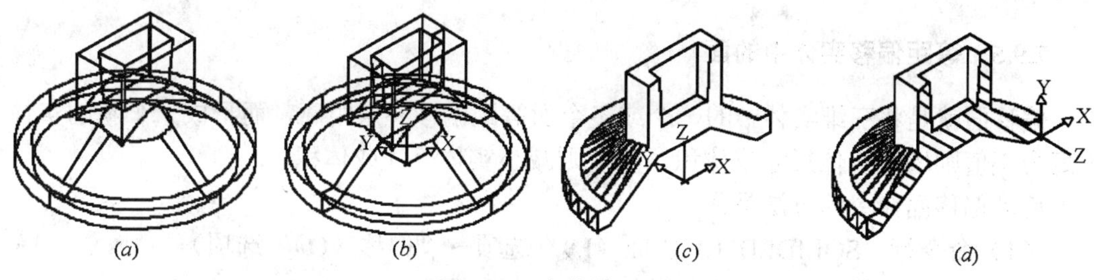

图 7-47　实体剖切

（*a*）剖切前；（*b*）剖切成两半；（*c*）删除不需要的一半；（*d*）在切断面上绘制剖面线

若将 UCS 的 XY 坐标面设置在与切断面共面的位置，则可在切断面上绘制剖面线。如图 7-47（*d*）所示。

7.9.4　产生截面

用指定的平面对三维实体进行切割，可产生一个截面。产生截面的方法与剖切实体的方法基本相同。

启动产生截面命令的方法是：

（1）命令行：SECTION

（2）菜单："绘图" → "实体" → "切割"

（3）图标："实体" 工具栏（如图 7-48 所示）

图 7-48　实体工具栏的"切割"按钮

【例 7-7】　以图 7-49（*a*）为例，说明产生截面的方法和步骤：

（1）启动 SECTION 命令。

（2）选择要生成截面的实体。

（3）用与 SLICE 命令中相同的方法选择 ZX 平面作为剖切平面，即可形成截面。如图 7-49（*b*）。

（4）把截面移出实体之外，如图 7-49（*c*）所示；对截面进行填充即可得断面图，如图 7-49（*d*）所示。要对截面进行填充，必须使 UCS 的 XY 坐标面与截面共面。

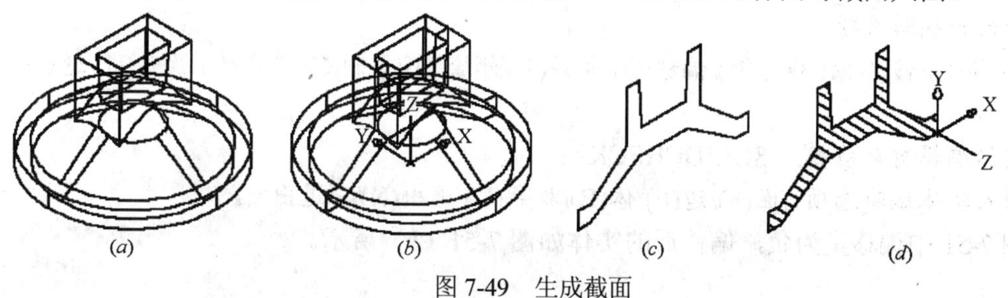

图 7-49　生成截面

（*a*）切割前的实体；（*b*）切割产生的截面；（*c*）将截面移出；（*d*）在截面上绘制剖面线

7.9.5 等距偏移实体中的面

偏移面就是将三维实体中的一个或多个面等距偏移一定距离，而形成一个新的实体。距离为正值则增大实体尺寸或体积，负值则减小实体尺寸或体积。

启动偏移面命令的方法是：

（1）命令行：SOLIDEDIT （“面（F）”选项→“偏移（O）”选项）

（2）菜单：“修改”→“实体编辑”→“偏移面”

（3）图标：“实体编辑” 工具栏 （如图 7-50 所示）

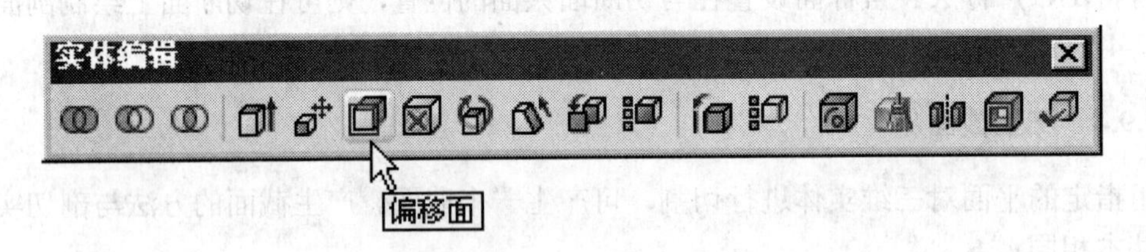

图 7-50 “实体编辑”工具栏的“偏移面”按钮

启动 SOLIDEDIT 命令的“偏移面”选项后，AutoCAD 的提示及操作过程如下：

命令: **SOLIDEDIT**↙

实体编辑自动检查: SOLIDCHECK=1

输入实体编辑选项 [面(F)/边(E)/体(B)/放弃(U)/退出(X)] <退出>: **F**↙

输入面编辑选项

[拉伸(E)/移动(M)/旋转(R)/偏移(O)/倾斜(T)/删除(D)/复制(C)/着色(L)/放弃(U)/退出(X)] <退出>: **O**↙

选择面或 [放弃(U)/删除(R)]: （在图 7-51 中，拾取内孔的两条相对的棱从而选中内孔的四个棱面。）

找到 4 个面。

选择面或 [放弃(U)/删除(R)/全部(ALL)]: ↙

指定偏移距离: **10**↙（输入偏移距离，回车完成偏移面操作。输入的距离为正值时增大实体的体积；距离为负值时减少实体的体积。图 7-51 中偏移量为负。）

已开始实体校验。

已完成实体校验。

输入面编辑选项

[拉伸(E)/移动(M)/旋转(R)/偏移(O)/倾斜(T)/删除(D)/复制(C)/着色(L)/放弃(U)/退出(X)] <退出>:↙

实体编辑自动检查: SOLIDCHECK=1

输入实体编辑选项 [面(F)/边(E)/体(B)/放弃(U)/退出(X)] <退出>:↙

图 7-51 中偏移量为负，偏移后的实体如图 7-51（*b*）所示。

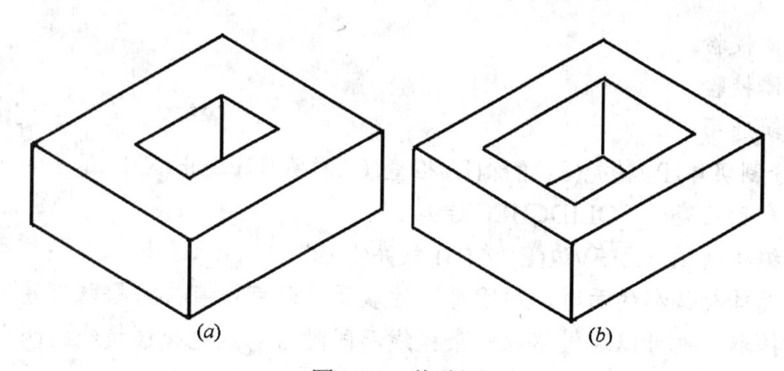

图 7-51 偏移面

（a）偏移前；（b）偏移后

7.9.6 抽壳

将三维实体的各个面从其原来的位置向内或向外偏移一个指定的距离而形成新的面。这样，原来的实体对象变成了一个具有指定厚度的壳体。

将一个三维实体变成一个壳体的操作可由 SOLIDEDIT 命令的“抽壳(S)”选项来完成。

启动三维实体抽壳命令的方法是：

（1）命令行：SOLIDEDIT（“体（B)”选项→“抽壳（S)”选项）

（2）菜单：“修改”→“实体编辑”→“抽壳”

（3）图标：“实体编辑” 工具栏 （如图 7-52 所示）

图 7-52 “实体”工具栏的“抽壳”按钮

启动 SOLIDEDIT 命令的“抽壳（S）”选项后，AutoCAD 提示及操作过程如下：

命令: **SOLIDEDIT↙**

实体编辑自动检查: OLIDCHECK=1

输入实体编辑选项 [面(F)/边(E)/体(B)/放弃(U)/退出(X)] <退出>: **B↙**

输入体编辑选项

[压印(I)/分割实体(P)/抽壳(S)/清除(L)/检查(C)/放弃(U)/退出(X)] <退出>: **S↙**

选择三维实体: （选择要抽壳的三维实体，被选中的实体将醒目显示。）

选择三维实体: ↙

删除面或 [放弃(U)/添加(A)/全部(ALL)]: （选择不需偏移的平面，即抽壳后开口的表面）

找到 1 个面，已删除 1 个。

删除面或 [放弃(U)/添加(A)/全部(ALL)]: ↙

输入抽壳偏移距离:**10↙**

已开始实体校验。

已完成实体校验。

输入体编辑选项

[压印(I)/分割实体(P)/抽壳(S)/清除(L)/检查(C)/放弃(U)/退出(X)] <退出>:↙

实体编辑自动检查：　SOLIDCHECK=1

输入实体编辑选项 [面(F)/边(E)/体(B)/放弃(U)/退出(X)] <退出>:↙

说明：在选择要偏移的面时，对于可见的表面，既可以直接将拾取框置于面域内单击鼠标左键进行拾取，也可以通过拾取一条棱线而同时拾取到包含该棱线的两个面；对于不可见的表面，则需要通过拾取棱线来选择要偏移的面。

长方体的抽壳如图 7-53、7-54 所示。

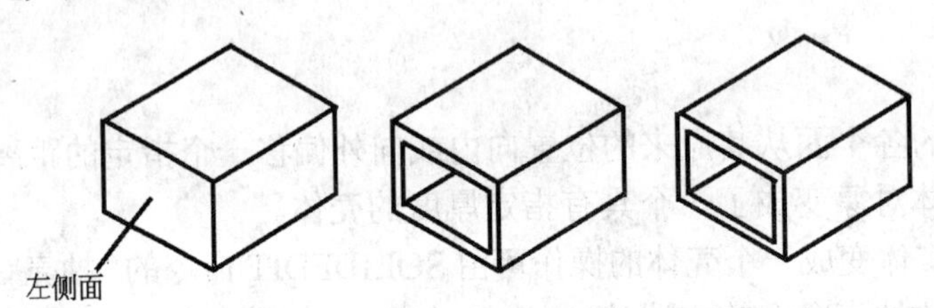

图 7-53　抽壳实例一：　左右两侧面不偏移

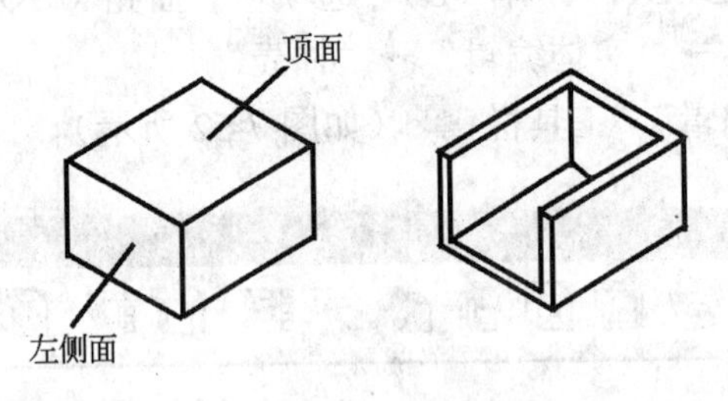

图 7-54　抽壳实例二：左侧面和顶面不偏移

7.9.7　拉伸实体的面

拉伸实体的面与用 EXTRUDE 命令将一个二维对象拉伸成一个三维实体的操作类似。用户可将实体的某一个面进行拉伸而形成实体，所形成的实体被加入到原有的实体中。拉伸实体的面可由 SOLIDEDIT 命令的“拉伸面”选项来完成。

启动拉伸实体面命令的方法是：

（1）命令行：SOLIDEDIT（“面（F）”选项→“拉伸（E）”选项）

（2）菜单：“修改”→“实体编辑”→“拉伸面”

（3）图标：“实体编辑” 工具栏 （如图 7-55 所示）

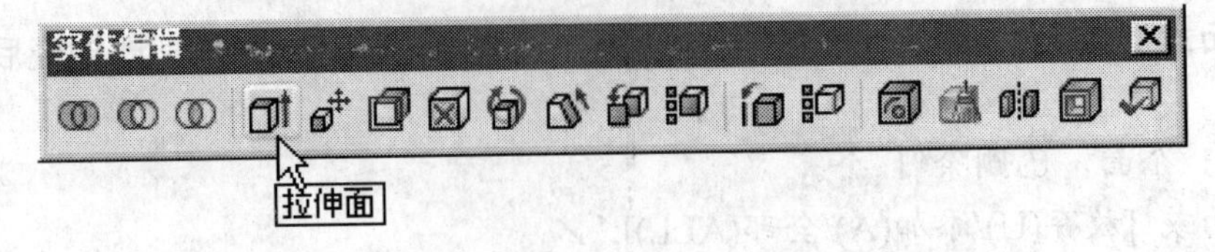

图 7-55　“实体编辑”工具栏的“拉伸面”按钮

启动 SOLIDEDIT 命令的“拉伸面”选项后，AutoCAD 提示及操作过程如下：

命令: **SOLIDEDIT**↙

实体编辑自动检查:　SOLIDCHECK=1

输入实体编辑选项 [面(F)/边(E)/体(B)/放弃(U)/退出(X)] <退出>: **F**↙

输入面编辑选项

[拉伸(E)/移动(M)/旋转(R)/偏移(O)/倾斜(T)/删除(D)/复制(C)/着色(L)/放弃(U)/退出(X)] <退出>: **E**↙

选择面或 [放弃(U)/删除(R)]: （选择要拉伸的实体表面，如在图 7-55（*a*）中拾取圆柱筒的顶面）

找到 1 个面。

选择面或 [放弃(U)/删除(R)/全部(ALL)]: ↙

指定拉伸高度或 [路径(P)]:**20**↙

指定拉伸的倾斜角度 <0>:↙

已开始实体校验。

已完成实体校验。

输入面编辑选项

[拉伸(E)/移动(M)/旋转(R)/偏移(O)/倾斜(T)/删除(D)/复制(C)/着色(L)/放弃(U)/退出(X)] <退出>:↙

实体编辑自动检查:　SOLIDCHECK=1

输入实体编辑选项 [面(F)/边(E)/体(B)/放弃(U)/退出(X)] <退出>:↙

图 7-56（*a*）所示为拾取圆柱筒的顶面进行拉伸（拉伸高度为正值，拉伸角度等于 0°），圆柱筒被拉长，如图 7-56（*b*），消隐后如图 7-56（*c*）所示。由此可见，当柱体的高度太大或太小，都可以通过对其端面进行拉伸来改变其高度。

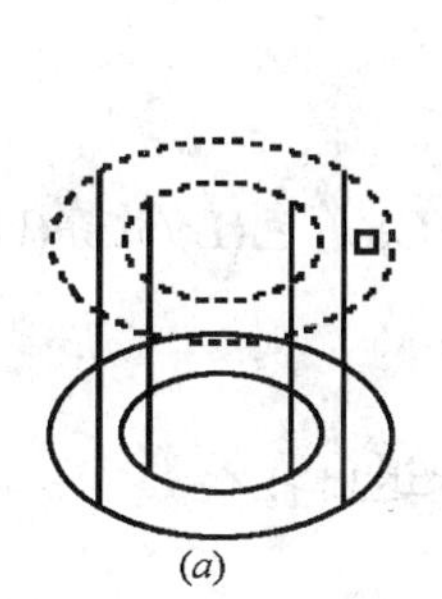

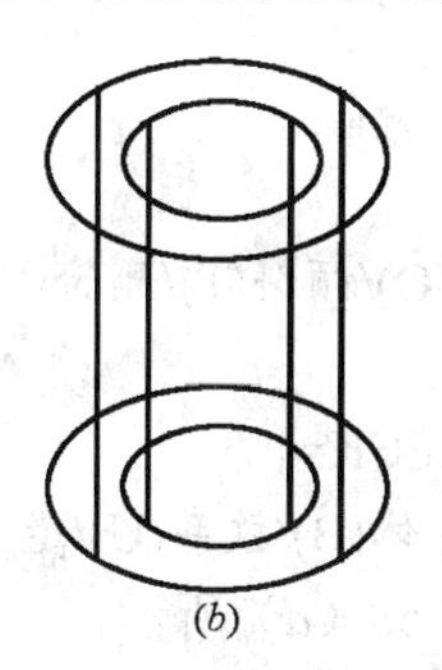

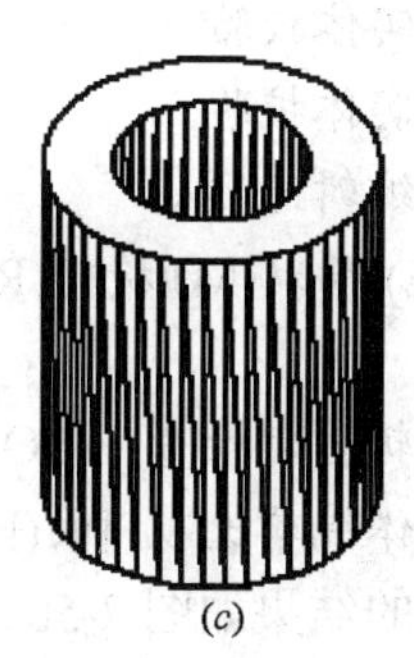

图 7-56　拉伸实体的面

（*a*）拾取框置于顶面；（*b*）拉伸高度为正，圆柱被拉长；（*c*）消隐后的圆柱筒

7.9.8　移动实体的面

移动实体的面就是将三维实体的内表面（如孔、洞等结构）移动到指定位置。这一功能用于修改经过布尔运算以后的实体上的孔、洞的位置是非常方便的。

移动实体的面可由 SOLIDEDIT 命令的“移动面”选项来完成。

启动移动实体面的方法是：

（1）命令行：SOLIDEDIT（“面（F）”选项→“移动（M）”选项）

（2）菜单：“修改”→“实体编辑”→“移动面”

（3）图标：“实体编辑” 工具栏 （如图 7-57 所示）

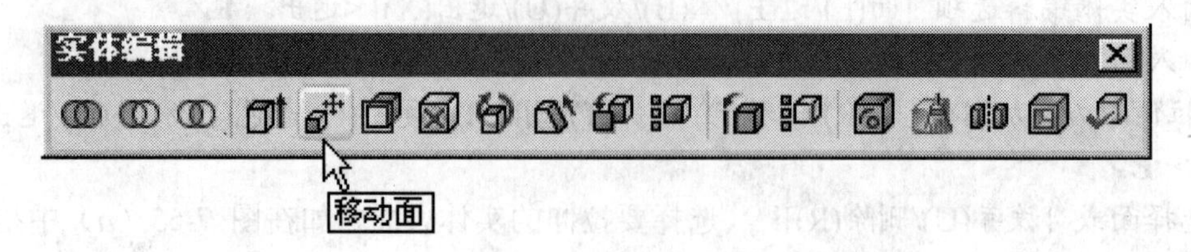

图 7-57 “实体编辑”工具栏的“移动面”按钮

下面以图 7-58 为例说明移动实体面的方法和步骤：

命令: **SOLIDEDIT↙**

实体编辑自动检查: SOLIDCHECK=1

输入实体编辑选项 [面(F)/边(E)/体(B)/放弃(U)/退出(X)] <退出>: **F↙**

输入面编辑选项

[拉伸(E)/移动(M)/旋转(R)/偏移(O)/倾斜(T)/删除(D)/复制(C)/着色(L)/放弃(U)/退出(X)] <退出>: **M↙**

选择面或 [放弃(U)/删除(R)]:

找到一个面。

选择面或 [放弃(U)/删除(R)/全部(ALL)]: ↙

指定基点或位移:（利用对象捕捉所选取圆柱孔上端圆心为基点）

指定位移的第二点:（利用对象捕捉选取右前上方的圆角中心作为第二点，如图 7-58（*b*）所示）

已开始实体校验。

已完成实体校验。

输入面编辑选项

[拉伸(E)/移动(M)/旋转(R)/偏移(O)/倾斜(T)/删除(D)/复制(C)/着色(L)/放弃(U)/退出(X)] <退出>:↙

实体编辑自动检查: SOLIDCHECK=1

输入实体编辑选项 [面(F)/边(E)/体(B)/放弃(U)/退出(X)] <退出>:↙

移动后的结果如图 7-58（*c*）、7-58（*d*）所示。

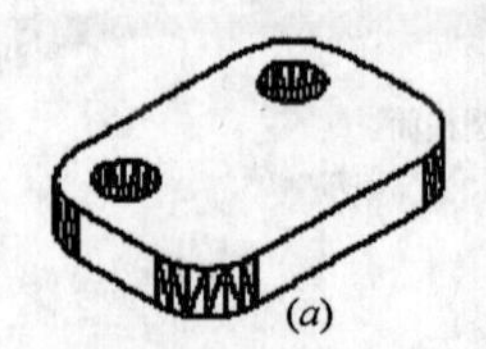
(*a*)

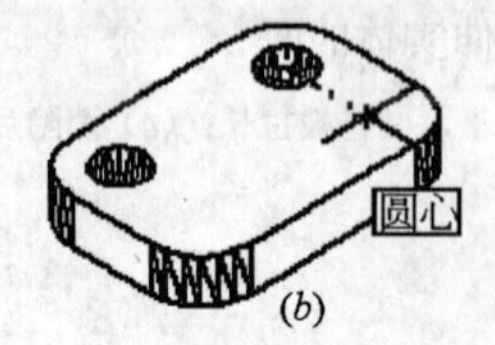

(*b*)

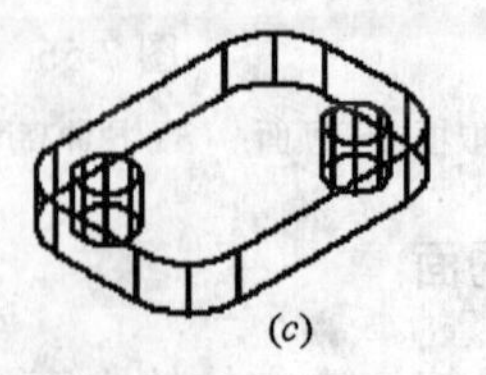
(*c*)

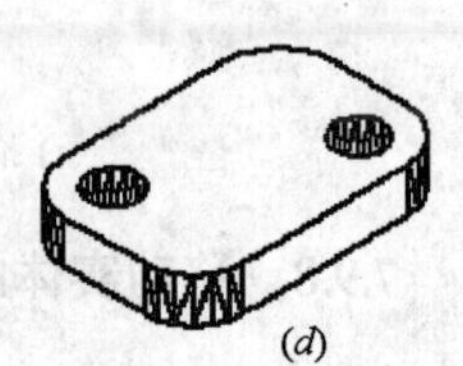
(*d*)

图 7-58 移动实体的面

（*a*）移动前；（*b*）利用对象捕捉确定基点和目标点；（*c*）将孔移动到了右前角；（*d*）消隐后的形体

7.10　三维实体的消隐、着色与渲染

7.10.1　三维图形的消隐

前面创建的三维模型都是用线框显示的。用线框显示的三维图形不能准确的反映物体的形状和观察方向。可以利用 HIDE 命令对三维模型进行消隐。对于单个三维模型，可以消除不可见的轮廓线；对于多个三维模型，可以消除所有被遮挡的轮廓线，使图形更加清晰，观察起来更加方便。图 7-59（*a*）为消隐前的情况，图 7-59（*b*）为消隐后的结果。

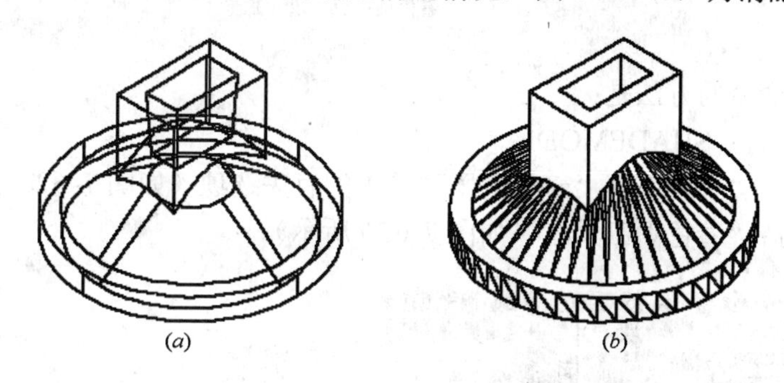

图 7-59　三维图形的消隐

（*a*）消隐前；（*b*）消隐后

启动消隐命令的方法是：

（1）命令行：HIDE

（2）菜单："视图"→"消隐"

（3）图标："渲染" 工具栏 （如图 7-60 所示）

图 7-60　"渲染"工具栏的"消隐"按钮

说明：启动消隐命令后，用户无需进行目标选择，AutoCAD 将当前视口内的所有对象自动进行消隐。消隐所需的时间与图形的复杂程度有关，图形越复杂，消隐所耗费的时间就越长。

7.10.2　着色

消隐可以增强图形的清晰度，而着色可以使三维实体产生更真实的图象。图 7-61（*a*）为着色前的情况，图 7-61（*b*）为着色后的效果。

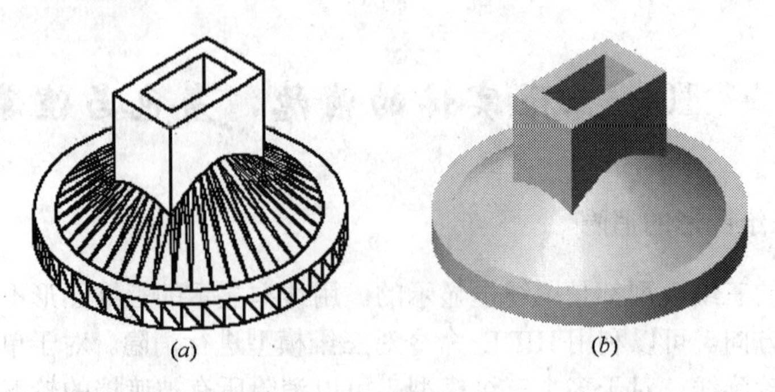

(*a*) (*b*)

图 7-61　着色

（*a*） 着色前；（*b*）着色后

启动着色命令的方法是：

（1）命令行：SHADEMODE

（2）菜单："视图" → "着色" 子菜单中的有关选项（如图 7-62*a* 所示）

（3）图标："着色" 工具栏（如图 7-62*b* 所示）

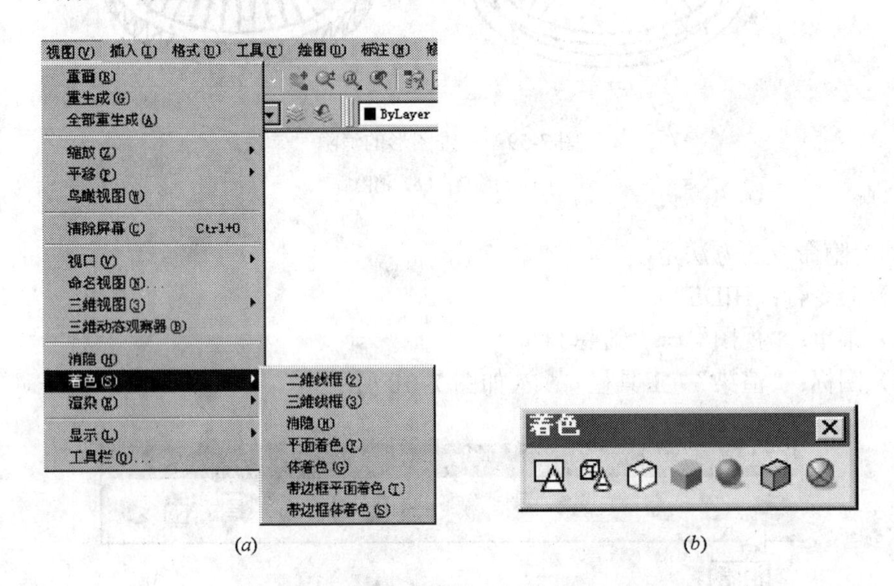

(*a*) (*b*)

图 7-62　"着色"子菜单和"着色"工具栏

启动着色命令后，AutoCAD 提示：

输入选项[二维线框(2D)/三维线框(3D)/消隐(H)/平面着色(F)/体着色(G)/带边框平面着色(L)/带边框体着色(O)] <当前选项>:

各选项的意义如下：

二维线框(2D)：所有的三维实体均以线框模型表示，且 UCS 图标以单色细线显示，即没有着色。所以"二维线框(2D)"选项是实现着色模型还原成非着色模型的途径。

三维线框(3D)：所有的三维实体均以线框模型表示，同时，UCS 图标以三色粗线方式显示，如图 7-63 所示。

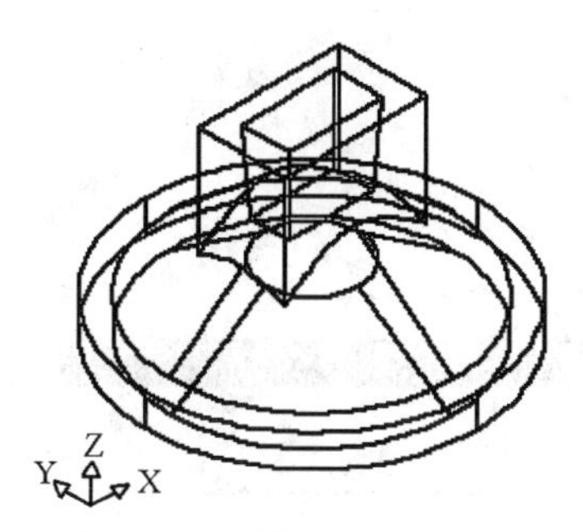

图 7-63 三维线框着色结果

消隐(H)：显示消隐图形，与 HIDE 命令基本相同，只是 UCS 图标以三色粗线方式显示。

平面着色(F)：曲面体表面以多边形平面显示并加以着色，平面着色的实体比体着色的实体平淡和粗糙。UCS 图标以三色粗线方式显示。

体着色(G)：着色的实体表面光滑且逼真。UCS 图标以三色粗线方式显示。

带边框平面着色(L)：将“平面着色”和“线框”选项结合使用。着色的实体将始终带边框显示。UCS 图标以三色粗线方式显示。

带边框体着色(O)：带边框体着色。将“体着色”和“线框”选项结合使用。着色的实体表面光滑且带边框显示。UCS 图标以三色粗线方式显示。

根据所要着色的类型选择相应的选项，按回车键完成着色操作。

说明：用黑（白）色绘制的三维实体，着色效果很差，所以着色最好改用其他较浅的颜色；在上述这些选项中，较常用的是体着色(O)。

7.10.3 渲染

1. 渲染概述

消隐和着色虽然能够改善三维实体的外观效果，但是与真实的物体还相差很大，这是因为缺少真实的表面纹理、色彩、阴影、灯光等要素的原因。通过赋予材质和渲染能够使三维图形的显示更加逼真。渲染适用于三维表面和三维实体。

在 AutoCAD 中进行渲染时，用户需要对物体的表面纹理、光线和明暗进行处理，使生成的渲染图片更加真实。AutoCAD 提供了三种渲染类型：

一般渲染：其选项最少，渲染速度最快，但渲染效果较差。

照片级真实感渲染：能够显示出赋予物体的材质，并能够形成阴影，渲染效果逼真。但选项较多，渲染处理比较复杂。

照片级光线跟踪渲染：除具有照片级真实感渲染的效果外，还能够通过跟踪光影来生成反射、折射效果及精确的光影。渲染效果最好，但渲染也最复杂，渲染所需的时间也最长。对于较复杂的三维模型，应该先用“照片级真实感渲染”进行渲染，对各项设置感到比较满意后再采用“照片级光线跟踪渲染”进行渲染。

为操作方便，可以打开“渲染”工具栏，该工具栏中包含了大多数渲染命令。“渲染”工具栏如图 7-64 所示。另外，在“视图”菜单下的“渲染”子菜单中也包含了齐全的渲染命令选项，如图 7-65 所示。

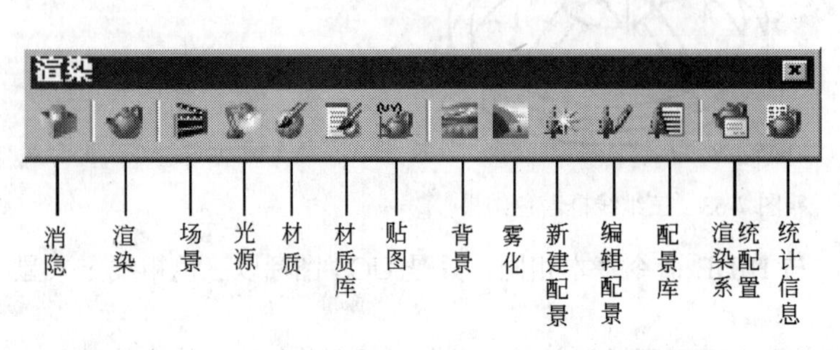

图 7-64 “渲染”工具栏

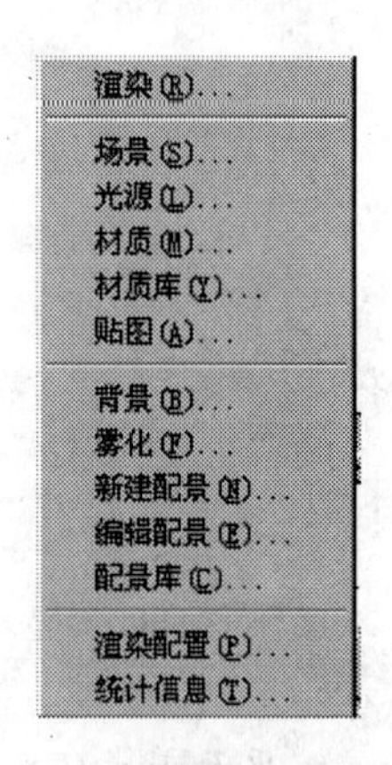

图 7-65 “渲染”子菜单

2．光线

在场景中布置合适的光线，可以影响实体各个表面的明暗情况，并能产生阴影。光线的强弱及颜色可由用户控制。

下面以支架的渲染为例介绍光线的设置方法和步骤：

（1）加入点光源

①设置视口与视点。 将图形区分割为三个视口，各视口的视点设置如图 7-66 所示，且最后点击左下角视口使其成为活动视口（边框亮显）。

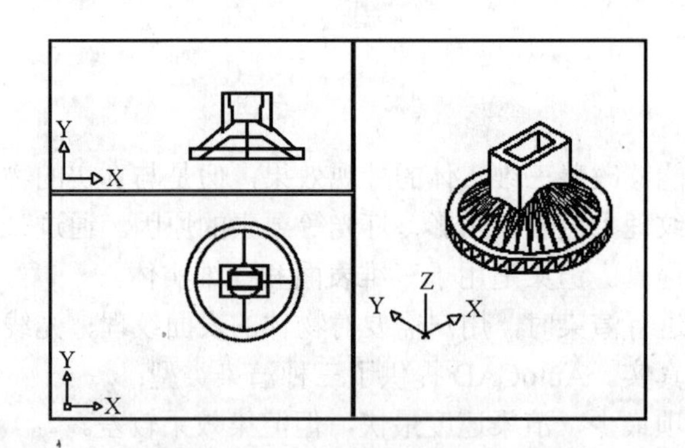

图 7-66 设置视口与视点

②单击“渲染”工具栏中的“光源”按钮，弹出“光源”对话框，如图 7-67 所示。

③在“新建”按钮右边的列表框中选择“点光源”，然后单击“新建”按钮，弹出“新建点光源”对话框，如图 7-68 所示。

④在“光源名”文本框中输入光源的名称，如 p1。

⑤单击“选择自定义颜色”按钮（或单击“从索引选择”按钮），弹出“选择颜色”对话框。“选择颜色”对话框（如图 7-69 所示）用于设置、调整光源的颜色。当调整好光源的颜色后，单击“确定”按钮，返回“新建点光源”对话框，勾选该对话框中的“阴影

打开选项”然后单击“确定”按钮，返回“光源”对话框，再单击“光源”对话框中的“确定”按钮，返回到图形窗口。目前光源处于物体的左前方（靠近底面处），如图 7-70 所示。

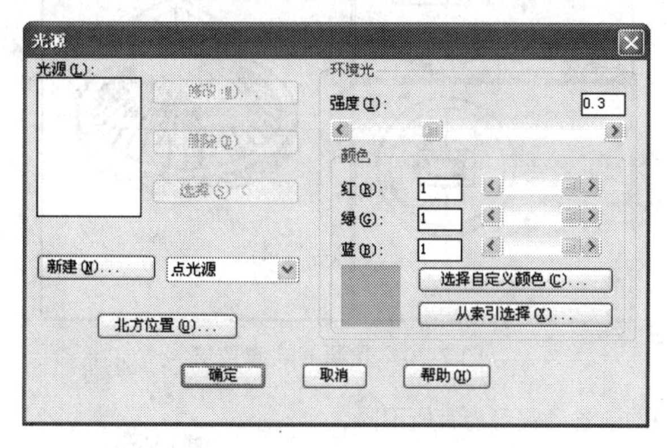

图 7-67　“光源”对话框

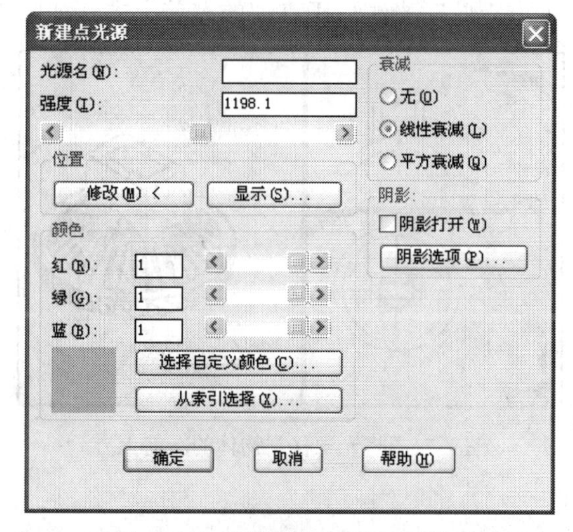

图 7-68　“新建点光源”对话框

图 7-69　“选择颜色”对话框

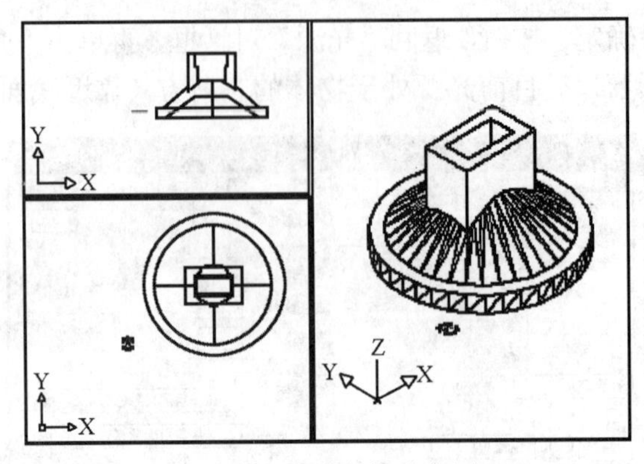

图 7-70　光源的缺省位置

注：不同场合，光源的缺省位置可能有所不同。

⑥激活主视图视口（单击该视口，该视口就成为活动视口），在该视口中将光源由支架的底面移到支架的左上方。此时光源位于支架的左前上方。如图 7-71 所示。

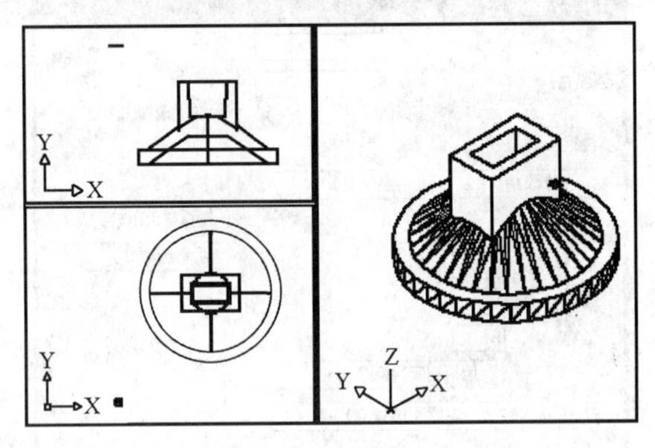

图 7-71　将光源移到物体的左前上方

⑦激活轴测图窗口。

⑧单击“渲染”工具栏中的“渲染”按钮，弹出“渲染”对话框。如图 7-72 所示。

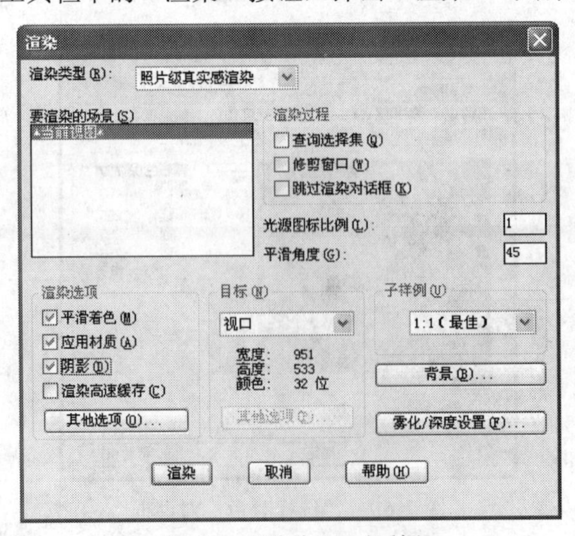

图 7-72　“渲染”　对话框

⑨在“渲染类型”列表框中选择“照片级真实感渲染”，并勾选“渲染选项”中的“阴影”选项，然后单击“渲染”按钮开始对轴侧图视口进行渲染，渲染结果如图 7-73 所示。

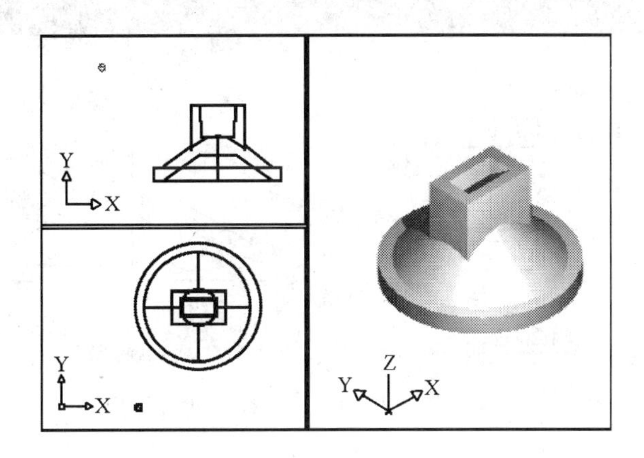

图 7-73　初步渲染的结果

若对灯光的位置不满意，可交替在主视图窗口和俯视图窗口中移动光源的位置；若对灯光的颜色不满意，可再次单击“渲染”工具栏的“光源”按钮，进入“光源”对话框，再单击“光源”对话框中的“修改按钮”按钮进入“修改点光源”对话框（“修改点光源”对话框与“新建点光源”对话框相同），在该对话框中对灯光的颜色和强度进行修改，直到满意为止。

（2）加入太阳光

①单击“渲染”工具栏的“光源”按钮，弹出“光源”对话框（见图 7-67）。

②在“光源”对话框的“新建”按钮右边的下拉列表框中选择“平行光”，然后单击“新建”按钮，弹出“新建平行光”对话框，如图 7-74 所示。

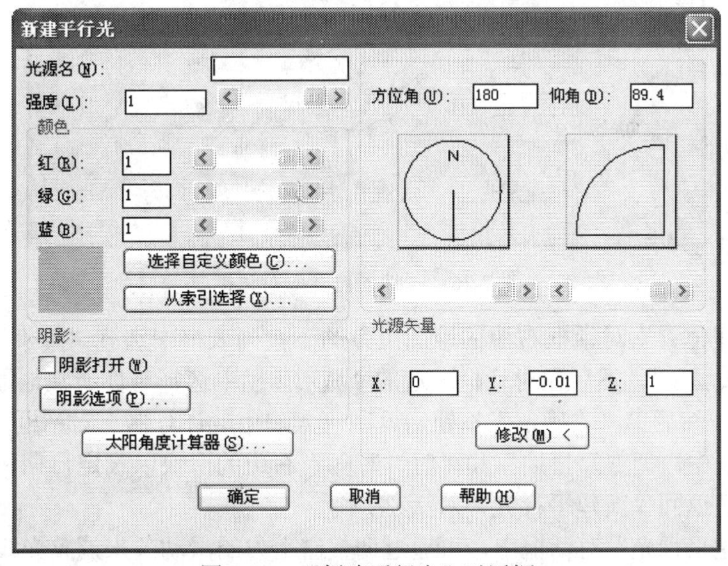

图 7-74　“新建平行光”对话框

③在对话框左上方的“光源名”右边的文本框中输入光线的名称，如 Sun1,然后单击

“太阳角度计算器”按钮，弹出“太阳角度计算器”对话框，如图 7-75 所示。

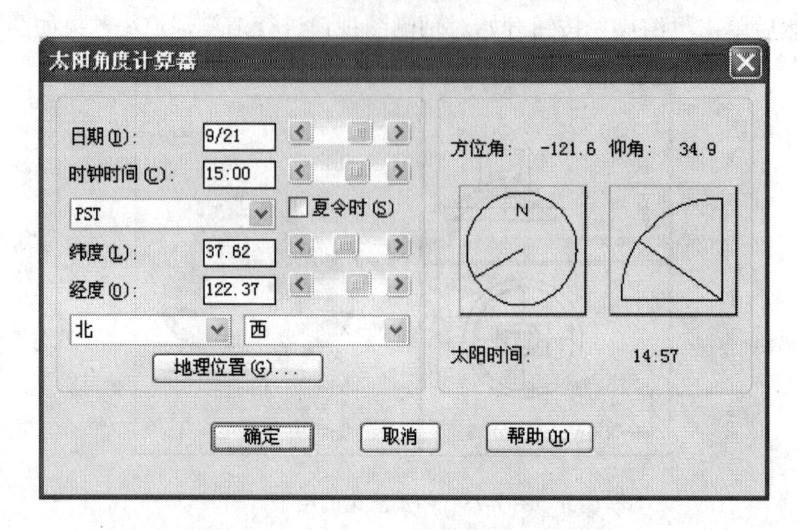

图 7-75 “太阳角度计算器”对话框

④单击“太阳角度计算器”对话框中的“地理位置”按钮，弹出“地理位置”对话框，如图 7-76 所示。

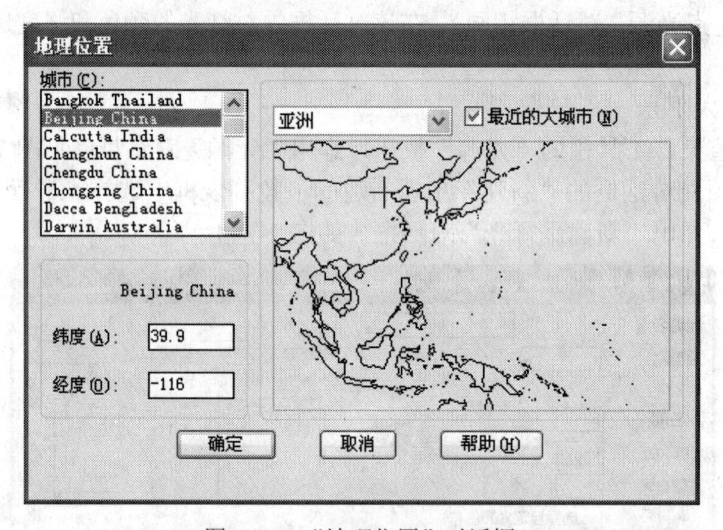

图 7-76 “地理位置”对话框

⑤在“地理位置”对话框右边的地图上方的下拉列表框中选择“亚洲”，并勾选其右边的“最近的大城市”，然后在对话框左边的“城市”栏中选择与你所在地最近的城市（如 Beiiing China），然后单击“确定”按钮，返回“太阳角度计算器”对话框, 在“太阳角度计算器”对话框中，调整“日期”和“时钟时间”右边的滑块以设定日期和时间，然后单击“确定”按钮返回“新建平行光”对话框。

⑥在“新建平行光”对话框中，可通过调整左上方的滑动条来调整光线的强度。还可以单击“选择自定义颜色”按钮（或“按索引选色”按钮）弹出“颜色选择”对话框从而设置光线的颜色（设置颜色与点光源相同）。当光线的强度和颜色设置完成后，单击对话框

中的“确定”按钮，返回“光源”对话框，此时“光源”对话框左边的“光源”栏中添加了光源名“Sun1”，如图 7-77 所示。“光源”对话框的右边用于设置环境光的颜色以及调整环境光的强度，环境光的颜色及强度的设置与调整与其他光线方法相同。

⑦单击“确定”按钮，返回图形窗口。

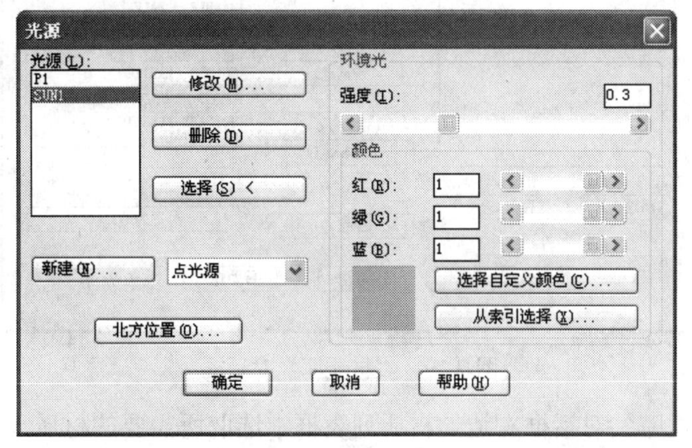

图 7-77　“光源”对话框的“光源栏”中显示所设置的光源名

3．材质

AutoCAD 可为物体指定材质，使物体更具真实感。在 AutoCAD 中，可以通过调整颜色、投射率和反射率来模拟各种材质。用户可以自己创建材质，也可以利用材质库中的各种材质，将其赋予某一实体或某些实体。

下面介绍为物体设置某种材质的方法和步骤（仍然以图 7-73 所示物体为例）。

（1）将轴测图视口设置成当前视口。

（2）单击“渲染”工具栏的“材质”按钮。弹出“材质”对话框。如图 7-78 所示。

图 7-78　“材质”对话框

（3）单击对话框中的“材质库”按钮，弹出“材质库”对话框。如图 7-79 所示。

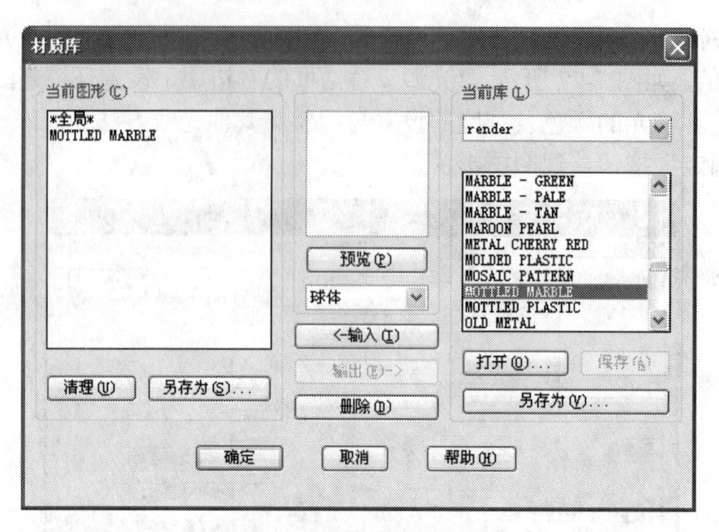

图 7-79 “材质库”对话框

（4）在“材质库”对话框右边的材质列表框中选取所需要的材质（可以单击“预览”按钮，对所选材质进行预览）。当对所选材质满意时，单击“输入”按钮，将该材质装入当前图形文件中（显示于对话框左边的“当前图形”栏中）。

（5）单击“确定”按钮，返回“材质”对话框。

（6）单击“材质”对话框中的“附着”按钮，“材质”对话框暂时消失，返回图形窗口，并提示选择要附着该材质的对象。

（7）在图形窗口中选择要附着该材质的物体，按回车键返回“材质”对话框。

（8）单击“材质”对话框钟的“确定”按钮返回图形窗口，完成材质设置。

（9）单击“渲染”工具栏中的“渲染”按钮，弹出“渲染”对话框，在“渲染”对话框的“渲染类型”中选择“照片级真实感渲染”，然后单击“渲染”按钮（接受“渲染”对话框的各项缺省设置），观察渲染结果。

渲染结果如图 7-80 所示（所选材质为 WOOD-WHITE ASH，灯光仍然位于支架的左前上方，渲染选项中选中“阴影”）。

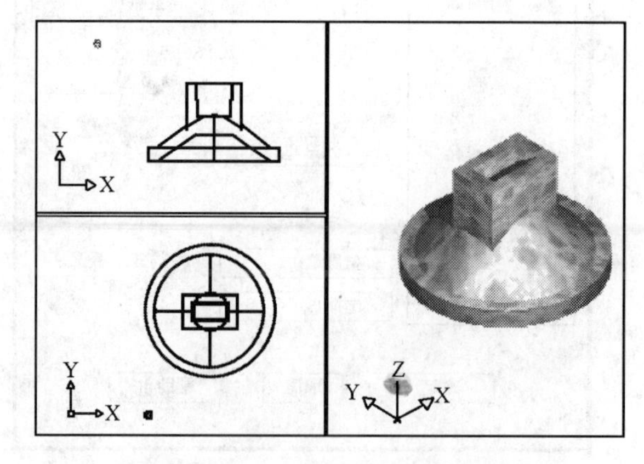

图 7-80 设置材质后的渲染结果

说明： 在上述第（7）步中，也可以单击“随图层”按钮，从而将材质赋予某一图层上的实体；或单击“随 ACI”按钮从而将材质赋予具有某种颜色的实体。

4．渲染

在设置完材质和灯光之后，就可以进行渲染的最后设置，即通过“渲染”对话框进行设置。该对话框中的各项设置都有默认值，用户可不做任何改变，AutoCAD 将自动按默认值进行渲染。

为了获得比较清晰的渲染图片，在加入光源和材质并经过初步渲染感到比较满意后，即可将图形窗口恢复成一个，然后再进行最后的渲染。另外，还可以选择“照片级光影跟踪渲染”的渲染类型进行渲染，不过要先勾选“新建点光源”对话框和“新建平行光”对话框中的“阴影打开”复选框，以及“渲染”对话框中“渲染选项”中的“阴影”。其他操作与前面相同。

最终的渲染结果如图 7-81 所示。

图 7-81　最终的渲染结果

渲染图形的保存与其他图形相同。需要说明的是，打开一张以前保存的渲染图形，它只是以模型的形式显示，并不是以图片的形式显示。需要重新执行渲染命令，才能得到保存前的状态。

第8章 建筑图例及典型部件图的绘制

按照建筑制图国家标准的规定，在建筑工程图中的建筑部件可采用图例的形式绘出。房屋建筑图可以分为建筑施工图、结构施工图和设备施工图，各种施工图中都有相应的国家标准，在绘制这些施工图时，要遵循相应的国家标准。

在建筑工程图中，有许多建筑部件需要采用建筑图例的方式表达，例如门、窗、烟道、通风道等。在建筑制图国家标准中，都列出了相应的图例，这些图例在建筑设计与绘图时经常用到。在应用实践中，通常将图例制作成图块或带有属性的图块，从而提高绘图速度、便于修改设计并保持图例的协调一致。

本章将介绍定位轴线、标高符号、索引符号与详图符号、指北针、图框与标题栏、电梯、等图例和建筑部件的绘制方法。

另外，在 AutoCAD2005 中单击“设计中心”按钮，在“设计中心”中单击“联机设计中心”标签，也可从互联网上找到各类标准图块，如图 8-1 所示。

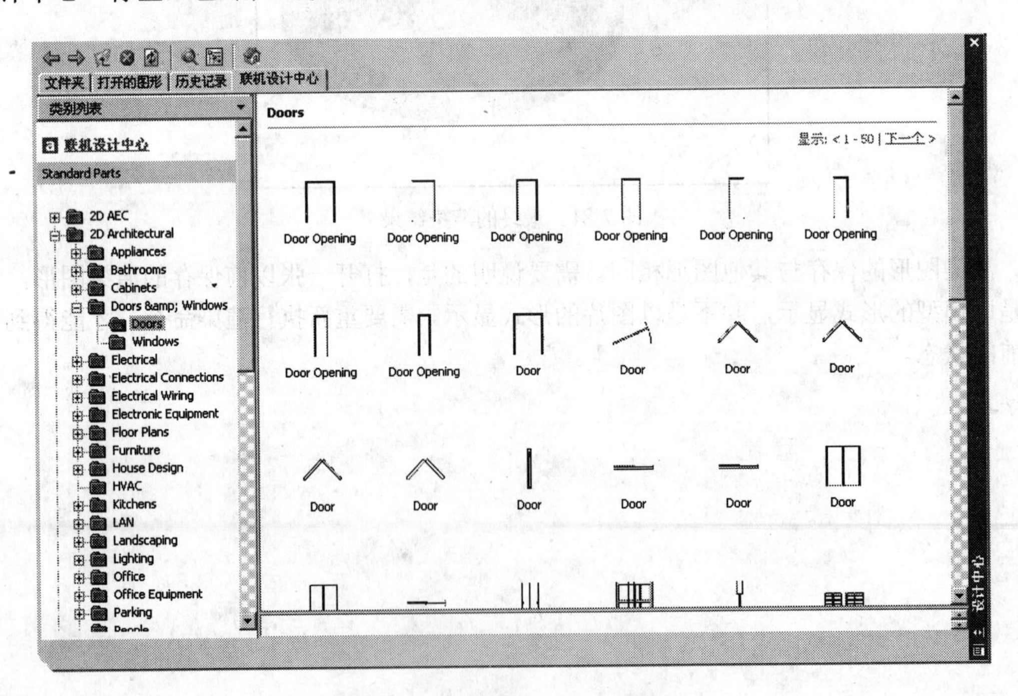

图 8-1　联机设计中心提供的图例

如果想把“设计中心”中的图例符号插入图中，只需要将选中的图例拖动到 AutoCAD 的编辑窗口中，根据提示输入插入点、比例因子和旋转角度即可。

8.1　定位轴线及其编号

建筑制图标准规定：定位轴线的编号应当注写在轴线端部的圆内，圆应用细实线绘制，直径为 8～10mm。定位轴线的圆心应在定位轴线的上或在定位轴线的延长线上。

1．设置绘图环境

单击“文字样式”按钮，在对话框中定义文字样式“轴线编号”，设置字体为 gbenor.shx 和 gbcbig.shx，确认字高为 0，宽度系数为 1.0，如图 8-2 所示。单击“应用”后在单击“关闭”按钮，关闭对话框，则文字样式“轴线编号”成为当前文字样式。

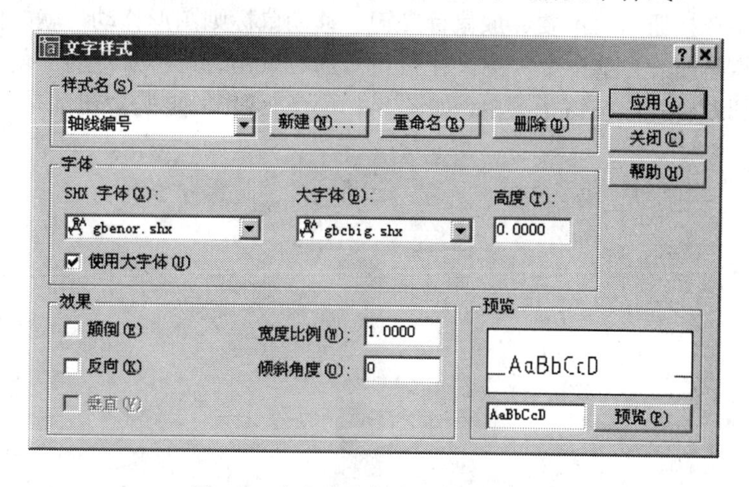

图 8-2　定义文字样式“轴线编号”

单击“图层特性管理器”按钮，在对话框中设置图层“细实线”和“文字”，颜色分别为蓝色和黄色，线型都为连续，图线宽度都为 0.25mm，并把图层“细实线”设置位当前图层，如图 8-3 所示。单击确定关闭对话框。

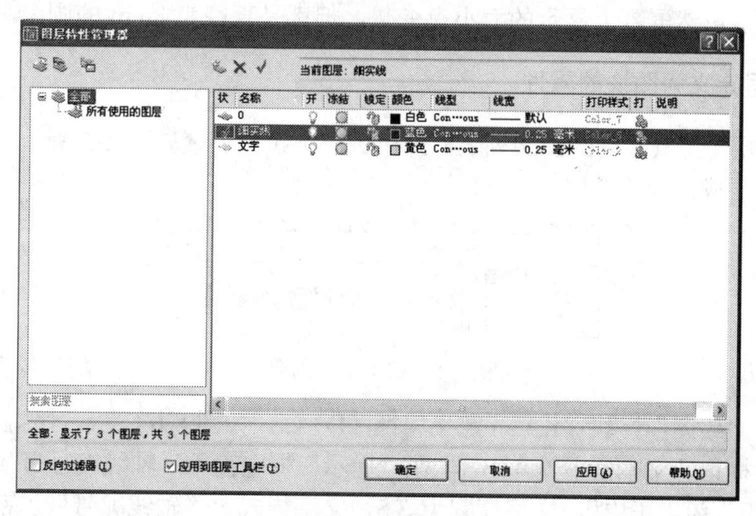

图 8-3　图层设置

2．绘制定位轴线圆

单击“绘图”工具栏中的画圆按钮，在绘图区中任意点取一点作为圆心，输入半径值 4，则在绘图区绘制出一个直径为 8 的蓝色圆。此时，这个蓝色的圆在绘图区显示的很小，可以通过“标准”工具栏中的显示控制按钮（位于菜单栏下面的按钮）改变显示大小。通过单击窗口缩放按钮，在圆的左上角单击鼠标左键，然后移动鼠标到圆的右下角，再单击鼠标左键，则在绘图区显示放大的圆。可能会看到显示的圆不光滑，在命令行输入 REGEN(重生成)命令并回车，则显示出光滑的圆。

在显示控制按钮中，按钮是动态缩放按钮，点击该按钮后，不要释放鼠标左键，向上移动鼠标则图形变大，向下移动则图形变小，而可视范围更大；按钮是实时平移按钮，点击该按钮后，不要释放鼠标左键，移动鼠标则图形移动，就好像用手移动图纸一样；按钮是缩放为上一个视图。在按钮的右下角有一个黑色的三角，说明当用鼠标按住这个按钮时会弹出按钮子菜单，如图 8-4 所示，弹出的这些按钮都是显示控制按钮。

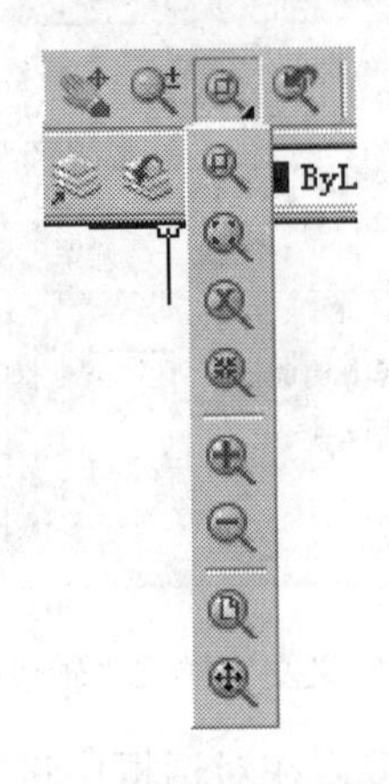

图 8-4　按钮子菜单

需要注意的是，显示控制按钮只改变图形的显示方式，并不会改变图形的大小。例如刚才绘制的圆，虽然屏幕上显示的大小有变化，但都是直径为 8mm 的圆。

3．把编号定义为图块的属性

单击“图层”工具栏中的图层列表，弹出图层下拉列表，如图 8-5 所示，选择“文字”图层，则该图层成为当前图层。

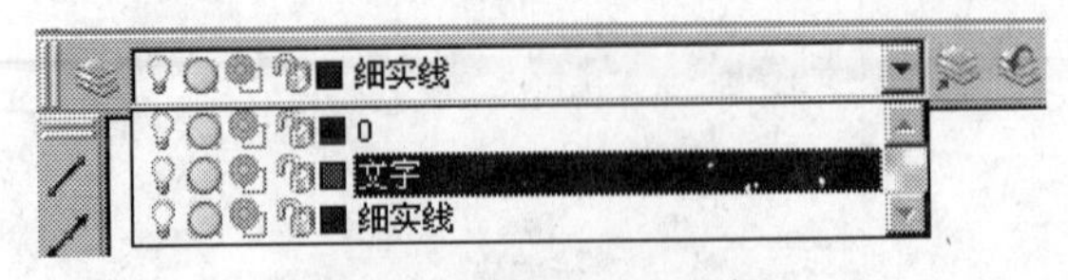

图 8-5　图层下拉列表

选择菜单“绘图”→块（K）→定义属性（D）...，如图 8-6 所示，弹出“属性定义”对话框，在“标记”文本框中输入 BH，在“提示”框中输入“轴线编号”，缺省值设置为 1；选择“对正”为“正中”，文字高度为 3.5，文字样式为“轴线编号”，旋转 0°，如图 8-7 所示。

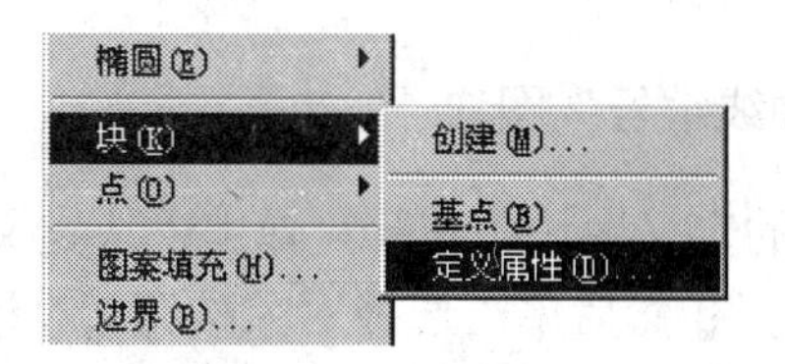

图 8-6　定义块属性菜单

属性定义

模式
不可见(I)
固定(C)
验证(V)
预置(P)

属性
标记(T)：BH
提示(M)：轴线编号
值(L)：1

插入点
在屏幕上指定(O)
X：0.0000
Y：0.0000
Z：0.0000

文字选项
对正(J)：正中
文字样式(S)：轴线编号
高度(E) <：0.35
旋转(R) <：0

在上一个属性定义下对齐(A)

确定　取消　帮助(H)

图 8-7　“定义属性”对话框

点击“属性定义”对话框中的“拾取点”按钮，则对话框暂时隐藏，按住键盘上的 Shift 键不放，在绘图区单击鼠标右键，弹出快捷菜单，如图 8-8 所示。在快捷菜单中选择“圆心”，然后移动鼠标到所绘制的圆上，则在圆心处会显示出一个黄色的小圆标记，并且在鼠标所处位置显示文字提示“圆心”，表示已经捕捉到圆心，如图 8-9 所示，此时单击鼠标左键，返回到“属性定义”对话框，则在对话框的“插入点”中显示出刚才捕捉到的圆心点坐标。单击“确定”按钮关闭对话框，在圆内显示出文字“BH”，即定义的属性，如图 8-10 所示。

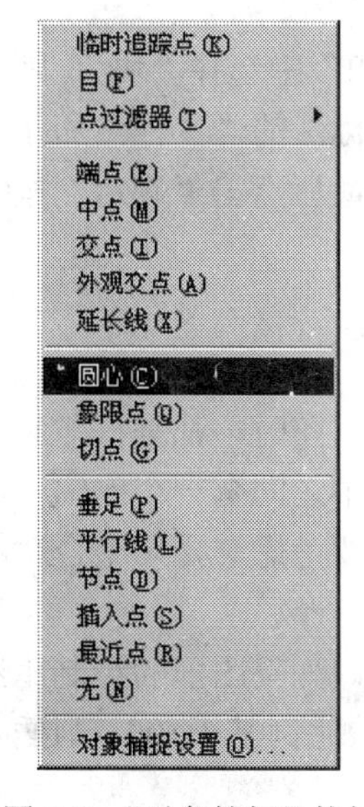

图 8-8　“对象捕捉”快捷菜单

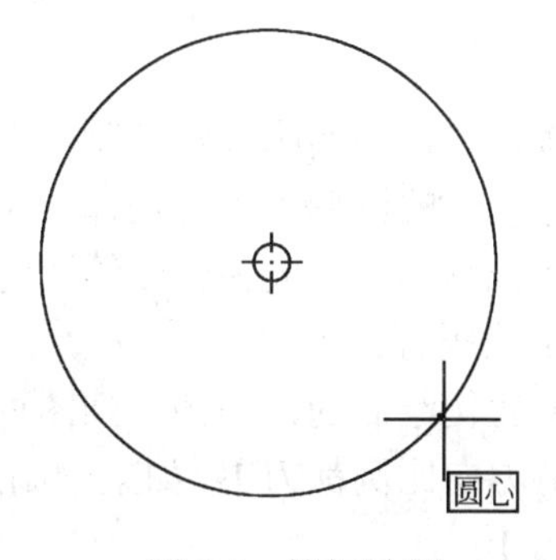

图 8-9　捕捉过程

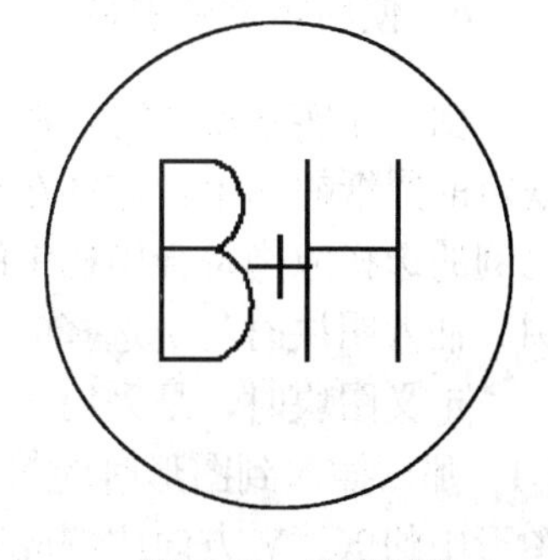

图 8-10　定义属性

4．定义带有属性的“轴线编号”图块

单击“绘图”工具栏中的定义图块按钮，弹出“块定义”对话框。在对话框的“名称”文本框中输入“轴线编号”；然后单击选择对象按钮，对话框隐藏，在绘图区窗口中选择圆和属性 BH，按回车键返回到对话框，可以看到在对话框中提示：已选择 2 个对象，如图 8-11 所示；最后单击“拾取点”按钮，隐藏对话框，在绘图区捕捉圆心后，返回到块定义对话框。单击确定，带有属性的图块“轴线编号”定义完毕。

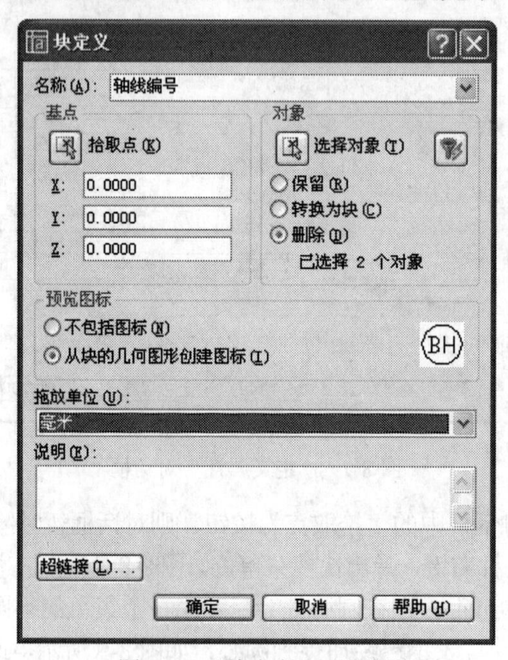

图 8-11 “块定义”对话框

5．块存盘

在命令行输入 WBLOCK 命令，弹出“写块”对话框，在“源”中选择“块”，则文本框中显示“轴线编号”，即刚才定义的图块“轴线编号”。在“目标”的“文件名和路径”中，可以单击按钮，选择图块存盘的位置，如图 8-12 所示。最后点击“确定”按钮，完成块存盘。

6．使用定义的图块

由于在实际绘图时，都是按照物体的实际尺寸绘制，而打印出图时，都是打印到国标规定的图纸幅面上，这样在打印出来的图形大小与物体的实际大小之间有一个比例，这个比例的选择应当符合国标中的比例系列。一般在开始绘图时，都要考虑选择一个合适的比例。插入图块时与所选择的这个比例有关。

定义图块时，是采用 1:1 的比例绘制的，当插入到图形中时，如果图形的绘制比例是 1:1，那么插入到图形时的 X，Y 方向比例都为 1；如果绘制图形的比例是 1:100，则插入到图形中的 X、Y 方向比例应当为 100。

图 8-12　“写块”对话框

例如给图 8-13 所示的定位轴线插入轴线编号，该图形的绘制比例为 1:100。单击“绘图”工具栏的“插入块”按钮，在弹出的对话框中，选择刚定义的图块名称“轴线编号”（可以通过“浏览…”按钮，在存盘的位置获得），输入 X 方向比例 100，采用统一比例，旋转角度为 0°，如图 8-14 所示。

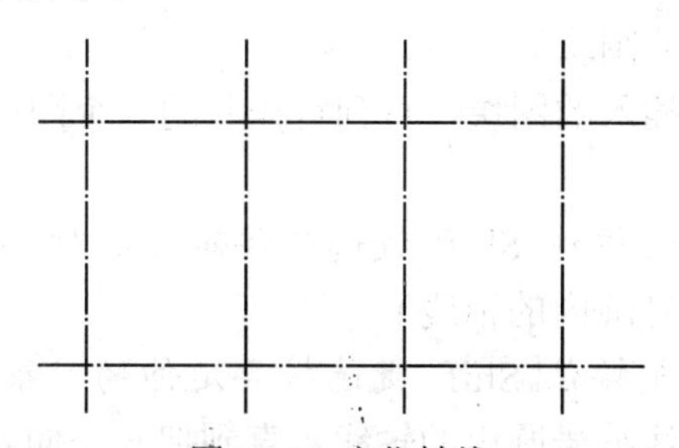

图 8-13　定位轴线

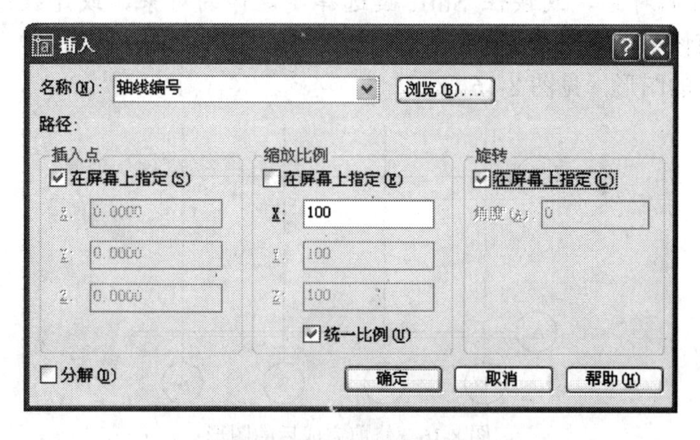

图 8-14　插入图块对话框

单击“确定”按钮后，关闭对话框返回到绘图屏幕，在绘图区按住键盘上的 Shift 键并单击鼠标右键，弹出“对象捕捉”快捷菜单，从中选择“端点”，将光标移动到最左边的定位轴线的下端，捕捉该线段的下端点，命令行提示：

轴线编号<1>：**1**（键入该轴线的轴线编号 1）

则在左端轴线的下端插入了轴线编号。其他各条轴线可以采用同样的方法插入轴线编号，只是在提示要求输入轴线编号时，输入相应的轴线编号即可，如图 8-15 所示。

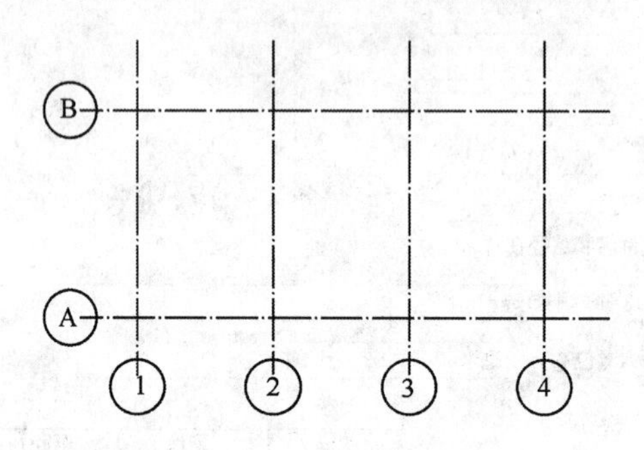

图 8-15　插入轴线编号后的图形

从图 8-15 可以看出，各条定位轴线都伸入到了编号圆内，此时可以使用“修剪”命令将伸入到圆内的线段裁切掉。操作过程如下：

命令：**TRIM**↙（或单击“修改”工具栏中的按钮）

当前设置：投影=UCS，边=无

选择剪切边...

选择对象：（选择插入的图块）

选择对象：（继续选择插入的图块，直到将插入的 6 个图块都选中）

选择对象：↙

选择要修剪的对象，或按住 Shift 键选择要延伸的对象，或 [投影(P)/边(E)/放弃(U)]：（选择伸入到轴线编号圆内的轴线）

选择要修剪的对象，或按住 Shift 键选择要延伸的对象，或 [投影(P)/边(E)/放弃(U)]：（继续选择伸入到轴线编号圆内的轴线，直到把 6 个伸入到圆内的线段都剪裁掉）

选择要修剪的对象，或按住 Shift 键选择要延伸的对象，或 [投影(P)/边(E)/放弃(U)]：↙（结束修剪命令）

修剪完成后的图形，见图 8-16。

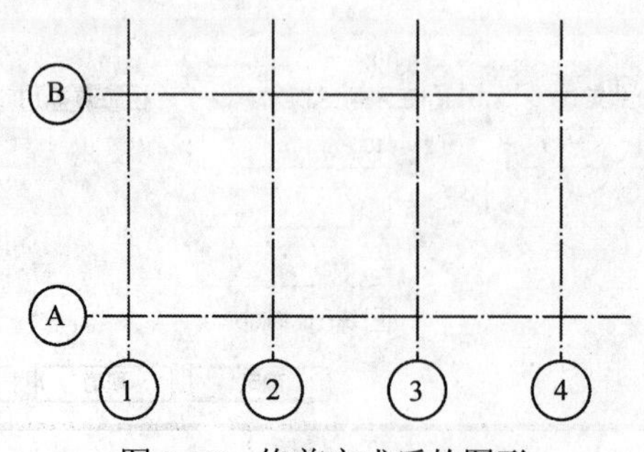

图 8-16　修剪完成后的图形

8.2　标 高 符 号

建筑制图标准规定，标高符号应以直角等腰三角形表示，按照图 8-17 的形式和尺寸用细实线绘制。

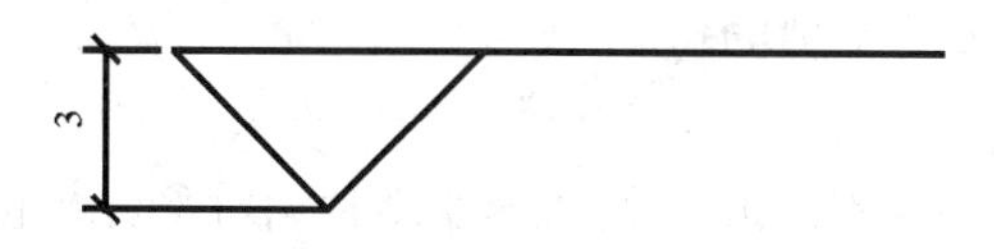

图 8-17　标高符号

按照定义定位轴线及其编号的方法设置文字样式、图层、颜色和线型等绘图环境。

1．绘制标高符号和定义高程

新建“建筑-符号”图层，并将其设置为当前图层，首先绘制两条平行线，距离为 3，作为辅助线。步骤如下：

命令：**LINE**（或单击“绘图”工具栏中的按钮）

指定第一点：（在绘图区任意点取一点作为画直线的起点）

指定下一点或［放弃(U)］：**@20,0**↙

指定下一点或［放弃(U)］：**@3<270**↙

指定下一点或［闭合(C)/放弃(U)］：**@20<180**↙

指定下一点或［闭合(C)/放弃(U)］：↙

此时绘制出辅助线。使用窗口缩放按钮把所绘制的辅助线显示为适当大小，然后启动直线命令，捕捉下边一条辅助线的中点，向上画出两条与水平方向成 45° 的直线，步骤如下：

命令：**L**（在命令行键入画直线命令的缩写字 L，启动直线命令）

LINE 指定第一点：_mid 于（按下键盘上的 Shift 键的同时右击鼠标，在快捷菜单中选择“中点”，并将光标移动到下面一条辅助线的中点附近来捕捉中点）

指定下一点或［放弃(U)］：**@5<45**↙

指定下一点或［放弃(U)］：↙（完成第一条 45° 直线）

命令：↙（重复执行画直线命令）

LINE 指定第一点：_mid 于（按下键盘上的 Shift 键的同时右击鼠标，在快捷菜单中选择“中点”，并将光标移动到下面一条辅助线的中点附近来捕捉中点）

指定下一点或［放弃(U)］：**@5<135**↙

指定下一点或［放弃(U)］：↙（结束直线命令）

此时绘制的图形如图 8-18 所示。

图 8-18　绘制标高符号

从图 8-18 可以看出，两条 45° 斜线都超出了上面一条辅助线，可以使用“修剪”命令将其裁减掉。操作过程如下：

命令：**TRIM** ↙（或单击“修改”工具栏中的按钮 ）

当前设置：投影=UCS，边=无

选择剪切边...

选择对象：（选择上面一条辅助线）

选择对象：↙（结束选择剪切边）

选择要修剪的对象，或按住 Shift 键选择要延伸的对象，或 [投影(P)/边(E)/放弃(U)]:（选择 45° 斜线伸出上面一条辅助线的部分，这部分将被修剪掉）

选择要修剪的对象，或按住 Shift 键选择要延伸的对象，或 [投影(P)/边(E)/放弃(U)]:（选择另一条 45° 斜线伸出上面一条辅助线的部分，这部分将被修剪掉）

选择要修剪的对象，或按住 Shift 键选择要延伸的对象，或 [投影(P)/边(E)/放弃(U)]: ↙（结束修剪命令）

删除辅助线。通过单击“修改”工具栏的按钮，并选择绘制的辅助线将其删除。

图 8-19　绘制标高符号

此时绘制的图形如图 8-19 所示。

再次启动直线命令，绘制水平横线，长度为 20。过程如下：

命令：**LINE**↙（或单击“绘图”工具栏中的按钮）

指定第一点：_endp 于（按下键盘上的 Shift 键的同时右击鼠标，在快捷菜单中选择“端点”，并将光标移动到左侧 45° 斜线上面端点附近来捕捉端点）

指定下一点或 [放弃(U)]: **@20<0**↙

指定下一点或 [放弃(U)]: ↙（结束直线命令，完成标高符号绘制。）

利用与定义定位轴线编号相同的方法，定义高程值作为图块的属性。在“属性定义”对话框中，“标记”设为 BG，“提示”设为高程，“值”设为±0.000，“对正”方式选择“左”对正，“拾取点”捕捉标高符号右 45° 斜线的上端点。属性定义完成后的图形如图 8-20 所示。

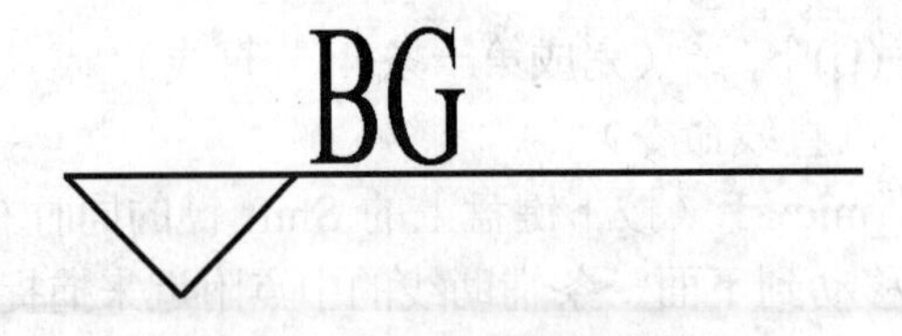

图 8-20　带有属性的标高符号

2．定义图块及块存盘

使用“绘图”工具栏的按钮定义图块，图块名称为“标高”，插入基点为两条 45° 斜线得交点（通过按住 Shift 键单击鼠标右键，在快捷菜单中选择“交点”，并将光标移动到两条 45° 斜线交点附近来捕捉交点）。

使用 WBLOCK 命令将定义的图块存储到磁盘的指定位置。

3. 使用定义的标高

例如给图 8-21（*a*）所示的图形标注标高，标注结果如图 8-21（*b*）所示。

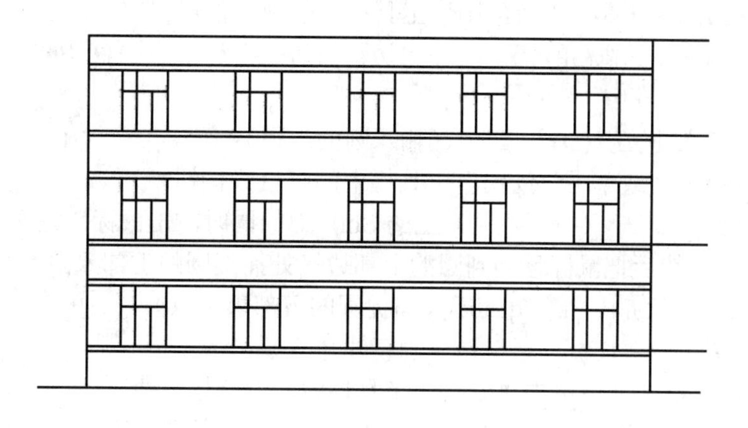

(*a*)

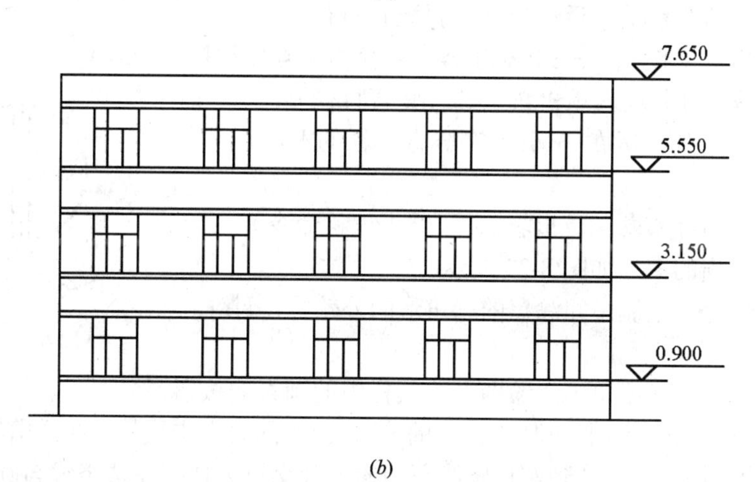

(*b*)

图 8-21　标高符号插入举例

8.3　指　北　针

建筑制图标准规定，指北针应当画成图 8-22 所示的形状。圆的直径宜为 24mm，用细实线绘制；指北针尾部的宽度为 3mm，指北针头部应注“北”或“N”字。

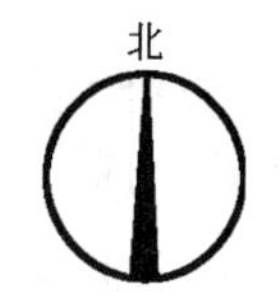

图 8-22　指北针

指北针的画法可以按照下述步骤进行操作：

（1）设置绘图环境

环境的设置与定位轴线完全一样。定义文字样式“国标-文字”，字体文件选择“GBENOR.SHX”和“GBCBIG.SHX”,宽度比例系数为 1.0；图层设置为“细实线”和“文字”，颜色分别为“蓝色”和“黄色”，并把“细实线”图层置为当前层。

（2）绘制指北针符号

首先使用画圆命令绘制一个直径为 24mm 的圆，然后通过捕捉“象限点”画出画的竖直直径作为辅助线，再通过使用“偏移”命令生成另外两条平行线，过程如下：

命令：**CIRCLE**↙（或单击“绘图”工具栏中的画圆按钮）

指定圆的圆心或［三点(3P)/两点(2P)/相切、相切、半径(T)］：**100,100**↙（输入圆心坐标）

指定圆的半径或［直径(D)］：**12**↙（输入圆的半径）

命令：**LINE** ↙（或单击“绘图”工具栏中的画直线按钮）

指定第一点：_qua 于（按下住键盘上的 Shift 键的同时右击鼠标，在弹出的快捷菜单中选择“象限点”，然后把鼠标移动到圆的上部边缘处捕捉圆的上部象限点）

指定下一点或［放弃(U)］：_qua 于（捕捉圆的下部象限点）

指定下一点或［放弃(U)］：↙（结束画直线命令）

命令：**OFFSET** ↙（或单击“修改”工具栏中的偏移按钮）

指定偏移距离或［通过(T)］ <1.0000>：**1.5** ↙（输入偏移距离）

选择要偏移的对象或 <退出>：（选择竖直直径）

指定点以确定偏移所在一侧：（在竖直直径的左侧任意拾取一点）

选择要偏移的对象或 <退出>：（选择竖直直径）

指定点以确定偏移所在一侧：（在竖直直径的右侧任意拾取一点）

选择要偏移的对象或 <退出>：↙（结束偏移命令）

此时，绘制出的图形如图 8-23 所示。

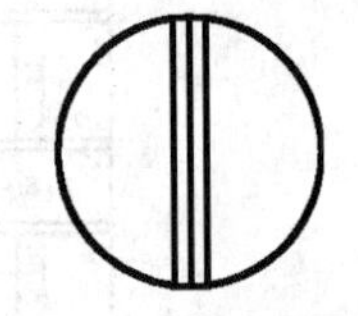

图 8-23　绘制过程

启动直线命令，绘制中间涂黑的三角形的外轮廓，过程如下：

命令：**LINE** ↙（或单击“绘图”工具栏中的画直线按钮）

指定第一点：_int 于（按下住键盘上的 Shift 键的同时右击鼠标，在弹出的快捷菜单中选择“交点”，然后把鼠标移动到左边竖线与圆的下部交点处捕捉左边竖线与圆的下部交点）

指定下一点或［放弃(U)］：_int 于（捕捉圆的竖直直径与圆的上部交点）

指定下一点或［放弃(U)］：_int 于（捕捉右边竖线与圆的下部交点）

指定下一点或［闭合(C)/放弃(U)］：↙（结束画直线命令）

单击“修改”工具栏中的“删除”按钮，选择三条竖线后回车，删除三条辅助线。

单击“绘图”工具栏“图案填充”按钮，弹出如图 8-24 所示“边界图案填充”对话框，在该对话框中单击“图案”右侧的按钮，弹出“填充图案选项板”对话框，如图 8-25 所示，在这个对话框中选择“SOLID”实填充后单击“确定”按钮，返回到“边界图案填充”对话框。在“边界图案填充”对话框中，单击“拾取点”按钮，则隐藏对话框，在图中所绘制的标高符号中间的三角形中拾取一点，按回车后又返回到“边界图案填充”对话框，单击确定按钮，则关闭对话框，中间三角形部分被涂黑。

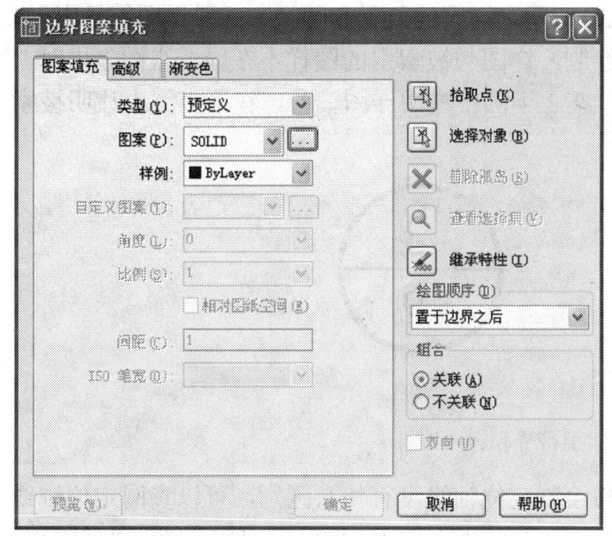

图 8-24 “边界图案填充”对话框

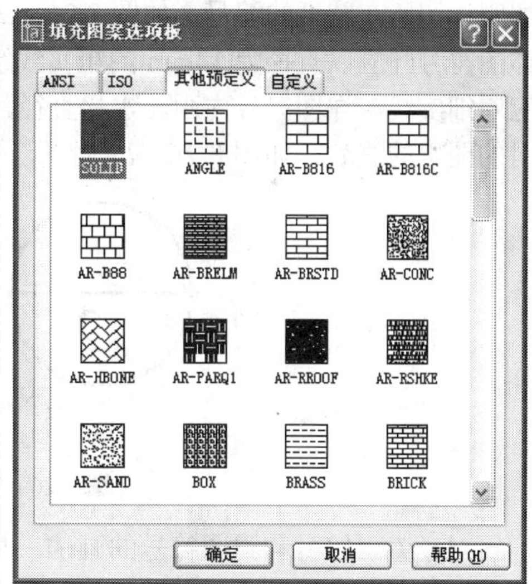

图 8-25 “填充图案选项板”对话框

（3）书写指北针中的“北”字

首先绘制一条辅助线，以辅助线的端点为对正点，使用 TEXT 命令书写文字，过程如下：

命令: **LINE** ↙（或单击“绘图”工具栏中的画直线按钮╱）

指定第一点:（捕捉圆的竖直直径与圆的上部交点）

指定下一点或 [放弃(U)]: **@0,5** ↙（向上画出长度为 5mm 的直线）

指定下一点或 [放弃(U)]: ↙ （结束直线命令）

命令: **TEXT**↙ （启动书写文字命令）

当前文字样式: 国标-文字 当前文字高度: 5.0000

指定文字的起点或 [对正(J)/样式(S)]: **J** ↙ （选择对正方式）

输入选项 [对齐(A)/调整(F)/中心(C)/中间(M)/右(R)/左上(TL)/中上(TC)/右上(TR)/左中(ML)/正中(MC)/右中(MR)/左下(BL)/中下(BC)/右下(BR)]: **MC** ↙（选择“正中”对正）

指定文字的中间点:（捕捉刚才绘制辅助直线的上端点）

指定高度 <5.0000>: **5**↙

指定文字的旋转角度 <0>: ↙

输入文字: **北**↙（输入需要书写的文字）

输入文字: ↙（结束 TEXT 命令）

（4）定义图块

定义名成为“指北针”的图块，定位基点选择为圆心，最后使用 WBLOCK 命令以相同名称写入磁盘的指定位置。

8.4 索引符号与详图符号

建筑制图标准规定，索引符号是由直径为 10mm 的圆和水平直径组成，圆及水平直径均应以细实线绘制，在索引符号的上半个圆内用阿拉伯数字注明详图的编号，在下半圆中注明详图所在图纸的编号，如图 8-26（*a*）所示。详图的位置和编号，应以详图符号表示。详图符号圆应以直径为 14mm 的粗实线绘制，详图与被索引的图样不在同一张图之内时，应用细实线在详图符号内画一水平直径，在上半圆中注明详图编号，在下半圆中注明被索引的图纸的编号，如图 8-26（*b*）所示。

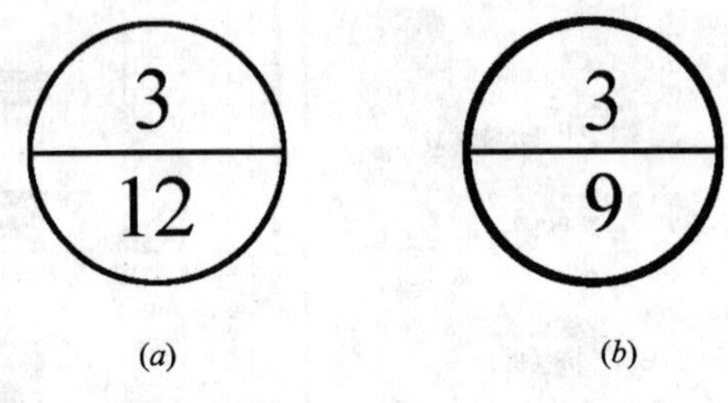

图 8-26　索引符号和详图符号

对于索引符号和详图符号的画法，与绘制定位轴线没有什么区别，可以参阅定位轴线的画法绘制出索引符号和详图符号。其中的水平直径的画法，可以采用捕捉圆的“象限点”来画出。把详图编号和索引编号都定义为图块的属性，采用“正中”对正，字高分别为 3.5mm 和 5mm。

最后分别定义名成为“索引符号”和“详图符号”的图块，定位基点选择为圆心即可。使用 WBLOCK 命令以相同名称写入磁盘的指定位置。

8.5　标题栏、会签栏和绘图样板图

1．标题栏

按照图 8-27 所示绘制标题栏的步骤如下：

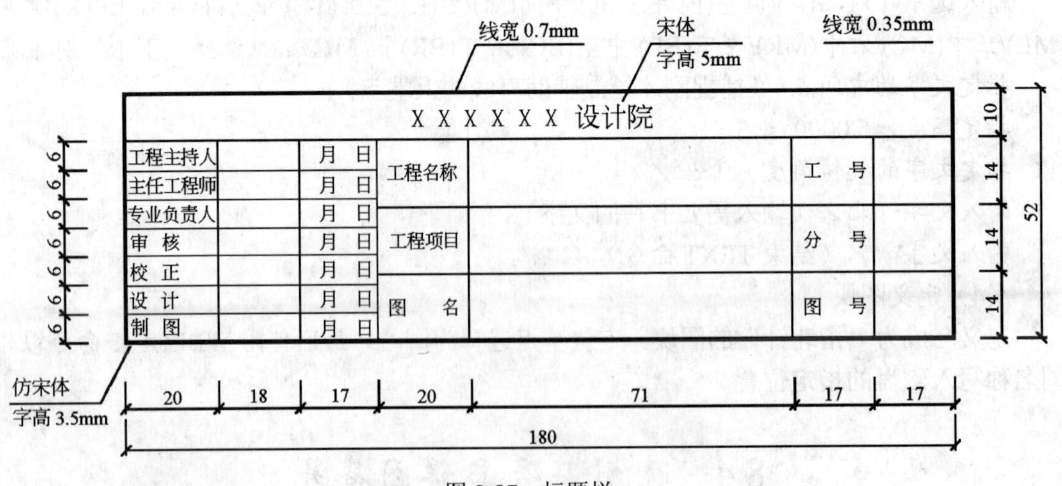

图 8-27　标题栏

（1）设置绘图环境

单击“样式”工具栏的“文字样式”按钮，在对话框中定义文字样式“国标-文字”，设置字体为 GBENOR.SHX 和 GBCBIG.SHX，字高为 0，宽度系数为 1.0。单击“应用”后

再单击“关闭”按钮，关闭对话框，则文字样式“国标-文字”成为当前文字样式。

单击“图层”工具栏的“图层特性管理器”按钮，在对话框中新建图层“表格外框线”、“表格内线”和“表格文字”，颜色分别为“绿色”、“蓝色”和“黄色”，线型都为连续，图线宽度分别为 0.7mm、0.35mm 和 0.25mm，并把图层“表格外框线”设置位当前图层，单击确定关闭对话框。

（2）绘制标题栏

①绘制标题栏外框线　单击“绘图”工具栏画矩形按钮，启动绘制矩形命令，过程如下：

命令：**RECTANG**↙ （或单击“绘图”工具栏中的画矩形按钮）

指定第一个角点或 [倒角(C)/标高(E)/圆角(F)/厚度(T)/宽度(W)]：**0,0**↙

指定另一个角点或 [尺寸(D)]：**@180,52**↙（输入对角点的相对坐标，即绘出矩形）

②绘制表格内线　将“表格内线”图层设置为当前图层，单击“绘图”工具栏画直线按钮，开始绘制表格内线，过程如下：

命令：**LINE**↙

指定第一点：**0,42**↙ （输入画直线的起点坐标）

指定下一点或 [放弃(U)]：**@180<0**↙ （用相对坐标确定直线的终点）

指定下一点或 [放弃(U)]：↙ （结束画直线命令）

命令：↙ （重复执行画直线命令）

LINE 指定第一点：**20,0**↙ （直线的起点坐标）

指定下一点或 [放弃(U)]：**@0,42**↙ （用相对坐标确定直线的终点）

指定下一点或 [放弃(U)]：↙ （结束画直线命令）

此时绘制出的图形如图 8-28 所示。

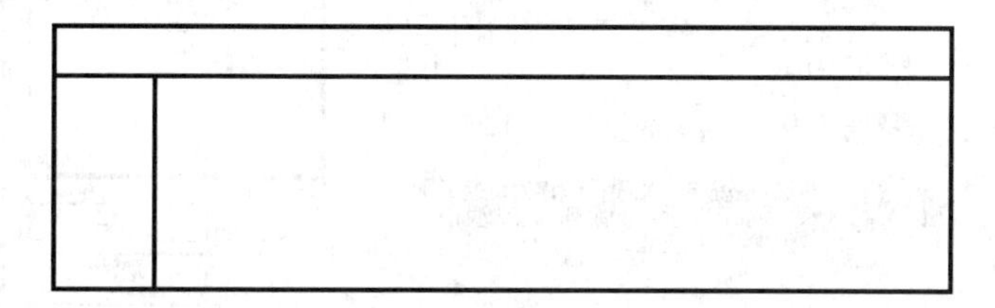

图 8-28　绘制标题栏

③复制表格内竖线　下面通过“复制”命令画出所有的表格竖线。单击“修改”工具栏的复制按钮，启动复制命令，过程如下：

命令：**COPY**↙ （或单击“修改”工具栏中的复制按钮）

选择对象：(选择刚绘制的竖线）

选择对象：↙ （结束选择）

指定基点或位移，或者 [重复(M)]：**M**↙ （进行多重复制）

指定基点：(在绘图区任意点取一点）

指定位移的第二点或 <用第一点作位移>：**@18,0**↙ （复制出第一条竖线）

指定位移的第二点或 <用第一点作位移>：**@35,0**↙ （复制出第二条竖线）

指定位移的第二点或 <用第一点作位移>：**@55,0**↙ （复制出第三条竖线）

指定位移的第二点或 <用第一点作位移>: **@126,0↙** （复制出第四条竖线）

指定位移的第二点或 <用第一点作位移>: **@143,0↙** （复制出第五条竖线）

指定位移的第二点或 <用第一点作位移>: ↙ （结束复制命令）

④绘制表格内的横线 单击“绘图”工具栏画直线按钮，开始绘制表格内的横线，过程如下：

命令：**LINE↙**

指定第一点：**0,6↙** （左侧横线的起点坐标）

指定下一点或 [放弃(U)]: **@55,0↙** （用相对坐标确定直线的终点）

指定下一点或 [放弃(U)]: ↙ （结束直线命令）

命令：↙ （回车，重复执行直线命令）

指定第一点： **55,14↙** （右侧横线的起点坐标）

指定下一点或 [放弃(U)]: **@125,0↙** （用相对坐标确定直线的终点）

指定下一点或 [放弃(U)]: ↙ （回车结束直线命令）

⑤复制表格横线 通过“修改”工具栏的阵列按钮，复制出表格横线。单击按钮，弹出“阵列”对话框，在对话框中选择“矩形阵列”，单击“选择对象”按钮，选择刚绘制的左侧横线，在对话框中确认为 6 行 1 列，“行偏移”为 6、“列偏移”为 0、“阵列角度”为 0，如图 8-29 所示，单击“确定”按钮，即可复制出所有左侧横线。

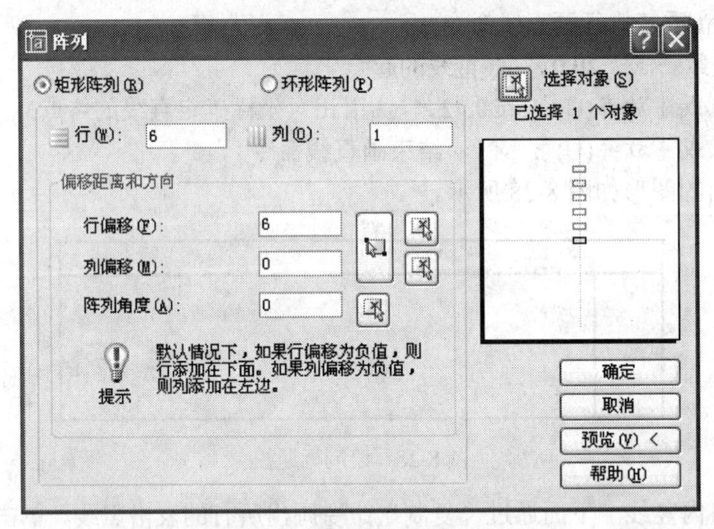

图 8-29 “阵列”对话框

用同样的方法即可复制出右侧的表格横线。只是在“阵列”对话框中，应当选择右侧横线为阵列对象，2 行 1 列，行偏移为 14 即可。当然也可以直接采用“复制”命令复制出表格横线。

（3）书写表格文字

表格内的固定文字使用 TEXT 命令书写。所谓固定文字，即为表格内不随图纸改变的文字，如工程主持人、主任工程师、专业负责人、设计、绘图、审核、校正、工程名称、工程项目、图名、工号、分号、图号等字样。例如书写“工程主持人”，首先在该方格内画出一条对角线，然后使用 TEXT 命令采用“正中”对正的方式捕捉斜线中点将文字写出，最后在把斜线删除。过程如下：

命令：**LINE**↙　（单击“绘图”工具栏画直线按钮）

指定第一点：（捕捉方格左下角点）

指定下一点或 [放弃(U)]：（捕捉方格右上角点）

指定下一点或 [放弃(U)]：↙　（结束画对角斜线）

命令：**TEXT**↙　（使用 TEXT 命令书写文字）

当前文字样式：Standard　当前文字高度：5.0000

指定文字的起点或 [对正(J)/样式(S)]：**J**↙　（选择对正方式）

输入选项 [对齐（A）/调整（F）/中心（C）/中间（M）/右（R）/左上（TL）/中上（TC）/右上（TR）/左中（ML）/正中（MC）/右中（MR）/左下（BL）/中下（BC）/右下（BR）]：**MC**↙　（采用“正中”对正方式）

指定文字的中间点：　_mid 于（捕捉斜线中点）

指定高度 <5.0000>：　**3.5**↙　（指定文字高度为 3.5）

指定文字的旋转角度 <0>：↙（采用缺省角度）

输入文字：**工程主持人**↙　（输入文字）

输入文字：↙　（结束写文字命令）

命令：**ERASE**↙　（或单击“修改”工具栏中的删除按钮）

选择对象：（选择斜线）

选择对象：↙　（结束删除命令）

其他的固定文字都可以按照上述方法将文字写出，也可以把刚才书写的文字复制到其他方格中，再使用 DDEDIT 命令修改文字，此处不再赘述。

对于标题栏中的可变文字，采用属性定义的方法将其定义为图块的属性，在插入图块时，再给出属性值。所谓可变文字，即为标题栏中随不同的图纸而改变的文字，例如工程名称、工程项目、图名、工号、分号、图号等应填写的具体内容。对于属性的定义方法，可以参阅前面定义定位轴线编号为属性的方法，此处亦不再赘述。

标题栏绘制完成后，定义名称为“标题栏”的图块，插入基点选择在右下角，并存储到指定的位置，以备以后使用。

2．会签栏

按照建筑制图标准规定，会签栏应按图 8-30 所示的格式绘制，其尺寸为 100mm×20mm，栏内应填写会签人员所代表的专业、姓名、日期（年、月、日）。

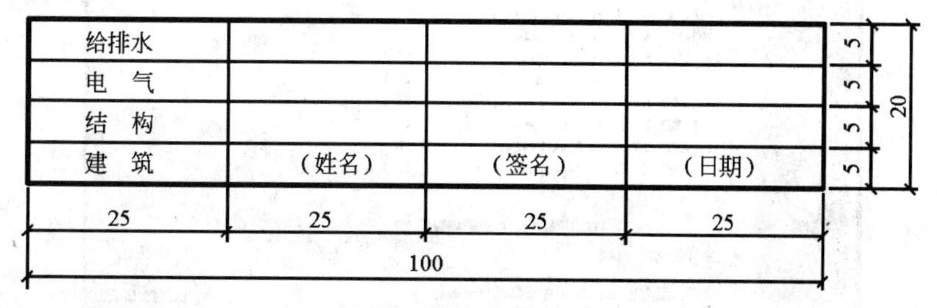

图 8-30　会签栏

绘制会签栏之前先要设置绘图环境，设置方法与绘制标题栏设置的环境完全相同。对于会签栏的绘制方法，因为会签栏的绘制比标题栏要简单并且与标题栏的绘制方法相似，所以可以参照标题栏的绘制方法，此处不再赘述。

会签栏中需要书写的文字，也可以分成两类：一类是固定文字，如各专业的名称，象建筑、结构、电气、给排水等，可以直接使用 TEXT 命令书写；另一类是可变文字，如各专业的负责人姓名，可以定义为图块的属性。对于这两类文字的书写与定义方法，可以参照标题栏中文字的书写与定义方法，此处亦不再赘述。至于需要签署的姓名和日期，需要留作空白，由各专业负责人手工签署。

会签栏绘制完成后，定义名称为“会签栏”的图块，插入基点选择在右下角，并存储到指定的位置，以备以后使用。

3．定义绘图样板

在每次开始绘图时，如果都要设置绘图环境，包括文字样式、尺寸标注样式、图层、颜色和线型、图框、标题栏、会签栏等内容，则重复工作太多，工作效率不高。实际上 AutoCAD 在开始绘制一个新图形时，都要使用一个样板图，缺省的样板图是 acadiso.dwt。在这个缺省的样板中，定义缺省的图层是 0 层、白色、连续线型，当前颜色、当前线型、当前线宽都是 Bylayer；文字样式为 Standard，使用 TXT.SHX 字体；缺省的尺寸标注样式为 ISO-25，绘图界限为（0，0）-（420，297），为标准的 A3 图纸，没用图框、标题栏和会签栏。

AutoCAD2005 提供了自定义样板图的功能，因此只要事先定义了样板图，则每次开始绘制新图形时，使用自定义的样板图，会省去很多工作量。

（1）自定义样板图的方法

启动 AutoCAD2005，设置好绘图环境后，选择“文件”菜单中的“另存为”，则弹出对话框，将对话框中的“文件类型”下拉列表中选择“AutoCAD 图型样板（*.dwt）”，在“文件名”文本框中输入所定义的样板图的名称，例如 A2，如图 8-31 所示。单击确定按钮后，关闭对话框，就会生成一个文件名为 A2.DWT 的绘图样板。

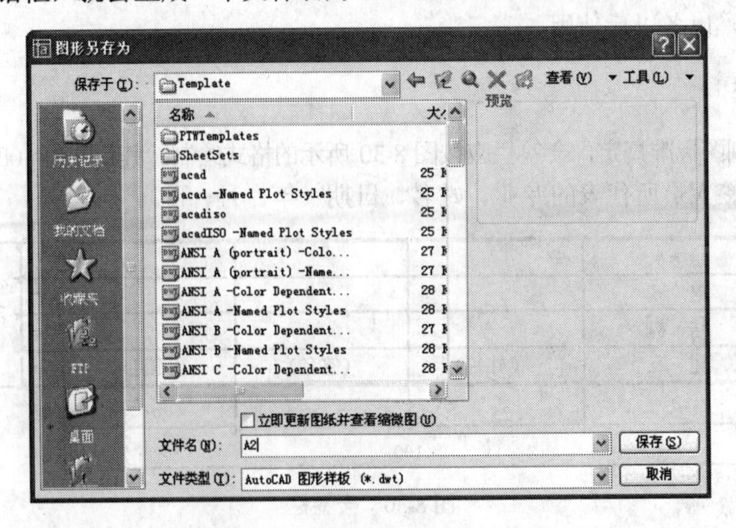

图 8-31 “图形另存为”对话框

（2）自定义样板图

在建筑制图中，常用的图纸幅面有 A3、A2、A1、A0 等标准幅面，可以对每一种图纸幅面定义一个样板图形；在定义样板图形时，可以采用 1:1 的比例，当绘图比例不是 1:1 时，只需作很少的改动，例如绘图比例时 1:100 时，使用样板图形新建一个新图形，在绘图之前首先将图框、标题栏、会签栏等以左下角为基点放大 100 倍，设置线型比例因子 LTSCALE 为 100，设置尺寸标注样式中的全局比例因子 DIMSCALE 为 100，在图中书写文字的高度亦为字号的 100 倍即可。

下面以 A3 图纸幅面为例，说明样板图形的定义方法。对于其他各种幅面的图纸，可以参照 A3 图纸样板图形定义的方法分别定义。

启动 AutoCAD2005 后，按照下述步骤进行操作：

①定义文字样式“国标-文字”　设置字体为 GBENOR.SHX 和 GBCBIG.SHX，字高为 0，宽度系数为 1.0，如图 8-2 所示。单击“应用”后再单击“关闭”按钮，关闭对话框，则文字样式“国标-文字”成为当前文字样式。

②设置图层　单击“图层特性管理器”按钮，在对话框中设置图层“建筑-轴线”、“建筑-墙线”、“建筑-图例”、“建筑-符号”、“建筑-文字”等图层，各个图层的颜色、线型、图线宽度等见图 8-32，并把图层“建筑-轴线”设置为当前图层，单击确定关闭对话框。

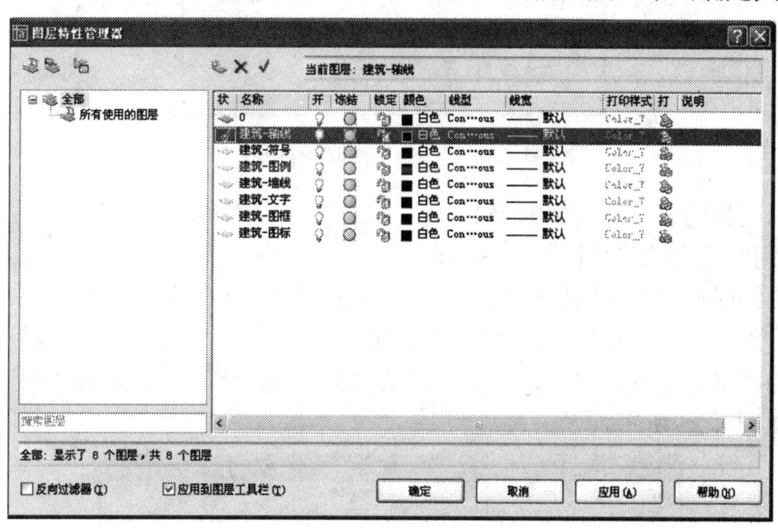

图 8-32　图层设置

③设置尺寸标注样式　单击“样式”工具栏中的标注样式按钮，弹出“标注样式管理器”对话框，在该对话框中进行尺寸标注样式的设置。

④绘制 A3 图幅的裁边线及图框线　将图层“建筑-图标”设置为当前层，单击“绘图”工具栏画矩形按钮，操作过程如下：

命令：**RECTANG**↙

指定第一个角点或［倒角(C)/标高(E)/圆角(F)/厚度(T)/宽度(W)］：**0,0**

指定另一个角点或［尺寸(D)］：**@420,297**↙

画出裁边线后，将图层“建筑-图框”设置为当前层，单击“绘图”工具栏画矩形按钮，操作过程如下：

命令：**RECTANG↙**

指定第一个角点或［倒角(C)/标高(E)/圆角(F)/厚度(T)/宽度(W)]：**25,5↙**

指定另一个角点或［尺寸(D)]：**@390,287↙**

⑤插入标题栏和会签栏　先将以前定义的图块“标题栏”插入到图形中，插入点选择在图框线的右下角点，插入比例为1，旋转角度为0。当提示输入工程名称、工程项目、图名、工号、分号、图号等属性值时，使用其缺省值。然后把以前定义的图块“会签栏”插入到图形中，插入点选择在图框线的左上角点，插入比例为1，旋转角度为90。当提示输入各个姓名等属性值时，使用其缺省值。

⑥存盘　选择“文件”菜单中的“另存为”菜单项，在弹出的对话框中选择文件类型为“AutoCAD 图形样板（*.dwt)”，输入文件名为A3，单击“保存”按钮弹出“样板说明”对话框如图8-33所示。在该对话框中键入说明文字，单击“确定”按钮后，即可生成一个文件名为A3.dwt的样板图。

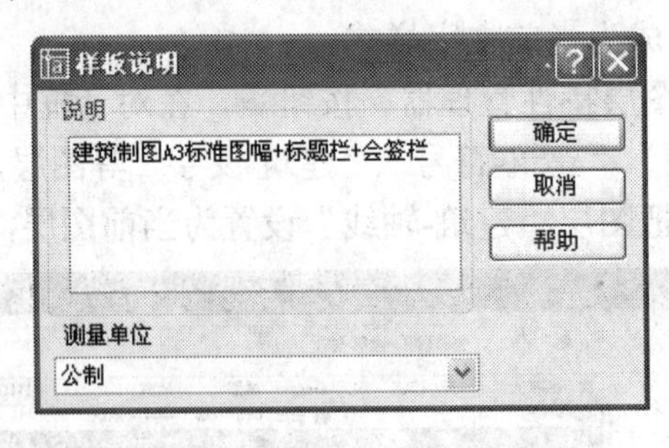

图8-33　“样板说明”对话框

可以使用同样的方法定义A0、A1、A2、A4等样板图形，此处不再赘述。

（3）使用自定义的样板图

要想在绘图时使用定义的样板图，需要对AutoCAD2005进行设置。在AutoCAD中，单击“工具”下拉菜单，选择“选项”，则弹出入图8-34所示的“选项”对话框，在“系统”选项卡的“基本选项”组中，单击“启动”框右侧向下三角，选择【显示“启动”对话框】项，如图8-35所示。

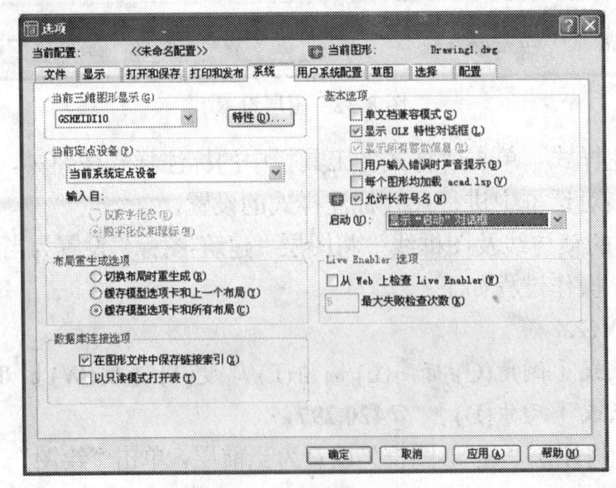

图8-34　“选项”对话框

这样，在启动 AutoCAD2005 就会显示“启动”对话框或者在 AutoCAD2005 中点击“新建”按钮时会显示“创建新图形”对话框。在该对话框中选择第三个按钮“使用样板”，则在列表框中显示出所有可以使用的样板图形，如图 8-35 和 8-36 所示。选中列表框中的 A3.dwt 后，单击确定，即可生成以刚才定义的 A3.dwt 为样板图的新图形，这个新图形的各项环境设置与样板图 A3.dwt 完全一样。

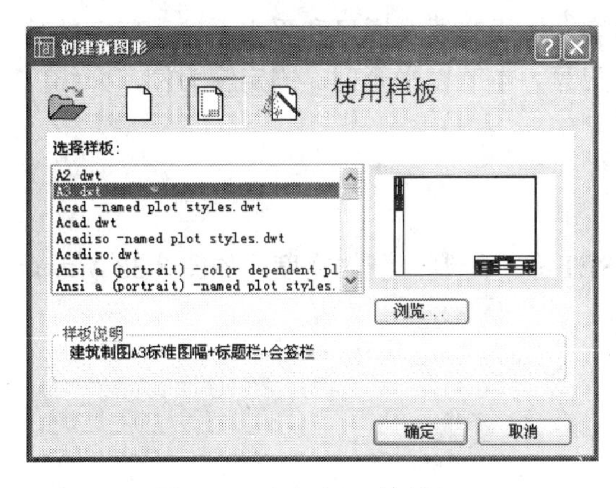

图 8-35　“启动”对话框

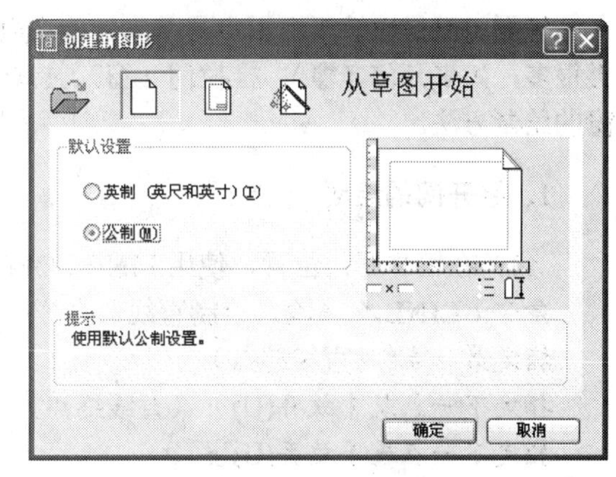

图 8-36　“创建新图形”对话框

如果要对图形中标题栏和会签栏中的内容进行修改，可以使用修改附着在块中的属性编辑命令。启动块属性编辑命令的方法是：

①命令行：ATTEDIT

②菜单：“修改”　→“属性”　→“单个”

③图标：“修改 II”　工具栏

修改的步骤如下：

①启动 ATTEDIT 命令。

②选择要修改的块，例如选择“标题栏”，弹出“编辑属性”对话框，如图 8-37 所示。

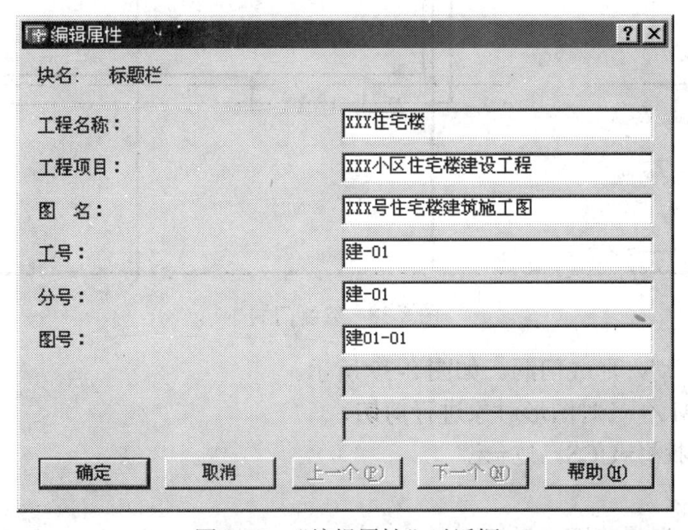

图 8-37　“编辑属性”对话框

③在“编辑属性”对话框中修改属性值。

④单击“确定”按钮，完成属性的修改。

8.6 平面门窗

平面门窗是建筑平面图中最基本的构成内容，属于交通及通风和采光系统。门窗的种类很多，如平开门（窗）、推拉门（窗）、旋转门等。本节以平开门、固定窗为例，介绍门窗的绘制方法。

1．平开门的绘制

（1）在墙体开门位置，使用 LINE、OFFSET 命令绘制门洞的宽度。如图 8-38 所示。

命令：**LINE**↙ （输入绘制直线命令）

指定第一点：（直线起点）

指定下一点或 [放弃(U)]：（直线终点）

指定下一点或 [放弃(U)]：↙

命令：**OFFSET**↙ （偏移生成双线）

指定偏移距离或 [通过(T)] <通过>：**1500**↙ （输入偏移距离或指定通过点位置）

选择要偏移的对象或 <退出>：（选择要偏移的图形）

指定点以确定偏移所在一侧：（指定偏移位置）

选择要偏移的对象或 <退出>：↙ （结束）

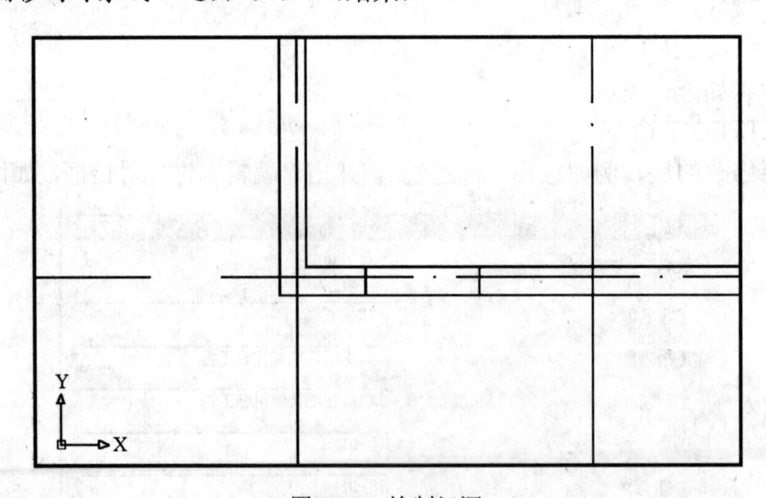

图 8-38　绘制门洞

（2）进行剪切，形成门洞。如图 8-39 所示。

命令：**TRIM**↙ （对图形对象进行剪切）

当前设置：投影=UCS，边=无

选择剪切边...

选择对象：（选择剪切边界）

找到 1 个

选择对象：(选择剪切边界)

找到 1 个，总计 2 个

选择对象：↙

选择要修剪的对象，或按住 Shift 键选择要延伸的对象，或 [投影(P)/边(E)/放弃(U)]:(选择剪切对象)

选择要修剪的对象，或按住 Shift 键选择要延伸的对象，或 [投影(P)/边(E)/放弃(U)]:(选择剪切对象)

……

选择要修剪的对象，或按住 Shift 键选择要延伸的对象，或 [投影(P)/边(E)/放弃(U)]: ↙

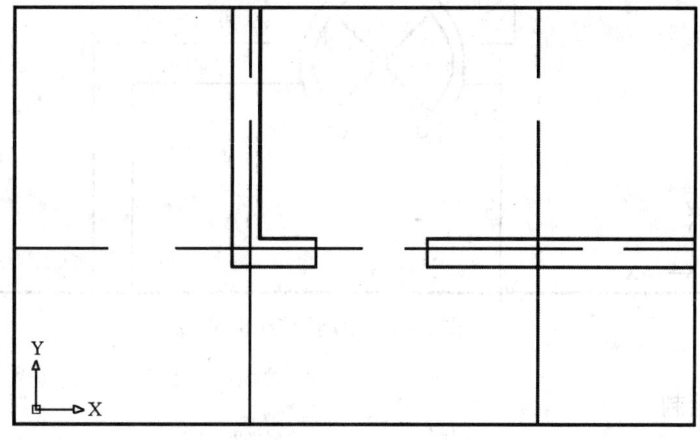

图 8-39 形成门洞

(3) 使用 LINE、ARC 命令绘制门扇。也可以使用 LINE、CIRCLE、TRIM 进行绘制。注意门扇的大小与门洞大小应一致。如图 8-40 所示。

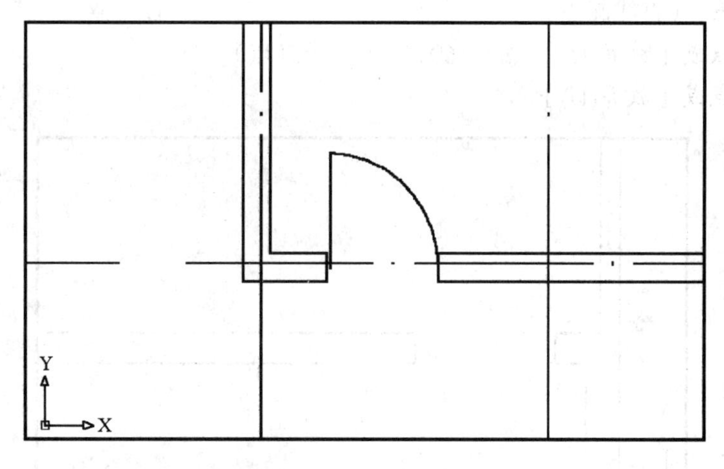

图 8-40 绘制门扇

命令：**LINE**↙ (输入绘制直线命令)

指定第一点：(直线起点)

指定下一点或 [放弃(U)]:(直线终点)

指定下一点或 [放弃(U)]: ↙
命令: **ARC**↙ （绘制弧线）
指定圆弧的起点或 [圆心(C)]:（输入起始点）
指定圆弧的第二个点或 [圆心(C)/端点(E)]:（指定中间点）
指定圆弧的端点:（输入终点）

（4）其他类型的门，如图 8-41 所示的自动旋转门，可按上述方法进行绘制。

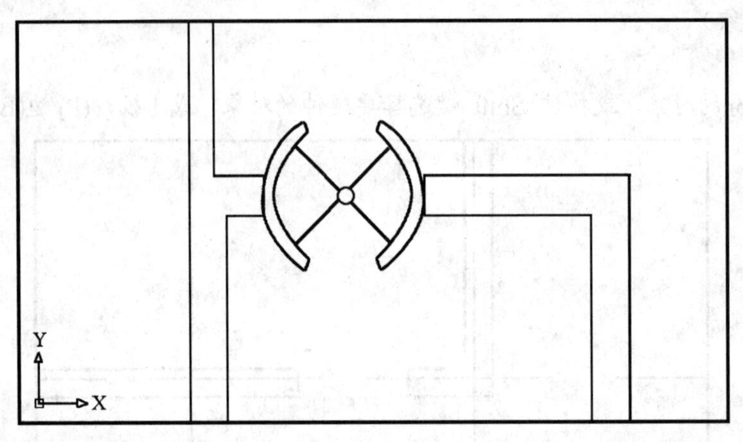

图 8-41　自动旋转门

2．窗户的绘制

（1）窗户的绘制相对简单些，使用 LINE、OFFSET 命令绘制窗户洞口的宽度，如图 8-42 所示。

命令: **LINE**↙ （输入绘制直线命令）
指定第一点:（直线起点）
指定下一点或 [放弃(U)]: **@0,360**↙ （直线终点）
指定下一点或 [放弃(U)]: ↙

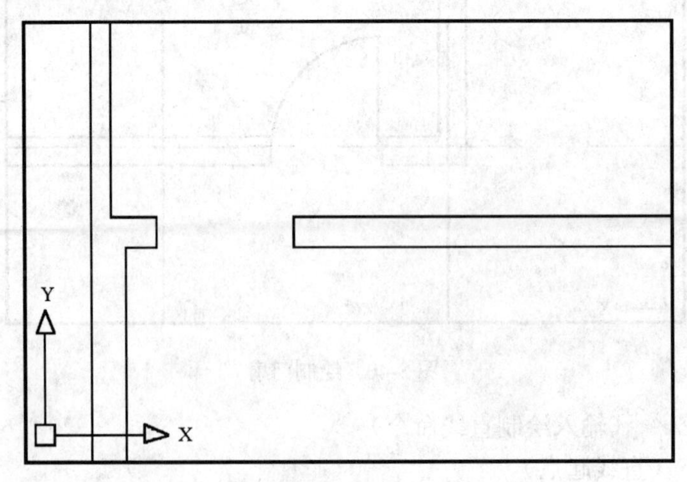

图 8-42　绘制窗洞造型

（2）在窗户洞口之间绘制 2 条平面线，即可构成固定窗户，如图 8-43 所示。

命令：**PLINE**↙　（绘制窗户直线）

指定起点：（确定起点位置）

当前线宽为 0.0000

指定下一个点或 [圆弧(A)/半宽(H)/长度(L)/放弃(U)/宽度(W)]：**@0,1500**↙　（依次输入图形形状尺寸或直接在屏幕上使用鼠标点取）

指定下一点或 [圆弧(A)/闭合(C)/半宽(H)/长度(L)/放弃(U)/宽度(W)]：↙（结束操作）

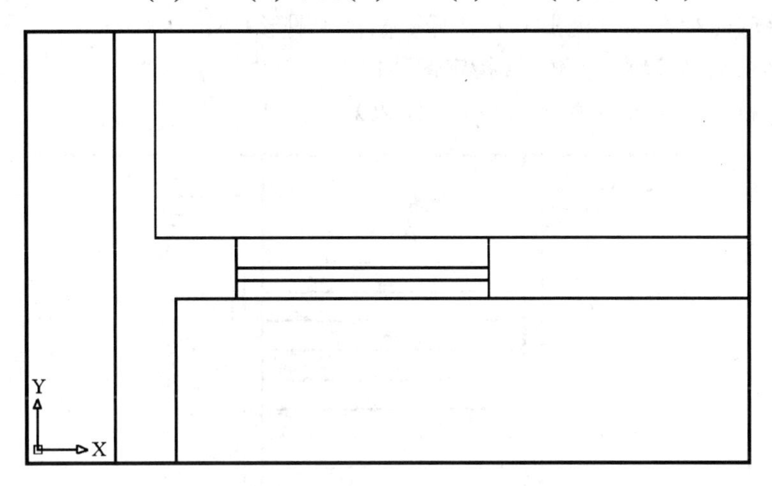

图 8-43　绘制窗户线

8.7　平面楼梯

楼梯是建筑平面图中最基本的构成内容之一，是交通系统的重要组成部分，常见的楼梯有单跑梯、双跑梯和旋转楼梯等。下面以双跑楼梯平面图为例，介绍建筑楼梯平面图的绘制方法。

（1）按前面相关章节介绍的方法，完成楼梯间的墙体、门窗等绘制操作，如图 8-44 所示。

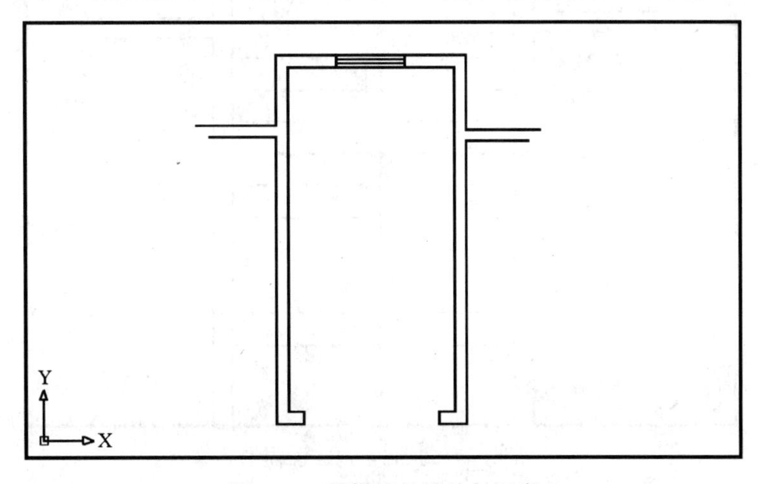

图 8-44　楼梯间的墙体与门窗

（2）使用 LINE 和 OFFSET 或 COPY 命令绘制楼梯踏步，如图 8-45 所示。

命令：**LINE**↙　（输入绘制直线命令）

指定第一点：（直线起点）

指定下一点或［放弃(U)］：**@2700,0**↙　（直线终点）

指定下一点或［放弃(U)］：↙

命令：**OFFSET**↙（偏移生成楼梯踏步）

指定偏移距离或［通过(T)］ <通过>：**300**↙　（输入偏移距离或指定通过点位置）

选择要偏移的对象或 <退出>：（选择要偏移的图形）

指定点以确定偏移所在一侧：（指定偏移位置）

选择要偏移的对象或 <退出>：↙　（结束）

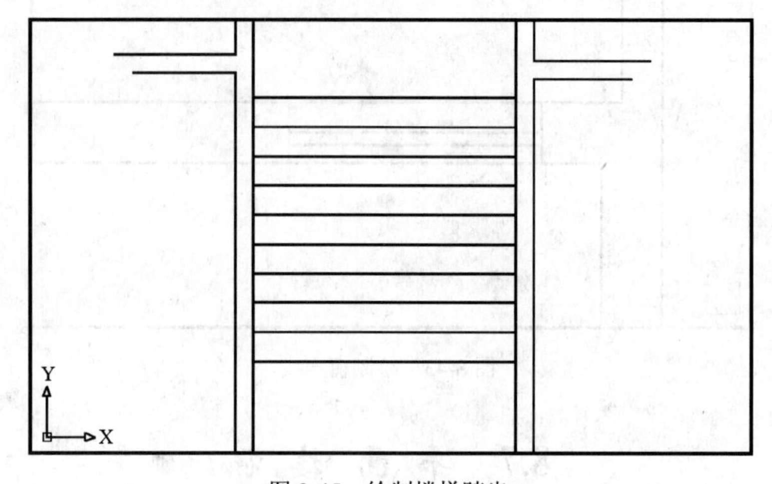

图 8-45　绘制楼梯踏步

（3）通过 RECTANGLE 命令建立楼梯扶手。楼梯扶手位于楼梯中间位置，注意捕捉直线的中点，如图 8-46 所示。

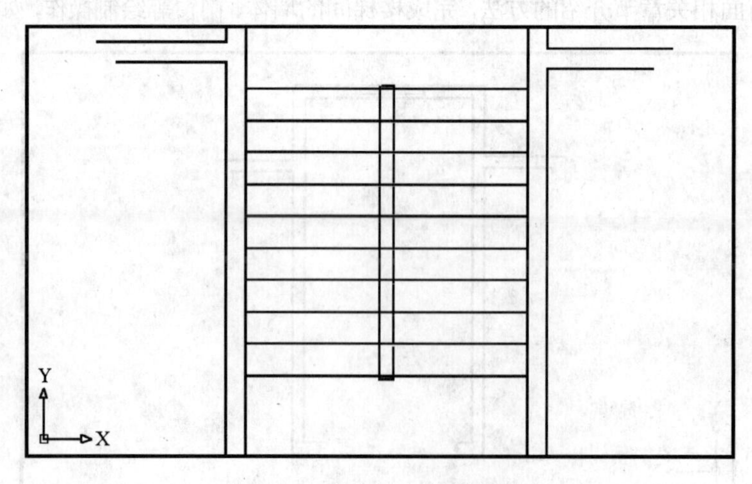

图 8-46　绘制矩形楼梯扶手

命令：**RECTANG**↙　（绘制矩形楼梯扶手）
指定第一个角点或 [倒角(C)/标高(E)/圆角(F)/厚度(T)/宽度(W)]：　（指定一点）
指定另一个角点或 [尺寸(D)]：**D**↙　（输入 D 指定尺寸）
指定矩形的长度 <0.0000>：**3000**↙　（输入长度）
指定矩形的宽度 <0.0000>：**150**↙　（输入宽度）
指定另一个角点或 [尺寸(D)]：↙

（4）将多余的线条进行剪切，并偏移生成扶手，如图 8-47 所示。

命令：**TRIM**↙　（进行多个图形同时剪切）
当前设置：投影=UCS，边=无
选择剪切边...
选择对象：（选择剪切边界）
找到 1 个
选择对象：↙
选择要修剪的对象，或按住 Shift 键选择要延伸的对象，或 [投影(P)/边(E)/放弃(U)]：**F**↙（输入 F 进行多个图形同时剪切）
第一栏选点：（指定起点位置）
指定直线的端点或 [放弃(U)]：（下一点位置）
指定直线的端点或 [放弃(U)]：↙
选择要修剪的对象，或按住 Shift 键选择要延伸的对象，或 [投影(P)/边(E)/放弃(U)]：↙
命令：**OFFSET**↙（偏移生成楼梯扶手）
指定偏移距离或 [通过(T)] <通过>：**30**↙（输入偏移距离或指定通过点位置）
选择要偏移的对象或 <退出>：（选择要偏移的图形）
指定点以确定偏移所在一侧：（指定偏移位置）
选择要偏移的对象或 <退出>：↙　（结束）

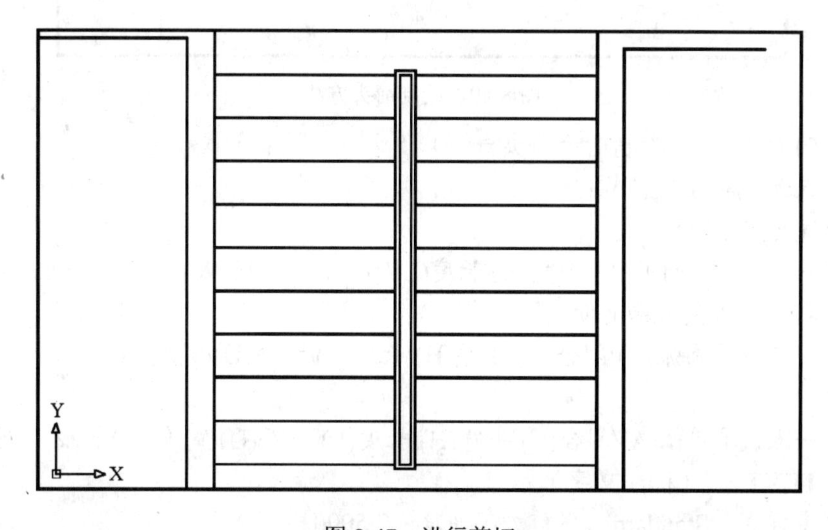

图 8-47　进行剪切

（5）绘制指示箭头和标注文字。指示箭头可以先绘制一个小三角图形，再使用 HATCH 进行填充即可。其大小根据比例确定，如图 8-48 和图 8-49 所示。

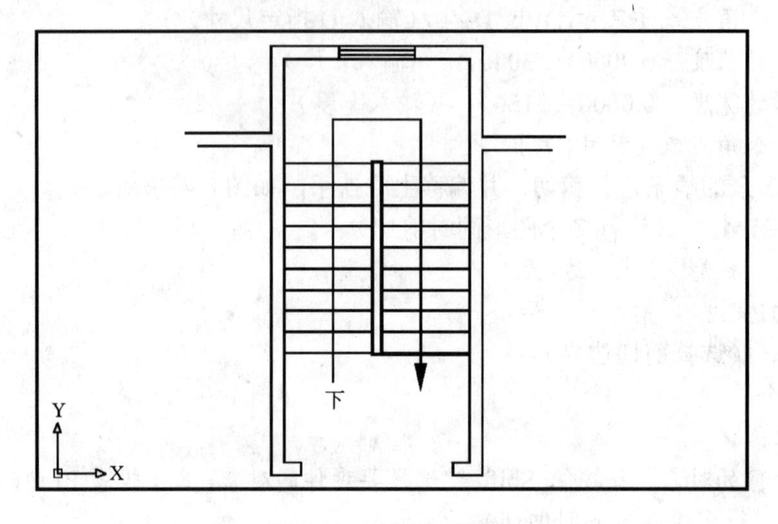

图 8-48　绘制指示箭头

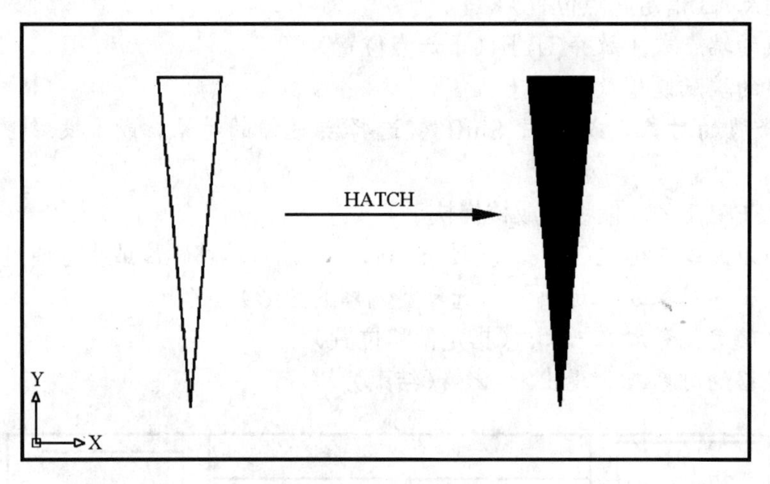

图 8-49　绘制箭头方法

命令：**PLINE**↙　（绘制指示箭头直线）

指定起点：（确定起点位置）

当前线宽为 0.0000

指定下一个点或 [圆弧(A)/半宽(H)/长度(L)/放弃(U)/宽度(W)]：**@0,2400**↙（依次输入图形形状尺寸或直接在屏幕上使用鼠标点取）

指定下一点或 [圆弧(A)/闭合(C)/半宽(H)/长度(L)/放弃(U)/宽度(W)]：（下一点）

……

指定下一点或 [圆弧(A)/闭合(C)/半宽(H)/长度(L)/放弃(U)/宽度(W)]：↙　（结束操作）

命令：**TEXT**↙　（标注文字）

当前文字样式：Standard　当前文字高度：2.5000

指定文字的起点或 [对正(J)/样式(S)]：（指定文字的起点位置）

指定高度 <2.5000>: ↙
指定文字的旋转角度 <0>: ↙
输入文字： **下**↙
输入文字： ↙

（6）其他形状的楼梯（如图 8-50 所示的剪式楼梯），均可参照上述方法绘制。

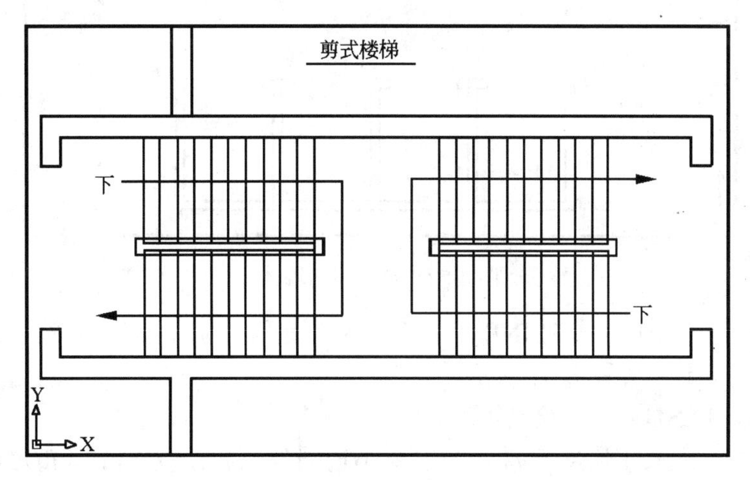

图 8-50　剪式楼梯

8.8 平 面 电 梯

在高层建筑，电梯是主要的交通工具。如图 8-51 所示。下面以其中一个电梯为例，介绍电梯平面图的绘制方法。

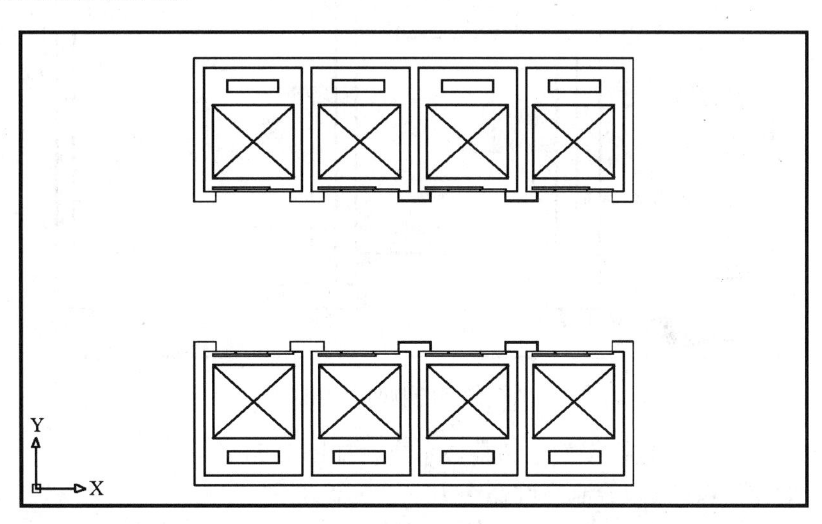

图 8-51　电梯间

（1）先完成电梯间的墙体及门洞绘制。绘制方法与前面的论述相同，如图 8-52 所示。

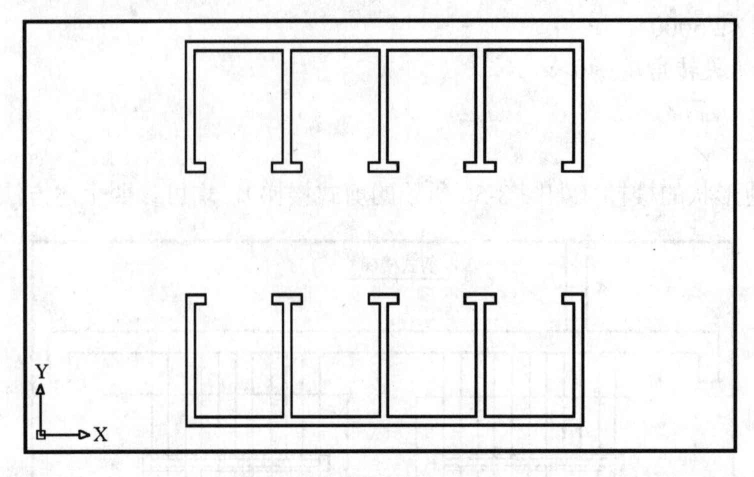

图 8-52　电梯间的墙体

（2）使用 RECTANG 或 PLINE 命令绘制两个矩形，构成电梯轿箱造型。两个矩形的中心对称要保持一致，如图 8-53 所示。

命令：**RECTANG↙**　（绘制矩形）

指定第一个角点或 [倒角(C)/标高(E)/圆角(F)/厚度(T)/宽度(W)]:（指定位置）

指定另一个角点或 [尺寸(D)]:　**D↙**　（输入 D 指定尺寸）

指定矩形的长度 <0.0000>:　**2500↙**　（输入长度）

指定矩形的宽度 <0.0000>:　**2150↙**　（输入宽度）

指定另一个角点或 [尺寸(D)]:　↙

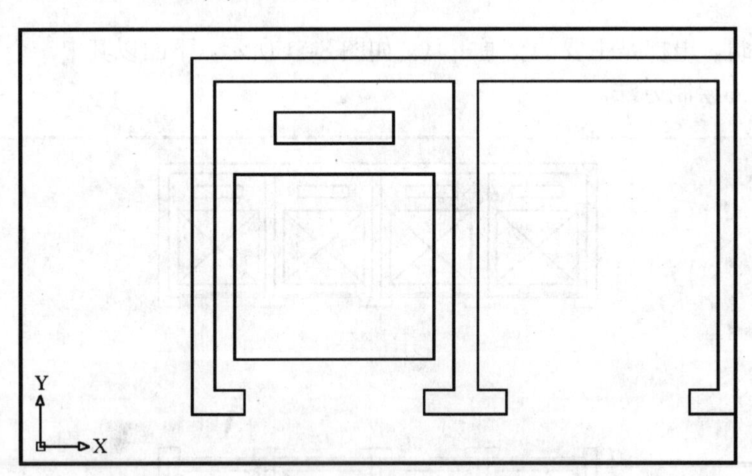

图 8-53　绘制两个矩形

（3）创建 2 条交叉直线作为电梯整体示意，如图 8-54 所示。

命令：**LINE↙**　（输入绘制直线命令）

指定第一点：（直线起点）

指定下一点或 [放弃(U)]:（直线终点）

指定下一点或 [放弃(U)]:　↙

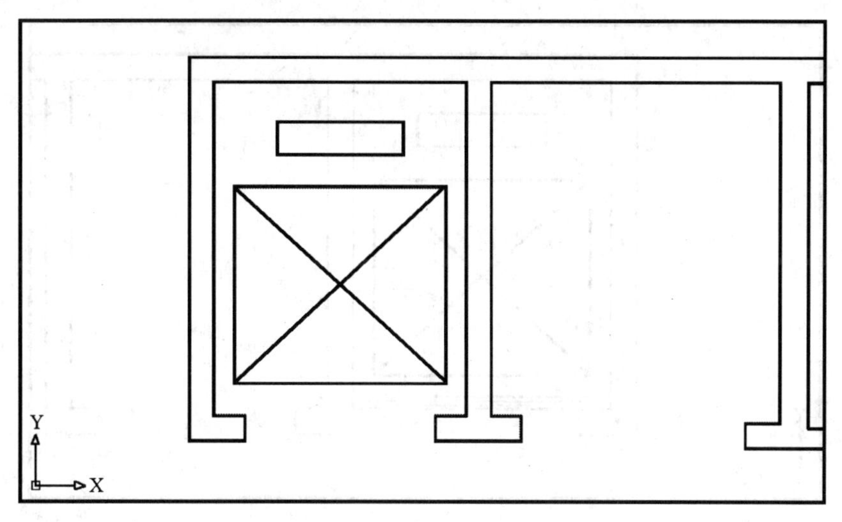

图 8-54　创建 2 条交叉直线

（4）绘制电梯门。可以通过 PLINE、RECTANG 或 LINE 进行，如图 8-55 所示。

命令：**PLINE↙**（绘制电梯门）

指定起点：（确定起点位置）

当前线宽为 0.0000

指定下一个点或 [圆弧(A)/半宽(H)/长度(L)/放弃(U)/宽度(W)]：**@1100，0↙**（依次输入图形形状尺寸或直接在屏幕上使用鼠标点取）

指定下一点或 [圆弧(A)/闭合(C)/半宽(H)/长度(L)/放弃(U)/宽度(W)]：（下一点）

……

指定下一点或 [圆弧(A)/闭合(C)/半宽(H)/长度(L)/放弃(U)/宽度(W)]：↙（结束操作）

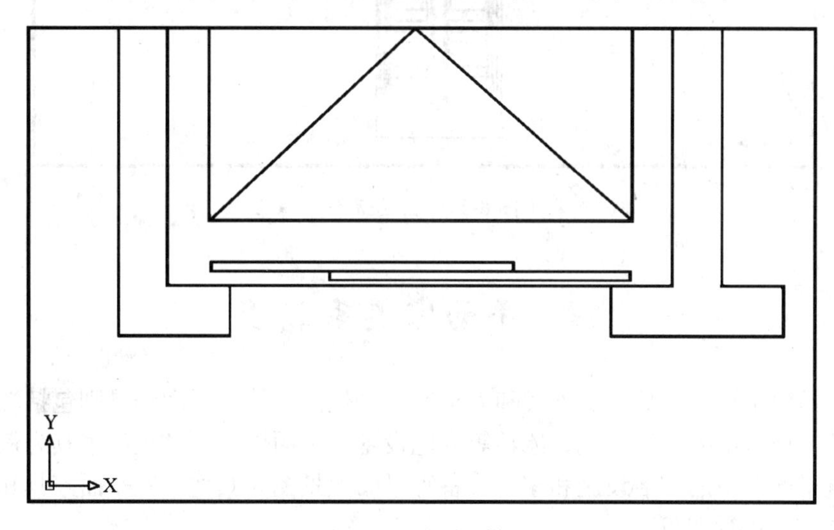

图 8-55　绘制电梯门

（5）完成单个电梯的绘制，如图 8-56 所示。可以复制生成其他的电梯，最后得到如图 8-51 所示的整个电梯平面图。

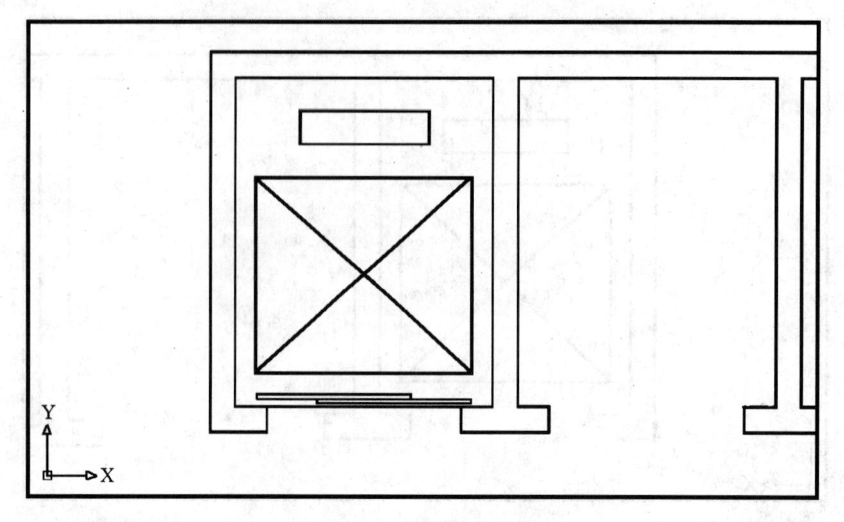

图 8-56　完成单个电梯

（6）其他电梯同样按此方法进行绘制，如图 8-57 所示的自动扶梯。

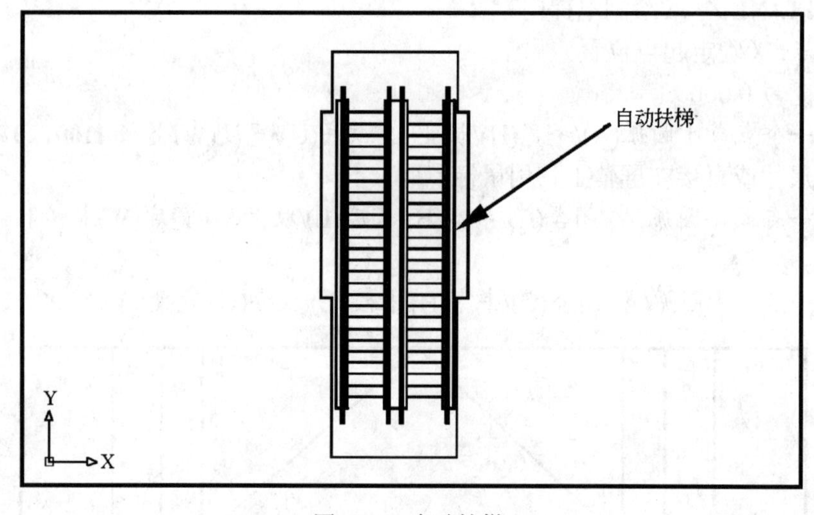

图 8-57　自动扶梯

8.9　平面家具和洁具

平面家具包括椅子、桌子、沙发和衣柜等一些生活设施，平面洁具则包括洗脸盆、浴缸等，此外，还有电视、洗衣机、冰箱等家电设备。下面以一些常见的家具为例，说明如何绘制建筑平面图中的生活设施和家电设备等平面配景图。其他一些平面家具和洁具可以按照相应的方法进行即可。

8.9.1　沙发及椅子

以图 8-58 所示的休闲椅子为例，介绍沙发及椅子的绘制方法。

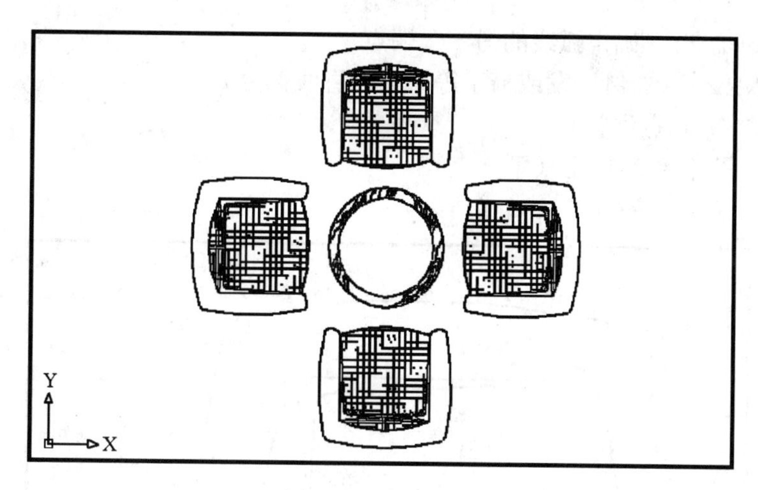

图 8-58　休闲椅子

（1）使用 LINE 命令绘制一条辅助线，然后使用 ARC 创建椅子的扶手和椅子面，如图 8-59 所示。

命令: **LINE**↙ （绘制沙发或椅子等家具的直线部分）

指定第一点:（起点位置）

指定下一点或 [放弃(U)]:（下一点）

指定下一点或 [放弃(U)]: ↙　（结束）

命令: **ARC**↙ （绘制弧线段部分）

指定圆弧的起点或 [圆心(C)]:（确定弧线的端点）

指定圆弧的第二个点或 [圆心(C)/端点(E)]:（确定弧线的中点）

指定圆弧的端点:（确定弧线的另一个端点）

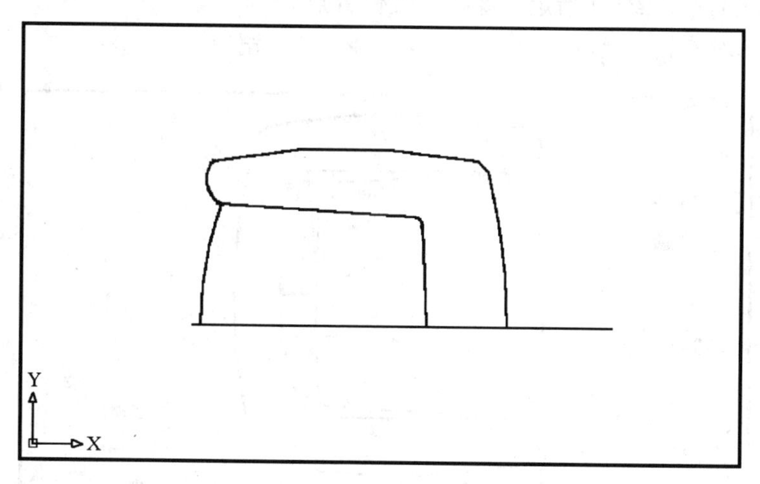

图 8-59　创建椅子面

（2）勾画扶手与椅子面交接轮廓，如图 8-60 所示。

命令: **ARC**↙ （绘制弧线段部分）

指定圆弧的起点或 [圆心(C)]:（确定弧线的端点）

指定圆弧的第二个点或 [圆心(C)/端点(E)]:（确定弧线的中点）

指定圆弧的端点:（确定弧线的另一个端点 ）
命令: **LINE**↙ （绘制沙发或椅子等家具的直线部分）
指定第一点:（起点位置）
指定下一点或 [放弃(U)]:（下一点）
指定下一点或 [放弃(U)]: ↙ （结束）

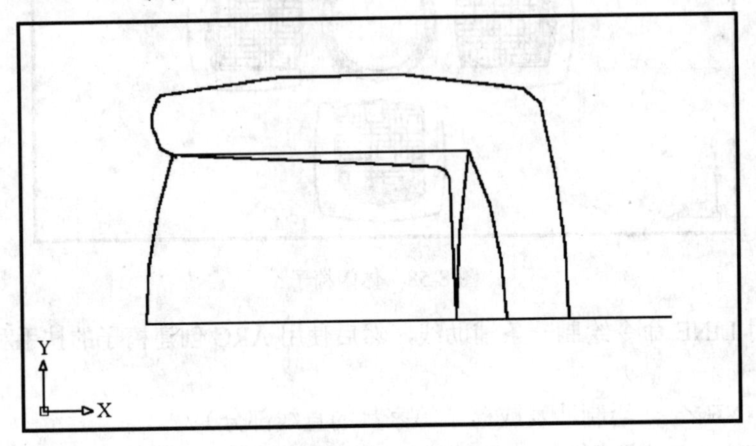

图 8-60 勾画交接轮廓

（3）创建对应的一侧的沙发，如图 8-61 所示。
命令: **MIRROR**↙ （镜像创建对应的一侧的椅子图形）
选择对象:（使用窗口选择对象）找到 31 个
选择对象: ↙
指定镜像线的第一点:（指定镜像线第 1 位置点）
指定镜像线的第二点:（指定镜像线第 2 位置点）
是否删除源对象？ [是(Y)/否(N)] <N>: ↙ （保留原图形）

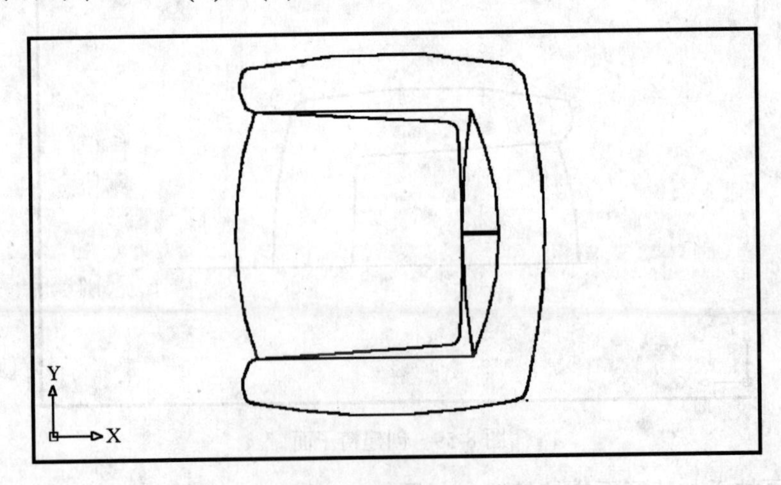

图 8-61 镜像对应的一侧

（4）使用填充命令，选择合适的填充图案对所绘图形椅子面进行图案填充。需要进行两次填充，填充的比例、角度可以根据效果调整，如图 8-62 所示。

命令：**HATC0H**↙　（进行椅子面及靠背图案填充）
输入图案名或［?/实体(S)/用户定义(U)］ <ANGLE>：↙
指定图案缩放比例 <1.0000>：↙
指定图案角度 <0>：↙
选择定义填充边界的对象或 <直接填充>,
选择对象：

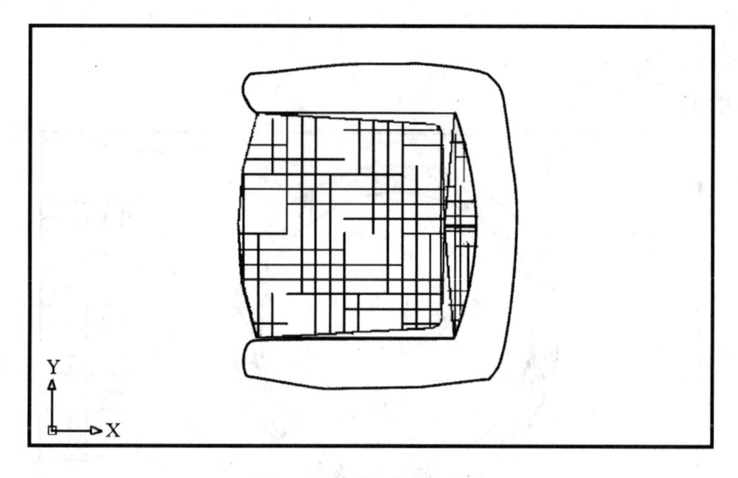

图 8-62　进行图案填充

（5）绘制 2 个同心圆作为茶几。如图 8-63 所示。
命令：**CIRCLE**↙（绘制圆形）
指定圆的圆心或［三点(3P)/两点(2P)/相切、相切、半径(T)］：（指定圆心点位置）
指定圆的半径或［直径(D)］：**750**↙　（输入圆形半径）
命令：**OFFSET**↙　（偏移生成同心圆）
指定偏移距离或［通过(T)］ <通过>：**60**↙　（输入偏移距离或指定通过点位置）
选择要偏移的对象或 <退出>：（选择要偏移的图形）
指定点以确定偏移所在一侧：（指定偏移位置）
选择要偏移的对象或 <退出>：↙

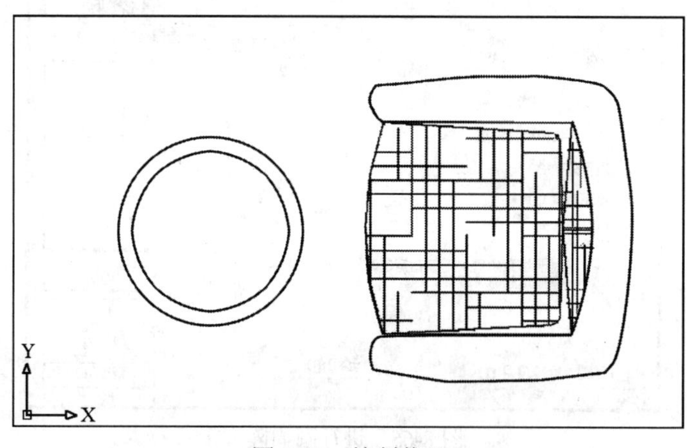

图 8-63　绘制茶几

（6）使用 SPLINE 命令随机勾画两园之间的填充效果，如图 8-64 所示。

命令：**SPLINE**↙　（绘制填充效果）

指定第一个点或［对象(O)］:（在屏幕上指定起点）

指定下一点:（下一点）

指定下一点或［闭合(C)/拟合公差(F)］<起点切向>:（依次绘制下一点）

……

指定下一点或［闭合(C)/拟合公差(F)］<起点切向>:（绘制下一点）

指定起点切向：↙

指定端点切向：↙

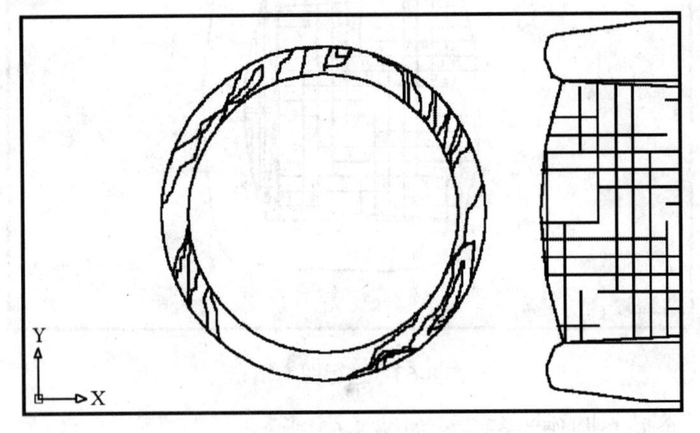

图 8-64　勾画填充效果

（7）进行阵列，生成其他椅子，得到如图 8-58 所示。

命令：**ARRAY**↙　（对椅子进行圆周阵列）

选择对象:（选择椅子）

找到 16 个

选择对象:（在弹出的 Array 对话框中设置阵列个数、进行圆周阵列中心位置等参数，如图 8-65 所示）

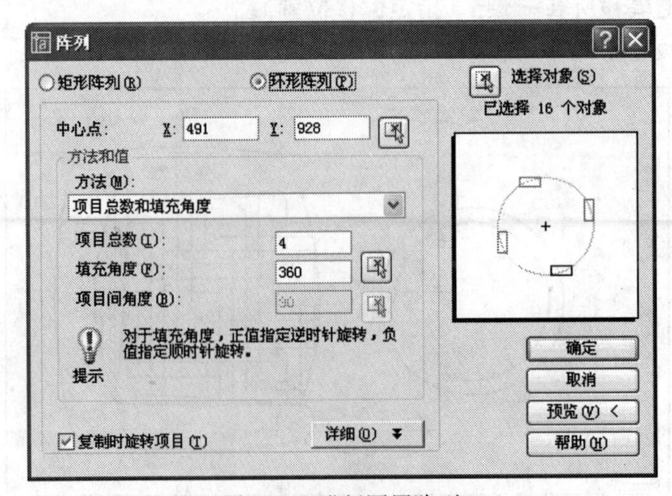

图 8-65　进行圆周阵列

（8）其他的沙发或椅子等可同理进行绘制，如图 8-66 所示。

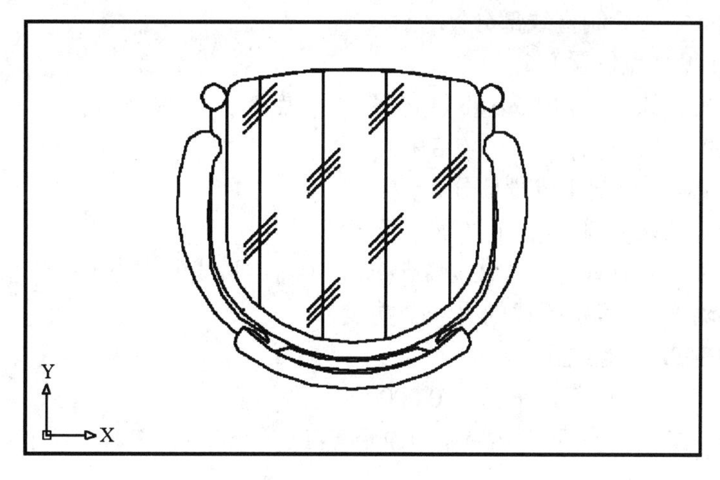

图 8-66　创建其他的沙发椅子

8.9.2　床和桌子

（1）床的外轮廓绘制，如图 8-67 所示。

命令：**RECTANG**↙（绘制矩形作为床的外轮廓）

指定第一个角点或 [倒角(C)/标高(E)/圆角(F)/厚度(T)/宽度(W)]：（指定位置）

指定另一个角点或 [尺寸(D)]：**D**↙（输入 D 指定尺寸）

指定矩形的长度 <0.0000>：**2500**↙（输入长度）

指定矩形的宽度 <0.0000>：**2150**↙（输入宽度）

指定另一个角点或 [尺寸(D)]：↙

命令：**LINE**↙（绘制直线部分）

指定第一点：（起点位置）

指定下一点或 [放弃(U)]：**@0,-1000**↙（下一点）

指定下一点或 [放弃(U)]：↙（结束）

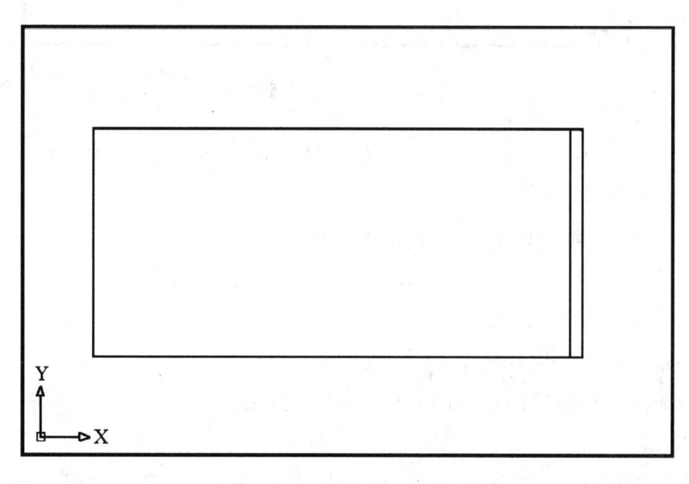

图 8-67　床的外轮廓绘制

（2）利用 ARC、LINE 和 FILLET 命令绘制床的被单造型，如图 8-68 所示。

命令：**LINE↙** （绘制直线部分）

指定第一点：(起点位置)

指定下一点或 [放弃(U)]：**@1000,0↙** （下一点）

指定下一点或 [放弃(U)]：↙ （结束）

命令：**ARC↙** （绘制弧线段部分）

指定圆弧的起点或 [圆心(C)]：(确定弧线的端点)

指定圆弧的第二个点或 [圆心(C)/端点(E)]：(确定弧线的中点)

指定圆弧的端点：(确定弧线的另一个端点)

命令：**FILLET↙** （倒圆角）

当前设置：模式 = 修剪，半径 = 0.0000

选择第一个对象或 [多段线(P)/半径(R)/修剪(T)/多个(U)]：**R↙** （输入 R 设置倒角半径）

指定圆角半径 <0.0000>：**150↙** （设置倒角半径）

选择第一个对象或 [多段线(P)/半径(R)/修剪(T)/多个(U)]：(依次选择各倒角边)

选择第二个对象：

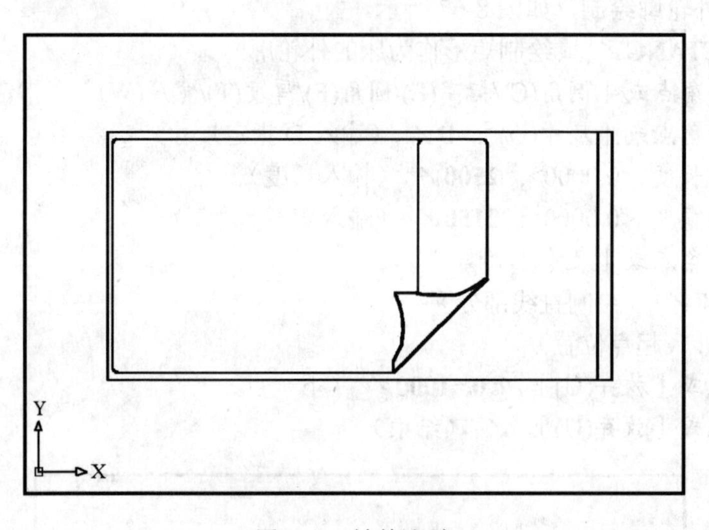

图 8-68 被单造型

（3）利用 ARC、SPLINE 命令绘制靠垫、枕头造型，如图 8-69 所示。

命令：**ARC↙** （绘制弧线段部分）

指定圆弧的起点或 [圆心(C)]：(确定弧线的端点)

指定圆弧的第二个点或 [圆心(C)/端点(E)]：(确定弧线的中点)

指定圆弧的端点：(确定弧线的另一个端点)

命令：**SPLINE↙** （绘制靠垫、枕头造型）

指定第一个点或 [对象(O)]：(在屏幕上指定起点)

指定下一点：(下一点)

指定下一点或 [闭合(C)/拟合公差(F)] <起点切向>：(依次绘制下一点)

指定下一点或［闭合(C)/拟合公差(F)］ <起点切向>:（绘制下一点）
指定下一点或［闭合(C)/拟合公差(F)］ <起点切向>:（绘制下一点）
指定下一点或［闭合(C)/拟合公差(F)］ <起点切向>:（绘制下一点）
……
指定起点切向：↙
指定端点切向：↙

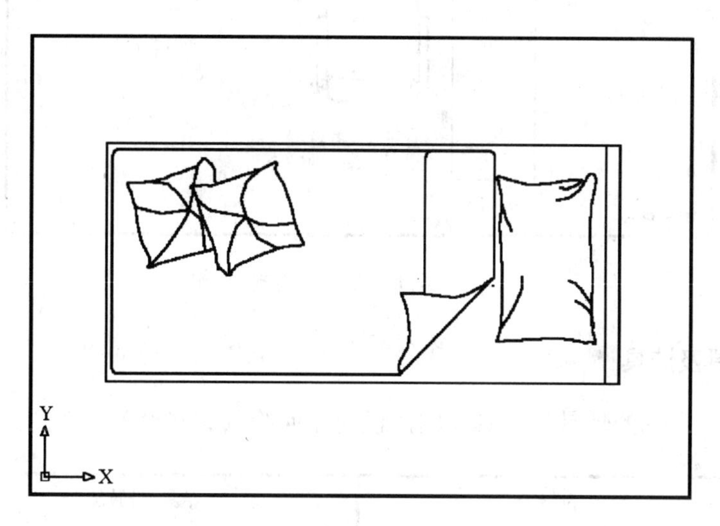

图 8-69　绘制枕头等造型

（4）双人床的创建与此相类似，如图 8-70 所示。

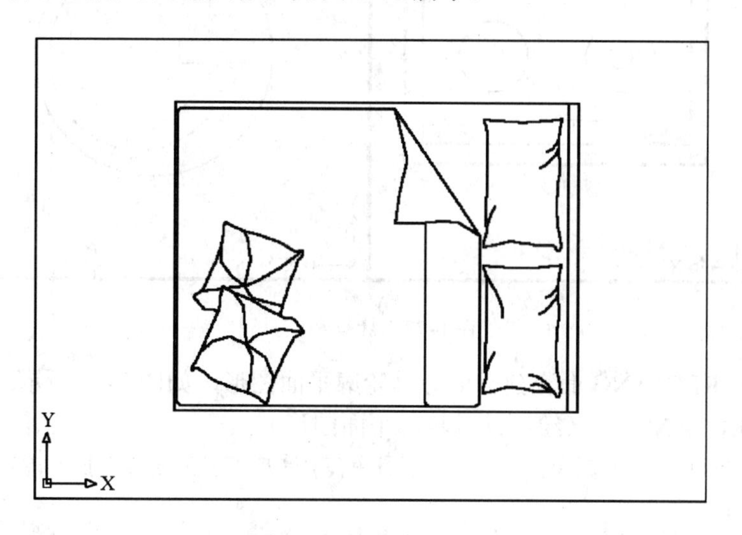

图 8-70　双人床的创建

（5）桌子的绘制方法可以参照床的绘制方法，如图 8-71 所示。

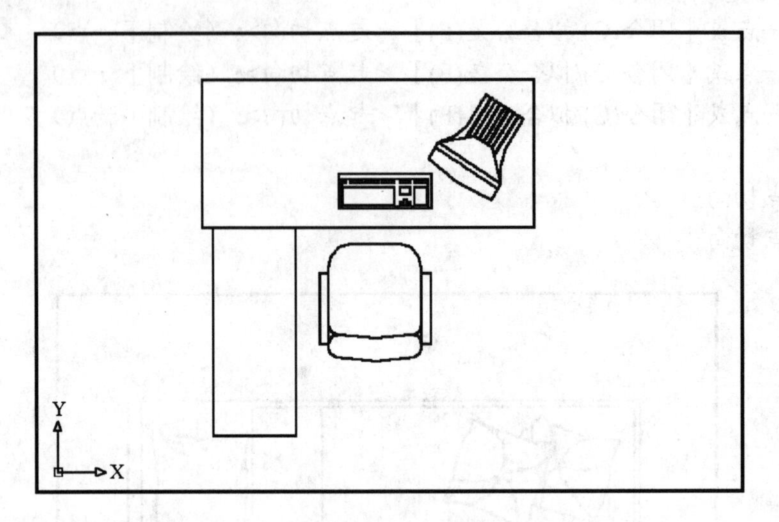

图 8-71　桌子的绘制

8.9.3　灶具及洁具

以如图 8-72 所示的灶具、洁具为例，说明如何绘制这些设备平面图。

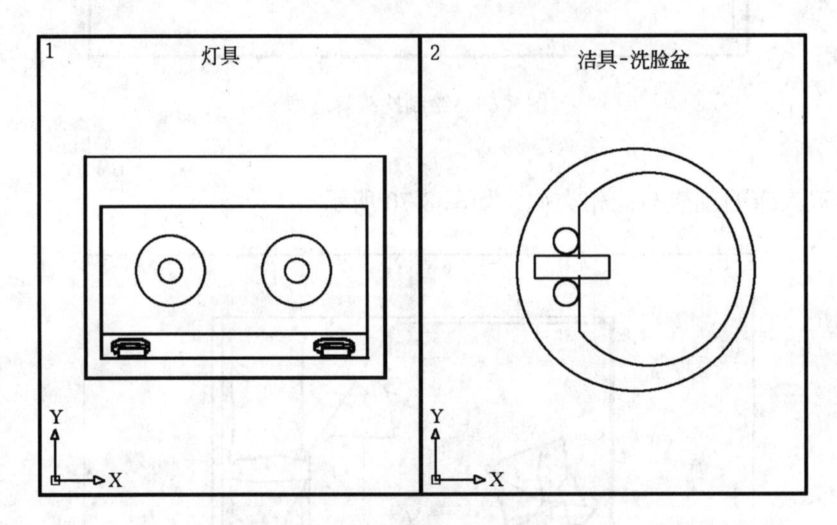

图 8-72　灶具和洁具

（1）通过 RECTANG 命令建立的灶具轮廓平面图形，如图 8-73 所示。

命令: **RECTANG↙**　（绘制灶具轮廓平面图形）

指定第一个角点或 [倒角(C)/标高(E)/圆角(F)/厚度(T)/宽度(W)]:（指定灶具轮廓平面位置）

指定另一个角点或 [尺寸(D)]: **D↙**　（输入 D 指定轮廓平面尺寸）

指定矩形的长度 <0.0000>: **1000↙**　（输入长度）

指定矩形的宽度 <0.0000>: **500↙**　（输入宽度）

指定另一个角点或 [尺寸(D)]: ↙

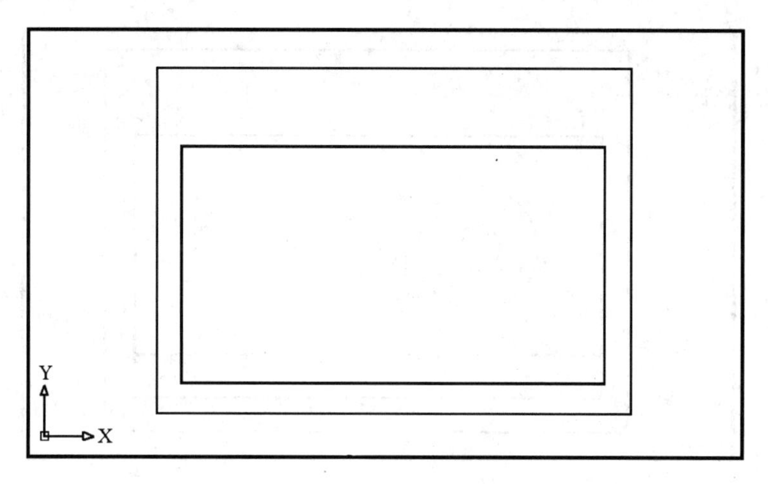

图 8-73　建立灶具轮廓

（2）通过 LINE 命令绘制内侧线条图形，如图 8-74 所示。

命令：**LINE↙**　（绘制直线部分）

指定第一点：(起点位置)

指定下一点或 [放弃(U)]：(下一点)

指定下一点或 [放弃(U)]：↙　(结束)

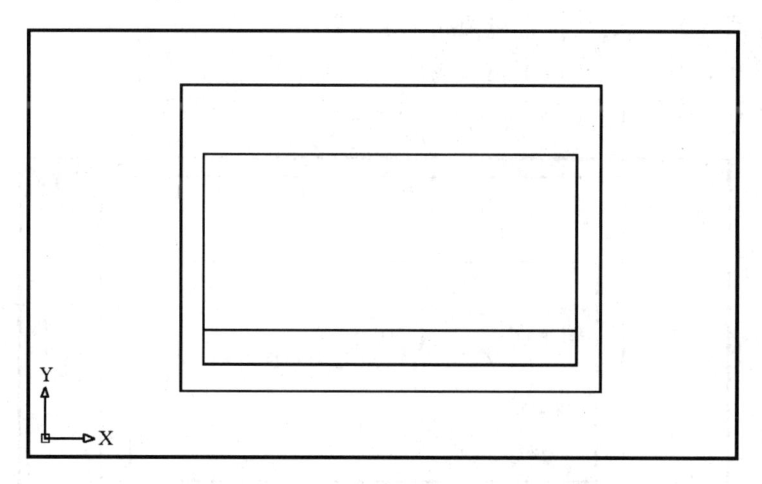

图 8-74　绘制内侧线条

（3）利用 CIRCLE、OFFSET 命令绘制支架配件图形，如图 8-75 所示。

命令：**CIRCLE↙**　（绘制支架配件图形）

指定圆的圆心或 [三点(3P)/两点(2P)/相切、相切、半径(T)]：(指定圆心点位置)

指定圆的半径或 [直径(D)]：**25↙**　(输入半径)

命令：**OFFSET↙**　(偏移生成平行线)

指定偏移距离或 [通过(T)]　<通过>：**20↙**　(输入偏移距离)

选择要偏移的对象或 <退出>：(选择要偏移的图形)

指定点以确定偏移所在一侧：(指定偏移位置)

选择要偏移的对象或 <退出>：↙

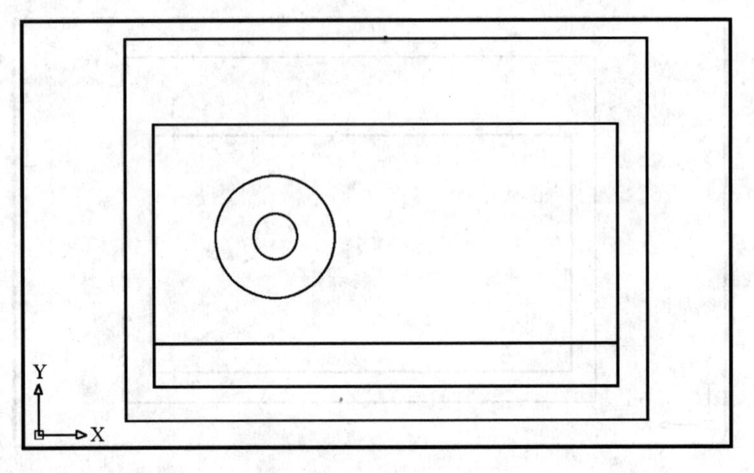

图 8-75　绘制支架配件

（4）进行镜像得到对称部分构造，如图 8-76 所示。

命令：**MIRROR**↙　（镜像创建对应一侧的图形）

选择对象：（选择对象）

找到 2 个

选择对象：↙

指定镜像线的第一点：（指定镜像线第 1 位置点）

指定镜像线的第二点：（指定镜像线第 2 位置点）

是否删除源对象？［是(Y)/否(N)］ <N>：↙（保留原图形）

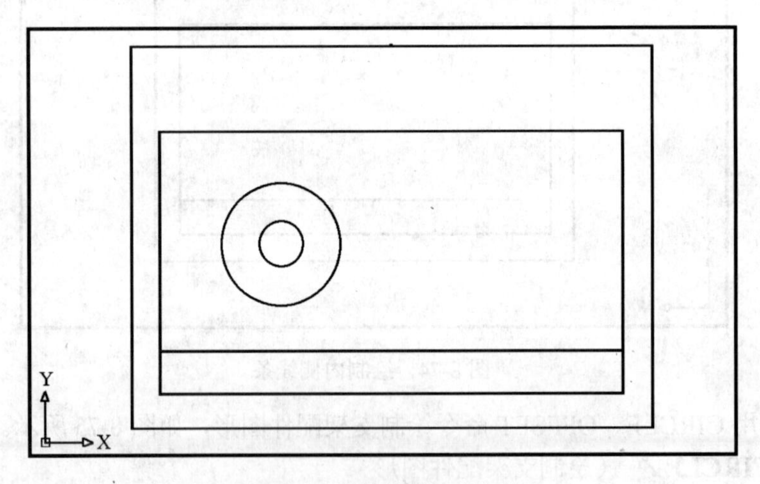

图 8-76　镜像得到对称部分

（5）建立按钮轮廓图形，如图 8-77 所示。

命令：**ELLIPSE**↙　（绘制椭圆形外轮廓线）

指定椭圆的轴端点或［圆弧(A)/中心点(C)］：**C**↙　（指定椭圆形位置）

指定椭圆的中心点：（指定椭圆中心位置）

指定轴的端点：（指定椭圆轴线端点位置）

指定另一条半轴长度或［旋转(R)］：（指定椭圆另外一个轴线端点长度）

命令: **OFFSET**↙ （偏移生成平行线）
指定偏移距离或 [通过(T)] <通过>: **10**↙ （输入偏移距离）
选择要偏移的对象或 <退出>:（选择要偏移的图形）
指定点以确定偏移所在一侧:（指定偏移位置）
选择要偏移的对象或 <退出>: ↙

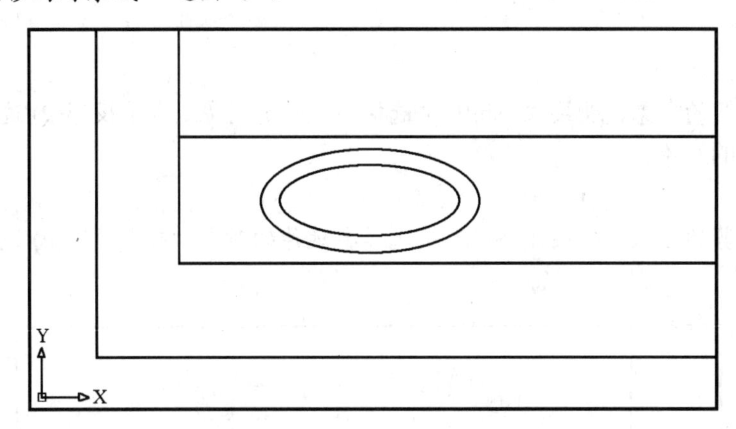

图 8-77　建立按钮轮廓图形

（6）绘制按钮，如图 8-78 所示。
命令: **LINE**↙ （绘制直线）
指定第一点:（起点位置）
指定下一点或 [放弃(U)]:（下一点）
指定下一点或 [放弃(U)]: ↙ （结束）
命令: RECTANG↙ （绘制按钮平面图形）
指定第一个角点或 [倒角(C)/标高(E)/圆角(F)/厚度(T)/宽度(W)]:（指定按钮平面位置）
指定另一个角点或 [尺寸(D)]: **D**↙ （输入 D 指定平面尺寸）
指定矩形的长度 <0.0000>: **500**↙ （输入长度）
指定矩形的宽度 <0.0000>: **200**↙ （输入宽度）
指定另一个角点或 [尺寸(D)]: ↙

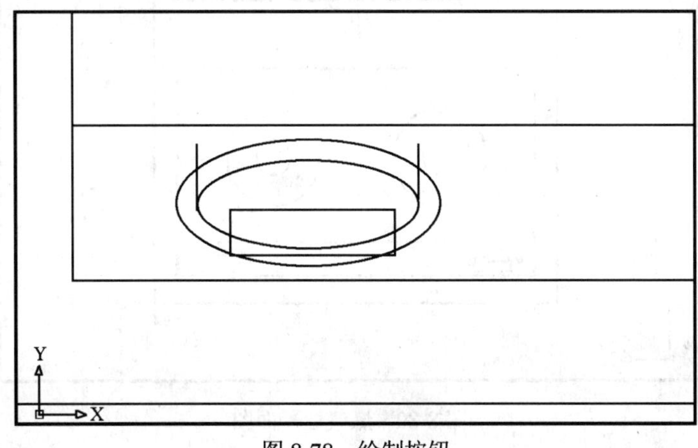

图 8-78　绘制按钮

（7）进行剪切得到按钮，如图 8-79 所示。

命令：**TRIM**↙ （进行剪切）

当前设置：投影=UCS，边=无

选择剪切边...

选择对象：（指定剪切边界线）

找到 1 个

选择对象：↙

选择要修剪的对象，或按住 Shift 键选择要延伸的对象，或 [投影(P)/边(E)/放弃(U)]:（选择需剪切的对象）

……

选择要修剪的对象，或按住 Shift 键选择要延伸的对象，或 [投影(P)/边(E)/放弃(U)]: ↙（结束）

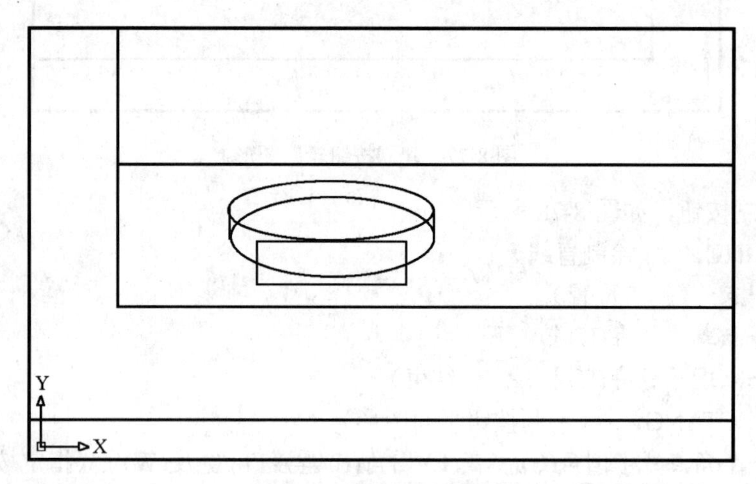

图 8-79 连接直线和弧线

（8）将图形复制，最后可得到如图 8-80 所示的燃气灶。

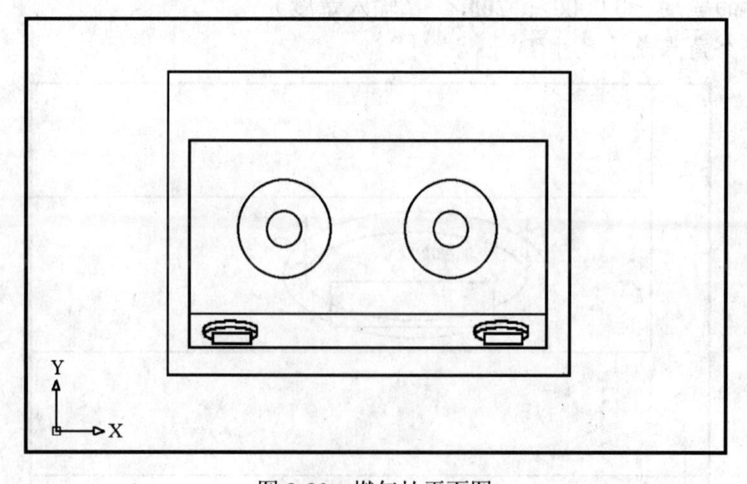

图 8-80 燃气灶平面图

命令：**COPY**↙　（将图形复制）
选择对象：（选择图形）
找到 3 个，总计 5 个
选择对象：↙
指定基点或位移：（指定起始点）
指定位移的第二点或 <用第一点作位移>：（输入复制对象距离位置）
指定位移的第二点：↙

（9）电脑、冰箱、电视和洗衣机等家具设施平面图的绘制方法相似，可按上述方法绘制，如图 8-81 所示。

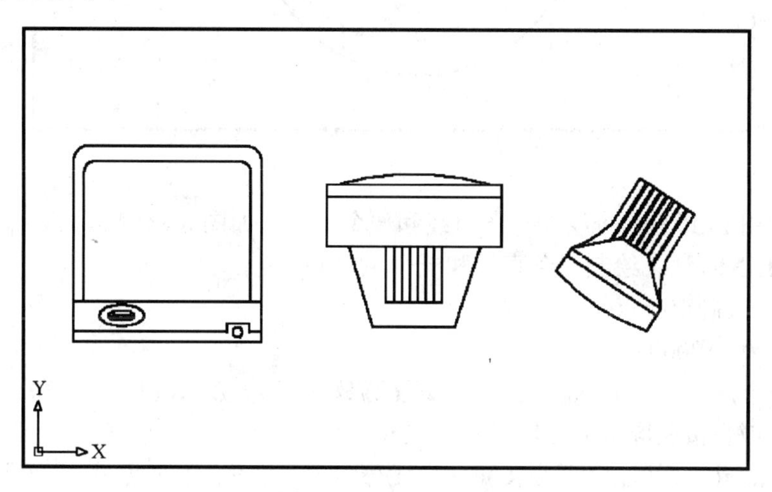

图 8-81　绘制电视等

（10）使用 CIRCLE 绘制 2 个大圆形图案作为洗脸盆外轮廓，如图 8-82 所示。
命令：**CIRCLE**↙　（绘制 2 个大圆形）
指定圆的圆心或 [三点(3P)/两点(2P)/相切、相切、半径(T)]：（指定圆心点位置）
指定圆的半径或 [直径(D)]：**300**↙　（输入半径）

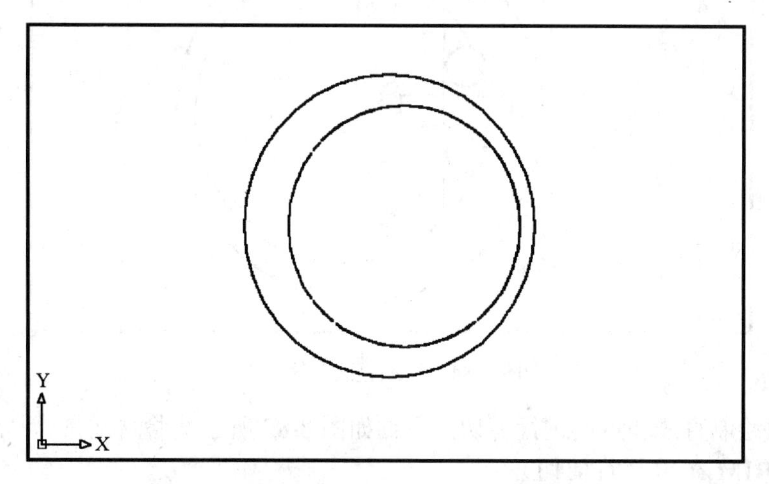

图 8-82　绘制 2 个大圆形

（11）重复上述操作，绘制 2 个小圆形图案，作为水龙头，如图 8-83 所示。

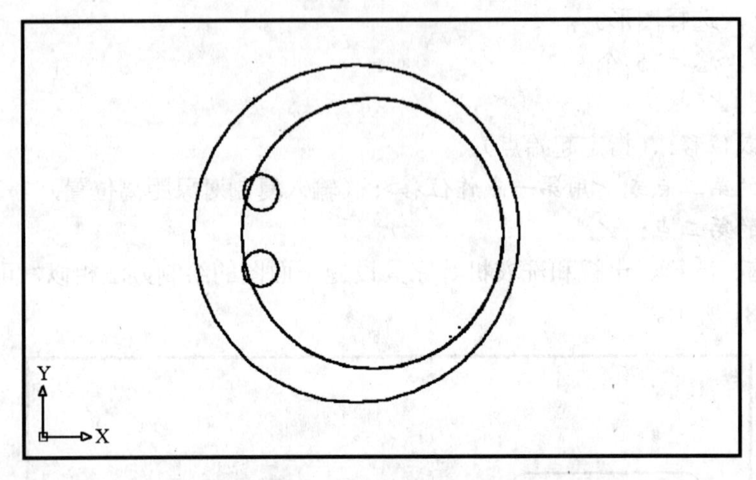

图 8-83　绘制 2 个小圆形

（12）利用 PLINE 命令绘制一条直线和一个矩形，如图 8-84 所示。

命令: **PLINE↙**　（绘制一条直线和一个矩形）

指定起点:（确定起点位置）

当前线宽为 0.0000

指定下一个点或 [圆弧(A)/半宽(H)/长度(L)/放弃(U)/宽度(W)]: **@0,220↙**　（依次输入图形形状尺寸或直接在屏幕上使用鼠标点取）

指定下一点或 [圆弧(A)/闭合(C)/半宽(H)/长度(L)/放弃(U)/宽度(W)]:（下一点）

……

指定下一点或 [圆弧(A)/闭合(C)/半宽(H)/长度(L)/放弃(U)/宽度(W)]: ↙　（结束操作）

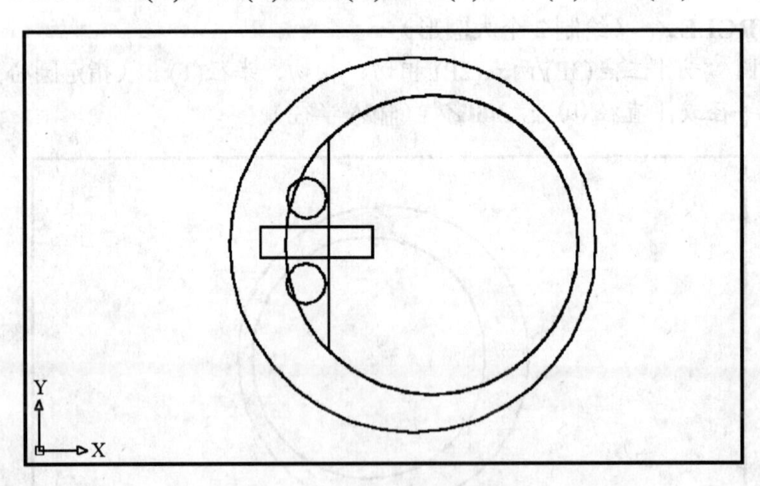

图 8-84　绘制直线和矩形

（13）对绘制直线和矩形进行剪切，得到如图 8-85 所示洗脸盆洁具。

命令: **TRIM↙**　（进行剪切）

当前设置: 投影=UCS，边=无

选择剪切边...

选择对象：指定对角点：找到 1 个

选择对象：↙

选择要修剪的对象，或按住 Shift 键选择要延伸的对象，或 [投影(P)/边(E)/放弃(U)]:（选择需剪切的对象）

……

选择要修剪的对象，或按住 Shift 键选择要延伸的对象，或 [投影(P)/边(E)/放弃(U)]: ↙（结束）

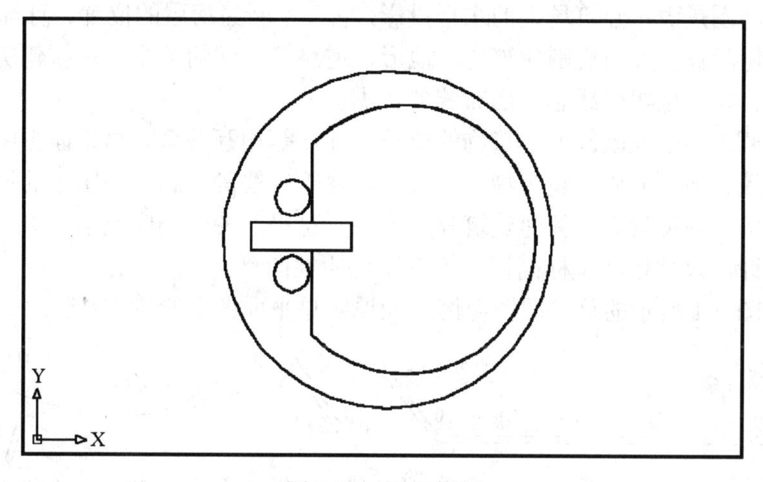

图 8-85　进行剪切

（14）其他的居家设施，如坐便器、小便器、洗脸盆等，可参照上述方法创建，如图 8-86 所示。

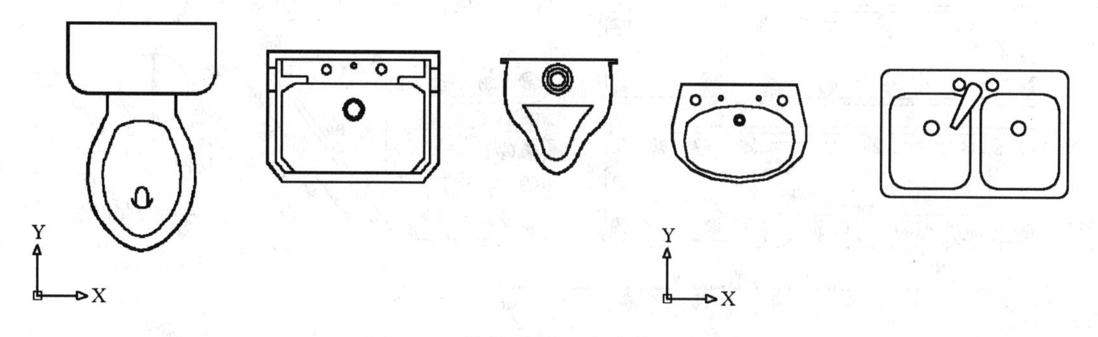

图 8-86　其他洁具、洗脸盆和洗碗盆

第 9 章　建筑总平面图绘制实例

房屋总平面图是表示建筑场地的水平投影，它表示新建房屋的位置、朝向、占地范围、室外场地、绿化配置以及与周围建筑物、地形、道路等之间的关系，是新建房屋定位、土方施工以及水、暖、电等管线总平面布置的依据。

总平面图要求准确反映新旧建筑物的位置、环境等相互关系。总平面图中的原有形体包括地形、地貌、地物、原有建筑物、构筑物、建筑红线等；总平面图中的设计形体包括新建道路、绿化与环境规划、新建建筑等。另外，总平面图中还应包括大地标高定位点、经纬度、指北针、尺寸标注、标高标注等辅助说明性图素。

本章将以图 9-1 所示的总平面图为例，来说明总平面图的绘制方法。

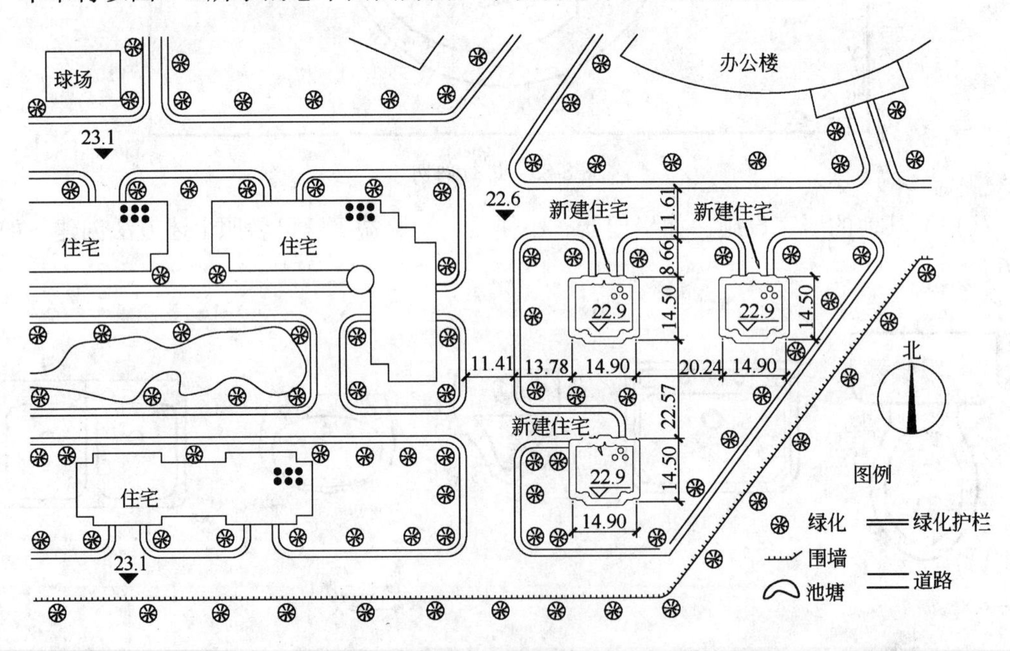

图 9-1　总平面图

绘制建筑总平面图，应当以测量资料为基础。通过测量地面上各个特征点的平面坐标和高程，确定地面的起伏状态；通过测量地面上道路、河流等特征点的位置坐标，确定这些地物的位置和形状；通过测量原有的建筑物的位置坐标，确定原有建筑物的位置和大小。或者把勘测设计单位提供的地形图，经过缩放到适当比例而得；若原始资料为纸质地形图，可以经过扫描输入后作为绘制总平面图的底图，经过描绘画出。

在绘制总平面图之前，首先要设置绘图环境，如表 9-1。

图　层　设　置　　　表 9-1

图层名称	图层颜色	图层线型	线宽
总图-原有	蓝色	continuous	0.25mm
总图-道路	蓝色	continuous	0.25mm
总图-地形	蓝色	continuous	0.25mm
总图-方向	蓝色	continuous	0.25mm
总图-绿化	绿色	continuous	0.25mm
总图-标注	黄色	continuous	0.25mm
总图-新建	青色	continuous	0.50mm
总图-围墙	蓝色	continuous	0.25mm

9.1　绘制原有形体

总平面图中的原有形体可以分为等高线、道路、原有房屋、围墙、绿化带和指北针，下面分别介绍这些形体的绘制方法。

绘制总平面图中的原有形体，应当以测量资料为基础，或者有该小区的平面图，经过扫描后作为绘制的底图。在下面介绍的绘制过程中，假定已经获得了相应的资料。

9.1.1　等高线与道路的绘制

总平面图中的地形等高线和道路，在获得了特征点的位置后，就可以使用 AutoCAD 的命令直接绘制。

1．绘制等高线

对于总平面图中的池塘，假定已经获得并在当前图形中绘制出了等高线上的 20 个点，如图 9-2 所示。将“总图-地形”图层设置为当前图层，并且设置当前的对象捕捉方式为“节点”，然后单击“绘图”工具栏中的样条曲线按钮，按下列过程操作即可绘出。

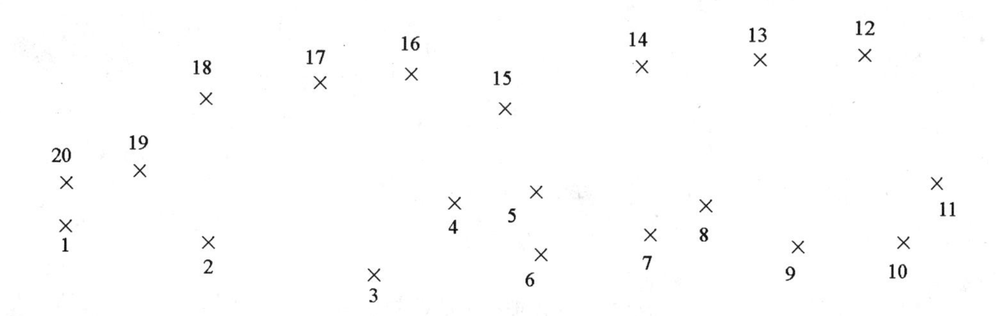

图 9-2　池塘等高线上的 20 个点的位置

命令：**SPLINE**↙（或单击“绘图”工具栏中的按钮，启动样条曲线命令）
指定第一个点或 [对象(O)]:（捕捉节点 1）

指定下一点:（捕捉节点 2）
指定下一点或 [闭合(C)/拟合公差(F)] <起点切向>:（捕捉节点 3）
指定下一点或 [闭合(C)/拟合公差(F)] <起点切向>:（捕捉节点 4）
……
指定下一点或 [闭合(C)/拟合公差(F)] <起点切向>:（捕捉节点 19）
指定下一点或 [闭合(C)/拟合公差(F)] <起点切向>:（捕捉节点 20）
指定起点切向: ↙
指定端点切向: ↙
绘制结果如图 9-3 所示。

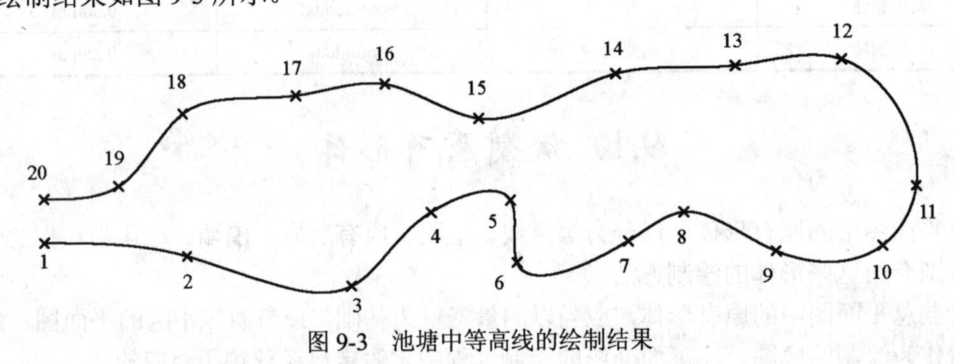

图 9-3　池塘中等高线的绘制结果

2. 绘制道路

由图 9-1 可以看出，绿化护栏是道路的构成要素，因此，绘制道路实际上将归结为绘制绿化护栏。现以图 9-1 所示总平面图中左下角处的一组绿化护栏为例，说明绿化护栏的绘制方法。总平面图中其他的绿化护栏绘制方法与下面介绍的方法相同。

假如已经测得绿化护栏中的 15 个关键点的位置，如图 9-4 所示。首先把图层“总图-道路”设置为当前图层，再设置目标捕捉方式为捕捉“节点”，然后按照下列方法操作。

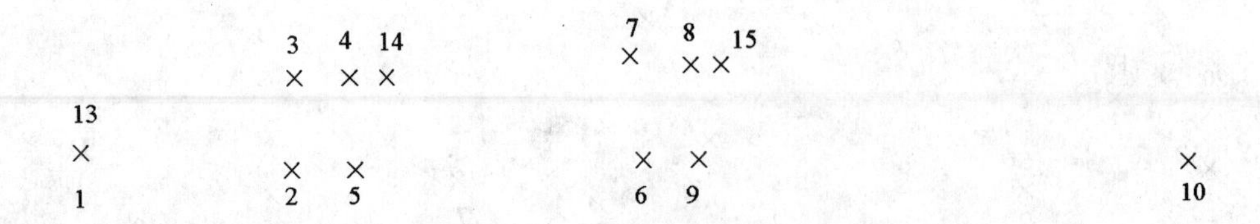

图 9-4　绿化护栏中的控制点

命令: **PLINE**↙　（或单击“绘图”工具栏中的按钮，启动多段线命令）
指定起点:（捕捉节点 1）
当前线宽为 0.0000

指定下一个点或 [圆弧(A)/半宽(H)/长度(L)/放弃(U)/宽度(W)]:（捕捉节点 2）
指定下一点或 [圆弧(A)/闭合(C)/半宽(H)/长度(L)/放弃(U)/宽度(W)]:（捕捉节点 3）
指定下一点或 [圆弧(A)/闭合(C)/半宽(H)/长度(L)/放弃(U)/宽度(W)]:↙
命令: ↙（重复执行多段线命令）
指定起点:（捕捉节点 4）
当前线宽为 0.0000
指定下一个点或 [圆弧(A)/半宽(H)/长度(L)/放弃(U)/宽度(W)]:（捕捉节点 5）
指定下一点或 [圆弧(A)/闭合(C)/半宽(H)/长度(L)/放弃(U)/宽度(W)]:（捕捉节点 6）
指定下一点或 [圆弧(A)/闭合(C)/半宽(H)/长度(L)/放弃(U)/宽度(W)]:（捕捉节点 7）
指定下一点或 [圆弧(A)/闭合(C)/半宽(H)/长度(L)/放弃(U)/宽度(W)]:（回车）
命令: ↙（继续重复执行多段线命令）
指定起点:（捕捉节点 8）
当前线宽为 0.0000
指定下一个点或 [圆弧(A)/半宽(H)/长度(L)/放弃(U)/宽度(W)]:（捕捉节点 9）
指定下一点或 [圆弧(A)/闭合(C)/半宽(H)/长度(L)/放弃(U)/宽度(W)]:（捕捉节点 10）
指定下一点或 [圆弧(A)/闭合(C)/半宽(H)/长度(L)/放弃(U)/宽度(W)]:（捕捉节点 11）
指定下一点或 [圆弧(A)/闭合(C)/半宽(H)/长度(L)/放弃(U)/宽度(W)]:（捕捉节点 12）
指定下一点或 [圆弧(A)/闭合(C)/半宽(H)/长度(L)/放弃(U)/宽度(W)]: ↙
绘制出的图形如图 9-5 所示。

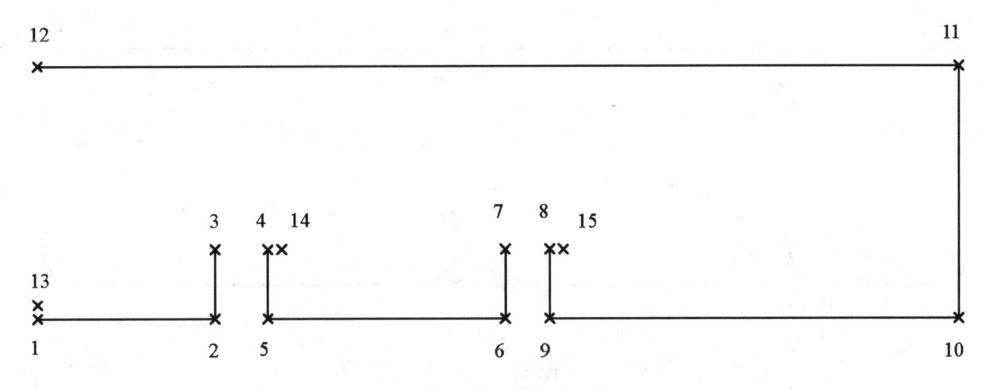

图 9-5　绘制绿化护栏

绿化护栏的拐角处为圆弧，可以使用“圆角”命令把各个拐角制作为圆角，步骤如下:
命令: **FILLET**↙（或单击“修改”工具栏中的按钮，启动圆角命令）
当前设置: 模式 = 修剪，半径 = 0.0000
选择第一个对象或 [多段线(P)/半径(R)/修剪(T)/多个(U)]: **R**↙（修改圆角半径）
指定圆角半径 <0.0000>:**6**↙（圆角半径设置为 6）
选择第一个对象或 [多段线(P)/半径(R)/修剪(T)/多个(U)]:（点取 1-2 之间的线段）
选择第二个对象:（点取 2-3 之间的线段，则将拐角 2 修剪成圆角）
命令: ↙
当前设置: 模式 = 修剪，半径=6.0000

选择第一个对象或 [多段线(P)/半径(R)/修剪(T)/多个(U)]：（点取 4-5 之间的线段）
选择第二个对象：（点取 5-6 之间的线段，则将拐角 5 修剪成圆角）
命令：↙
当前设置：模式 = 修剪，半径 = 6.0000
选择第一个对象或 [多段线(P)/半径(R)/修剪(T)/多个(U)]：（点取 5-6 之间的线段）
选择第二个对象：（点取 6-7 之间的线段，则将拐角 6 修剪成圆角）
命令：↙
当前设置：模式 = 修剪，半径 = 6.0000
选择第一个对象或 [多段线(P)/半径(R)/修剪(T)/多个(U)]：（点取 8-9 之间的线段）
选择第二个对象：（点取 9-10 之间的线段，则将拐角 9 修剪成圆角）
命令：↙
当前设置：模式 = 修剪，半径 = 6.0000
选择第一个对象或 [多段线(P)/半径(R)/修剪(T)/多个(U)]：（点取 9-10 之间的线段）
选择第二个对象：（点取 10-11 之间的线段，则将拐角 10 修剪成圆角）
命令：↙
当前设置：模式 = 修剪，半径 = 6.0000
选择第一个对象或 [多段线(P)/半径(R)/修剪(T)/多个(U)]：（点取 10-11 之间的线段）
选择第二个对象：（点取 11-12 之间的线段，则将拐角 11 修剪成圆角）
作圆角后的结果如图 9-6 所示。

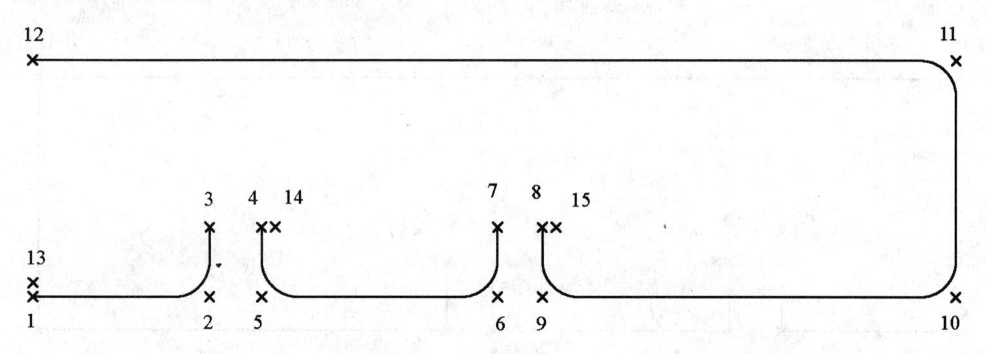

图 9-6　绿化护栏作圆角后的结果

在总平面图中的绿化护栏是使用双线表示的，即在道路的两侧设有人行便道，便道的宽度是相等的，因此可以使用 AutoCAD 的“偏移”命令来完成此项任务。操作过程如下：

命令: **OFFSET**↙ （或单击“修改”工具栏中的按钮，启动偏移命令）
指定偏移距离或 [通过(T)] <通过>: **T**↙ （采用“通过”方式实现偏移）
选择要偏移的对象或 <退出>:（选取第一条线段，即线段 1-2-3）
指定通过点:（捕捉节点 13）
选择要偏移的对象或 <退出>:（选取第二条线段，即线段 4-5-6-7）
指定通过点：（捕捉节点 14）
选择要偏移的对象或 <退出>:（选取第三条线段，即线段 8-9-10-11-12）
指定通过点：（捕捉节点 15）

选择要偏移的对象或 <退出>:↙ （退出“偏移”命令）

至此，左下角的绿化护栏绘制完成，绘制结果如图 9-7 所示。

其他各部分绿化护栏的绘制方法与上述方法完全一样，此处不再赘述。

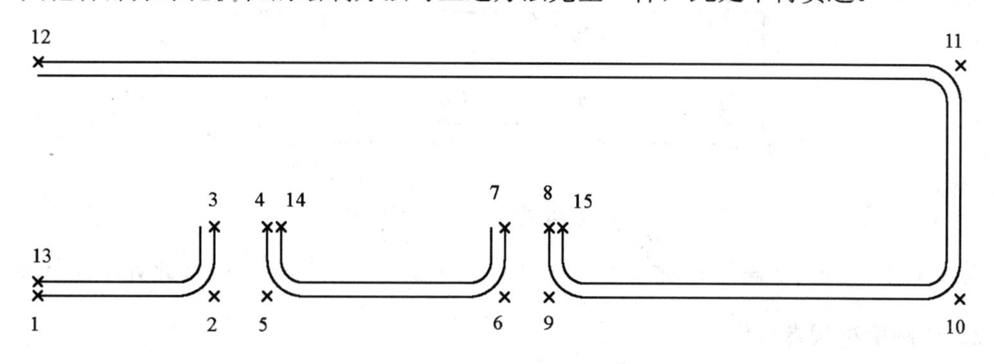

图 9-7　绿化护栏的绘制结果

9.1.2　原有房屋的绘制

总平面图中的原有房屋也是以测量资料为基础，测得房屋的各拐角点位置，即可绘制出原有房屋的轮廓。

1. 绘制原有房屋轮廓

假如已测得房屋拐角处的 20 个控制点如图 9-8 所示，根据这些控制点即可以绘制出房屋的轮廓。首先将图层“总图-原有”设置为当前图层，再设置目标捕捉方式为“节点”，然后依据下列操作过程即可绘出房屋轮廓。

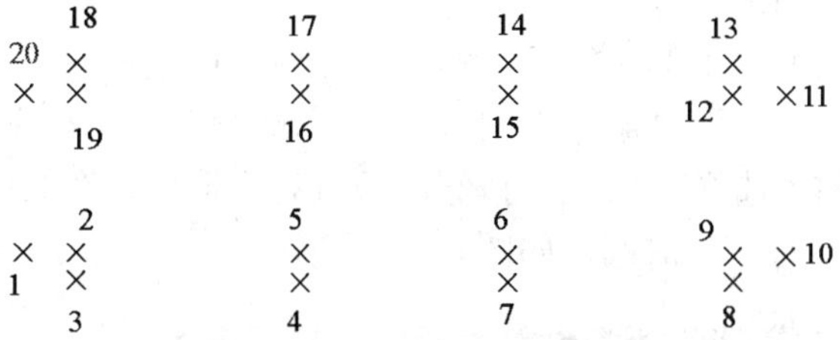

图 9-8　原有房屋的屋角控制点

命令: **PLINE**↙ （或单击“绘图”工具栏中的按钮，启动多段线命令）

指定起点: （捕捉节点 1）

当前线宽为 0.0000

指定下一个点或 [圆弧(A)/半宽(H)/长度(L)/放弃(U)/宽度(W)]:（捕捉节点 2）

指定下一点或 [圆弧(A)/闭合(C)/半宽(H)/长度(L)/放弃(U)/宽度(W)]: （捕捉节点 3）

……

指定下一点或 [圆弧(A)/闭合(C)/半宽(H)/长度(L)/放弃(U)/宽度(W)]: （捕捉节点 19）

指定下一点或 [圆弧(A)/闭合(C)/半宽(H)/长度(L)/放弃(U)/宽度(W)]: （捕捉节点 20）

指定下一点或 [圆弧(A)/闭合(C)/半宽(H)/长度(L)/放弃(U)/宽度(W)]: **C**↙ （闭合）

绘出的结果如图 9-9 所示。

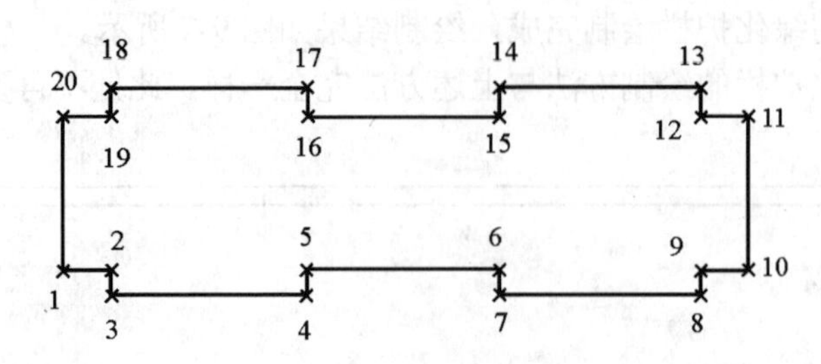

图 9-9　房屋轮廓的绘制结果

总平面图中得其他房屋轮廓的绘制方法与上述绘制方法完全相同，此处不再赘述。

2．绘制房屋层数标记

在总平面图中，按照建筑制图标准规定，一般在房屋轮廓的角上用黑点的数量表示这座房屋的层数。绘制黑圆点可以采用 AutoCAD 的圆环命令，过程如下：

命令: **DONUT**↙　（或选择菜单“绘图”→“圆环”，启动圆环命令）

指定圆环的内径 <0.5000>: **0**↙　（输入圆环的内径 0）

指定圆环的外径 <1.0000>:　**1**　↙　（输入圆环的外径 1）

指定圆环的中心点或 <退出>: （在房屋的右上角处单击鼠标左键，即可绘制一个黑圆点）

指定圆环的中心点或 <退出>: ↙　（结束圆环命令）

对上述最后一项提示的响应可以不按回车键，而是在需要的位置直接点击鼠标右键即可绘制出第二个黑圆点，连续绘制 6 个黑圆点后再按回车键，从而完成层数标记。此处不按这种方法绘制，而是在绘制出一个黑圆点后，采用阵列的方法生成，这样可以保证黑圆点排列整齐。操作步骤如下：

①单击“修改”工具栏中的按钮，弹出“阵列”对话框；

②在阵列对话框中确认为“矩形阵列”，并输入 2 行 3 列，行偏移为 3 列偏移为 2.5；

③单击对话框中的“选择对象”按钮，隐藏对话框后，在绘图区选择刚绘制的黑圆点，回车后返回到“阵列”对话框，如图 9-10 所示；

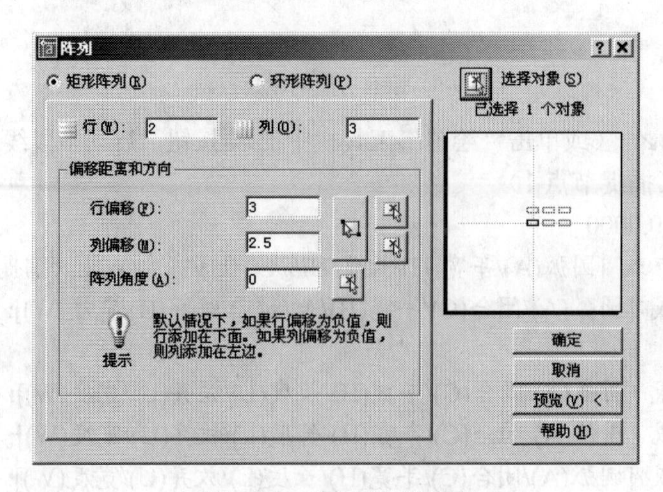

图 9-10　“阵列”对话框

④单击“确定”按钮，关闭对话框，则生成如图 9-11 所示的结果。

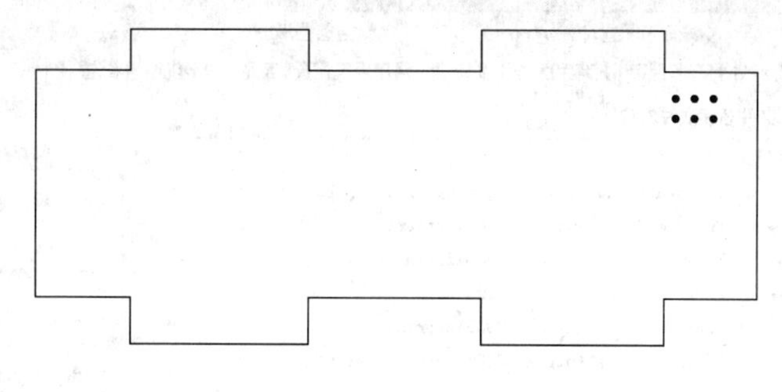

图 9-11　绘制结果

9.1.3　围墙

在总平面图的右下方有一段围墙，要想将此段围墙绘制出来，需要定义新线型。在有了围墙线型之后，使用 PLINE 命令即可绘制出这段围墙。

1. 设置围墙线型

按照《总图制图标准》（GB/T 50103—2001）的规定，围墙的图例画法如图 9-12 所示。

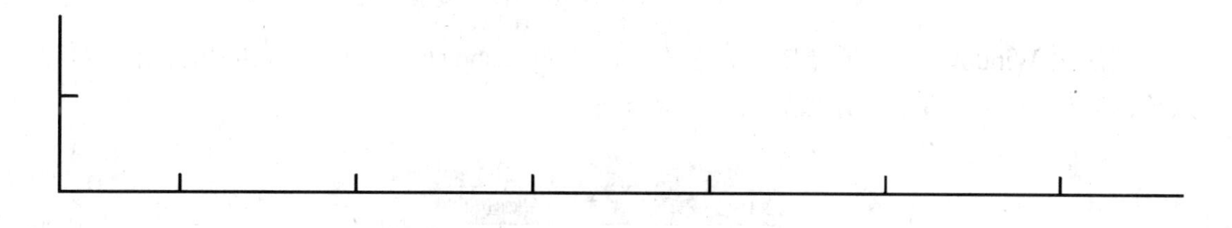

图 9-12　围墙图例

在 AutoCAD 系统提供的标准线型中，并无合适的线型可直接用来绘制总平面图中的围墙。但 AutoCAD 提供了进行线型自定义的方法，可依此定义一种专门用于绘制围墙的线型。在 AutoCAD 中，线型分为简单线型和复杂线型两大类。简单线型仅由直线段（短线）、点和间隔组成；而复杂线型则除了包含与简单线型相同的元素外，还包含有图形（以 AutoCAD“形”的方式定义）或文字。（注：有关 AutoCAD 线型自定义的详细方法，可参看作者编写的《AutoCAD2002 定制与开发》(清华大学出版社, 2001) 或其他介绍 AutoCAD 定制、开发的书籍）。

对于围墙线型的定义，可按下述说明进行具体操作。

首先要在形文件中定义一个“形”(Shape)，将 AutoCAD2005 文件夹下 Support 中的 Ltypeshp.shp 文件复制到用户的一个文件夹下，并把此文件夹添加到 AutoCAD 的搜索路径中（具体方法为：在 AutoCAD2005 环境下，选择菜单“工具”→“选项”→“文件”选项卡,双击其中的“支持文件搜索路径”，然后选择“添加”按钮，在光标所处的文本框输入文件夹路径名即可。具体如图 9-13 所示）。

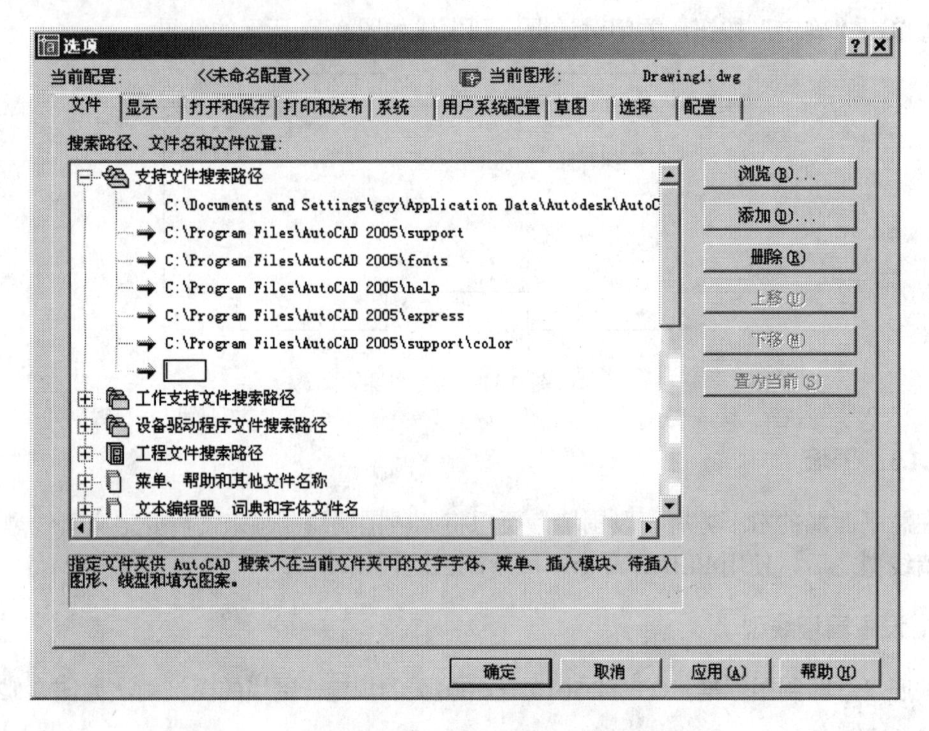

图 9-13　把文件夹添加到 AutoCAD 的搜索路径中

然后用 Windows 系统所带的“记事本”打开 ltypeshp.shp 文件，在它的后面加入两行，具体内容如图 9-14 所示，存盘后退出“记事本”。

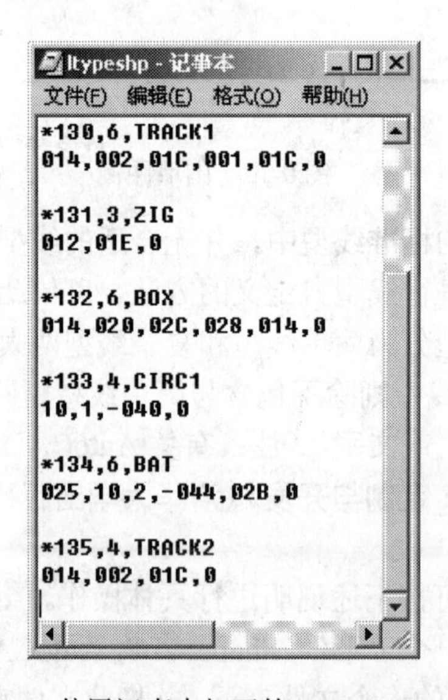

图 9-14　使用记事本打开的 ltypeshp.shp 文件

在 AutoCAD 命令行输入“COMPILE”命令，在弹出的对话框中选择刚编辑的 Ltypeshp.shp 文件，则在相同文件夹下生成一个 ltypeshp.shx 的文件。

然后将 AutoCAD2005 中 support 文件夹下的 acadiso.lin 文件复制到与上相同的用户文件夹下，打开 acadiso.lin 文件，在该文件的最后加入两行，具体如图 9-15 所示。

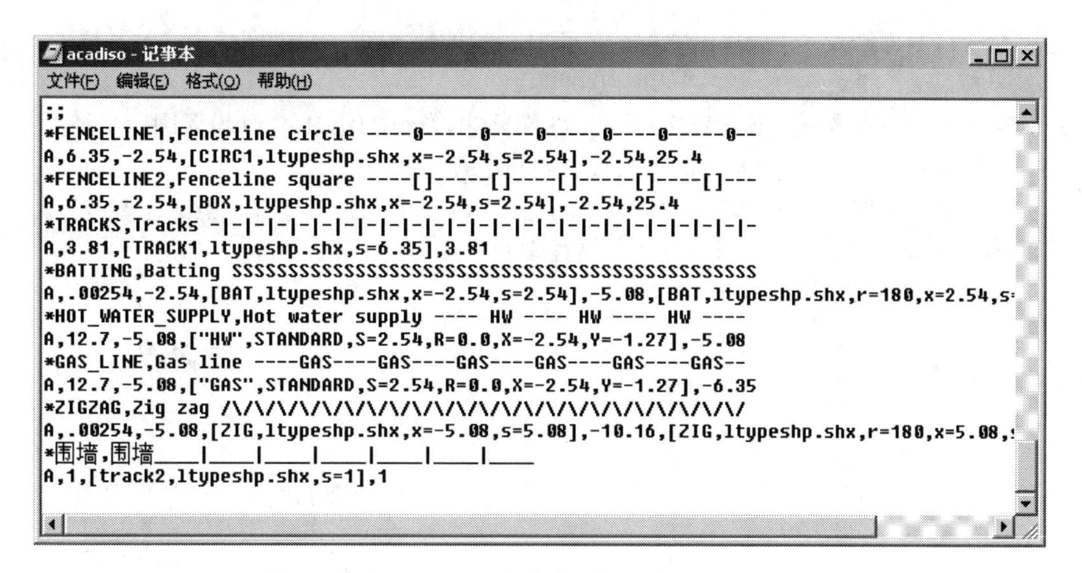

acadiso - 记事本

文件(F)　编辑(E)　格式(O)　帮助(H)

```
;;
*FENCELINE1,Fenceline circle ----0-----0----0-----0----0-----0--
A,6.35,-2.54,[CIRC1,ltypeshp.shx,x=-2.54,s=2.54],-2.54,25.4
*FENCELINE2,Fenceline square ----[]-----[]----[]-----[]----[]---
A,6.35,-2.54,[BOX,ltypeshp.shx,x=-2.54,s=2.54],-2.54,25.4
*TRACKS,Tracks -|-|-|-|-|-|-|-|-|-|-|-|-|-|-|-|-|-|-|-|-|-|-|-|-
A,3.81,[TRACK1,ltypeshp.shx,s=6.35],3.81
*BATTING,Batting SSSSSSSSSSSSSSSSSSSSSSSSSSSSSSSSSSSSSSSSSSSSSSSS
A,.00254,-2.54,[BAT,ltypeshp.shx,x=-2.54,s=2.54],-5.08,[BAT,ltypeshp.shx,r=180,x=2.54,s=
*HOT_WATER_SUPPLY,Hot water supply ---- HW ---- HW ---- HW ----
A,12.7,-5.08,["HW",STANDARD,S=2.54,R=0.0,X=-2.54,Y=-1.27],-5.08
*GAS_LINE,Gas line ----GAS----GAS----GAS----GAS----GAS----GAS--
A,12.7,-5.08,["GAS",STANDARD,S=2.54,R=0.0,X=-2.54,Y=-1.27],-6.35
*ZIGZAG,Zig zag /\/\/\/\/\/\/\/\/\/\/\/\/\/\/\/\/\/\/\/\/\/\/\/\/
A,.00254,-5.08,[ZIG,ltypeshp.shx,x=-5.08,s=5.08],-10.16,[ZIG,ltypeshp.shx,r=180,x=5.08,s
*围墙,围墙____|____|____|____|____|____|____|____
A,1,[track2,ltypeshp.shx,s=1],1
```

图 9-15　在 acadiso.lin 文件中添加“围墙” 线型定义

在“图层特性管理器”对话框中，新建一个图层“总图-围墙”，并把其线型设置为刚定义的“围墙”线型，颜色为“蓝色”。

2. 绘制围墙

在总平面图的下方和右侧，有一堵连续的围墙，其控制点如图 9-16 所示。把“总图-围墙”图层设置为当前图层，设置对象捕捉为“节点”，然后单击按钮启动多段线命令，过程如下：

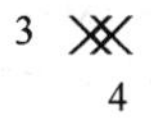

图 9-16　围墙控制点

命令: **PLINE**↙　（或单击“绘图”工具栏中的按钮，启动多段线命令）
指定起点:（捕捉节点 1）
当前线宽为 0.0000
指定下一个点或 [圆弧(A)/半宽(H)/长度(L)/放弃(U)/宽度(W)]:（捕捉节点 2）
指定下一点或 [圆弧(A)/闭合(C)/半宽(H)/长度(L)/放弃(U)/宽度(W)]:（捕捉节点 3）
指定下一点或 [圆弧(A)/闭合(C)/半宽(H)/长度(L)/放弃(U)/宽度(W)]:（捕捉节点 4）
指定下一点或 [圆弧(A)/闭合(C)/半宽(H)/长度(L)/放弃(U)/宽度(W)]: ↙
然后，使用圆角命令把节点 2 处作成圆角。

命令: **FILLET**↙ （或单击“修改”工具栏中的按钮，启动圆角命令）

当前设置: 模式 = 修剪，半径 = 0.0000

选择第一个对象或 [多段线(P)/半径(R)/修剪(T)/多个(U)]: **R**↙ （设置圆角半径）

指定圆角半径 <0.0000>: **30**↙ （设置圆角半径为 30）

选择第一个对象或 [多段线(P)/半径(R)/修剪(T)/多个(U)]:（选择节点 2 左侧线段）

选择第二个对象: （选择节点 2 左侧线段）

结果如图 9-17 所示。

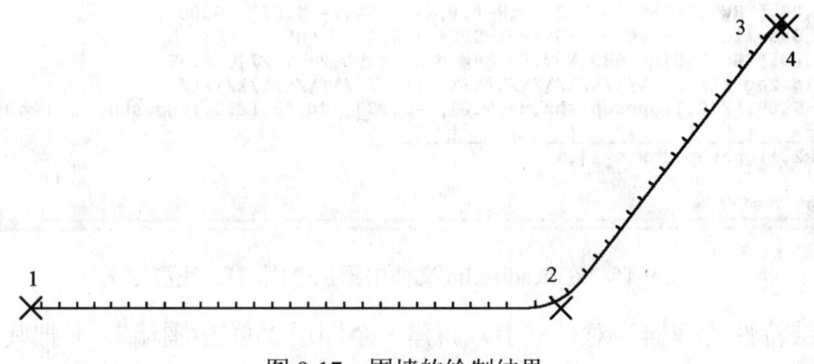

图 9-17　围墙的绘制结果

9.1.4　绿化与指北针

在总平面图中的绿化带和指北针，都可以从图库中插入。

1. 绿化

在 AutoCAD2005 中，单击菜单栏下面的“设计中心”按钮，弹出“设计中心”标签，在其左侧的“文件夹列表”中选择 AutoCAD2005 所带的样例文件 SPCA Site Plan.dwg（正常全部安装时位于 Program files\AutoCAD2005\Sample 文件夹下），并单击该文件下的“块”，则在右侧的窗口中列出了该文件中的所有图块，其中包含有关绿化的图例，如图 9-18 所示。

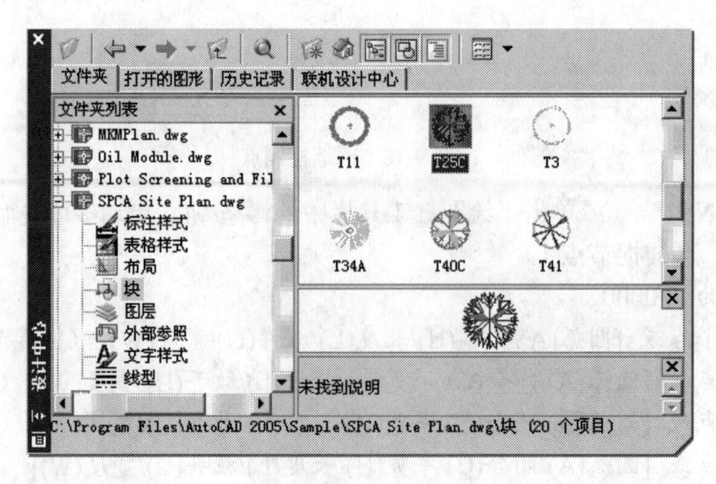

图 9-18　设计中心

使用鼠标选择右侧列表中的 T25C，然后按住鼠标左键将其拖动到 AutoCAD 的绘图窗口中的指定位置，释放鼠标左键，即可完成图例的插入。

总平面图中其他位置的绿化图例，可以重复上述过程完成，也可以采用将刚插入的绿化图例使用“复制”命令复制到指定位置，此处不再赘述。

2. 指北针

在第 2 章中曾经定义了指北针的图例，绘制总平面图时，只需要将其插入到总平面图中即可。

9.2　绘制新建形体

在总平面图中的新建形体主要是设计房屋的平面轮廓及其主要尺寸。设计房屋的平面轮廓应当根据设计图纸确定，需要标注的主要尺寸主要包括房屋的外形尺寸、定位尺寸、主要标高等内容。

9.2.1　绘制设计房屋

设计房屋就是需要新建的房屋，其平面轮廓的形状应当根据设计确定。

1. 绘制设计房屋轮廓

要绘制设计房屋的平面轮廓，需要确定该房屋的平面轮廓控制点。根据设计房屋的建筑平面图，确定的设计房屋平面轮廓的控制点如图 9-19 所示。

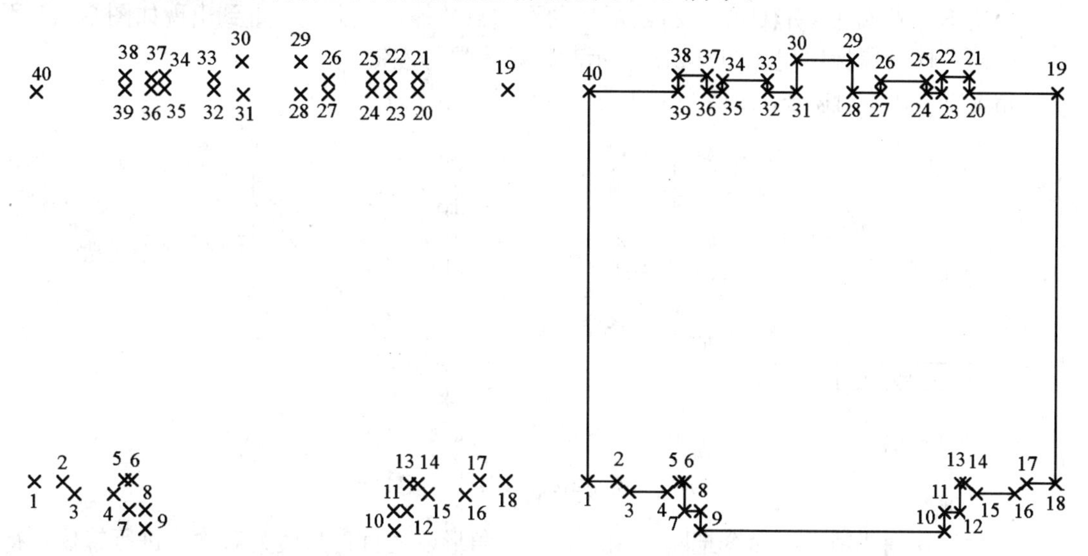

图 9-19　设计房屋轮廓的控制点　　　图 9-20　设计房屋的平面轮廓

将当前图层设置为“总图-新建”，设置目标捕捉方式为“节点”，然后单击“绘图”工具栏按钮，启动多段线命令，顺次捕捉各个点，最后输入“C”闭合多边形，则可以绘制出新建房屋的轮廓，如图 9-20 所示。

2. 复制轮廓

在总平面图中，有三座相同的新建房屋，因此其平面轮廓形状完全相同，只需要使用“复制”命令将已经绘制好的平面轮廓图形复制到指定的位置即可。使用复制命令可以通过单击“修改”工具栏的按钮，再按照提示进行操作。

9.2.2 标高与尺寸

在总平面图中，需要标注新建房屋的层数、室外地坪标高、室内地面标高、新建房屋的平面大小和位置。

1. 标注标高

按照建筑制图国家标准的规定，总平面图中室外地面标高采用涂黑的三角形表示，其大小与第 8 章中所定义的标高符号的大小一致。因为只有在总平面图中才使用室外地坪标高符号，所以此处直接绘出。

在“草图设置”对话框中，设置“极轴追踪”的增量角为 45°，“对象捕捉追踪设置”为“用所有极轴角设置追踪”，“极轴角测量”为“绝对”；启用捕捉，并将捕捉间距设置为 1；设置对象捕捉为“端点”。然后单击“绘图”工具栏的按钮，启动画直线命令，操作步骤如下：

命令: **LINE**↙ （或单击“绘图”工具栏中的按钮，启动画直线命令）

指定第一点: （在适当位置选择画线起点）

指定下一点或 [放弃(U)]:（向下移动鼠标直到如图 9-21*a* 所示，单击鼠标左键）

指定下一点或 [放弃(U)]: （将鼠标移动到起点并停留一会儿，直到出现如图 9-21*b* 所示，再向右移动鼠标出现如图 9-21*c* 所示时，单击鼠标左键）

指定下一点或 [闭合(C)/放弃(U)]: **C**↙ （闭合三角形）

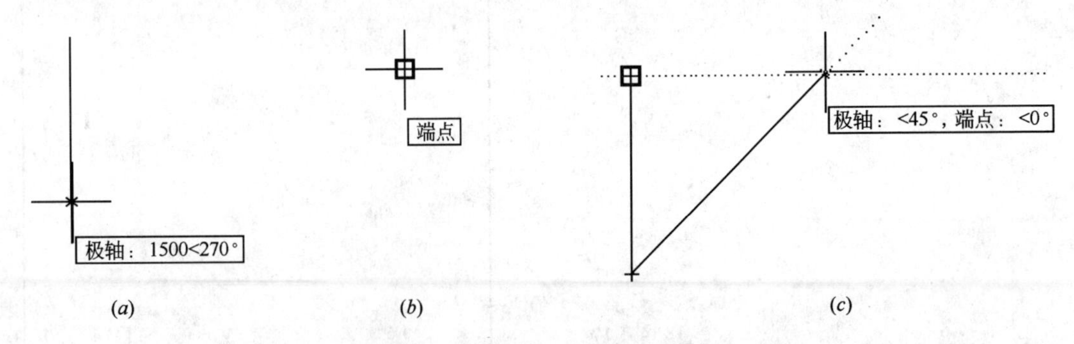

图 9-21　绘制室外地坪标高符号过程

然后，使用“镜像”命令把刚绘制的直角三角形以竖直直角边为对称线进行镜像，得到室外地坪标高符号的轮廓。

命令: **MIRROR**↙ （或单击“修改”工具栏中的按钮，启动镜像命令）

选择对象:（选择刚绘制的直角三角形）

选择对象: ↙ （结束选择）

指定镜像线的第一点:（捕捉绘制直角三角形的起点）

指定镜像线的第二点:（捕捉绘制直角三角形的第二点）

是否删除源对象？[是(Y)/否(N)] <N>: ↙ （结束镜像命令）

最后，使用“绘图”工具栏的“图案填充”命令把标高符号的内部进行实填充，即可得到室外地坪标高符号。

将绘制的室外地坪标高复制到适当的位置，就得到其他各处的室外地坪标高。

对于室内地面标高，只需要将第 8 章中定义的标高图块插入图中即可，此处不再赘述。

2. 层数

总平面图中，在新建房屋平面轮廓图形内右上角用点数或数字表示楼房的层数。如果用数字来表示，只需要使用多行文字命令或直接使用 TEXT 命令即可。如果要使用点数来表示楼房的层数，则可以使用“圆环”命令（该命令可从“绘图”下拉菜单中找到），设置其内径为 0，外径为一个适当数值，可以生成圆点。对于本例中的 3 层楼房，只需要在轮廓图形的右上角绘制出 3 个圆点即可。具体操作方法可以前述参考原有房屋的绘制。

3. 房屋位置的确定

在总平面图中的新建房屋的位置，需要坐标网格来确定，较小的建筑物也可以通过标注相对尺寸来确定，本例采用标注尺寸的方法确定新建房屋的位置，标注尺寸的参考点一般选择原有建筑物。

在 AutoCAD 中尺寸标注功能，基本上都集中在“标注”工具栏，如图 9-22 所示。打开“标注”工具栏的方法可以将鼠标移动到任何一个工具栏上，单击鼠标右键，在弹出的快捷菜单中选择标注即可。

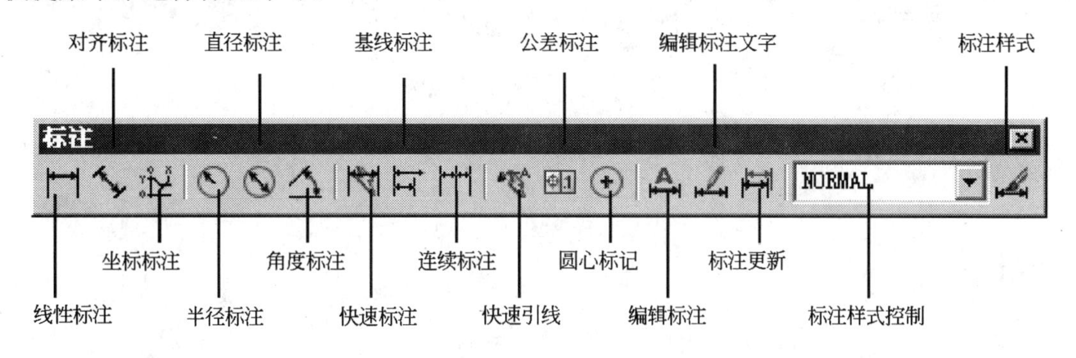

图 9-22　“标注”工具栏

要想在图中标注尺寸，首先要设置标注尺寸的样式，尺寸样式的设置方法请参阅第 4 章，现在假定尺寸标注的样式已经设置好，可以直接使用尺寸标注命令标注尺寸。

在总平面图中所标注的尺寸，只用到“线性标注”，例如标注新建房屋的左右定位尺寸 9.78，其过程为：

命令: **DIMLINEAR**↙ （或单击“标注”工具栏中的按钮，启动线性标注命令）

指定第一条尺寸界线原点或 <选择对象>:（捕捉尺寸线的左端点）

指定第二条尺寸界线原点:（捕捉尺寸线的右端点）

指定尺寸线位置或[多行文字(M)/文字(T)/角度(A)/水平(H)/垂直(V)/旋转(R)]:（指定尺寸线的位置）

标注文字 =13.78

其他尺寸的标注方法与上述类似，此处不再赘述。

9.2.3 绘制图例与书写文字

1. 图例

在本实例中用到的总平面图图例有绿化、围墙、池塘、道路等，在总平面图的左下角空白处绘制出各种图例符号。绿化图例符号可以从总平面图中复制得到，在“总图-围墙”图层绘制出两段直线即可获得围墙图例符号，使用样条曲线命令绘制出一个封闭的不规则图形表示池塘图例符号，绘制出两条平行直线表示道路图例符号。

2. 书写文字

总平面图中的文字，在设置好文字样式的前提下，使用 AutoCAD 的多行文字或者单行文字命令写出即可。

第 10 章　建筑平面图绘制实例

建筑施工图包括平面图、立面图、剖面图和建筑施工详图。绘制平面图通常按如下顺序进行：

（1）进行初始设置；
（2）绘制定位轴线；
（3）绘制墙线；
（4）插入门窗、阳台；
（5）绘制楼梯、室外台阶等；
（6）标注尺寸。

本章将以绘制图 10-1 所示平面图为例介绍建筑平面图的画法。

10.1　建立建筑平面图绘图环境

绘图前要先要设置绘图环境。包括图层、颜色和线型、绘图辅助工具、尺寸标注样式、文字样式等等。

10.1.1　设置图层、颜色与线型

建筑平面图中包含的要素包括定位轴线及其编号、墙线、门窗图例、楼梯和卫生洁具图例、厨房用具图例、阳台、尺寸标注和文字说明等，为了便于建筑平面图的管理与控制，平面图的各项组成要素应当分别绘制在相应的图层上，这就需要建立相应的图层，并给图层赋予相应的颜色、线型和线宽。

1. 建筑平面图使用线型分析

按照《建筑制图标准》的规定，图线的宽度 *b* 应根据图样的复杂程度和采用的比例选择，绘制较简单的图样时，可采用两种线宽的线宽组，其线宽比宜为 *b*: 0.25*b*。

在建筑平面图中，被剖切平面剖切到的墙体使用粗实线，尺寸线、尺寸界线、图例线、标高符号使用细实线，图例线中的虚线采用细虚线，定位轴线采用细点画线。

2. 图层、颜色与线型的设置

根据前述线型分析，建筑平面图可以按照表 10-1 设置图层、颜色、线型和线宽。

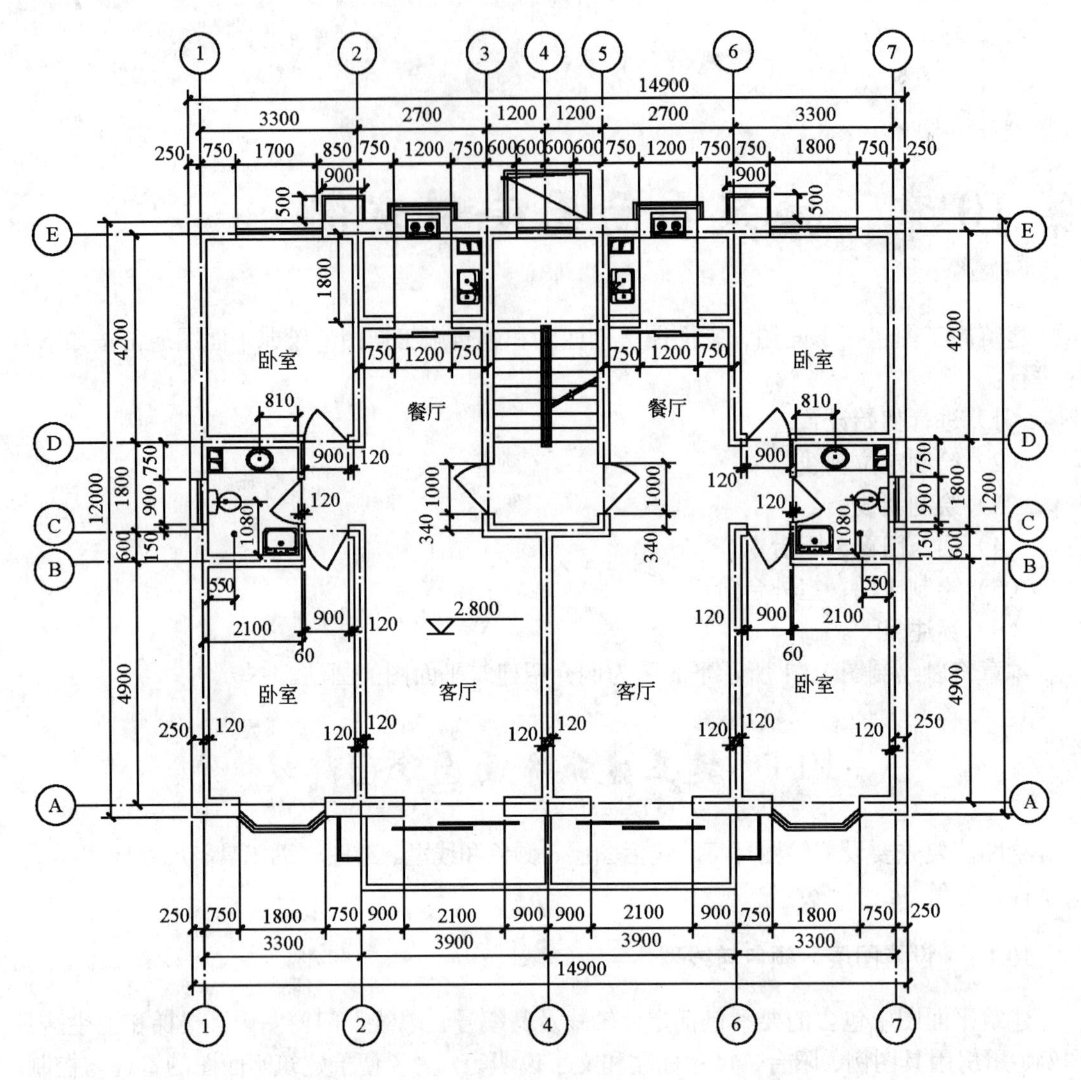

图 10-1　建筑平面图

建筑平面图的图层设置 **表 10-1**

图层名称	线型	颜色	线宽
建筑-轴线	GB-AXIS	红色	0.18
建筑-编号	CONTINUOUS	红色	0.18
建筑-墙线	CONTINUOUS	绿色	0.70
建筑-门窗	CONTINUOUS	黄色	0.18
建筑-图例	CONTINUOUS	黄色	0.18
建筑-文字	CONTINUOUS	黄色	0.18
建筑-尺寸	CONTINUOUS	蓝色	0.18

表 10-1 中的线型 GB-AXIS 的线型定义如下：

*GB_AXIS,定位轴线_._._._._._._._._._._._._

A,4.32,-0.54,0.09,-0.54

将上面两行放入线型定义文件中，在图层管理器中加载即可。

图层设置完成后，以后在绘图时要将建筑平面图中的各个要素绘制在相应的图层上。

10.1.2　设置辅助绘图工具

为了在绘制建筑平面图时快速、准确，绘图之前应当首先设置一些绘图辅助工具，包括捕捉、极轴、目标捕捉、对象追踪等。

在“草图设置”对话框的“捕捉和栅格”选项卡中选定“启用捕捉”，并设置捕捉 X 轴间距和捕捉 Y 轴间距都为 10，如图 10-2 所示；在“极轴追踪”选项卡，选定“启用极轴追踪”，并设置极轴增量角为 90°，仅正交追踪，如图 10-3 所示；在“对象捕捉”选项卡，选定“启用对象捕捉”和“启用对象捕捉追踪”，并设置对象捕捉模式为“端点”和“交点”，如图 10-4 所示。

图 10-2　捕捉和栅格的设置

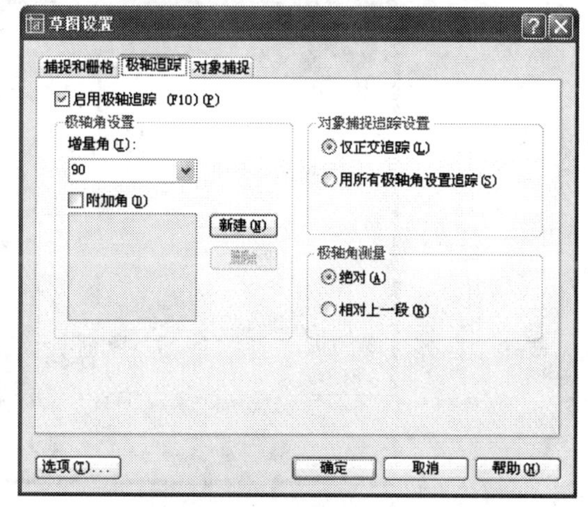

图 10-3　极轴追踪的设置

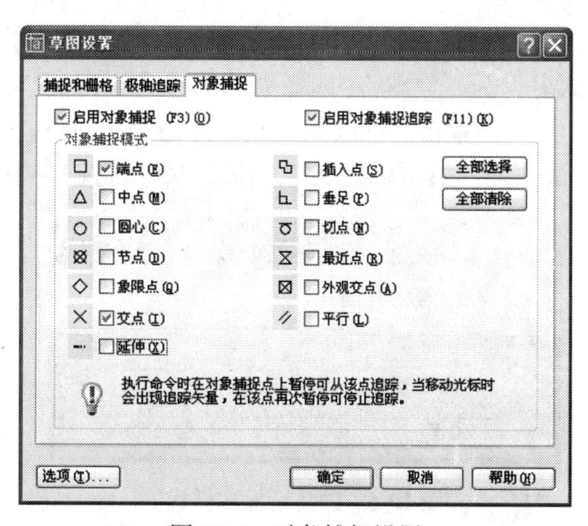

图 10-4　对象捕捉设置

10.1.3 设置尺寸标注样式

组成一个尺寸的尺寸界线、尺寸线、尺寸文本及尺寸起止符等可以采用多种多样的形式。标注尺寸时，尺寸的四要素以什么形态出现，取决于当前所采用的尺寸标注样式。标注样式决定尺寸标注的格式和外观，包括尺寸线、尺寸界线、尺寸起止符和圆心标记的格式和位置，尺寸文本的外观、位置、特性，AutoCAD 放置文字和尺寸线的管理规则，全局标注比例，主单位、换算单位和角度标注单位的格式和精度等。用标注样式可以建立图形的尺寸标注标准，并使标注格式的修改更方便。在创建标注时，AutoCAD 使用当前的标注样式，如果开始绘制新图时选择公制单位，ISO-25 是缺省的标注样式。在 AutoCAD2005 中用户可以利用“标注样式管理器”对话框方便地设置自己需要的尺寸标注样式。

单击“样式”工具栏的按钮，弹出“标注样式管理器”对话框，如图 10-5 所示。利用此对话框可方便直观地定制和浏览尺寸标注样式，设置尺寸变量，包括产生新的标注样式、修改已存在的样式、设置当前尺寸标注样式、样式重命名以及删除一个已有样式等。

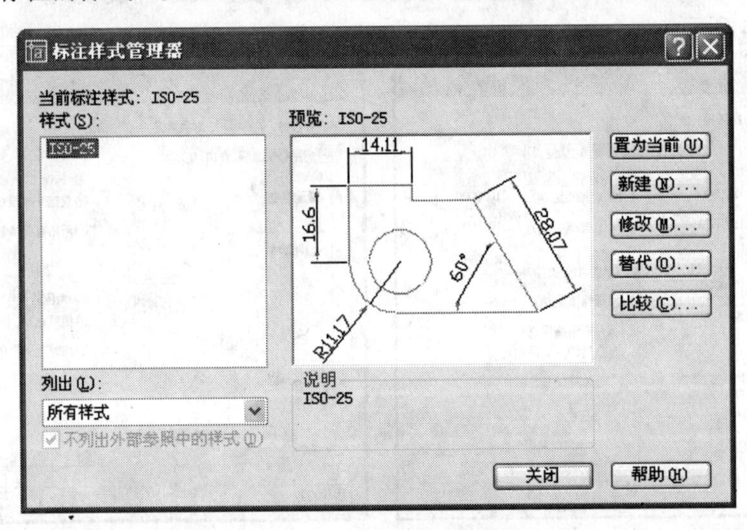

图 10-5　标注样式管理器

在“标注样式管理器”对话框中，单击“新建”按钮，在弹出的“创建新标注样式”对话框中，输入“新样式名”为“建筑”，选择“基础样式”为 ISO-25，选择“用于”“所有标注”，结果如图 10-6 所示。单击“继续”按钮，弹出“新建标注样式：建筑”对话框，如图 10-7 所示，在该对话框中，就可以定义“建筑”尺寸标注样式的格式和外观了。

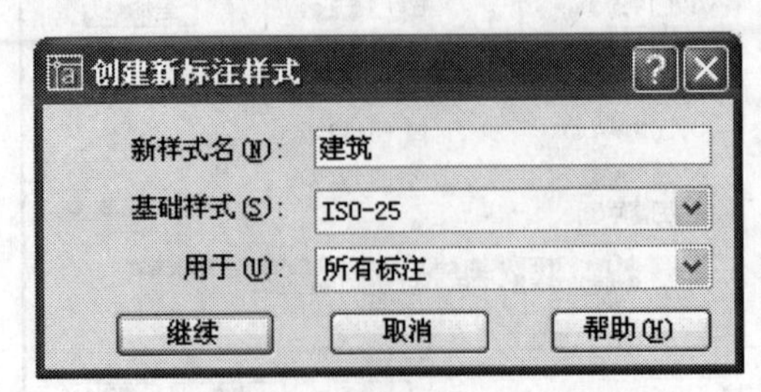

图 10-6　创建新标注样式

1. 设置直线和箭头格式

使用“新建标注样式”对话框中的“直线和箭头”选项卡设置尺寸线、尺寸界线、箭头和圆心标记的格式，如图 10-7 所示。

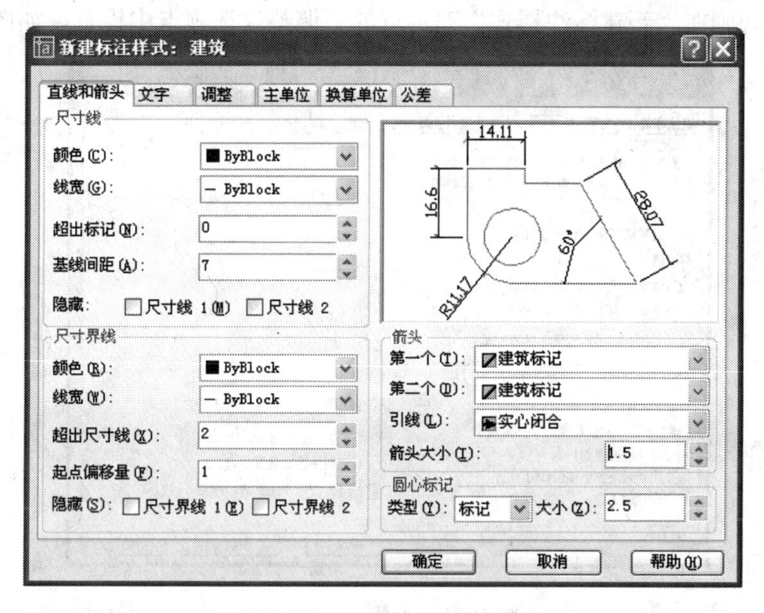

图 10-7　“直线和箭头”选项卡

2. 设置标注文字的格式

用“新建标注样式”对话框中的“文字”选项卡可以设置文字的外观、位置和对齐方式，如图 10-8 所示。

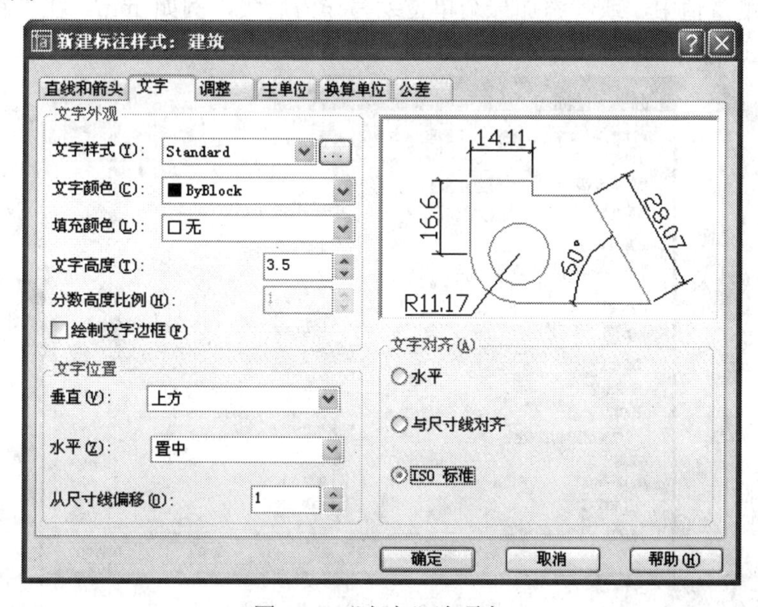

图 10-8　“文字”选项卡

3. 调整标注文字和尺寸起止符

在创建标注时，许多因素都可决定 AutoCAD 标注文字和尺寸起止符位置的方式。一般情况下 AutoCAD 自动将两者放置在尺寸界线之间，如果空间不够，AutoCAD 将遵循以下规则，这些规则在“新建标注样式”对话框的“调整”选项卡中设置，如图 10-9 所示。

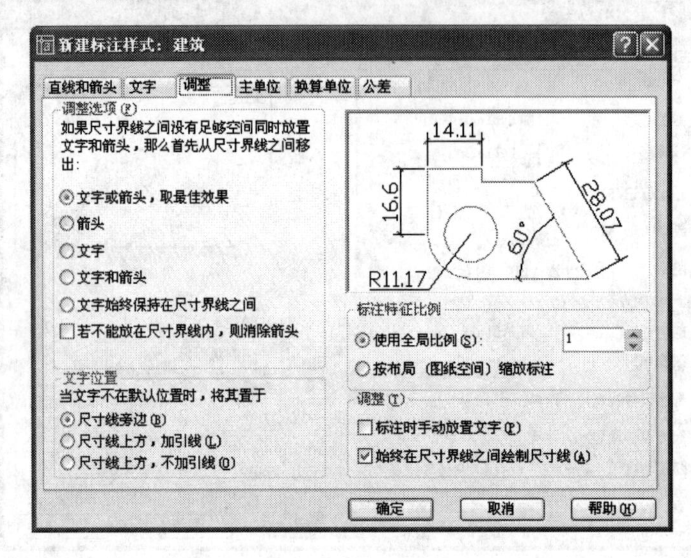

图 10-9 “调整”选项卡

4. 设置主标注单位的格式

AutoCAD 提供了多种方法设置标注单位的格式，可以设置单位类型、精度、分数格式和小数格式，还可以添加前缀和后缀，如图 10-10 所示。例如，可以将一个直径符号作为前缀添加到测量值中，或者添加一个单位缩写作为后缀，例如 mm。在“新建标注样式”对话框的“主单位”选项卡中可以设置主标注单位的格式。

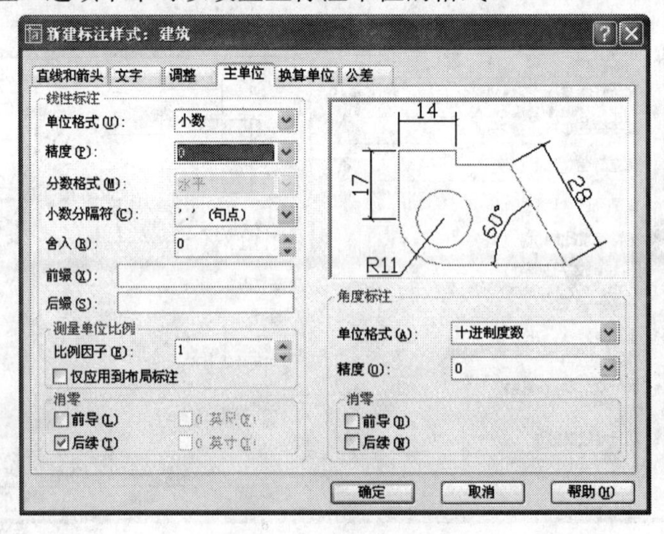

图 10-10 “主单位”选项卡

在建筑制图中，一般不使用“换算单位”和“公差”，故在此略去“换算单位”和“公差”选项卡的说明。

在绘制建筑平面图时，尺寸标注样式中各项的设置见表 10-2。

尺寸标注样式设置　　　　表 10-2

样式名称或子样式	选项卡	选项组	选　　项	设置值
建筑	直线和箭头	尺寸线	颜色	随块
			线宽	随块
			基线间距	7
			隐藏	无
		尺寸界线	颜色	随块
			线宽	随块
			超出尺寸线	2
			起点偏移量	1
			隐藏	无
		箭头	第一个	建筑标记
			第二个	建筑标记
			引线	箭头
			箭头大小	1.5
		圆心标记	类型	标记
			大小	2.5
	文字	文字外观	文字样式	Standard
			文字颜色	随块
			文字高度	3.5
			绘制文字边框	（不选择）
		文字位置	垂直	上方
			水平	置中
			从尺寸线偏移	1
		文字对齐	与尺寸线对齐	选中
	调整	调整选项	文字或箭头，取最佳效果	选中
		文字位置	尺寸线旁边	选中
		标注特征比例	使用全局比例	绘图比例的倒数
		调整	始终在尺寸界线之间绘制尺寸线	选中

10.1.4　其他设置

1. 设置文字样式

在示例的建筑平面图中，定位轴线编号采用的文字样式与尺寸标注等所采用的文字样式不同，因此应当定义两种文字样式。这两种文字样式分别为“轴线编号”和“国标文字”，其具体定义见图 10-11。

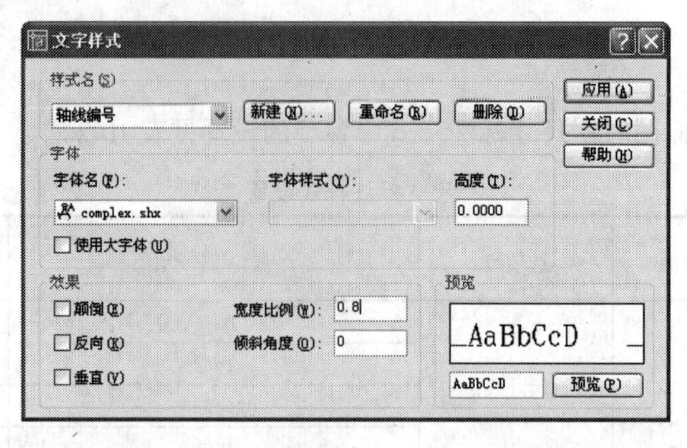

(*a*)

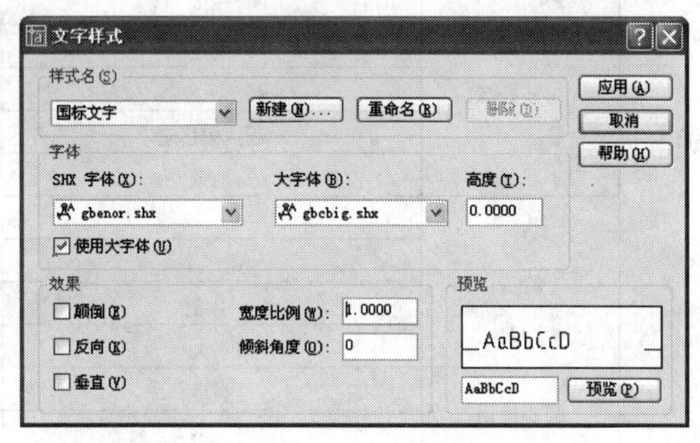

(*b*)

图 10-11　定义文字样式

(*a*) 轴线编号;(*b*) 国标文字

2. 设置绘图单位

单击“格式”菜单，在弹出的下拉菜单中选择“单位(U)...”，在弹出的“图形单位”对话框中，设置长度单位为小数，精度为 2 位小数，角度单位为十进制度数等，具体如图 10-12 所示。

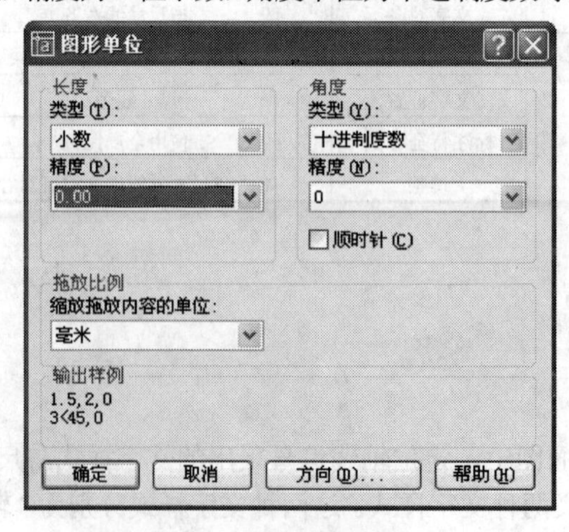

图 10-12　设置图形单位

3. 设置绘图界限

根据建筑平面图（或总平面图）所标注的尺寸可知，新建房屋的大小为 14900mm×12000 mm，再留出标注尺寸的位置，建筑平面图的绘图区域设置在 20000 mm×15000 mm 较合适。单击菜单“格式”→“图形界限”，启动图形界限设置命令，步骤如下：

命令：**LIMITS↙**　　（或选择菜单“格式”→“图形界限”，启动图形界限命令）

指定左下角点或 [开(ON)/关(OFF)] <0.00,0.00>：**0,0↙**

指定右上角点 <420.00,297.00>：**20000,15000↙**

绘图界限设置完成后，再使用显示控制命令 ZOOM，使所设置的整个绘图界限范围显示在屏幕绘图区，步骤如下：

命令：**ZOOM↙**

指定窗口角点，输入比例因子 (nX 或 nXP)，或[全部(A)/中心点(C)/动态(D)/范围(E)/上一个(P)/比例(S)/窗口(W)] <实时>：**A↙**　（显示整个绘图区域）

10.2　绘制轴线网及其编号

在建筑平面图中的定位轴线网，用来确定房屋各承重构件的位置。定位轴线用细点划线绘制，其编号注写在轴线端部用细实线绘制的圆圈内。

10.2.1　轴线网的绘制方法

将图层“总图-轴线”设置为当前图层，使用“直线”命令（通过单击“绘图”工具栏的按钮来启动直线命令），在绘图区域的下方绘制一条水平直线，在绘图区域的左侧绘制一条竖直直线。所绘制的这两条直线的位置可任意，但要保证两条直线相交。这两条直线就是最下面和最左侧的两条定位轴线。下面以这两条定位轴线为基础，介绍生成定位轴线网的方法。

1. 通过使用“复制”命令生成竖向轴线

单击“修改”工具栏按钮，启动复制命令，执行过程如下：

命令：**COPY↙**　（或单击“修改”工具栏中的按钮，启动复制命令）

选择对象：（选择最左侧竖向轴线）

选择对象：↙　（结束选择）

指定基点或位移，或者 [重复(M)]：**M↙**（重复复制）

指定基点：（在左下角的任意空白位置确定一点，然后将鼠标移动到右侧，并保证捕捉到水平极轴）

指定位移的第二点或 <用第一点作位移>：**3300↙**　（复制距离为 3300）

指定位移的第二点或 <用第一点作位移>：**7200↙**　（复制距离为 3300+3900）

指定位移的第二点或 <用第一点作位移>：**11100↙**　（复制距离为 3300+3900+3900）

指定位移的第二点或 <用第一点作位移>：**14400↙**（复制距离为 3300+3900+3900+3300）

指定位移的第二点或 <用第一点作位移>: ↙ （结束复制）

此时，即生成了1、2、4、6、7号轴线，对于3、5号轴线，继续使用复制命令来生成：

命令: **COPY**↙ （或单击“修改”工具栏中的按钮，启动复制命令）

选择对象:（选择2号竖向轴线）

选择对象: ↙ （结束选择）

指定基点或位移，或者 [重复(M)]:（在图中的任意位置确定一点，然后将鼠标移动到右侧，并保证捕捉到水平极轴）

指定位移的第二点或 <用第一点作位移>: **2700**↙ （复制距离为2700）

命令: ↙ （再次执行复制命令）

选择对象:（选择6号竖向轴线）

选择对象: ↙ （结束选择）

指定基点或位移，或者 [重复(M)]:（在图中的任意位置确定一点，然后将鼠标移动到左侧，并保证捕捉到水平极轴）

指定位移的第二点或 <用第一点作位移>: **2700**↙ （复制距离为2700）

绘制出的轴线如图10-13所示。

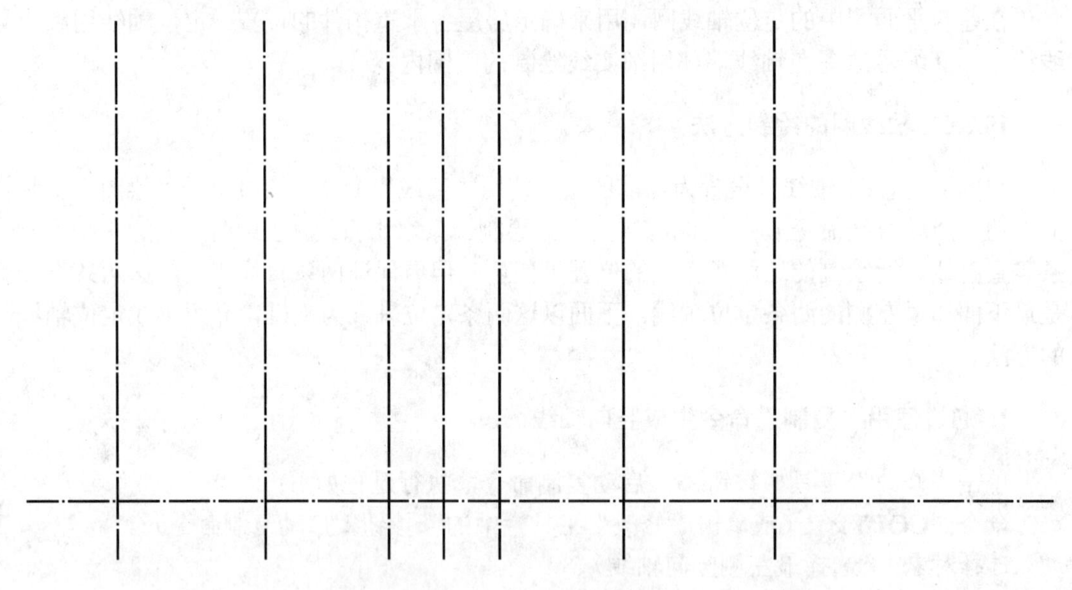

图10-13 绘制的竖向轴线

2. 通过使用“偏移”命令生成横向轴线

横向轴线当然也可以上述通过复制的方法生成，不过为了让读者能更灵活地掌握AutoCAD2005的使用，下面介绍采用另一种方法——通过使用偏移命令生成的方法。

命令: **OFFSET**↙ （或单击“修改”工具栏中的按钮，启动偏移命令）

指定偏移距离或 [通过(T)] <通过>: **4900**↙ （输入偏移距离4900）

选择要偏移的对象或 <退出>:（选择最下面的横向轴线）

指定点以确定偏移所在一侧:（在所选择的横向轴线的上侧任意一点单击鼠标左键）
选择要偏移的对象或 <退出>: ↙ （结束偏移命令）
命令: ↙ （重复执行偏移命令）
指定偏移距离或 [通过(T)] <4900.00>: **600**↙ （输入偏移距离 600）
选择要偏移的对象或 <退出>:（选择最刚偏移得到的横向轴线）
指定点以确定偏移所在一侧:（在所选择的横向轴线的上侧任意一点单击鼠标左键）
选择要偏移的对象或 <退出>: ↙ （结束偏移命令）
命令: ↙ （重复执行偏移命令）
指定偏移距离或 [通过(T)] <600.00>: **1800**↙ （输入偏移距离 600）
选择要偏移的对象或 <退出>:（选择最刚偏移得到的横向轴线）
指定点以确定偏移所在一侧:（在所选择的横向轴线的上侧任意一点单击鼠标左键）
选择要偏移的对象或 <退出>: ↙ （结束偏移命令）
命令: ↙ （重复执行偏移命令）
指定偏移距离或 [通过(T)] <1800.00>: **4200**↙ （输入偏移距离 600）
选择要偏移的对象或 <退出>:（选择最刚偏移得到的横向轴线）
指定点以确定偏移所在一侧:（在所选择的横向轴线的上侧任意一点单击鼠标左键）
选择要偏移的对象或 <退出>: ↙ （结束偏移命令）
绘制出的轴线网如图 10-14 所示。

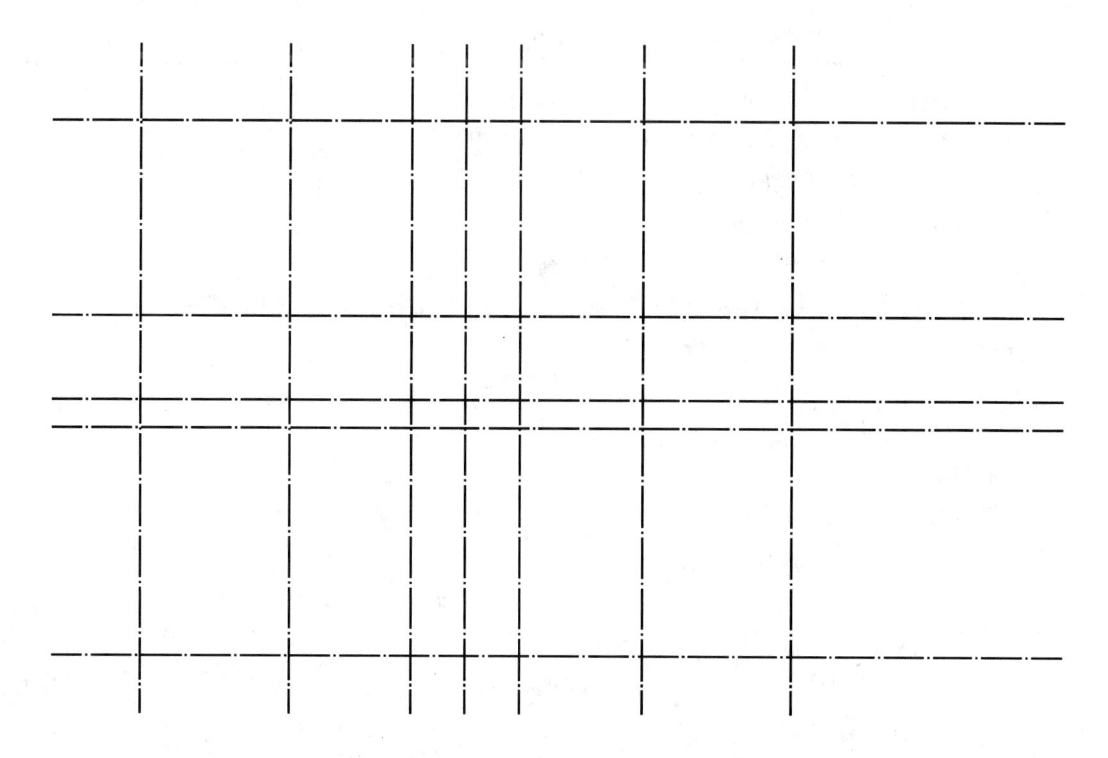

图 10-14　绘制出的轴线网

3. 修剪轴线网

在绘制的轴线网中，横向轴线的右侧比较长，需要修剪，另外3号和5号轴线只画到C轴线，以下部分不需画出，这都可以使用修剪命令来完成。

为了修剪右侧横向轴线，先绘制一条竖直辅助线，以这条辅助线为界，右侧部分需要裁剪掉，而保留其左侧部分，当修剪完成后，将这条辅助线删除。操作过程如下：

命令：**LINE**↙ （或单击“绘图”工具栏中的按钮，启动画直线命令）

指定第一点：（在需要修剪位置的上方使用鼠标左键输入一点）

指定下一点或 [放弃(U)]：（向下移动鼠标并保证竖直极轴追踪，在下方用鼠标左键输入一点，绘制出一条竖直辅助线）

指定下一点或 [放弃(U)]：↙ （结束直线命令）

命令：**TRIM**↙ （或单击“修改”工具栏中的按钮，启动修剪命令）

当前设置：投影=UCS，边=延伸

选择剪切边...

选择对象：（选择刚绘制的竖直辅助线）

选择对象：↙ （结束选择）

选择要修剪的对象，或按住 Shift 键选择要延伸的对象，或 [投影(P)/边(E)/放弃(U)]：（选择A轴线位于辅助线右面需要修剪掉的部分）

……

选择要修剪的对象，或按住 Shift 键选择要延伸的对象，或 [投影(P)/边(E)/放弃(U)]：（选择E轴线位于辅助线右面需要修剪掉的部分）

命令：**ERASE**↙ （或单击“绘图”工具栏中的按钮，启动删除命令）

选择对象：（选择绘制的竖直辅助线）

选择对象：↙（结束删除命令）

下面再使用修剪命令修剪3号和5号轴线：

命令：**TRIM**↙ （或单击“修改”工具栏中的按钮，启动修剪命令）

当前设置：投影=UCS，边=无

选择剪切边...

选择对象：（选择C轴线）

选择对象：↙（结束选择）

选择要修剪的对象，或按住 Shift 键选择要延伸的对象，或 [投影(P)/边(E)/放弃(U)]：（选择3号轴线位于C轴线下方的部分）

选择要修剪的对象，或按住 Shift 键选择要延伸的对象，或 [投影(P)/边(E)/放弃(U)]：（选择5号轴线位于C轴线下方的部分）

选择要修剪的对象，或按住 Shift 键选择要延伸的对象，或 [投影(P)/边(E)/放弃(U)]：↙（结束修剪命令）

此时，轴线网的绘制结果如图10-15所示。

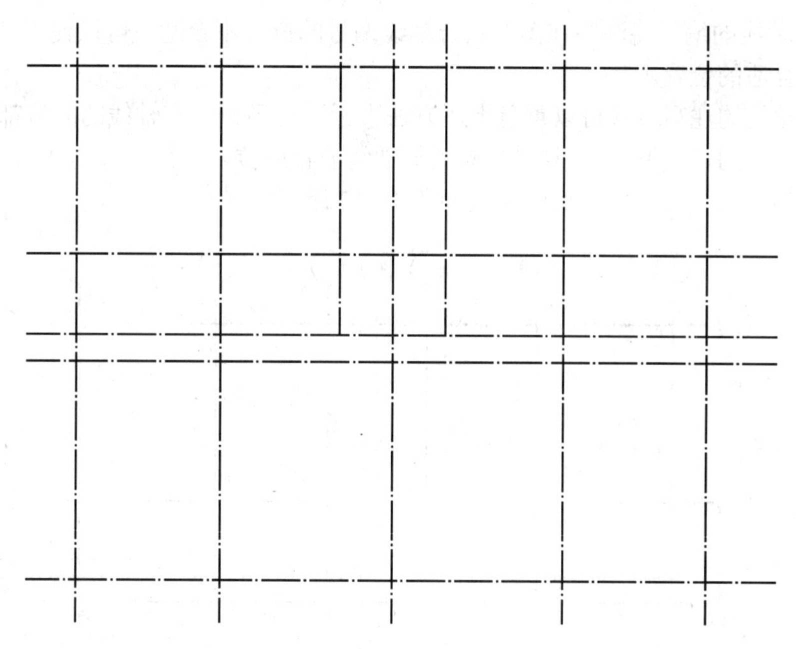

图 10-15　轴线网的绘制结果

10.2.2　定位轴线编号的注写

轴线网绘制完成后，应当把各轴线的编号注写出来，注写轴线编号采用将第 8 章中定义的轴线编号图块插入图中的方法进行。

单击“绘图”工具栏中的按钮，启动图块插入命令，弹出“插入”对话框。在该对话框中，单击“浏览”按钮，选择以前已经定义的图块“定位轴线”，输入插入比例为 100，选中“统一比例”，如图 10-16 所示。

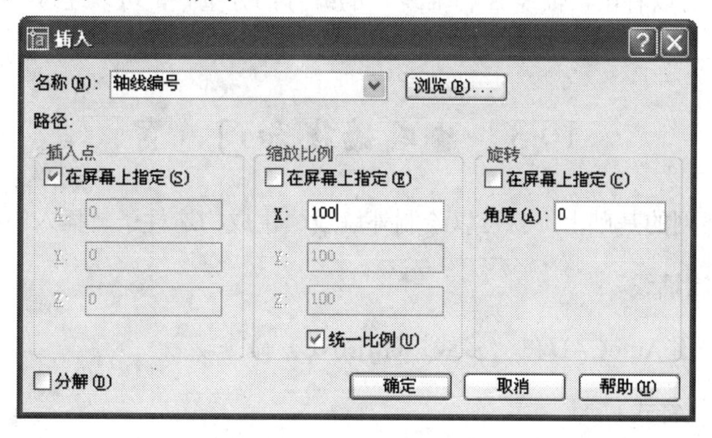

图 10-16　“插入”对话框

然后单击“确定”按钮，退出对话框，在绘图区捕捉最下面横向轴线的左端点，出现提示如下：

输入属性值

轴线编号 <1>: **A**↙（输入轴线编号 A）

则 A 轴线的编号将注写在图中。若轴线编号的位置不合适，可以使用“移动”命令将其移动到合适的位置。

其他轴线的注写方法可以重复上述方法进行，直到把所有轴线的编号都插入为止。也可以将刚插入的轴线编号 “复制”到其他轴线的相应位置，然后使用 ATTEDIT 命令逐个修改各个轴线的编号。完成后的结果如图 10-17 所示。

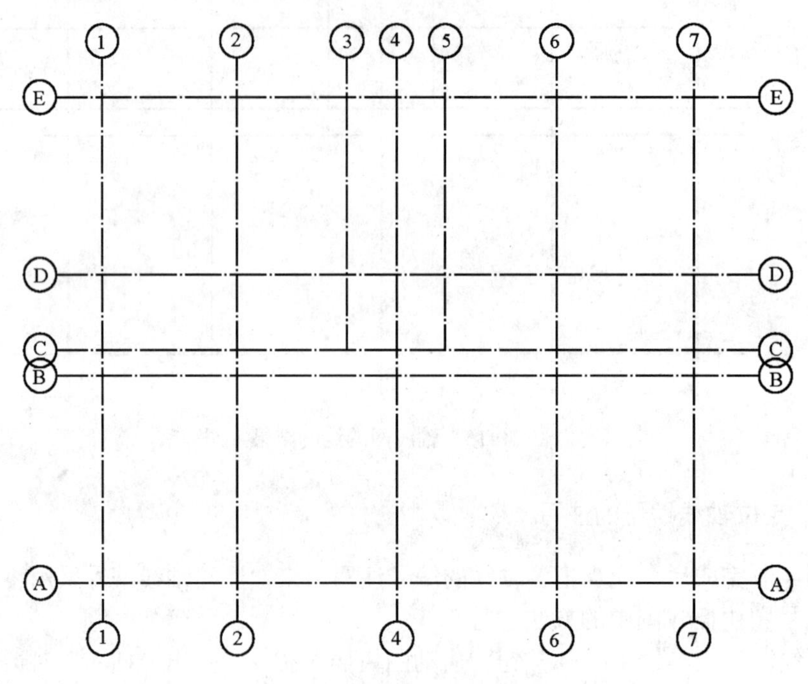

图 10-17　带有轴线编号的轴线网

从图 10-17 可以看出，轴线 B 和轴线 C 的编号部分重叠，可以通过“移动”命令将其分别向两侧移动少许距离。

10.3　生成墙线和门、窗

在定位轴线网的基础上，就可以绘制外墙线、生成构造柱子、插入门和窗。

10.3.1　绘制墙线

绘制墙线采用 AutoCAD 的“多线”（MLINE）命令。

1．设置多线样式

通过菜单“格式”→“多线样式”启动“多线样式”定义对话框，在名称框中输入“内墙线”，然后单击“添加”按钮，如图 10-18（*a*）所示。

在该对话框中，单击“元素特性”按钮，弹出“元素特性”对话框，确认为双线，如图 10-18（*b*）所示。

在“多线样式”对话框中，单击“多线特性”按钮，弹出“多线特性”对话框，确认对话框中直线在起点和端点处封口，如图 10-18（*c*）所示。

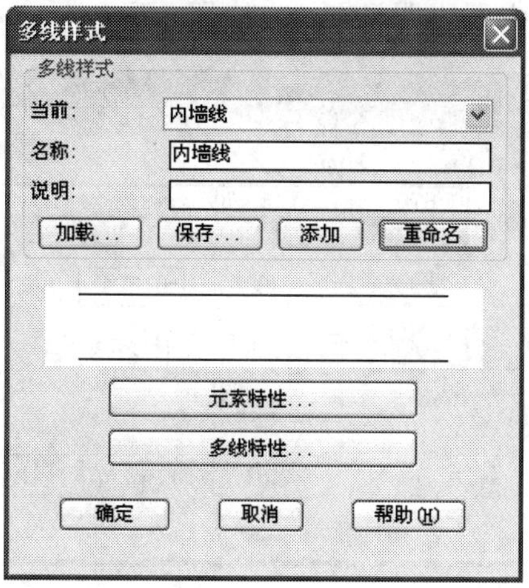

（*a*）

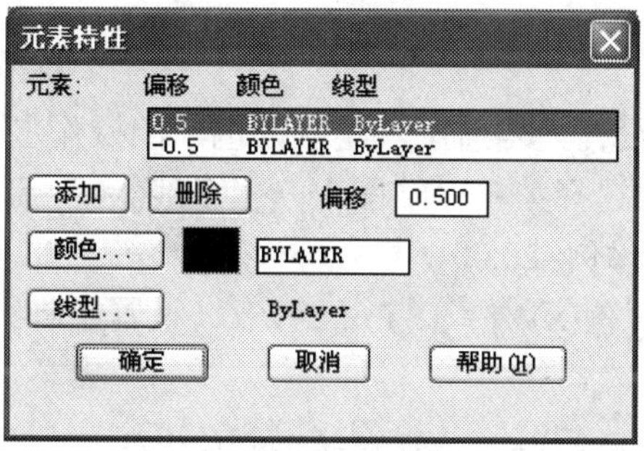

（*b*）

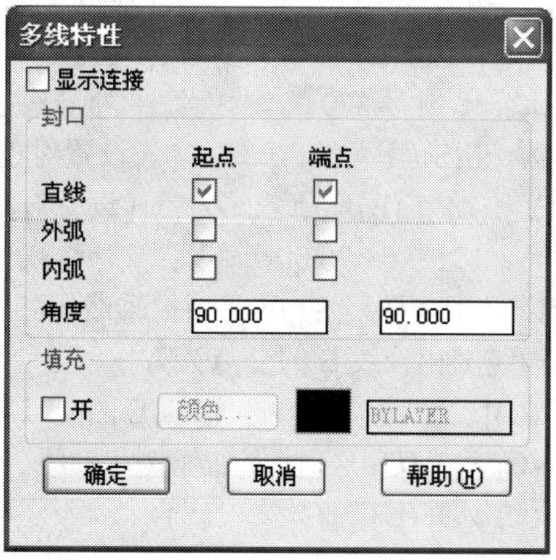

（*c*）

图 10-18　多线的设置

（*a*）多线样式；（*b*）　元素特性；（*c*）多线特性

用同样的方法设置“外墙线”多线样式，由于外墙线与定位轴线的关系不是对称的，所以在“元素特性”对话框中的设置见图 10-19 所示。

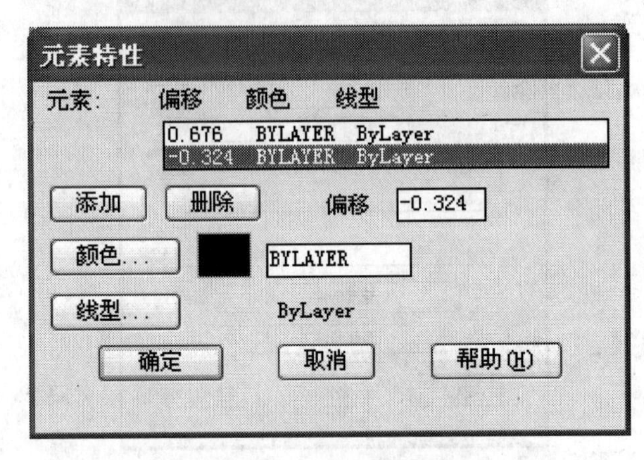

图 10-19 外墙线的元素特性

2. 绘制墙线

将图层“建筑-墙线”设置为当前层。绘制外墙线的操作步骤如下：

命令：**MLINE↙** （或选择菜单“绘图”→“多线(M)”启动绘制多线命令）

当前设置：对正=上，比例=20.00，样式=外墙线

指定起点或 [对正(J)/比例(S)/样式(ST)]：**S↙** （设置绘制比例，此比例实际上就是外墙的厚度）

输入多线比例 <20.00>：**370↙** （设置比例为 370）

当前设置：对正 = 上，比例 =370.00，样式 = 外墙线

指定起点或 [对正(J)/比例(S)/样式(ST)]：**ST↙** （设置多线样式）

输入多线样式名或 [?]：外墙线↙（设置多线样式为外墙线）

当前设置：对正 = 上，比例 =370.00，样式 = 外墙线

指定起点或 [对正(J)/比例(S)/样式(ST)]：**J↙** （设置对正方式）

输入对正类型 [上(T)/无(Z)/下(B)] <上>：**Z↙** （设置对正方式为无，即中心对正）

当前设置：对正 = 无，比例 =370.00，样式 = 外墙线

指定起点或 [对正(J)/比例(S)/样式(ST)]：（捕捉轴线 1 和轴线 A 的交点）

指定下一点：（捕捉轴线 1 和轴线 E 的交点）

指定下一点或 [放弃(U)]：（捕捉轴线 7 和轴线 E 的交点）

指定下一点或 [闭合(C)/放弃(U)]：（捕捉轴线 7 和轴线 A 的交点）

指定下一点或 [闭合(C)/放弃(U)]：**C↙** （闭合）

然后绘制内墙线，操作步骤如下：

命令：**MLINE↙** （或选择菜单“绘图”→“多线(M)”启动绘制多线命令）

当前设置：对正 = 无，比例 =370.00，样式 = 外墙线

指定起点或 [对正(J)/比例(S)/样式(ST)]：**ST↙** （设置多线样式）

输入多线样式名或 [?]：内墙线↙（设置多线样式为内墙线）

当前设置：对正 = 无，比例 = 370.00，样式 = 内墙线
指定起点或 [对正(J)/比例(S)/样式(ST)]：**S↙**（设置绘制比例）
输入多线比例 <370.00>：240↙（设置比例为 240，即内墙厚度）
当前设置：对正 = 无，比例 = 240.00，样式 = 内墙线
指定起点或 [对正(J)/比例(S)/样式(ST)]：**J↙**（设置对正方式）
输入对正类型 [上(T)/无(Z)/下(B)] <无>：**Z↙**（设置对正方式为中心对正）
当前设置：对正 = 无，比例 = 240.00，样式 = 内墙线
指定起点或 [对正(J)/比例(S)/样式(ST)]：（捕捉轴线 3 和轴线 E 的交点）
指定下一点：（捕捉轴线 3 和轴线 C 的交点）
指定下一点或 [放弃(U)]：（捕捉轴线 5 和轴线 C 的交点）
指定下一点或 [闭合(C)/放弃(U)]：（捕捉轴线 5 和轴线 E 的交点）
指定下一点或 [闭合(C)/放弃(U)]：↙（结束多线命令）
此时的绘制结果如图 10-20 所示。

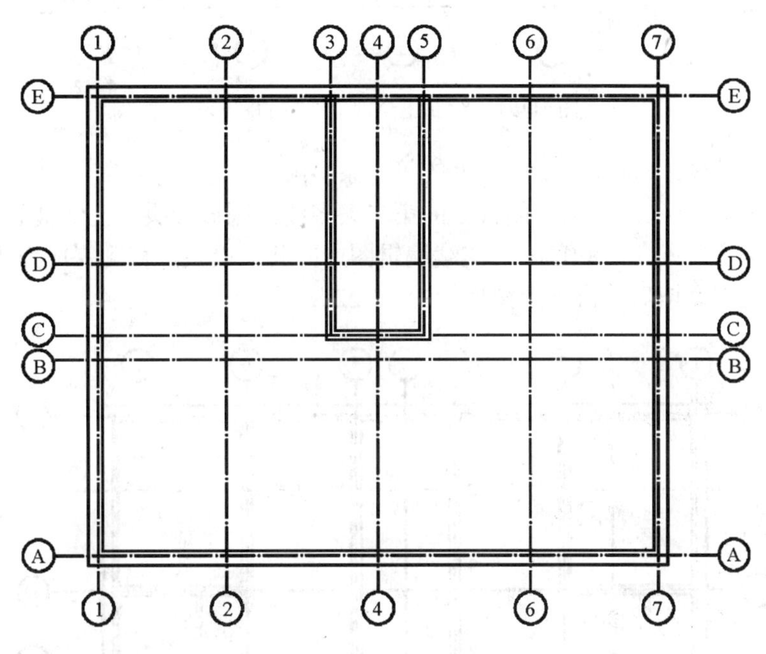

图 10-20　绘制墙线的中间过程

其他内墙线的绘制过程与上述类似，此处不再赘述。按照上述方法绘制出全部内墙线后的图形，如图 10-21 所示。

3. 墙线修剪

绘制出来的墙线在连接处不符合要求，需要使用多线编辑命令对其进行编辑。从菜单“修改”→“对象”→“多线…”启动多线编辑命令，弹出“多线编辑工具”对话框，如图 3-44 所示，从中选择“T 形闭合”后点击“确定”按钮，退出“多线编辑工具”对话框，命令行出现的相应提示如下：

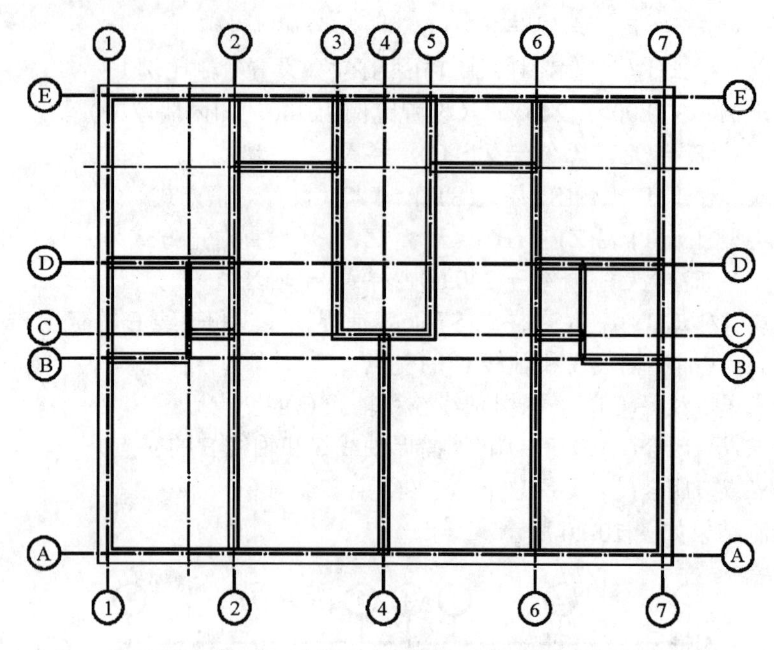

图 10-21 绘制出全部墙线后的图形

选择第一条多线:（选择需要闭合处的第一条多线）
选择第二条多线:（选择需要闭合处的第二条多线，则该接头处已经被修剪）
选择第一条多线或 [放弃(U)]:（继续编辑图中的其他接头，直到完成为止）
当把接头处理完毕后，得到的图形如图 10-22 所示。

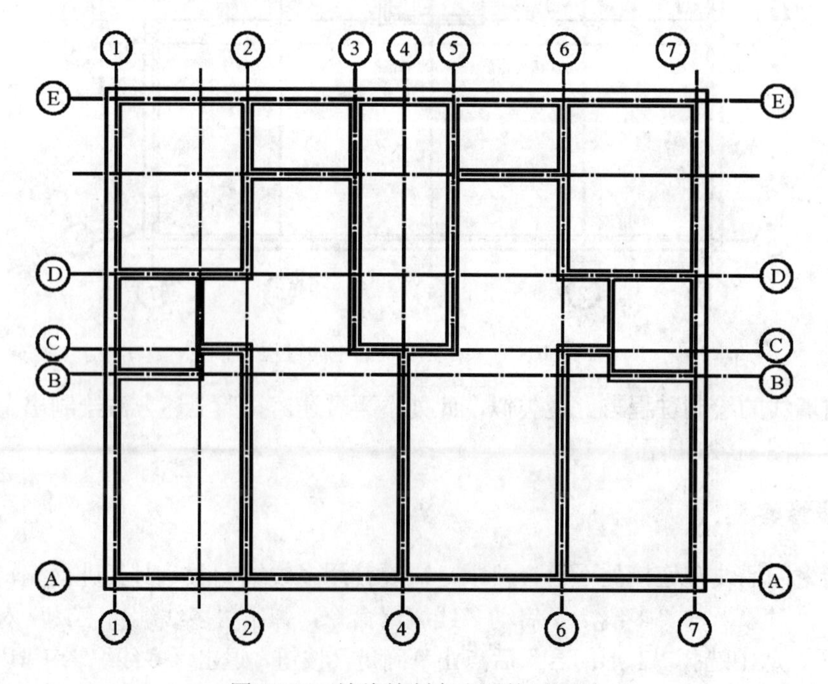

图 10-22 墙线绘制完成后的平面图

10.3.3　生成门、窗

将图层“建筑-门窗”设置为当前图层。

1．生成门

门的图例如图 10-23 所示。为了在插入门的时候可以适应多种门的宽度，将其定义为单位宽度的门。先设置极轴追踪角度为 45°，然后绘制一条水平辅助线，再绘制图例，最后删除辅助线即可。

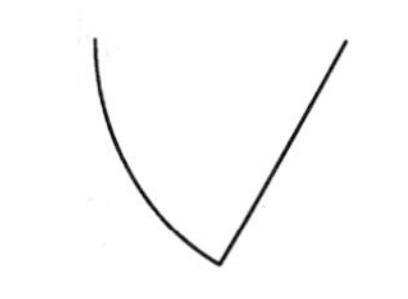

图 10-23　单位门图例

其具体绘制过程如下：

命令：**LINE**↙（或单击“绘图”工具栏中的按钮，启动画直线命令）
指定第一点：（在空白绘图区域的任意位置点取一点）
指定下一点或 [放弃(U)]：**1**（将光标移动到右侧，并保证水平极轴追踪后输入 1）
指定下一点或 [放弃(U)]：↙（结束画直线命令）
命令：**ARC**↙（或单击“绘图”工具栏中的按钮，启动画圆弧命令）
指定圆弧的起点或 [圆心(C)]：**C**↙（输入 C，表示首先输入圆弧的圆心）
指定圆弧的圆心：（捕捉辅助线的右端点）
指定圆弧的起点：（捕捉辅助线的左端点）
指定圆弧的端点或 [角度(A)/弦长(L)]：（移动鼠标直到极轴追踪到 45° 线方向后再点取一点）
命令：**LINE**↙（或单击“绘图”工具栏中的按钮，启动画直线命令）
指定第一点：（捕捉辅助线的右端点）
指定下一点或 [放弃(U)]：（捕捉圆弧的下端点）
指定下一点或 [放弃(U)]：↙（结束直线命令）

门的图例绘制完成后，以门的右端点为插入基点定义一个图块，名称为“门”。然后将门插入到平面图中，下面以轴线 D、E 和轴线 1、2 所围房间的门为例来说明生成过程，其他的门的生成过程与此类似。

（1）单击“绘图”工具栏按钮，启动插入图块命令；

（2）在弹出的对话框中输入块名“门”，插入比例 900（门的宽度为 900）后，按“确定”按钮，退出“插入”对话框；

（3）在提示输入插入点时，将鼠标移动到轴线 D 和轴线 2 的交点处，停留片刻，直到出现交点提示，再向左移动鼠标，并保证水平方向的交点对象追踪，输入 240（120+120=240），即可将门的图例插入到平面图中；

（4）由于此门是内开门，所以再使用“镜像”命令，将刚插入的门进行反射变换，得到正确的门。

按照上述步骤，将其他的单扇门插入到图中。对于阳台和餐厅的推拉门，也可以仿照单扇门的生成方法生成。生成后的结果如图 10-24 所示。

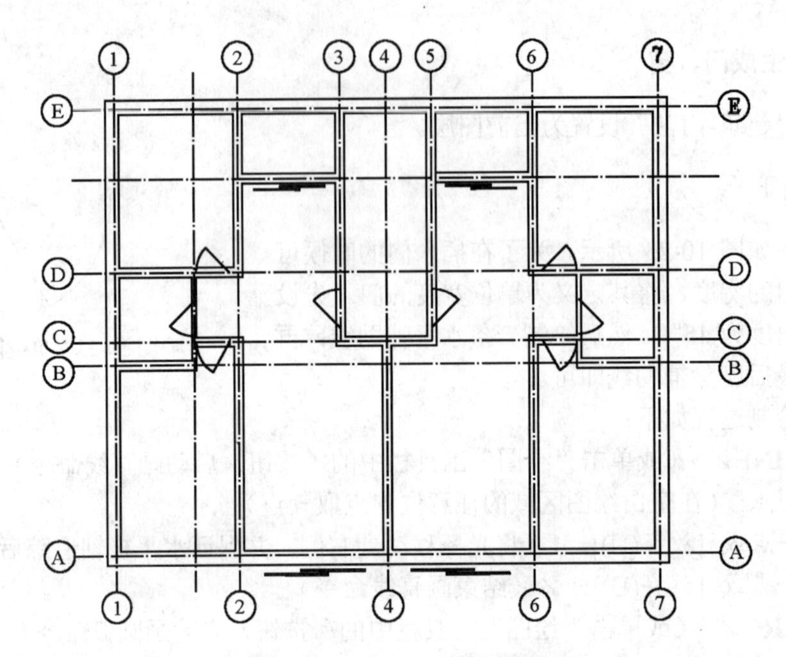

图 10-24　插入门后的平面图

由于在有门的位置墙体不应当是连续的，就需要将墙体截断，使用 AutoCAD 的“修剪”命令可以实现。但是在修剪前，需要将使用多线命令绘制的墙线分解。选中所有的墙线，单击“修改”工具栏的按钮，可分解多线，分解后的墙线是由直线段组成的，每一段直线都是一个单独的实体。然后在门的位置绘制出门洞口，使用修剪命令将墙线剪断。得到如图 10-25 所示的平面图。

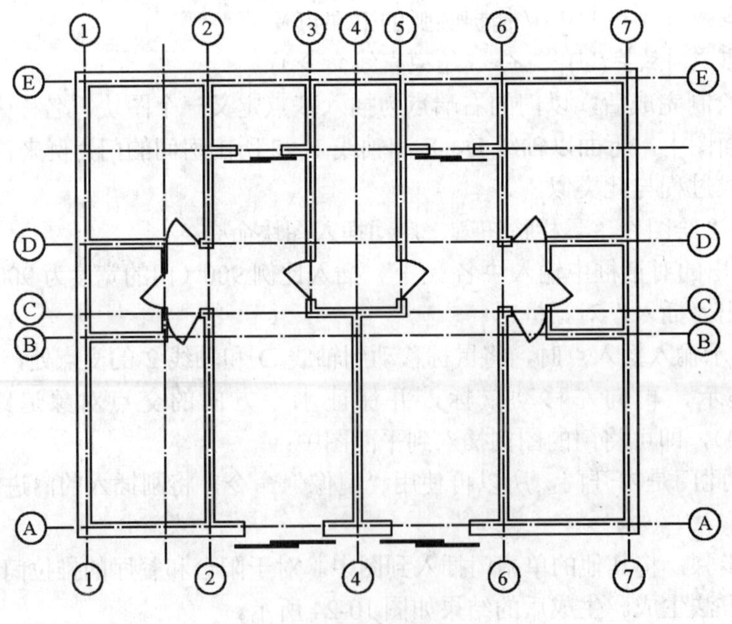

图 10-25　平面图

2．生成窗

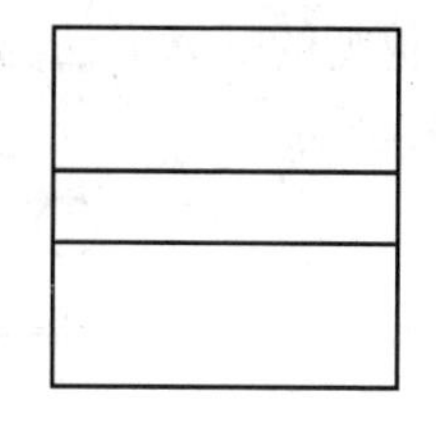

图 10-26 单位窗图例

为了使窗能够适应不同宽度的窗和不同墙体厚度，可绘制一个单位窗，即窗图例的宽度和厚度都是 1，如图 10-26 所示。在插入时根据具体情况，选择与窗洞口宽度、墙体厚度相适应的比例，就能把窗插入到平面图中。

绘制单位窗图例的具体过程如下：

命令：**RECTANG↙** （或单击“绘图”工具栏中的▭按钮，启动画矩形命令）

指定第一个角点或 [倒角(C)/标高(E)/圆角(F)/厚度(T)/宽度(W)]：(在绘图区的空白处任意位置点取一点)

指定另一个角点或 [尺寸(D)]：**@1,1↙** （给出相对坐标，绘制一个单位正方形）

命令：**LINE↙** （或单击“绘图”工具栏中的╱按钮，启动画直线命令）

指定第一点：(将鼠标移动到单位正方形的左上角，停留片刻直到出现黄色端点提示，再向下移动鼠标，并保证处于竖直方向端点对象追踪，输入 0.4)

指定下一点或 [放弃(U)]：(向右移动鼠标，捕捉水平极轴与单位正方形右边界的交点)

指定下一点或 [放弃(U)]：↙（结束直线命令）

命令：↙ （再次执行画直线命令）

指定第一点：(将鼠标移动到单位正方形的右下角，停留片刻直到出现黄色端点提示，再向上移动鼠标，并保证处于竖直方向端点对象追踪，输入 0.4)

指定下一点或 [放弃(U)]：(向右移动鼠标，捕捉水平极轴与单位正方形右边界的交点)

指定下一点或 [放弃(U)]：↙ （结束直线命令）

绘制出单位窗后，以左下角为插入基点，定义名称为“窗”的图块。然后就可以把定义的窗插入到平面图中了。下面以插入左侧山墙上宽度为 900mm 的窗为例，说明插入窗的过程。

单击“绘图”工具栏按钮，弹出“块插入”对话框，在这个对话框中，按照图 10-27 所示输入对话框中的内容，然后将鼠标移动到插入窗所在房间墙线内侧的左下角处的交点，停留片刻，出现黄色提示“交点”信息时，向上移动鼠标，并保证竖直方向的交点对象追踪，输入 630，即将此窗插入。

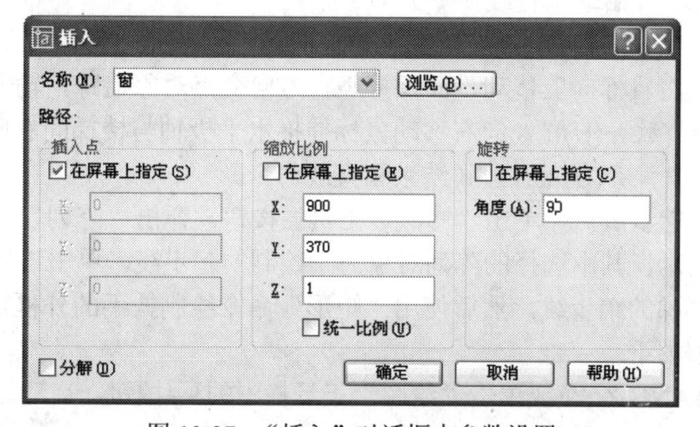

图 10-27 “插入”对话框中参数设置

其他窗的插入方法与上述方法相同，此处不再赘述，把所有的窗插入完毕后的图形如图 10-28 所示。

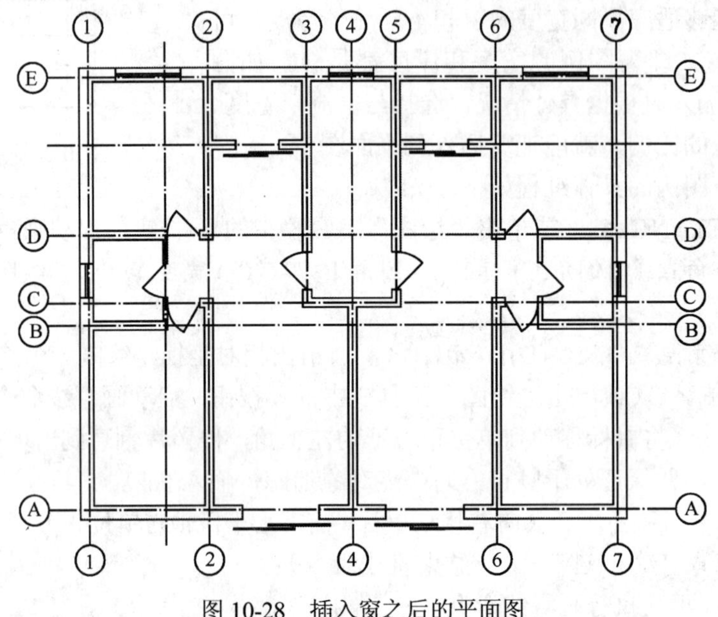

图 10-28 插入窗之后的平面图

10.4 绘制楼梯、厨房和卫生间

在建筑平面图中的楼梯、厨房设施、卫生洁具等都是采用图例画法，下面分别介绍。

10.4.1 绘制楼梯

在本实例中所绘制的建筑平面图是中间层平面图，所以楼梯的画法应当采用中间层楼梯图例的画法。该楼楼梯是两跑式楼梯，起步线与门洞口边界的距离是 400mm，每一个梯段有 9 级踏步，踏步宽度为 280mm。中间的扶手图例由两个矩形和一条中心竖线组成。

将图层“建筑-图例”设置为当前图层。楼梯的画法过程如下：

命令：**LINE**↙ （启动画直线命令）

指定第一点：（将鼠标移动到左单元入口门洞的右上墙角，停留片刻，直到出现黄色“交点”标记后再将鼠标向上移动，并保持竖直方向交点对象追踪，输入 440）

指定下一点或 [放弃(U)]:（向右移动鼠标捕捉水平极轴与楼梯间右侧墙线的交点）

指定下一点或 [放弃(U)]: ↙ （结束画直线命令）

绘制出楼梯的起步线后，单击“修改”工具栏按钮，弹出“阵列”对话框，该对话框设置如图 10-29 所示，其中选择的阵列对象为刚绘制的起步线。单击该对话框的“确定”按钮后，即生成楼梯的踏步线。然后使用“矩形”命令绘制扶手的外框矩形。

具体操作过程如下：

命令：**RECTANG**↙ （或单击“绘图”工具栏中的□按钮，启动画矩形命令）

指定第一个角点或 [倒角(C)/标高(E)/圆角(F)/厚度(T)/宽度(W)]: **tt**（临时追踪点）

指定临时对象追踪点：**980↙**（移动鼠标到左单元入口门洞的右上墙角，停留片刻，直到出现黄色“交点”标记后再将鼠标向右移动，并保持水平方向交点对象追踪，输入 980）

指定第一个角点或 [倒角(C)/标高(E)/圆角(F)/厚度(T)/宽度(W)]：**340↙**（向上移动鼠标，并保持竖直极轴追踪，输入 340。此点即为矩形的左下角点）

指定另一个角点或 [尺寸(D)]：**@200,2440↙**（使用相对坐标确定矩形右上角点）

绘制出扶手的外矩形后，使用“偏移”命令生成内矩形，过程如下：

命令：**OFFSET↙**（或单击“修改”工具栏中的按钮，启动偏移命令）

指定偏移距离或 [通过(T)] <通过>：**50↙**（偏移距离为 50）

选择要偏移的对象或 <退出>：（选择刚才绘制的矩形）

指定点以确定偏移所在一侧：（在矩形的中间位置用鼠标拾取一点，则生成内矩形）

选择要偏移的对象或 <退出>：↙（结束偏移命令）

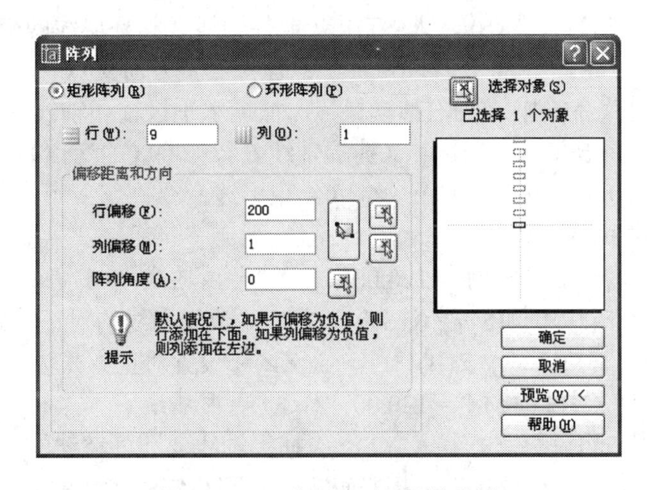

图 10-29　“阵列”对话框的设置

扶手图例的两个矩形绘制出来后，使用“修剪”命令将位于两个矩形之间的楼梯踏步线裁剪掉，再使用画直线命令绘制出扶手中间的竖线，最后绘制两条折断线，即完成楼梯图例的绘制，结果如图 10-30 所示。

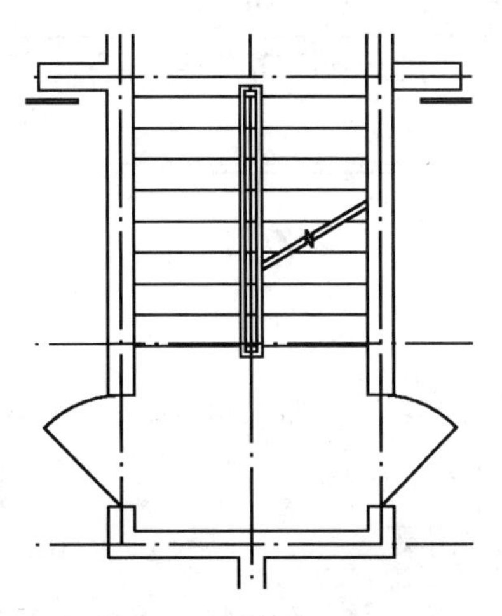

图 10-30　楼梯图例的绘制结果

10.4.2 绘制阳台和雨篷

在平面图上的阳台、阴台、雨篷和空调台都是凸出墙面的部分，其画法基本上是一致的。下面以阳台为例来说明具体绘制方法。

绘制阳台可以采用“多线”命令绘制。具体过程如下：

命令：**MLINE**↙ （或选择菜单“绘图”→“多线”，启动画多线命令）
当前设置：对正 = 无，比例 = 120.00，样式 = 内墙线
（由于当前比例和样式都符合要求，因此比例和样式都无需改变）
指定起点或 [对正(J)/比例(S)/样式(ST)]： **J**↙（改变对正方式）
输入对正类型 [上(T)/无(Z)/下(B)] <无>： **B**↙（设置对正方式为下对正）
当前设置：对正 = 下，比例 = 120.00，样式 = 内墙线
指定起点或 [对正(J)/比例(S)/样式(ST)]：（捕捉轴线 2 和外墙线的交点）
指定下一点： **1500**↙ （向下移动鼠标，并保持竖直方向交点对象追踪，输入 1500）
指定下一点或 [放弃(U)]：（向右移动鼠标，捕捉水平极轴和轴线 6 的交点）
指定下一点或 [闭合(C)/放弃(U)]：（捕捉轴线 6 和外墙线的交点）
指定下一点或 [闭合(C)/放弃(U)]： ↙ （结束多线命令）
命令： ↙（重复执行多线命令）
当前设置：对正 = 下，比例 = 120.00，样式 = 内墙线
指定起点或 [对正(J)/比例(S)/样式(ST)]： **J**↙ （改变多线的对正方式）
输入对正类型 [上(T)/无(Z)/下(B)] <下>： **Z**↙（设置对正方式为中间对正）
当前设置：对正 = 无，比例 = 120.00，样式 = 内墙线
指定起点或 [对正(J)/比例(S)/样式(ST)]：（捕捉轴线 4 和外墙线的交点）
指定下一点：（向下移动鼠标，捕捉竖直极轴和刚绘制的多线的交点）
指定下一点或 [放弃(U)]： ↙ （结束多线命令）

然后使用多线编辑命令 MLEDIT 将两条多线相交处的接头合并，得到如图 10-31 所示的图形。

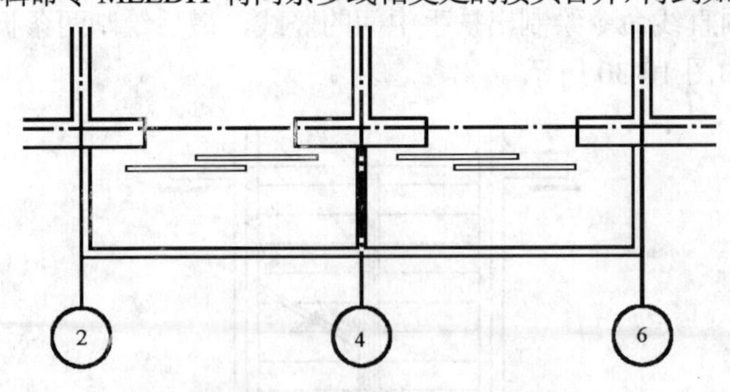

图 10-31 阳台的画法

对于放置炉灶的阴台、放置空调的空调台和雨篷的具体画法，与上述阳台的画法一样，此处不再赘述。

10.4.3 插入厨房和卫生间用具

位于厨房和卫生间的各项用具设施，除可按照第 8 章介绍的方法分别绘制外，也可通

过“AutoCAD 设计中心”找到相应的图例。以洗手池为例，单击“标准”工具栏的按钮，出现“设计中心”标签，在左侧的列表框中选择 AutoCAD 提供的样图 stadium plan.dwg（位于 Program files\AutoCAD 选项卡\Sample 目录下），在右侧的列表框中选择“1”，将其拖动到图形窗口中的适当位置即可。其他设施按照同样的方法插入，完成的图形如图 10-32 所示。

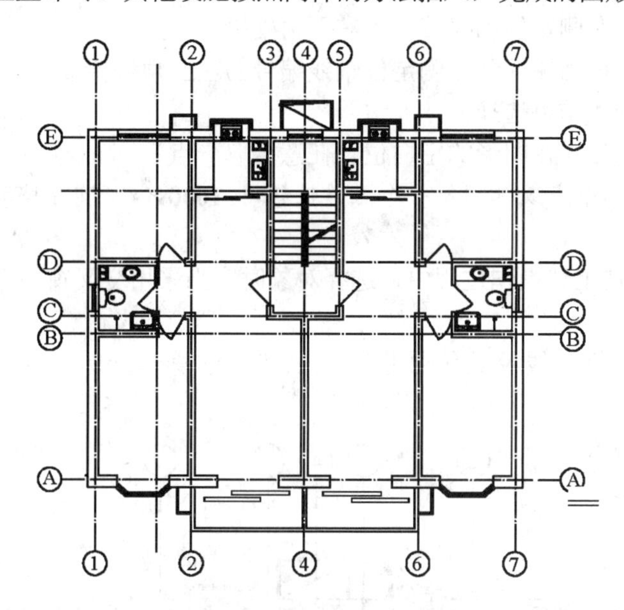

图 10-32　插入设施后的平面图

10.4.4　完善图形

在没有门并且墙线不连续的位置，使用修剪命令将定位轴线修剪掉。修剪后的平面图如图 10-33 所示。

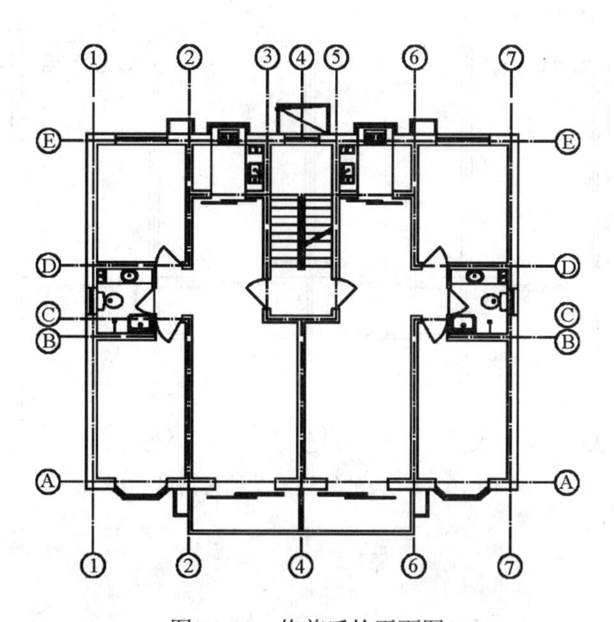

图 10-33　修剪后的平面图

为了在房屋外围留出尺寸标注的空间，需要将定位轴线编号向外拉伸一段距离，例如左侧定位轴线及其编号应当向左拉伸 1000，具体操作过程如下：

命令：**STRETCH**↙ （或单击“修改”工具栏中的按钮，启动拉伸命令）

以交叉窗口或交叉多边形选择要拉伸的对象...

选择对象：（在左侧定位轴线编号的右下角处拾取一点）

指定对角点：（移动鼠标到左侧定位轴线编号的左上角处拾取一点）

选择对象：↙ （结束选择）

指定基点或位移：（在图形的空白位置任意拾取一点）

指定位移的第二个点或 <用第一个点作位移>：**1000**↙ （向左移动鼠标，保持极轴追踪，输入 1000）

需要注意的是在上述操作过程中，选择对象时应当采用交叉窗口选择，否则将得不到希望的结果。

其他三面的定位轴线及其编号也按照上述方法操作，最后得到的图形如图 10-34 所示。

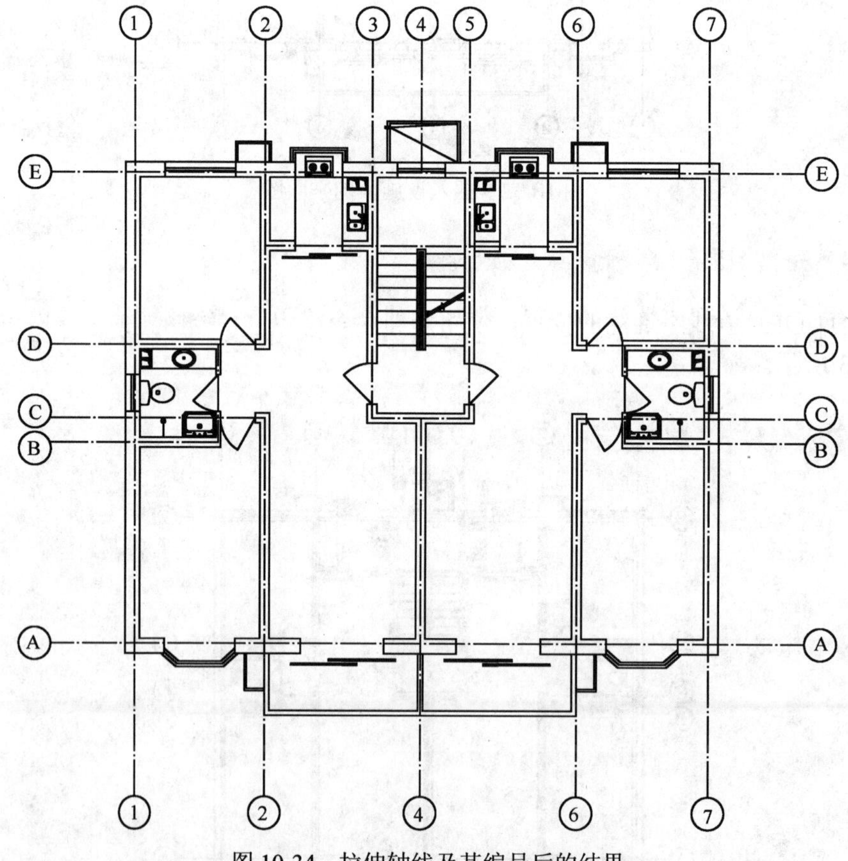

图 10-34 拉伸轴线及其编号后的结果

10.5　尺寸标注和书写文字

在平面图上需要标注有关的尺寸和注写必要的文字，下面分别介绍。

10.5.1　标注尺寸

在平面图上需要标注的尺寸有：房屋的总长、总宽，各房间的开间、进深，门窗洞的宽度与位置，墙体厚度，楼面标高以及主要构配件和固定设施的定形尺寸、定位尺寸等。

建筑平面图中的外墙需要标注三道尺寸，下面以左侧外墙为例说明这三道尺寸的标注方法与过程。

将图层“建筑-尺寸”设置为当前图层，按照先标注门窗洞口宽度与位置，再标注房间的开间，最后标注总长的步骤进行。具体操作过程如下：

命令：**DIMLINEAR**↙ （或单击“标注”工具栏中的按钮，启动线性尺寸标注命令）

指定第一条尺寸界线原点或 <选择对象>:（捕捉轴线 1 和外墙的交点）

指定第二条尺寸界线原点:（捕捉轴线 1 和轴线 2 之间的门洞左角点）

指定尺寸线位置或[多行文字(M)/文字(T)/角度(A)/水平(H)/垂直(V)/旋转(R)]:（指定尺寸线的标注位置）

标注文字 =750

命令：**DIMCONTINUE**↙（或单击“标注”工具栏中的按钮，启动连续尺寸标注命令）

指定第二条尺寸界线原点或 [放弃(U)/选择(S)] <选择>:（捕捉轴线 1 和轴线 2 之间的门洞右角点）

标注文字 =1800

指定第二条尺寸界线原点或 [放弃(U)/选择(S)] <选择>:（捕捉轴线 1 和外墙的交点）

标注文字 =750

指定第二条尺寸界线原点或 [放弃(U)/选择(S)] <选择>:（继续捕捉门窗洞口的角点和轴线与外墙的交点，将分别标注出 900、2100、900、900、2100、900、750、1800、750）

……

指定第二条尺寸界线原点或 [放弃(U)/选择(S)] <选择>: ↙ （结束本次连续标注）

选择连续标注: ↙（结束连续标注）

下面标注定位轴线之间的尺寸，即开间尺寸。

命令：**DIMLINEAR**↙ （或单击“标注”工具栏中的按钮，启动线性尺寸标注命令）

指定第一条尺寸界线原点或 <选择对象>:（捕捉轴线 1 与外墙线的交点）

指定第二条尺寸界线原点:（捕捉轴线 2 与外墙线的交点）

指定尺寸线位置或[多行文字(M)/文字(T)/角度(A)/水平(H)/垂直(V)/旋转(R)]:（指定尺寸线的位置）

标注文字 =3300

命令：**DIMCONTINUE**↙（或单击“标注”工具栏中的按钮，启动连续尺寸标注命令）

指定第二条尺寸界线原点或 [放弃(U)/选择(S)] <选择>:（分别捕捉轴线 4、6、7 与外墙线的交点，将分别标注出 3900、3900、3300）

……

指定第二条尺寸界线原点或 [放弃(U)/选择(S)] <选择>: ↙（结束本次连续标注）

选择连续标注: ↙（结束连续标注）

下面标注房屋的总长度，即左外墙面到右外墙面之间的距离。

命令：**DIMLINEAR**↙（或单击“标注”工具栏中的按钮，启动线性尺寸标注命令）

指定第一条尺寸界线原点或 <选择对象>:（捕捉房屋的左下墙角点）

指定第二条尺寸界线原点:（捕捉房屋的右下墙角点）

指定尺寸线位置或 [多行文字(M)/文字(T)/角度(A)/水平(H)/垂直(V)/旋转(R)]:（指定尺寸标注的位置）

标注文字 =14900

此时，下面外墙的三道尺寸标注完成，如图 10-35 所示。

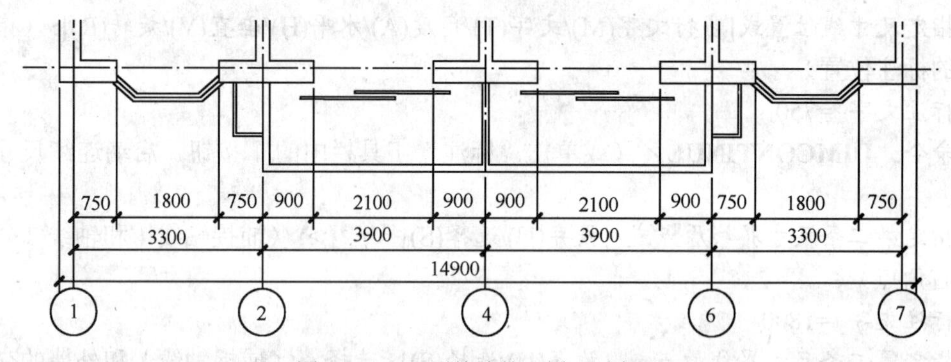

图 10-35 下面外墙的三道尺寸标注

标注出来尺寸数字的位置如果不合适，例如图 10-35 中的总长尺寸 14900 与定位轴线 4 重合，可以使用“编辑标注文字”命令进行调整。具体过程如下：

命令：**DIMTEDIT**↙（或单击“标注”工具栏中的按钮，启动编辑标注文字命令）

选择标注:（选择需要编辑的尺寸，此处时总长尺寸 14900）

指定标注文字的新位置或 [左(L)/右(R)/中心(C)/默认(H)/角度(A)]:（指定合适位置）

另一种更简单的方法是直接选择被标注的尺寸，被选中的尺寸上有蓝色的关键点，将鼠标移动到尺寸数字的关键点上，单击鼠标左键，然后再拖动到合适位置即可。

下面外墙的三道尺寸标注完成后，其他外墙的尺寸标注方法与上述完全一样，此处不再赘述。

内外墙相对于定位轴线的厚度、内墙上门洞口的宽度及其位置、卫生洁具的位置、空调台的大小等尺寸标注方法与前述外墙的尺寸标注完全一致，此处亦不再赘述。楼面标高尺寸的标注采用插入图块“标高”并输入属性值为 2.800 的方法注出，结果如图 10-36 所示。

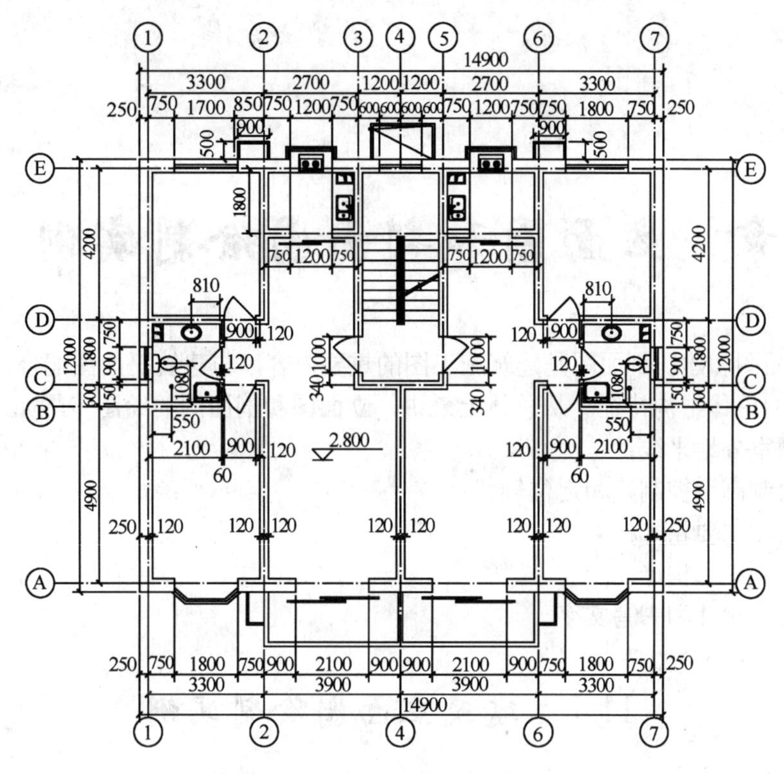

图 10-36　标注尺寸后的平面图

10.5.2　书写文字

在平面图中，各房间的用途一般用文字说明。使用 AutoCAD 的 TEXT 命令或单击“绘图”工具栏按钮，然后确定需要书写的位置和输入文字内容即可。书写完成后的建筑平面图如图 10-1 所示。

第 11 章 立面图和剖面图绘制实例

建筑立面图和建筑剖面图是建筑施工图的重要内容，与建筑平面图配合，可以清楚地表达建筑物的总体结构特征。从总体上来讲，立面图和剖面图的绘图步骤如下：

（1）画室外地平线；

（2）绘制高度控制线和定位轴线；

（3）绘制主要轮廓；

（4）绘制细部构造；

（5）标注尺寸和书写文字。

11.1 建筑立面图绘制实例

一座楼房有多个立面图，一般把房屋的主要出入口或反映房屋外貌主要特征的立面图称作正立面图，从而确定背立面图、左侧立面图和右侧立面图。本节将以绘制图 11-1 所示正立面图为例，介绍立面图的画法。

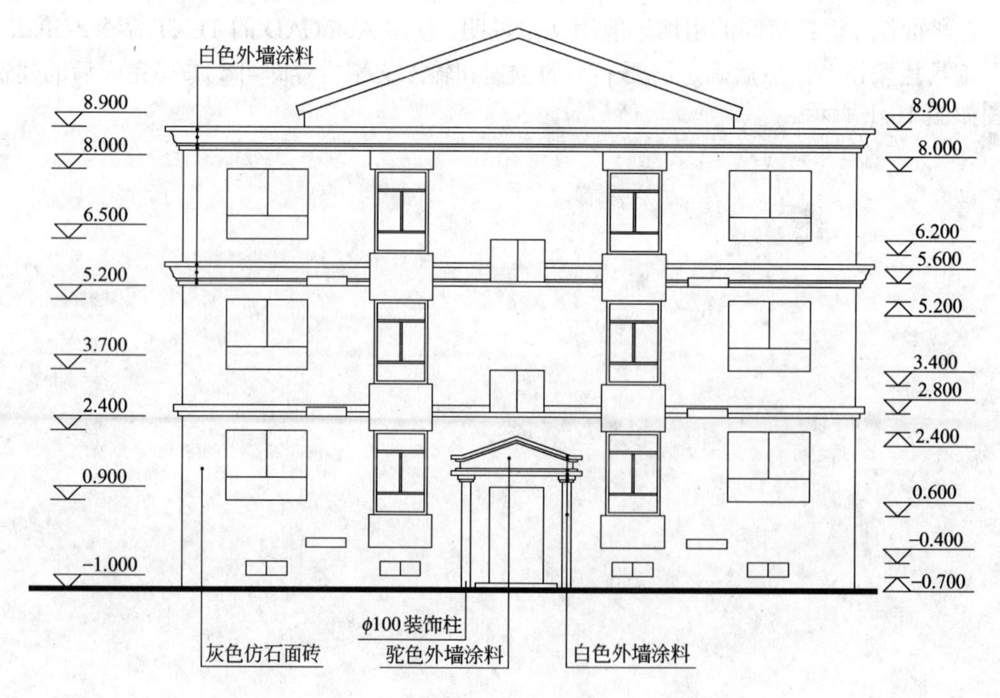

图 11-1 正立面图

在立面图中，一般需要绘制的主要内容包括：①图名、比例；②立面图两端的定位轴线及其编号；③门窗的形状、位置及其开启方向符号；④屋顶外形；⑤各种墙面、台阶、花台、雨篷、窗台、阳台、雨水管、水斗、外墙装饰线及各种线脚等的位置、形状、用料及作法；⑥标高及必要的局部尺寸；⑦索引符号。

11.1.1 建立立面图的绘图环境

1．立面图中使用的线型分析

为了丰富立面图的效果，一般采用不同宽度的图线来表现不同的对象，以区分主次和丰富图面的层次。按照《建筑制图标准》要求，用特粗实线绘制地平线；用粗实线绘制立面的最外轮廓线和位于立面轮廓内的具有明显凹凸起伏的所有形体与构造，如建筑的转折、立面上的阳台、雨篷、室外台阶、花池、窗台、凸于墙面的柱子等；用中粗线绘制门窗洞口轮廓；用细实线绘制其余所有的图线、文字说明指引线、墙面装饰分割线、图例线等。

2．设置图层颜色和线型

根据立面图的绘制内容和所使用的图线，建立立面图的图层、颜色、线型和线宽如表 11-1 所示。

立面图中图层、颜色、线型和线宽的设置　　表 11-1

图层名称	线　型	颜　色	线　宽
建筑-轴线	GB-AXIS	红色	0.18
建筑-轮廓	CONTINUOUS	绿色	0.70
建筑-构造	CONTINUOUS	蓝色	0.18
建筑-地平	CONTINUOUS	青色	1.00
建筑-窗洞	CONTINUOUS	黄色	0.35
建筑-图例	CONTINUOUS	蓝色	0.18
建筑-标注	CONTINUOUS	蓝色	0.18
建筑-索引	CONTINUOUS	蓝色	0.18
建筑-辅助	CONTINUOUS	灰色	0.18

3．其他设置

（1）设置绘图界限

使用 LIMITS 命令或者从菜单“格式”→“图形界限”启动图形界限命令，设置图形界限为（0,0）-(42000，29700)。

（2）设置辅助绘图工具

在“草图设置”对话框中，设置捕捉间距为 10，并且启用捕捉；设置极轴追踪增量角为 90°，极轴角测量为“绝对”，并启用极轴追踪；设置对象捕捉方式为“端点”和“交点”，并且启用对象捕捉和启用对象捕捉追踪。

（3）单位制设置

在“图形单位”对话框中，设置长度单位为小数，精度为两位小数；设置角度单位为度，精度为整数。

（4）设置文字样式

在“文字样式”对话框中分别设置文字样式“轴线编号”和“国标文字”，其字体分别为 COMPLEX.SHX 和 GBENOR.SHX、GBCBIG.SHX，宽度比例都为 1。

尺寸标注样式的设置与第 10 章绘制平面图中的尺寸标注样式的设置完全一样。

11.1.2 绘制立面图形

1．绘制辅助网格

在大多数立面图上，都是比较规矩的图形元素的排列，因此，首先绘制出辅助网格，对于后面绘图时定位是非常有利的。

把图层“建筑-辅助”设置为当前图层，使用画直线命令分别绘制出一条水平线和一条竖直线，作为两条定位基准线。通常以地平线作为水平基准，以房屋左侧的垂直轮廓线作为竖直基准。

然后以基准线为基础，使用“偏移”命令生成辅助网格。从水平基准线开始，生成网格水平线的偏移距离分别为 300、300、300、700、300、1500、1000、300、1500、1000、300、1500、900，共计 14 条网格水平线，分别称作 H1、H2、H3、……、H14 网格线；从竖直基准线开始，向右生成网格竖直线的偏移距离分别为 1000、1800、1500、1200、1350、1200、1350、1200、1500、1800、1000，共计 12 条网格竖直线，分别称作 V1、V2、V3、……、V12 网格线。结果如图 11-2 所示。

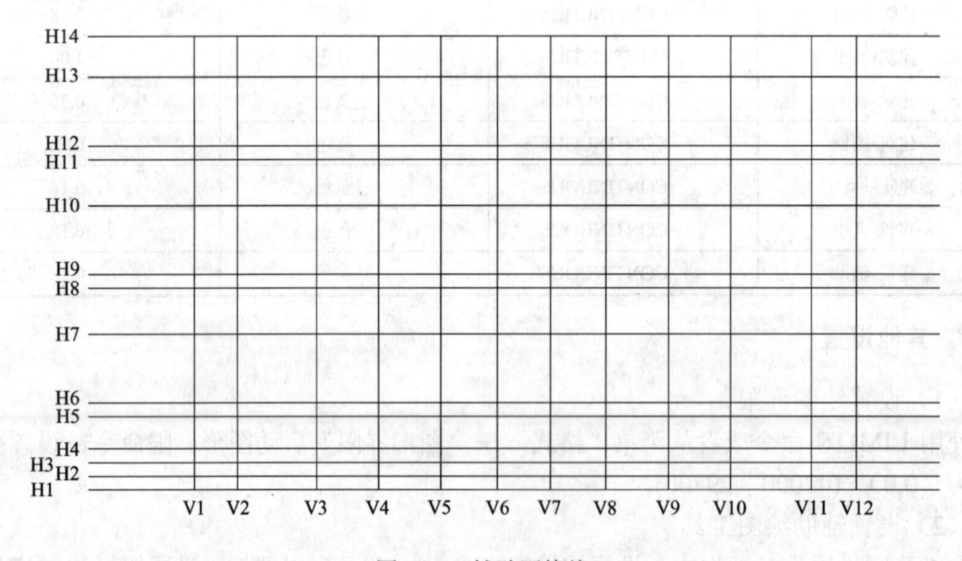

图 11-2　辅助网格线

2．绘制屋檐及腰线

（1）屋檐

屋檐是由直线和两段圆弧构成，以左侧屋檐为例，其形状和尺寸如图 11-3 所示。屋檐的绘制方法可以按照下列步骤进行：

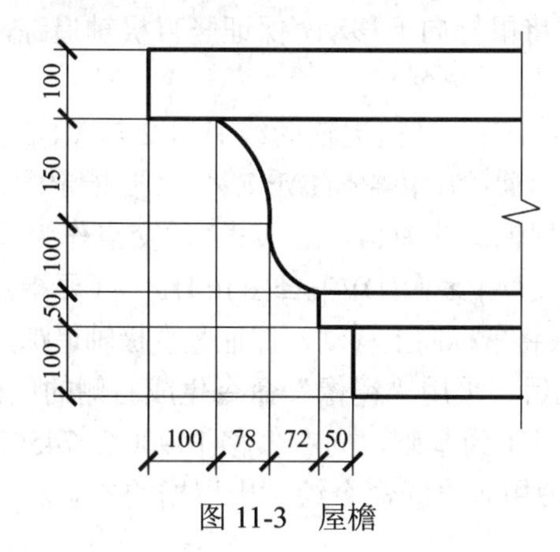

图 11-3　屋檐

①以辅助网格线为基础，经过偏移生成辅助线。从辅助网格线 H14 开始，分别向下偏移 100、150、100、50、100，得到辅助线 H14-1、H14-2、H14-3、H14-4、H14-5；从辅助网格线 V1 开始，分别向左偏移 50、72、78、100，得到辅助线 V1-1、V1-2、V1-3、V1-4。

②将图层“建筑-构造”设置为当前图层，开始绘制屋檐。具体操作过程如下：

命令: **PLINE**↙　（或单击“绘图”工具栏中的按钮，启动多段线命令）

指定起点:（捕捉辅助线 H14 与 V1-4 的交点）

当前线宽为 0.0000

指定下一点或[圆弧(A)/半宽(H)/长度(L)/放弃(U)/宽度(W)]:(捕捉辅助线 H14-1 和 V1-4 的交点）

指定下一点或[圆弧(A)/闭合(C)/半宽(H)/长度(L)/放弃(U)/宽度(W)]:（捕捉辅助线 H14-1 和 V1-3 的交点）

指定下一点或[圆弧(A)/闭合(C)/半宽(H)/长度(L)/放弃(U)/宽度(W)]: ↙

命令: ↙　（重复执行多段线命令）

指定起点:（捕捉辅助线 V1 与 H14-5 的交点）

当前线宽为 0.0000

指定下一点或 [圆弧(A)/半宽(H)/长度(L)/放弃(U)/宽度(W)]:（捕捉辅助线 H14-4 与 V1 的交点）

指定下一点或 [圆弧(A)/闭合(C)/半宽(H)/长度(L)/放弃(U)/宽度(W)]:（捕捉辅助线 H14-4 与 V1-1 的交点）

指定下一点或 [圆弧(A)/闭合(C)/半宽(H)/长度(L)/放弃(U)/宽度(W)]:（捕捉辅助线 H14-3 与 V1-1 的交点）

指定下一点或 [圆弧(A)/闭合(C)/半宽(H)/长度(L)/放弃(U)/宽度(W)]: ↙

下面绘制构成屋檐的两段圆弧：

命令: **ARC**↙（或单击“绘图”工具栏中的按钮，启动画圆弧命令）

指定圆弧的起点或 [圆心(C)]:（捕捉辅助线 H14-2 与 V1-2 的交点作为圆弧的起点）

指定圆弧的第二个点或 [圆心(C)/端点(E)]: **E**（输入 E，表示要指定圆弧的另一个端点）

指定圆弧的端点:（捕捉辅助线 H14-3 与 V1-1 的交点作为圆弧的终点）

指定圆弧的圆心或 [角度(A)/方向(D)/半径(R)]: **D** （输入 D，表示要指定圆弧的方向）

指定圆弧的起点切向:（将鼠标向下移动，保证竖直极轴追踪，确定圆弧起点切线方向）

命令:↙ （重复执行画圆弧命令）

指定圆弧的起点或 [圆心(C)]: （捕捉辅助线 H14-2 与 V1-2 的交点作为圆弧的起点）

指定圆弧的第二个点或 [圆心(C)/端点(E)]: **E**↙ （要指定圆弧的另一个端点）

指定圆弧的端点: （捕捉辅助线 H14-1 与 V1-3 的交点作为圆弧的终点）

指定圆弧的圆心或 [角度(A)/方向(D)/半径(R)]: **D**↙ （要指定圆弧的方向）

指定圆弧的起点切向: （将鼠标向上移动，保证竖直极轴追踪，确定圆弧起点切线方向）

③左侧的屋檐绘制完成后，采用“镜像”命令生成右侧的屋檐。为此，需要线绘制出镜像对称线，以竖直网格线 V1 为基础，向右偏移 14900/2=7450，得到这条镜像对称线。

④生成右侧的屋檐后，使用画直线命令绘制出屋檐的各条水平线，结果如图 11-4 所示。

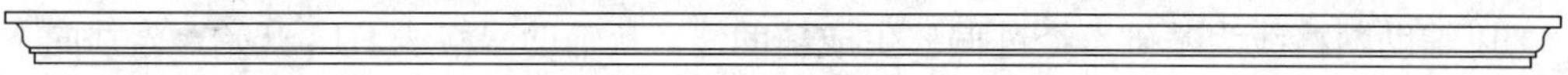

图 11-4 绘制出的屋檐

⑤删除绘制屋檐所需要的辅助线 H14-1、H14-2、H14-3、H14-4、H14-5 和 V1-1、V1-2、V1-3、V1-4。

（2）生成腰线

立面图中二层与三层之间的腰线与屋檐线完全一样，因此，只需要将刚绘制出的屋檐复制到指定位置即可。操作过程如下：

命令: **COPY**↙ （或单击“修改”工具栏中的按钮，启动复制命令）

选择对象:（选择刚绘制的屋檐，如图 11.4 所示部分，最好使用窗口选择）

选择对象: ↙（结束选择）

指定基点或位移，或者 [重复(M)]: （在绘图区的任意位置确定一点）

指定位移的第二点或 <用第一点作位移>: **2900**↙ （向下移动鼠标，并保持竖直极轴追踪）

立面图中一层与二层之间的腰线是由两个矩形构成，其中下面的矩形与屋檐最下面的矩形完全一样，因此先将屋檐最下面的矩形复制到指定位置，再绘制一个矩形即可。步骤如下：

命令: **COPY**↙ （或单击“修改”工具栏中的按钮，启动复制命令）

选择对象: （选择屋檐最下面的矩形）

选择对象: ↙ （结束选择）

指定基点或位移，或者 [重复(M)]: （在绘图区的任意位置确定一点）

指定位移的第二点或 <用第一点作位移>: **5700**↙ （向下移动鼠标，并保持竖直极轴追踪）

命令: **RECTANG**↙ （或单击“绘图”工具栏中的按钮，启动画矩形命令）

指定第一个角点或 [倒角(C)/标高(E)/圆角(F)/厚度(T)/宽度(W)]:**100**↙ （把鼠标移动到刚复制过来矩形的左上角，停留片刻，直到出线黄色的提示“端点”后，向左移动鼠标，

并保持水平极轴追踪，输入 100）

指定另一个角点或 [尺寸(D)]: **@15300,150↙** （用相对坐标确定矩形的另一个角点）

腰线绘制完成后的例面图形如图 11-5 所示。

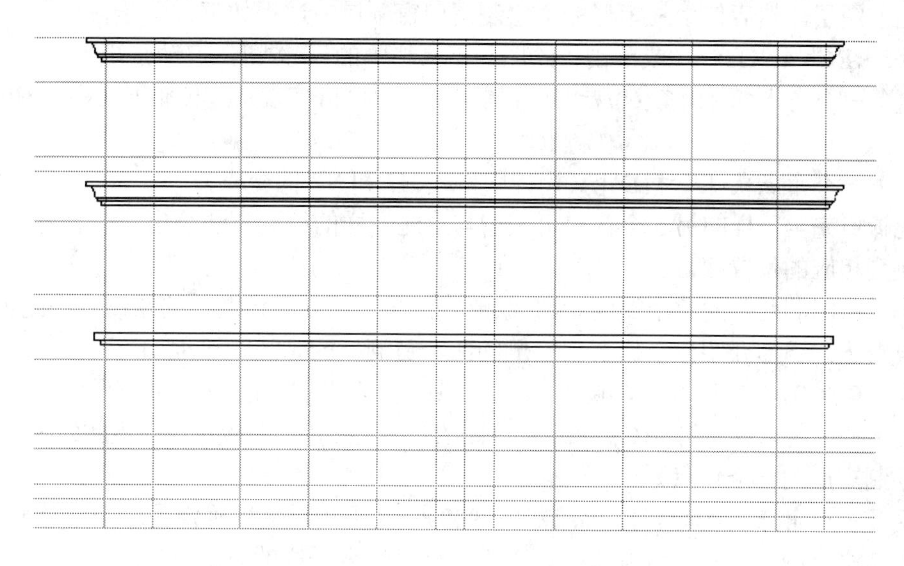

图 11-5　绘制出屋檐和腰线的立面图

3．绘制地平线和立面轮廓

把图层“建筑-地平”设置为当前图层，使用直线命令在网格线 H1 上绘制出一条水平线作为地平线。

把图层“建筑-轮廓”设置为当前图层，使用直线命令绘制出立面图的轮廓。需要注意在腰线和屋檐处的轮廓线是间断的。

绘制结果如图 11-6 所示。

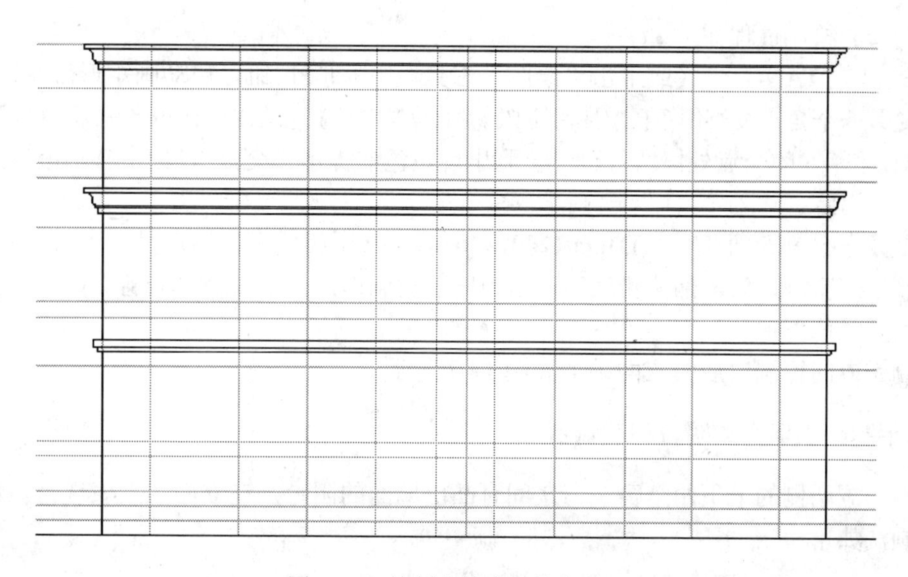

图 11-6　绘制出轮廓后的立面图

4. 绘制门窗洞口

在本例的立面图中，有4种类型的窗洞口。欲绘制门窗洞口，首先把图层“建筑-窗洞”设置为当前图层，然后使用画矩形命令绘制出门窗洞口。过程如下：

命令: **RECTANG↙** （或单击“绘图”工具栏中的□按钮，启动画矩形命令）

指定第一个角点或 [倒角(C)/标高(E)/圆角(F)/厚度(T)/宽度(W)]:（捕捉网格线 H6 和 V2 的交点）

指定另一个角点或 [尺寸(D)]:（捕捉网格线 H7 和 V3 的交点）

与此窗口完全一样的另5个窗口可采用与上述一样的绘制方法绘出，或者将刚绘制的矩形复制到相应的位置即可。

紧邻入口门洞两侧的6个窗洞口，其绘制方法与上述6个窗洞口的绘制方法完全一致，此处不再赘述。下面介绍位于门洞口上侧的两个窗洞口的画法，过程如下：

命令: **RECTANG↙**（或单击“绘图”工具栏中的□按钮，启动画矩形命令）

指定第一个角点或 [倒角(C)/标高(E)/圆角(F)/厚度(T)/宽度(W)]:（捕捉腰线和 V6 的交点作为绘制矩形的一个角点）

指定另一个角点或 [尺寸(D)]:**@1200，900↙** （用相对坐标确定另一个角点）

位于门洞上侧的另一个窗洞口可以采用与上述完全一样的方法绘出。

地下室窗洞口的绘制方法如下：

命令: **RECTANG↙** （或单击“绘图”工具栏中的□按钮，启动画矩形命令）

指定第一个角点或 [倒角(C)/标高(E)/圆角(F)/厚度(T)/宽度(W)]:**1450↙** （将鼠标移动到网格线 H2 和 V1 的交点处，停留片刻，直到出现黄色的提示“交点”，向右移动鼠标，并保证水平极轴追踪，输入1450）

指定另一个角点或 [尺寸(D)]: **@900，300↙** （用相对坐标确定另一个角点）

其他3个地下室窗洞口采用向右复制的方法得到，复制距离分别为3000、5100和3000。

门洞口的绘制过程如下：

命令: **RECTANG↙** （或单击“绘图”工具栏中的□按钮，启动画矩形命令）

指定第一个角点或 [倒角(C)/标高(E)/圆角(F)/厚度(T)/宽度(W)]:**150↙** （将鼠标移动到网格线 H1 和 V5 的交点处停留片刻，直到出现黄色的提示“交点”，向上移动鼠标，并保证交点对象追踪，输入150）

指定另一个角点或 [尺寸(D)]:**@1200，2050↙** （用相对坐标确定另一个角点）

绘制出门窗洞口后，部分腰线穿过了中间的窗洞口，需要使用“修剪”命令，把穿过窗洞口的腰线修剪掉。

绘制完成门窗洞口后的立面图形如图11-7所示。

5. 绘制凸出墙面的阴台和空调台

紧邻门洞两侧的上下两个窗洞口之间有凸出墙面的阴台，在立面图上表现为矩形，该矩形的画法如下：

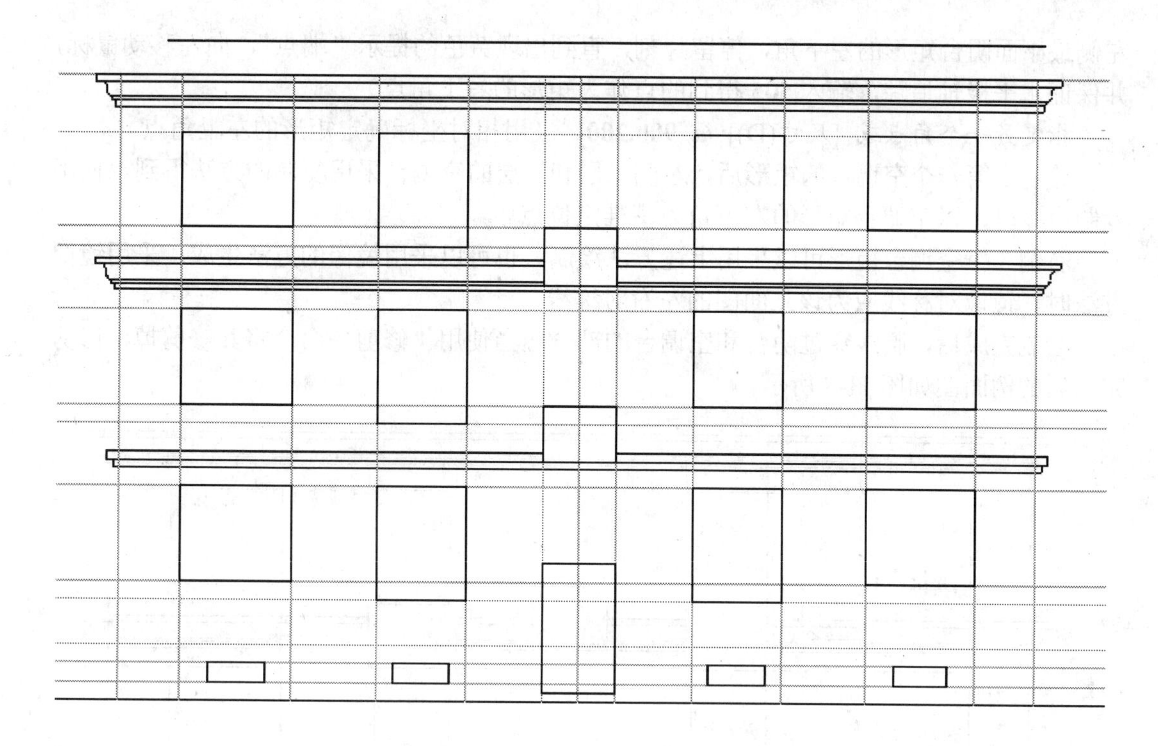

图 11-7 绘制出门窗洞口后的立面图

命令: **RECTANG**↙（或单击“绘图”工具栏中的▭按钮，启动画矩形命令）

指定第一个角点或 [倒角(C)/标高(E)/圆角(F)/厚度(T)/宽度(W)]: **105**↙（将鼠标移动到网格线 H4 和 V4 的交点处，停留片刻，直到出现黄色的提示“交点”，向左移动鼠标，并保证水平极轴追踪，输入 105）

指定另一个角点或 [尺寸(D)]: **105**↙（将鼠标移动到网格线 H5 和 V5 的交点处，停留片刻，直到出现黄色的提示“交点”，向右移动鼠标，并保证水平极轴追踪，输入 105）

命令: ↙（重复执行画矩形命令）

指定第一个角点或 [倒角(C)/标高(E)/圆角(F)/厚度(T)/宽度(W)]:（将鼠标移动到刚绘制矩形的左上角，停留片刻，直到出现黄色的提示“交点”，向上移动鼠标，并保证竖直极轴追踪，捕捉竖直极轴与网格线 H7 的交点作为矩形的左下角点）

指定另一个角点或 [尺寸(D)]: （将鼠标移动到第一个矩形的右上角，停留片刻，直到出现黄色的提示“端点”，向上移动鼠标，并保证竖直极轴追踪，捕捉竖直极轴与网格线 H8 的交点作为矩形的右上角点）

剩余两个矩形的画法按照第二个矩形的画法绘出。

左侧的四个矩形绘出后，与其对称的右侧 4 个矩形可以按照左侧 4 个矩形的画法画出，也可以使用“复制”命令将左侧的 4 个矩形以窗洞口角点为基点复制到右侧，或者使用“镜像”命令把左侧的 4 个矩形变换到右侧。

左侧最下面的空调台的绘制方法如下：

命令: **RECTANG**↙ （或单击“绘图”工具栏中的▭按钮，启动画矩形命令）

指定第一个角点或 [倒角(C)/标高(E)/圆角(F)/厚度(T)/宽度(W)]: **505**↙（将鼠标移动到

左侧最下面阴台矩形的左下角，停留片刻，直到出现黄色的提示“端点”，向左移动鼠标，并保证水平极轴追踪，输入 505 得到的点作为矩形的右下角点）

指定另一个角点或 [尺寸(D)]: **@-900,200**↙（用相对坐标确定矩形的左上角点）

绘制出第一个空调台的矩形后，左侧二层和三层的空调台采用复制的方法得到。使用复制命令时，以空调台矩形的左下角为基准定位点。

右侧 3 个空调台矩形可以采用上述方法绘制，也可以采用镜像的方法生成。采用镜像方法时，镜像对称线应为该立面图的左右对称线。

绘制完成后，腰线穿过阴台和空调台的部分应当使用“修剪”命令将其修剪掉，修剪完成后的例面图如图 11-8 所示。

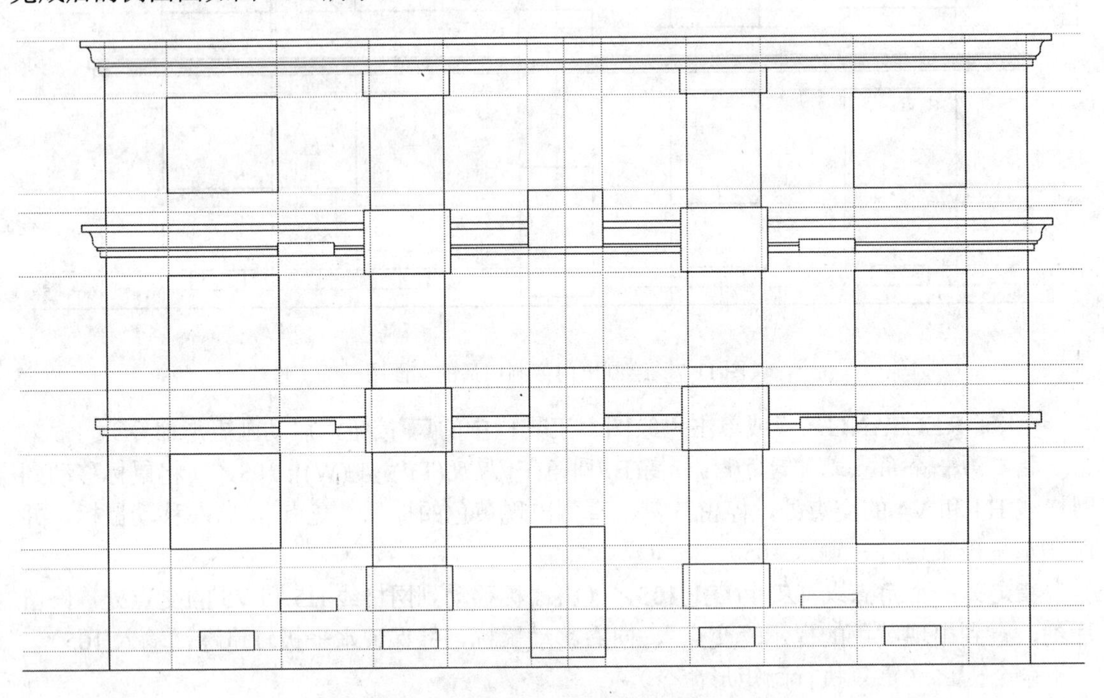

图 11-8　阴台和空调台绘制完成后的立面图

6. 绘制门柱及雨篷

房屋入口处的门柱和雨篷的形状和尺寸如图 11-9 所示。绘制过程如下：

（1）绘制入口台阶

入口台阶只有一级，绘制一个矩形即可完成。操作过程如下：

命令: **RECTANG**↙（或单击“绘图”工具栏中的□按钮，启动画矩形命令）

指定第一个角点或 [倒角(C)/标高(E)/圆角(F)/厚度(T)/宽度(W)]: **300**↙（把鼠标移动到网格线 H1 和 V6 的交点处，停留片刻，直到出现黄色的提示“端点”，向左移动鼠标，并保持水平极轴追踪，输入 300 得到得点作为台阶矩形的左下角点）

指定另一个角点或 [尺寸(D)]: **300**↙（把鼠标移动到门洞口的右下角点处，停留片刻，直到出现黄色的提示“端点”，向右移动鼠标，并保持水平极轴追踪，输入 300 得到得点作为台阶矩形的有上角点）

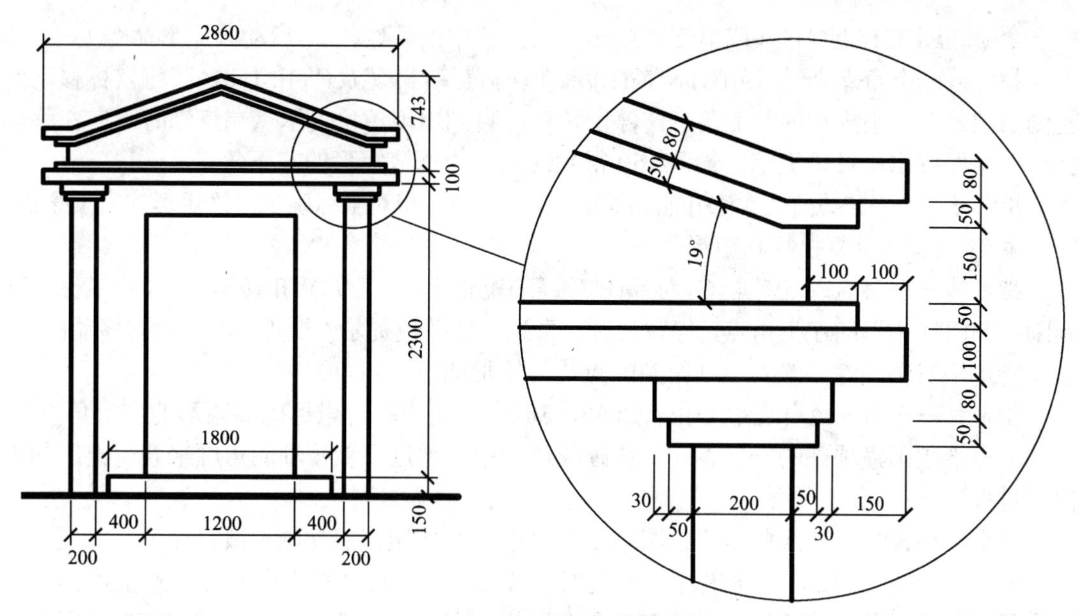

图 11-9　房屋入口处的门柱和雨篷

（2）绘制门柱

先绘制左侧门柱，右侧门柱采用“镜像”命令生成。左侧门柱由 3 个矩形构成，绘制过程如下：

命令：**RECTANG**↙　（或单击“绘图”工具栏中的□按钮，启动画矩形命令）

指定第一个角点或 [倒角(C)/标高(E)/圆角(F)/厚度(T)/宽度(W)]: **100**↙（把鼠标移动到台阶的左下角点处，停留片刻，直到出现黄色的提示“端点”，向左移动鼠标，并保持水平极轴追踪，输入 100 得到的点作为门柱矩形的左下角点）

指定另一个角点或 [尺寸(D)]: **@-200，2320**↙（使用相对坐标确定矩形右上角点）

命令：↙　（重复执行画矩形命令）

指定第一个角点或 [倒角(C)/标高(E)/圆角(F)/厚度(T)/宽度(W)]: **50**↙（把鼠标移动到刚绘制门柱的左上角点处，停留片刻，直到出现黄色的提示“端点”，向左移动鼠标，并保持水平极轴追踪，输入 50 得到的点作为矩形的左下角点）

指定另一个角点或 [尺寸(D)]: **@300，50**↙　（使用相对坐标确定矩形右上角点）

命令：↙　（重复执行画矩形命令）

指定第一个角点或 [倒角(C)/标高(E)/圆角(F)/厚度(T)/宽度(W)]: **30**↙　（把鼠标移动到刚绘制矩形的左上角点处，停留片刻，直到出现黄色的提示“端点”，向左移动鼠标，并保持水平极轴追踪，输入 30 得到的点作为矩形的左下角点）

指定另一个角点或 [尺寸(D)]: **@360，80**↙　（使用相对坐标确定矩形右上角点）

左侧门柱绘制完成后，使用“镜像”命令生成右侧门柱。

（3）绘制雨篷

首先绘制门柱上方的两个矩形，然后定位雨篷的最高点，通过角度 19° 确定斜线方向，最后绘制出整个雨篷。操作过程如下：

命令: **RECTANG**↙（或单击“绘图”工具栏中的按钮，启动画矩形命令）

指定第一个角点或 [倒角(C)/标高(E)/圆角(F)/厚度(T)/宽度(W)]: **150**↙（将鼠标移动到左侧门柱最上面小矩形的左上角点，停留片刻，直到出现黄色提示“端点”时，向左移动鼠标，并保持水平及轴追踪，输入150得到的点作为雨篷矩形的左下角点）

指定另一个角点或 [尺寸(D)]: **@2860，100**↙（使用相对坐标确定雨篷矩形的右上角点）

命令:↙ （重复执行画矩形命令）

指定第一个角点或 [倒角(C)/标高(E)/圆角(F)/厚度(T)/宽度(W)]:**100**↙ （将鼠标移动到刚绘制门柱矩形的左上角点，停留片刻，直到出现黄色提示“端点”时，向右移动鼠标，并保持水平及轴追踪，输入100得到的点作为矩形的左下角点）

指定另一个角点或 [尺寸(D)]: **@2660，50**↙ （使用相对坐标确定矩形的右上角点）

下面绘制雨篷顶部的一条斜线，在画线过程中，通过设置极轴的角度来获得斜线的方向。过程如下：

命令: **LINE**↙ （或单击“绘图”工具栏中的按钮，启动画直线命令）

指定第一点: **3293**↙（将鼠标移动到网格线H1和立面对称线交点处，停留片刻，直到出现黄色提示“端点”时，向上移动鼠标，并保持竖直极轴追踪，输入3293得到直线起点）

指定下一点或 [放弃(U)]: >>（用鼠标右键单击状态栏的“极轴”，在弹出的菜单中选择“设置(S...)”，将会弹出“草图设置”对话框，在“草图设置”对话框中，设置追踪增量角为-19°，单击“确定”按钮退出对话框）

正在恢复执行 LINE 命令。

指定下一点或[放弃(U)]:**2000**↙（向右下方移动鼠标到合适位置，并且出现黄色提示“极轴：2000<241°”时，输入2000得到的点作为直线的终点）

指定下一点或 [放弃(U)]:↙（结束直线命令）

绘制出右侧顶部的一条斜线后，再使用“偏移”命令分别向下方偏移80和50，则右侧的3条斜线都已绘出。需要注意，通过偏移得到的两条斜线，需要使用“修剪”命令把位于房屋对称线左侧的部分修剪掉。

通过“草图设置”对话框，把极轴追踪的增量角改回为90°。

下面继续绘制右侧角点处的图形：

命令: **LINE**↙ （或单击“绘图”工具栏中的按钮，启动画直线命令）

指定第一点: **TT**（输入TT表示要确定一个临时点，然后再以此点为基础确定直线起点）

指定临时对象追踪点: **150**↙（移动鼠标到雨篷下数第二个矩形的右上角点，停留片刻，直到出现黄色提示“端点”时，向上移动鼠标，并保持竖直极轴追踪，输入150作为临时点）

指定第一点:（向左移动鼠标，并保持水平极轴追踪，捕捉极轴与最下面斜线的交点）

指定下一点或 [放弃(U)]:（向右下移动鼠标到雨篷下数第二个矩形的右上角点，停留片刻，直到出现黄色提示“端点”时，向上移动鼠标，并保持竖直极轴追踪，捕捉水平极轴和竖直极轴的交点作为直线的第2点）

指定下一点或 [放弃(U)]:**50**↙（向上移动鼠标,并保持竖直极轴追踪，输入50得到

第 3 点）

指定下一点或 [闭合(C)/放弃(U)]:↙（结束直线命令）

命令：↙（重复执行画直线命令）

指定第一点:（把鼠标移动到刚才绘制直线的最后点，停留片刻，向左移动鼠标，并保持水平及轴追踪，捕捉极轴与第二条斜线的交点作为直线的起点）

指定下一点或 [放弃(U)]:（向右下移动鼠标到雨篷最下面矩形的右上角点，停留片刻，直到出现黄色提示“端点”时，向上移动鼠标，并保持竖直极轴追踪，捕捉水平极轴和竖直极轴的交点作为直线的第 2 点）

指定下一点或 [放弃(U)]:**80**↙（向上移动鼠标,并保持竖直极轴追踪，输入 50 得到第 3 点）

指定下一点或 [闭合(C)/放弃(U)]:（向左移动鼠标，保持水平极轴追踪，捕捉水平极轴与顶部斜线的交点作为直线的第 4 点）

指定下一点或 [闭合(C)/放弃(U)]:↙（结束直线命令）

把雨篷右下角处的图线绘制出来后，再使用“修剪”命令将 3 条斜线超出部分修剪掉。

然后使用“镜像”命令，将上述所绘制的雨篷右侧部分以房屋对称线为镜像线进行变换，得到雨篷的左半部分。

最后，绘制雨篷两侧的两条竖直直线段，右侧直线段的绘制过程如下：

命令：**LINE**↙（或单击“绘图”工具栏中的按钮，启动画直线命令）

指定第一点:**100**↙（向右下移动鼠标到雨篷下数第二个矩形的右上角点，停留片刻，直到出现黄色提示“端点”时，向左移动鼠标，并保持水平极轴追踪，输入 100）

指定下一点或 [放弃(U)]:（向上移动鼠标，保持极轴追踪，捕捉极轴与水平线的交点）

指定下一点或 [放弃(U)]:↙（结束直线命令）

左侧竖直直线段的画法与上述相同，最后得到绘制出入口的立面图如图 11-10 所示。

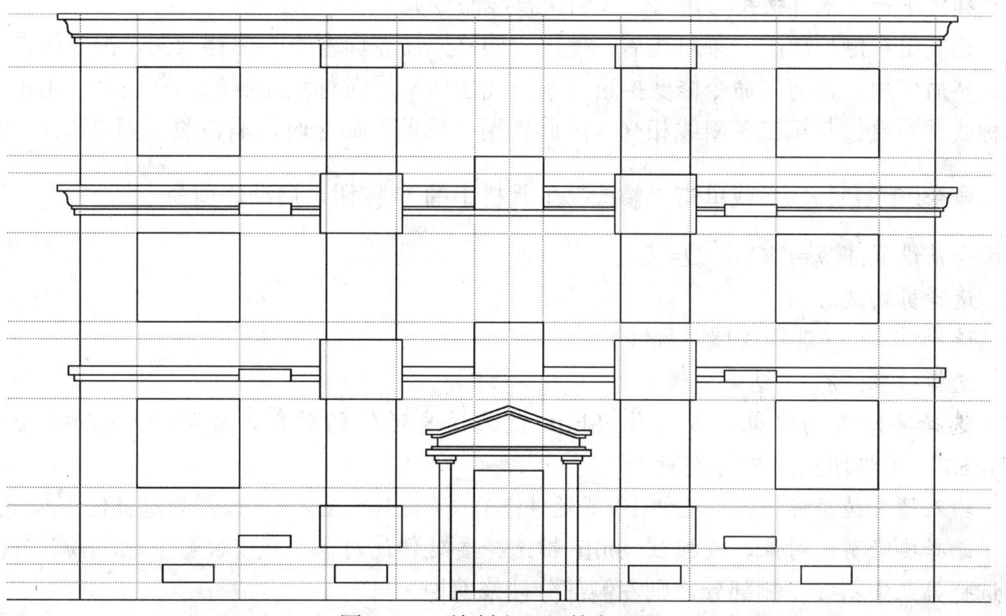

图 11-10　绘制出入口的立面图

7．绘制屋顶

屋顶的形状和尺寸如图 11-11 所示。

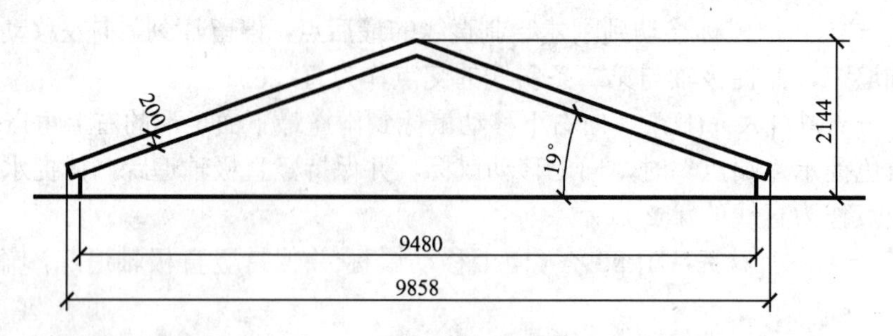

图 11-11　屋顶的形状和尺寸

首先绘制右侧屋顶斜线，画法如下：

命令: **LINE↙**（或单击“绘图”工具栏中的按钮，启动画直线命令）

指定第一点: **2144↙**（将鼠标移动到网格线 H14 和立面对称线交点处，停留片刻，直到出现黄色提示“端点”时，向上移动鼠标，并保持竖直极轴追踪，输入 2144 得到直线起点）

指定下一点或 [放弃(U)]: >>（用鼠标右键单击状态栏的“极轴”，在弹出的菜单中选择“设置(S…)”，将会弹出“草图设置”对话框，在“草图设置”对话框中，设置追踪增量角为-19°，单击“确定”按钮退出对话框）

正在恢复执行 LINE 命令。

指定下一点或 [放弃(U)]:**10000↙**（向右下方移动鼠标到合适位置，并且出现黄色提示“极轴：10000<341°”时，输入 10000 得到的点作为直线的终点）

指定下一点或 [放弃(U)]: ↙（结束直线命令）

绘制出右侧顶部的一条斜线后，使用“偏移”命令向左下方偏移 200，得到第二条斜线。然后使用“修剪”命令修剪掉第二条斜线超出房屋对称线左侧的部分线段，由于房屋对称线并不直接与第二条斜线相交，因此使用“修剪”命令时，需按照下列过程进行：

命令: **TRIM↙**（或单击“修改”工具栏中的按钮，启动修剪命令）

当前设置:投影=UCS，边=无

选择剪切边...

选择对象:（选择房屋对称线）

选择对象: ↙（结束选择）

选择要修剪的对象，或按住 Shift 键选择要延伸的对象，或[投影(P)/边(E)/放弃(U)]:**E↙**（对切割边进行设置）

输入隐含边延伸模式 [延伸(E)/不延伸(N)] <不延伸>: **E↙**（设置为延伸修剪模式）

选择要修剪的对象，或按住 Shift 键选择要延伸的对象，或 [投影(P)/边(E)/放弃(U)]:（选择第二条斜线左侧部分，则左侧部分被修剪掉一部分）

选择要修剪的对象，或按住 Shift 键选择要延伸的对象，或 [投影(P)/边(E)/放弃(U)]:

↙（结束修剪命令）

在“草图设置”对话框中，将极轴追踪的增量角改回为 90°，然后绘制出斜线右侧部分的封口线，过程如下：

命令：**LINE**↙（或单击“绘图”工具栏中的按钮，启动画直线命令）

指定第一点：**TT**↙（设置临时点）

指定临时对象追踪点：**4929**↙（将鼠标移动到第一条斜线的起点处，停留片刻，直到出现黄色提示“端点”时，向右移动鼠标，并保持水平极轴追踪，输入 4929 得到的点为临时点）

指定第一点：（向下移动鼠标，保持竖直极轴追踪，捕捉极轴与第一条斜线的交点）

指定下一点或 [放弃(U)]：**PER**↙ 到（按住 Shift 键后单击鼠标右键，在弹出的快捷菜单中选择“垂足”，表示要捕捉垂足。把鼠标移动到第二条斜线上，当出现“垂足”提示时，单击鼠标左键，将捕捉到垂足，并作为直线的第二个端点）

指定下一点或 [放弃(U)]：↙（结束直线命令）

由于所绘制的两条斜线比较长，需要使用“修剪”命令以刚绘制的封口线为修剪边，修剪掉多余的部分。

接下来绘制右侧的竖直段直线，过程如下：

命令：**LINE**↙（或单击“绘图”工具栏中的按钮，启动画直线命令）

指定第一点：**4740**↙（把鼠标移动到网格线 H14 与房屋对称线交点处，停留片刻，直到出现黄色提示“端点”时，向右移动鼠标，保持水平极轴追踪，输入 4720 得到直线起点）

指定下一点或 [放弃(U)]：（向上移动鼠标，捕捉竖直极轴与第二条斜线的交点）

指定下一点或 [放弃(U)]：↙（结束直线命令）

最后使用“镜像”命令，以房屋对称线为镜像线，把所绘制屋顶的右半部分变换到左侧，并保留右侧的图形。结果如图 11-12 所示。

图 11-12　屋顶绘制完成后的立面图

8．绘制立面窗

本实例立面图中的窗户类型有 4 种，其类型尺寸如图 11-13 所示。下面以第一种窗户为例来说明窗户的画法。

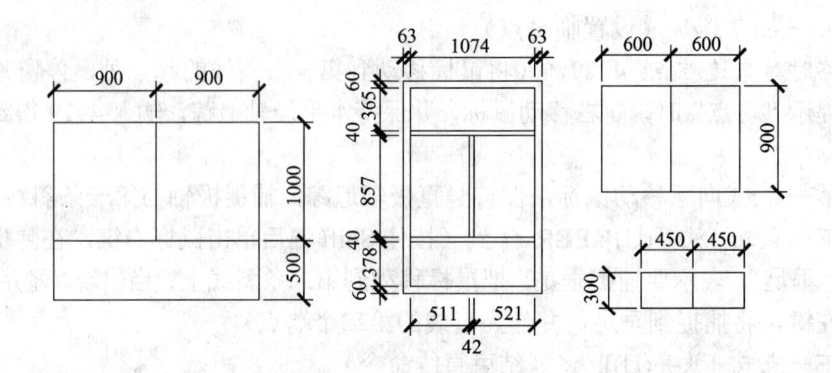

图 11-13　立面图中的窗户

在图中的空白位置绘制一个 1800mm×1500mm 的矩形，然后按照下列步骤操作：

命令：**LINE**↙　（或单击“绘图”工具栏中的按钮，启动画直线命令）

指定第一点：**500**↙（把鼠标移动到矩形的左下角，停留片刻，直到出现黄色的提示“端点”时，向上移动鼠标，保持竖直极轴追踪，输入 500 得到直线的起点）

指定下一点或 [放弃(U)]:（向右移动鼠标，捕捉水平极轴与矩形右边界的交点）

指定下一点或 [放弃(U)]: ↙（结束直线命令）

命令: ↙　（重复执行直线命令）

指定第一点: **MID**↙　于（按住 Shift 键后，单击鼠标右键，在弹出的快捷菜单中选择“中点”,将鼠标移动到矩形的上边界，捕捉上边界的中点作为直线的起点）

指定下一点或 [放弃(U)]:（向下移动鼠标，捕捉极轴与矩形中间水平线的交点）

指定下一点或 [放弃(U)]: ↙（结束直线命令）

至此，窗户的图例绘制完成。然后将绘制的窗户图例定义成图块，图块的名称为“窗户 1”，基点选择在窗户的左下角点。最后将定义的图块“窗户 1”插入到立面图中，插入比例为 1，插入点为窗洞口的左下角点。

使用图块插入到图中的好处是，当立面图中此类型的窗户比较多，又需要修改窗户图例时，只需要重新定义该图块即可，修改极为方便。

其他 3 种类型的窗户图例按照上述方法绘制到立面图中后，得到的立面图如图 11-14 所示。

11.1.3　标注尺寸和注写文字

在立面图中需要标注的尺寸主要是标高尺寸，文字说明主要是外表面装修说明。

1．设置尺寸标注样式

在立面图中一般不标注高度尺寸，只标注标高和外装修说明。标高可以采用插入图块

图 11-14　绘制出窗户图例后的立面图

“标高”并给出相应的标高作为属性值即可。外装修主要是文字说明，可以采用引线注释。因此需要设置尺寸标注样式和设置引线注释的样式。

尺寸标注样式的设置与第 10 章中尺寸标注样式的设置完全一样，此处不再赘述。设置引线注释的样式可以通过单击“标注”工具栏按钮，输入 S 后回车，弹出“引线设置”对话框，对话框中的三个标签具体设置如图 11-15 所示。

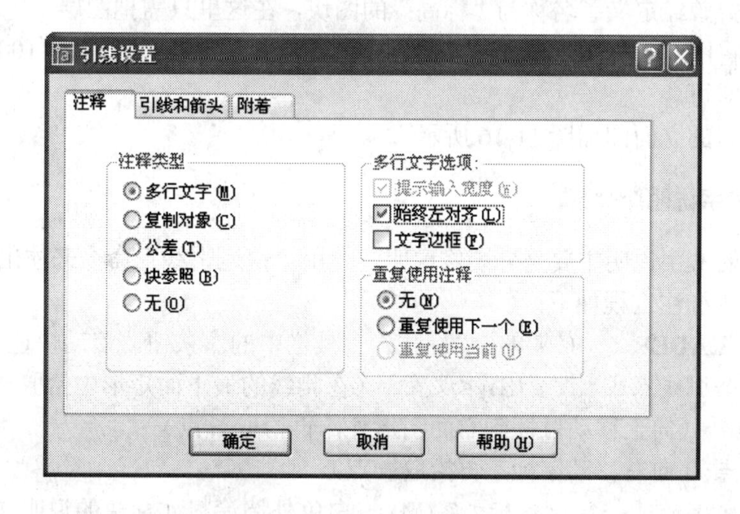

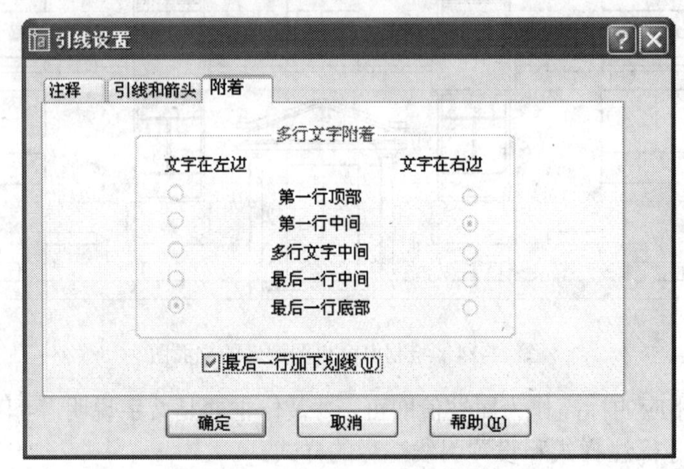

图 11-15 引线设置对话框的设置

2. 标注标高尺寸

在第 8 章中曾经定义了名称为“标高”的图块，在这里只需把图层“建筑-标注”设置为当前层，并将图块“标高”插入到立面图中的指定位置，插入比例为 100，并给出相应标高的属性值即可。

插入标高后的立面图如图 11-16 所示。

3. 标注文字说明

立面图中的文字说明主要是外装修说明，使用“快速引线”命令来注出，例如屋檐和腰线的引出说明标注过程如下：

命令: **QLEADER↙** （或单击“标注”工具栏中的按钮，启动快速引线命令）

指定第一个引线点或 [设置(S)] <设置>:（在腰线的最下面矩形中拾取一点）

指定下一点:（向上移动鼠标到立面图形外，再拾取一点）

指定下一点:（向右移动鼠标，再拾取一点）

输入注释文字的第一行 <多行文字(M)>: 白色外墙涂料（标注的说明文字）

图 11-16　插入标高后的立面图

输入注释文字的下一行: ↙ （结束快速引线命令）

由于腰线和屋檐的各个部分都是采用“白色外墙涂料”，而快速引线标注只在起始点位置有一个小黑点，因此，还需要使用“圆环”命令在其余各部分注出小黑点，过程如下：

命令: **DONUT**↙ （或选择菜单“绘图”→“圆环”启动圆环命令）

指定圆环的内径 <0.0000>:**0**↙ （圆环的内径设为 0）

指定圆环的外径 <0.0000>: **50**↙ （圆环的外径设为 50）

指定圆环的中心点或<退出>:（在需要绘制小黑点的位置单击，即可在此位置画出小黑点）

……

指定圆环的中心点或 <退出>:↙ （结束圆环命令）

其余各处需要说明的位置依照上述方法绘出，最后的到如图 11-17 所示的立面图。

在图 11-17 的立面图中，还存在开始绘制立面图所画出的辅助网格线，要想去掉这些网格线，可以把辅助网格线所在的图层“建筑-辅助”关闭或冻结即可。结果如图 11-1 所示。

11.2　建筑剖面图绘制实例

建筑剖面图是指建筑物的垂直剖面图，即用一个假想的剖切平面垂直地剖切房屋，然后移去靠近观察者的部分，得到的正投影图。剖面图是用来表达建筑物内部垂直方向的高度、楼层、垂直空间的利用以及简要的结构形式和构造方式的图样。剖面图的剖切平面一般选择在内部结构和构造比较复杂的位置，或者选择在内部结构和构造有变化、有代表性的部位。剖面图的数量视建筑物的复杂程度而定。

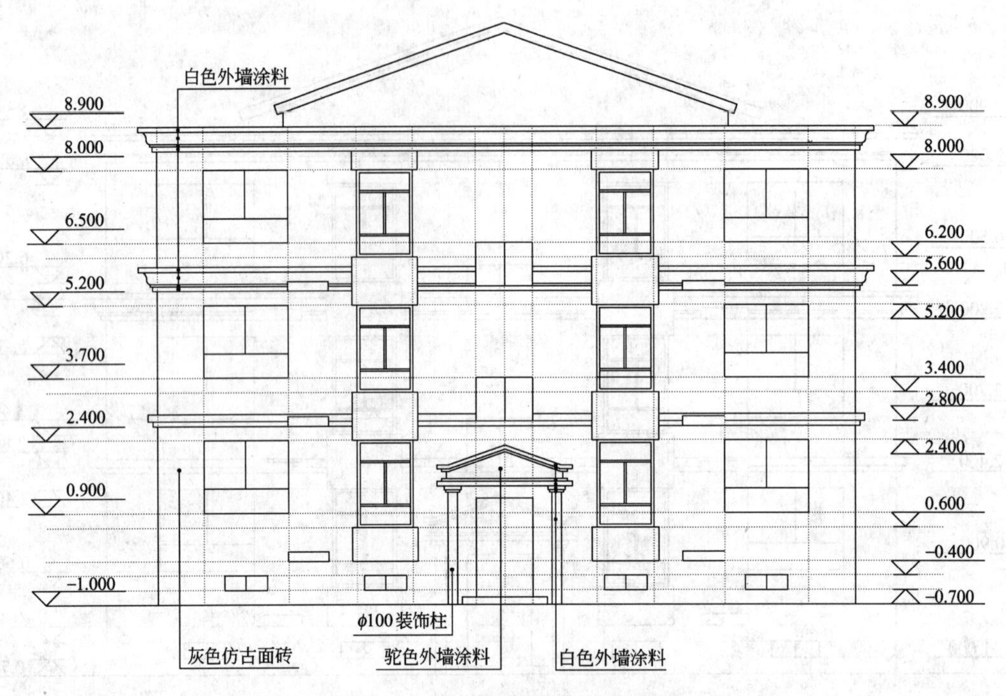

图 11-17 绘制出说明后的立面图

图 11-18 是一张建筑剖面图，其剖切平面的位置通过出入口、楼梯间等结构比较复杂的部位。本节将以此图为例来说明建筑剖面图的绘制方法。

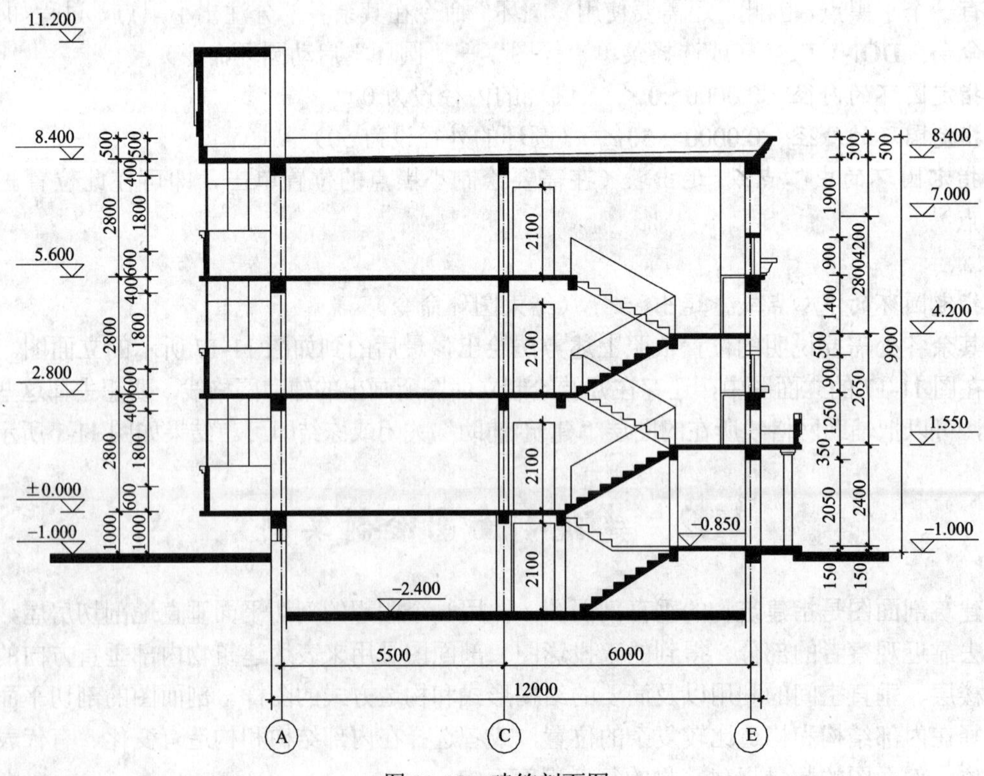

图 11-18 建筑剖面图

在建筑剖面图中应当表达的主要内容有：墙体剖面的轮廓，楼板、屋面板的轮廓，楼梯、栏杆扶手，被剖切到的门、窗、梁、楼梯、板，未被剖到的可见部分，标高及尺寸标注，索引符号等。

11.2.1　剖面图绘图环境设置

建筑剖面图的绘图环境设置与前述建筑平面图、建筑剖面图类似，下面通过对建筑剖面图的分析，建立建筑剖面图的绘图环境。

1．建筑剖面图分析

建筑剖面图与建筑平面图、建筑立面图相比，除了楼梯、栏杆等少数构件没有相同或相似的结构外，以下结构相同或相似：

（1）轴线网、墙线、剖切到的门窗的结构形式与平面图中的相同；

（2）可见门、窗的结构形式与立面图中的相同；

（3）剖面图的标注与立面图的标注相近。

为了使建筑剖面图的图形清晰、重点突出和层次分明，所使用得图线粗度应当按照下述要求选取：①室外地平线用特粗实线绘制；②被剖切到的主要构造、构配件的轮廓线使用粗实线绘制；③被剖切到的次要构配件的的轮廓线、构配件的的可见轮廓线用中粗线绘制；④其余图线，如门窗图例线等，用细实线绘制。

建筑剖面图上所标注的尺寸，主要是高度尺寸和标高尺寸。

2．环境设置

（1）设置绘图界限

根据剖面图的大小，使用 LIMITS 命令或者从菜单“格式”→“图形界限”启动图形界限命令，设置图形界限为（0,0）-(42000，29700)。

（2）设置辅助绘图工具

在“草图设置”对话框中，设置捕捉间距为 10，并且启用捕捉；设置极轴追踪增量角为 90°，极轴角测量为“绝对”，并启用极轴追踪；设置对象捕捉方式为“端点”和“交点”，并且启用对象捕捉和启用对象捕捉追踪。

（3）单位制设置

在“图形单位”对话框中，设置长度单位为小数，精度为两位小数；设置角度单位为度，精度为整数。

（4）设置文字样式

在“文字样式”对话框中分别设置文字样式“轴线编号”和“国标文字”，其字体分别为 COMPLEX 和 GBENOR、GBCBG，宽度比例都为 1。

（5）尺寸标注样式的设置与第 10 章绘制平面图中的尺寸标注样式的设置完全一样。

（6）根据剖面图的绘制内容和所使用的图线，建立图层、颜色、线型和线宽如表 11-2 所示。

剖面图中图层、颜色、线型和线宽的设置　　表 11-2

图层名称	线　型	颜　色	线　宽
建筑-轴线	GB-AXIS	红色	0.18
建筑-地平	CONTINUOUS	青色	1.00
建筑-墙线	CONTINUOUS	绿色	0.70
建筑-楼层	CONTINUOUS	绿色	0.70
建筑-楼梯	CONTINUOUS	黄色	0.35
建筑-图例	CONTINUOUS	蓝色	0.18
建筑-标注	CONTINUOUS	蓝色	0.18
建筑-索引	CONTINUOUS	蓝色	0.18
建筑-辅助	CONTINUOUS	灰色	0.18

11.2.2　绘制剖面图形

1．绘制辅助网格

把图层“建筑-辅助”设置为当前图层，分别画出一条水平基准线和一条竖直基准线。再从水平基准线开始，使用“偏移”命令（单击“修改”工具栏按钮，启动偏移命令）分别连续向上偏移 1000、1550、1250、1400、1400、2800，向下偏移 1400，得到水平网格线，分别称做 H0、H1、H2、H3、H4、H5、H6 和 H-1；从竖直基准线开始，分别连续向右偏移 5500、1400、2720、1880，向左偏移 1810，得到竖直网格线，分别称作 V0、V1、V2、V3、V4 和 V-1。绘制结果如图 11-19 所示。

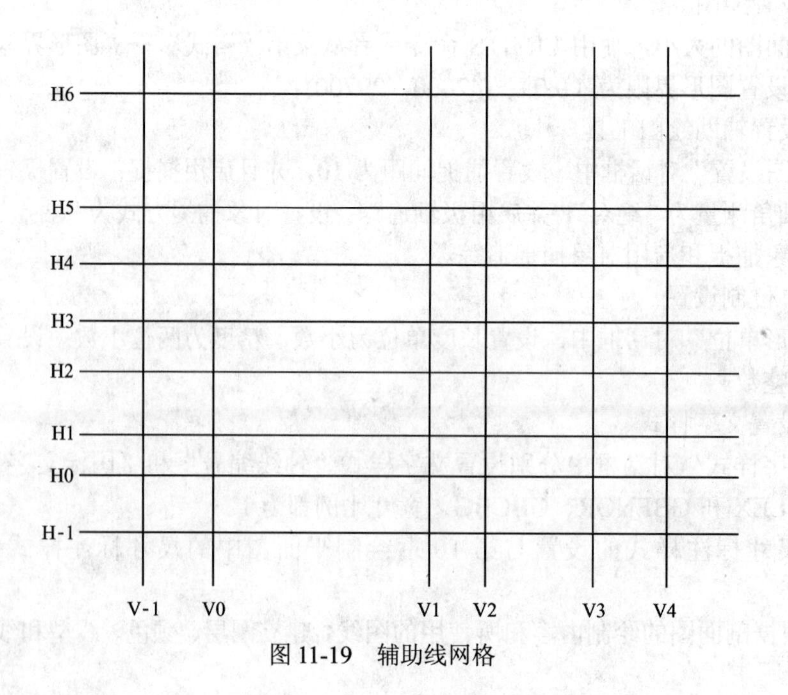

图 11-19　辅助线网格

2．绘制墙体、楼板、屋面的轮廓

（1）绘制墙体

把图层“建筑-墙线”设置为当前图层，使用“偏移”命令将网格线 V0 向左偏移 250，向右偏移 120，并且将偏移得到的两条竖直线改变到“建筑-墙线”图层（首先选中这两条直线，然后单击“图层”工具栏的列表框，在列表中选择“建筑-墙线”即可）；将网格线 V1 分别向左、右各偏移 120，将偏移得到的两条竖直线改变到“建筑-墙线”图层，并且使用“修剪”命令（单击“修改”工具栏按钮-/--，启动修剪命令）把位于网格线 H1 以下部分修剪掉；将网格线 V1 分别向左、右各偏移 185，将偏移得到的两条竖直线改变到“建筑-墙线”图层，并且使用“修剪”命令把位于网格线 H0 以上部分修剪掉；将网格线 V5 向左偏移 120、向右偏移 250，将偏移得到的两条竖直线改变到“建筑-墙线”图层。此时绘制的剖面图如图 11-20 所示。

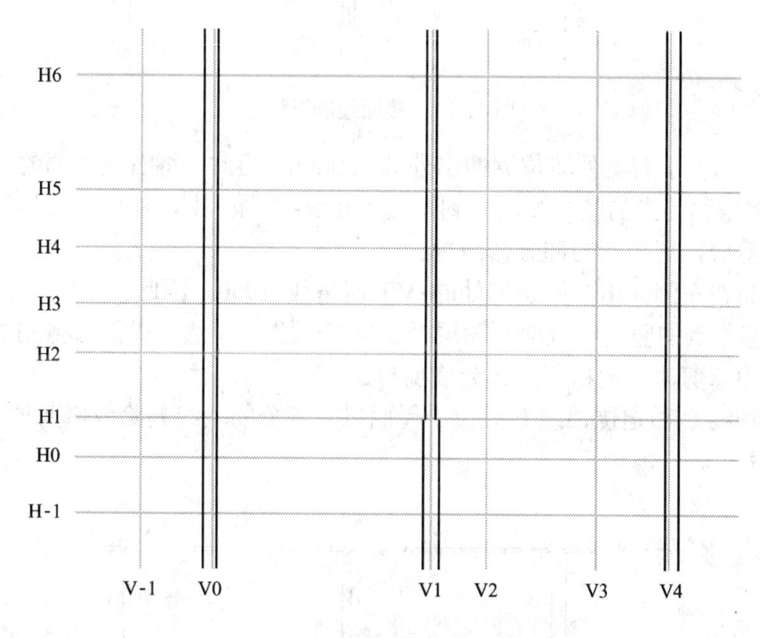

图 11-20　绘制出墙线后的剖面图

（2）绘制楼板和屋面的轮廓

因为楼板的厚度和屋面的厚度都是 100mm，所以，分别以网格线 H1、H3、H5、H6 为基础，向下偏移 100，并且把偏移得到的水平线和被偏移的网格线都改变到“建筑-楼面”图层，再将墙线位于楼面中的线段使用“修剪”命令修剪掉。注意到楼面位于楼梯间的部分是中断的，为此，需要把网格线 V2 向右分别偏移 100 和 380，用得到的两条竖直线和右侧外墙的内墙线为裁剪边，将楼面进行修剪（右侧外墙线处不修剪），得到如图 11-21 所示的图形。

（3）细节处理

在楼面和屋面下面的墙体位置都设有一个过梁，外墙位置的过梁断面大小为 370mm×300mm，内墙过梁断面大小为 240mm×300mm，其中一层楼面下面位于内墙位置的过梁断面大小为 240mm×200mm，使用画矩形命令在相应的位置绘制出相应大小的矩形。

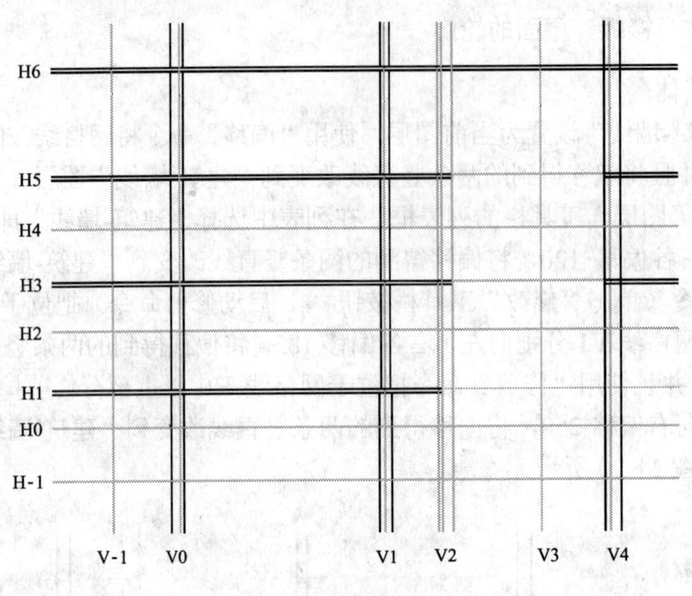

图 11-21　楼面绘制过程

二、三层楼面位于右侧外墙位置伸出外墙 100mm，为此，将右侧外墙的外墙线向右侧偏移 100，并将偏移得到的竖直线改变到图层“建筑-楼面”上，然后以偏移得到的竖直线和楼面线为修剪边，把相应的部分修剪掉。

楼面和屋面在左侧伸出左侧外墙处的 V0 网格线 1990，因此把网格线 V0 向左偏移 1990，并将偏移得到的竖直线改变到图层“建筑-楼面”上，然后以偏移得到的竖直线和楼面线、屋面线为修剪边，把相应的部分修剪掉。

再将定位轴线 C 和定位轴线 E 处位于屋面以上部分的墙线删除或修剪掉，此时的剖面图如图 11-22 所示。

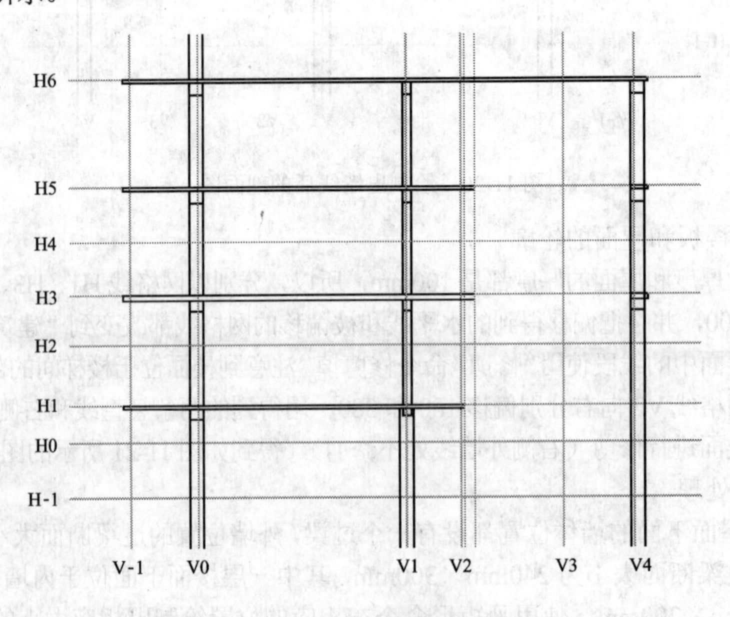

图 11-22　处理后的剖面图

3．绘制楼梯

（1）绘制地下室地面

把网格线 H-1 向下偏移 200，并将偏移得到的水平线和网格线 H-1 都改变到“建筑-楼面”图层，然后以左右外墙的内墙线为修剪边，将地下室地面线位于外侧部分修剪掉，再以地下室地面线为修剪边，将内墙线位于地下室下面的部分修剪掉。

（2）绘制平台和楼梯过梁

将网格线 H0 向上分别偏移 150 和 50，把得到的两条水平线改变到“建筑-楼面”图层；再将网格线 H2 和 H4 分别向下偏移 100，并将偏移得到的两条水平线和网格线 H2 和 H4 都改变到“建筑-楼面”图层。然后向左偏移网格线 V3，偏移距离为 100，并将偏移得到的竖直线改变到“建筑-楼面”图层，以此竖直线为修剪边，把平台线位于修剪边左侧部分修剪掉，以平台线为修剪边，把刚才偏移的到的竖直线的相应部分修剪掉，得到如图 11-23 所示图形。

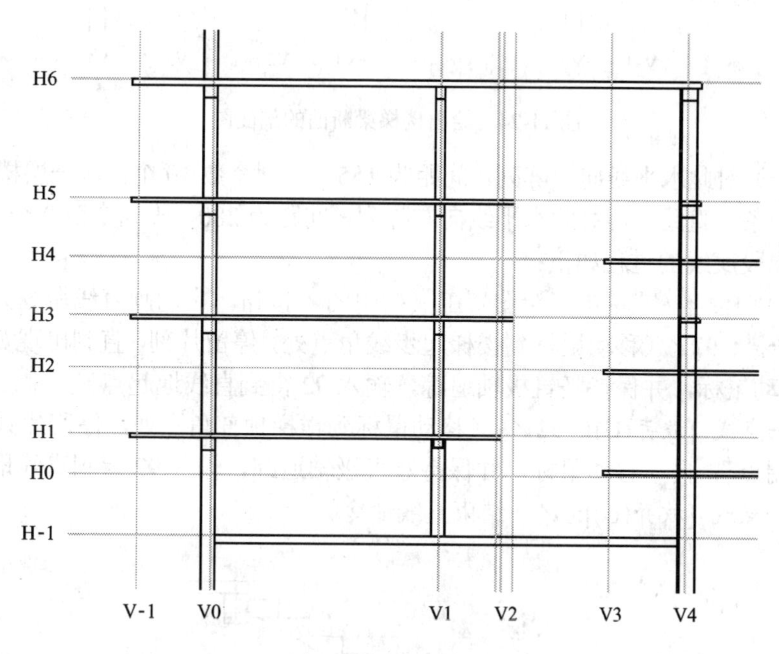

图 11-23　绘制平台

将顶层平台位于网格线 V4 右侧的部分修剪掉，再向右偏移右侧外墙的外墙线，偏移距离为 1000，然后以偏移得到的竖直线和一、二层平台线为修剪边，把相应的部分修剪掉。

楼梯梁的断面尺寸为 200mm×250mm，右侧外墙平台下面的过梁断面尺寸分别为 370mm×250mm 和 370mm×300mm，在相应的位置画出矩形，得到如图 11-24 所示的图形。

（3）绘制楼梯

首先绘制从一层上二层的第一个梯段。把图层“建筑-辅助”设置为当前图层，从一层楼面线的右端点向右绘制一条水平线，再使用“阵列”命令（单击“修改”工具栏按钮，

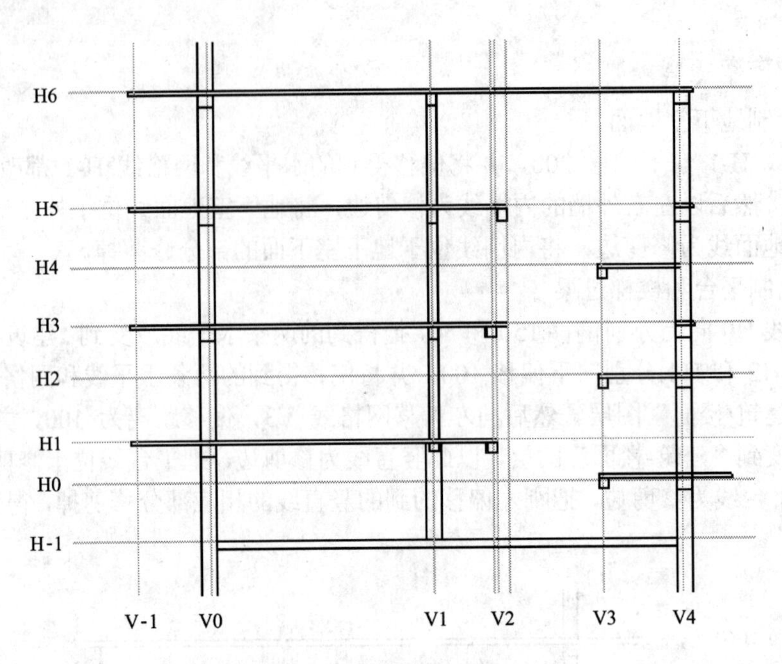

图 11-24 绘出楼梯梁断面的剖面图

启动阵列命令）对此水平线向上阵列，间距为 155，阵列个数 10 个。从一层楼面线的右端点向上绘制一条竖直线，再对此水平线向右阵列，间距为 280，阵列个数 9 个。如图 11-25 所示，绘制梯段底线的过程如下：

命令：**LINE**↙ （或单击“绘图”工具栏中的按钮，启动画直线命令）

指定第一点：**92**↙（移动鼠标到楼梯起步线角点处，停留片刻，直到出现黄色提示“端点”，向下移动鼠标，并保持竖直极轴追踪，输入 92 得到直线地起点）

指定下一点或 [放弃(U)]：**92**↙ （移动鼠标到楼梯顶部角点处，停留片刻，直到出现黄色提示“端点”，向下移动鼠标，并保持竖直极轴追踪，输入 92 得到直线地起点）

指定下一点或 [放弃(U)]：↙（结束直线命令）

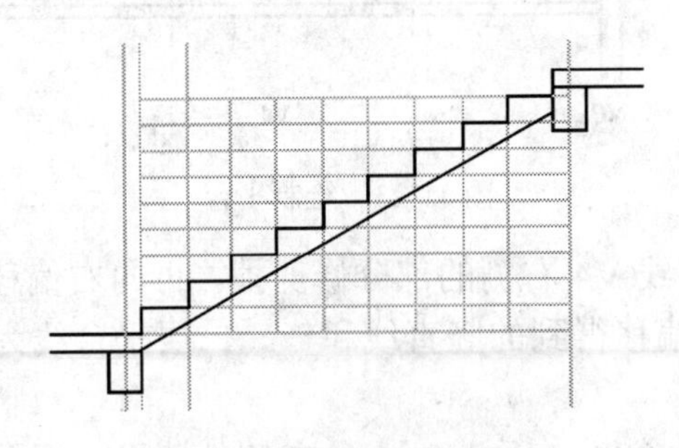

图 11-25 楼梯梯段的画法

绘制出第一个梯段后，可以将为了绘制这个梯段所绘制的辅助线删除。然后把这个梯段使用“复制”命令（单击“修改”工具栏按钮，启动复制命令）复制到二楼上三楼的第一个梯段位置，并修剪掉多余部分；再把这个梯段使用“镜像”命令（单击“修改”工具栏按钮，启动镜像命令）进行变换，将得到的梯段移动到相应的梯段位置，并把多余的部分修剪掉。

地下室的梯段与上述第一个梯段的画法相同，只是踏步宽为 270mm，踏步高为 172mm；房屋入口上一楼的梯段踏步宽为 280mm，踏步高为 170mm。绘制出这两个梯段后的剖面图如图 11-26 所示。

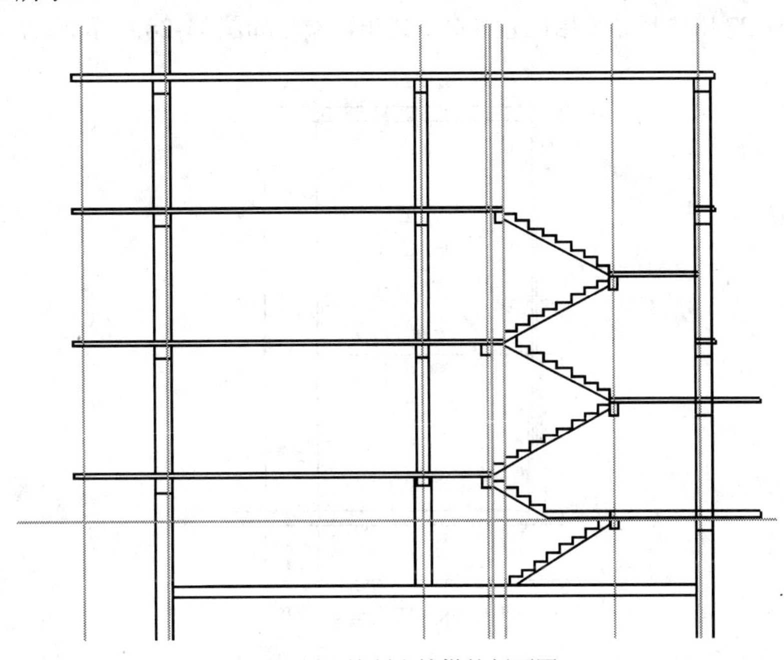

图 11-26　绘制出楼梯的剖面图

剖面图中门柱的大小和尺寸与立面图中的门柱完全相同，其画法也是一致的。此处不再赘述。

4．绘制阳台

阳台部分的形状和大小如图 11-27 所示。

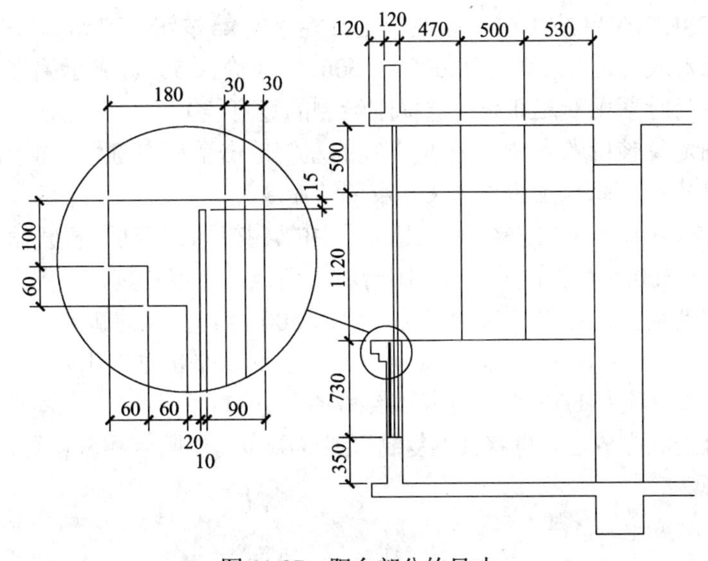

图 11-27　阳台部分的尺寸

先绘制下面的阳台栏板。将网格线 V-1 分别向左、向右各偏移 60，然后把一层楼楼面线向上偏移 1080，并且把偏移得到的直线改变到“建筑-墙线”图层，再使用修剪命令把相应的部分修剪掉，只留下位于阳台的部分。对于伸出阳台外侧的部分和栏板中的细短线段，依照图 11-27 中的尺寸使用画直线命令绘出，结果如图 11-28 所示。

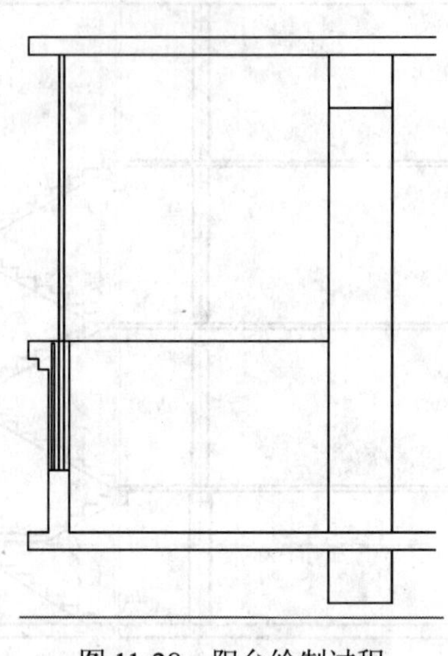

图 11-28　阳台绘制过程

再绘制阳台上部的封装。过程如下：

命令：**LINE**↙ （或单击“绘图”工具栏中的按钮，启动画直线命令）

指定第一点：**530**↙（将鼠标移动到阳台右上角点，停留片刻，直到出现黄色提示“端点”时，向左移动鼠标，并保持极轴追踪，输入 530 得到直线的起点）

指定下一点或 [放弃(U)]:（向下移动鼠标，捕捉竖直极轴与阳台栏版顶部横线的交点）

指定下一点或 [放弃(U)]: ↙（结束直线命令）

命令：**OFFSET**↙ （或单击“修改”工具栏中的按钮，启动偏移命令）

指定偏移距离或 [通过(T)] <730.0000>: **500**↙ （输入 500，表示偏移距离为 500）

选择要偏移的对象或 <退出>:（选择刚绘制的竖直线）

指定点以确定偏移所在一侧:（在竖直线的左侧单击鼠标左键，则得到另一条竖线）

选择要偏移的对象或 <退出>:↙（结束偏移命令）

命令：**LINE**↙ （或单击“绘图”工具栏中的按钮，启动画直线命令）

指定第一点：**500**↙（将鼠标移动到阳台右上角点，停留片刻，直到出现黄色提示“端点”时，向下移动鼠标，并保持极轴追踪，输入 500 得到直线的起点）

指定下一点或 [放弃(U)]: （向左移动鼠标，捕捉水平极轴与阳台上部竖线的交点）

指定下一点或 [放弃(U)]:↙ （结束直线命令）

一层的阳台绘制完成后，再将其“复制”到二层和三层阳台相应位置，得到如图 11-29 所示的剖面图形。

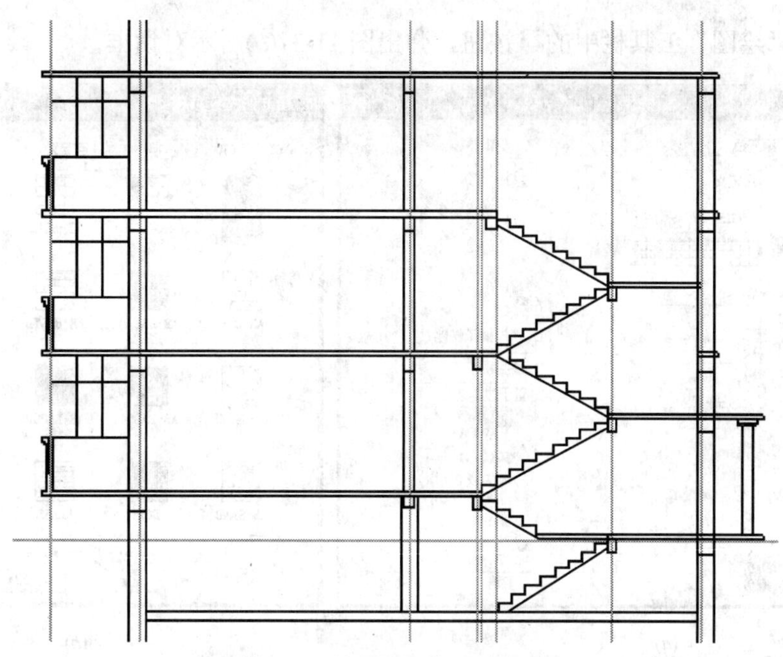

图 11-29 绘制出阳台后的剖面图

阳台顶部的屋顶形状和尺寸如图 11-30 所示，其中右侧的两条竖线是房屋左侧外墙向上的延伸线，底部的两条横线是屋面向左的延伸线。其他的线段根据图中的尺寸使用直线命令很容易画出，此处不再赘述。

建筑剖面图中，被剖切到得构件断面一般涂黑表示。因此，使用“图案填充”命令，把剖面图中的被剖切到的楼面、屋面、梯段、过梁等建筑构件的断面进行实填充，过程如下：

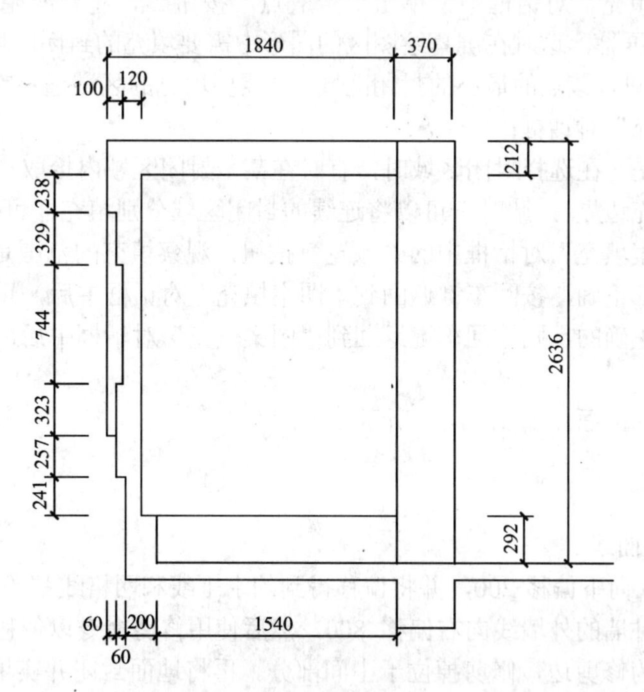

图 11-30 阳台顶部的形状和大小

①单击“绘图”工具栏中的按钮，弹出图 11-31(*a*)所示对话框；

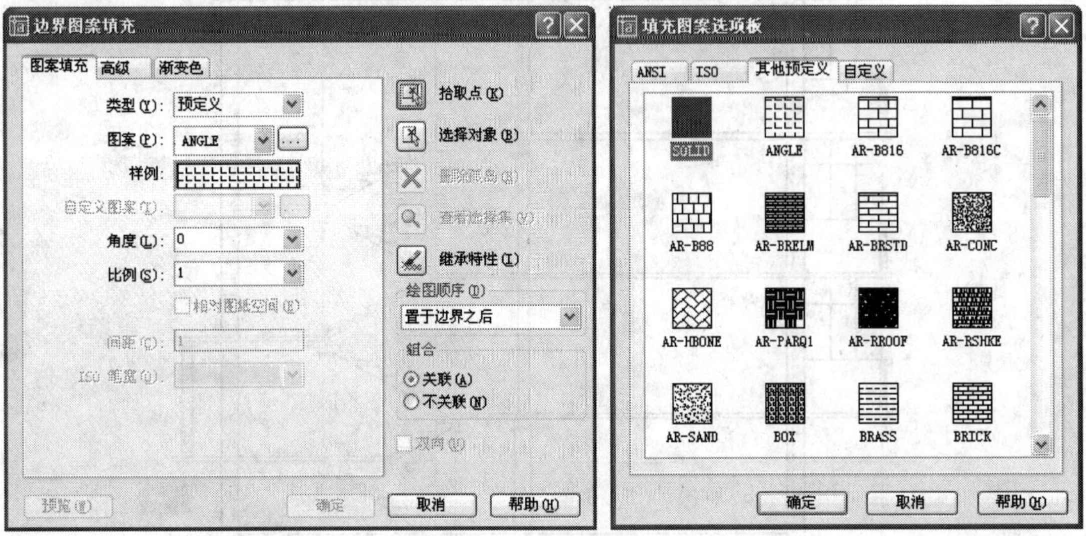

(*a*)　　　　(*b*)

图 11-31　“图案填充”对话框

②在“图案填充”对话框的“图案填充”选项卡中，单击“图案”右侧的按钮，出现图 11-31(*b*)所示的对话框，在该对话框中选择“其他预定义”标签中的“SOLID”后，单击“确定”按钮，返回到“图案填充”对话框，此时“图案填充”对话框中的“图案”后列表框中的名称改成了“SOLID”；

③在“图案填充”对话框中，单击“拾取点”按钮，将暂时隐藏对话框，返回到 AutoCAD 的绘图屏幕，这时在屏幕绘图区的图形中需要填充的封闭区域内拾取任意一点，AutoCAD 会搜索包含该点的最小的封闭区域，当需要填充的区域选择完毕后，按回车键就返回到“图案填充”对话框；

需要注意的是，在选择封闭区域时，有时在某个封闭区域内拾取一点，会提示“未找到有效的图案填充边界”，此时，可以将连续的封闭区域分别填充即可。

④单击“图案填充”对话框中的“预览”按钮，观察填充的范围是否正确。

⑤如果填充部正确，按回车键返回到“图案填充”对话框中后，重新选择填充范围；如果填充范围是正确的，则按回车键返回到“图案填充”对话框中后，再按“确定”按钮即可。

填充完成后的剖面图如图 11-32 所示。

5. 完善细部

（1）绘制地面线

把网格线 H0 向下偏移 200，并将偏移得到的水平线和网格线都改变到“建筑-楼面”图层，再将右侧外墙的外墙线向右偏移 800，然后使用修剪命令以偏移的到的竖直线和左侧外墙的外墙线为修剪边，修剪掉位于中间部分。再将地面封闭并实填充。

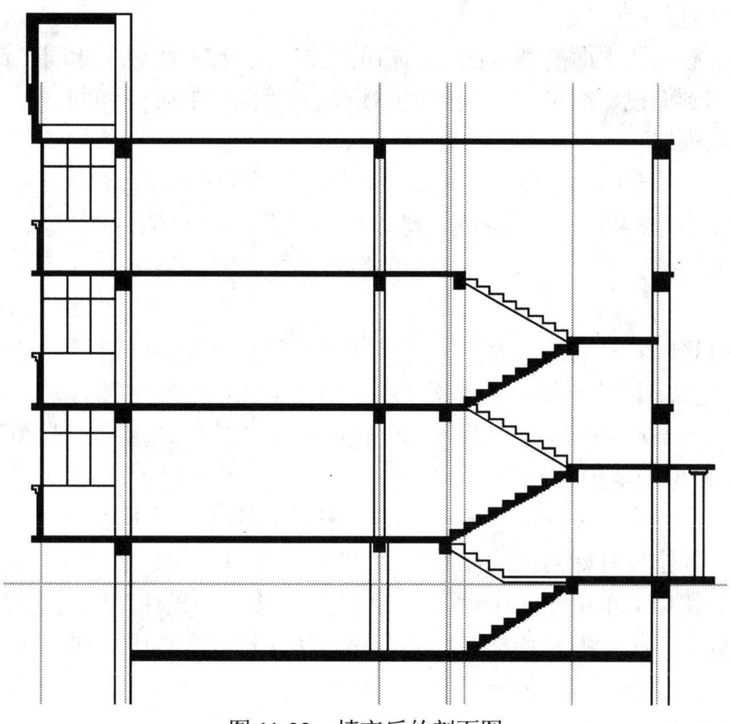

图 11-32　填充后的剖面图

（2）绘制入口

在入口台阶处，台阶构件的厚度为 200mm，因此，再绘制一个厚度为 200，长度与台阶平齐的矩形，并进行实填充。

入口雨篷上面的装饰性形状如图 11-33 所示，使用直线命令按照图中的尺寸不难画出，此处不再赘述。画出后再将与雨篷连通的部分使用图案填充命令进行实填充。

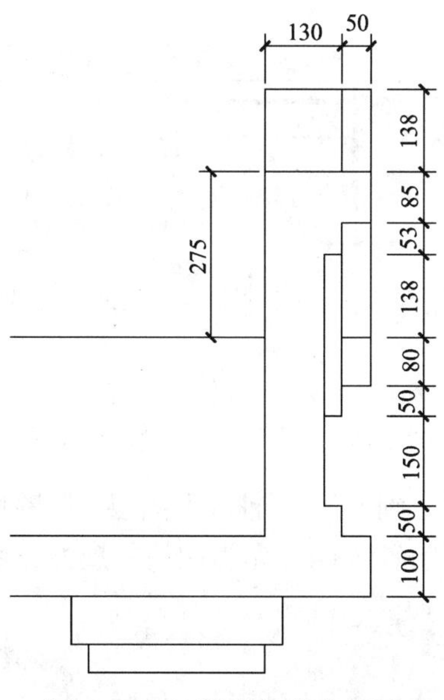

图 11-33　雨篷上部的装饰图形

（3）绘制门窗

在剖面图中被剖切平面剖切到的门、窗的画法与建筑平面图中相同，都是采用图例画法。没有被剖切到但投影时可以看到的门、窗与立面图中的画法相同。

首先绘制被剖切到的门和窗。在左侧外墙上，地下室开有一个高度为 300mm 的窗户，其他各层都是开向阳台的门；在有侧外墙上，楼梯间窗户的高度为 900mm，窗户上部有窗过梁，其断面尺寸为 370mm×100mm。可以按照前面讲过的方法将其绘出。另外，在房屋入口进入地下室的位置有一个门，使用门的图例绘制，只需要将上下两个过梁两侧用两条竖线连接即可。

然后绘制投影时看到的门。投影时能够看到的门是单元的外门，其尺寸为 1000mm×2100mm，处于距离墙面 120mm 的位置（由于地下室临门的墙体较厚，因此地下室的单元门距离墙线为 55mm）。使用画矩形命令绘制出一个门之后，在将其复制到其他各层即可。

（4）绘制楼梯安全护栏

安全护栏的高度为 900mm，每一个梯段的护栏水平方向的长度为 2520mm，从上楼的第一级台阶的中间位置开始向上绘制长度为 90mm 的线段，然后在按住 Shift 键后单击鼠标左键，在弹出的快捷菜单中选“平行线”，再把鼠标移动到楼梯梯段的底线上，停留片刻，直到出现黄色提示“平行”再移动鼠标来追踪与楼梯梯段底线平行的直线，从而画出第一个梯段的护栏。其他各段护栏的画法与此相同。

（5）绘制屋檐和腰线

屋檐和腰线的断面形状和尺寸如图 11-34 所示。一层和二层之间的腰线是由断面为 200mm×150mm 的一个矩形，并伸出 100mm 形成的，如图 11-34(*a*)所示，其画法只要再相应位置画出一个矩形即可。二层和三层之间腰线断面的画法以及屋檐线断面的画法与建筑立面图中的画法相同，此处不再赘述。绘出屋檐断面后，将其内部进行实填充，并在房屋的顶部绘制出一条水平线。最后得到如图 11-35 所示的剖面图形。

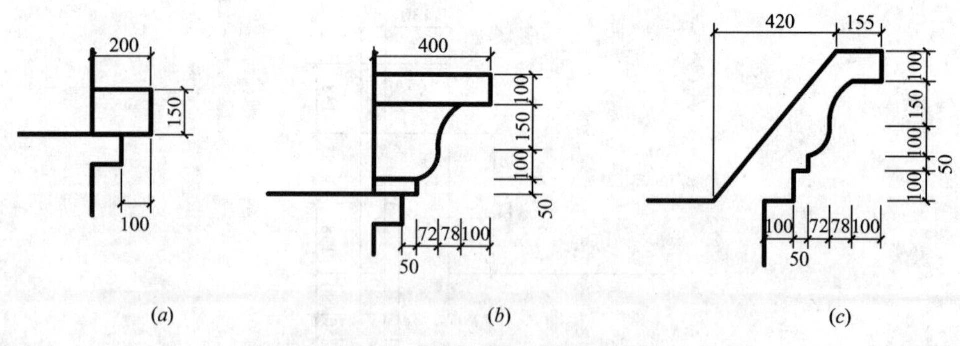

图 11-34　屋檐和腰线的断面轮廓

将网格线 V0、V1、V4 改变到“建筑-轴线”图层，删除所有的网格线，再把图块“定位轴线”插入到图中，用相应的轴线编号作为图块的属性，然后进行下面的尺寸标注。

11.2.3　标注尺寸

在剖面图中需要标注的尺寸主要是高度尺寸和标高尺寸。

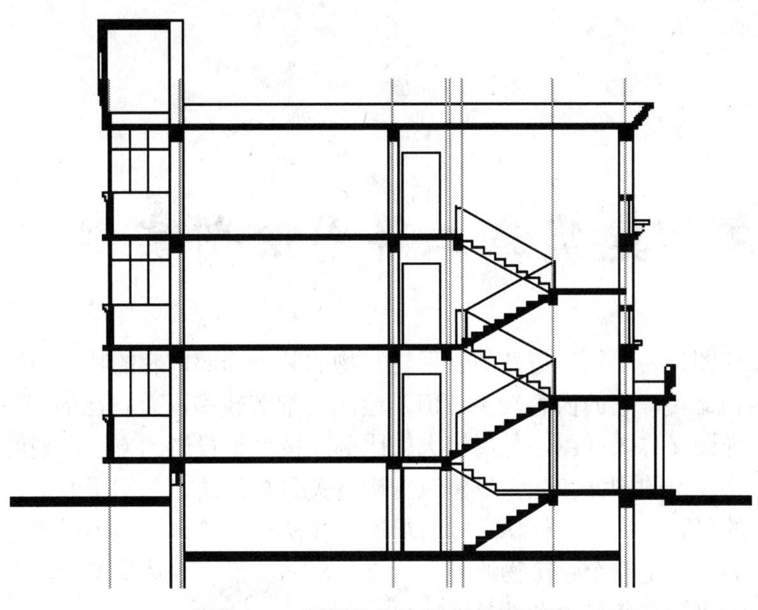

图 11-35　图形绘制完成后的剖面图

1．标注尺寸

外墙的高度方向的尺寸，一般要标注 3 道。第 1 道为门、窗洞及洞间墙的高度尺寸，在楼面上下要分别标注；第 2 道为层高尺寸，即底层到二层楼面、各层到上一层楼面、顶层楼面到檐口处的高度差，还应注出室内外地面的高度差、檐口处楼顶到压顶的高度差；第 3 道尺寸为建筑物的总高。

在楼房内部需要标注的尺寸，主要是内部门窗洞口的高度尺寸。

要标注这些尺寸，使用 AutoCAD 的线性标注和连续标注命令即可完成，具体使用方法在第 5 章中曾介绍过，此处不再赘述。

2．标注标高

在剖面图中需要标注主要部位的标高，包括室外地面、各层楼面、楼梯休息平台、屋顶面等各处的标高，标注这些标高尺寸，使用在第 8 章中定义的图块“标高”，将其插入到图中的相应位置，并用相应的标高值作为图块的属性即可。

标注完成后的剖面图如图 11-18 所示。

第 12 章　建筑施工详图绘制实例

建筑施工详图是为了更加清楚地表现建筑物的某个局部内容的特征而绘制的。与其他的建筑施工图相比较，它的内容较少，但是绘制的细节较多，有自己的特色。

建筑施工详图又称大样图，是用较大的比例，按照正投影的方法，辅助以文字说明等必要的手段，将建筑的构件和配件或建筑的构造关系与作法，包括平面图、立面图、剖面图中局部节点的形状、大小、材料、构造层次、作法要求等详细地加以表达的图样。建筑施工详图表达的应当是整个建筑物通过平、立、剖面图没有表达清楚的部分，因此，建筑施工详图是建筑平、立、剖面图的补充。

建筑物的一些构配件，如门、窗、楼梯、阳台、各种装饰等，以及建筑物的节点，如檐口、窗台、明沟、楼地面、屋地面等，必须用比例较大的图样才能表达清楚。常用的建筑施工详图有：墙体剖面详图、楼梯间详图、门窗详图、阳台详图、卫生间详图、厨房详图等。

在建筑施工详图中，一般应当表达出构配件的详细构造，所用的材料及其规格，各部分的连接方法和相对位置关系；各部位、各细部的详细尺寸，包括需要标注的标高，有关施工要求和作法的说明等。同时，建筑施工详图必须画出详图符号，并且应当与被索引的图样上的索引符号相对应，在详图符号的右下侧注出比例。在详图中如需再另画详图时，则应在相应部位画上索引符号；如需表明定位轴线或补充剖面图、断面图，则应画上他们的有关符号和编号，在剖面图或断面图的下方注写图名和比例。对于套用标准图或通用详图的建筑构配件和剖面节点，只要注明所套用图集的名称、编号或页次，就不必再画详图。

在详图中，一般都应画出抹灰层与楼地面层的面层线，并画出材料图例。对楼地面、地下层地面、楼梯、阳台、平台、台阶等处注写高度尺寸及标高，应当平面图注写完成面的标高，立面图、剖面图注写完成面的标高及高度方向尺寸，其余部位注写毛面尺寸及标高。

建筑施工详图中所使用图线的粗度，按照《建筑制图标准》规定，地平线采用超粗实线，建筑构配件的外轮廓线采用粗实线，尺寸线、尺寸界限、图例线、索引符号、标高符号、材料作法引出线等采用细实线。

本章将以墙身剖面详图和楼梯详图为例来说明建筑施工详图的绘制方法。

12.1　墙身剖面详图绘制实例

墙身剖面详图实际上是墙身的局部放大图，详尽地表明墙身从防潮层到屋顶的各个主要节点的构造和作法。画图时，常将各个节点剖面连在一起，中间用折断线断开，各个节点详图都分别注明详图符号和比例。

下面以图 12-1 所示的外墙墙身剖面详图为例，说明墙身剖面图的画法。

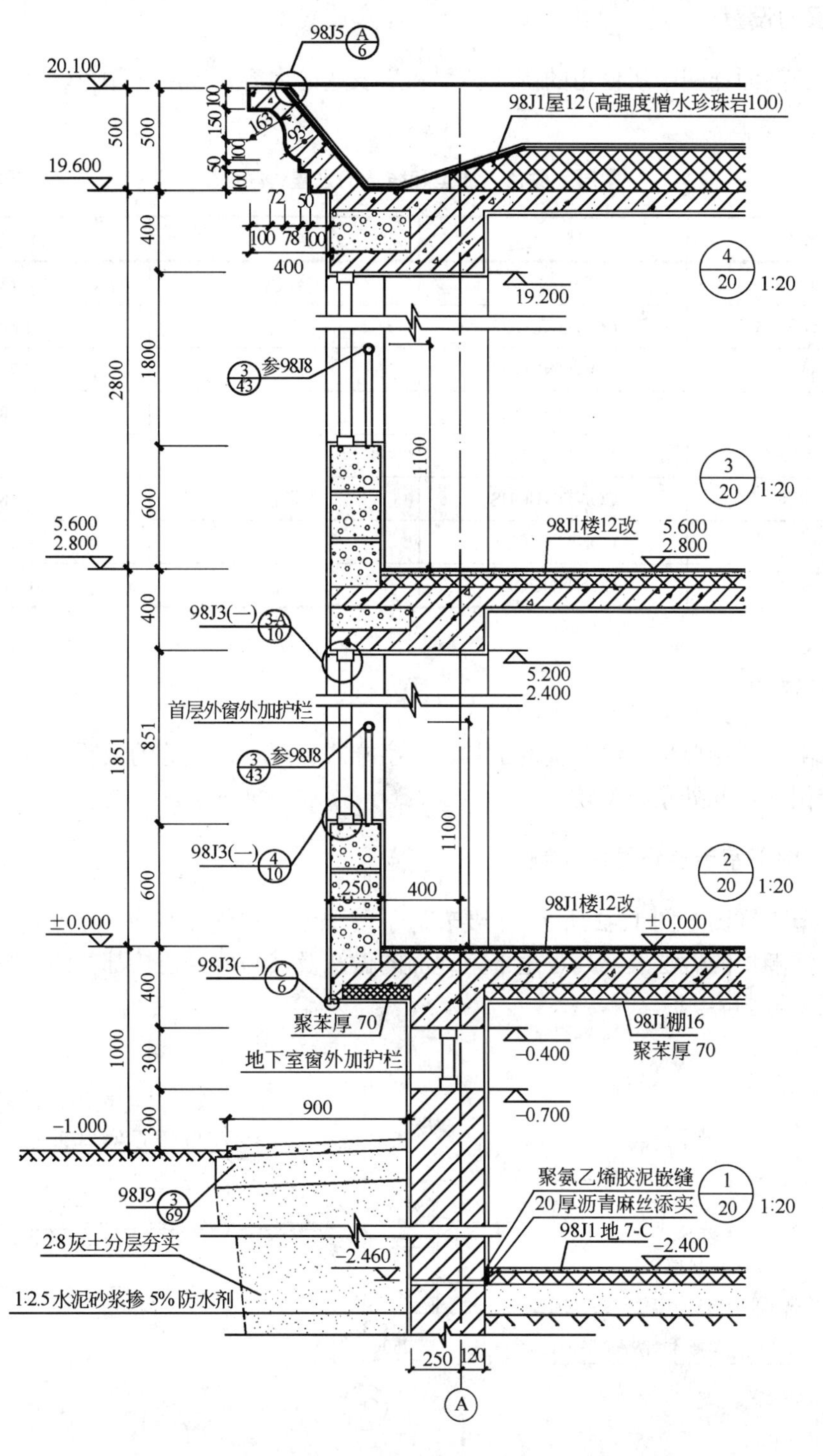

图 12-1　墙身剖面详图

12.1.1 绘图环境设置

1．图层的设置

根据墙身剖面详图中所使用的图线类型和所表达的内容，图层、颜色、线型和线宽按照表 12-1 进行设置。

图层、颜色、线型和线宽的设置　　表 12-1

图层名称	线　型	颜　色	线　宽
建筑-轴线	GB-AXIS	红色	0.18
建筑-地平	CONTINUOUS	青色	1.00
建筑-轮廓	CONTINUOUS	绿色	0.70
建筑-装饰	CONTINUOUS	蓝色	0.18
建筑-隐线	GB-DASHED3	黄色	0.35
建筑-图例	CONTINUOUS	蓝色	0.18
建筑-标注	CONTINUOUS	蓝色	0.18
建筑-索引	CONTINUOUS	蓝色	0.18

2．其他设置

绘图界限、绘图单位、绘图辅助工具、文字样式、尺寸样式等的设置与第 9 章中相应的设置完全相同，此处不再赘述。

12.1.2 地下室节点详图的绘制

地下室节点详图如图 12-2 所示。主要表达了位于地下室位置的墙体厚度及其与定位轴线的关系、防潮层的做法及标高、地下室地面的做法及其与墙身连接部位的处理情况、墙身外侧回填土等内容。

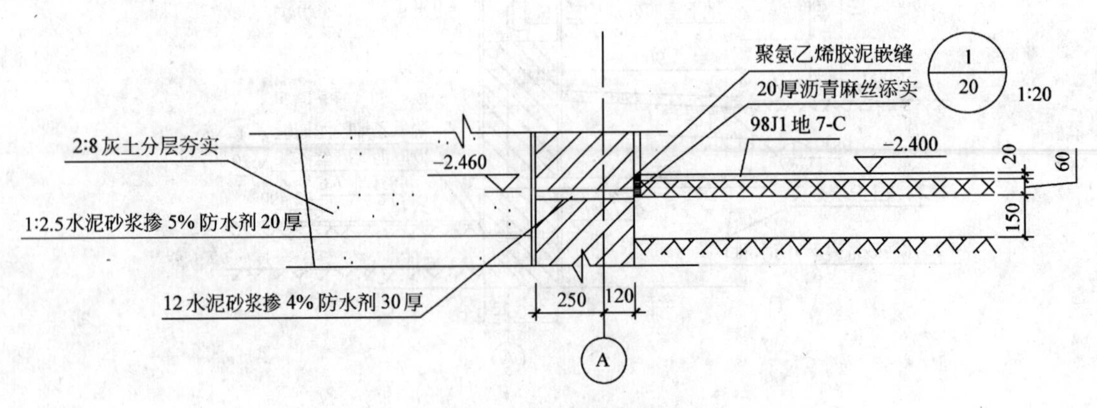

图 12-2　地下室节点详图

1. 绘制定位轴线及其编号

把“建筑-轴线”图层设置为当前层，在适当位置绘制一条竖直直线，将在第 8 章中定义的图块“定位轴线”插入到竖直线的下端，并用轴线编号 A 作为属性值。

2. 绘制墙身及室外回填土轮廓

（1）使用“偏移”命令把定位轴线向左偏移 250，向右偏移 120，并且把偏移得到的直线改变到“建筑-轮廓”图层。再次使用“偏移”命令将偏移得到的两条竖直线继续分别各向左、右偏移 20，得到两条墙面装饰线，把这两条竖直线改变到“建筑-装饰”图层。

（2）折断线的画法

绘制在图纸上的折断线，若线条的粗度为 d，则折断符号最高点与最低点的距离为 $14d$，折断符号的开口角度为 30°，如图 12-3 所示。

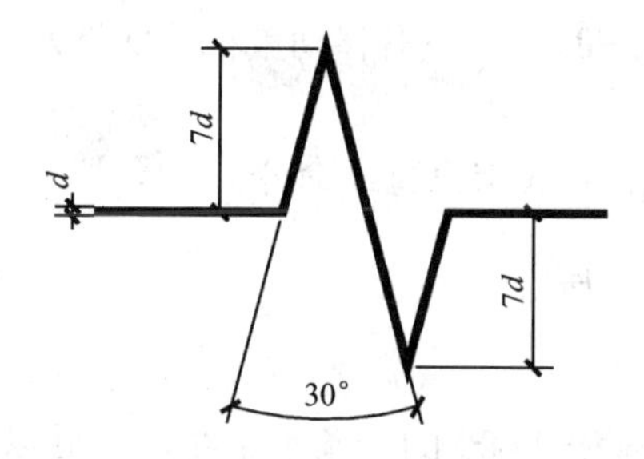

图 12-3　折断线的画法

在墙身剖面详图中，绘图比例为 1:20，折断线线宽设为 0.18 时，其绘制过程如下：

首先设置极轴的追踪增量角度为 15°，“对象捕捉追踪”为“用所有极轴角设置追踪”，“极轴角测量”设置为“绝对”。然后进行下列命令执行过程：

命令：**PLINE**↙（或单击“绘图”工具栏中的按钮，启动多段线命令）

指定起点：（在绘图区的空白位置任意拾取一点）

当前线宽为 0.00

指定下一个点或 [圆弧(A)/半宽(H)/长度(L)/放弃(U)/宽度(W)]：（向右移动鼠标，并保持水平极轴追踪，在合适位置拾取一点）

指定下一点或 [圆弧(A)/闭合(C)/半宽(H)/长度(L)/放弃(U)/宽度(W)]: **25.2**↙（向右上方移动鼠标，保持 75° 极轴追踪，输入 25.2）

指定下一点或 [圆弧(A)/闭合(C)/半宽(H)/长度(L)/放弃(U)/宽度(W)]: **50.4**↙ （向右下方移动鼠标，保持 300° 极轴追踪，输入 50.4）

指定下一点或 [圆弧(A)/闭合(C)/半宽(H)/长度(L)/放弃(U)/宽度(W)]: **25.2**↙（向右上方移动鼠标，保持 75° 极轴追踪，输入 25.2）

指定下一点或 [圆弧(A)/闭合(C)/半宽(H)/长度(L)/放弃(U)/宽度(W)]: ↙

绘制完成后的折断线如图 12-4 所示。

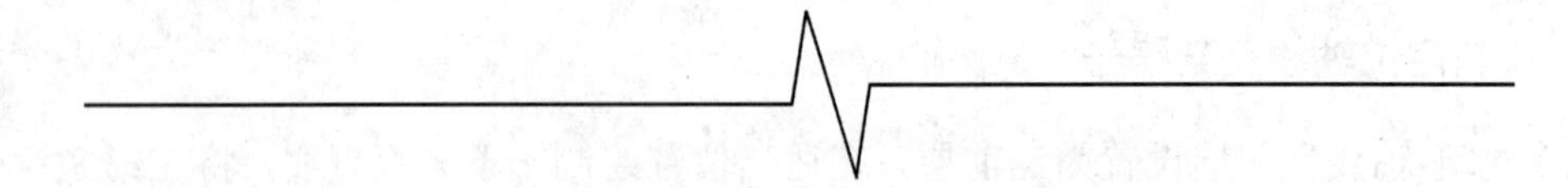

图 12-4　绘制完成的折断线

（3）绘制出折断线后，将其“复制”到合适的位置，并使用“修剪”命令对墙线和墙线的装饰线进行修剪。

（4）将图层“建筑-隐线”设置为当前图层，使用直线命令在合适位置绘制一条斜线，斜度约为 1:10。

斜度线的绘制可按下列方法进行：（绘制斜度为 1:10 的斜度线）

命令：**LINE**↙（或单击“绘图”工具栏中的按钮，启动画直线命令）

指定第一点:（在任意位置拾取一点作为直线的起点）

指定下一点或 [放弃(U)]: **TT**↙（要通过临时点确定直线的下一点）

指定临时对象追踪点: **500**↙（向下移动鼠标，保持竖直极轴追踪，输入 500 得到临时点）

指定下一点或 [放弃(U)]: **50**↙（向右移动鼠标，保持水平极轴追踪，输入 50 得到直线终点，即绘制出斜度线）

指定下一点或 [放弃(U)]: ↙（结束直线命令）

3．绘制地下室地面和防潮层

（1）绘制分层线

首先在合适位置绘制标高为-2.400 的一条水平线，然后以此直线为基础，来生成其余分层线。使用“偏移”命令将刚绘制的水平线连续向下偏移，偏移距离分别为 20、60、150。在分层线与墙面连接处使用“修剪”命令进行修剪处理。

再来绘制墙身内的防潮层，由于防潮层的顶面标高为-2.460，比地下室地面低 60，以地下室地面线为基础，绘制出防潮层的顶面线，然后向下偏移 20 得到防潮层的底面线。

（2）绘制材料符号

在地下室节点处，各部分使用的材料不同，需要绘制在相应区域内绘制出材料符号。绘制材料符号可以使用 AutoCAD 的“图案填充”命令，图案填充命令可以通过单击“绘图”工具栏的按钮来启动。

在使用 AutoCAD 的“图案填充”命令进行图案填充时，要求被填充的区域是封闭的。为此，在填充地下室的各分层图案时，应当先在右侧绘制辅助线，使得地下室的各分层是封闭的。在填充完成后，将辅助线删除。

在填充各部分时，所使用的图案名称为：墙身使用 ANSI31，墙身外侧的灰土、地下室地面下面厚度为 150 的回填层和地下室地面的表层（厚度为 20 的部分）使用 AR-SAND，地下室地面下厚度为 60 的部分使用 ANSI37，地下室地面的最下层使用 AR-HBONE，地下室地面与墙身连接处的两部分分别采用实填充和 HONEY。填充各部分所使用的填充比例最好在“图案填充”对话框中使用“预览”按钮交互确定。

4．标注文字与尺寸

在该节点详图中，需要标注的尺寸主要是线性尺寸、标高尺寸和引线说明。

线性尺寸的标注使用 AutoCAD 的“线性标注”命令和“连续标注”命令即可完成。分别标注墙体厚度与定位轴线的关系尺寸和地下室地面各分层厚度尺寸。

标高尺寸的标注只需要将第 8 章中定义的图块“标高”插入到图中，并用相应的标高作为图块的属性值即可。

引线标注的设置按照第 8 章中介绍的方法进行设置，然后分别标注出各部分的引线说明。

详图符号的绘制只需要将第 8 章中曾经定义的图块“详图符号”插入到图中，并使用该详图的编号 1 和被索引的图纸编号 20 分别作为属性值即可。

12.1.3 室内外地面节点详图的绘制

室内外地面节点详图如图 12-5 所示。主要表达外墙在墙脚处散水的尺寸和作法、首层楼面的尺寸和做法及一层窗台的尺寸和作法等。

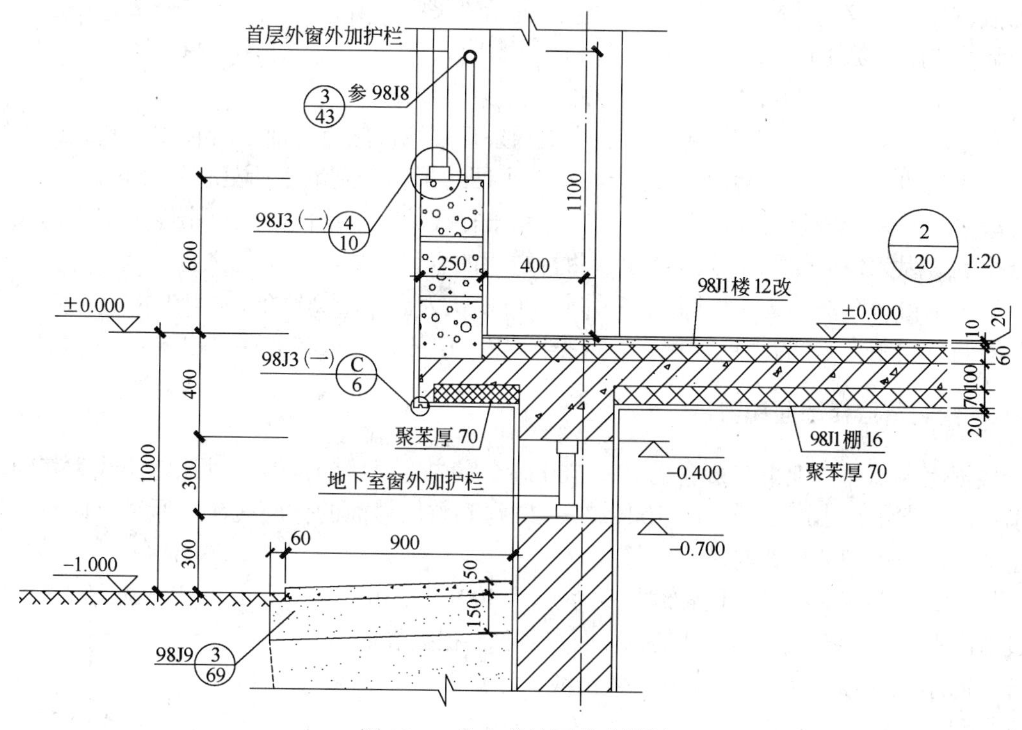

图 12-5 室内外地面节点详图

1．绘制墙身和散水

由于该节点一般绘制在地下室节点的上方，并且定位轴线是对齐的，因此，该节点处的墙线、墙身的装饰线的位置可直接由地下室节点详图确定。

在高度方向上，先确定地下室窗台的位置，该位置确定后，地下室窗洞顶部、室外地面线、室内地面线的位置也就随之确定。

对于散水的画法，可以先在空白位置画出，再将其移动到相应位置。散水的宽度为 900，厚度为 50，斜度为 4%，其绘制过程如下：

命令: **LINE**↙ （或单击“绘图”工具栏中的按钮，启动画直线命令）

指定第一点:（在绘图区的空白位置拾取一点）

指定下一点或 [放弃(U)]: **TT**↙（要通过一个临时点来确定直线的另一端点）

指定临时对象追踪点: **900**↙ （向右移动鼠标，保持水平极轴追踪，输入 900 得到临时点）

指定下一点或 [放弃(U)]: **36**↙ （向上移动鼠标,保持竖直极轴追踪,输入 36 得到直线端点）

指定下一点或 [放弃(U)]: **50**↙ （向上移动鼠标，保持竖直极轴追踪，输入 50 得到第 4 点）

指定下一点或 [闭合(C)/放弃(U)]: **PAR**↙（要捕捉平行线）

指定下一点或 [闭合(C)/放弃(U)]:（将鼠标移动到绘制的第 1 段直线上，停留片刻，直到出现黄色的提示“平行”，再移动鼠标追踪与第 1 段直线平行的方向）

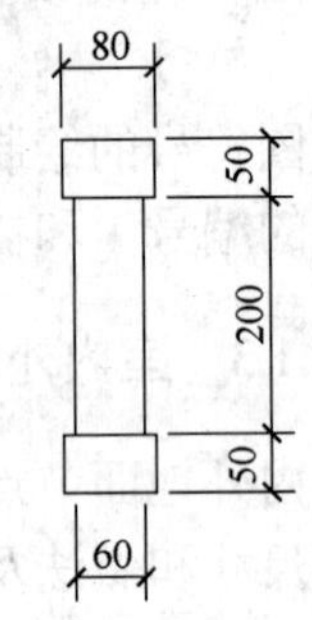

图 12-6 地下室窗户

指定下一点或 [闭合(C)/放弃(U)]: ↙ （结束直线命令）

再重新启动直线命令，从起点向上绘制一条竖直线，然后与前 3 段直线一起经过“修剪”或“延伸”，即可得到散水四边形。把这个四边形移动到散水所处位置即可。

散水下面的回填分层线，也可以采用追踪平行线的方法绘出。注意不能使用“偏移”命令得到，因为使用偏移命令需要知道两直线间的垂直距离，而不是竖直距离。

地下室窗户图例的画法如图 12-6 所示。可以认为由相距 200 的两个 80×50 的矩形，中间用两条相距为 60 的竖直线相连。根据图 12-6 中的尺寸很容易绘制出来。

2. 绘制首层楼地面和窗台

根据室内地面与地下室窗台的高差 700 确定室内地面线的位置，以此地面线为基础，分别连续向下偏移 10、20、60、100、70、20 得到首层楼面的分层线，再通过“修剪”与“延伸”命令处理分层线与墙线的连接。

根据轻质砖表面线与定位轴线的关系尺寸 400 和 250，通过“偏移”命令将定位轴线向左偏移而得到。再根据表面装饰层的厚度为 20，偏移得到表面装饰线。注意偏移后将偏移得到的线条改变到相应的图层上，并且使用“修剪”和“延伸”命令处理好与室内地面分层线的连接。

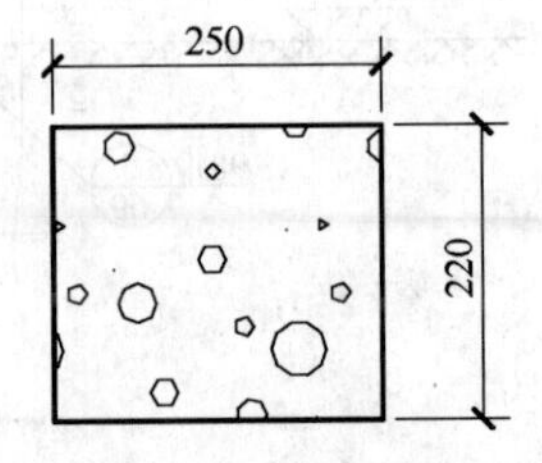

图 12-7 轻质砖断面

轻质砖的断面如图 12-7 所示。其断面形状为 250×220 的矩形，内部填充的是充气材料。

滴水槽的形状如图 12-8 所示，根据图中的尺寸不难画出。

3．标注尺寸和注写文字

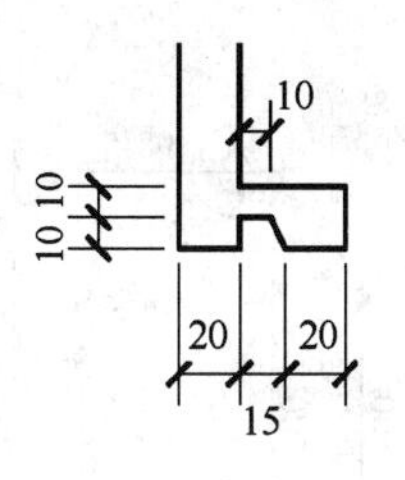

图 12-8　滴水槽

在该节点详图中，需要标注的尺寸主要是线性尺寸、标高尺寸和引线说明。其中线性尺寸和标高尺寸的标注方法与前一小节完全一致，而引线说明中有一部分使用了索引符号，只需将第 2 章中定义的索引符号插入到合适位置，并用相应的数值作为属性值即可。

详图符号的绘制方法同前一小节的说明。

12.1.4　楼面、窗顶和窗台节点详图的绘制

楼面、窗顶和窗台节点详图如图 12-9 所示。主要表达楼面的分层作法、窗顶和窗台位置的构造、内、外墙面的作法等。

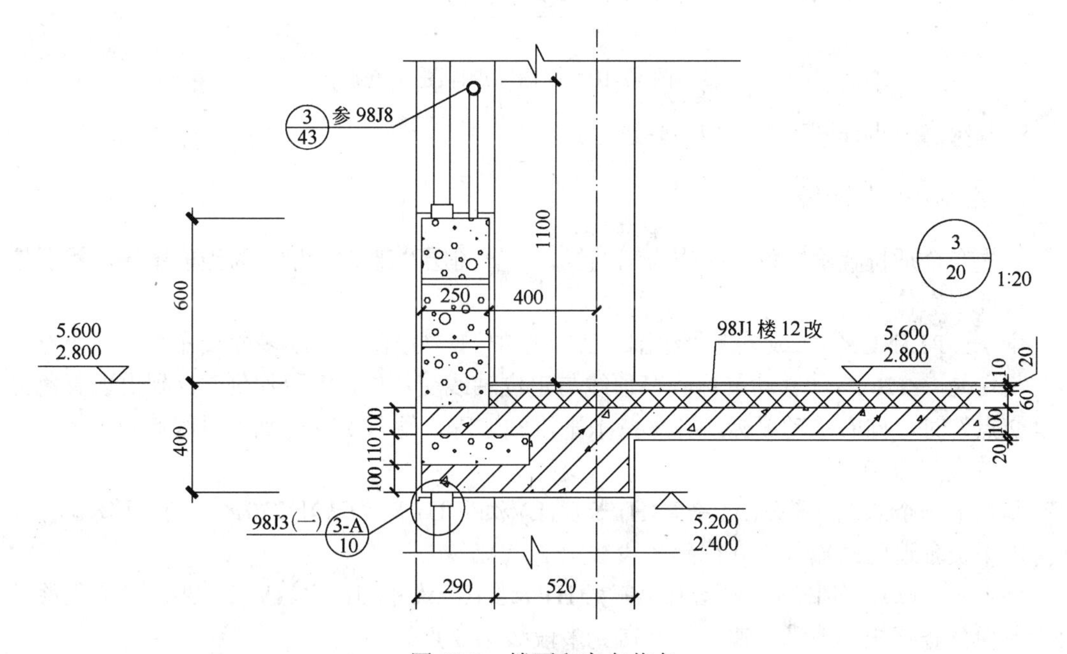

图 12-9　楼面和窗台节点

此节点详图的绘制方法与室内外地面节点详图的画法一样，首先确定窗顶的位置，然后根据窗顶标高与楼面标高及高度尺寸，确定出楼面、窗台等高度位置；根据墙身与定位轴线的相对位置尺寸，确定墙线和装饰线的位置。

各部分的详细画法、尺寸标注、文字标注与室内外地面节点详图完全一致，此处不再赘述。

12.1.5　屋檐节点详图的绘制

屋檐节点详图如图 12-10 所示，主要表达屋顶、屋檐、窗顶的构造与作法。

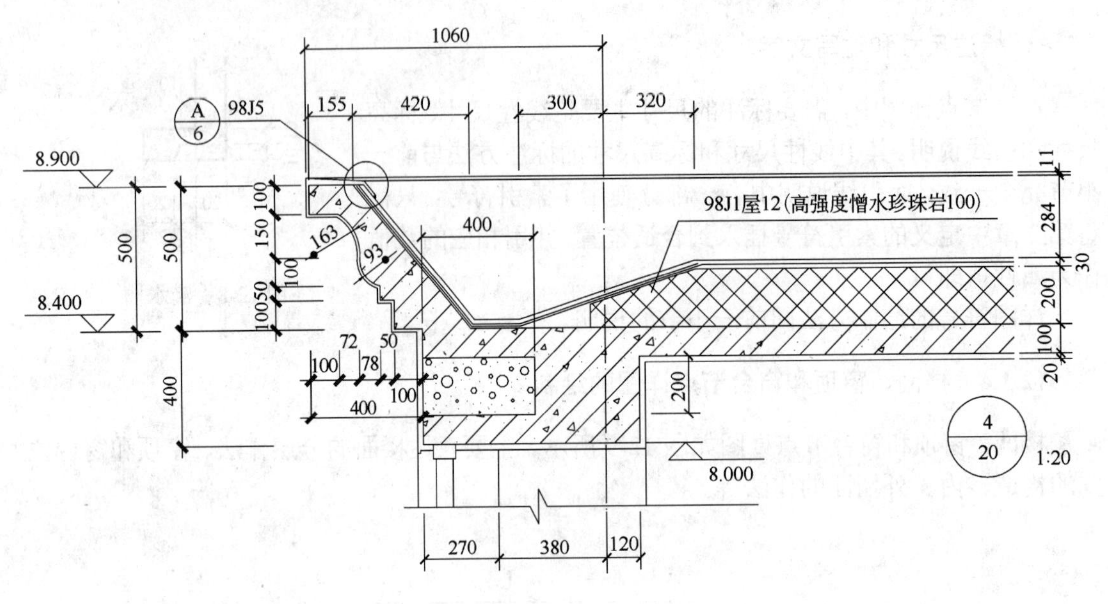

图 12-10　屋檐节点详图

绘制屋檐节点详图可按下列步骤进行：

1．绘制构件轮廓线

首先在合适位置确定窗顶线作为辅助线，设置图层“建筑-轮廓”为当前图层，然后按照下列过程操作：

命令：**PLINE**↙　（或单击“绘图”工具栏中的按钮，启动多段线命令）

指定起点:**120**↙　（移动鼠标到窗顶线与定位轴线交点处，停留片刻，直到出现黄色提示“交点”时，向右移动鼠标，并保持水平极轴追踪，输入 120 得到多段线起点）

当前线宽为 0.00

指定下一个点或 [圆弧(A)/半宽(H)/长度(L)/放弃(U)/宽度(W)]: **770**↙（向左移动鼠标，保持水平极轴追踪，输入 770 得到多段线第 2 点）

指定下一点或 [圆弧(A)/闭合(C)/半宽(H)/长度(L)/放弃(U)/宽度(W)]: **400**↙（向上移动鼠标，保持竖直极轴追踪，输入 400 得到多段线第 3 点）

指定下一点或 [圆弧(A)/闭合(C)/半宽(H)/长度(L)/放弃(U)/宽度(W)]: **100**↙（向左移动鼠标，保持水平极轴追踪，输入 100 得到多段线第 4 点）

指定下一点或 [圆弧(A)/闭合(C)/半宽(H)/长度(L)/放弃(U)/宽度(W)]: **100**↙（向上移动鼠标，保持竖直极轴追踪，输入 100 得到多段线第 5 点）

指定下一点或 [圆弧(A)/闭合(C)/半宽(H)/长度(L)/放弃(U)/宽度(W)]: **50**↙（向左移动鼠标，保持水平极轴追踪，输入 50 得到多段线第 6 点）

指定下一点或 [圆弧(A)/闭合(C)/半宽(H)/长度(L)/放弃(U)/宽度(W)]: **50**↙（向上移动鼠标，保持竖直极轴追踪，输入 50 得到多段线第 7 点）

指定下一点或 [圆弧(A)/闭合(C)/半宽(H)/长度(L)/放弃(U)/宽度(W)]: ↙

下面通过偏移命令得到屋檐的最高点，即左上角点:

命令: **OFFSET**↙ （或单击“修改”工具栏中的按钮，启动偏移命令）

指定偏移距离或 [通过(T)] <通过>: **900**↙（输入 900，表示偏移距离为 900）

选择要偏移的对象或 <退出>:（选择窗顶辅助线）

指定点以确定偏移所在一侧:（在窗顶辅助线的上方拾取任一点，则得到偏移后的辅助线）

选择要偏移的对象或 <退出>:↙（退出偏移命令）

命令: ↙ （再次启动偏移命令）

指定偏移距离或 [通过(T)] <900.00>: **1050**↙ （偏移距离为 1050）

选择要偏移的对象或 <退出>:（选择定位轴线）

指定点以确定偏移所在一侧: （在定位轴线的左侧拾取任一点，则得到偏移后的辅助线）

选择要偏移的对象或 <退出>:↙ （退出偏移命令）

命令: ↙ （再次启动偏移命令）

指定起点:（捕捉刚偏移得到两条辅助线的交点，作为多段线的起点）

当前线宽为 0.00

指定下一个点或 [圆弧(A)/半宽(H)/长度(L)/放弃(U)/宽度(W)]:**100**↙ （再次启动偏移命令）（向下移动鼠标，保持竖直极轴追踪，输入 100，得到多段线的下一点）

指定下一点或 [圆弧(A)/闭合(C)/半宽(H)/长度(L)/放弃(U)/宽度(W)]: **100**↙（再次启动偏移命令）（向右移动鼠标，保持水平极轴追踪，输入 100，得到多段线的下一点）

指定下一点或 [圆弧(A)/闭合(C)/半宽(H)/长度(L)/放弃(U)/宽度(W)]: ↙

删除所有的辅助线（包括刚才偏移得到的两条辅助线和刚开始确定窗顶位置的辅助线），然后执行下面的圆弧命令，绘制屋檐上的两段圆弧，先画上段圆弧，再画下段圆弧。

命令: **ARC**↙（或单击“绘图”工具栏中的按钮，启动画圆弧命令）

指定圆弧的起点或 [圆心(C)]: **TT**↙ （使用临时点来确定圆弧的起点）

指定临时对象追踪点: **150**↙（将鼠标移动到第 2 段多段线的终点，停留片刻，直到出现黄色的提示“端点”时，向下移动鼠标，并保持竖直极轴追踪，输入 150 得到临时点）

指定圆弧的起点或 [圆心(C)]: **72**↙（向右移动鼠标，保持水平极轴追踪，输入 72 得起点）

指定圆弧的第二个点或 [圆心(C)/端点(E)]: **E**↙（先要给出圆弧的终点）

指定圆弧的端点:（捕捉第 2 段多段线的终点作为圆弧的终点）

指定圆弧的圆心或 [角度(A)/方向(D)/半径(R)]: **R**↙ （要给出圆弧的半径）

指定圆弧的半径: **163**↙

命令: ↙（再次启动画圆弧命令）

指定圆弧的起点或 [圆心(C)]:（捕捉第 1 段圆弧的起点，作为第 2 段圆弧的起点）

指定圆弧的第二个点或 [圆心(C)/端点(E)]: **E**↙ （先要给出圆弧的终点）

指定圆弧的端点:（捕捉第 1 段多段线的终点，作为第 2 段圆弧的终点）

指定圆弧的圆心或 [角度(A)/方向(D)/半径(R)]: **R**↙ （要给出圆弧的半径）

指定圆弧的半径: **93**↙

下面继续绘制轮廓线的剩余部分，通过两条多段线完成:

命令：**PLINE**↙（或单击“绘图”工具栏中的 按钮，启动多段线命令）

指定起点：（捕捉第 2 条多段线的起点，作为第 3 条多段线的起点）

当前线宽为 0.00

指定下一个点或 [圆弧(A)/半宽(H)/长度(L)/放弃(U)/宽度(W)]: **155**↙（向右移动鼠标，并保持水平极轴追踪，输入 155，得到第 3 条多段线的第 2 点）

指定下一点或 [圆弧(A)/闭合(C)/半宽(H)/长度(L)/放弃(U)/宽度(W)]: **TT**↙（要通过临时点来确定多段线的下一点）

指定临时对象追踪点：**420**↙（向右移动鼠标，保持水平极轴追踪，输入 420 得临时点）

指定下一点或 [圆弧(A)/闭合(C)/半宽(H)/长度(L)/放弃(U)/宽度(W)]: **500**↙（向下移动鼠标，保持竖直极轴追踪，输入 500 得到多段线的第 3 点）

指定下一点或 [圆弧(A)/闭合(C)/半宽(H)/长度(L)/放弃(U)/宽度(W)]:（向右移动鼠标，保持水平极轴追踪，在合适位置拾取一点作为多端线的第 4 点）

指定下一点或 [圆弧(A)/闭合(C)/半宽(H)/长度(L)/放弃(U)/宽度(W)]: ↙

命令:↙（再次启动多段线命令）

指定起点：（捕捉第 1 条多段线的起点作为第 4 条多段线的起点）

当前线宽为 0.00

指定下一个点或 [圆弧(A)/半宽(H)/长度(L)/放弃(U)/宽度(W)]: **300**↙（向上移动鼠标，保持竖直极轴追踪，输入 300，得到多段线的第 2 点）

指定下一点或 [圆弧(A)/闭合(C)/半宽(H)/长度(L)/放弃(U)/宽度(W)]:（向右移动鼠标，保持水平极轴追踪，在合适位置拾取一点作为多端线的第 3 点）

指定下一点或 [圆弧(A)/闭合(C)/半宽(H)/长度(L)/放弃(U)/宽度(W)]: ↙

至此，构件轮廓线绘制完成，如图 12-11 所示。

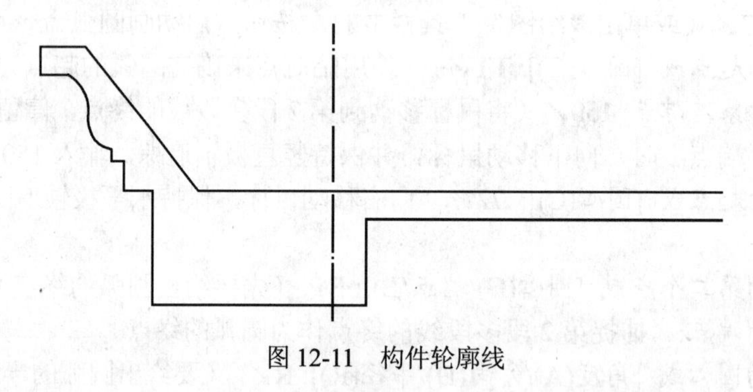

图 12-11　构件轮廓线

2．绘制细部

（1）装饰线的绘制

在构件的外侧有一条装饰线，绘制这条装饰线当然可以采用上述绘制构件轮廓线的方法绘制，但这样绘制太麻烦。下面介绍使用“偏移”命令来生成这条装饰线。偏移命令可以对一条多段线进行偏移，因此，首先把两段圆弧和第 1、第 2 条多段线连接成一条多段线。

命令：**PEDIT**↙　（启动多段线编辑命令）

选择多段线或 [多条(M)]:（选择第1条多段线）

输入选项 [闭合(C)/合并(J)/宽度(W)/编辑顶点(E)/拟合(F)/样条曲线(S)/非曲线化(D)/线型生成(L)/放弃(U)]: **J**↙（输入J，表示要连接后面选择的对象）

选择对象:（分别选择两段圆弧和第2条多段线）

4 条线段已添加到多段线

输入选项[闭合(C)/合并(J)/宽度(W)/编辑顶点(E)/拟合(F)/样条曲线(S)/非曲线化(D)/线型生成(L)/放弃(U)]: ↙（结束多段线编辑命令）

使用多段线编辑命令把两段圆弧和两段多段线连接成一段多段线后，下面使用偏移命令得到装饰线：

命令: **OFFSET**↙ （或单击"修改"工具栏中的按钮，启动偏移命令）

指定偏移距离或 [通过(T)] <1050.00>: **10**↙（输入偏移距离10）

选择要偏移的对象或 <退出>:（选择刚才连接成一段的多段线）

指定点以确定偏移所在一侧:（再构件轮廓的左下侧拾取任意点，则生成装饰线）

选择要偏移的对象或 <退出>:↙（退出偏移命令）

生成的装饰线在窗顶的左侧和下侧与构件轮廓线距离不是20，因此需要对其进行修改。为此，首先将生成的装饰线使用分解命令进行分解，然后删除距离不正确的两段。过程如下：

命令: **EXPLODE**↙（或单击"修改"工具栏中的按钮，启动分解命令）

选择对象: （选择刚生成的装饰线，则将其分解为由多段直线组成的折线）

命令: **ERASE**↙（或单击"修改"工具栏中的按钮，启动删除命令）

选择对象: （选择窗顶下侧和左侧的两段装饰线）

选择对象: ↙（结束删除命令）

然后使用多段线编辑命令将窗顶左侧和下侧的两条直线段与第4条多段线连接成一条多段线，再使用偏移命令向外侧偏移20，得到装饰线。最后，使用"修剪"命令把两段装饰线连接处修剪成正确连接。

（2）屋顶分层线的绘制

为了画线方便，先把定位轴线向右偏移300，得到的这条线作为辅助线，然后使用多段线命令开始画线：

命令: **PLINE**↙（或单击"绘图"工具栏中的按钮，启动多段线命令）

指定起点: **200**↙（把鼠标移动到第4条多段线的终点处，停留片刻，直到出现黄色提示"端点"时，向上移动鼠标，并保持竖直极轴追踪，输入200，得到起点）

当前线宽为 0.00

指定下一个点或 [圆弧(A)/半宽(H)/长度(L)/放弃(U)/宽度(W)]:（向左移动鼠标，保持水平极轴追踪，捕捉水平极轴与辅助线的交点）

指定下一点或[圆弧(A)/闭合(C)/半宽(H)/长度(L)/放弃(U)/宽度(W)]:**TT**↙（使用临时点来确定下一点）

指定临时对象追踪点: **620**↙（向左移动鼠标，保持水平极轴追踪，输入620得临时点）

指定下一点或 [圆弧(A)/闭合(C)/半宽(H)/长度(L)/放弃(U)/宽度(W)]: **193**↙（向下移动鼠标，保持竖直极轴追踪，输入193，得到下一点）

指定下一点或 [圆弧(A)/闭合(C)/半宽(H)/长度(L)/放弃(U)/宽度(W)]: ↙

画出多段线后，将辅助线删除。然后使用偏移命令将构件轮廓线的第 4 段多段线向上偏移 7:

命令: **OFFSET**↙（或单击“修改”工具栏中的按钮，启动偏移命令）

指定偏移距离或 [通过(T)] <320.00>: **7**↙

选择要偏移的对象或 <退出>:（选择构件轮廓线的第 4 段多段线）

指定点以确定偏移所在一侧:（在其上方任意位置拾取一点）

选择要偏移的对象或 <退出>↙:（结束偏移命令）

再对偏移得到的线段与绘制的多段线连接处，使用“修剪”命令进行修剪，使之正确连接。

使用多段线编辑命令 PEDIT 将偏移得到的多段线和绘制的多段线连接起来，成为一条多段线，再连续使用偏移命令，分别偏移 8 和 15，得到屋面分层线。

（3）区域填充

在进行图案填充之前，应当先绘制出轻质砖。轻质砖是一个矩形，使用矩形命令即可画出。然后使用图案填充命令（单击“绘图”工具栏按钮，启动图案填充命令）将各区域填充相应的材料符号。

3．标注尺寸和文字说明

在该节点详图中，主要标注线性尺寸、标高尺寸和引线标注。线性尺寸通过尺寸标注命令“线性标注”（单击“标注”工具栏按钮，启动线性标注命令）和“连续标注”（单击“标注”工具栏按钮，启动连续标注命令）来进行标注；标高尺寸的标注只需要将第 2 章中定义的图块“标高”插入到相应位置，并使用标高值作为属性值即可；引线标注使用 AutoCAD 的“快速引线”命令（单击“标注”工具栏按钮，启动线性标注命令）进行标注。

12.2 楼梯详图绘制实例

楼梯详图主要表达楼梯的类型、结构形式、各部位的尺寸和装修作法等，是楼梯施工放样的依据。楼梯详图包括楼梯平面图、楼梯剖面图，以及必要的节点详图等。

楼梯平面图的画法与建筑平面图相同，被水平剖切面剖切到的梯段，以倾斜的折断线断开，并用箭头指明上、下楼的方向和踏步数。在楼梯平面图中，被水平剖切面剖切到的墙线用粗实线绘制，投影可见的楼梯踏步线用中粗线绘制，门窗图例、尺寸线、尺寸界线、标高符号等用细实线绘制。

楼梯剖面图的画法与建筑剖面图相同，是用竖直的剖切平面剖切楼梯的一侧梯段，并相没有被剖切到的梯段方向投影得到的。被剖切平面剖切到的墙线用粗实线绘制；其他图线，如尺寸线、尺寸界线、标高符号、门窗图例等用细实线绘制；对于绘图比例较小时，被剖切到的建筑构件可以采用涂黑的方法表示。

下面以图 12-12 所示的楼梯详图为例，来说明楼梯详图的画法。

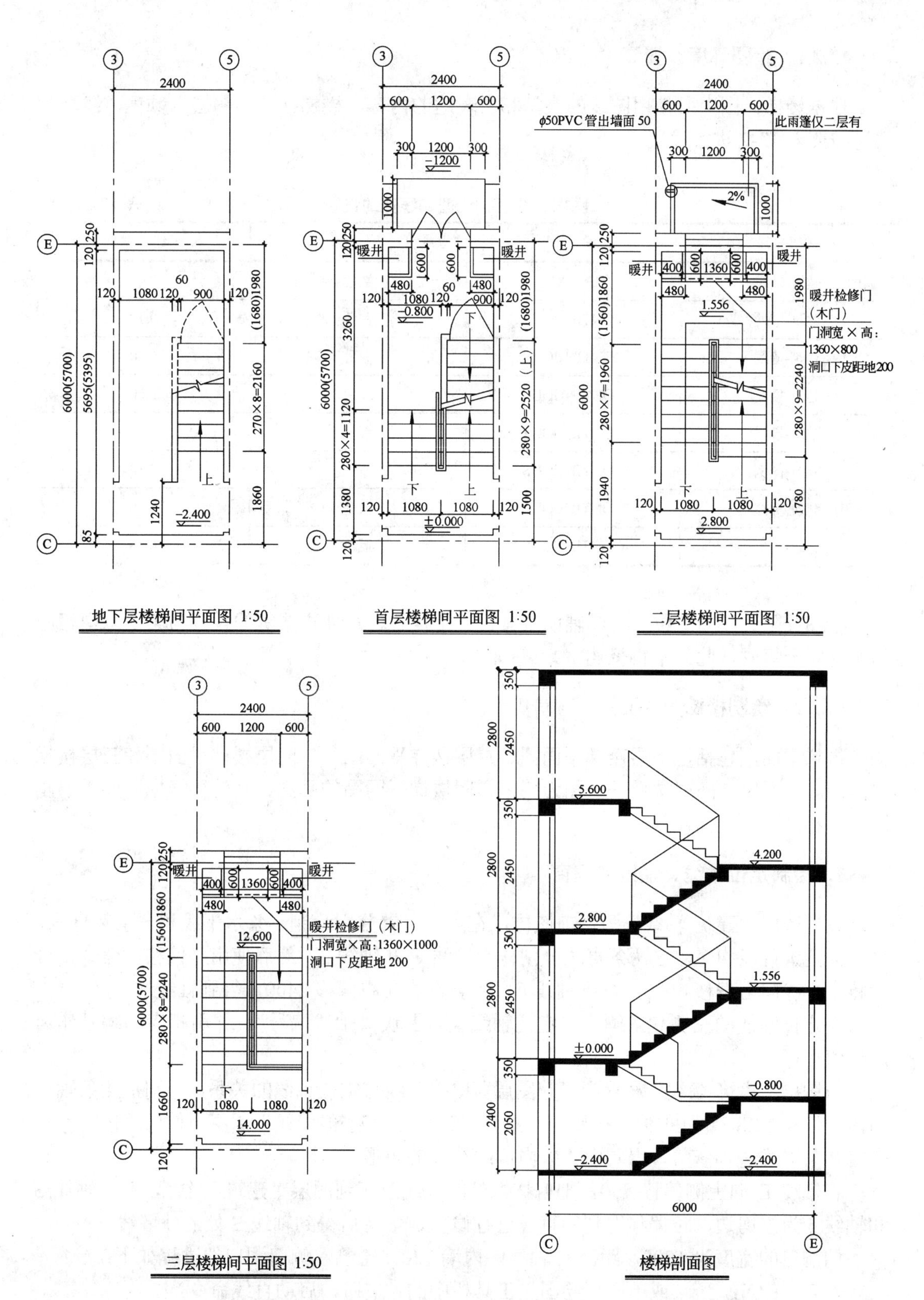

地下层楼梯间平面图 1:50
首层楼梯间平面图 1:50
二层楼梯间平面图 1:50
三层楼梯间平面图 1:50
楼梯剖面图
φ50PVC 管出墙面 50
此雨篷仅二层有
暖井
暖井检修门（木门）
门洞宽×高：1360×800
洞口下皮距地200
门洞宽×高：1360×1000
洞口下皮距地 200
-2.400
-0.800
±0.000
1.556
2.800
4.200
5.600
12.600
14.000

图 12-12　楼梯详图

12.2.1 绘图环境设置

根据楼梯详图中所使用图线的类型和所表达的内容，楼梯详图的图层、颜色、线型和线宽按照表 12-2 进行设置。

图层、颜色、线型和线宽的设置　　表 12-2

图层名称	线 型	颜 色	线 宽
建筑-轴线	GB-AXIS	红色	0.18
建筑-辅助	CONTINUOUS	灰色	0.18
建筑-墙线	CONTINUOUS	绿色	0.70
建筑-楼面	CONTINUOUS	绿色	0.70
建筑-楼梯	CONTINUOUS	青色	0.35
建筑-图例	CONTINUOUS	蓝色	0.18
建筑-标注	CONTINUOUS	蓝色	0.18
建筑-索引	CONTINUOUS	蓝色	0.18

绘图界限、绘图单位、绘图辅助工具、文字样式、尺寸样式等的设置与第 9 章中相应的设置完全相同，此处不再赘述。

12.2.2 绘制楼梯间平面图

楼梯平面图包括地下层楼梯平面图、首层楼梯平面图、二间层楼梯平面图和三层楼梯平面图。下面以二间层楼梯平面图为例来说明楼梯平面图的画法，其他层楼梯平面图的画法与此相同。

1. 绘制定位轴线、墙线和门窗

设置图层“建筑-轴线”为当前图层，在适当位置分别绘制一条水平线和一条竖直线，并保证两条直线相交，这两条直线分别作为轴线 C 和轴线 3。然后使用“偏移”命令，分别将水平线向上偏移 6000，得到轴线 E，将竖直线向右偏移 2400，得到轴线 5。

在定位轴线的左侧和上侧插入定位轴线编号图块“轴线编号”，并用相应的编号作为属性值即可。

将图层“建筑-墙线”设置为当前图层。根据墙线与定位轴线的关系，分别把 4 条轴线向内侧偏移 120，并且把偏移得到的 4 条直线改变到“建筑-墙线”图层，使用“修剪”命令将 4 条墙线进行修剪，得到由 4 条内墙线组成的矩形。

将轴线 E 向上侧偏移 250，把偏移得到的直线改变到图层“建筑-墙线”，并用轴线 3 和轴线 5 为修剪边，对偏移得到的直线进行修剪，修剪后得到轴线 E 处的外墙线。

门洞口的宽度为 1000，距离 C 轴线的内墙 120，绘制左侧门洞口的过程如下：

命令：**LINE↙** （或单击“绘图”工具栏中的按钮，启动直线命令）

指定第一点：**120**↙（将鼠标移动到轴线 C 和轴线 3 角点的内墙交点处，停留片刻，直到出现黄色的提示“端点”时，向上移动鼠标，保持竖直极轴追踪，输入 120，得到起点）

指定下一点或 [放弃(U)]:（向左移动鼠标，捕捉水平极轴与轴线 3 的交点）

指定下一点或 [放弃(U)]: ↙（结束直线命令）

右侧门洞口的绘制方法与上述方法完全相同。

轴线 E 处的窗户可以采用第 8 章中曾经介绍的先定义一个单位窗，再将其插入的方法，来绘制窗户的图例。插入时，X 方向比例为 1200，Y 方向比例为 370。

2．绘制楼梯踏步线

将图层“建筑-楼梯”设置为当前层。

首先绘制上楼梯段。为了确定梯段起步线的位置，进行下列操作过程：

命令：**LINE**↙　（或单击“绘图”工具栏中的按钮，启动直线命令）

指定第一点：**TT**↙　（设定临时追踪点）

指定临时对象追踪点：**1780**↙（将鼠标移动到轴线 C 和轴线 5 的交点，停留片刻，直到出现黄色提示“交点”时，向上移动鼠标，并保持竖直极轴追踪，输入 1780 得到临时追踪点）

指定第一点：（向左移动鼠标，保持水平极轴追踪，捕捉极轴与轴线 5 处内墙线的交点）

指定下一点或 [放弃(U)]: **1080**↙（向左移动鼠标，保持水平极轴追踪，输入 1080，得到上楼梯段的起步线）

指定下一点或 [放弃(U)]: ↙（结束直线命令）

上楼梯段的起步线位置确定后，使用“阵列”命令（单击“修改”工具栏按钮，启动阵列命令），生成上楼梯段的各级台阶线。阵列对画框的设置如图 12-13 所示。

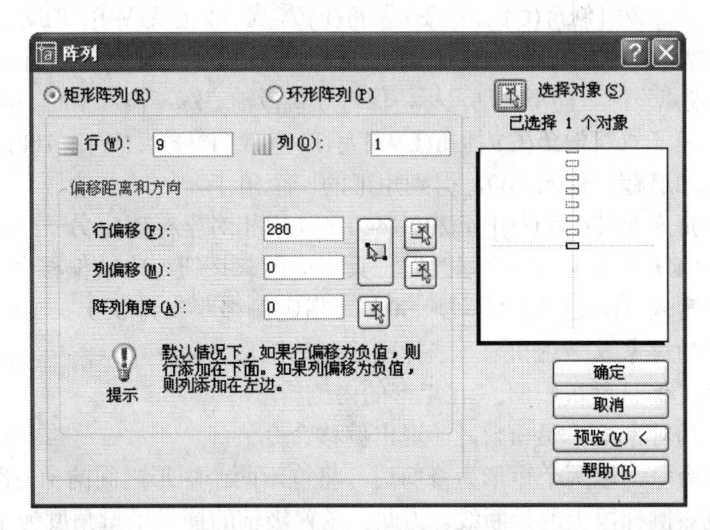

图 12-13　阵列对话框的设置

阵列完成后的楼梯平面图如图 12-14 所示。

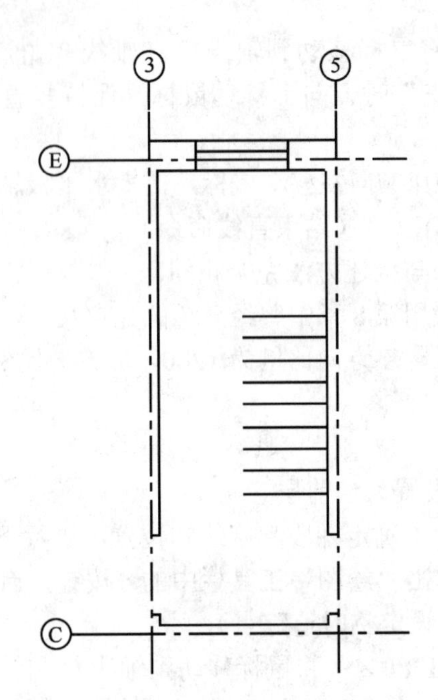

图 12-14 阵列完成后的平面图

然后将右侧梯段最上和最下踏步线的左侧端点用直线相连，即为左右两个梯段的对称线。再使用“镜像”命令生成左侧梯段的踏步线。单击“修改”工具栏按钮，选择右侧梯段的上面 8 条踏步线作为镜像对象，以两个梯段的对称线为镜像线，即可生成左侧梯段的踏步线。

3．绘制楼梯扶手

首先绘制一个矩形，然后将绘制的矩形向内侧偏移 50，过程如下：

命令：**RECTANG↙**（或单击“绘图”工具栏中的按钮，启动画矩形命令）

指定第一个角点或 [倒角(C)/标高(E)/圆角(F)/厚度(T)/宽度(W)]: **TT↙**（设定临时点）

指定临时对象追踪点: **100↙**（移动鼠标到右侧梯段起步线的左端点，停留片刻，直到出现黄色的提示“端点”时，向下移动鼠标，保持竖直极轴追踪，输入 100，得到临时追踪点）

指定第一个角点或 [倒角(C)/标高(E)/圆角(F)/厚度(T)/宽度(W)]: **100↙**（向左移动鼠标，保持水平极轴追踪，输入 100，得到矩形的一个角点）

指定另一个角点或 [尺寸(D)]: **@200,2440↙**（用相对坐标确定另一个角点）

命令：**OFFSET↙**（或单击“修改”工具栏中的按钮，启动偏移命令）

指定偏移距离或 [通过(T)] <通过>: **50↙**（指定偏移距离为 50）

选择要偏移的对象或 <退出>:（选择刚绘制的矩形）

指定点以确定偏移所在一侧:（在矩形的内侧拾取一点）

选择要偏移的对象或 <退出>:↙（退出偏移命令）

再使用修剪命令，以两个矩形为修剪边，将位于两个矩形之间的梯段踏步线修剪掉。

下面来绘制右侧梯段上的折断线。为此，设置极轴的捕捉增量角度为 15°，先绘制一条水平折断线，过程如下：

命令：**PLINE↙**（或单击“绘图”工具栏中的按钮，启动画多段线命令）

指定起点:（在绘图区的空白位置任意拾取一点）

当前线宽为 0.0000

指定下一个点或 [圆弧(A)/半宽(H)/长度(L)/放弃(U)/宽度(W)]:（向右移动鼠标，保持水平极轴追踪，在适当位置拾取一点）

指定下一点或 [圆弧(A)/闭合(C)/半宽(H)/长度(L)/放弃(U)/宽度(W)]:**63**↙（向右上移动鼠标，保持 75° 极轴追踪，输入 63）

指定下一点或 [圆弧(A)/闭合(C)/半宽(H)/长度(L)/放弃(U)/宽度(W)]: **126**↙（向右下移动鼠标，保持 300° 极轴追踪，输入 126）

指定下一点或 [圆弧(A)/闭合(C)/半宽(H)/长度(L)/放弃(U)/宽度(W)]: **63**↙（向右上移动鼠标，保持 75° 极轴追踪，输入 63）

指定下一点或 [圆弧(A)/闭合(C)/半宽(H)/长度(L)/放弃(U)/宽度(W)]:（向右移动鼠标，保持水平极轴追踪，在适当位置拾取一点）

指定下一点或 [圆弧(A)/闭合(C)/半宽(H)/长度(L)/放弃(U)/宽度(W)]: ↙

绘制出水平折断线后，将其旋转 30°，过程如下:

命令: **ROTATE**↙（或单击“绘图”工具栏中的按钮，启动旋转命令）

UCS 当前的正角方向: ANGDIR=逆时针 ANGBASE=0

选择对象:（选择刚绘制的水平折断线）

选择对象: ↙（结束选择）

指定基点:（捕捉折断线的左端点）

指定旋转角度或 [参照(R)]: **30**↙（逆时针旋转 30°）

然后将旋转后的折断线移动到楼梯间右侧梯段的合适位置，并且再复制一条折断线，再以遮两条折断线、楼梯梯段的对称线和轴线 5 处的内墙线为修剪边，把多余的部分修剪掉，得到图 12-15 所示的楼梯梯段平面图。

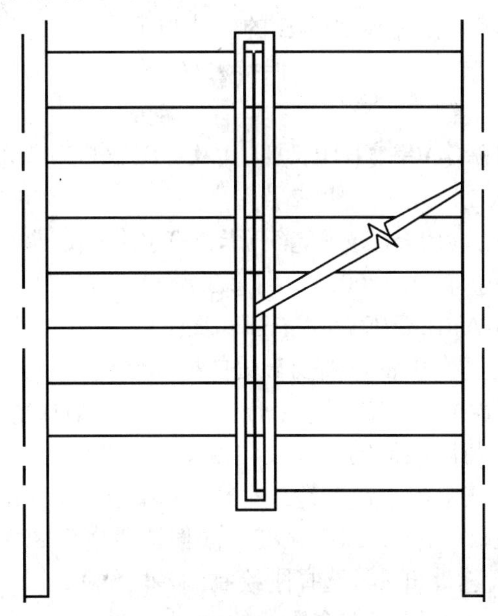

图 12-15 梯段平面图

在楼梯平面图中，应当注出上楼梯段和下楼梯段的方向。右侧上楼梯段的箭头符号的画法过程如下：

命令：**PLINE**↙（或单击“绘图”工具栏中的按钮，启动画多段线命令）

指定起点:（在上楼梯段的合适位置拾取一点）

当前线宽为 0.0000

指定下一个点或 [圆弧(A)/半宽(H)/长度(L)/放弃(U)/宽度(W)]:**W**↙（要指定线段宽度）

指定起点宽度 <0.0000>:**0**↙（起点宽度为 0）

指定端点宽度 <0.0000>: **50**↙（终点宽度为 50）

指定下一个点或 [圆弧(A)/半宽(H)/长度(L)/放弃(U)/宽度(W)]: **250**↙（向下移动鼠标，保持竖直极轴追踪，输入 250 得到第 2 点，即箭头的长度为 250）

指定下一点或[圆弧(A)/闭合(C)/半宽(H)/长度(L)/放弃(U)/宽度(W)]: **W**↙（要指定线段宽度）

指定起点宽度 <50.0000>:**0**↙（起点宽度为 0）

指定端点宽度 <0.0000>:**0**↙（终点宽度为 0）

指定下一点或 [圆弧(A)/闭合(C)/半宽(H)/长度(L)/放弃(U)/宽度(W)]:（向下移动鼠标，保持竖直极轴追踪，在起步线的下侧适当位置拾取一点）

指定下一点或 [圆弧(A)/闭合(C)/半宽(H)/长度(L)/放弃(U)/宽度(W)]: ↙

使用 TEXT 命令在方向线的下侧写上一个“上”字，表示上楼方向。

下楼梯段方向线的画法与上楼梯段方向线的画法完全相同，此处不再赘述。

4. 绘制雨篷

雨篷的绘制过程如下：

命令：**PLINE**↙（或单击“绘图”工具栏中的按钮，启动画多段线命令）

指定起点：**300**↙（移动鼠标到轴线 E 的外墙与轴线 3 的交点处，停留片刻，直到出现黄色提示“端点”时，向右移动鼠标，保持水平极轴追踪，输入 300，得到起点）

当前线宽为 0.0000

指定下一个点或 [圆弧(A)/半宽(H)/长度(L)/放弃(U)/宽度(W)]: **1000**↙（向上移动鼠标，保持竖直极轴追踪，输入 1000，得到第 2 点）

指定下一点或 [圆弧(A)/闭合(C)/半宽(H)/长度(L)/放弃(U)/宽度(W)]: **1800**↙（向右移动鼠标，保持水平极轴追踪，输入 1800，得到第 3 点）

指定下一点或 [圆弧(A)/闭合(C)/半宽(H)/长度(L)/放弃(U)/宽度(W)]:（向下移动鼠标，保持竖直极轴追踪，捕捉竖直极轴与轴线 E 处的外墙线的交点）

指定下一点或 [圆弧(A)/闭合(C)/半宽(H)/长度(L)/放弃(U)/宽度(W)]: ↙

然后使用偏移命令，将刚绘制的多段线向内侧偏移 80：

命令：**OFFSET**↙（或单击“修改”工具栏中的按钮，启动偏移命令）

指定偏移距离或 [通过(T)] <50.0000>:**80**↙（偏移距离为 80）

选择要偏移的对象或 <退出>:（选择刚绘制的多段线）

指定点以确定偏移所在一侧:（在多段线的内侧拾取一点）

选择要偏移的对象或 <退出>:↙（退出偏移命令）

最后绘制雨篷的出水口，过程如下：

命令：**PLINE**↙（或单击“绘图”工具栏中的按钮，启动画多段线命令）

指定起点：**45**↙（移动鼠标到偏移得到的多段线的左上角点，停留片刻，直到出现黄色的提示“端点”时，向下移动鼠标，保持竖直极轴追踪，输入 45，得到起点）

当前线宽为 0.0000

指定下一个点或 [圆弧(A)/半宽(H)/长度(L)/放弃(U)/宽度(W)]: **160**↙（向左移动鼠标，保持水平极轴追踪，输入 160，得到第 2 点）

指定下一点或 [圆弧(A)/闭合(C)/半宽(H)/长度(L)/放弃(U)/宽度(W)]: **50**↙（向下移动鼠标，保持竖直极轴追踪，输入 50，得到第 3 点）

指定下一点或 [圆弧(A)/闭合(C)/半宽(H)/长度(L)/放弃(U)/宽度(W)]:（向右移动鼠标，保持水平极轴追踪，捕捉极轴与偏移得到的多段线的交点）

指定下一点或 [圆弧(A)/闭合(C)/半宽(H)/长度(L)/放弃(U)/宽度(W)]: ↙

绘制完成雨篷后的平面图如图 12-16 所示。

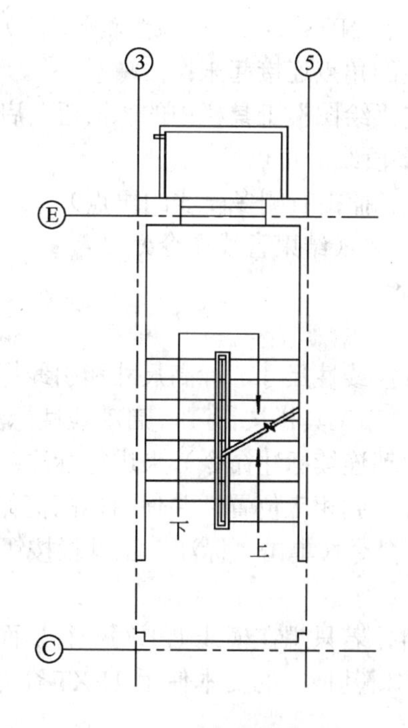

图 12-16　绘制完成雨篷后的楼梯平面图

5．完善细部

在楼梯间设有暖气管道，为了美观，将其包装起来。这部分平面图的画法过程如下：

命令：**PLINE**↙（或单击“绘图”工具栏中的按钮，启动画多段线命令）

指定起点:（捕捉窗户图例的左下角点）

当前线宽为 0.0000

指定下一个点或 [圆弧(A)/半宽(H)/长度(L)/放弃(U)/宽度(W)]: **600**↙（向下移动鼠标，保持竖直极轴追踪，输入 600 得到第 2 点）

指定下一点或 [圆弧(A)/闭合(C)/半宽(H)/长度(L)/放弃(U)/宽度(W)]:（向左移动鼠标，保持水平极轴追踪，捕捉水平极轴与左侧内墙线的交点）

指定下一点或 [圆弧(A)/闭合(C)/半宽(H)/长度(L)/放弃(U)/宽度(W)]: ↙

命令: **OFFSET**↙（或单击“修改”工具栏中的按钮，启动偏移命令）

指定偏移距离或 [通过(T)] <80.0000>: **60**↙（设置偏移距离为 60）

选择要偏移的对象或 <退出>:（选择刚绘制的多段线）

指定点以确定偏移所在一侧:（在多段线的内侧拾取一点）

选择要偏移的对象或 <退出>:↙

然后使用“镜像”命令得到右侧的图形:

命令: **MIRROR**↙（或单击“修改”工具栏中的按钮，启动镜像命令）

选择对象:（选择刚绘制的两条多段线）

指定镜像线的第一点: **MID**↙（捕捉窗户图例的中点）

指定镜像线的第二点:（向下移动鼠标，保持竖直极轴追踪，在任意位置拾取一点）

是否删除源对象？[是(Y)/否(N)] <N>:↙（不删除源对象）

最后，把左右两个外层多段线的角点连接起来:

命令: **LINE**↙（或单击“绘图”工具栏中的按钮，启动画直线命令）

指定第一点:（捕捉左侧多段线的角点）

指定下一点或 [放弃(U)]:（捕捉右侧多段线的角点）

指定下一点或 [放弃(U)]: ↙（结束直线命令）

6．标注尺寸和文字

在楼梯平面图中，主要标注线性尺寸、标高尺寸和引线标注。线性尺寸通过尺寸标注命令“线性标注”（单击“标注”工具栏按钮，启动线性标注命令）和“连续标注”（单击“标注”工具栏按钮，启动连续标注命令）来进行标注；标高尺寸的标注只需要将第 8 章中定义的图块“标高”插入到相应位置，并使用标高值作为属性值即可；引线标注使用 AutoCAD 的“快速引线”命令（单击“标注”工具栏按钮，启动引线标注命令）进行标注。

使用引线标注多行文本时，若只想在横线上书写一行，而其他行都在横线的下方，则在引线命令中只输入一行文本，其他行的文本使用 TEXT 命令标注在横线的下方即可。

12.2.3　绘制楼梯剖面图

1．绘制定位轴线和高度控制线

设置图层“建筑-轴线”为当前图层。在绘图区的左侧绘制一条竖直线，再使用偏移命令将其向右侧偏移 6000，这样就绘制出了两条定位轴线。在这两条定位轴线的下方插入图块“定位轴线”，并使用相应的轴线编号 C 和 E 作为块的属性。

将轴线 C 向右侧偏移 1780，将轴线 E 向左侧偏移 2260，得到两条辅助线，并将这两条辅助线改变到“建筑-辅助”图层。

设置图层“建筑-楼面”为当前图层。在适当位置绘制一条水平线，作为地下室地面线，同时也是高度方向的定位基准。

将地下室地面线向上偏移 2400，得到一楼楼面线，把该楼面线位于左侧辅助线右侧的部分使用修剪命令修剪掉；再将其连续向上偏移 2800 和 2800，得到二楼和三楼的楼面线。

将地下室地面线向上偏移 800，得到一楼休息平台表面线，把该线位于右侧辅助线左侧部分使用修剪命令修剪掉，在将其连续向上偏移 2356 和 2664，得到二楼和三楼的休息平台表面线。

将地下室地面线向上偏移 10800，得到屋顶线。

这些地下室地面线、楼面线、屋顶线和休息平台的表面线，即为高度方向的控制线。此时的图形如图 12-17 所示。

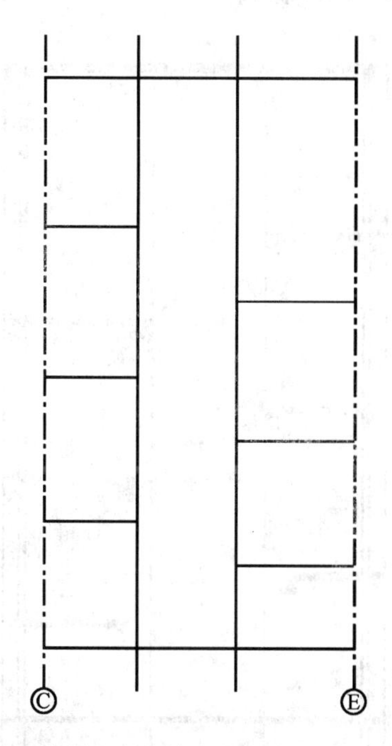

图 12-17　绘制出定位轴线和高度控制线的剖面图

2．绘制墙线、楼面、休息平台和过梁

首先将屋顶线上侧的轴线 C 和轴线 E 及其墙线、两条辅助线，使用修剪命令将其修剪掉。

将轴线 C 向左侧偏移 250，向右侧偏移 120，得到两条墙面线，把这两条墙面线改变到“建筑-墙线”图层；将轴线 E 向左侧偏移 120，向右侧偏移 250，得到两条墙面线，把这两条墙面线改变到“建筑-墙线”图层。

把各条高度控制线分别都向下偏移 100，得到屋顶、地面、各层楼面和各层休息平台的底面线。再使用“延伸”命令（单击“修改”工具栏按钮，启动延伸命令），以两条外墙线为延伸边界，分别把各条水平线延伸到边界。

二层的楼面向右侧伸出 200，使用画直线命令把右侧绘制出来即可。一层和二层休息平台向右侧缩进 280，只需要将多余的部分使用修剪命令修剪掉即可。

过梁有两种，一种是位于外墙内的过梁，其断面尺寸为 370×250；另一种是楼梯梁，其断面尺寸为 250×250。在相应位置分别绘制两个矩形，再将其复制到指定位置即可得到各位置的过梁。注意，一层楼面的楼梯过梁向左侧移动 280（单击“修改”工具栏按钮，启动移动命令），一层和二层休息平台的楼梯过梁也向左侧移动了 280。

由于各层楼面、休息平台、过梁等都是建筑构件，楼梯剖面图的绘图比例也不大，按照建筑制图标准的规定，可以将其涂黑表示。因此，使用“图案填充”命令（单击“绘图”工具栏按钮，启动图案填充命令），在图案填充对话框中，设置填充类型为实填充，对这些建筑构件的断面进行填充。

填充后的楼梯剖面图如图 12-18 所示。

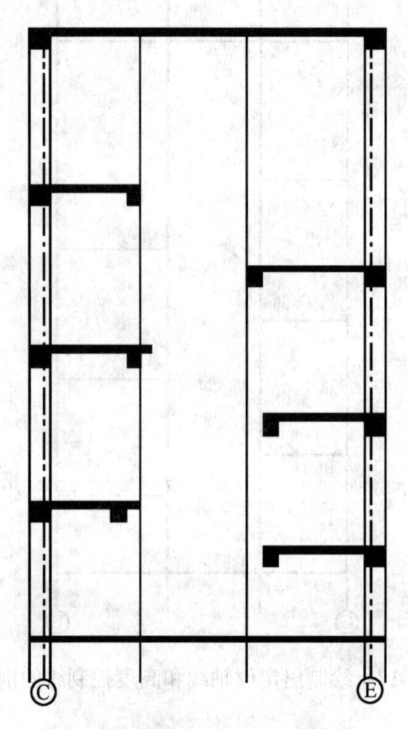

图 12-18　填充后的楼梯剖面图

3．绘制楼梯梯段

（1）地下室梯段的画法

命令：**PLINE**↙（或单击“绘图”工具栏中的按钮，启动画多段线命令）

指定起点：**175**↙（将鼠标移动到入口平台的角点处，停留片刻，直到出现黄色提示“端点”时，向下移动鼠标，保持竖直极轴追踪，输入 175，得到起点）

当前线宽为 0.0000

指定下一个点或 [圆弧(A)/半宽(H)/长度(L)/放弃(U)/宽度(W)]：**270**↙（向左移动鼠标保持水平极轴追踪，输入 270，得到下一点）

指定下一点或 [圆弧(A)/闭合(C)/半宽(H)/长度(L)/放弃(U)/宽度(W)]：**175**↙（向下移动

鼠标，保持竖直极轴追踪，输入 175，得到下一点）

指定下一点或 [圆弧(A)/闭合(C)/半宽(H)/长度(L)/放弃(U)/宽度(W)]: **270**↙（向左移动鼠标保持水平极轴追踪，输入 270，得到下一点）

……

指定下一点或 [圆弧(A)/闭合(C)/半宽(H)/长度(L)/放弃(U)/宽度(W)]: **175**↙（向下移动鼠标，保持竖直极轴追踪，输入 175，得到下一点）

指定下一点或 [圆弧(A)/闭合(C)/半宽(H)/长度(L)/放弃(U)/宽度(W)]: **270**↙（向左移动鼠标保持水平极轴追踪，输入 270，得到下一点）

指定下一点或 [圆弧(A)/闭合(C)/半宽(H)/长度(L)/放弃(U)/宽度(W)]:（向下移动鼠标，保持竖直极轴追踪，捕捉极轴与地下室地面线的交点）

指定下一点或 [圆弧(A)/闭合(C)/半宽(H)/长度(L)/放弃(U)/宽度(W)]: ↙

下面绘制地下室梯段的底面线：

命令: **LINE**↙ （或单击“绘图”工具栏中的按钮，启动画直线命令）

指定第一点: **120**↙（将鼠标移动到入口平台的角点处，停留片刻，直到出现黄色提示“端点”时，向下移动鼠标，保持竖直极轴追踪，输入 120，得到起点）

指定下一点或 [放弃(U)]: **120**↙（将鼠标移动地下室梯段的最下一级台阶的右角点处，停留片刻，直到出现黄色提示“端点”时，向下移动鼠标，保持竖直极轴追踪，输入 120，得到直线的终点）

指定下一点或 [放弃(U)]: ↙（结束直线命令）

再使用“延伸”命令将刚绘制的直线延伸到地下室地面线。则完成地下室梯段轮廓的绘制。由于地下室梯段是被剖切到的梯段，因此其内部应当进行实填充，使用图案填充命令实现填充。绘制出的地下室梯段如图 12-19 所示。

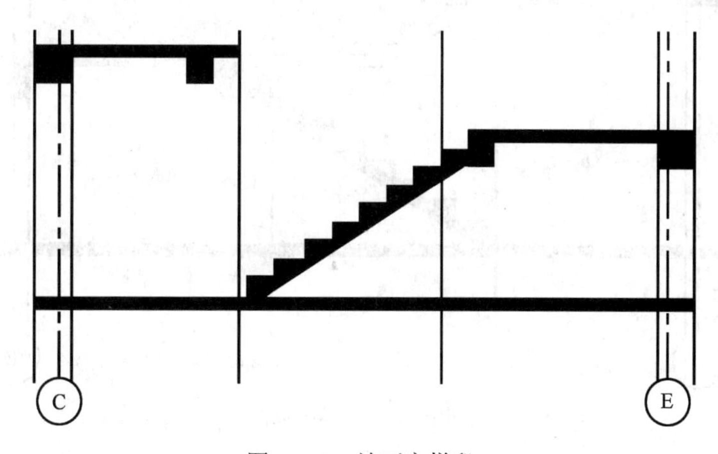

图 12-19　地下室梯段

（2）其他各梯段的画法

其他各梯段的画法与地下室梯段的画法相同，但有两点需要注意：一是踏步的宽度与地下室梯段踏步宽不同，其他各梯段的踏步宽度都是 280（地下室梯段的踏步宽度是 270）；二是没有被剖切到的梯段不需要涂黑。下面以从入口平台到一层楼面的梯段为例来说明其画法过程：

命令: **PLINE**↙（或单击“绘图”工具栏中的按钮，启动画多段线命令）

指定起点:（捕捉一层楼面的右上角点）

当前线宽为 0.0000

指定下一个点或 [圆弧(A)/半宽(H)/长度(L)/放弃(U)/宽度(W)]:**175**↙（向下移动鼠标，保持竖直极轴追踪，输入 175，得到下一点）

指定下一点或 [圆弧(A)/闭合(C)/半宽(H)/长度(L)/放弃(U)/宽度(W)]: **280**↙（向右移动鼠标，保持水平极轴追踪，输入280，得到下一点）

……

指定下一点或 [圆弧(A)/闭合(C)/半宽(H)/长度(L)/放弃(U)/宽度(W)]: **175**↙（向下移动鼠标，保持竖直极轴追踪，输入 175，得到下一点）

指定下一点或 [圆弧(A)/闭合(C)/半宽(H)/长度(L)/放弃(U)/宽度(W)]: **280**↙（向右移动鼠标，保持水平极轴追踪，输入 280，得到下一点）

指定下一点或 [圆弧(A)/闭合(C)/半宽(H)/长度(L)/放弃(U)/宽度(W)]:（将鼠标移动到入口平台的左上角点处，停留片刻，直到出现黄色的提示“端点”时，向左移动鼠标，捕捉水平极轴与竖直极轴的交点）

指定下一点或 [圆弧(A)/闭合(C)/半宽(H)/长度(L)/放弃(U)/宽度(W)]: ↙

由于入口平台向左侧伸出一部分，先绘制出这部分。使用直线命令画出伸出部分的平台表面线，再向下偏移 100。

这个梯段的底面线绘制方法与地下室梯段完全相同，绘制出来后，得到如图 12-20 所示的图形。

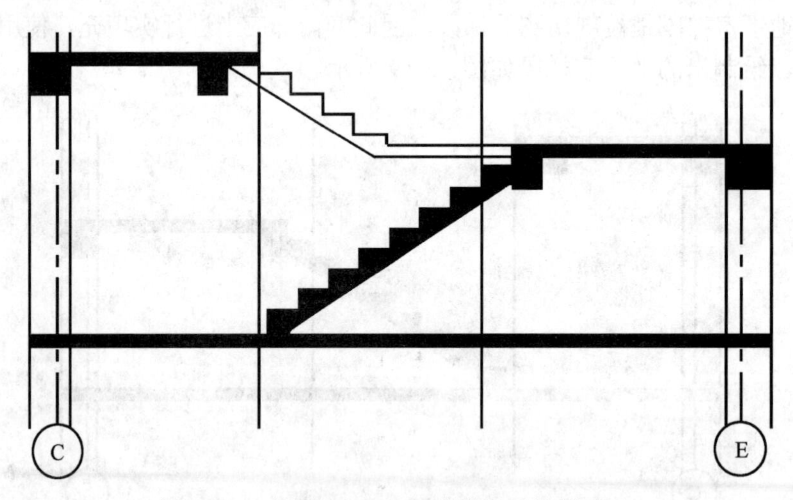

图 12-20　绘制出入口上一楼梯段后的剖面图

其他各梯段与上述绘制方法完全相同，此处不再赘述。各梯段绘制完成后的楼梯剖面图如图 12-21 所示。

4．绘制扶手等细部

扶手的高度为 1050，第一段扶手的画法过程如下:

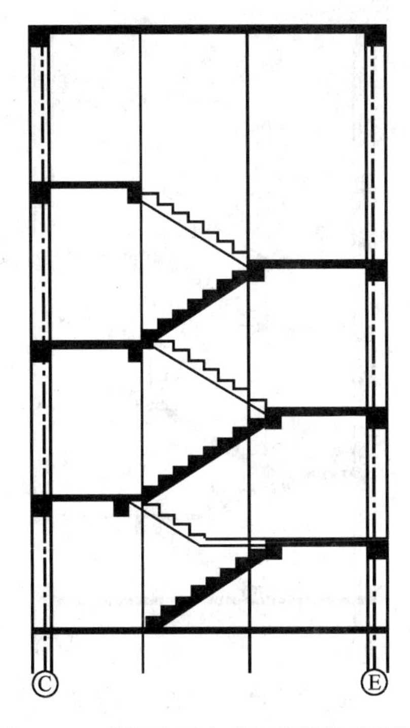

图 12-21　梯段绘制完成后的楼梯剖面图

命令：**LINE**↙（或单击“绘图”工具栏中的按钮，启动画直线命令）

指定第一点：**50**↙（移动鼠标到上一楼梯段的起步线位置，停留片刻，直到出现黄色提示“端点”时，向右移动鼠标，保持水平极轴追踪，输入 50 得到起点）

指定下一点或 [放弃(U)]: **1050**↙（向上移动鼠标，保持竖直极轴追踪，输入 1050）

指定下一点或 [放弃(U)]: **PAR**↙ 到（将鼠标移动到该梯段的底面线上，停留片刻，直到出现黄色的提示“平行”时，移动鼠标追踪平行线，在适当位置拾取一点）

指定下一点或 [闭合(C)/放弃(U)]: ↙（结束直线命令）

第二段扶手的画法与第一段相同，过程如下：

命令：**LINE**↙（或单击“绘图”工具栏中的按钮，启动画直线命令）

指定第一点：**50**↙（移动鼠标到从一楼上二楼的第一个梯段的第一个台阶角点位置，停留片刻，直到出现黄色提示“端点”时，向右移动鼠标，保持水平极轴追踪，输入 50 得到起点）

指定下一点或 [放弃(U)]: **1050**↙（向上移动鼠标，保持竖直极轴追踪，输入 1050）

指定下一点或 [放弃(U)]: **PAR**↙ 到（将鼠标移动到该梯段的底面线上，停留片刻，直到出现黄色的提示“平行”时，移动鼠标追踪平行线，在适当位置拾取一点）

指定下一点或 [闭合(C)/放弃(U)]: ↙（结束直线命令）

其他各梯段扶手的画法与上述方法完全相同，各梯段的扶手绘制完成后，使用“修剪”或“延伸”命令，对绘制的各条线段进行修整即可。

关闭“建筑-辅助”图层，完成后的图形如图 12-22 所示。

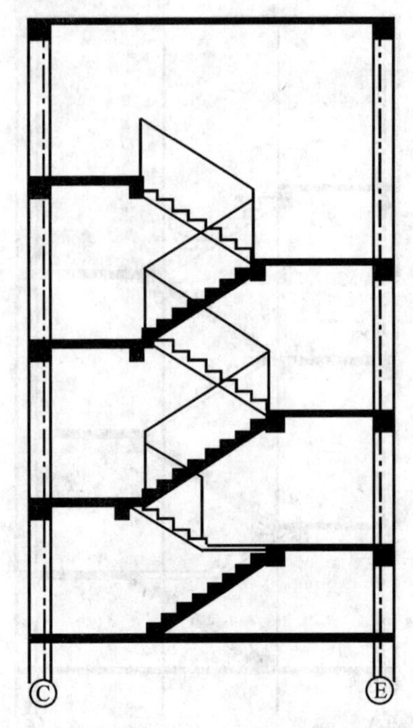

图 12-22　图形绘制完成后的楼梯剖面图

5．标注尺寸和文字

在楼梯剖面图中，主要标注线性尺寸和标高尺寸。线性尺寸通过尺寸标注命令“线性标注”（单击“标注”工具栏按钮，启动线性标注命令）和“连续标注”（单击“标注”工具栏按钮，启动连续标注命令）来进行标注；标高尺寸的标注只需要将第 8 章中定义的图块“标高”插入到相应位置，并使用标高值作为属性值即可。

最后完成的楼梯剖面图如图 12-12 所示。

第 13 章 结构施工图绘制实例

结构施工图是在建筑设计的基础上，对建筑物的结构构件进行力学分析、计算，从而确定结构构件的形式、材料、大小、内部构造等，并将其绘制成的施工图。结构施工图包括结构平面图和结构构件详图。本章将以实际例子的形式介绍结构构件详图和结构平面图的绘制方法。

13.1 构件结构图绘制实例

构件结构图是根据房屋建筑中的承重构件的受力情况进行结构设计后绘制出来的图样。在结构施工图中，常需绘制出梁、板、柱、雨篷、挑檐、女儿墙等构件的结构详图，这些构件大多都是钢筋混凝土结构。因此，本章将以图 13-1 所示的钢筋混凝土梁结构图为例，介绍钢筋混凝土结构图的绘制方法。

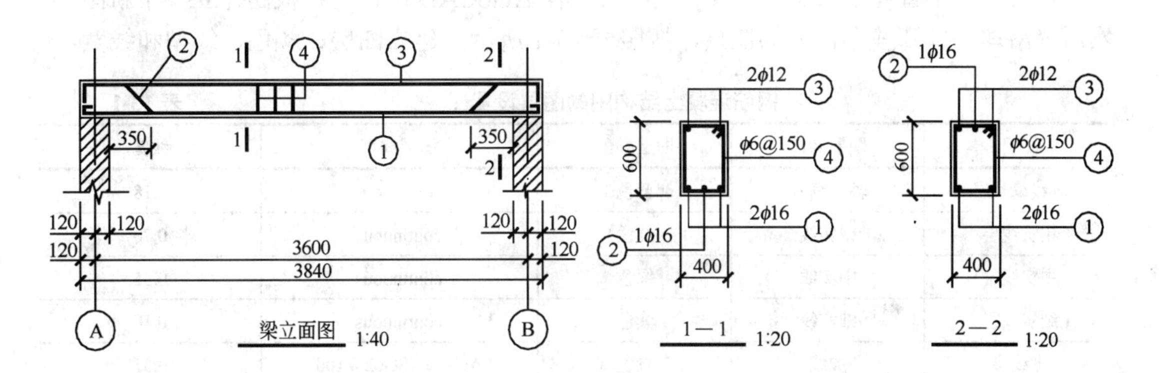

钢 筋 表

编号	简 图	直径	长度	根数	备注
①		ϕ16	3940	2	
②		ϕ16	4354	1	
③		ϕ12	3896	2	
④		ϕ6	700	20	

图 13-1 钢筋混凝土梁结构图

结构施工图中的钢筋混凝土结构图，其绘图方法可按以下步骤进行；
（1）设置绘图环境；
（2）绘制构件外形图；
（3）绘制钢筋布置图；
（4）标注尺寸；
（5）注写文字说明。

13.1.1 设置绘图环境

1．线型分析

为便于明显地表示钢筋混凝土构件中的钢筋布置情况，在构件详图中，假想混凝土是透明的，用细实线画出外形轮廓，用粗实线或黑圆点画出钢筋，并标注出钢筋种类的符号、直径大小、根数、间距等，在断面图上不画混凝土或钢筋混凝土的材料图例，而被剖切到的砖砌体的轮廓线则用中粗实线绘制，砖与钢筋混凝土构件在交接处的分界线则仍按钢筋混凝土构件轮廓线画成细实线，但在砖砌体的断面图上，应画出砖的材料图例。

2．环境设置

绘图环境的设置包括设置绘图区域，设置图层、线形、颜色、线宽等，设置文字样式，设置尺寸样式，绘制图框、标题栏等。

在第 8 章中曾经定义了样板图，此时可以在 AutoCAD 中以此样板图建立一个新图形，然后“清理”掉那些不需要的图层，按照表 13-1 所示，建立图层、颜色、线型和线宽。

钢筋混凝土结构图的图层设置　　　　**表 13-1**

图层	图层名称	图层颜色	图层线型	线宽
轴线编号层	轴线编号	蓝色	continuous	0.18
粗实线层	粗实线	红色	continuous	0.70
中实线层	中实线	绿色	continuous	0.35
细实线层	细实线	紫色	continuous	0.18
虚线层	虚线	青色	ACAD_ISO02W100	0.35
点画线层	轴线	蓝色	ACAD_ISO04W100	0.18
尺寸层	尺寸	紫色	continuous	0.25
文字层	文字	白色	continuous	0.25
钢筋层	钢筋	红色	continuous	0.70
图框层	图框	紫色	continuous	0.70
其他层	其他	白色	continuous	0.18

对于文字样式的设置，其名称可取为“国标文字”，字型选 gbenor. shx 字体文件和 gbcbig. shx 大字体文件。如果在图中需要注写特殊字符，可以使用 gbxwxt. shx（该字体文件由《房屋建筑制图统一标准》所附带的光盘中提供，也可以在相应网站上下载）字体文件。该字

体文件中包含一些特殊符号，比如一级钢筋符号Φ可用%%180，二级钢筋符号Φ可用%%181等等。

13.1.2　绘制钢筋混凝土梁立面图

下面以图 13-2 为例介绍钢筋混凝土梁结构图的绘图方法和步骤。

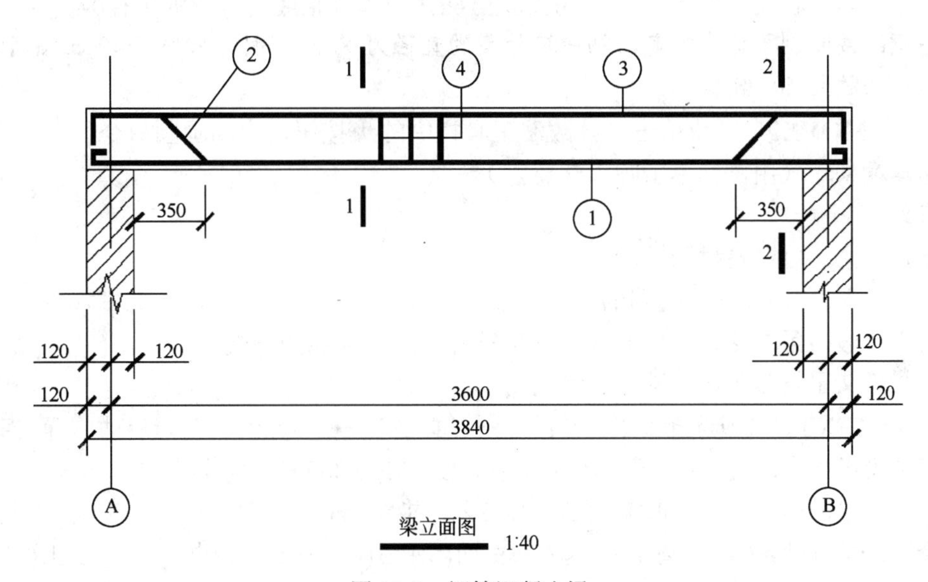

图 13-2　钢筋混凝土梁

如果绘图比例为 1:40，在 AutoCAD 中，即按照图中所标注的尺寸直接绘图，而在打印图形时只要按 1:40 的比例出图即可。但这时要注意，除图形以外的文字、尺寸、标注、图框等均应放大 40 倍。

1．绘制轴线

（1）绘制轴线

设置“轴线”图层为当前层，打开正交功能，执行“直线”命令，再通过执行“偏移”命令得到另一条轴线：

命令：**LINE**↙　（或单击“绘图”工具栏中的按钮，启动直线命令）
指定第一点：（在屏幕上指定一点）
指定下一点或 [放弃(U)]:（鼠标向下拖动在屏幕上指定另一点）
指定下一点或 [闭合(C)/放弃(U)]:（单击鼠标右键）
命令：**OFFSET**↙　（或单击“修改”工具栏中的按钮，启动偏移命令）
指定偏移距离或 [通过(T)] <通过>:**3600**（输入偏移距离）
选择要偏移的对象或 <退出>:（用鼠标单击所画轴线）
指定点以确定偏移所在一侧：（点击轴线右侧任意位置）
选择要偏移的对象或<退出>:↙（结束偏移命令）

（2）绘制轴线编号

设置“轴线编号”图层为当前层，执行“圆”命令，再执行“移动”命令，将编号圆移到轴线的下方：

:

命令: **CIRCLE**↙ （或单击“绘图”工具栏中的按钮，启动画圆命令）

指定圆的圆心或 [三点(3P)/两点(2P)/相切、相切、半径(T)]:（在屏幕适当位置指定一点）

指定圆的半径或 [直径(D)] <10.0000>: **160**↙（输入轴线编号圆的半径）

注意：按照制图标准规定，轴线编号圆的直径为 8mm，因为采用 1:40 出图，所以应将圆的半径放大 40 倍。

命令: **MOVE**↙ （或单击“修改”工具栏中的按钮，启动画圆命令）

选择对象: （用鼠标单击圆上任意点）

找到 1 个

选择对象:（单击鼠标右键）

指定基点或位移:（捕捉圆的上象限点）

指定位移的第二点或 <用第一点作位移>:（捕捉直线的下端点）

执行“文字”命令，写轴线编号：

命令: **TEXT**↙（或选择菜单“绘图”→“文字” →“单行文字”，启动单行文字命令）

当前文字样式: 汉字样式 当前文字高度: 120.0000

指定文字的起点或 [对正(J)/样式(S)]: **J**↙（指定对齐方式）

输入选项 [对齐(A)/调整(F)/中心(C)/中间(M)/右(R)/左上(TL)/中上(TC)/右上(TR)/左中(ML)/正中(MC)/右中(MR)/左下(BL)/中下(BC)/右下(BR)]: **M**↙（设置对齐方式为中间）

指定文字的中间点: （捕捉圆心）

指定高度 <120.0000>: **200**↙（输入文字高度）

指定文字的旋转角度 <0>:↙

输入文字: **A**↙

输入文字: ↙

重复“文字”命令，书写 B 轴线编号。

2. 绘制梁的外形

设置图层“细实线”为当前层，执行“矩形”命令：

命令: **RECTANG**↙ （或单击“绘图”工具栏中的按钮，启动画矩形命令）

指定第一个角点或 [倒角(C)/标高(E)/圆角(F)/厚度(T)/宽度(W)]:（在屏幕适当位置指定一点）

指定另一个角点或 [尺寸(D)]: **@3840,300**↙（输入矩形右上角点相对坐标）

执行“偏移”命令，确定左侧外墙线：

命令: **OFFSET**↙ （或单击“修改”工具栏中的按钮，启动偏移命令）

指定偏移距离或 [通过(T)] <通过>: **120**↙ （输入 1/2 墙厚）

选择要偏移的对象或 <退出>:（选择左轴线 A）

指定点以确定偏移所在一侧:（在 A 轴线左边任意位置单击）

选择要偏移的对象或 <退出>:↙

执行“移动”命令：

命令: **MOVE**↙

选择对象: （用鼠标点取矩形上任意点，即可选择矩形）

找到 1 个

选择对象: ↙

指定基点或位移: （捕捉矩形左下角点）

指定基点或位移: 指定位移的第二点或 <用第一点作位移>:（捕捉左边轴线上任意一点，可以使用对象捕捉的“最近点”来捕捉左边轴线上的一点）

选择偏移的轴线，按“Del”键即可删除偏移的轴线，如图 13-3 所示。

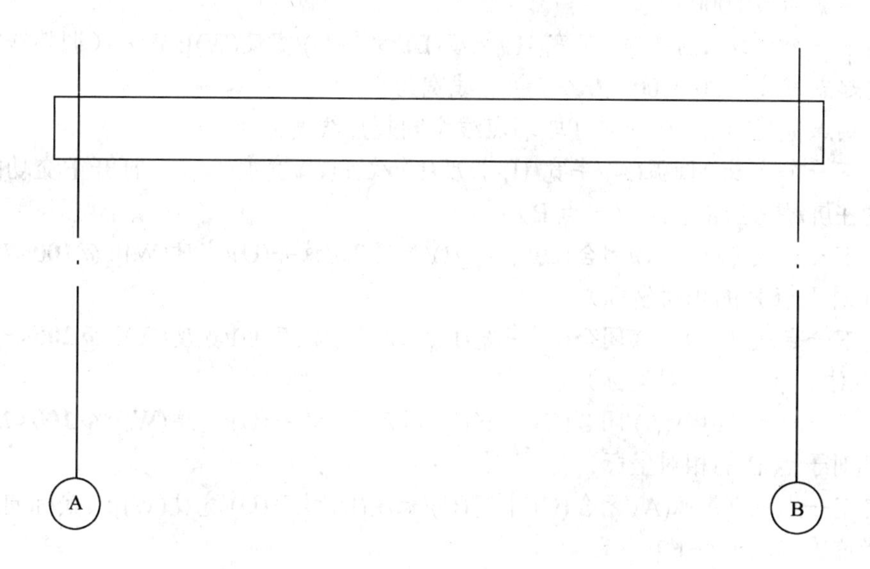

图 13-3　绘制出轴线和梁的外形线后的立面图

3．绘制墙体

将图层“中实线”设置为当前层，执行“直线”命令，来绘制墙线：

命令: **LINE**↙ （或单击“绘图”工具栏中的按钮，启动直线命令）

指定第一点:（捕捉梁矩形左下角点）

指定下一点或 [放弃(U)]:（鼠标向下移动，保持竖直极轴追踪，在屏幕上指定一点，画出竖直线）

指定下一点或 [放弃(U)]: ↙（结束直线命令）

使用“偏移”命令，画出另一条墙线，过程如下：

命令: **OFFSET**↙ （或单击“修改”工具栏中的按钮，启动偏移命令）

指定偏移距离或 [通过(T)] <通过>: **240**↙ （输入墙厚）

选择要偏移的对象或 <退出>:（选择刚画的直线）

指定点以确定偏移所在一侧:（在直线右边任意位置点一点）

选择要偏移的对象或 <退出>:↙

将图层“细实线”设置为当前层，执行“多段线”命令，画折断符号，如图13-4。

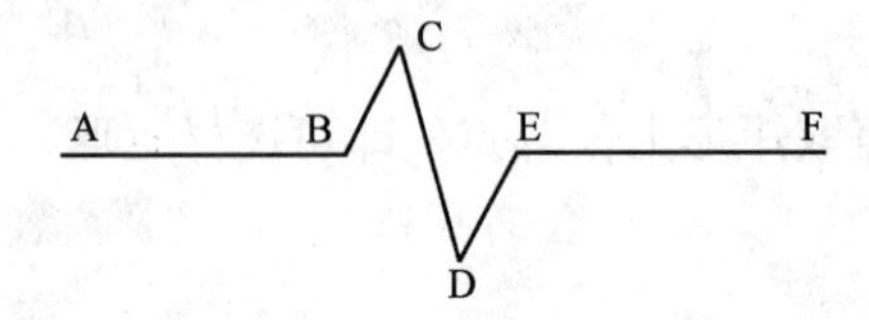

图13-4　折断线

命令: **PLINE**↙（执行多段线命令）

指定起点:（在屏幕适当位置取一点A）

当前线宽为 20.0000

指定下一个点或 [圆弧(A)/半宽(H)/长度(L)/放弃(U)/宽度(W)]: **W**↙（调整线宽）

指定起点宽度 <20.0000>: **0**↙（起点线宽为0）

指定端点宽度 <0.0000>:↙（取端点线宽同起点线宽）

指定下一个点或 [圆弧(A)/半宽(H)/长度(L)/放弃(U)/宽度(W)]:（打开正交功能，鼠标向右拖动在屏幕适当位置选取一点B）

指定下一点或 [圆弧(A)/闭合(C)/半宽(H)/长度(L)/放弃(U)/宽度(W)]: **@100<75**↙　（输入点C相对于点B的相对坐标）

指定下一点或 [圆弧(A)/闭合(C)/半宽(H)/长度(L)/放弃(U)/宽度(W)]: **@200<-75**↙（输入点D相对于点C的相对坐标）

指定下一点或 [圆弧(A)/闭合(C)/半宽(H)/长度(L)/放弃(U)/宽度(W)]: **@100<75**↙　（输入点E相对于点D的相对坐标）

指定下一点或 [圆弧(A)/闭合(C)/半宽(H)/长度(L)/放弃(U)/宽度(W)]:（鼠标向右拖动在屏幕适当位置选取一点F）

指定下一点或 [圆弧(A)/闭合(C)/半宽(H)/长度(L)/放弃(U)/宽度(W)]: ↙

注意：折断符号绘完后，可用“块定义”命令将折断符号作成块，以便以后重复使用。

使用“镜像”命令，绘制处右边墙体和折断线。过程如下:

命令: **MIRROR**↙　（或单击“修改”工具栏中的按钮，启动镜像命令）

选择对象:（用鼠标选取墙体和折断线）

找到 3 个

选择对象:↙

指定镜像线的第一点:（捕捉梁上边轮廓线中点）

指定镜像线的第二点:（鼠标垂直向下移动捕捉梁下边轮廓线中点）

是否删除源对象? [是(Y)/否(N)] <N>:↙

在现浇钢筋混凝土结构图中，对于剖切到的墙体，应当画上材料符号，为此使用“图案填充”命令，画出墙体材料符号。

命令: **BHATCH**↙　（或单击“绘图”工具栏中的按钮，启动图按填充命令）

此时将弹出“图案填充”对话框，如图13-5。

图 13-5　“边界图案填充”对话框

单击“图案”按钮，弹出“填充图案选项板”对话框如图 13-6，从中选择剖面线图例 ANSI31。

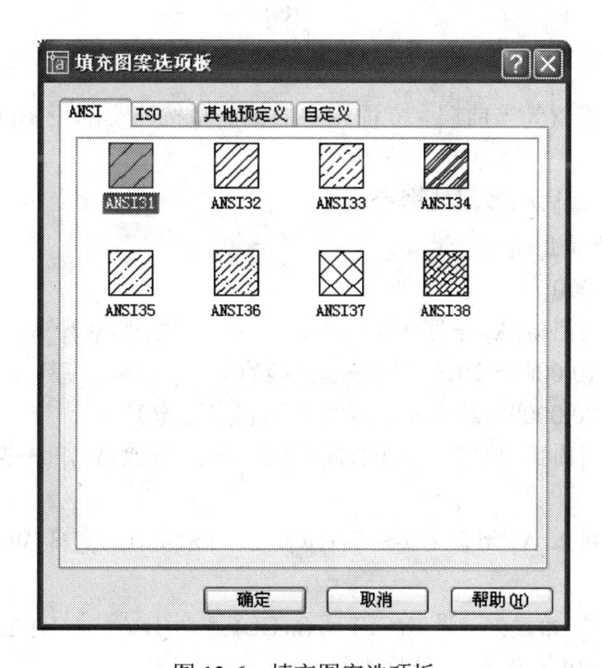

图 13-6　填充图案选项板

单击“确定”按钮，返回“图案填充”对话框。

单击“拾取点”按钮，返回图形编辑窗口，用鼠标在轴线左边墙体内点取一点，再在轴线右边墙体内点取一点，然后单击鼠标右键，在弹出的快捷菜单中选择“确定”，返回“图案填充”对话框。单击“预览”按钮，显示填充效果，剖面线间距太密，说明填充比例太小，按“Esc”返回“图案填充”对话框，修改“比例”为 20，单击“预览”按钮，显示填充剖面线间距大小适当，单击鼠标右键，完成填充。使用同样的方法填充右边墙体，如图 13-7 所示。

图 13-7　绘制出墙体后的立面图

4．画钢筋的投影

将图层“钢筋”设置为当前层。立面图中的钢筋是按照实际投影画出的，下面是绘制这些钢筋的过程：

命令: **PLINE**↙ （启动多段线命令）

指定起点:（在屏幕上选定一点）

当前线宽为 10.0000

指定下一个点或 [圆弧(A)/半宽(H)/长度(L)/放弃(U)/宽度(W)]:**W**↙（调整线宽）

指定起点宽度 <10.0000>:**20**↙（输入起点线宽）

指定端点宽度 <20.0000>:↙（取端点线宽同起点线宽）

指定下一个点或 [圆弧(A)/半宽(H)/长度(L)/放弃(U)/宽度(W)]:**@−50，0**↙（输入第二点相对坐标）

指定下一点或 [圆弧(A)/闭合(C)/半宽(H)/长度(L)/放弃(U)/宽度(W)]: **A**↙ （画钢筋左端半圆弯钩）

指定圆弧的端点或[角度(A)/圆心(CE)/闭合(CL)/方向(D)/半宽(H)/直线(L)/半径(R)/第二个点(S)/放弃(U)/宽度(W)]: **R**↙ （选择半径）

指定圆弧的半径: **20**↙（输入半圆半径）

指定圆弧的端点或 [角度(A)]:**A**↙ （选择角度）

指定包含角: **180**↙（输入圆心角）

指定圆弧的弦方向 <180>:（鼠标向下拖动单击左键）

指定圆弧的端点或[角度(A)/圆心(CE)/闭合(CL)/方向(D)/半宽(H)/直线(L)/半径(R)/第二个点(S)/放弃(U)/宽度(W)]: **L**↙ （选择直线）

指定下一点或 [圆弧(A)/闭合(C)/半宽(H)/长度(L)/放弃(U)/宽度(W)]:（鼠标向右拖动点取一点）

指定下一点或 [圆弧(A)/闭合(C)/半宽(H)/长度(L)/放弃(U)/宽度(W)]: **A↙** （画钢筋右端半圆弯钩）

指定圆弧的端点或[角度(A)/圆心(CE)/闭合(CL)/方向(D)/半宽(H)/直线(L)/半径(R)/第二个点(S)/放弃(U)/宽度(W)]: **R↙** （选择半径）

指定圆弧的半径: **20↙** （输入半圆半径）

指定圆弧的端点或 [角度(A)]: **A↙**（选择角度）

指定包含角: **180↙** （输入圆心角）

指定圆弧的弦方向 <0>:（鼠标向上拖动单击左键）

指定圆弧的端点或 [角度(A)/圆心(CE)/闭合(CL)/方向(D)/半宽(H)/直线(L)/半径(R)/第二个点(S)/放弃(U)/宽度(W)]: **L↙** （选择直线）

指定下一点或 [圆弧(A)/闭合(C)/半宽(H)/长度(L)/放弃(U)/宽度(W)]:**@-50，0↙**（输入钢筋端点相对坐标）

指定下一点或 [圆弧(A)/闭合(C)/半宽(H)/长度(L)/放弃(U)/宽度(W)]: ↙（结束）

绘制结果如图 13-8 所示。

图 13-8　带有半圆形弯勾的钢筋画法

为了绘图简单，钢筋弯钩端部的圆弧也可用直线代替如图 13-9。

图 13-9　带有半圆形弯钩的钢筋简化画法

画出的钢筋若位置不合适，可用“移动”命令调整钢筋位置。若钢筋长度不合适，可用“拉伸”命令调整钢筋长度。

执行“多段线”命令画上部架立筋，弯起筋和箍筋。如图 13-10 所示。请读者自己完成。

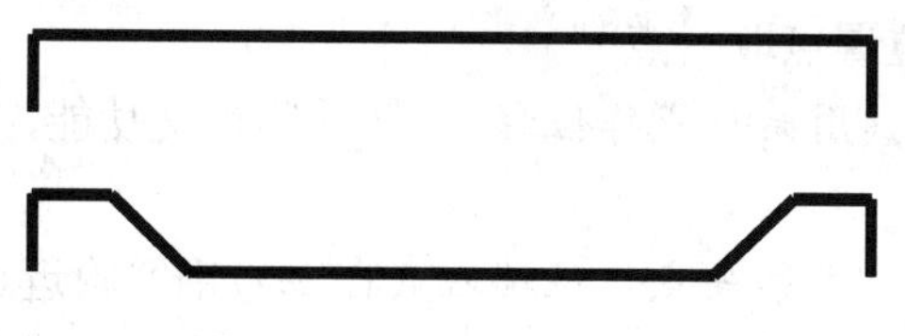

图 13-10　立面图中的钢筋

5．画钢筋的编号

新建一图层“钢筋编号”，并设置图层“轴线编号”为当前层。用“圆”命令绘制①号钢筋：

命令: **CIRCLE↙** （单击“绘图”工具栏按钮，启动画圆命令）

指定圆的圆心或 [三点(3P)/两点(2P)/相切、相切、半径(T)]:（在图形适当位置指定一

点为圆心）

指定圆的半径或 [直径(D)]: **120↙**（输入圆半径）

用“直线”命令绘制引出线：

命令: **LINE↙** （或单击“绘图”工具栏中的按钮，启动直线命令）

指定第一点:（捕捉圆的上象限点）

指定下一点或 [放弃(U)]:（捕捉下部受力钢筋上的垂足点）

指定下一点或 [放弃(U)]: ↙（结束）

用“文字”命令，书写钢筋编号。过程如下：

命令: **TEXT↙**

当前文字样式: Standard 当前文字高度: 200.0000

指定文字的起点或 [对正(J)/样式(S)]: **S↙** （调整文字样式）

输入样式名或 [?] <Standard>:**国标文字↙** （输入选择的文字样式名）

指定文字的起点或 [对正(J)/样式(S)]: **J↙** （调整对正方式）

输入选项 [对齐(A)/调整(F)/中心(C)/中间(M)/右(R)/左上(TL)/中上(TC)/右上(TR)/左中(ML)/正中(MC)/右中(MR)/左下(BL)/中下(BC)/右下(BR)]: **M↙**（选择中间对正方式）

指定文字的中间点:（捕捉圆心）

指定高度 <200.0000>: **160↙**

指定文字的旋转角度 <0>:↙

输入文字: **1↙** （输入编号）

输入文字: ↙

绘制其他几号钢筋时，可用“复制”命令把编号和圆复制，再修改编号数字。过程如下：

命令: **COPY↙** （或单击“修改”工具栏中的按钮，启动复制命令）

选择对象: （用窗口选取钢筋编号和圆）

找到 2 个

选择对象:（右击鼠标）

指定基点或位移，或者 [重复(M)]: **M↙** （重复复制）

指定基点:（在适当位置点取一点）

指定位移的第二点或 <用第一点作位移>: （关闭正交功能，在②号钢筋附近适当位置点一点）

指定位移的第二点或 <用第一点作位移>:（在③号钢筋附近适当位置点一点）

指定位移的第二点或 <用第一点作位移>:（在④号钢筋附近适当位置点一点）

指定位移的第二点或 <用第一点作位移>: ↙ （结束）

用“文字编辑”命令修改钢筋编号：

命令: **DDEDIT↙**

选择注释对象或 [放弃(U)]:（选择复制的钢筋编号“1”）

弹出“文字编辑”对话框如图 13-11，将文字“1”改为“2”。依次选取③④号钢筋附近的数字，将其改为“3”、“4”，回车结束。

图 13-11　“文字编辑”对话框

执行“直线”命令画编号引出线，完成编号，如图 13-12 所示。

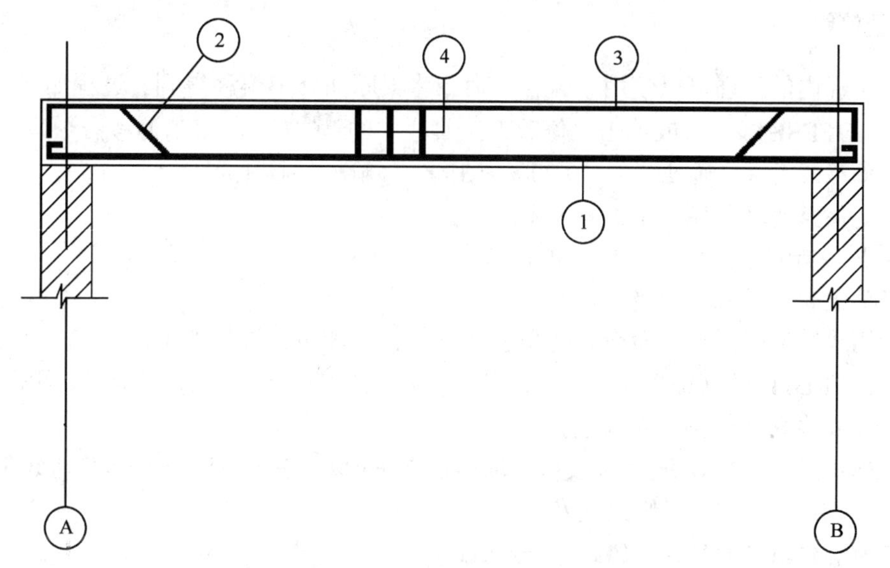

图 13-12　绘制出钢筋编号后的立面图

6．标注尺寸

建立尺寸样式，单击“样式”工具栏按钮，执行“尺寸样式”命令，建立用于标注立面图尺寸的尺寸样式“CC40”，以“ISO-25”为基础样式，修改各参数如下：

“直线和箭头”选项卡中，尺寸界限超出尺寸线的值为 2，起点偏移量为 2。箭头选“建筑标记”，箭头大小为 2。

“文字”选项卡中，文字样式设置为数字，文字高度为 2。

“调整”选项卡中，标注特征比例，使用全局比例为 40。

尺寸样式 CC40 建完后，将 CC40 置为当前。

单击“尺寸标注”工具栏按钮，执行“线性标注”命令，标注图中的尺寸。过程从略。

绘制断面符号，注写图名。断面图的剖切符号和图名下的直线可用“多段线”命令绘制。完成后的梁立面图如图 13-2 所示。

13.1.3　绘制梁的断面图

梁的断面图表示梁内部钢筋的布置情况，比例可适当放大。在本例中，梁的断面图用 1∶20 的比例绘制，若断面图和立面图放在同一张图纸上，则立面图应比立面图放大 2

倍绘制。

1．绘制梁断面外形

梁的断面是一个矩形，可以使用“矩形”命令绘出。

命令：**RECTANG↙** （或单击“绘图”工具栏中的按钮，启动画矩形命令）

指定第一个角点或 [倒角(C)/标高(E)/圆角(F)/厚度(T)/宽度(W)]:（用鼠标指定一点）

指定另一个角点或 [尺寸(D)]: **@400,600↙** （输入矩形右上角点的相对坐标）

2．画箍筋

断面轮廓内的箍筋可以使用“偏移”命令将梁断面外形偏移得到。过程如下：

命令：**OFFSET↙** （或单击“修改”工具栏中的按钮，启动偏移命令）

指定偏移距离或 [通过(T)] <30.0000>: **35↙** （输入偏移距离）

选择要偏移的对象或 <退出>:（选择矩形）

指定点以确定偏移所在一侧:（鼠标点取矩形内任意点）

选择要偏移的对象或 <退出>:↙

再使用“编辑多段线”命令，将偏移得到的箍筋加粗，过程如下：

命令：**PEDIT↙** （或单击“修改Ⅱ”工具栏中的按钮，启动编辑多段线命令）

选择多段线或 [多条(M)]:（选择小矩形）

输入选项[打开(O)/合并(J)/宽度(W)/编辑顶点(E)/拟合(F)/样条曲线(S)/非曲线化(D)/线型生成(L)/放弃(U)]: **W↙**（修改线宽）

指定所有线段的新宽度: **20↙** （输入线宽）

输入选项[打开(O)/合并(J)/宽度(W)/编辑顶点(E)/拟合(F)/样条曲线(S)/非曲线化(D)/线型生成(L)/放弃(U)]: ↙

使用“多段线”命令，画箍筋弯钩：

命令：**PLINE↙** （或单击“绘图”工具栏中的按钮，启动多段线命令）

指定起点：（设置“最近点”对象捕捉的情况下，在箍筋右上角左边适当位置捕捉一点，如图 13-13）

当前线宽为 20.0000

指定下一个点或 [圆弧(A)/半宽(H)/长度(L)/放弃(U)/宽度(W)]: **@60<225↙** （输入弯钩另一端相对坐标）

指定下一点或 [圆弧(A)/闭合(C)/半宽(H)/长度(L)/放弃(U)/宽度(W)]: ↙

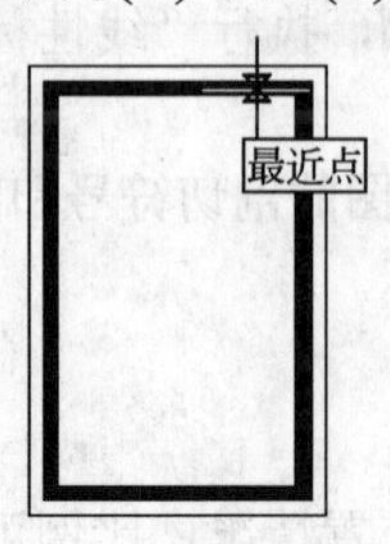

图 13-13　确定多段线起点

使用“镜像”命令得到对称的箍筋：

命令: **MIRROR**↙　（或单击“修改”工具栏中的按钮，启动镜像命令）

选择对象: （选取钢筋弯钩）

找到 1 个

选择对象:　指定镜像线的第一点:（捕捉箍筋右上角点）

指定镜像线的第二点:（捕捉外形右上角点）

是否删除源对象？[是(Y)/否(N)] <N>:↙

3．画钢筋断面

使用“圆环”命令绘制钢筋断面，过程如下：

命令：**DONUT**↙（或选择菜单“绘图”→“圆环”，启动圆环命令）

指定圆环的内径 <0.5000>: **0**↙　（取圆环内径为 0）

指定圆环的外径 <1.0000>: **40**↙　（取圆环内径为 40）

指定圆环的中心点或 <退出>:（在箍筋角点附近点取一点）

指定圆环的中心点或 <退出>:↙

画出一个钢筋断面后，可用“复制”命令得到其他的钢筋断面，结果如图 13-14 所示。

图 13-14　断面图

4．标注钢筋编号

从梁立面图中复制钢筋编号到断面图，再画引出线，注写钢筋规格。以①号筋为例说明绘制方法。

首先从梁立面图中复制①号筋编号，然后使用“直线”命令画出引出线。过程如下：

命令: **LINE**↙　（或单击“绘图”工具栏中的按钮，启动直线命令）

指定第一点:（捕捉钢筋编号圆的左象限点）

指定下一点或 [放弃(U)]:（保持水平极轴追踪，向左移动鼠标画一水平线）

指定下一点或 [放弃(U)]: ↙

命令: **LINE**↙　（或单击“绘图”工具栏中的按钮，启动直线命令）

指定第一点:（捕捉钢筋断面圆心）

指定下一点或 [放弃(U)]:（保持竖直极轴追踪，向下移动鼠标画一竖直线）

指定下一点或 [放弃(U)]: ↙

绘制结果如图 13-15 所示。

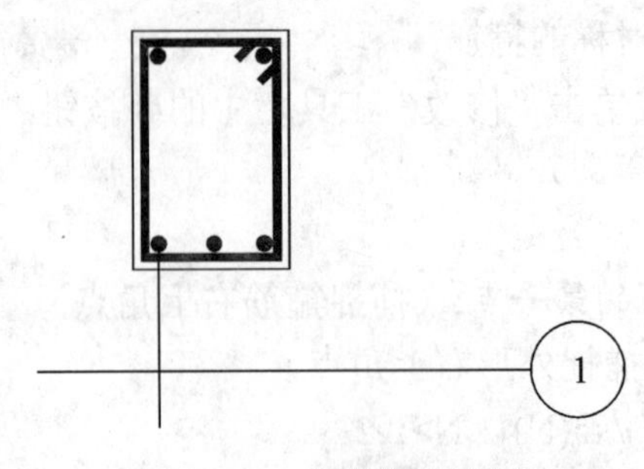

图 13-15　标柱钢筋编号

再用“修剪”命令或“圆角”命令修剪多余部分。下面以“圆角”命令为例说明修剪方法：

命令：**FILLET**↙ （或单击“修改”工具栏中的按钮，启动圆角命令）

当前设置: 模式 = 修剪，半径 = 0.0000（取默认值半径为 0）

选择第一个对象或 [多段线(P)/半径(R)/修剪(T)/多个(U)]:（选取竖直线）

选择第二个对象:（选取水平线）

注意：在使用圆角命令时，若“模式=不修剪”，可输入 T 改变修剪模式。若半径不等于 0，可输入 R 改变修剪半径。

最后复制竖直线到右下角钢筋断面处，则①号筋标注即可完成。

其他钢筋可同样绘出，此处不再赘述。

5．注写钢筋规格

使用“文字”命令来注写标注中的文字，过程如下：

命令：**TEXT**↙ （从键盘直接输入 TEXT，执行文字命令）

当前文字样式：数字　当前文字高度：160.0000

指定文字的起点或 [对正(J)/样式(S)]：（在水平线上方选取一点）

指定高度 <160.0000>: **100**↙ （输入文字高度）

指定文字的旋转角度 <0>:↙

输入文字: **2%%18016**↙ （输入钢筋根数、级别、直径）

输入文字: ↙

结果如图 13-16 所示。

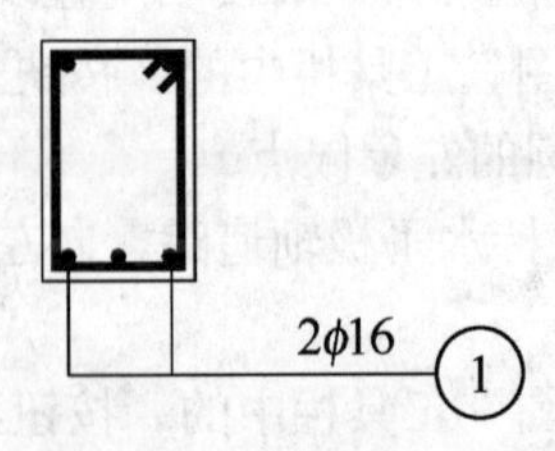

图 13-16　①号筋的注写

①号筋注写完后，复制①号筋到②号筋位置。用“文字编辑”命令修改钢筋编号和规格既可得到②号筋。同样用复制修改的方法，绘出③④号钢筋。

6．标注尺寸

断面图是用 1∶20 比例绘制，标注尺寸应新建一尺寸样式“CC20”，新建的尺寸样式可以尺寸样式“CC40”为基本样式，只要修改“调整”选项卡中，标注特征比例，使用全局比例为 20 即可。使尺寸样式“CC20”为当前样式。标注梁断面的长和宽。注写图名完成 1—1 断面图。

7．绘制 2—2 断面

绘制完 1—1 断面后，将 1—1 断面复制一份，局部修改即可得到 2—2 断面图。

由于 2—2 断面图中的②号筋位于断面的上部，因此可以使用“镜像”命令将②号筋及其标注反射到断面上部。在使用镜像命令之前，应当首先设置变量“MIRRORTEXT”的值，使得在镜像时文字不镜像。

命令: **MIRRORTEXT**↙
输入 MIRRTEXT 的新值 <0>: **0**↙ （文字不镜像）
然后执行“镜像”命令，将②号筋及其标注反射到断面上部。
命令: **MIRROR**↙ （或单击“修改”工具栏中的按钮，启动镜像命令）
选择对象:（用交叉窗口选取②号筋编号规格水平引出线）
找到 4 个
选择对象: （直接选取②号筋竖直引出线）
找到 1 个，总计 5 个
选择对象:（直接选取②号筋钢筋断面）
找到 1 个，总计 6 个
选择对象: 指定镜像线的第一点: （捕捉外形竖直边中点）
指定镜像线的第二点: （水平拖动鼠标选取第二点）
是否删除源对象？[是(Y)/否(N)] <N>: **Y**（输入 Y 删除源对象）
再执行“移动”命令，将钢筋规格移到水平引出线上边。最后用“文字编辑”命令修改图名为 2—2，完成 2—2 断面图。

13.1.4 绘制钢筋表

1．绘制表格

首先使用“直线”命令画一条水平线和一条竖直线，然后再执行“偏移”命令得到其他的表格线。

命令: **OFFSET**↙ （或单击“修改”工具栏中的按钮，启动偏移命令）
指定偏移距离或 [通过(T)] <600.0000>: **800**↙ （输入第一栏宽度）
选择要偏移的对象或 <退出>:（选取竖直线）
指定点以确定偏移所在一侧: （在竖直线右边指定一点）
选择要偏移的对象或 <退出>:↙

同样的方法，依次输入偏移距离为 2000、600、800、600、600 绘出各竖直线。在执行“偏移”命令输入偏移距离为 320、640 绘出各行水平线。如图 13-17 所示。

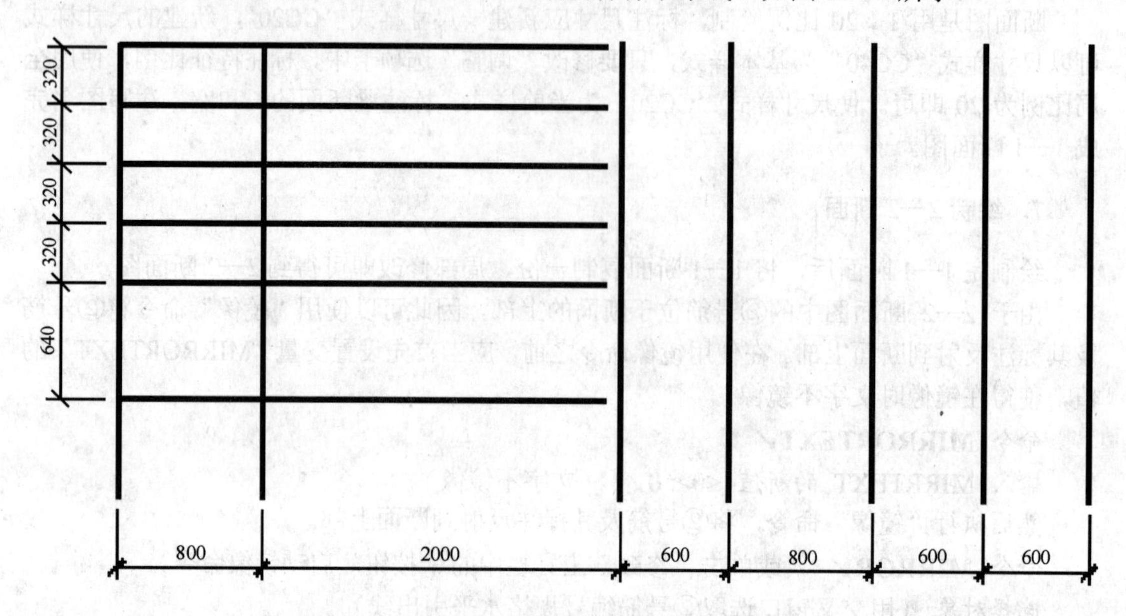

图 13-17　表格线的绘制过程

由于绘制的水平线长度不够，需要使用“延伸”命令，将水平线延伸到右边界。过程如下：

命令：**EXTEND**↙（或单击“修改”工具栏中的--/按钮，启动延伸命令）

当前设置:投影=UCS，边=无

选择边界的边...（选取最右边一条竖直线）

找到 1 个

选择对象：↙

选择要延伸的对象，或按住 Shift 键选择要修剪的对象，或 [投影(P)/边(E)/放弃(U)]:**F**（输入 F 选择多条线）

第一栏选点:（在 A 点位置点取一点，如图 13-18）

指定直线的端点或 [放弃(U)]:（在 B 点位置点取一点，如图 13-18）

指定直线的端点或 [放弃(U)]: ↙

选择要延伸的对象，或按住 Shift 键选择要修剪的对象，或 [投影(P)/边(E)/放弃(U)]: ↙

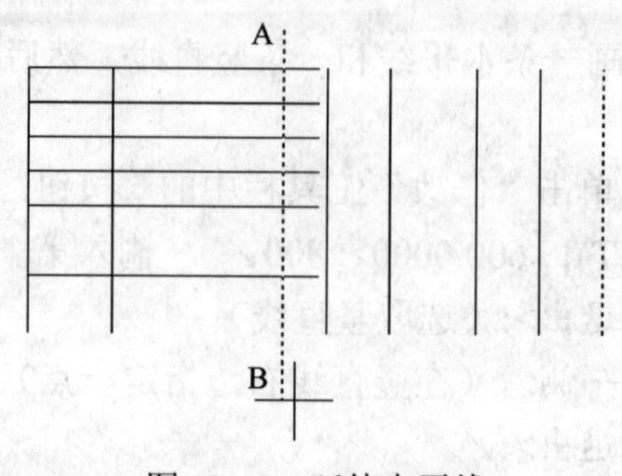

图 13-18　延伸水平线

由于竖直线较长，需要使用“修剪”命令修剪下边超出部分。过程如下：

命令：**TRIM**↙ （或单击“修改”工具栏中的 -/-- 按钮，启动修剪命令）

当前设置:投影=UCS，边=无

选择剪切边...（选取最下边一条水平线）

找到 1 个

选择对象: ↙

选择要修剪的对象，或按住 Shift 键选择要延伸的对象，或 [投影(P)/边(E)/放弃(U)]: **F**↙（输入 F 选择多条线）

第一栏选点:（在 C 点位置点取一点，如图 13-19）

指定直线的端点或 [放弃(U)]:（在 D 点位置点取一点，如图 13-19）

指定直线的端点或 [放弃(U)]: ↙

选择要修剪的对象，或按住 Shift 键选择要延伸的对象，或 [投影(P)/边(E)/放弃(U)]: ↙

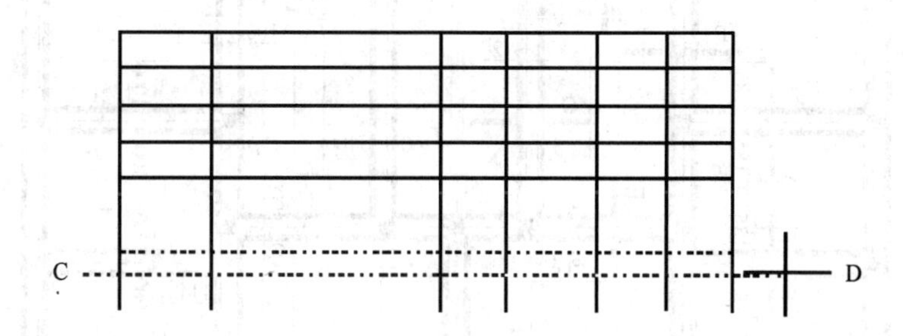

图 13-19　修剪竖直线

2．填写文字

执行“文字”命令，填写表格中的文字、数字。填写文字时可用“文字”命令写出一个，其他用“复制”命令复制，再用“文字编辑”命令修改文字内容即可。钢筋编号和钢筋简图可从梁立面图或断面图中复制。若复制的钢筋大样太大，可用“拉伸”命令调整钢筋长度。

最后得到图 13-1 所示的钢筋混凝土梁的钢筋布置图。

13.2　基础平面布置图绘制实例

在前一节介绍了结构构件详图的绘制方法，在本节和下一节中将重点介绍结构平面图的绘制方法。结构平面图是表示建筑物各结构构件平面布置的图样，包括基础平面图、楼层结构布置平面图、屋面结构布置平面图。

绘制结构平面图可按以下步骤绘制：

（1）设置绘图环境；

（2）绘制与建筑平面图相一致的定位轴线及其编号；

（3）制墙柱等竖向承重结构的轮廓线；

（4）绘制基础、梁、板、柱等结构构件的平面布置情况；

（5）现浇板主要绘出钢筋布置图及其编号、规格、直径、间距等；

（6）标注尺寸；

（7）注写文字说明。

下面以图 13-20 所示的某住宅楼基础平面布置图为例说明其绘制方法。

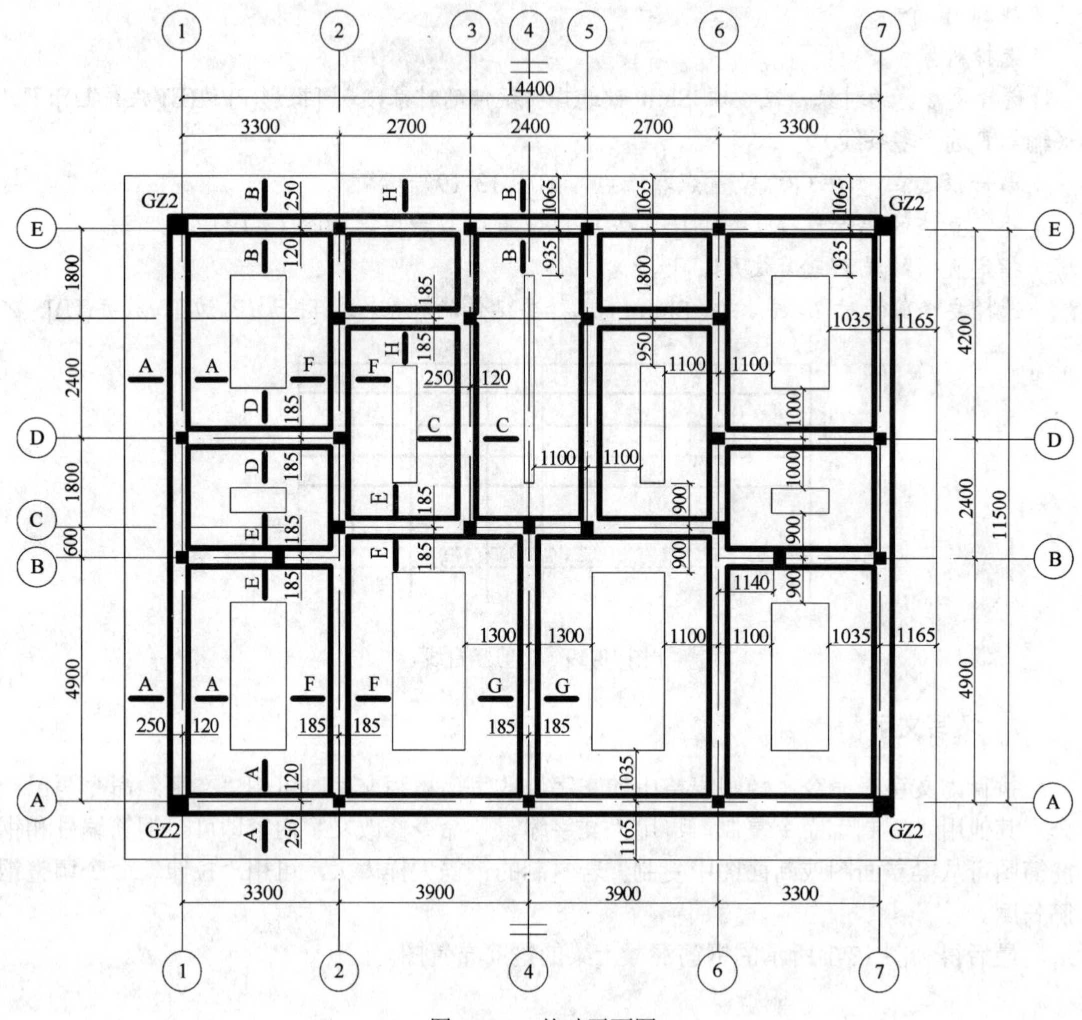

图 13-20　基础平面图

13.2.1　设置绘图环境

在绘图之前应首先设置绘图环境，绘图环境的设置与绘制构件结构图类似，只是绘图比例采用 1:100，图层的设置可根据所绘图形的不同分别设置，例如绘制基础平面图可按表 13-2 来设置。

图层、颜色、线型和线宽的设置　　**表 13-2**

图层	图层名称	图层颜色	图层线型	图层线宽
粗实线层	粗实线	红色	continuous	0.70

续表

图层	图层名称	图层颜色	图层线型	图层线宽
中实线层	中实线	绿色	continuous	0.35
细实线层	细实线	紫色	continuous	0.18
虚线层	虚线	青色	ACAD_ISO02W100	0.35
点画线层	轴线	蓝色	ACAD_ISO04W100	0.18
轴线编号层	轴线编号	兰色	continuous	0.18
尺寸层	尺寸	紫色	continuous	0.18
文字层	文字	白色	continuous	0.18
墙层	墙	红色	continuous	0.70
基础层	基础	紫色	continuous	0.18
剖切符号层	剖切符号	白色	continuous	0.70
图框层	图框	紫色	continuous	0.70
其他层	其他	白色	continuous	0.18

13.2.2 绘制定位轴线及其编号

1. 绘制定位轴线

在绘制平面图之前应首先绘制定位轴线，设置图层“点画线层”为当前层。首先使用“直线”命令，画一条竖直线和一条水平线。

命令: **LINE**↙ （或单击“绘图”工具栏中的按钮，启动画直线命令）
指定第一点:（在屏幕适当位置选取一点）
指定下一点或 [放弃(U)]: **@0,18000**↙（输入轴线上一点相对坐标）
指定下一点或 [放弃(U)]: ↙
命令:↙ （再次启动画直线命令）
指定第一点:（在屏幕适当位置选取一点）
指定下一点或 [放弃(U)]: **@20000,0**↙（输入轴线上一点相对坐标）
指定下一点或 [放弃(U)]: ↙
然后使用“偏移”命令，生成各条轴线。

2. 绘制定位轴线编号

设置图层“轴线编号”为当前层，用“圆”命令绘制编号圆：
命令：**CIRCLE**↙（或单击“绘图”工具栏中的按钮，启动画圆命令）
指定圆的圆心或 [三点(3P)/两点(2P)/相切、相切、半径(T)]:（在屏幕适当位置指定一点）
指定圆的半径或 [直径(D)] <10.0000>: **800**↙（输入轴线编号圆的半径）
因为绘图比例为 1:100，因此定位轴线编号圆的半径应当放大 100 倍。
然后执行“移动”命令，将编号圆移到轴线的下方：
命令：**MOVE**↙（或单击“修改”工具栏中的按钮，启动移动命令）

选择对象：（用鼠标单击圆上任意点）

找到 1 个

选择对象：↙

指定基点或位移：（捕捉圆的上象限点）

指定位移的第二点或 <用第一点作位移>:（捕捉直线的下端点）

最后使用“文字”命令，书写轴线编号：

命令：**TEXT↙**

当前文字样式：汉字样式　当前文字高度：120.0000

指定文字的起点或 [对正(J)/样式(S)]: **J↙**

输入选项[对齐(A)/调整(F)/中心(C)/中间(M)/右(R)/左上(TL)/中上(TC)/右上(TR)/左中(ML)/正中(MC)/右中(MR)/左下(BL)/中下(BC)/右下(BR)]: **M↙**

指定文字的中间点:（捕捉圆心）

指定高度 <120.0000>: **500↙**（输入文字高度）

指定文字的旋转角度 <0>:↙

输入文字: **1↙**

输入文字：↙

对于其他各轴线处的轴线编号，可以使用“复制”命令，将轴线编号及其圆圈复制其他各轴线端部，然后用文字编辑命令修改编号数字，即可绘出各轴线的编号。如图 13-21 所示。轴线③⑤的 C 轴线以下部分可用“修剪”命令剪掉。

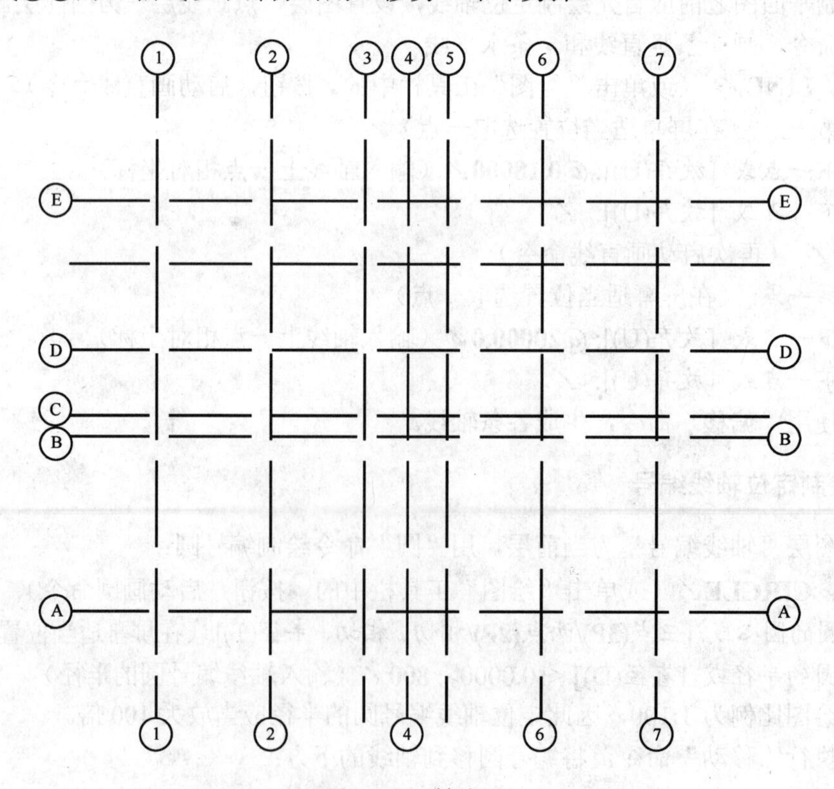

图 13-21　轴线网

13.2.3　绘制墙体

墙体为两条平行线，可用“多线”命令绘制。在绘制多线时应先定义多线样式。本工程地下室墙全部为 370 墙，但墙与轴线的关系不同，楼梯间墙和外墙为偏轴 250、120，内墙除楼梯间外全部居中。故需定义两种墙体多线样式，一种为偏轴，一种为居中。假设“370Q1”为偏轴，“370Q2”为距中。具体为：执行 MLSTYLE 命令，在弹出的图 13-22 所示“多线样式”对话框中，将“名称”文本框改为“370Q1”，然后单击“添加”按钮。再单击“元素特性”按钮，弹出“元素特性”对话框如图 13-23 所示。

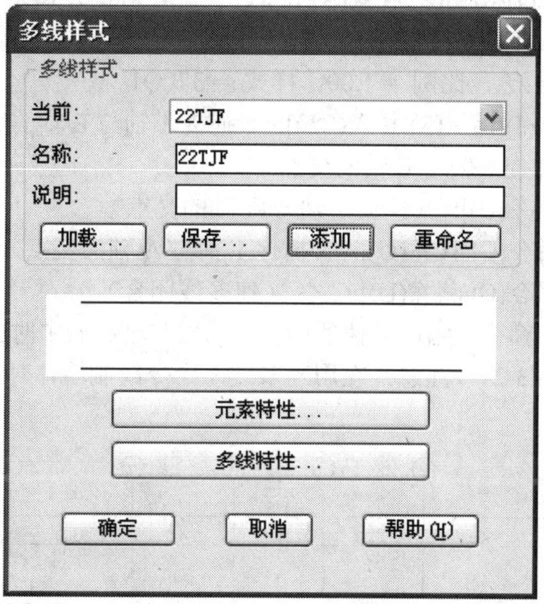

图 13-22　“多线样式”对话框

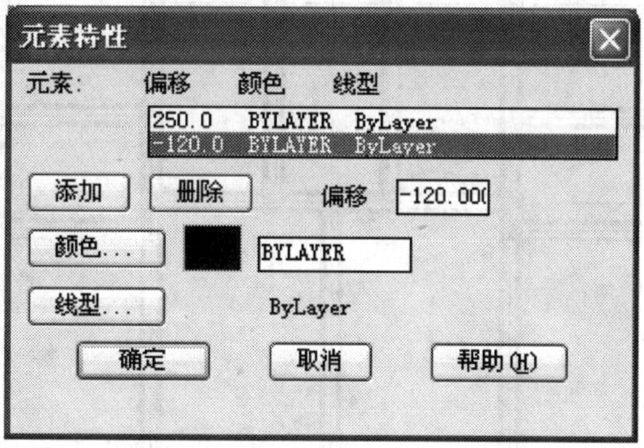

图 13-23　“元素特性”对话框

将“偏移”数值改为 250，单击“添加”按钮，再将偏移数值改为-120，单击“添加”按钮，将偏移数值为 0.0 的元素删除。单击“确定”按扭。同样的方法再定义 370Q2，将两条线的偏移数值分别设置为 185，-185。定义完墙多线样式后，即可执行“多线”命令绘制墙体。操作如下：

命令：**MLINE**↙ （或选择菜单“绘图” →“多线”，启动多线命令）
当前设置: 对正 = 下，比例 =20.00，样式 =22TJF
指定起点或 [对正(J)/比例(S)/样式(ST)]:**S**↙（调整绘图比例）
输入多线比例 <20.00>:**1**↙
当前设置: 对正 = 下，比例 =1.00，样式 =22TJF
指定起点或 [对正(J)/比例(S)/样式(ST)]: **ST**↙（调整多线样式）
输入多线样式名或 [?]: **370Q1**↙（输入刚定义的墙样式）
当前设置: 对正 = 下，比例 =1.00，样式 =370Q1
指定起点或 [对正(J)/比例(S)/样式(ST)]: **J**↙（调整对正方式）
输入对正类型 [上(T)/无(Z)/下(B)] <下>: **Z**↙
当前设置: 对正 = 无，比例 =1.00，样式 =370Q1
指定起点或 [对正(J)/比例(S)/样式(ST)]: （捕捉 1 轴与 E 轴的交点）
指定下一点: _（捕捉 7 轴与 E 轴的交点）
指定下一点或 [放弃(U)]: （捕捉 7 轴与 A 轴的交点）
指定下一点或 [闭合(C)/放弃(U)]: （捕捉 1 轴与 A 轴的交点）
指定下一点或 [闭合(C)/放弃(U)]:**C**↙ （使多线闭合）

继续执行“多线”命令，绘出其他各墙体，当墙与轴线居中时应使用 370Q2 样式。绘制完各墙体后得到图 13-24。注意：在用“多线”命令绘制墙体时，多线的端点应在轴线的交点上。

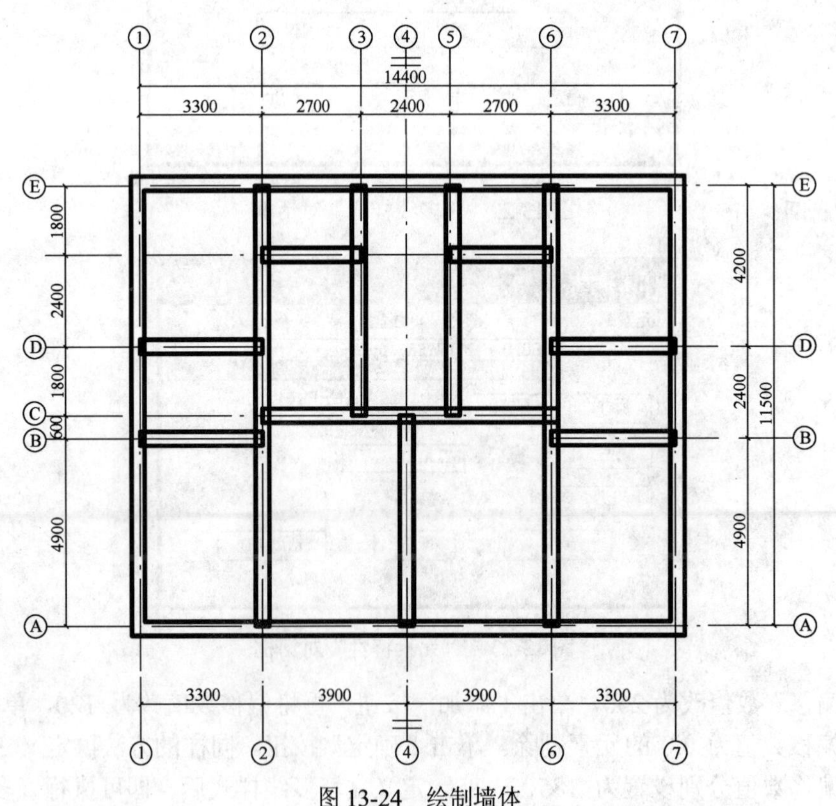

图 13-24 绘制墙体

刚绘制的墙体在连接处不正确，需要使用“多线编辑”命令，修改墙与墙的连接方式。启动“多线编辑”命令可在命令行输入“MLEDIT”并回车或者使用菜单“修改”→“对象”→“多线”。

执行“多线编辑”命令后，弹出“多线编辑工具”对话框，如图 3-44 所示。选择“T”形交点、线段打开连接方式，即第 2 种连接方式。修改各墙体的“T”形交点。修改完后如图 13-25 所示。

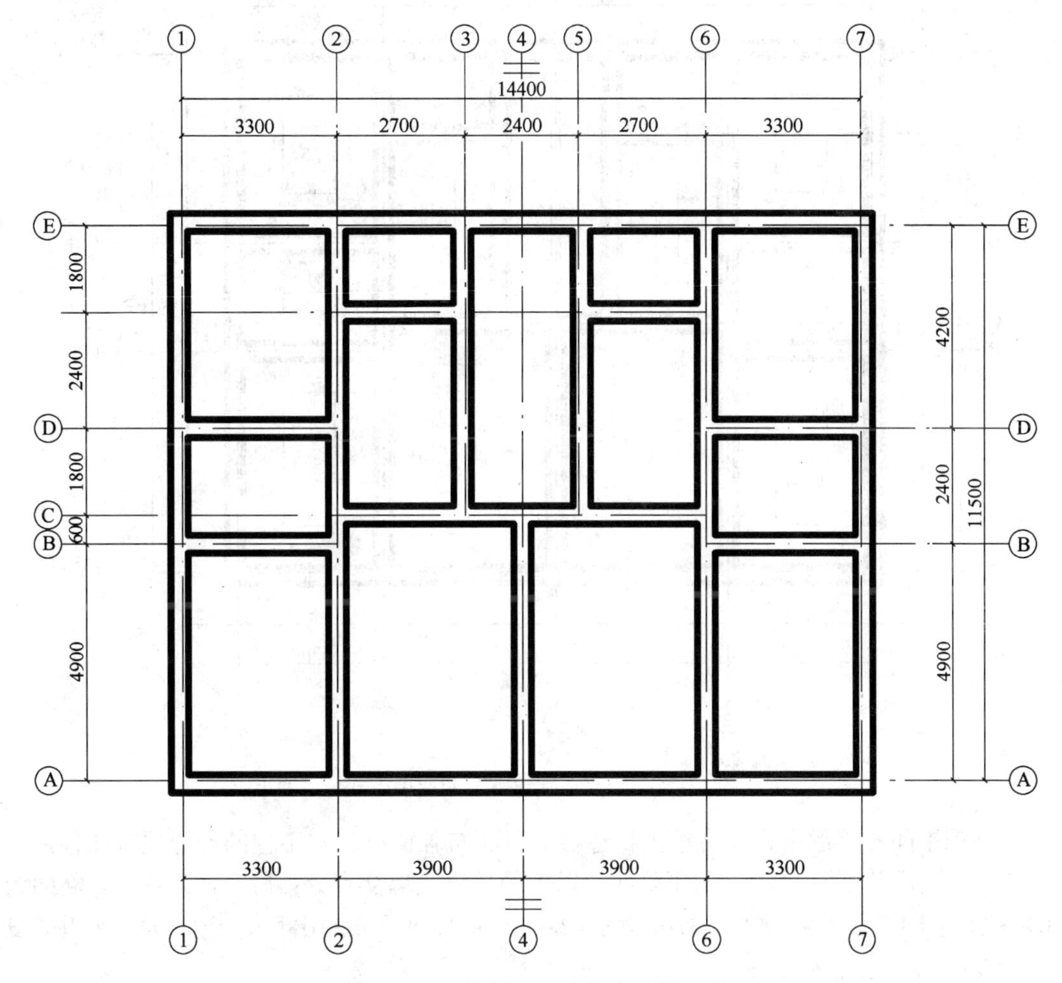

图 13-25　编辑完成后的基础平面图

13.2.4　绘制基础轮廓线

国标规定在基础平面图中，只需绘出基础外轮廓线，而大放脚的投影线不用绘出。绘制基础投影的轮廓线，也可用“多线”命令绘制。在用多线命令绘制基础轮廓线时，应先根据基础宽度及其与轴线的关系定义基础多线样式。例如：定义 A—A 剖面为“TJA”两条线的偏移数值分别为 1165 和−1035。定义完后，可用“多线”命令绘制 A—A 剖面的基础轮廓线。注意绘制多线的比例应为 1，对正方式应为“无”。同样的方法可绘制出其他基础轮廓线。

绘制完基础轮廓线后应使用多线编辑命令，修改基础轮廓线的连接方式。方法同修改墙体的连接方式。修改完后如图 13-26 所示。

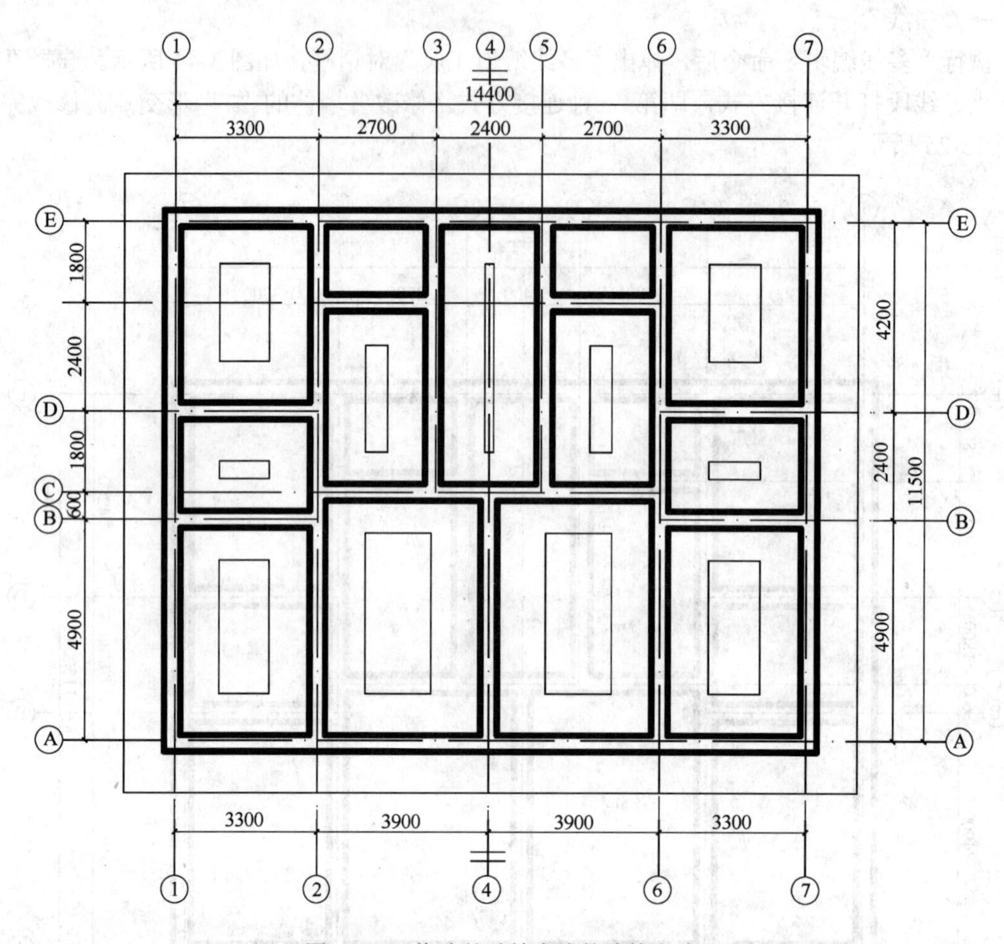

图 13-26　修改基础轮廓线的连接方式

在基础平面布置图中，还应绘出构造柱的平面布置情况。本工程的构造柱有两种，一种为 GZ1，断面为 240×240，用于除四角以外的各纵横墙交点处；另一种为 GZ2，断面为 370×370 用于房屋四角，如图 13-20 所示。绘制构造柱时可先绘出其中一个，然后在用“复制”命令绘制其他各构造柱。

构造柱的绘制过程如下：

命令：**RECTANG**↙　（或单击“绘图”工具栏中的▭按钮，启动画矩形命令）

指定第一个角点或 [倒角(C)/标高(E)/圆角(F)/厚度(T)/宽度(W)]:（捕捉 E 轴 7 轴交点出墙内轮廓线的交点）

指定另一个角点或 [尺寸(D)]: **@370,370**↙　（输入构造柱右上角点的相对坐标）

再执行“图案填充”命令，将构造柱涂黑；用“文字”命令书写构造柱编号；用复制命令将 GZ2 复制到其他四个角点。使用同样的方法绘制 GZ1。在本工程中除四个角点构造柱为 GZ2 外其他均为 GZ1，所以标注构造注编号时可只将 GZ2 标出，GZ1 用文字说明：构造柱除图中注明者外均为 GZ1 即可。

13.2.5　绘制基础剖面符号

基础平面布置图仅表示出基础的平面布置情况，基础的详细作法应由基础断面图表示。在基础平面布置图中应表示出基础断面图的剖切位置及编号。以 1 轴基础为例，1 轴基础断面编号为 A—A，先用“直线”命令在 1 轴墙体两边绘制一水平短线，表示剖切位置，再在其上方用“文字”命令书写编号 A。A—A 断面注写完后，可用“复制”命令把剖切符号复制到其他墙体处。用“文字编辑”修改断面编号即可。水平墙体的剖切符号可用“旋转”命令将剖切符号旋转 90°，再修改编号即可。由于本工程左右对称，标注时只标注左边一半即可。右边一半可用来标注尺寸。但应在对称轴 4 轴上绘出对称符号。剖切符号注写完后，如图 13-27 所示。

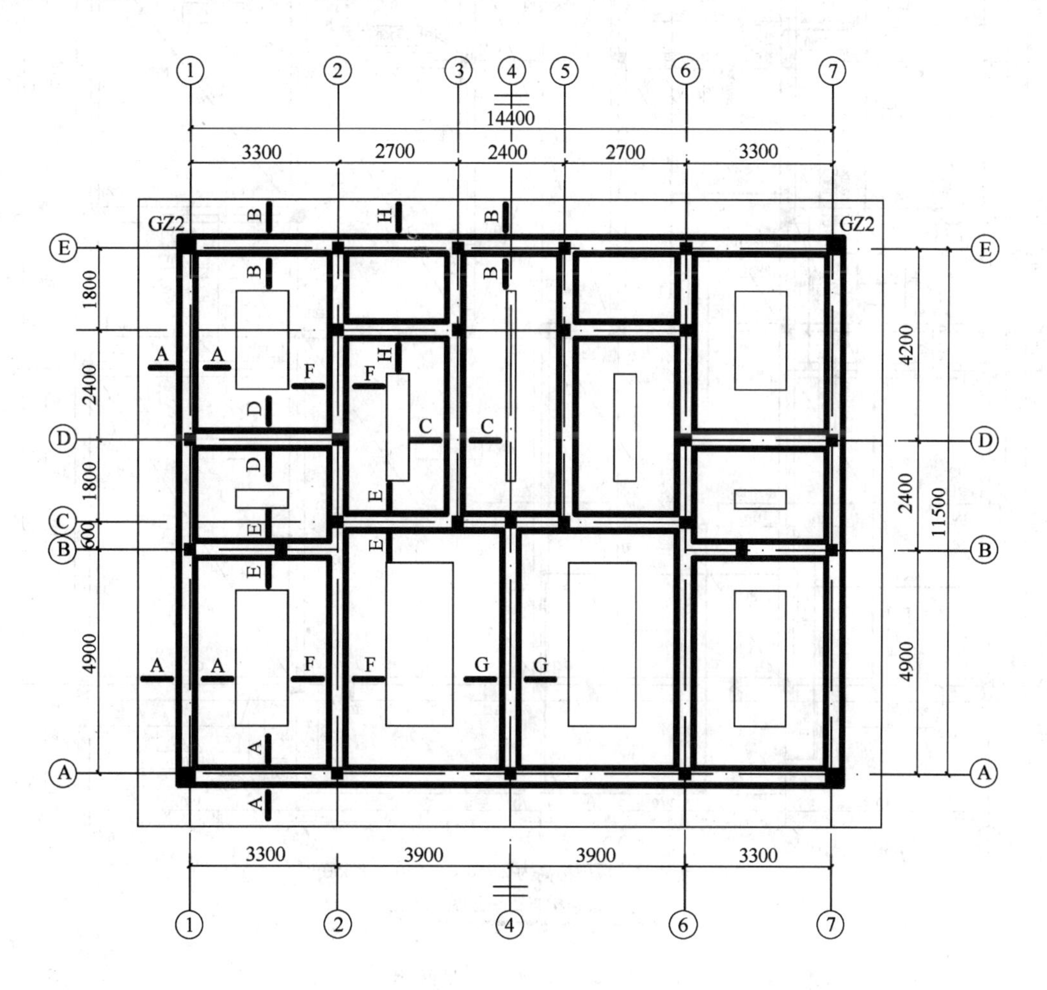

图 13-27　基础平面图

13.2.6　标注尺寸

按照国标要求标注墙体宽度、基础宽度、构造柱定位等尺寸。最后完成全图如图 13-20 所示。

13.3 楼层结构平面布置图绘制实例

下面以图 13-28 所示的某住宅楼标准层楼层结构平面布置图为例介绍其绘制方法。

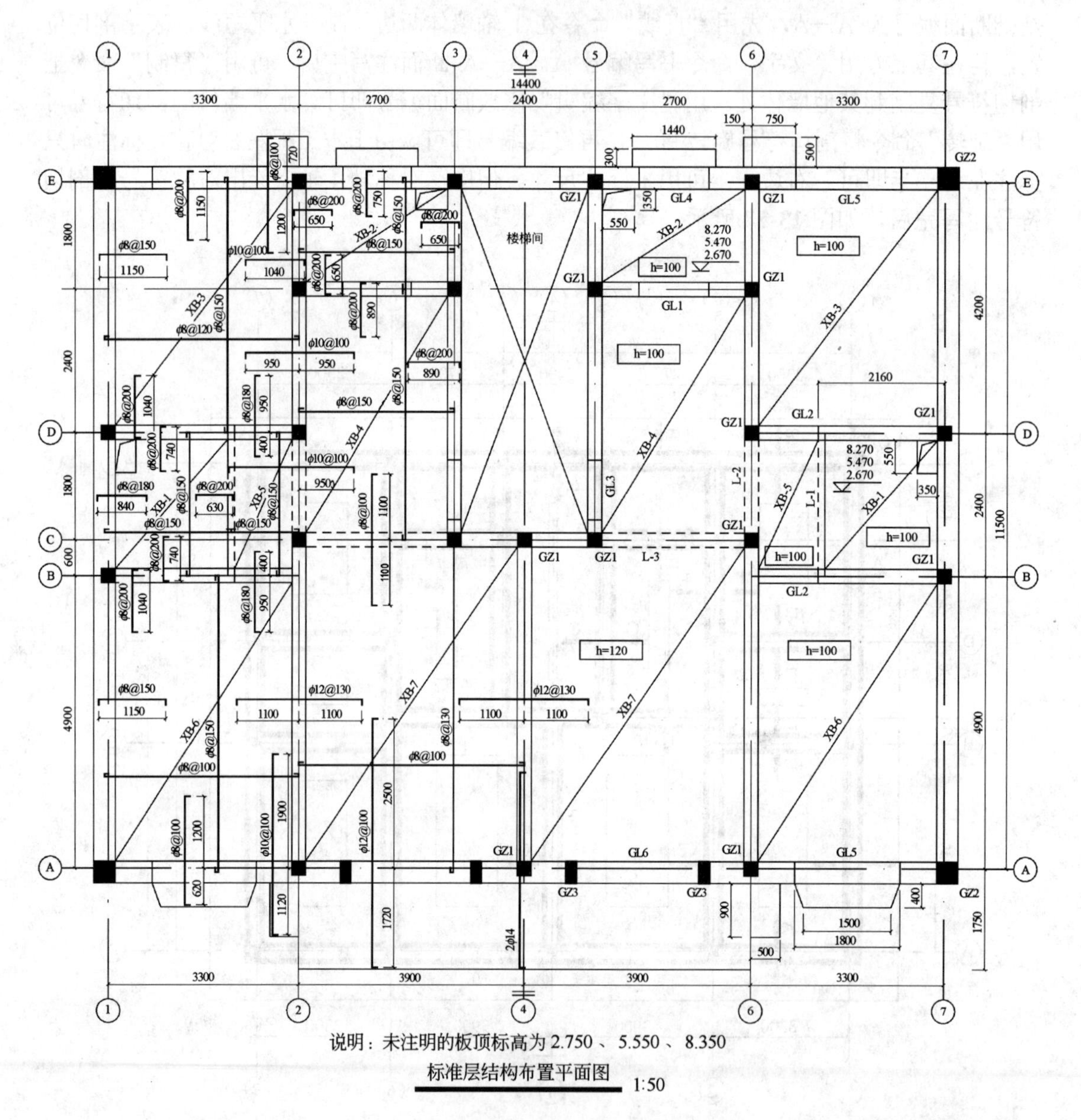

图 13-28 结构布置平面图

13.3.1 设置绘图环境

设置绘图环境与绘制构件结构图类似，但图层的设置由于所绘图形的不同应当按照表 13-3 来设置。

图 层 设 置　　表 13-3

图层	图层名称	图层颜色	图层线形	图层线宽
粗实线层	粗实线	红色	continuous	
中实线层	中实线	绿色	continuous	
细实线层	细实线	紫色	continuous	
虚线层	虚线	青色	ACAD_ISO02W100	
点画线层	轴线	蓝色	ACAD_ISO04W100	
轴线编号层	轴线编号	兰色	continuous	
尺寸层	尺寸	紫色	continuous	
文字层	文字	白色	continuous	
墙层	墙	红色	continuous	
梁层	梁实线	青色	continuous	
梁层	梁虚线	青色	ACAD_ISO02W100	
钢筋层	钢筋	红色	continuous	
钢筋标注层	钢筋标注	白色	continuous	
图框层	图框	紫色	continuous	
其他层	其他	白色	continuous	

13.3.2　绘制定位轴线及其编号

定位轴线及其编号的绘制与绘制基础平面图中的定位轴线及其编号的绘制方法完全相同，此处不再赘述。

13.3.3　绘制墙体及梁轮廓线

墙体的绘制与基础平面图相同。梁可用“直线”命令绘制，梁应绘制在图层“梁层”上，梁的投影线一般用虚线，但梁边的楼板有措层时梁的投影线应用实线。墙梁绘完后如图 13-29 所示。

13.3.4　绘制门窗洞口、阳台凸窗及构造柱等的轮廓线

门窗洞口在结构平面布置图中应和建筑平面图保持一致。阳台凸窗的投影轮廓线也应按照建筑平面图中的位置和尺寸绘出。这些轮廓线可根据建筑图中的尺寸绘制，亦可从建筑图中拷贝得到。如图 13-30 所示。

构造柱应根据设计要求，在结构平面图中绘出。本图中构造柱有三种，即 GZ1、GZ2、GZ3。GZ1 断面为 240×240，GZ2 断面为 370×370，GZ3 断面为 180×370。绘制构造柱时可先用“矩形”命令绘出一矩形，然后再用“填充”命令将矩形填实。绘制完一个后，再用“复制”命令将构造柱复制到相应的位置。如图 13-31 所示。

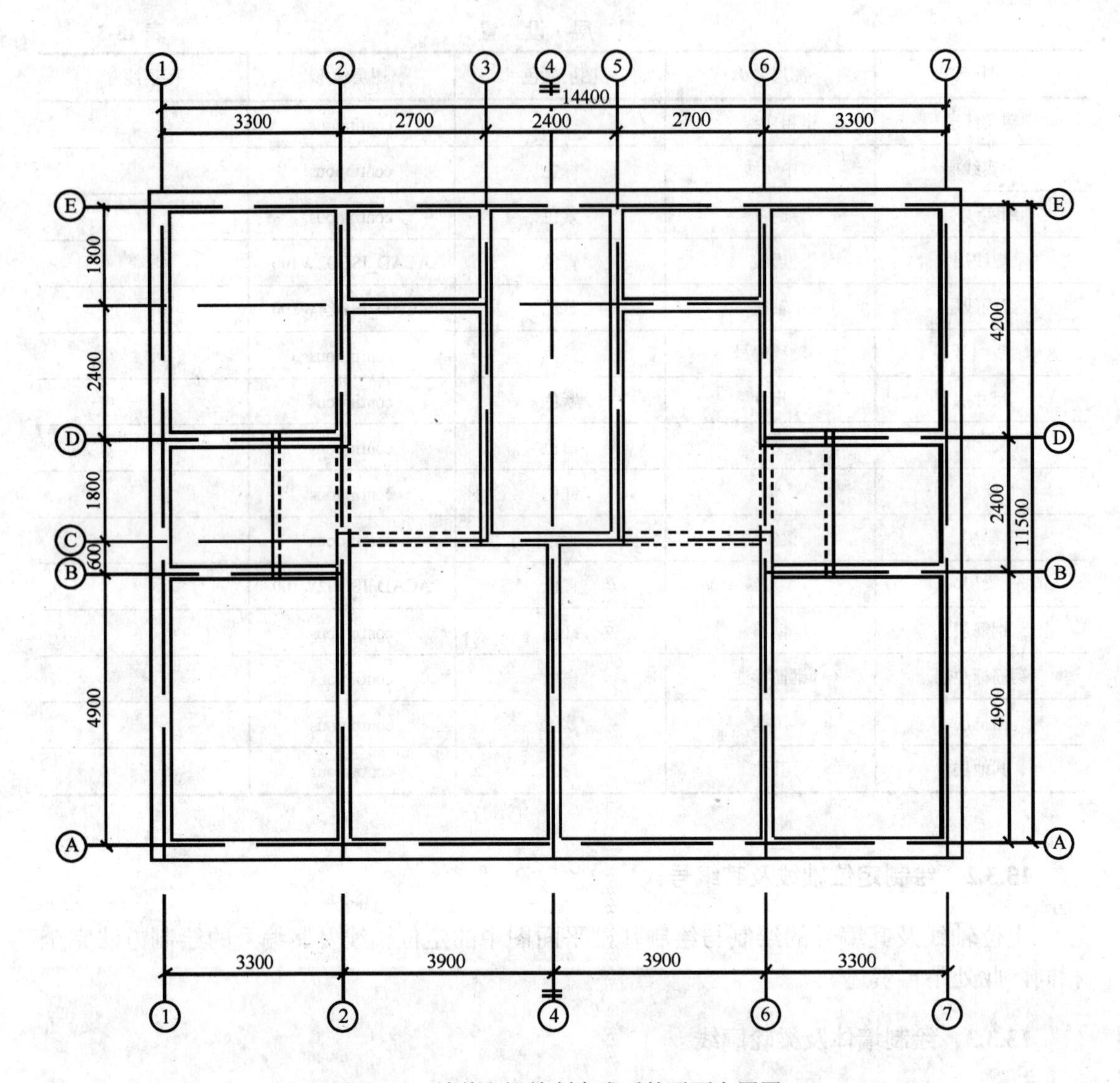

图 13-29 墙体和梁绘制完成后的平面布置图

在厨房、卫生间通风道处，楼板应预留孔洞。孔洞大小根据通风道确定。本例为 350×550。可用“矩形”命令绘制。孔洞符号用“直线”命令绘制。如图 13-32。

13.3.5 绘制现浇板钢筋布置图

由于该平面图左右对称，所以，对称的图素可只画出一半，例如：以对称轴④轴为界左边画钢筋布置图，右边画构件编号、楼板厚度、楼板标高、细部尺寸等等。下面先说明钢筋的画法。

在结构施工图中，钢筋常用多段线绘制。例如绘制①轴上的负筋，绘制过程如下：

命令：**PLINE**↙ （或单击“绘图”工具栏中的按钮，启动多段线命令）

指定起点：(在①轴墙内选定一点)

当前线宽为 0.0000

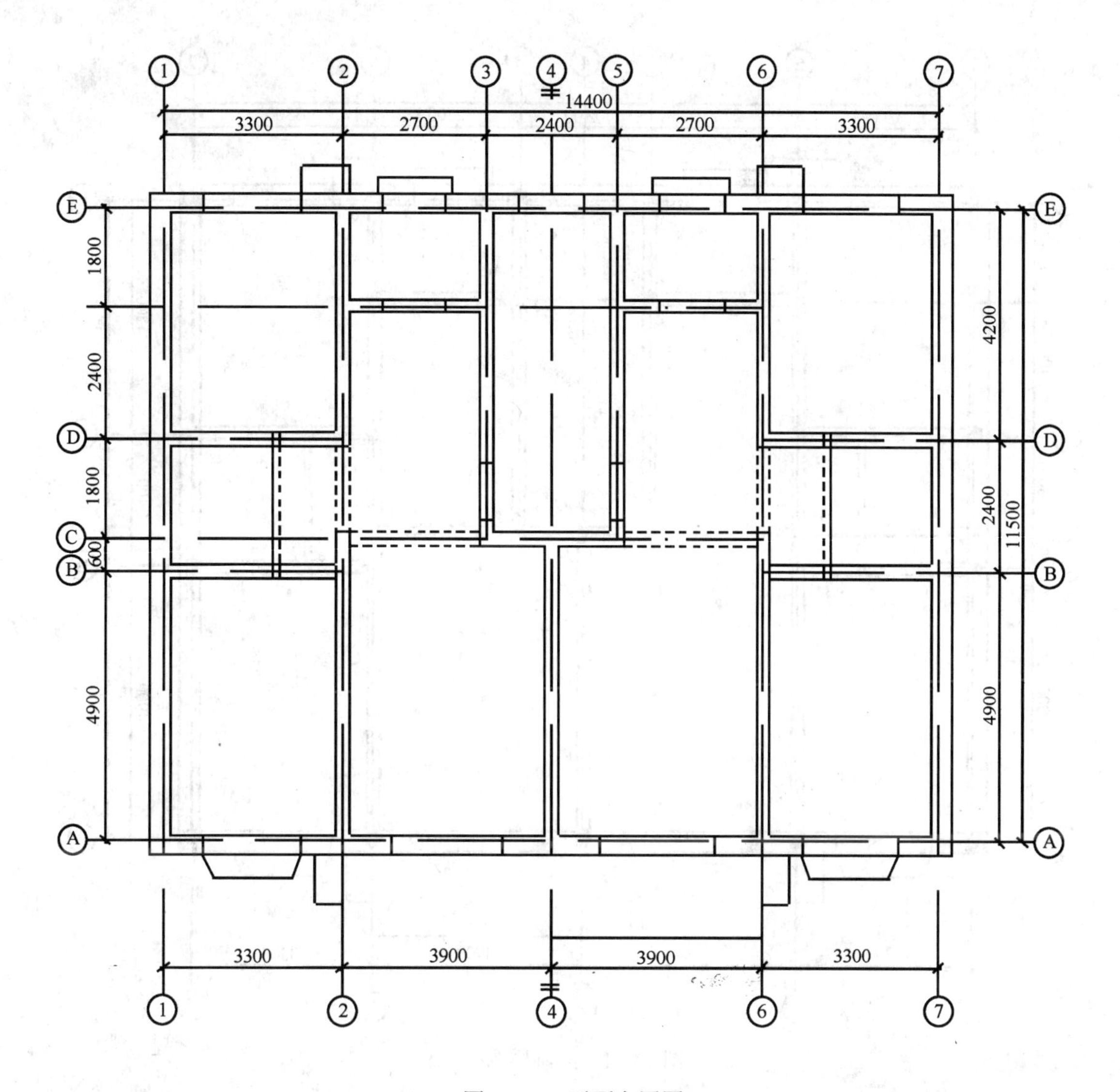

图 13-30　平面布置图

指定下一个点或 [圆弧(A)/半宽(H)/长度(L)/放弃(U)/宽度(W)]：**W**↙（调整线宽）

指定起点宽度 <10.0000>：**25**↙（输入起点线宽）

指定端点宽度 <25.0000>：↙（取端点线宽同起点线宽）

指定下一个点或 [圆弧(A)/半宽(H)/长度(L)/放弃(U)/宽度(W)]：**120**↙（鼠标向正上方拖动，输入第二点与第一点间的距离。此时应打开正交功能）

指定下一点或 [圆弧(A)/闭合(C)/半宽(H)/长度(L)/放弃(U)/宽度(W)]：**1150**↙（鼠标向正右方拖动，输入第三点与第二点间的距离。）

指定下一点或 [圆弧(A)/闭合(C)/半宽(H)/长度(L)/放弃(U)/宽度(W)]：**120**↙（鼠标向正右方拖动，输入第四点与第三点间的距离。）

指定下一点或 [圆弧(A)/闭合(C)/半宽(H)/长度(L)/放弃(U)/宽度(W)]：↙

钢筋画完后，使用“文字”命令在钢筋上方注写钢筋规格：

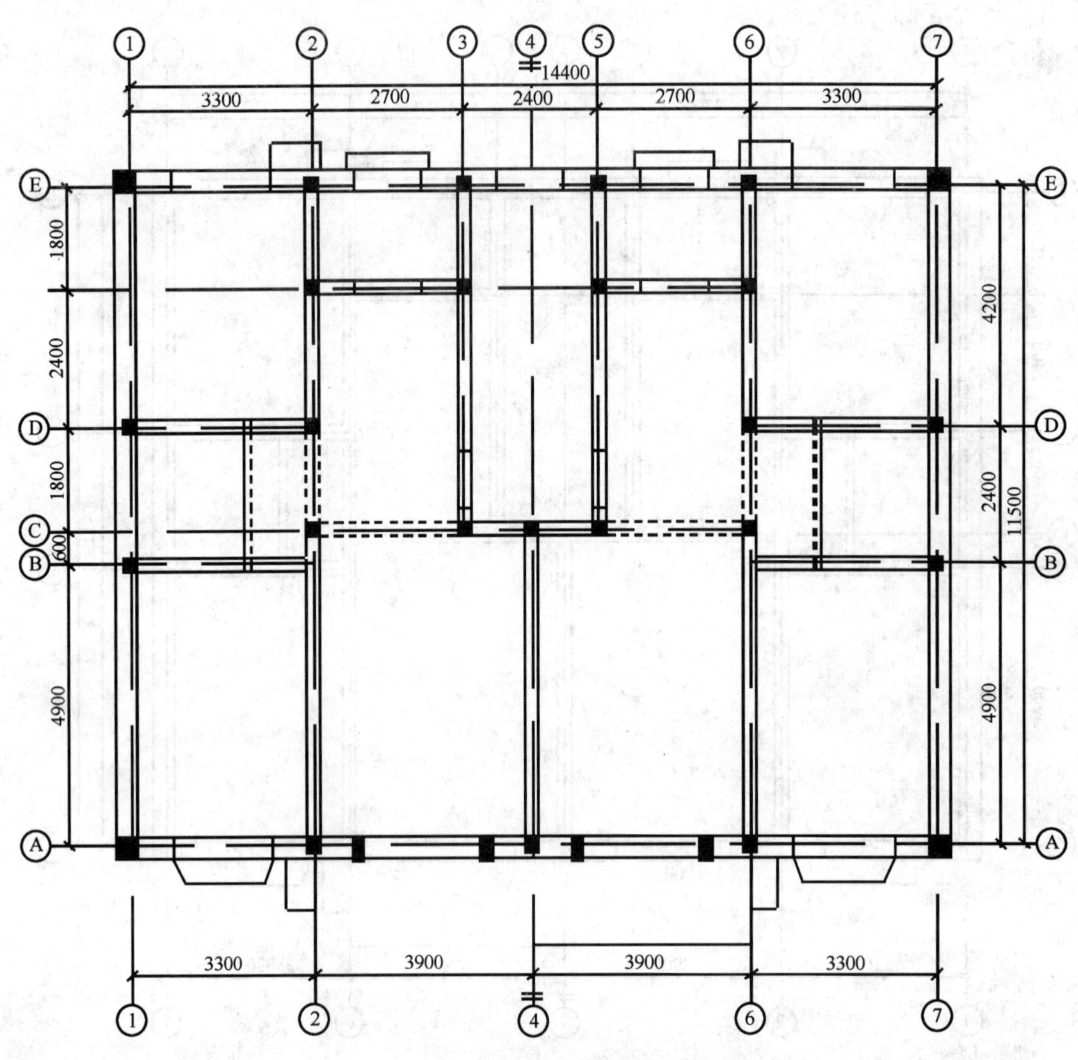

图 13-31　绘制构造柱

命令：**TEXT**↙

当前文字样式：standard　当前文字高度：25.0000

指定文字的起点或 [对正(J)/样式(S)]: **S**↙（调整文字样式）

输入样式名或 [?] < standard >: **HZ**↙ （输入定义过的文字样式）

当前文字样式：　HZ　当前文字高度：　25.0000

指定文字的起点或 [对正(J)/样式(S)]: ↙

指定高度 <25.0000>:**125**↙ （输入文字高度）

指定文字的旋转角度 <0>:↙

输入文字: **%%1808@150**↙ （其中%%180 将画出一级钢筋直径符号）

输入文字： ↙

使用“线性标注”命令在钢筋下方标注钢筋尺寸：

命令: **DIMLINEAR**↙ （或单击“标注”工具栏中的 按钮，启动线性标注命令）

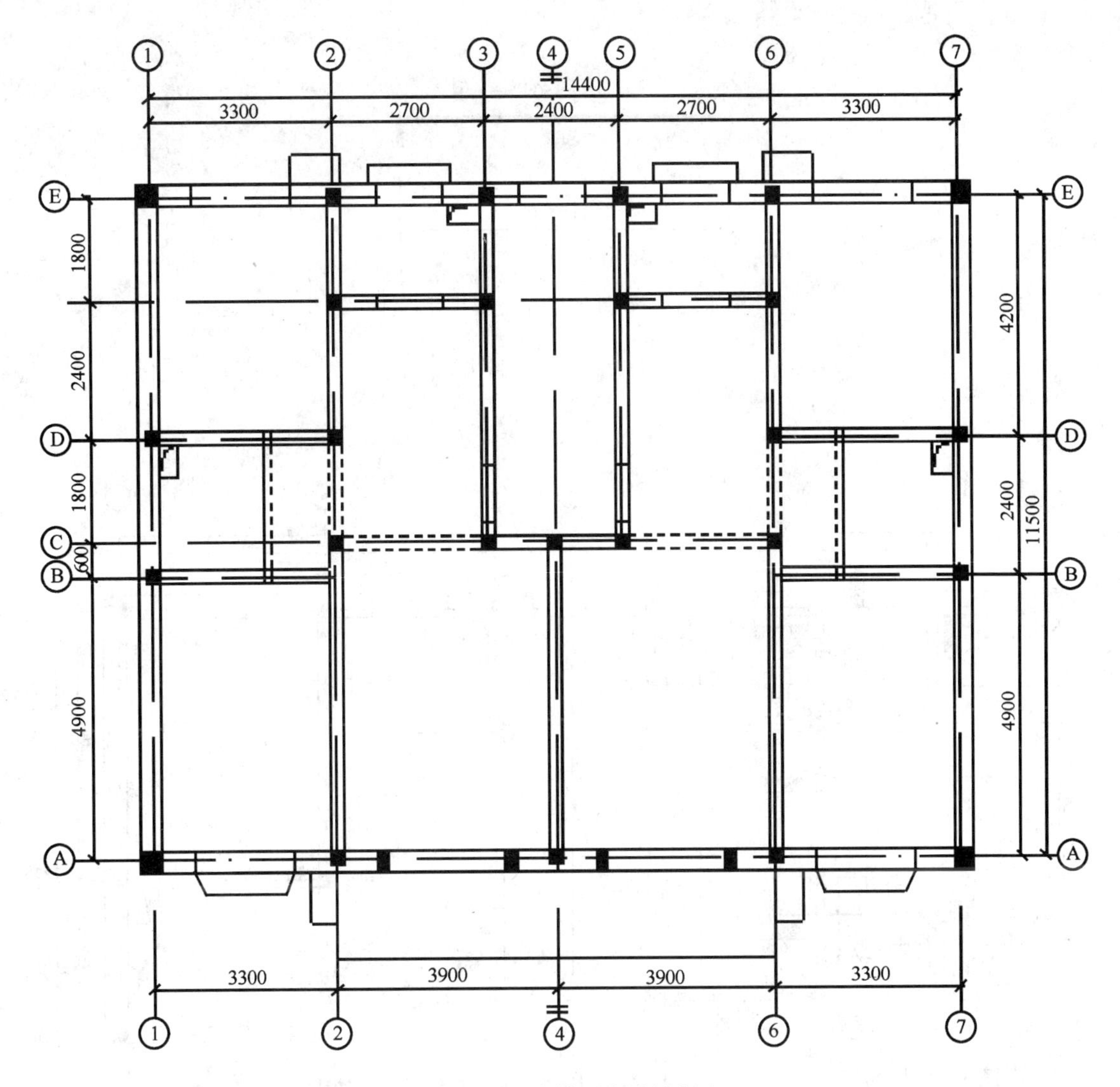

图 13-32　绘制风道预留孔洞

指定第一条尺寸界线原点或 <选择对象>:（捕捉钢筋线的左端点）

指定第二条尺寸界线原点:（捕捉钢筋线的左端点）

指定尺寸线位置或

[多行文字(M)/文字(T)/角度(A)/水平(H)/垂直(V)/旋转(R)]:（鼠标向下拖动适当距离，选定一点）

标注文字 =1150

钢筋绘完后如图 13-33 所示。

板上部的负筋绘完一个后，其他支座处的负筋可用复制命令得到，然后再用“拉伸”命令调整其长度即可。

对于各房间现浇板的标注，可以首先将图层“其他”设置为当前层，然后使用“直线”命令 LINE 绘制一条对角斜线，最后使用“文字”命令 TEXT 书写现浇板的编号即可。

钢筋布置绘完后如图 13-34 所示。

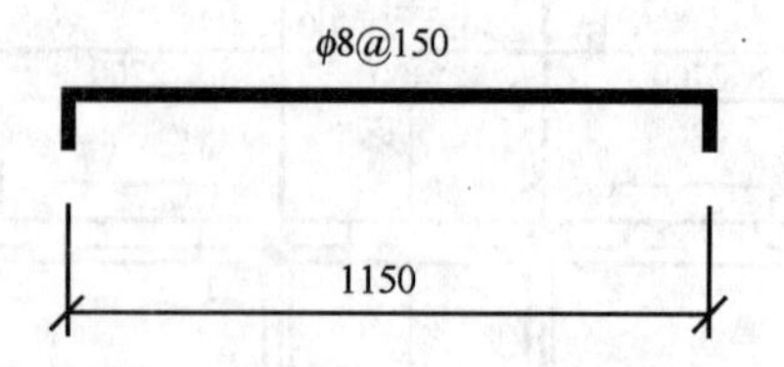

图 13-33　钢筋的绘制及其尺寸标注

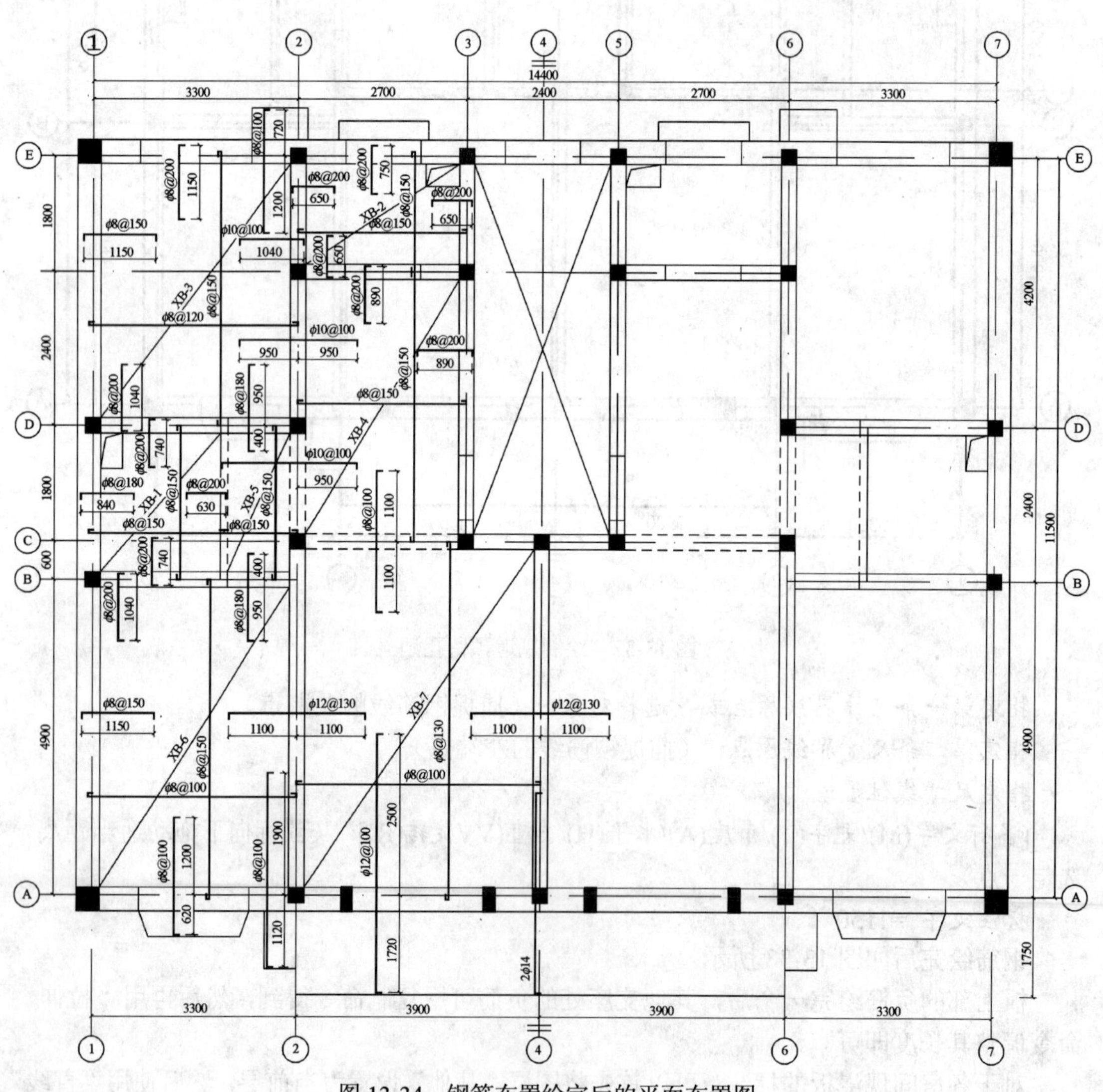

图 13-34　钢筋布置绘完后的平面布置图

13.3.6　绘制结构构件编号

板钢筋绘完后，在平面图的右半部分注写结构构件的编号，如现浇梁、现浇板、板厚、板顶标高、门窗过梁、构造柱、楼梯间等。这些文字均可用“文字”命令注写，请读者自己完成。

13.3.7　标注尺寸及文字说明

标注阳台、凸窗、空调板等细部尺寸，注写图名、必要的文字说明等。最后完成全图。如图 13-28 所示。

第 14 章　三维建模实例

创建三维模型是制作三维效果图的基础，三维建模在建筑设计中具有十分重要的作用。因此，本章将通过两个实例——楼梯间三维建模实例和楼房整体建模实例来说明三维建模的方法，并且也介绍了如何生成三维效果图的方法。

14.1　楼梯间三维建模实例

14.1.1　概述

对于复杂的建筑物的建模，由于各组成部分相互遮挡，影响观察和捕捉定位，为便于管理和操作方便，宜将其不同的组成部分绘制在不同的图层上，当某一组成部分影响正要进行的建模而又对于定位不起作用时，可将该部分所在的图层暂时关闭或冻结；当需要依赖该部分进行定位时，再将该部分所在图层打开或解冻。

楼梯由梯段、楼梯平台、栏杆、扶手等组成。创建楼梯三维模型时，为确定楼梯的位置和尺寸大小，宜先创建底层楼梯间的墙的三维模型，然后在其内部绘制楼梯。

14.1.2　梯段建模

1．绘制底层楼梯间的墙

绘制楼梯间墙的平面轮廓，如图 14-1 所示。

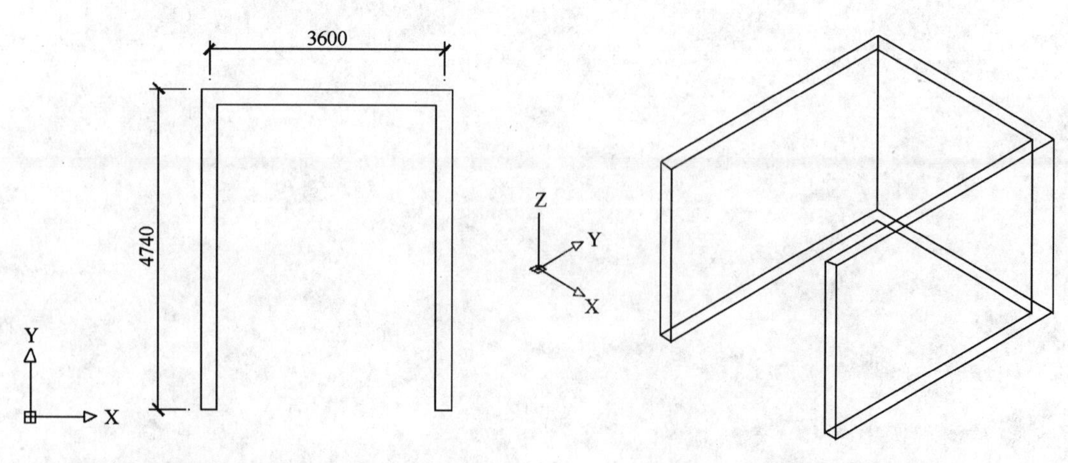

图 14-1　楼梯间墙的平面轮廓

图 14-2　楼梯间墙的东南等轴测

将楼梯间墙的平面轮廓拉伸成 3200 的高度，然后切换到东南等轴测视图（单击菜单“视图”→“三维视图”→“东南等轴测”）进行观察，如图 14-2 所示。

2．绘制梯段及楼梯平台

梯段的两侧面的形状相同，是一棱柱体。可以先用多段线绘制梯段侧面的形状，然后沿垂直于侧面的方向拉伸而形成梯段。

将坐标系原点平移到内墙面的左后下角，并依次绕 X 轴和 Y 轴分别旋转 90°，结果如图 14-3 所示。

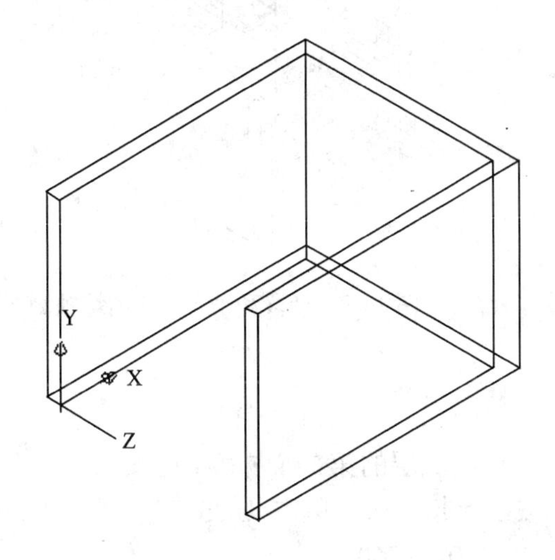

图 14-3　平移坐标原点

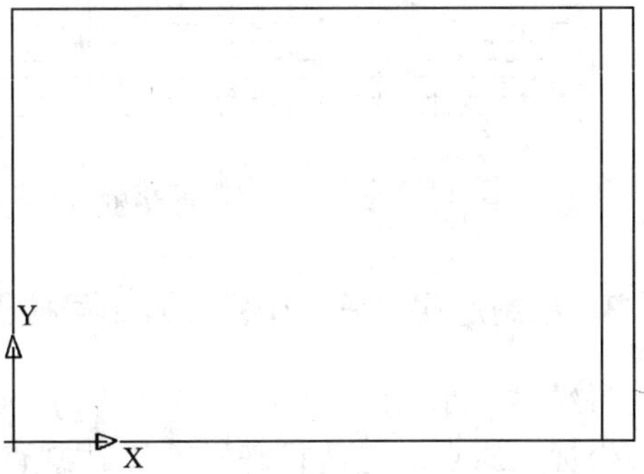

图 14-4　切换到当前坐标系的平面视图

切换到当前坐标系的平面视图。方法是：单击菜单“视图”→“三维视图”→“平面视图”→“当前 UCS”。此时，图形窗口显示正面图且坐标系原点位置不变，如图 14-4 所示 。

单击“UCS”工具栏的“原点 UCS”按钮，并输入“120，0”，坐标原点沿 X 轴正向平移了 120。然后过原点分别绘制平行于 X 轴和 Y 轴的直线，并将平行于 X 轴的直线阵列出 21 行 1 列，行间距为一个台阶的高度（160）；将平行于 Y 轴的直线阵列出 1 行 13 列，列间距为一个台阶的宽度（260）。阵列后形成网格线作为绘制梯段的辅助线，如图 14-5 所示。

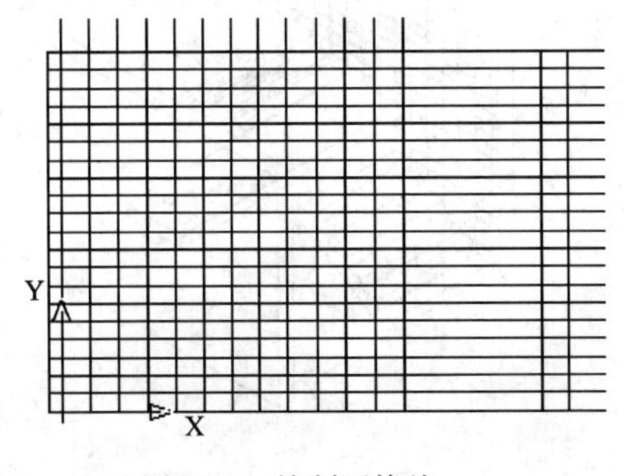

图 14-5　绘制网格线

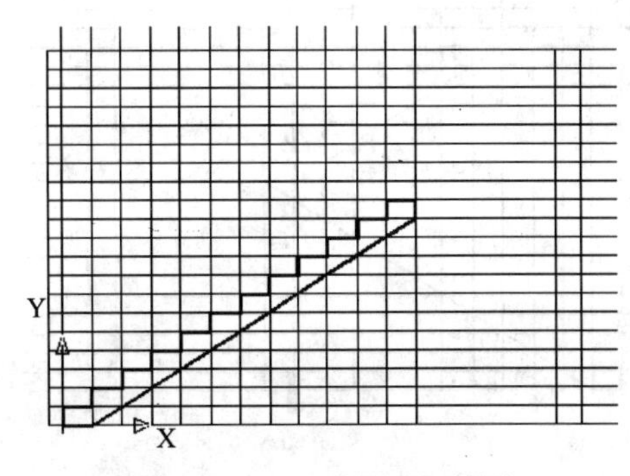

图 14-6　绘制梯段侧面轮廓

绘制底层上楼的第一个梯段　在当前坐标系平面内，从原点出发，用二维多段线结合交点捕捉模式绘制出梯段的侧面轮廓线，如图 14-6 所示。

用二维多段线绘制楼梯休息平台及平台梁的侧面，如图 14-7 所示。

生成梯段和楼梯平台　分别将梯段侧面轮廓和楼梯平台侧面轮廓拉伸 1600 和 3360。然后切换到东南等轴测视图进行观察，如图 14-8 所示。

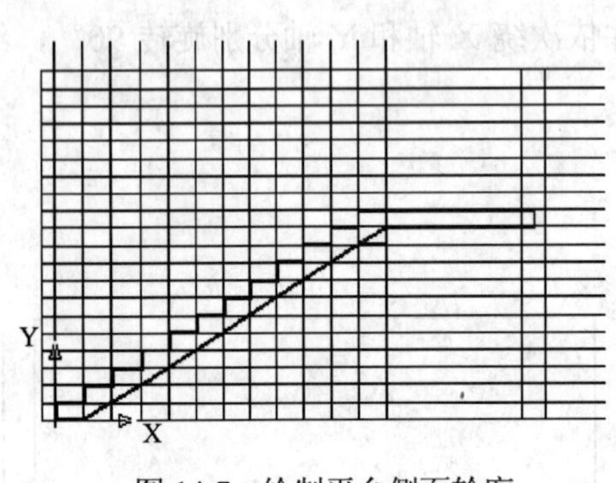

图 14-7　绘制平台侧面轮廓

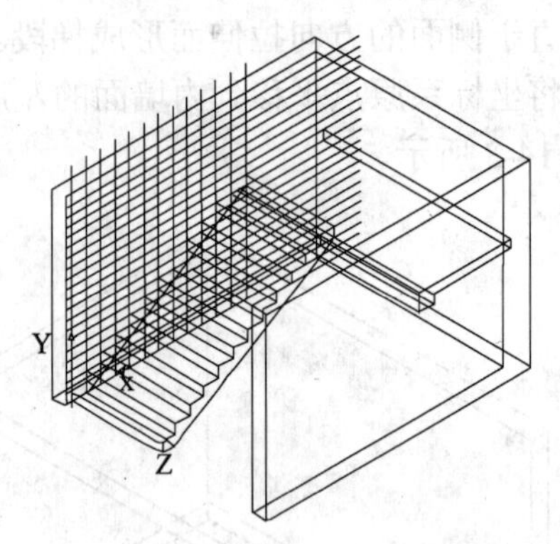

图 14-8　梯段和平台的东南等轴测

3．绘制底层的第二个梯段及二层楼板

将坐标系原点沿 Z 轴正方向平移 1760，以便绘制底层的第二个梯段。可按如下的方法平移坐标系原点：先使状态栏的“对象捕捉”按钮弹起，然后单击 UCS 工具栏的“原点 UCS”按钮，并响应命令行提示从键盘输入“0，0，1760”。

切换到平面视图：单击菜单“视图”→“三维视图”→“平面视图”→“当前 UCS”，则视图切换到当前坐标系的平面视图（坐标原点不变）。

在当前坐标系的平面视图上用二维多段线结合对象捕捉绘制第二个梯段侧面轮廓和楼梯间范围内的二层楼板（包括楼梯梁）的侧面轮廓，如图 14-9 所示。

将第二个梯段和楼板（包括楼梯梁）的侧面轮廓线分别拉伸 1600 和 3600。然后切换到东南等轴测视图进行观察，如图 14-10 所示。

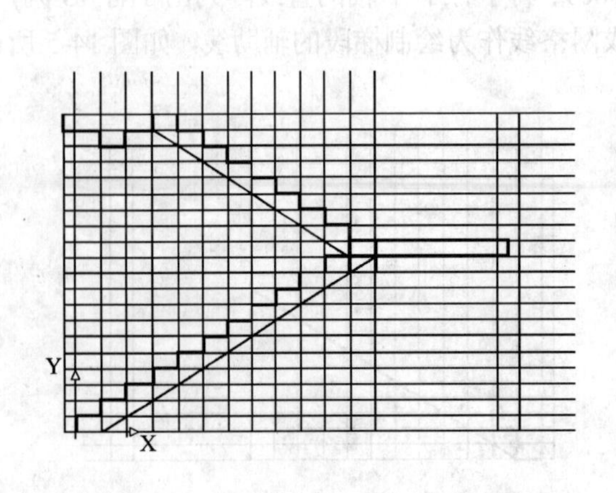

图 14-9　第二个梯段及楼板的侧面轮廓

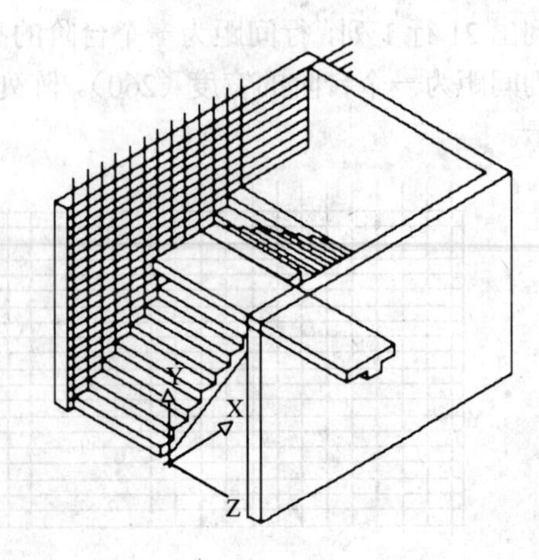

图 14-10　切换到东南等轴测

从图中可看出，楼板的端部不在所需要的位置，应将楼板沿 Z 轴负方向平移 1880（1760+120）。实际平移时，以楼板前端左上方的角点为基点，以前面墙壁左上角的棱线中点为目标点即可将楼板移到正确位置，如图 14-11 所示。

4．绘制二楼的第一个梯段

将坐标系原点平移到网格线所在平面（墙面）上，如图 14-12 所示。

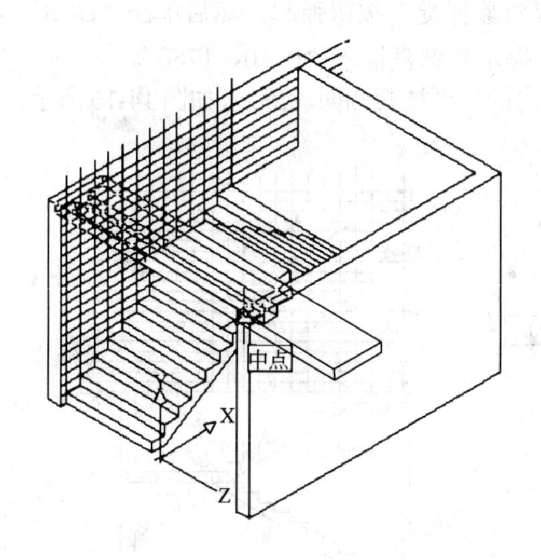

图 14-11　沿 Z 轴负方向平移楼板

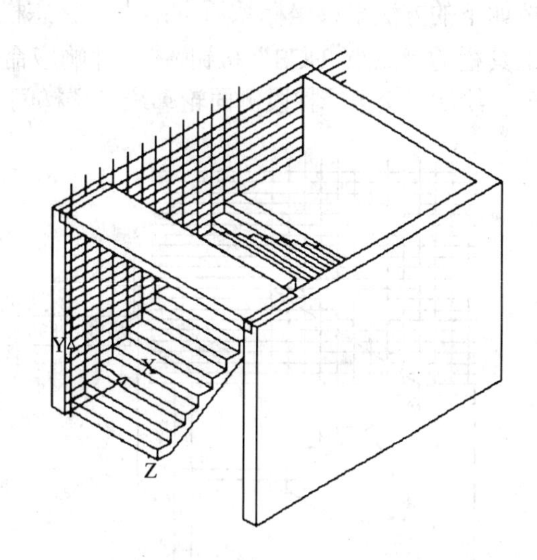

图 14-12　平以后的楼板

切换到当前坐标系的平面视图（单击菜单“视图”→“三维视图”→“平面视图”→“当前 UCS”），视图如图 14-13 所示。

将所有网格线沿 Y 轴方向平移 3200（一个楼层的高度），然后绘制二楼第一个梯端的侧面轮廓，画法与前面基本相同。因为二楼的第一个梯段的台阶数比一楼的第一个梯段的台阶数少两个，所以其起步线的位置要比一楼第一个梯段的起步线右移两个踏面的距离，如图 14-14 所示。

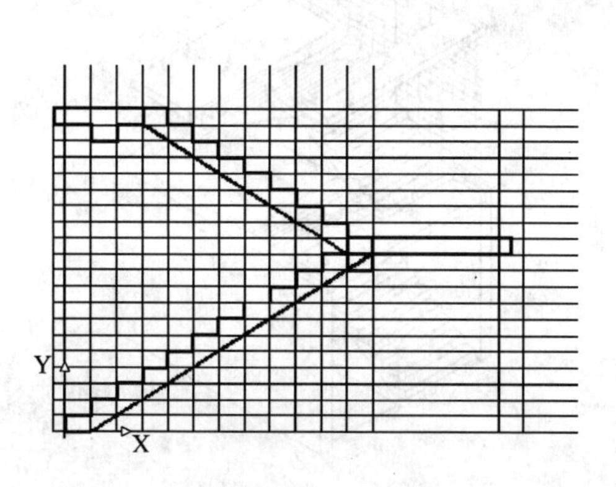

图 14-13　切换到当前 UCS 的平面视图

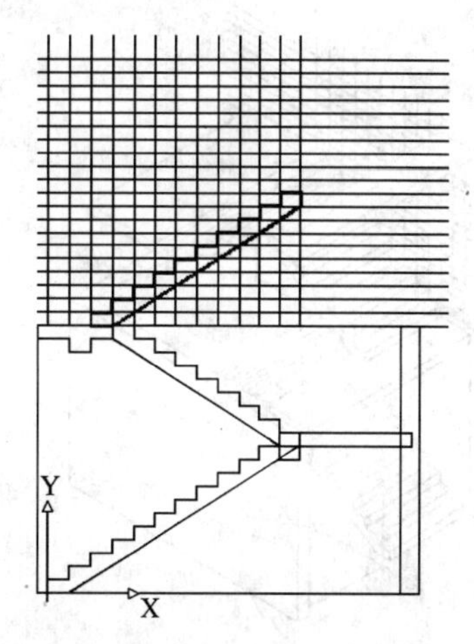

图 14-14　移动网格线并绘制梯段侧面轮廓

将刚绘制的梯段侧面轮廓拉伸成 1600 的厚度。

将一层的楼梯平台沿 Y 轴正方向复制，距离为 2880（4.800m-1.920m），这一步的操作可利用极轴功能并由键盘输入距离来实现，如图 14-15 所示。

5．绘制二楼第二梯段及楼板

将坐标系沿 Z 轴方向平移 1760，以便绘制二楼的第二个梯段。在不切换视图的情况下按如下的方法平移坐标系原点：先使状态栏的“对象捕捉”按钮弹起，然后单击“UCS”工具栏的“原点 UCS”按钮，并响应命令行提示从键盘输入“0，0，1760”。

绘制二楼第二梯段侧面轮廓线及楼梯间范围内的三楼楼板侧面轮廓线，如图 14-16 所示。

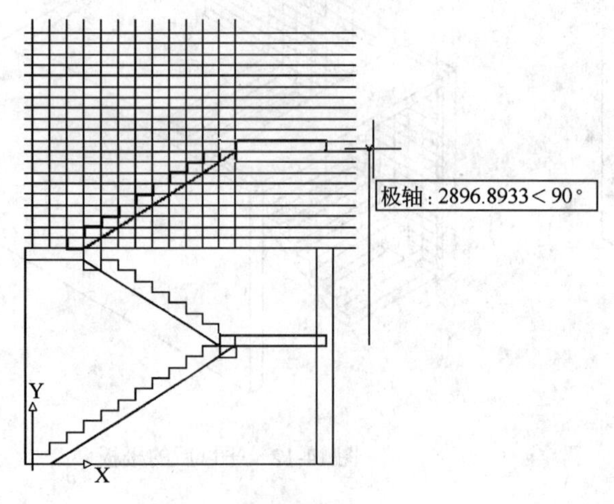

图 14-15　复制楼梯平台

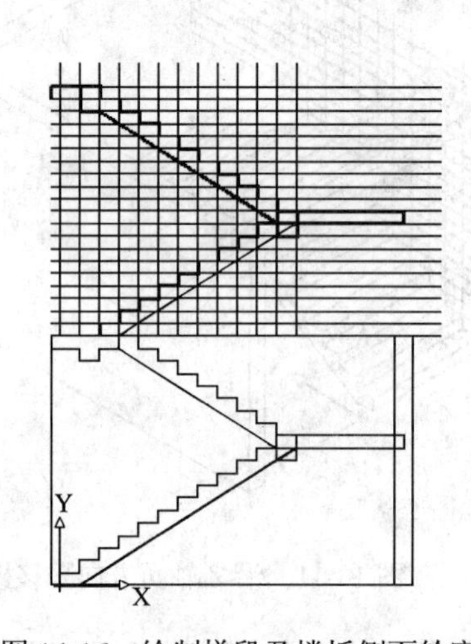

图 14-16　绘制梯段及楼板侧面轮廓

分别将梯段侧面轮廓线和楼板侧面轮廓线拉伸成 1600 和 3600 的厚度。然后切换到东南等轴测视图进行观察，如图 14-17 所示。

从图中可以看出，楼板的后端面位于内墙面（网格线所在的平面）上。将楼板沿 Z 轴负方向平移 120（使其伸入墙体 120 的距离），平移后如图 14-18 所示。

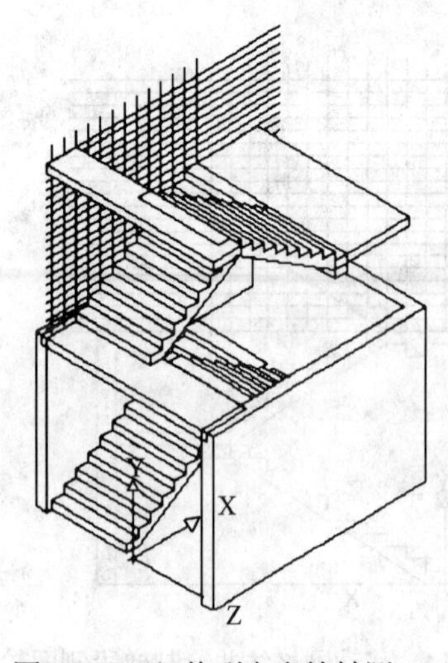

图 14-17　切换到东南等轴测

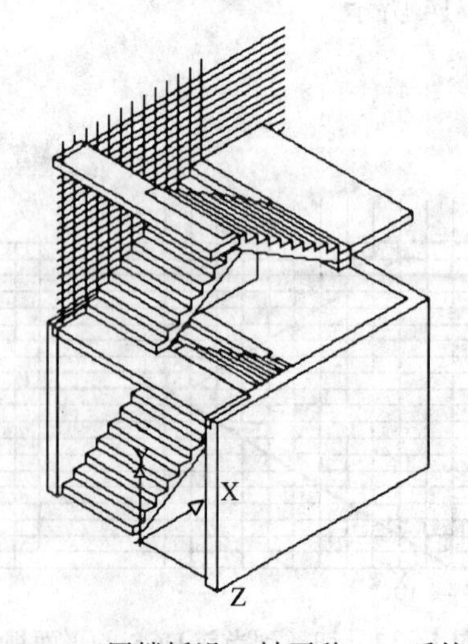

图 14-18　三层楼板沿 Z 轴平移 120 后的轴测图

6. 绘制贮藏室

将坐标系原点定义在较近的墙壁的外墙面的左下角处，然后单击“绘图”工具栏的“矩形”按钮，并从键盘输入矩形的第一个角点（0，0），回车后输入第二个角点（4740，-450），生成一个位于外墙面上的矩形，如图 14-19 所时。然后将矩形拉伸-3840，形成一位于室内地面以下的长方体，如图 14-20 所示。

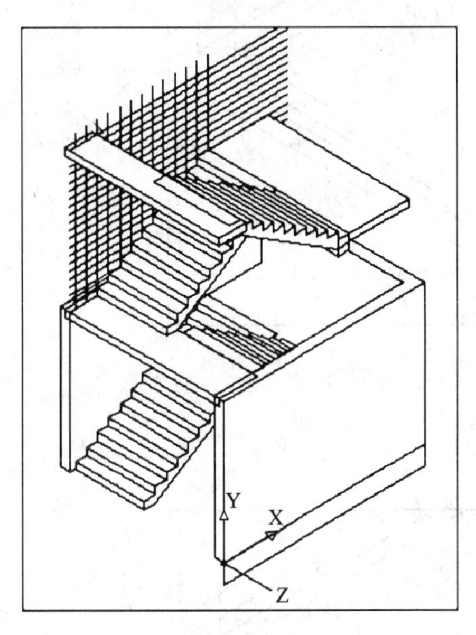

图 14-19　平移坐标系并绘制基础侧面

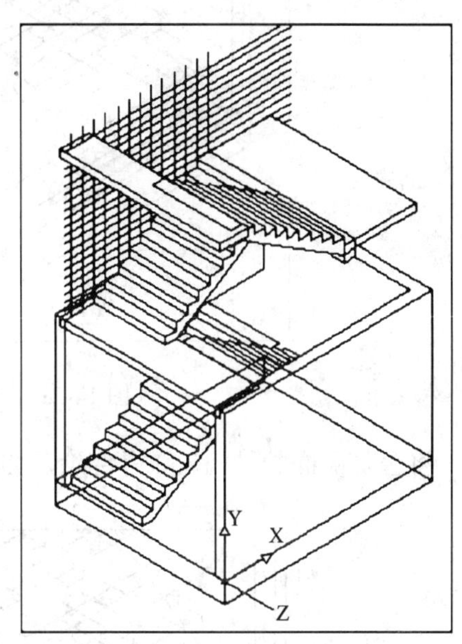

图 14-20　生成基础

将坐标系原点移到内墙面左下角处，用同样的方法再绘制一长方形，长方形的第一角点为（640，0），第二角点为（4500，-390），如图 14-21 所示。

将长方形拉伸-3360，生成另一长方体，如图 14-22 所示。

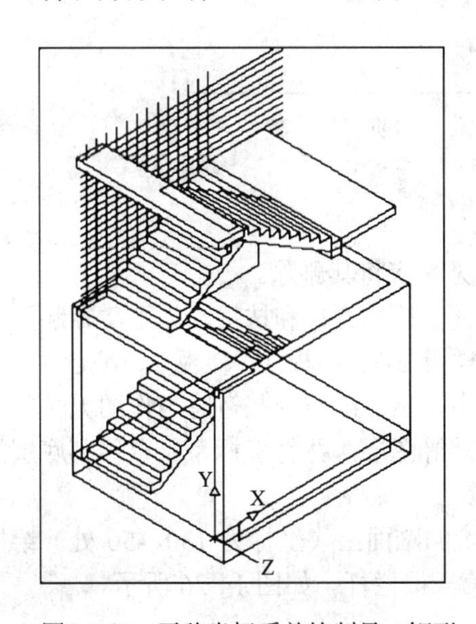

图 14-21　平移坐标系并绘制另一矩形

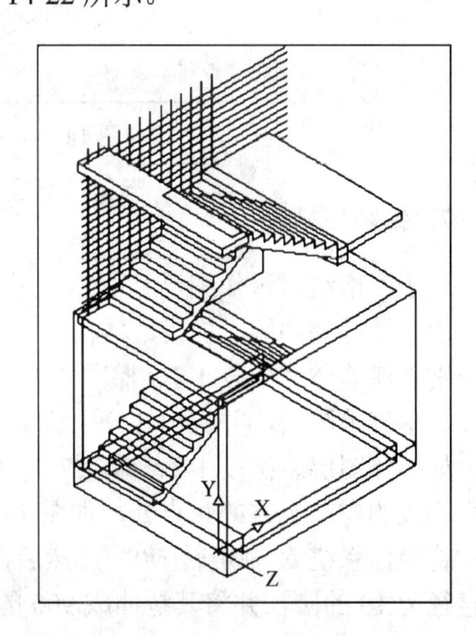

图 14-22　拉伸矩形形成长方体

将上述两个长方体作差集运算（单击“实体”工具栏的“差集”按钮，然后拾取大长方体，回车后拾取小长方体并回车确认），形成贮藏室空间。

将坐标系原点平移到（640，-390）处，然后用多段线绘制台阶的侧面，如图 14-23 所示。

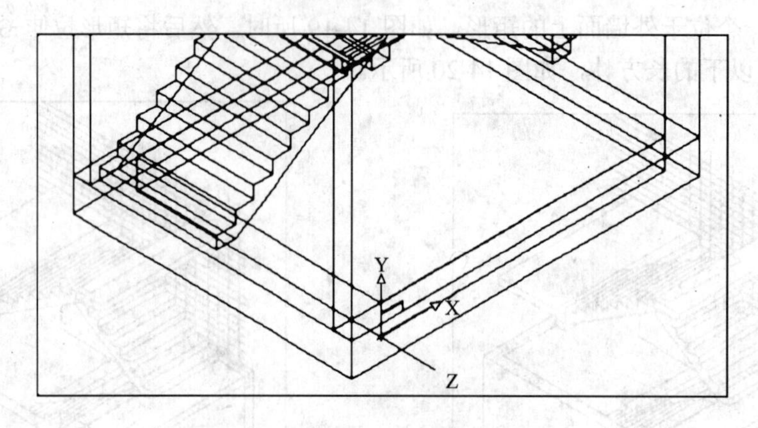

图 14-23　平移坐标系并绘制台阶侧面

将台阶侧面拉伸-1760 得台阶，如图 14-24 所示。

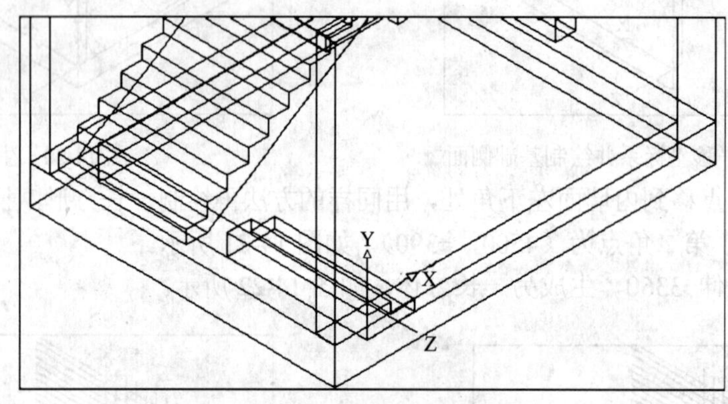

图 14-24　拉伸台阶侧面生成台阶

7. 绘制栏杆

由于网格线对于作图已经不起作用，为清晰起见，应将其删除。

由于楼梯间的墙、梯段、楼板等相互遮挡，不便于绘制栏杆和扶手。为了清晰起见，可分别创建墙体、梯段 1-1、梯段 1-2、梯段 2-1、梯段 2-2、楼板 1、楼板 2、平台 1、平台 2、基础等图层，并将构件分别放入相应的图层中，然后冻结一些暂时与作图无关的图层，如墙体图层、梯段 1-2、梯段 2-2、楼板 1、基础等图层，并将坐标系原点移到底层第一个梯段的左前上方的角点处，如图 14-25 所示。

将坐标系绕 X 轴旋转-90°，然后在第一个台阶的踏面上（坐标为 130，50 处）绘制一直径为 10 的圆，并将其拉伸成 900 的高度，得第一根栏杆。如图 14-26 所示。

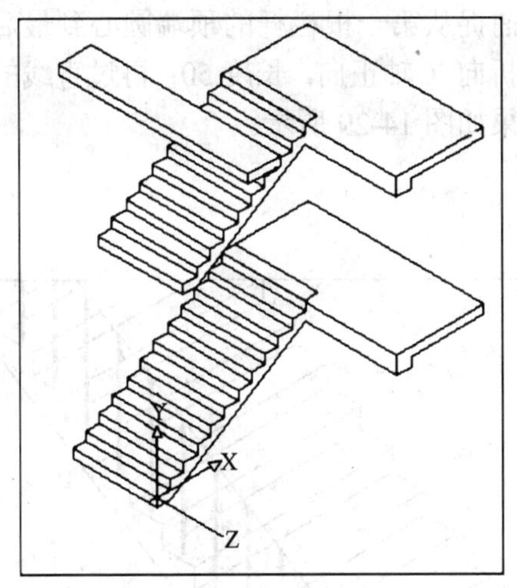

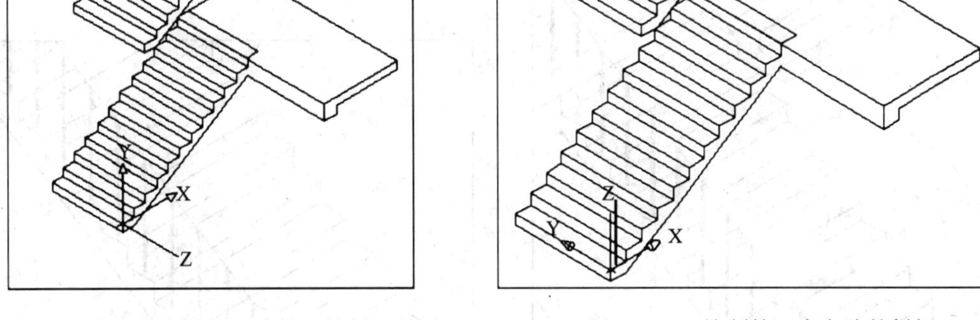

图 14-25　冻结部分梯段、墙体、楼板、基础　　　　图 14-26　绘制第一个台阶的栏杆

用多重复制的方法绘制底层第一个梯段上的其余栏杆。操作过程如下：

命令：**COPY**↙

选择对象:（拾取栏杆）

选择对象：↙

指定基点或位移，或者 [重复(M)]: **M**↙

指定基点:（利用对象捕捉拾取第一个台阶左前上方角点——凸角点）

指定位移的第二点或 <用第一点作位移>: （拾取上一级台阶的凸角点）

此时，已复制出上一级台阶的栏杆，如图 14-27 所示。

连续拾取其他台阶的凸角点，直到复制出整个梯段上所有栏杆。如图 14-28 所示。

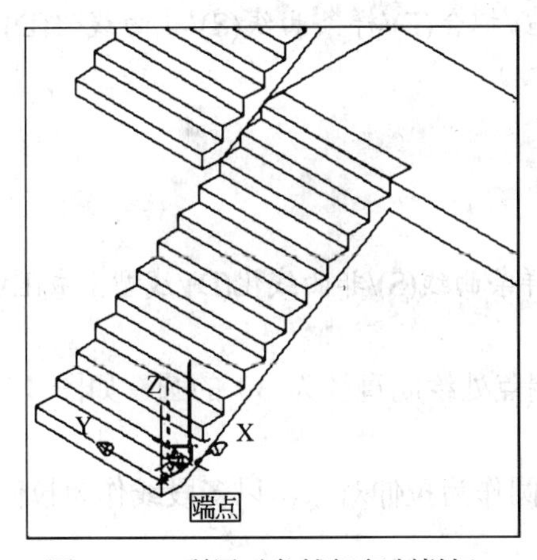

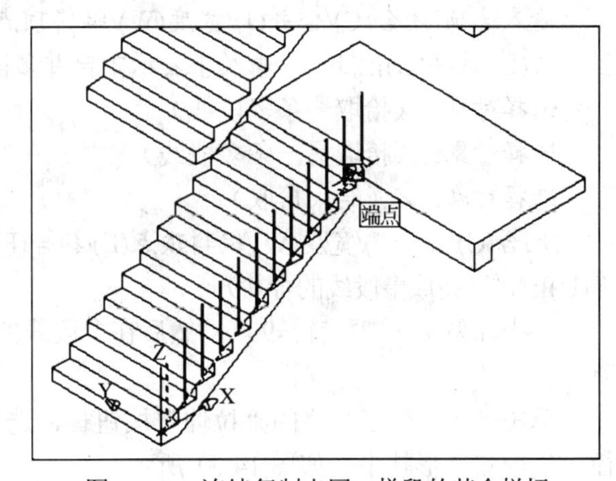

图 14-27　利用对象捕捉复制栏杆　　　　图 14-28　连续复制出同一梯段的其余栏杆

8．绘制扶手

将坐标系绕 X 轴旋转 90°，使 XY 坐标面与栏杆平行。为清晰起见，可将坐标系平移到其他地方。

设置对象捕捉模式为“圆心”，然后利用对象捕捉从第一根栏杆的顶端圆心到最后一根栏杆的顶端圆心绘制一条多段线，然后将多段线折向X轴正向，长度50；再过直线的下端点沿X轴负方向绘制一长度为80的多段线。结果如图14-29所示。

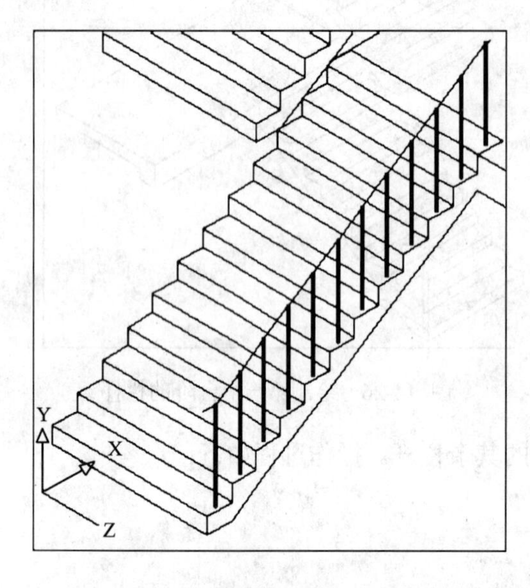

图14-29　沿栏杆顶端绘制多段线

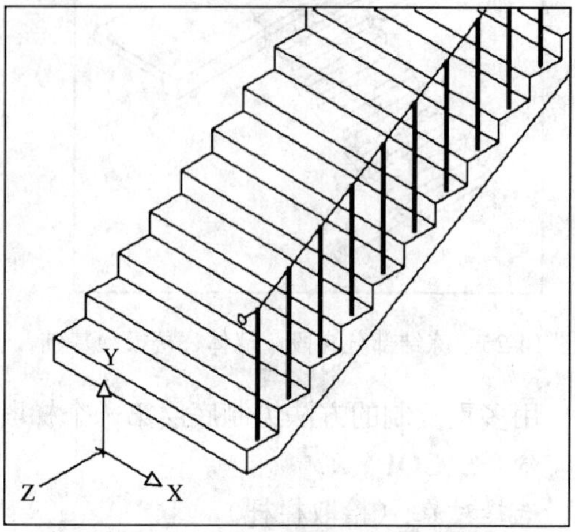

图14-30　在多段线端点绘制圆

将上述两条多段线编辑成一条多段线。方法如下：

单击菜单“修改”→“对象”→“多段线”，后续提示及操作过程如下：

命令：**PEDIT**↙

选择多段线或 [多条(M)]:（拾取任意一条多段线）

输入选项[闭合(C)/合并(J)/宽度(W)/编辑顶点(E)/拟合(F)/样条曲线(S)/非曲线化(D)/线型生成(L)/放弃(U)]: J↙（输入J表示要合并多段线）

选择对象：（拾取一条多段线）

选择对象：（拾取另一条多段线）

选择对象：↙（结束拾取）

[闭合(C)/合并(J)/宽度(W)/编辑顶点(E)/拟合(F)/样条曲线(S)/非曲线化(D)/线型生成(L)/放弃(U)]: ↙（完成多段线的合并）

将坐标系绕y轴旋转-90°，然后在多段线的端点处绘制直径为30的圆，如图14-30所示。

单击“实体”工具栏的“拉伸”按钮，选择圆作为拉伸对象，以多段线作为拉伸路径，生成圆柱形扶手。如图14-31所示。

9．绘制一层第二个梯段的栏杆和扶手

解冻“梯段1-2”和“楼板1”图层，冻结“平台2”图层，然后切换到东北等轴测视图。如图14-32所示。

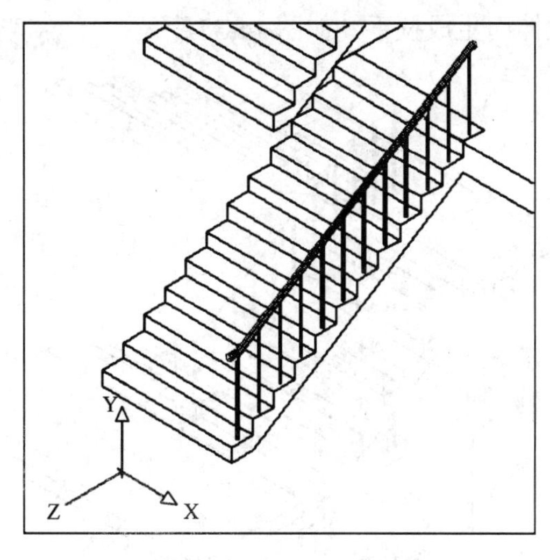

图 14-31　将圆拉伸生成扶手

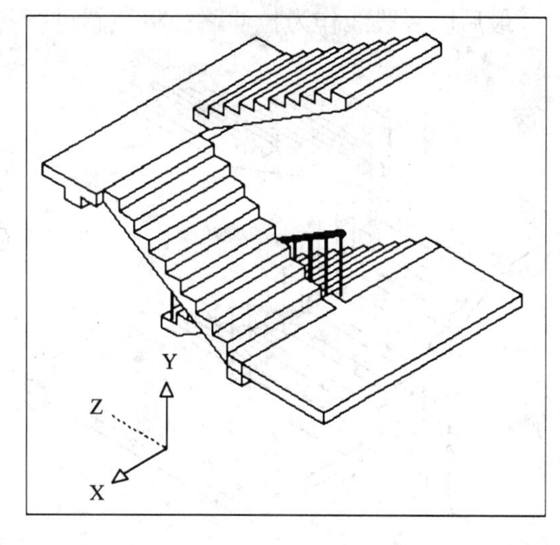

图 14-32　切换到东北等轴测

将底层第一个梯段最上面的一根栏杆沿 X 轴正向复制，距离为 260，得到一层第二梯段的第一根栏杆。如图 14-33 所示。

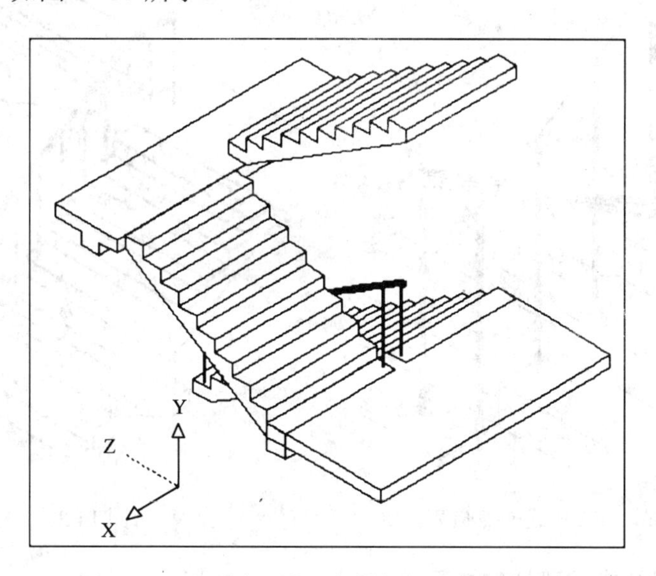

图 14-33　将最上面的一根栏杆沿 X 轴方向复制

将坐标系绕 Y 轴旋转 90°，使 XY 坐标面与扶手平行。

解冻“楼板 1”图层，然后用多重复制的方法绘制出底层第二个梯段的其他台阶上的栏杆，再将最上面一级台阶的那根栏杆沿 X 轴负方向复制，距离为 260，连续复制两根，复制后如图 14-34 所示。

接下来从上到下通过每根栏杆顶端的中心绘制一条多段线折线，当折线到达最下面一根栏杆顶端圆心时，继续沿 X 轴正向绘制一长度为 50 的直线段。如图 14-35 所示。

将坐标系绕 Y 轴旋转 90°，并在多段线的端点绘制一个半径为 30 的圆，如图 14-36 所示。

最后以多段线作为拉伸路径将该圆进行拉伸而生成扶手，如图 14-37 所示。

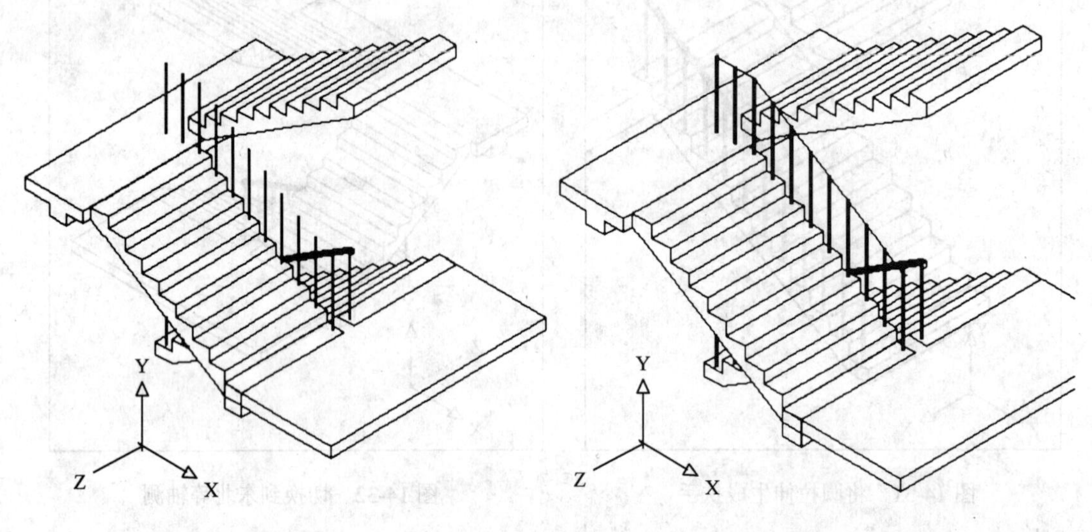

图 14-34　利用对象捕捉复制其余栏杆　　　　图 14-35　沿栏杆顶端绘制多段线

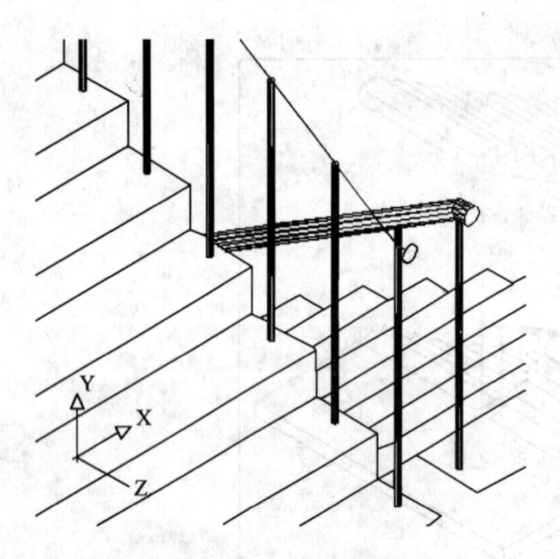

图 14-36　在多段线端点画圆

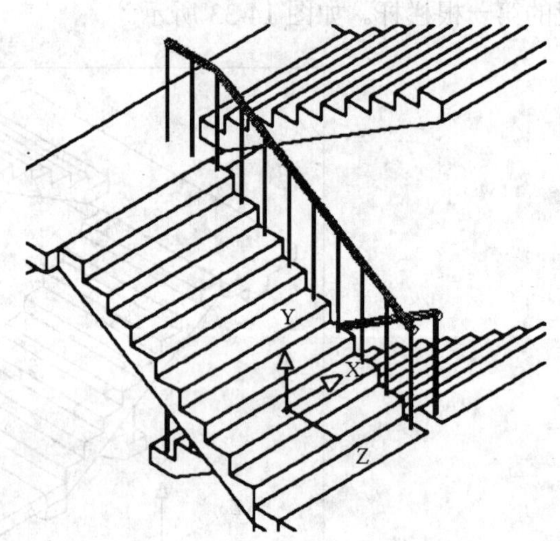

图 14-37　生成扶手

10．绘制楼梯平台拐弯处的扶手

先将扶手端部放大，然后将坐标系绕 X 轴旋转-90°，使 XY 坐标面处于水平位置，如图 14-38 所示。

然后用多段线绘制三段水平折线（两段平行于 Y 轴，端点位于扶手的端部圆心，长度为 50；另一段平行与 X 轴，长度为 260。如图 14-39 所示。

将多段线进行圆角处理（圆角半径为 50），圆角处理后如图 14-40 所示。

将坐标系绕 X 轴旋转 90°，并在扶手端部画一直径与扶手直径相同的圆（半径 30），然后执行拉伸命令将该圆进行拉伸，在提示指定拉伸高度时，输入“P”并回车，然后拾取多段线作为拉伸路径，便可生成拐弯处的扶手，如图 14-41 所示。

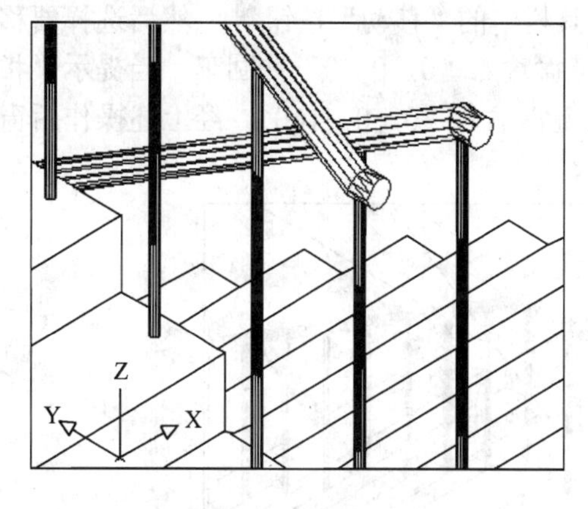

图 14-38 将扶手端部放大

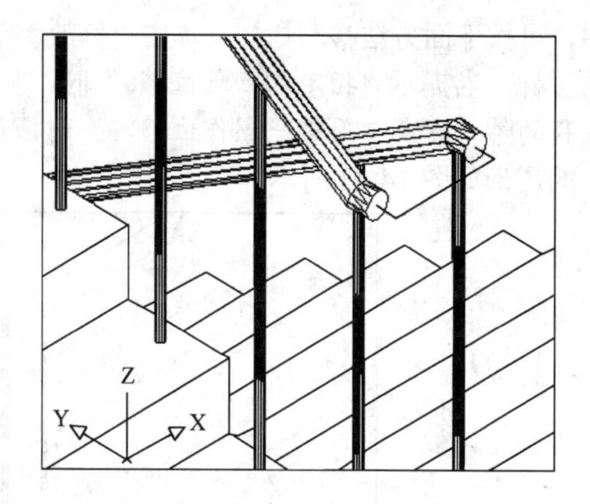

图 14-39 在扶手端部绘制水平多段线

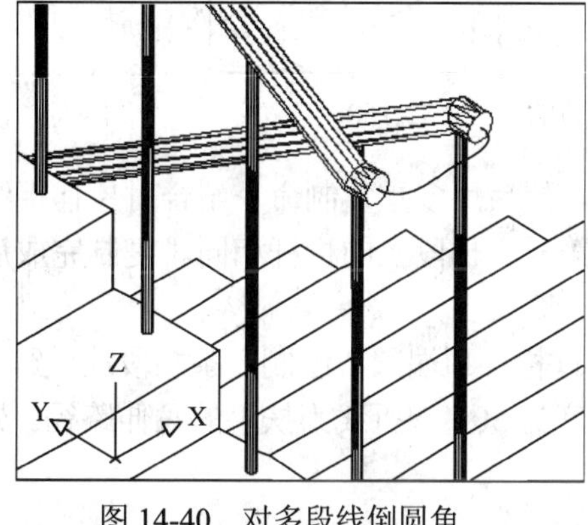

图 14-40 对多段线倒圆角

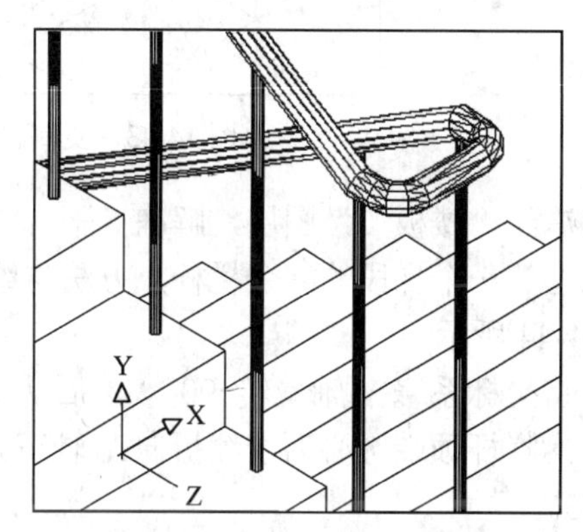

图 14-41 生成拐弯处的扶手

11．绘制二层第一个梯段的栏杆和扶手

切换到东南等轴测视图，并将二层楼面附近（包括底层第二个梯段的部分栏杆扶手和二层第一个梯段的大部分）放大，再将坐标系切换到世界坐标系（输入 UCS 后回车即可），此时窗口显示图形如图 14-42 所示。

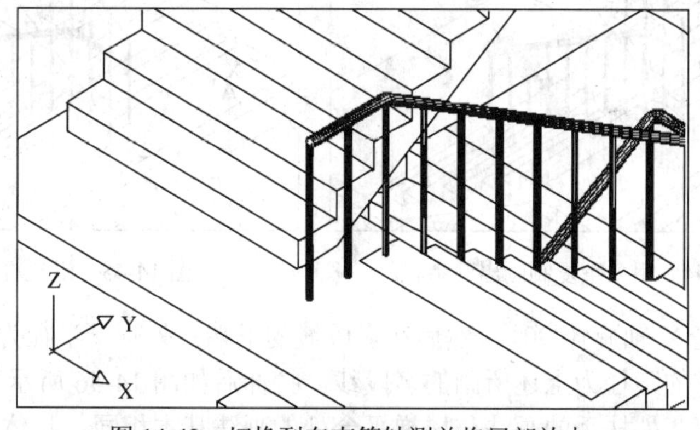

图 14-42 切换到东南等轴测并将局部放大

将底层第二个梯段最左边的两根栏杆沿 X 轴负方向复制，间距为 260；再将刚复制的两根栏杆中的右边那一根上移 160，使其下端位于第一级台阶的台阶面上。在当前坐标系中，可按下面方法移动栏杆：单击“修改”工具栏中的“移动”按钮，然后选择要移动的栏杆，当提示“指定基点或位移：”时，从键盘输入“0，0，0”并回车，当提示“指定位移的第二点或 <用第一点作位移>：”时，从键盘输入“0，0，160”。经上述操作后窗口中的图形如图 14-43 所示。

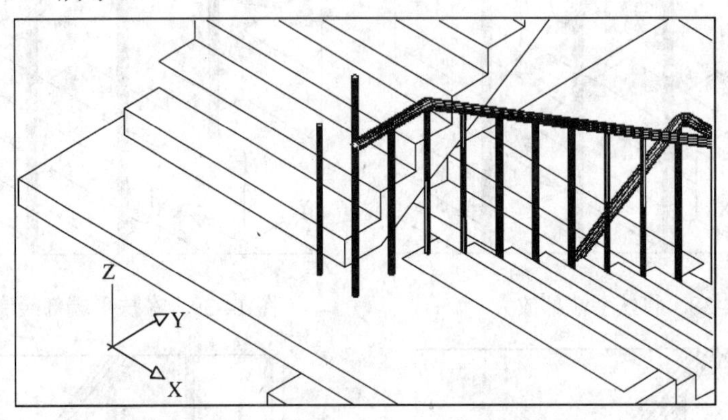

图 14-43　复制栏杆并将右边的一根上移 160

冻结“楼板 2”图层，解冻“平台 2”图层。然后用多重复制命令结合对象捕捉绘制出二层第一个梯段的其余栏杆，方法与绘制底层第一个梯段上的栏杆相同。复制完成后如图 14-44 所示。

将坐标系统 Y 轴旋转-90°，然后从下到上通过栏杆顶端圆心绘制一条多段线，到达最上面的栏杆顶端圆心后继续折向 Y 轴正方向，长度为 50。该折线为扶手的拉伸路径。如图 14-45。

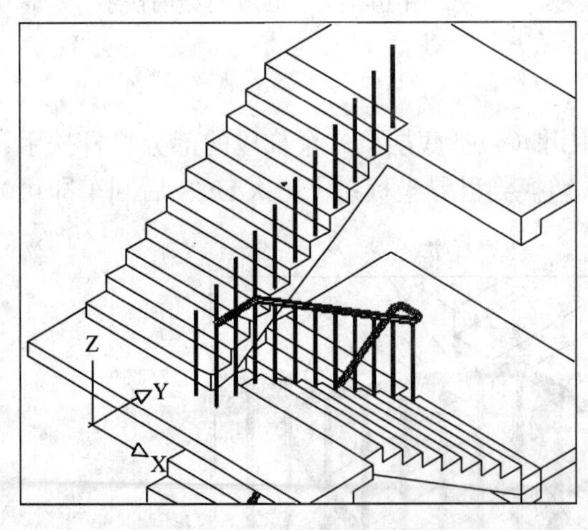

图 14-44　用多重复制画出其余栏杆

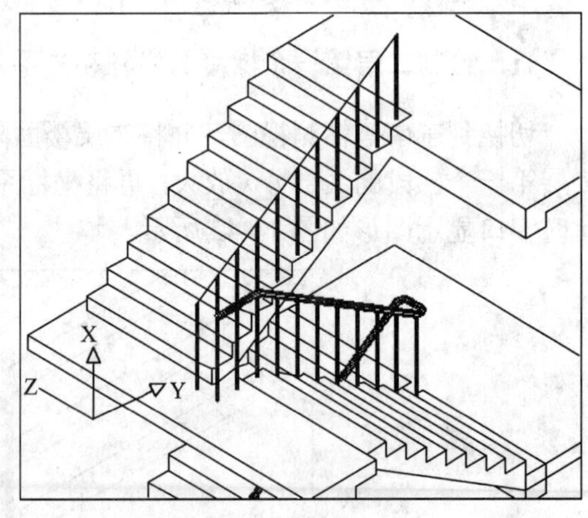

图 14-45　沿栏杆顶端绘制多段线

将坐标系统绕 X 轴旋转 90°，然后在多段线的下端点处画一半径为 30 的圆，并将该圆进行拉伸，拉伸的路径为上述所画的多段线。拉伸后如图 14-46 所示。

二层楼面拐弯处扶手的画法与楼梯平台处的画法基本相同。具体过程如下：

将坐标系统绕 Y 轴旋转 90°，使 XY 坐标面处于水平位置。然后通过二层第一个梯段扶手下端圆心沿 X 轴负方向绘制一条长度为 50 的多段线，再拐弯折向 Y 轴负方向，长度为 260，最后折向 X 轴正方向画至底层第二个梯段扶手上端圆心。画完后如图 14-47 所示。

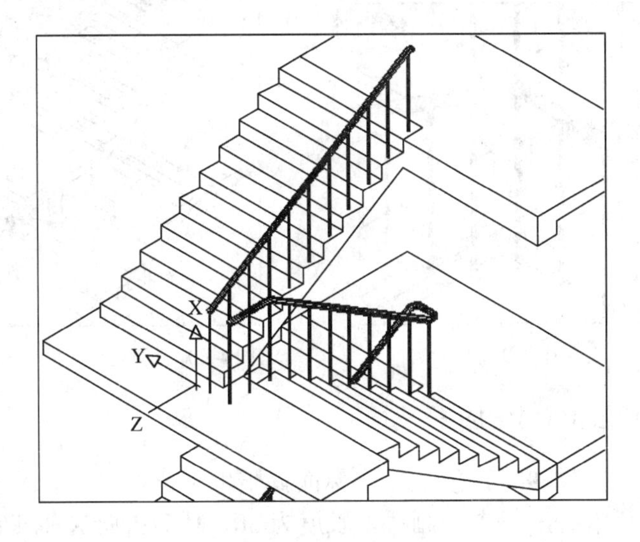

图 14-46　生成扶手

对多段线的两个直角进行倒圆角，圆角半径为 50，倒圆角后如图 14-48 所示。

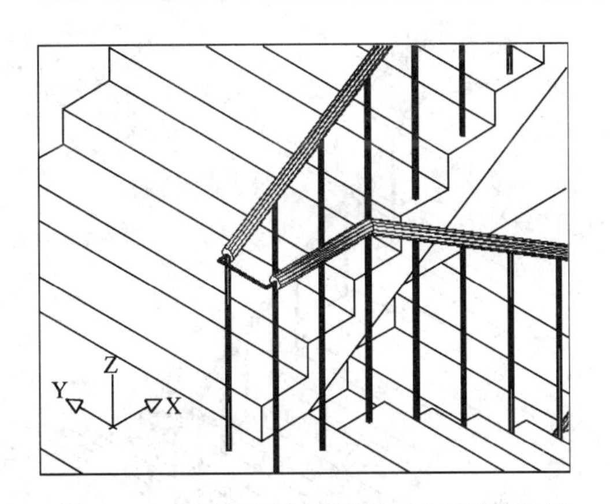

图 14-47　在楼面拐弯处的绘制水平多段线

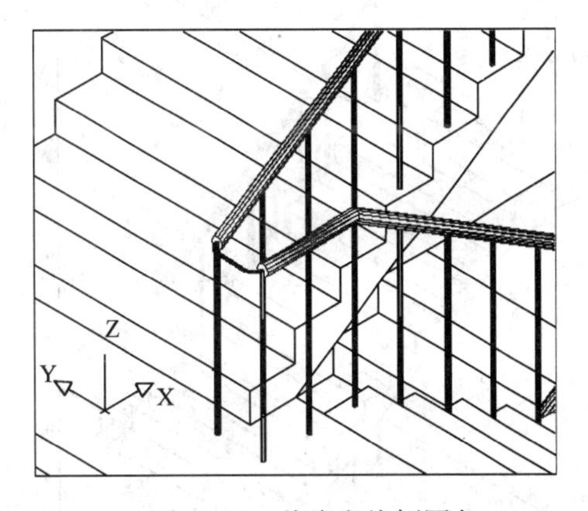

图 14-48　将多段线倒圆角

将坐标系绕 Y 轴旋转−90°，并在多段线的端点处绘制一半径为 30 的圆（圆心位于多段线的端点），然后以多段线作为拉伸路径将该圆进行拉伸。结果如图 14-49 所示。

12．绘制二楼第二个梯段的栏杆及扶手

切换到东北等轴测视图，解冻“楼板 2”图层（三楼楼地面所在图层）和“梯段 2-2”图层，窗口图形如图 14-50 所示。

二层第二个梯段的栏杆、扶手以及楼梯平台拐弯处的扶手的画法与一层第二梯段的栏杆、扶手及平台拐弯处的扶手的画法基本相同，此处不再重复。二层第二个梯段的栏杆及扶手画完后如图 14-51 所示。

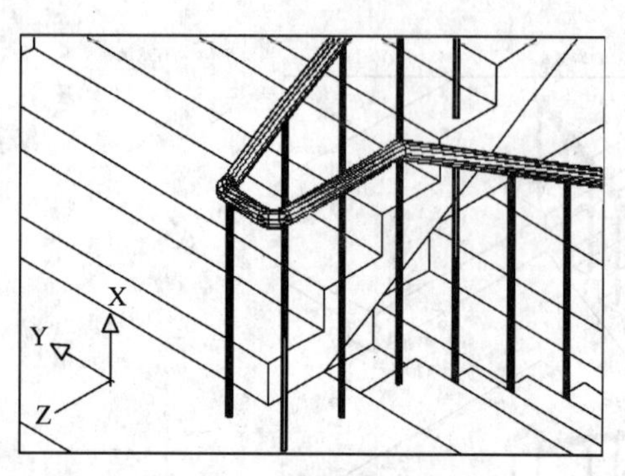

图 14-49　生成拐弯处的扶手

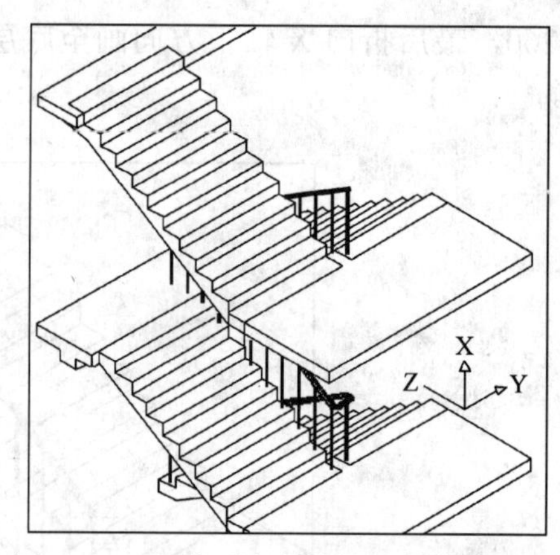

图 14-50　切换到东北等轴测并冻结部分图层

13．绘制位于顶层楼面上的栏杆及扶手

将坐标系绕 X 轴旋转-90°，使 XY 坐标面处于水平位置，然后用多段线命令从水平段圆管端部的圆心开始沿 Y 轴方向画线，长度为 50，然后折向 X 轴正向，长度为 1850。如图 14-52 所示。

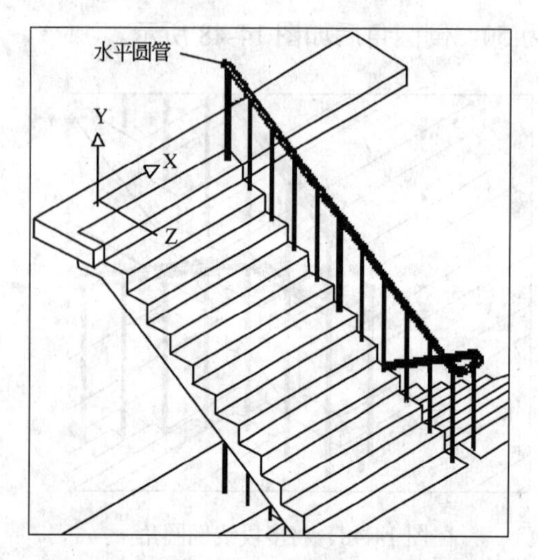

图 14-51　完成后的二楼第二个梯段及拐弯处的扶手

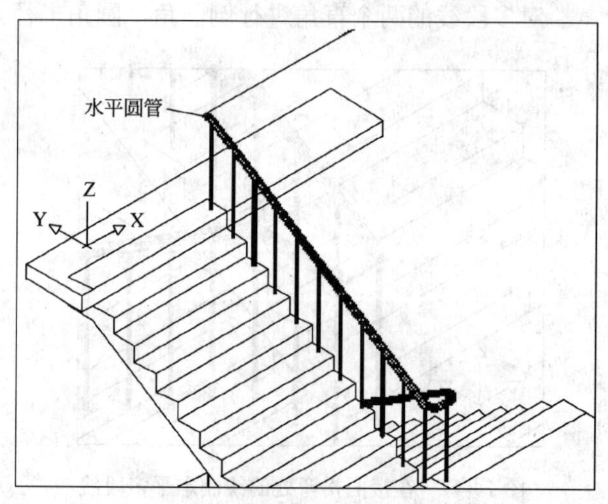

图 14-52　绘制三层楼面扶手的中心线（水平折线）

将多段线的折角处倒圆角，圆角半径为 50，经倒圆角后的多段线将作为扶手的拉伸路径。

将坐标系绕 X 轴旋转 90°，然后在水平圆管的端部圆心（即多端线的端点）处绘制一半径为 30 的圆，再以多段线为拉伸路径将该圆进行拉伸可得横向扶手。如图 14-53 所示。

横向扶手下面的栏杆可以采用复制的方法绘制。具体方法如下：

将坐标系绕 X 轴旋转-90°，使 XY 坐标面处于水平位置。然后将最上面一根栏杆沿 Y 轴方向复制，距离为 100，之后将刚复制的栏杆进行矩形阵列，行数为 1，列数为 8，列间距为 260。最后将位于拐角处的栏杆（首先复制的那一根）删掉，便得到楼面上的栏杆。如图 14-54 所示。

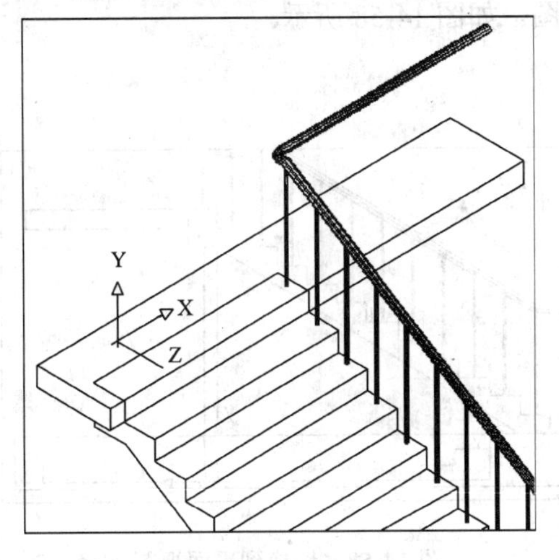

图 14-53　生成扶手

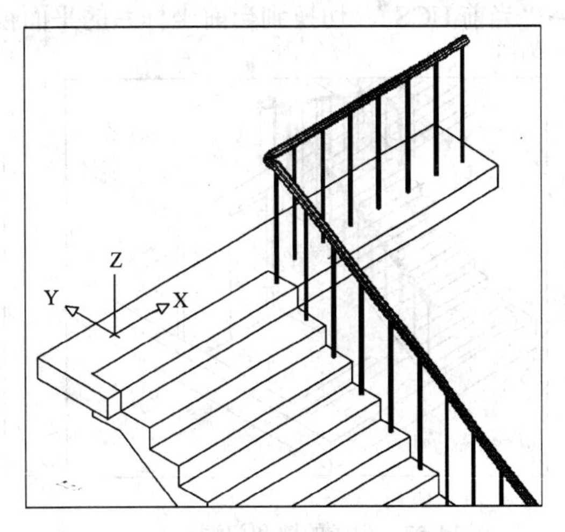

图 14-54　生成三层楼面上的栏杆

14．绘制贮藏室的墙和门

（1）绘制贮藏室的门

切换到东南等轴测视图，并冻结遮挡贮藏室的底层第二个梯段（“梯段 1-2”图层）和二层楼地面（“楼板 1”图层）

将坐标系绕 Z 轴旋转 180°， 再绕 X 轴旋转 90°；然后通过楼梯梁的右前下角点绘制一矩形，宽 1760，高 2000，如图 14-55 所示。

将坐标系原点移到矩形的左下角，然后再绘制一矩形，其左下角点坐标为“100，0”，右上角点坐标为“@800，2000”，如图 14-56 所示。

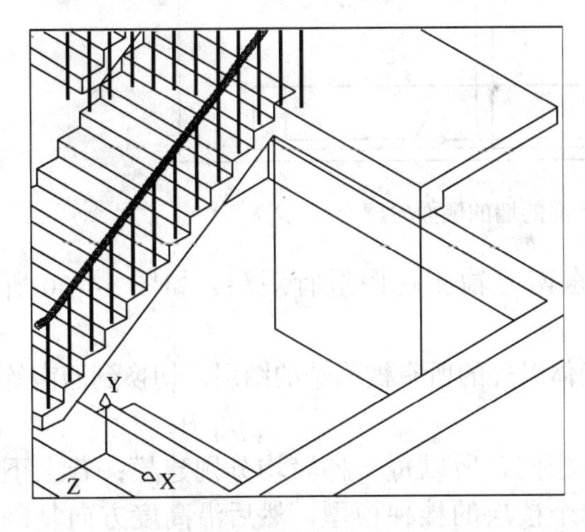

图 14-55　绘制门所在墙的侧面

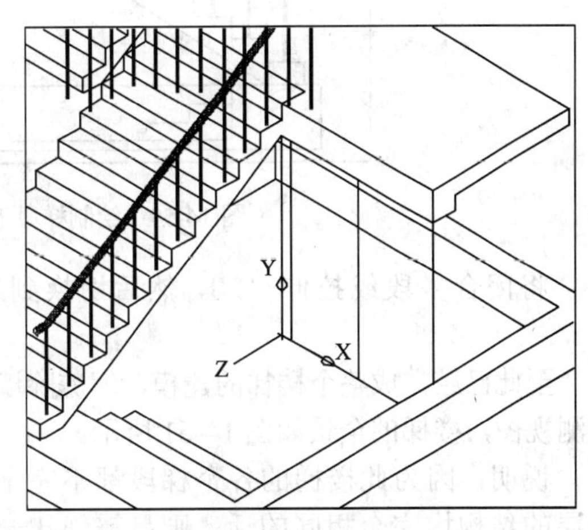

图 14-56　绘制门洞轮廓

将两个矩形拉伸-120 得到两个长方体。然后作差集运算（将大长方体减去小长方体）得贮藏室的门洞。如图 14-57 所示。

（2）绘制贮藏室位于底层第一个梯段下面的墙

将坐标系绕 Y 轴旋转 90°，然后单击菜单："视图"→"三维视图"→"平面视图"→"当前 UCS"，切换到当前坐标系的平面视图。如图 14-58 所示。

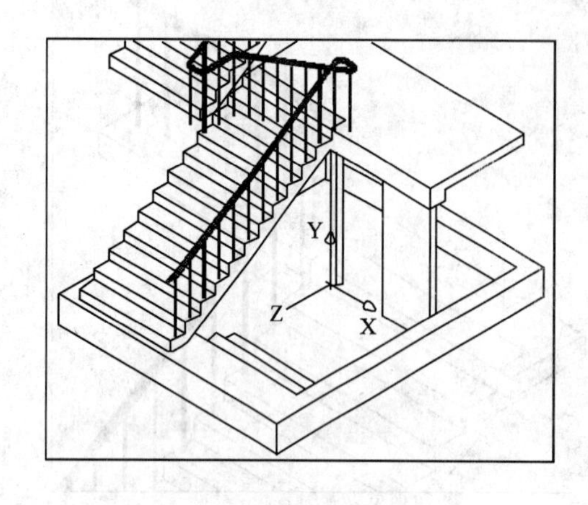

图 14-57　生成的墙和门洞

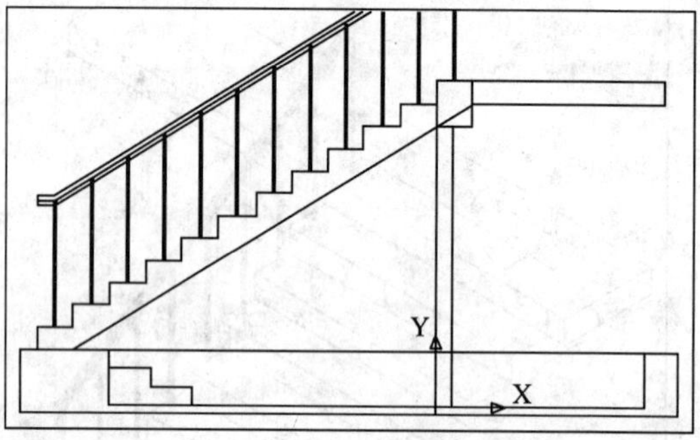

Y
X

图 14-58　切换到平面视图

沿底层第一个梯段底面、贮藏室门所在的墙右侧、贮藏室地面绘制一闭合多段线，如图 14-59 所示。

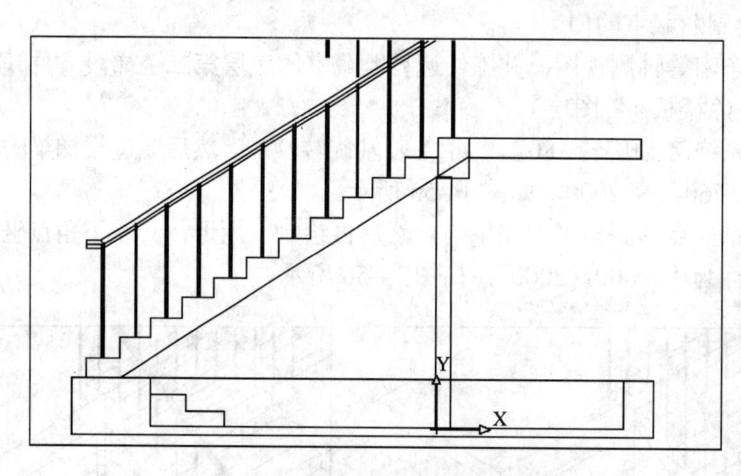

图 14-59　绘制梯段下面的墙的侧面轮廓

将闭合多段线拉伸−120，然后切换到东南等轴测视图进行观察。如图 14-60 所示。

至此已经完成整个楼梯的建模，解冻除墙体以外的所有被冻结的图层，切换到西南等轴测视图，楼梯的全景如图 14-61 所示。

说明：因为此楼梯的各个梯段都不完全相同，所以每一梯段均分别建模；若上下各层的结构均完全相同的话，则只需创建一个楼层的楼梯模型，然后沿高度方向复制即可。

将整个楼梯各组成部分进行合并，合并后如图 14-62 所示。

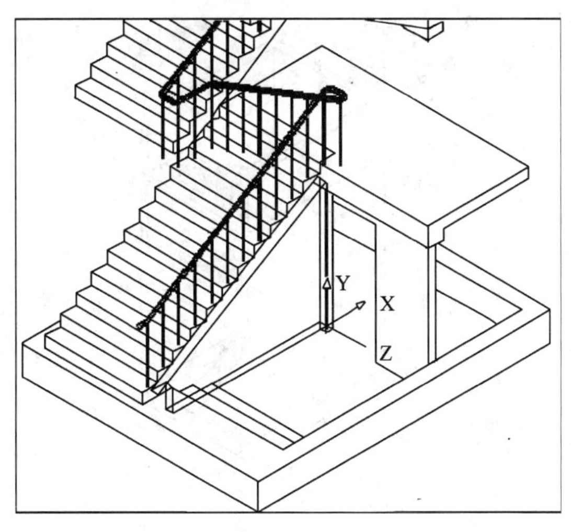

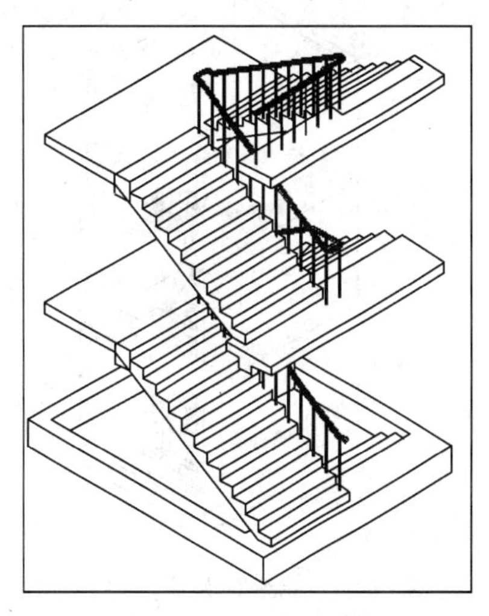

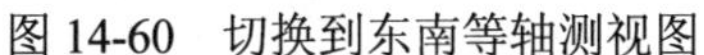

图 14-60 切换到东南等轴测视图

图 14-61 整个楼梯的西南等轴测

最后将合并后的楼梯定义成图块，供后面房屋建模时调用。图块的插入基点为基础的左后下角点，如图 14-63 所示。

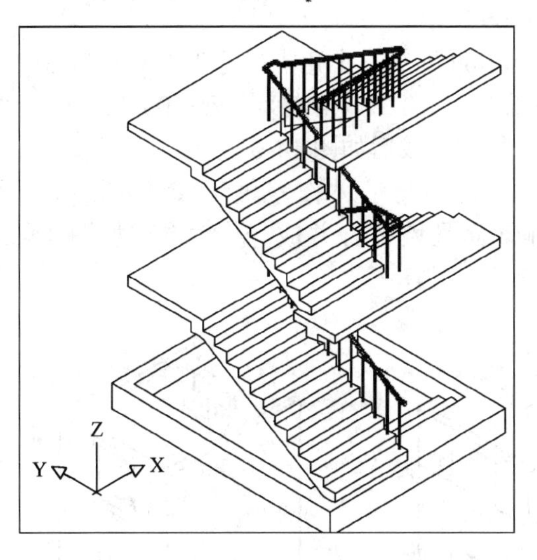

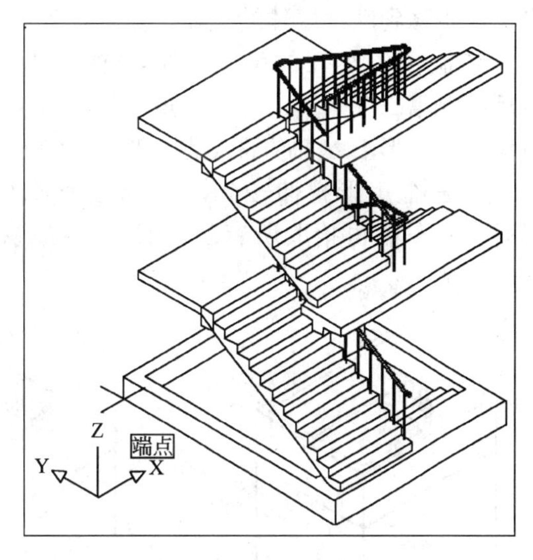

图 14-62 各组成部分合并后的西南等轴测

图 14-63 定义图块的基点

15．绘制二层、三层的墙体（为绘制楼梯平面图和剖面图作准备）

下面绘制二层、三层的墙体，为绘制楼梯平面图和剖面图作准备。

解冻“墙体”图层，并将底层的墙复制到二层、三层，然后将坐标系原点平移到三层墙角中点处，如图 14-64 所示。

用 XY 坐标面将三层墙体进行剖切并删去上面部分，结果如图 14-65 所示。

说明：将三层墙体切掉一半的目的是后面要将此楼梯间制作成剖面图,而楼梯间的剖面图只需要画出顶层墙体的一部分。

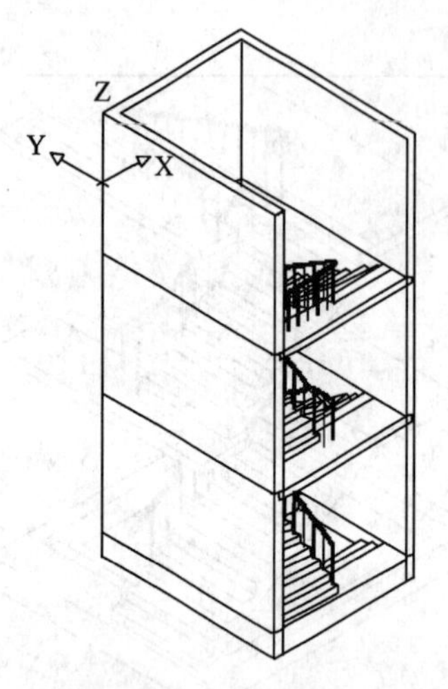

图 14-64　将坐标系原点移到顶层中间

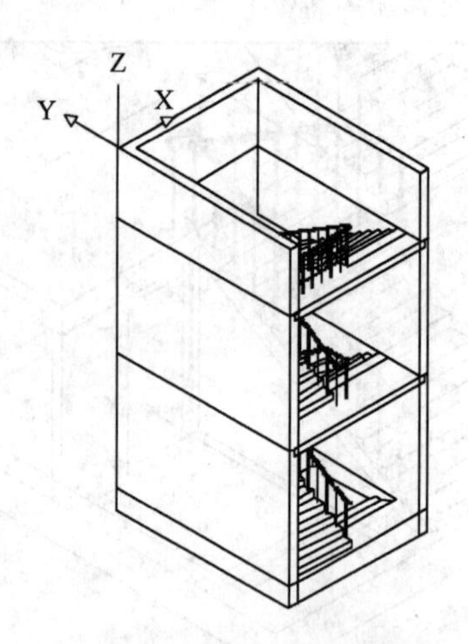

图 14-65　切掉三层墙体的上半部分

16．绘制楼梯间的窗户

切换到东北等轴测视图，然后将坐标系绕 Z 轴旋转 180°，再绕 X 轴旋转 90°，并将坐标原点移到底层墙体的左前下角点，如图 14-66 所示。

绘制矩形，矩形的第一个角点坐标为“1170，900”，第二个角点坐标为“@1500，580”；然后绘制第二个矩形，其第一角点为“1170，2760”，第二个角点为“@1600，1900”，并将第二个矩形沿 Y 轴方面复制，距离为 3200。复制完成后如图 14-67 所示。

将三个矩形拉伸-240，生成三个长方体。然后与墙体作差集运算（先拾取所有墙体，回车后再拾取所有长方体），生成窗洞，而且墙体合并成一个对象。如图 14-68 所示。

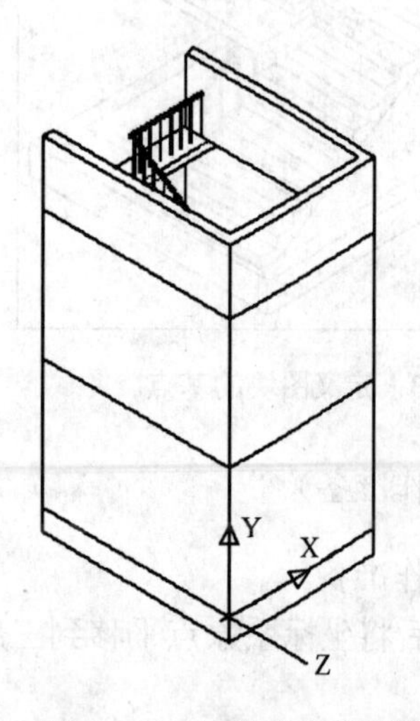

图 14-66　切换到东南等轴测

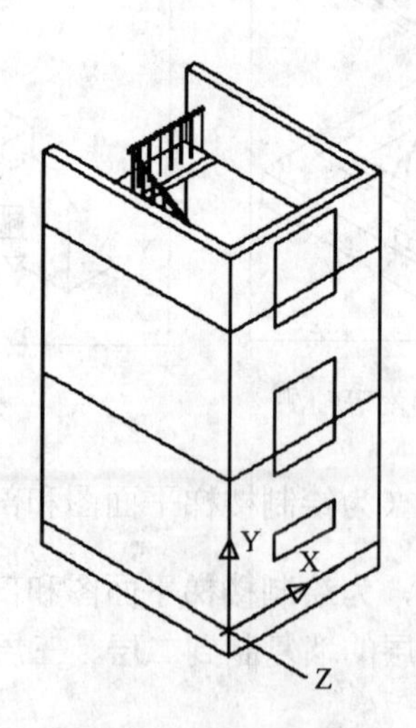

图 14-67　绘制窗洞轮廓

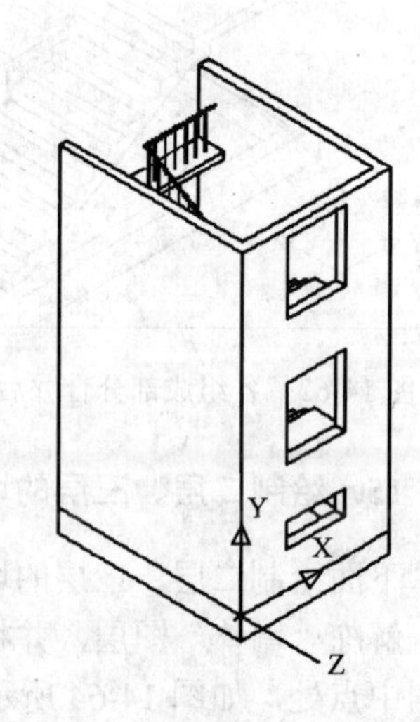

图 14-68　生成的窗洞

以“楼梯三维模型.dwg”为文件名保存图形。

14.2　楼房整体建模实例

创建楼房三维模型是建筑三维效果图制作的主要内容，此外，楼房三维模型还可以用来生成房屋平面图、立面图、剖面图，所以房屋三维建模在建筑设计中具有十分重要的作用。

本节将通过实例介绍房屋三维模型的创建方法。房屋的平、立、剖面图如图14-153所示，其三维模型的创建过程如下所述。

14.2.1　绘制底层墙体

设置与房屋尺寸相适应的图幅（此处取长35000，宽25000）。

新建一个“临时”图层，并将其设置为当前层。在“临时”图层中，用多线命令（菜单“绘图”→“多线”）绘制房屋左端的墙体轮廓，长度13200（多线的比例设为墙的厚度240）。具体提示及操作如下：

命令: **MLINE**↙

当前设置: 对正 = 无，比例 = 5.00，样式 = STANDARD

指定起点或 [对正(J)/比例(S)/样式(ST)]: **S**↙（设置比例）

输入多线比例 <缺省值>: 240↙（比例为240，即墙的厚度）

当前设置: 对正 = 无，比例 = 240.00，样式 = STANDARD

指定起点或 [对正(J)/比例(S)/样式(ST)]: **J**↙ (J表示要指定对齐方式)

输入对正类型 [上(T)/无(Z)/下(B)] <无>: **Z** ↙ (Z表示无偏移，即光标位于多线的对称位置)

当前设置: 对正 = 无，比例 = 240.00，样式 = STANDARD

指定起点或 [对正(J)/比例(S)/样式(ST)]:（在屏幕左下方指定一点）

指定下一点:（此时，先按下“极轴”按钮，然后向上移动光标，当橡皮筋处于90°位置时，会显示一条虚线，如图14-69所示，此时从键盘输入13200，回车完成左端第一面墙轮廓的绘制）

用矩形阵列命令（行数为1，列数为9，列间距为3600）复制出其余8个纵向墙体轮廓。矩形阵列方法如下：

（1）单击“绘图”工具栏的“阵列”按钮，弹出“阵列”对话框。按图14-71所示输入对话框中的内容。然后单击“选择对象”按钮，对话框暂时消失，回到图形窗口。

（2）在图形窗口中拾取要阵列的对象（左边第一面墙的轮廓），回车返回对话框，此时“确定”按钮可用，单击“确定”按钮，完成阵列操作。

阵列后如图14-70所示。

再用多线命令结合复制命令，画出横向墙体轮廓线，如图14-72所示。

用“分解”命令（单击“修改”工具栏的“分解”按钮）将所有多线分解，然后根据平面图的尺寸将墙体轮廓线进行裁剪、编辑，形成图14-73所示图形。

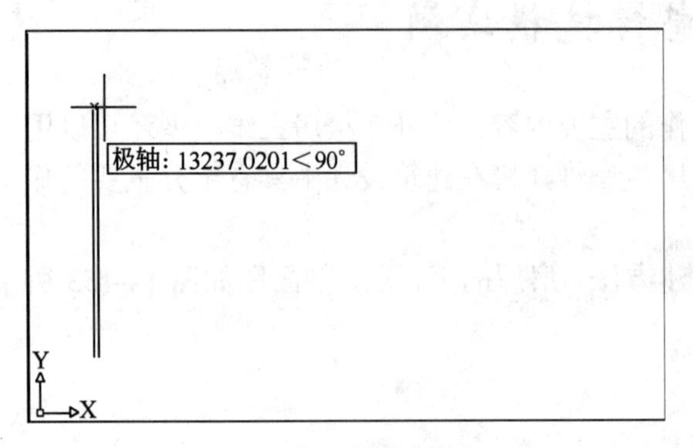
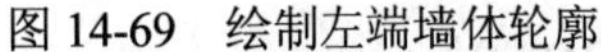

图 14-69　绘制左端墙体轮廓

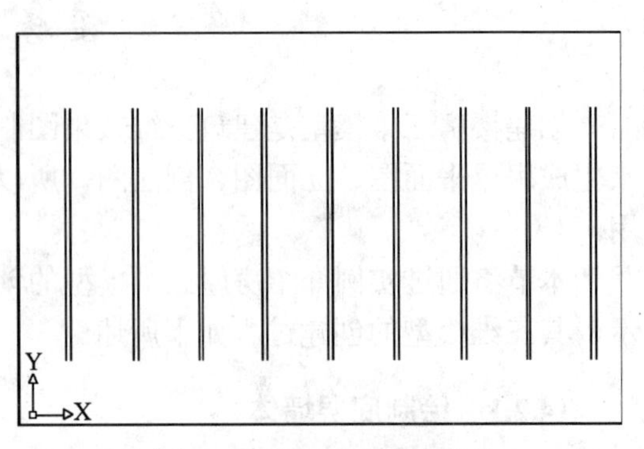

图 14-70　阵列出 9 面墙体轮廓

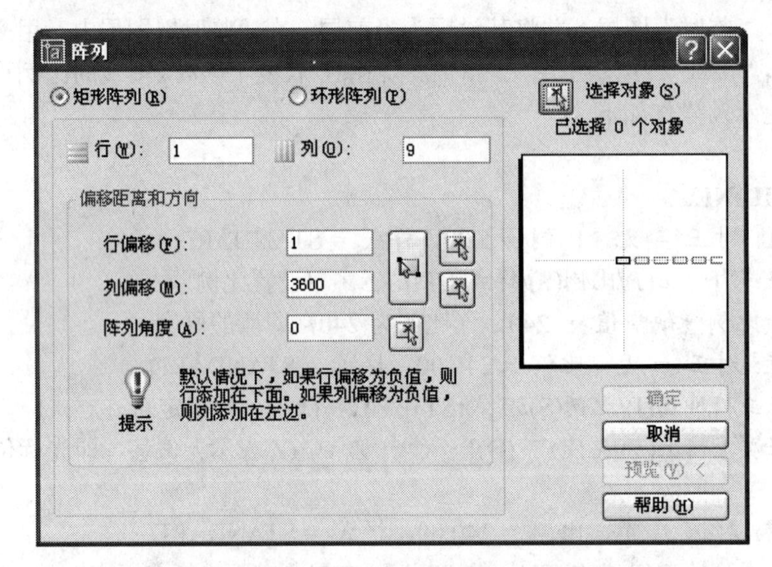

图 14-71　阵列对话框中的内容

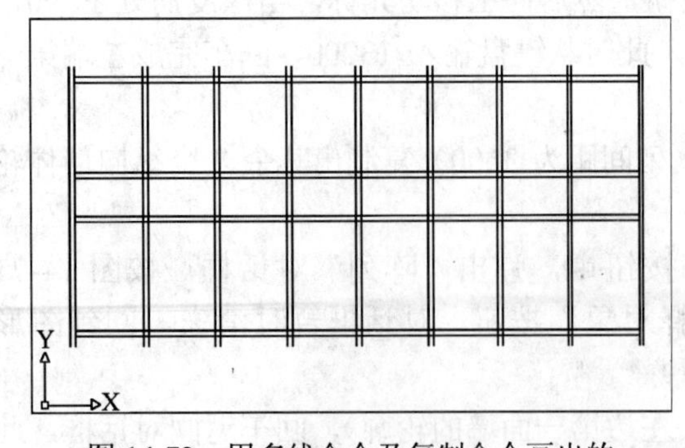

图 14-72　用多线命令及复制命令画出的横向墙体轮廓

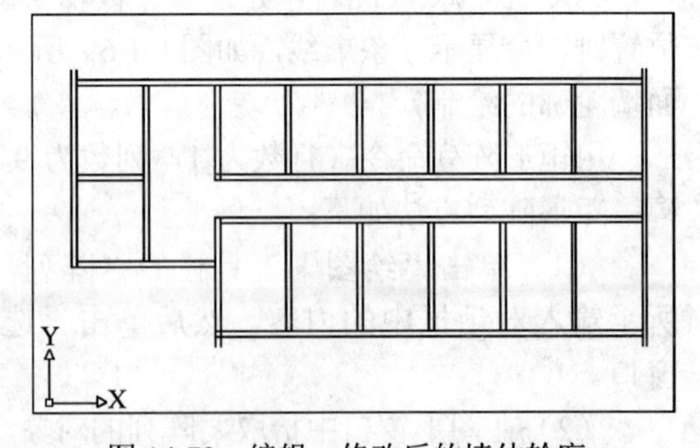

图 14-73　编辑、修改后的墙体轮廓

新建一“墙体”图层，并设置为当前层。在该图层中用“多段线”命令结合对象捕捉分别沿外墙的外轮廓和室内的墙皮绘制闭合线框。然后冻结“临时”图层，窗口中只显示“墙体”图层中的图形，如图 14-74 所示。

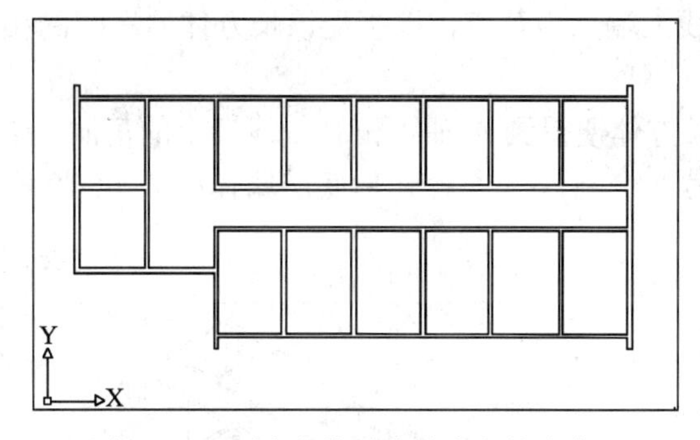

图 14-74 用多段线沿内墙皮和外墙皮绘制的闭合线框

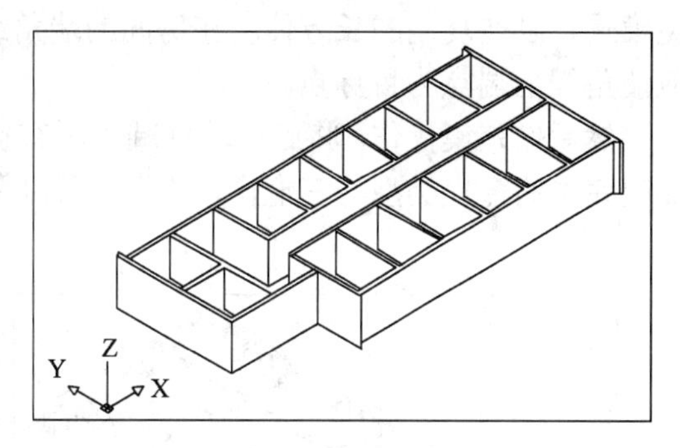

图 14-75 生成的底层墙体

将所有闭合线框拉伸 3650 的高度（单击“实体编辑”工具栏的“拉伸”按钮后，用窗口方式选中全部线框，然后输入 3650，最后输入 0 度的倾斜角），然后将所有内部的线框拉伸所得的实体沿 Z 轴正方向移动 450，最后将外轮廓线框拉伸所得的实体减去所有内部线框拉伸所得实体，得底层墙体。

切换成西南等轴测视图，消隐得 14-75 所示图形。

14.2.2 绘制底层窗洞、窗台及遮阳板

1. 绘制窗洞

（1）绘制 A 轴线和 E 轴线的窗洞

将坐标系绕 X 轴旋转 90°，并将原点定在 A 轴线与 3 号轴线相交的外墙角的地面处。然后绘制矩形，矩形的左下角坐标为：930，1350；右上角用相对坐标（@1500，1800）给出。再将矩形拉伸-240，得到一个与窗洞大小相同的长方体，如图 14-76 所示。

将该长方体复制到 E 轴线墙上第三个房间处。方法如下：

单击修改工具栏的复制按钮，拾取长方体并回车，然后输入基点：“0，0，0”并回车，再输入目标点：“0，0，-12000”。则该长方体复制到了 E 轴线第三个房间的墙上。如图 14-77 所示。

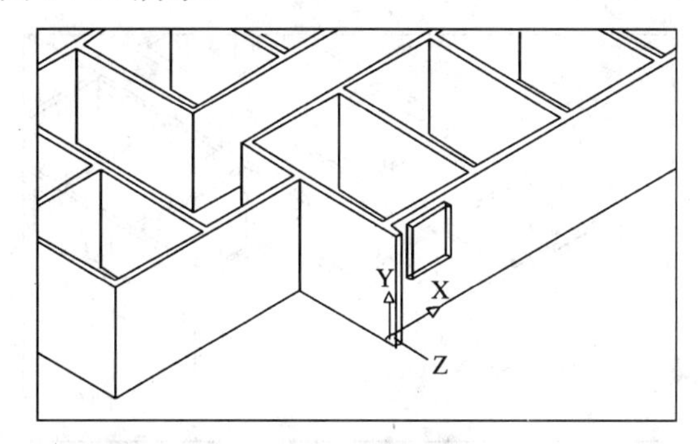

图 14-76 在窗洞位置生成长方体

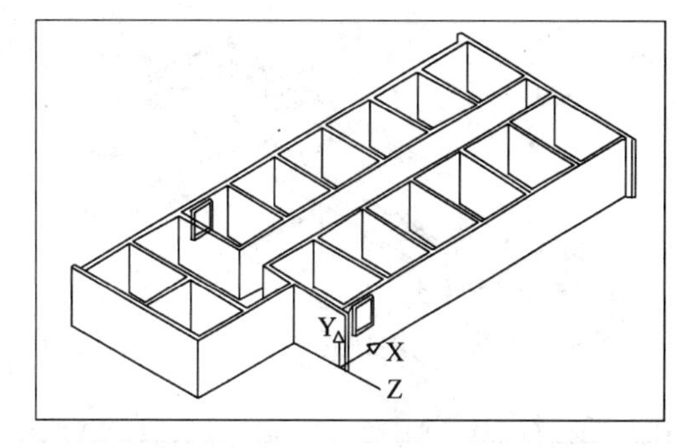

图 14-77 将长方体复制到 E 轴线的墙上

将两个长方体作矩形阵列，行数为 1，列数为 6，列间距为 3600。阵列后如图 14-78 所示。

将 E 轴线墙上的窗户复制一个到同一轴线最左边房间处的墙上。复制时，利用端点捕

捉模式，以被复制的长方体所在房间的墙角线上端点为基点，以接受该长方体的房间的相应墙角线上端点为目标点。

然后作差集操作，将底层墙体减去所有长方体便得到A轴线和E轴线墙上的窗洞（楼梯间底层的窗户类型与其他窗户不同，所以另外绘制）。差集操作后底层墙体如图14-79所示。

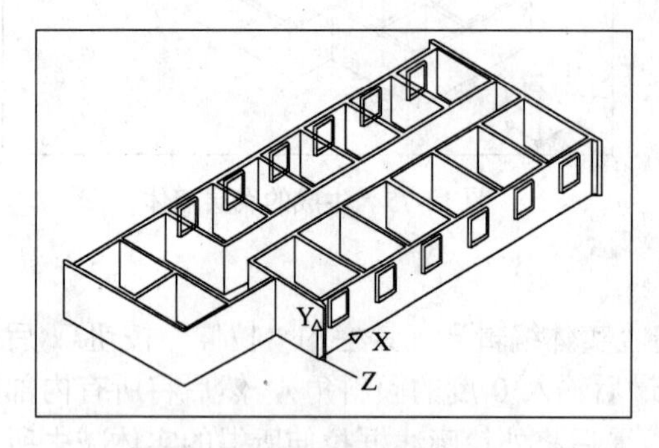

图14-78　将长方体作阵列

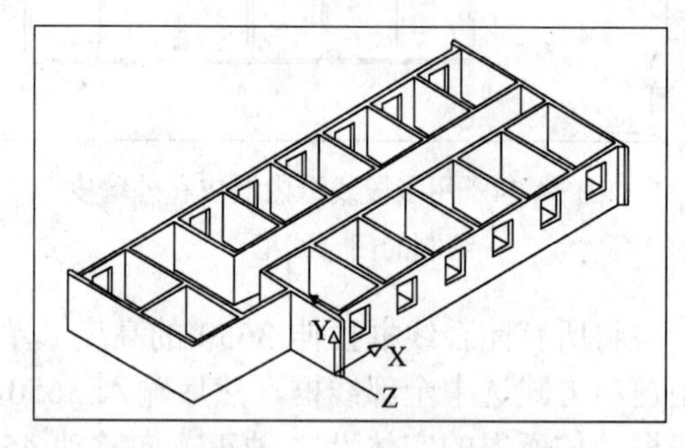

图14-79　作差集运算后生成窗洞

（2）绘制1号轴线的窗洞

将坐标系原点移到1号轴线与B轴线相交的外墙角的地面处，并将坐标系绕Y轴旋转-90°，然后在当前坐标面上绘制长方形，长方形的第一个顶点为“-870，1350”，第二个顶点为“@-1500，1800”，然后将该长方形拉伸-240生成长方体，最后作差集操作（墙体减去长方体）生成窗洞。如图14-80所示。

2. 绘制窗台及遮阳板

（1）绘制1号轴线处的窗台

此处的窗台为“回”字形，可以用两个长方体相减的方法获得。将图形放大并将坐标系原点移到窗洞左下方角点，然后绘制两个长方形，第一个与窗洞大小相同（利用对象捕捉绘制），第二个长方形与窗台外轮廓相同（第一角点的坐标为“-100，-100”，第二角点的坐标为“1500，1800”）。再将两个长方形拉伸100得两个长方体，最后作差集操作（大长方体减去小长方体）便得到“回”字形窗台，如图14-81所示。

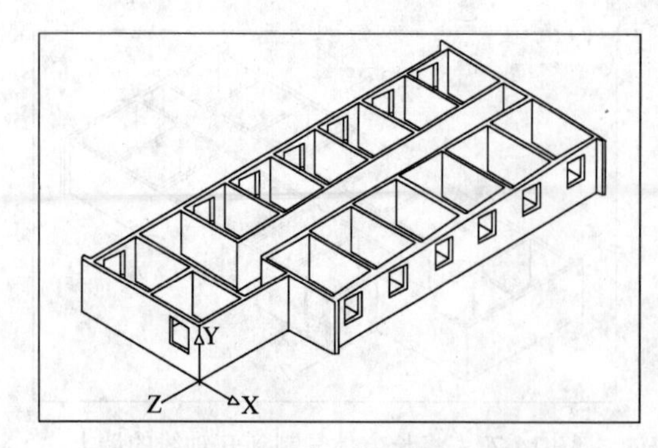

图14-80　绘制1号轴线的窗洞

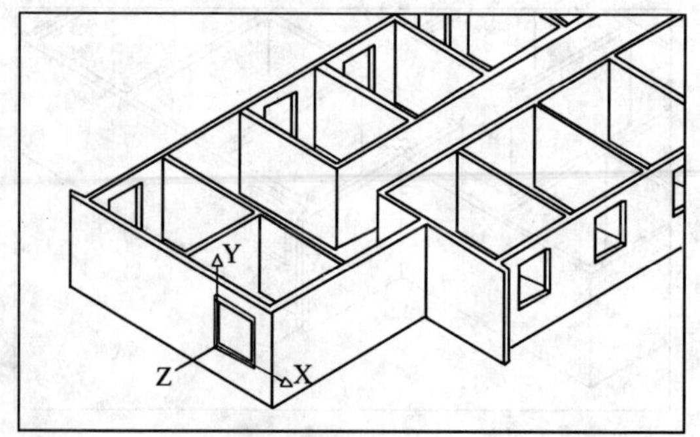

图14-81　绘制1号轴线的窗台

（2）绘制A轴线和E轴线的窗台和遮阳板

将坐标系原点移到A轴线与3号轴线相交的外墙角的地面处，并将坐标系绕Y轴旋转90°。然后绘制长方形，长方形的第一个顶点为“0，1250”，第二个顶点为“21360，1350”，如图14-82所示。然后将长方形沿Y轴方向复制，距离为1900（借助极轴进行操作），如图14-83所示。

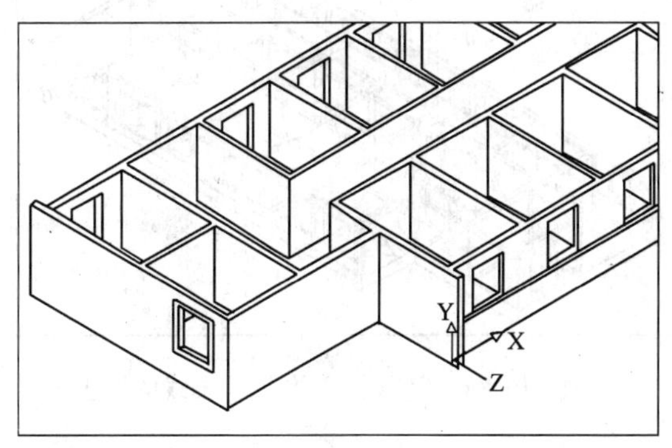

图14-82　在A轴线的窗台位置绘制矩形

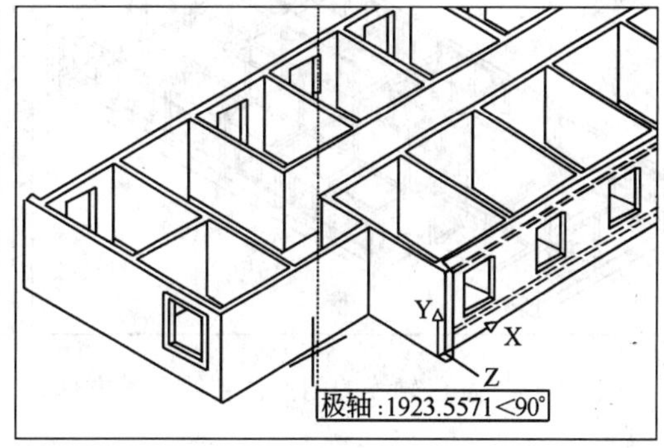

图14-83　将矩形复制到遮阳板的位置

将下面的矩形拉伸60形成窗台；将上面的矩形拉伸100形成遮阳板，如图14-84所示。

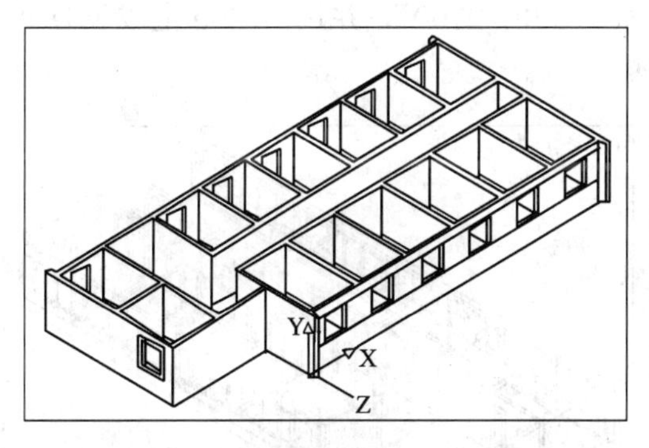

图14-84　拉伸矩形生成窗台及遮阳板

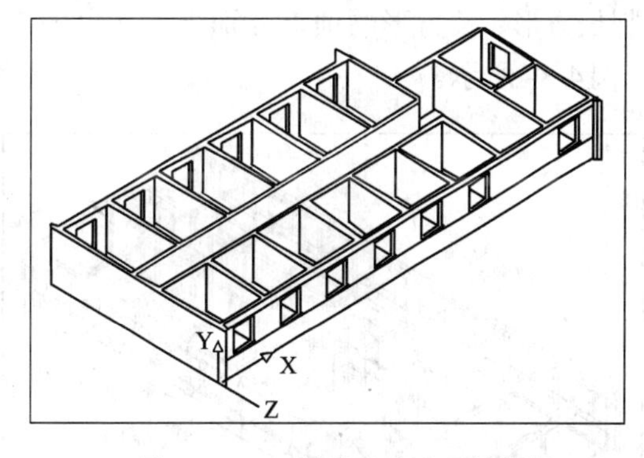

图14-85　E轴线的窗台及遮阳板

（3）绘制E轴线的窗台和遮阳板

切换到东北等轴测视图，并将坐标系原点移动到9号轴线与E轴现相交的外墙角的地面处，再将坐标系绕Y轴旋转180°，然后用绘制A轴线窗台和遮阳板相同的方法绘制E轴线的窗台和遮阳板（遮阳板长28560）。画完后如图14-85所示。

3．绘制内部各房间的门洞

（1）绘制C轴线和D轴线的门洞

切换到西南等轴测视图。

将坐标系原点移动到C轴线和3号轴线相交的内墙角室内地面处，再将坐标系绕Y轴旋转180°。然后绘制矩形，矩形的第一个顶点为“1180，0”，第二个顶点为“@1000，2700”，并将该矩形拉伸-240生成一长方体，如图14-86所示。

将长方体沿Z轴负方向复制，距离为2100（复制过程中，当提示输入基点示，从键盘输入“0，0，0”，当提示输入目标点时，从键盘输入“0，0，-2100”）。复制后如图 14-87 所示。

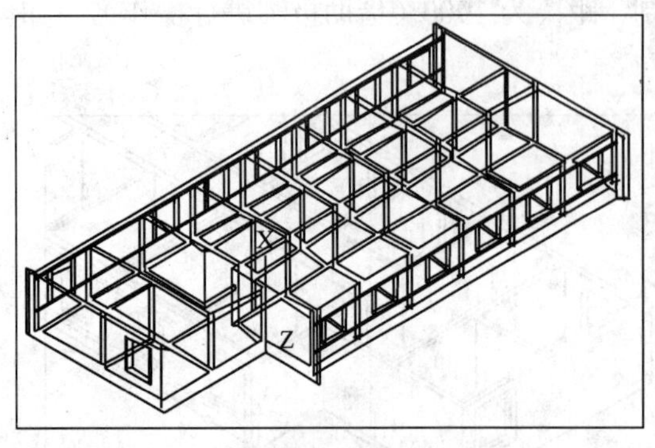

图 14-86　在 C 轴线的门洞位置绘制长方体

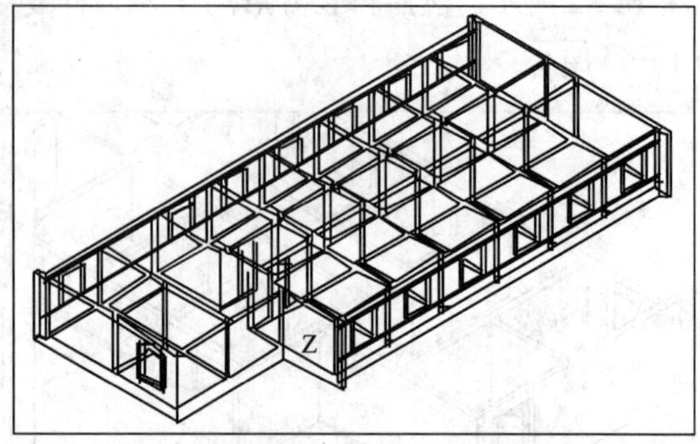

图 14-87　复制长方体到 D 轴线的墙上

将两个长方体作矩形阵列，行数为 1，列数为 6，列间距为 3600，阵列后如图 14-88 所示。

（2）绘制厕所的门（位于 D 轴线墙上的门 M_4）

将坐标系原点移动到 2 号轴线与 D 轴线相交且位于盥洗间一侧的墙角的地面处，然后绘制长方形，长方形的顶点分别为“-120，0”和“-920，2700”，并拉伸-240 生成长方体。如图 14-89 所示。

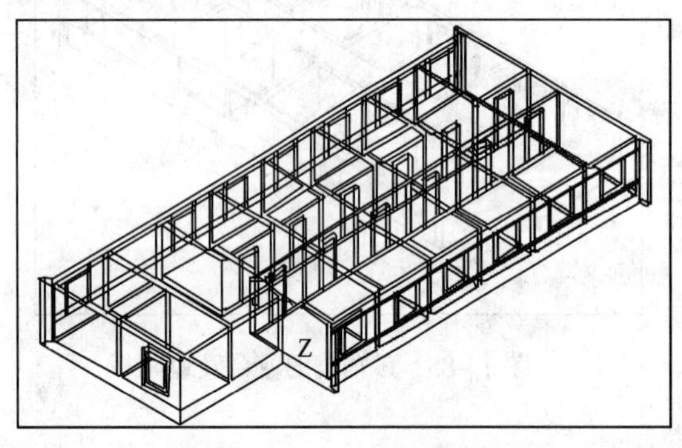

图 14-88　将两个长方体作矩形阵列（1 行 6 列）

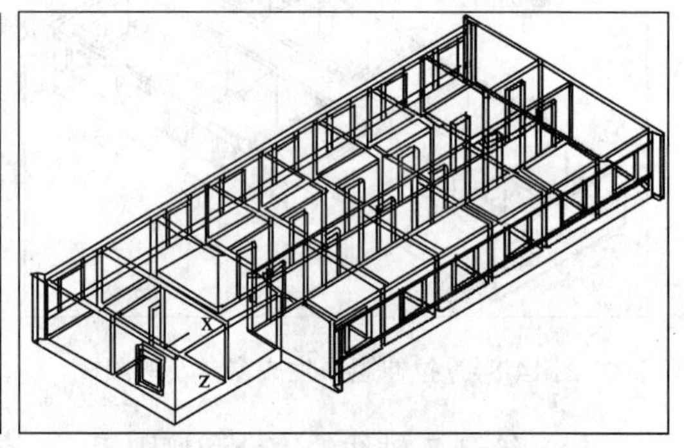

图 14-89　在卫生间门洞处绘制长方体

（3）绘制盥洗间位于 2 号轴线墙上的门

将坐标系绕 Y 轴旋转-90°，然后绘制矩形，矩形的第一个顶点为“430，0”，第二个角点为“@1000，2100”，然后将矩形拉伸-240，生成长方体如图 14-90 所示。

作差集操作，将墙体减去所有长方体，生成 C 轴线、D 轴线、2 号轴线的门洞。如图 14-91 所示。

4. 绘制窗框和窗格

（1）绘制 A 轴线和 E 轴线的窗框和窗格

放大 A 轴线最左边的那个窗洞，将坐标系的原点定义在窗洞角的棱线中点，并将坐标系绕 Y 轴旋转 90°，使 XY 坐标面与墙体的对称面重合，如图 14-92 所示。

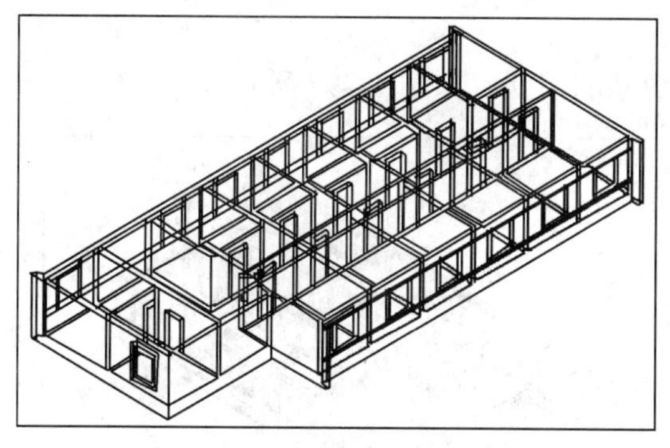

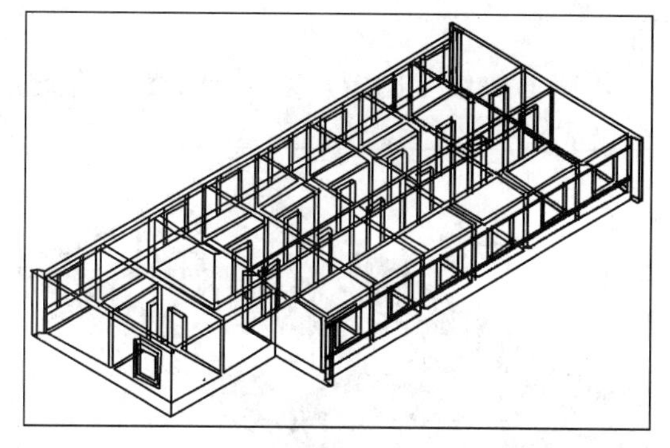

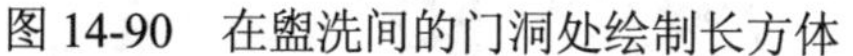

图 14-90　在盥洗间的门洞处绘制长方体　　图 14-91　作差集运算生成所有门洞

切换到当前坐标系的平面视图。然后在平面视图上绘制图 14-93 所示图形（两个大长方形和两个长条形的长方形）。然后将四个长方形拉伸 80 形成四个长方体。

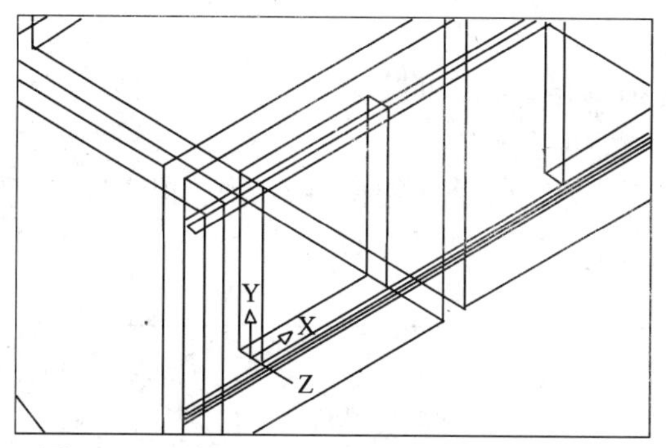

图 14-92　使 XY 坐标面与墙体对称面重合

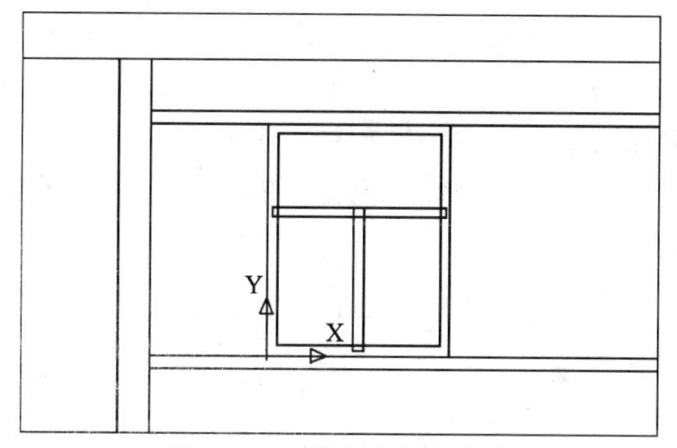

图 14-93　绘制窗框机窗格

将大长方体减去略小的长方体形成窗框；再将窗框与另外两个长条形长方体进行并运算，生成窗户。切换到西南等轴测视图，如图 14-94 所示。

将窗框和窗格沿 Z 轴负方向平移 40，然后将窗框和窗格作矩形阵列（1 行 6 列，列间距为 3600），阵列后如图 14-95 所示。

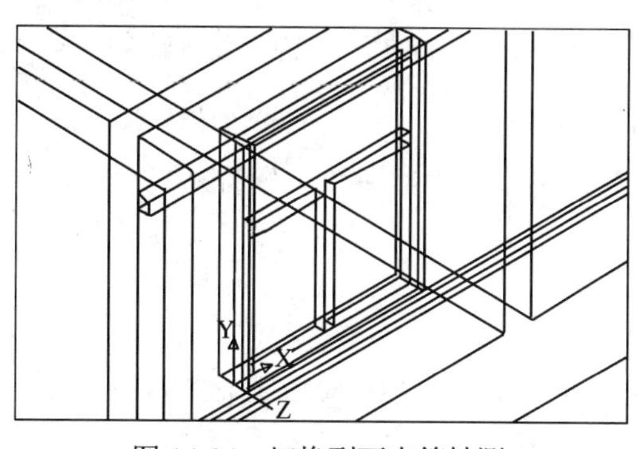

图 14-94　切换到西南等轴测

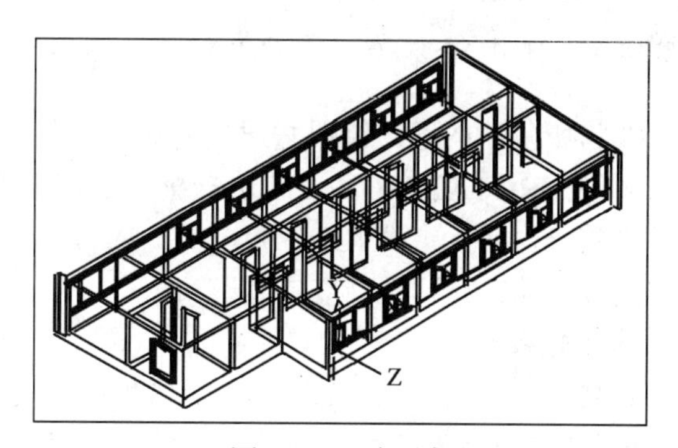

图 14-95　阵列窗户

将 A 轴线上的所有窗框和窗格复制到 E 轴线的墙上，复制时，当提示“指定基点或位移，或者［重复(M)]:”时，借助端点捕捉模式拾取 A 轴线窗洞的一个角点；当提示“指定位移的第二点或 <用第一点作位移>: ”时，捕捉 E 轴线窗洞的相应角点。复制后如图 14-96

所示。

再将 E 轴线上的窗户复制一个到最左边的房间的墙上，如图 14-97 所示。

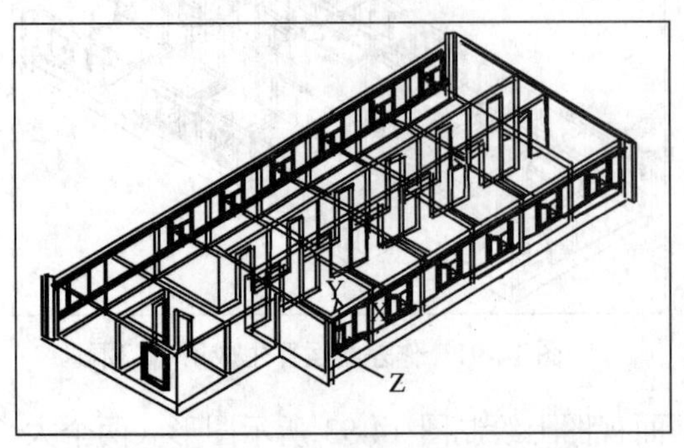

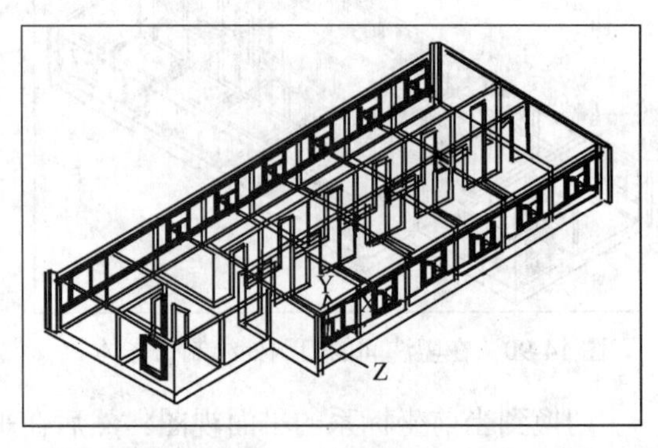

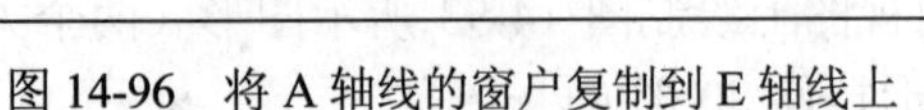
图 14-96　将 A 轴线的窗户复制到 E 轴线上

图 14-97　复制出 E 轴线最左边的一个窗户

（2）绘制 1 号轴线墙上的窗框和窗格

因为 1 号轴线墙的窗户的类型和大小与 A 轴线和 E 轴线的窗户相同，所以可以按下面的方法生成该窗户的窗框及窗格：

①复制一个前面已绘制的窗户到适当的地方，如 1 号轴线的窗洞附近，如图 14-98 所示。

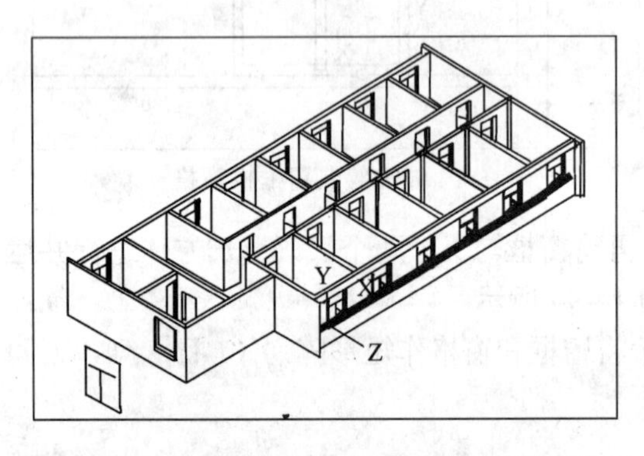

图 14-98　复制一个窗户到 1 号轴线的窗洞附近

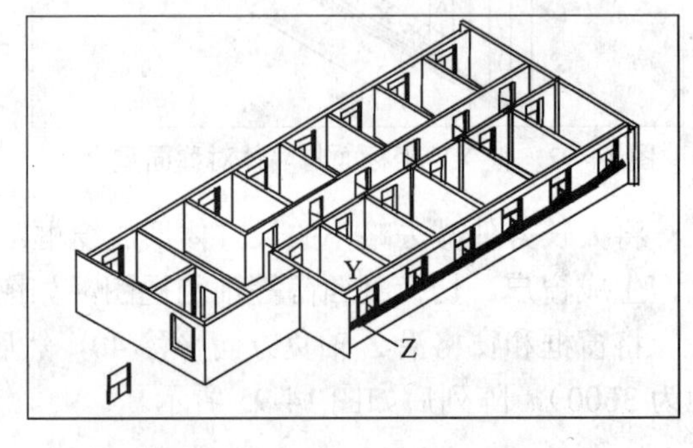

图 14-99　将复制的窗户绕对称线旋转 90°

②将所复制的窗户绕铅垂线的对称轴旋转 90°，方法如下：

命令：**ROTATE3D**↙（或选择菜单“修改”→“三维操作”→“三维旋转”）

当前正向角度：ANGDIR=逆时针　ANGBASE=0

选择对象：(拾取要旋转的窗户)

选择对象：↙

指定轴上的第一个点或定义轴依据[对象(O)/最近的(L)/视图(V)/X 轴(X)/Y 轴(Y)/Z 轴(Z)/两点(2)]:（利用中点捕捉模式拾取窗框下边中点）

指定轴上的第二点：(利用中点捕捉模式拾取窗框上边中点)

指定旋转角度或 [参照(R)]：**90**↙

此时窗户已绕其对称轴旋转了 90°，如图 14-99 所示。

③将窗户移到窗洞中。方法如下：

首先设置对象捕捉模式为“中点”，然后将窗洞及要移动的窗户放大以便于操作，如图 14-100 所示。然后单击“修改”工具栏的“移动”命令按钮，再拾取窗户并回车，当提示“指定基点或位移:”时，利用对象捕捉拾取窗框拐角处外棱线的中点；当提示“指定位移的第二点或 <用第一点作位移>: ”时，捕捉窗洞角棱线中点作为目标点。如图 14-101 所示。

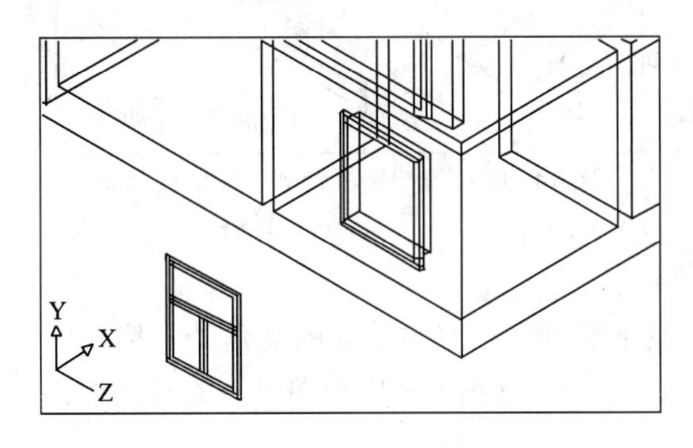

图 14-100 将窗洞及窗户放大

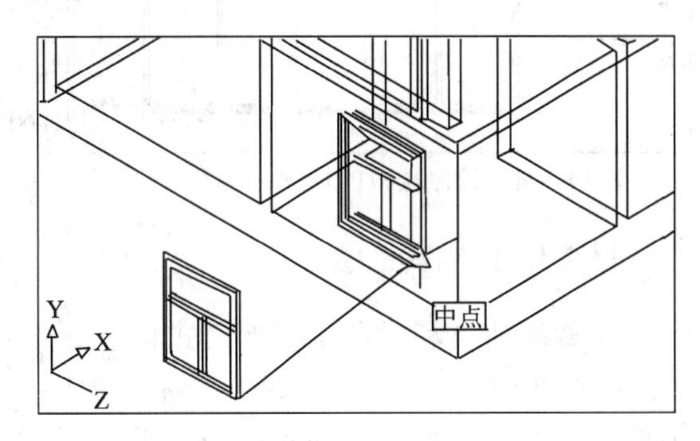

图 14-101 利用中点捕捉模式将窗户移到窗洞中

14.2.3 绘制底层楼板

单击菜单“视图”→“缩放”→“全部”，使图形全部显示在窗口中。

将坐标系的 XY 坐标面定在底层墙体顶面：先执行消隐命令，然后单击 UCS 工具栏的“面 UCS”按钮，并根据提示拾取墙体顶面，此时系统自动将坐标系的 XY 坐标面设置在墙体顶面的位置，如图 14-102 所示。

选择菜单“视图”→“三维视图”→“平面视图”→“当前 UCS”，此时，窗口图形切换到当前坐标系的平面视图，如图 14-103 所示。

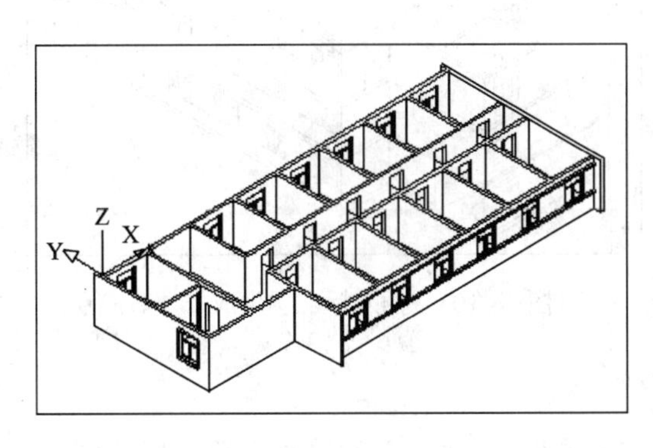

图 14-102 将 XY 坐标面定义在墙体顶面

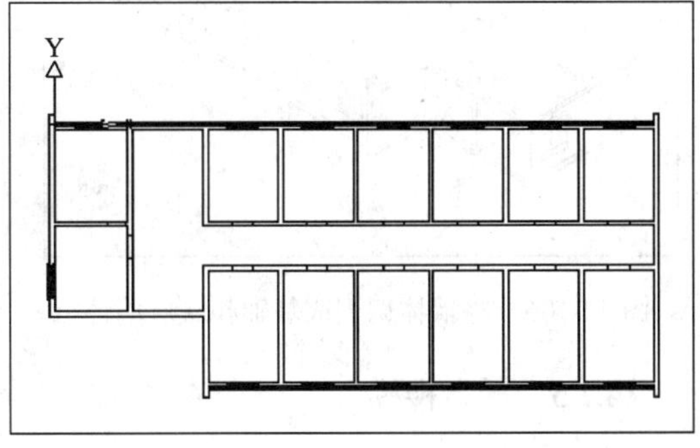

图 14-103 切换到当前坐标系的平面视图

在当前坐标系的平面视图中，用多段线命令沿外墙的外轮廓绘制一闭合的多段线，再沿楼梯间墙壁内轮廓绘制一闭合的多段线，如图 14-104 所示。

将上述两条闭合多段线拉伸-140，然后将外轮廓拉伸所得实体减去楼梯间轮廓拉伸所得实体，形成楼板（楼梯间没有楼板）。

切换到西南等轴测视图进行观察，经过消隐，窗口如图 14-105 所示。

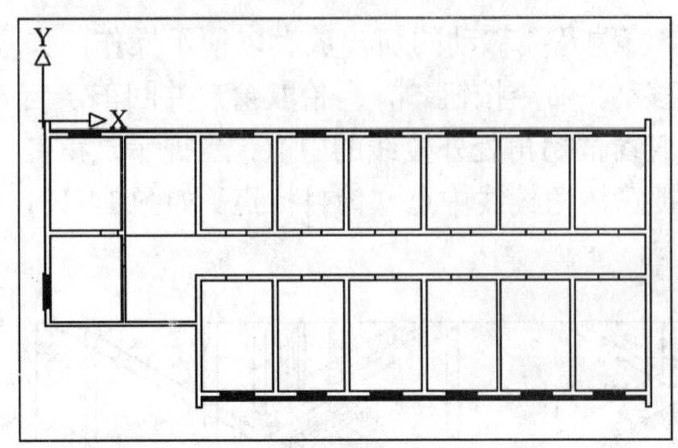

图 14-104　绘制楼板的轮廓

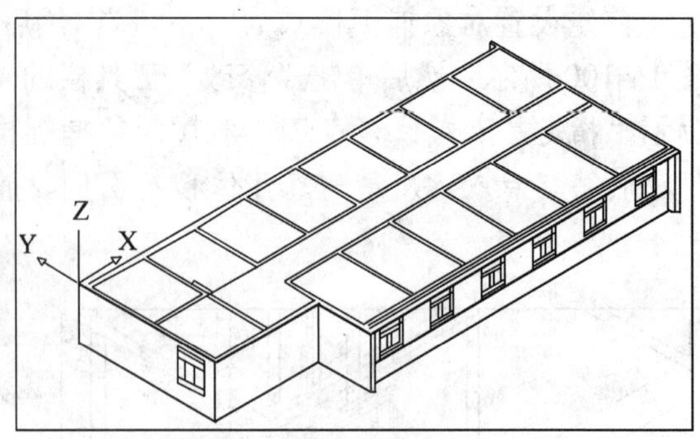

图 14-105　拉伸楼板轮廓生成楼板

14.2.4　绘制其他楼层

分离基础　利用端点捕捉模式将坐标系原点平移到底层室内地面的墙角处，然后用 XY 坐标面作为剖切平面，将底层沿室内地面进行剖切，分离成室内地面以下的基础和室内地面以上的标准层，如图 14-106 所示。

定义标准层　将室内地面以上部分的标准层定义成图块，取名为“标准层”，其插入基点位于标准层底面最左边的外墙角处。

生成其他楼层　两次插入“标准层”图块（每次插入的目标点为下一层最左边墙角的上端点），生成第二、第三楼层，如图 14-107 所示。

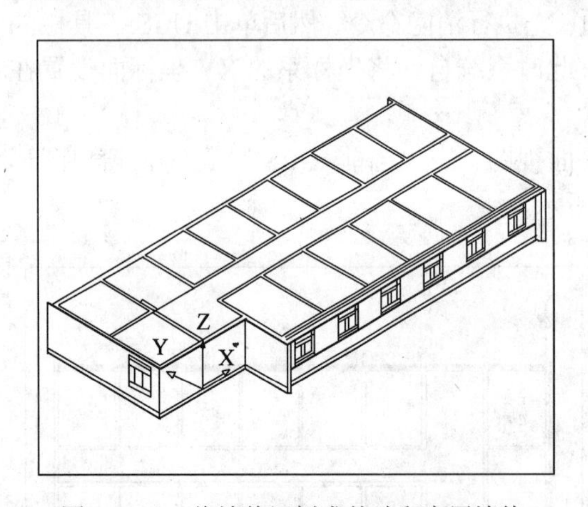

图 14-106　将墙体切割成基础和底层墙体

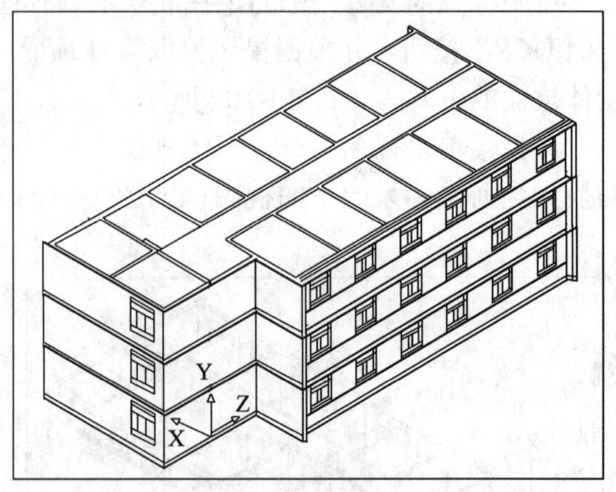

图 14-107　插入标准层生成二层、三层

14.2.5　插入楼梯

新建两个图层，分别取名为“楼层 2”、“楼层 3”，并将插入的第二、第三层分别放入相应的图层中。

冻结“楼层 2”、“楼层 3”图层，然后执行图块插入命令（单击绘图工具栏的“图块插入”按钮），插入先前定义好的楼梯图块，插入点位于卫生间室内的右后下墙角处，如图 14-108 所示。

然后将楼梯沿 Z 轴负方向平移 450，再沿 Y 轴正方向平移 240 到达如图 14-109 所时位置。

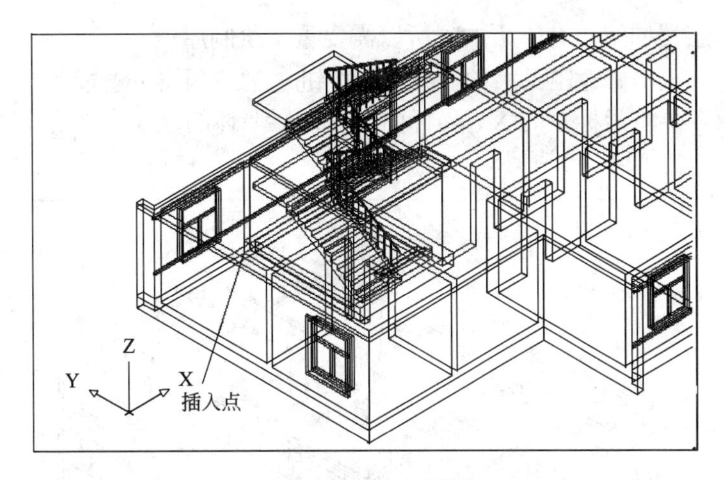

图 14-108　插入楼梯

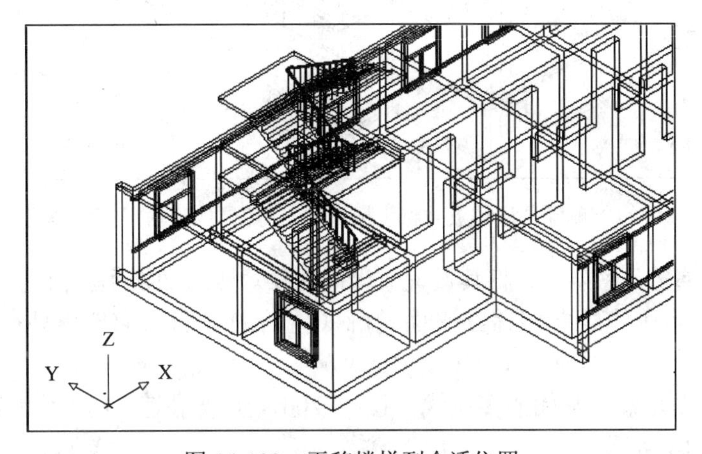

图 14-109　平移楼梯到合适位置

打开“楼层 2”、“楼层 3”图层，经消隐如图 14-110 所示。

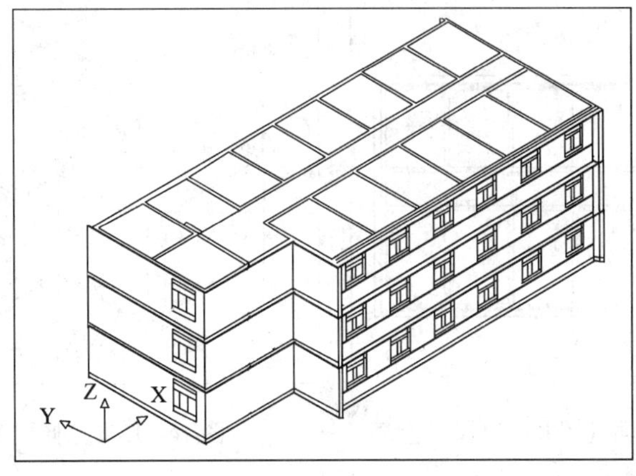

图 14-110　消隐

14.2.6　绘制屋盖

从图 14-153 中可知，顶层的层高为 3.400m，且屋盖的平面尺寸要大于外墙轮廓的平面尺寸，而且顶层楼梯间是有屋顶的。所以需要重新绘制屋盖。

用分解命令（单击修改工具栏的“分解”按钮）将顶层分解成各自独立的实体，然后删掉顶层楼板，再将坐标系的 XY 坐标面定在顶层墙体的顶面上（为作图方便，可定在一个外墙角处），如图 14-111 所示。

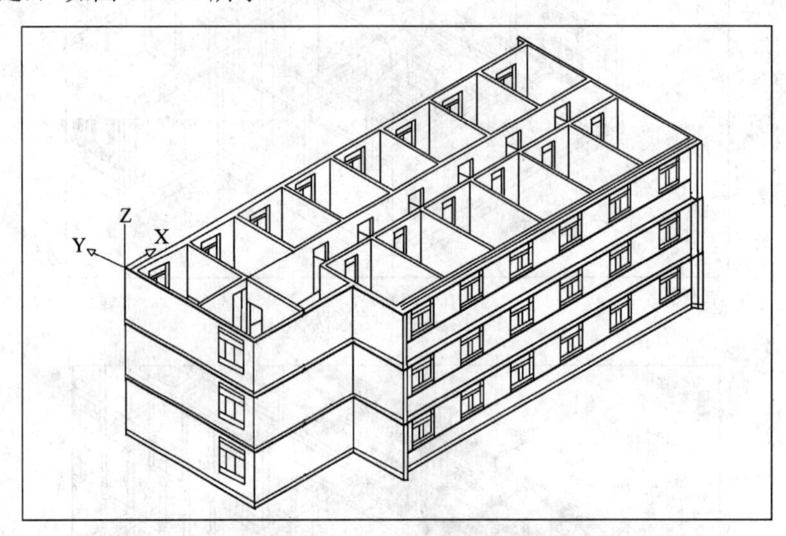

图 14-111　删除顶层楼板并将坐标系定义再三层墙顶的左后方角点处

新建一个“屋盖”图层，并将其设置成当前图层。然后切换到当前坐标系的平面视图，在平面视图中用多段线绘制屋盖的平面轮廓（屋盖的平面轮廓伸出外墙皮 480），如图 14-112 所示。

将屋盖的平面轮廓（封闭的多段线）拉伸 200，生成屋盖。切换到西南等轴测视图，消隐后如图 14-113 所示。

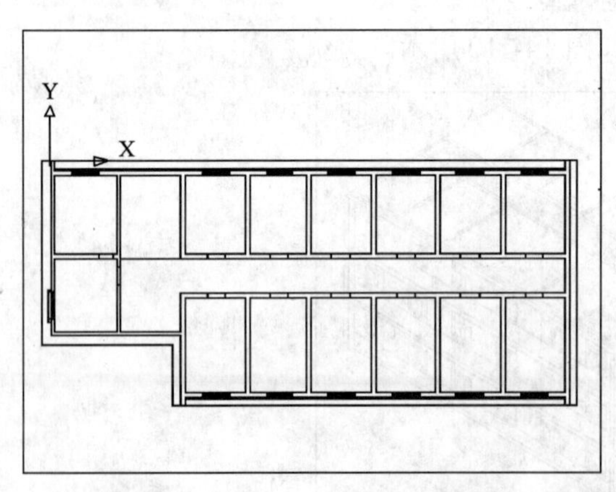

图 14-112　切换到平面视图并绘制屋盖轮廓

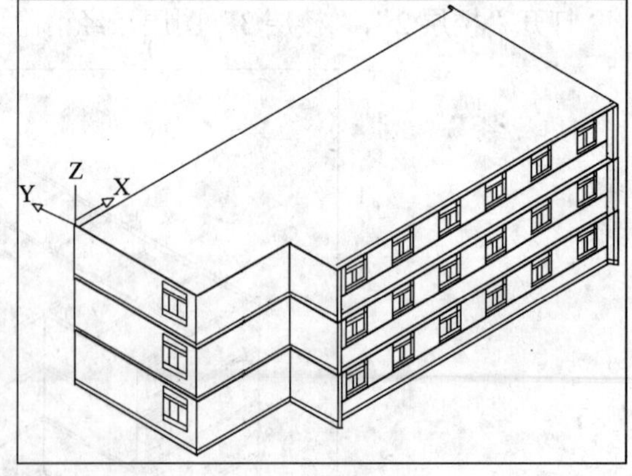

图 14-113　拉伸屋盖轮廓生成屋盖

14.2.7　绘制大门门洞与花格窗洞

将坐标系绕 X 轴旋转 90°，再将坐标系的原点移到 A 轴线与 3 号轴线相交的外墙角的基础顶面处，如图 14-114 所示。

在当前坐标系的 XY 坐标面上绘制矩形，矩形的第一个顶点为“-730，0”，第二个顶点为“@-1900，2700”；再绘制另一个矩形（用于生成花格窗洞），其第一个顶点为“-730，4100”，第二个顶点为“@-1900，5000”。如图 14-115 所示。

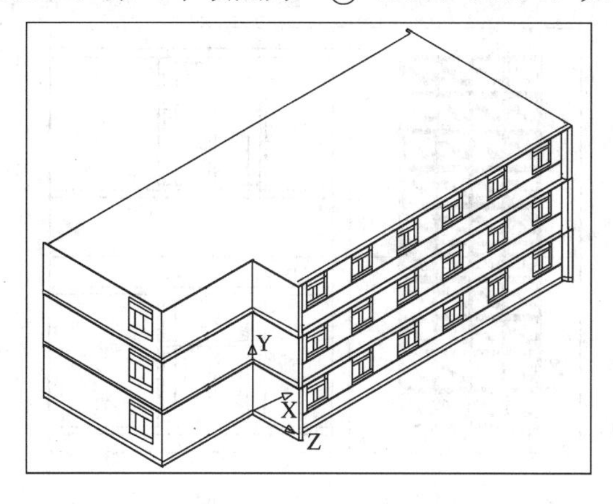

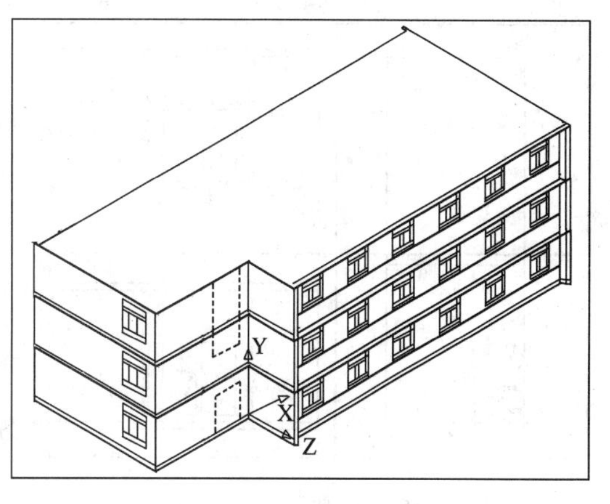

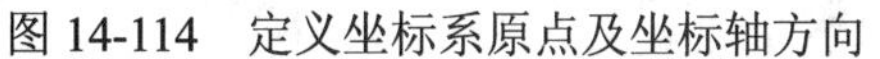
图 14-114　定义坐标系原点及坐标轴方向

图 14-115　绘制门洞及花格窗洞轮廓

将第二层分解，然后将第一层楼板与第一层墙体合并；将第二层楼板与第二层墙体合并，将两个矩形拉伸-240，形成两个长方体，结果如图 14-116 所示。

然后将底层墙体与下面的长方体作差集运算，生成门洞；将第二个长方体原地复制一个，然后将第二层墙体与第二个长方体作差集运算，再将第三层墙体与第二个长方体（因为先前复制了一个）作差集运算，经过两次差集运算后生成花格窗洞而又能够保持各层墙体不合并成一体，如图 14-117 所示。

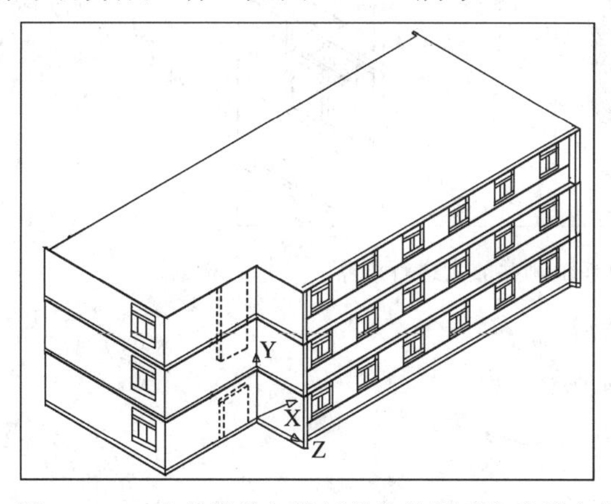

图 14-116　合并墙体与楼板并拉伸矩形生成长方体

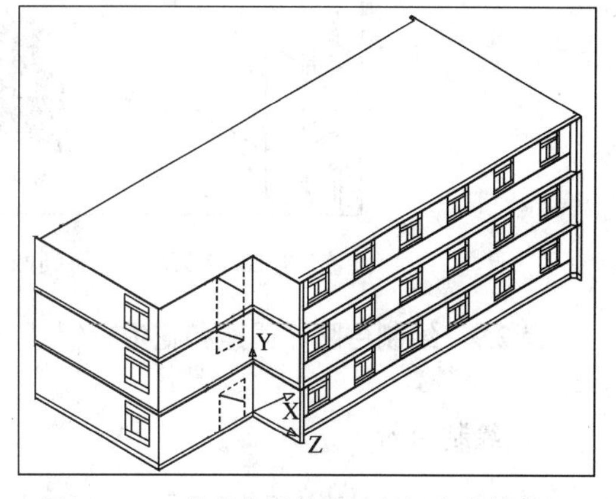

图 14-117　作差集运算生成门洞和花格窗洞

14.2.8　绘制花格

绘制花格单元　将坐标系原点定义在花格窗洞左下角墙体对称面处，然后单击菜单“视图”→“三维视图”→“平面视图→“当前 UCS”，窗口显示主视图，且 UCS 位于墙体对称面。消隐后用多段线绘制一 475×500 的矩形（矩形的一个角位于坐标原点），然后将该矩形向内侧偏移 30，中间再用多段线绘制一条折线型的闭合线框（宽度为 50）。将两个矩形和闭合线框均拉伸 60，然后将大矩形拉伸所得长方体减去小矩形拉伸所得长方体。

如图 14-118 所示。

生成花格窗　用阵列命令绘制出其他花格，阵列的行数为 10，列数为 4，行间距 500，列间距 475。阵列后如图 14-119 所示。

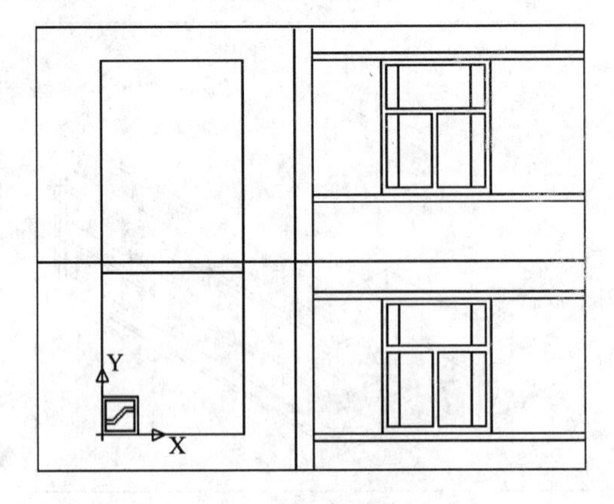

图 14-118　绘制画个单元

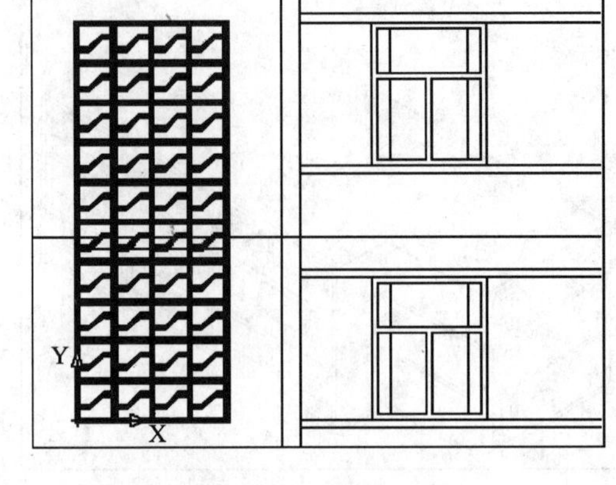

图 14-119　阵列成花格窗

切换到西南等轴测视图并放大进行观察，如图 14-120 所示。

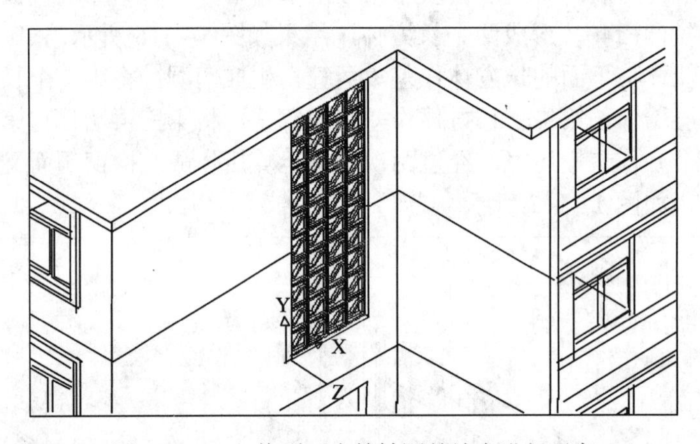

图 14-120　切换到西南等轴测并放大进行观察

14.2.9　绘制台阶、雨篷和花池

1．绘制台阶

将坐标系切换到世界坐标系，然后在地面墙角处绘制三个长方形，各长方形的尺寸分别为：3600×2465，3900×2765，4200×3065。如图 14-121 所示。

将三个长方形拉伸 150 生成三个大小不等的长方体，然后将较小的两个长方体分别向上移动 300 和 150，消隐后如图 14-122 所示。

2. 绘制雨篷

将坐标系原点平移到最上面一级台阶的左前上方角点处，然后绘制柱子底面轮廓（柱子的底面轮廓为长方形，可利用对象捕捉拾取最上面一级台阶的左前上方角点作为长方形的第一个角点，第二个角点为“@240，370”）和雨篷的平面轮廓（雨篷的平面轮廓为长方形，仍然利用对象捕捉拾取台阶顶面与墙角的交点作为第一个角点，第二个角点为“@-4080，-3000”），然后将柱子底面轮廓（长方形）拉伸 2800 形成柱子；将雨篷轮廓拉伸 120 形成一长方体，然后将该长方体沿 Z 轴方向平移 2800 得到雨篷。如图 14-123 所示。

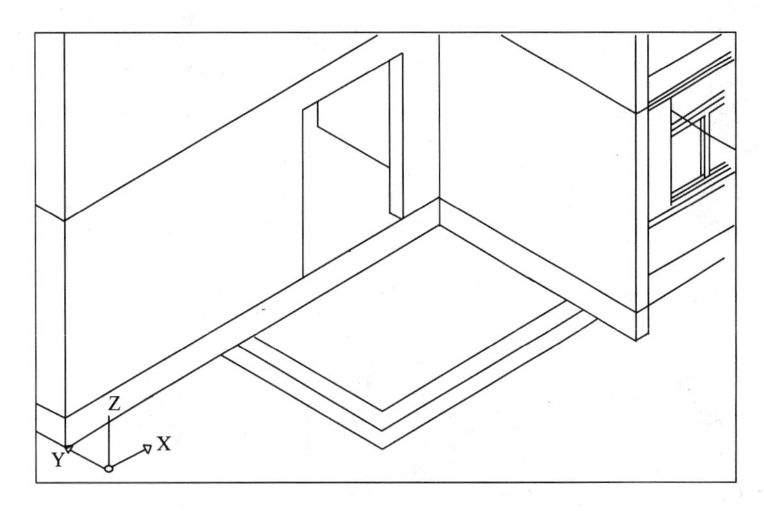

图 14-121　在地面上绘制台阶轮廓

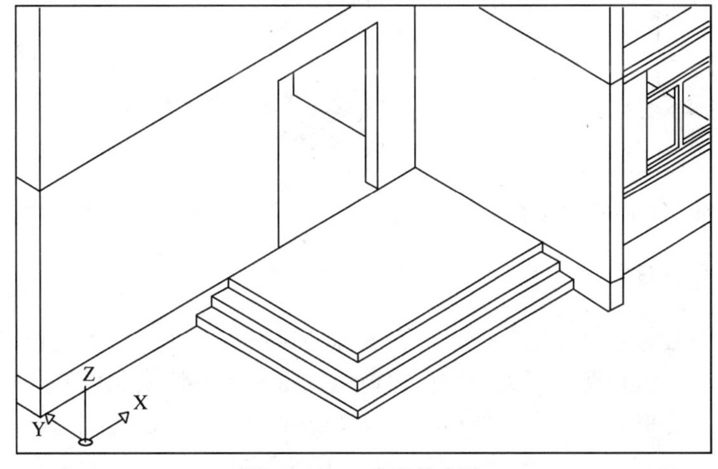

图 14-122　生成的台阶

3．绘制花池

将坐标系原点移到 1 号轴线与 B 轴线相交的外墙角地面处。然后用多段线命令结合极轴功能和端点捕捉模式绘制花池的外轮廓，再用偏移命令画出花池的内轮廓（偏移 160）。如图 14-124 所示。

将外轮廓拉伸 450，内轮廓拉伸 300，然后将内轮廓拉伸所得实体上移 150。再将外轮廓拉伸所得实体与台阶作并集运算，最后将合并的结果与内轮廓拉伸所得实体作差集运算，结果得到花池。消隐后如图 14-125 所示。

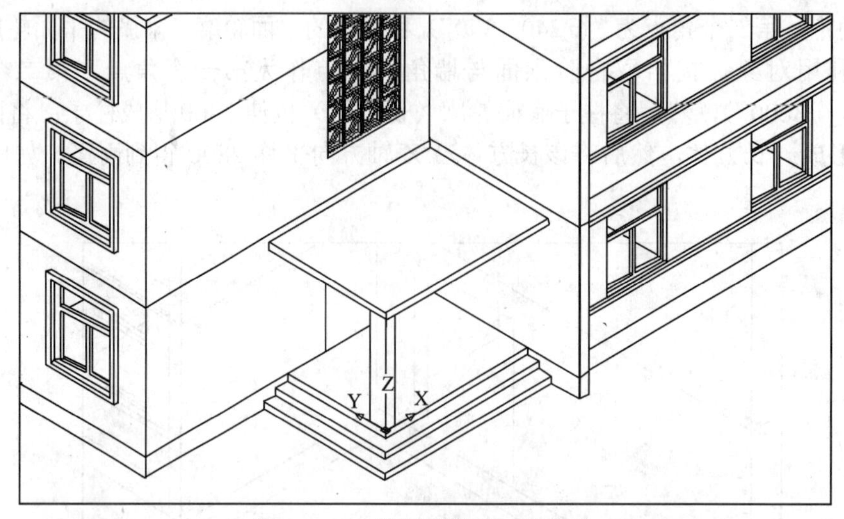

图 14-123　绘制雨篷及雨篷柱子

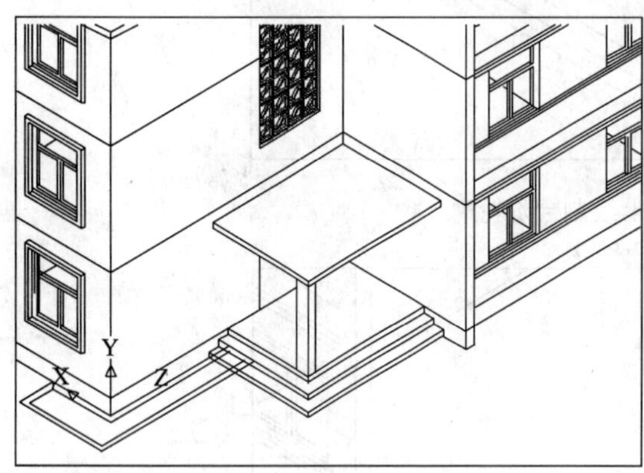

图 14-124　绘制花池的轮廓

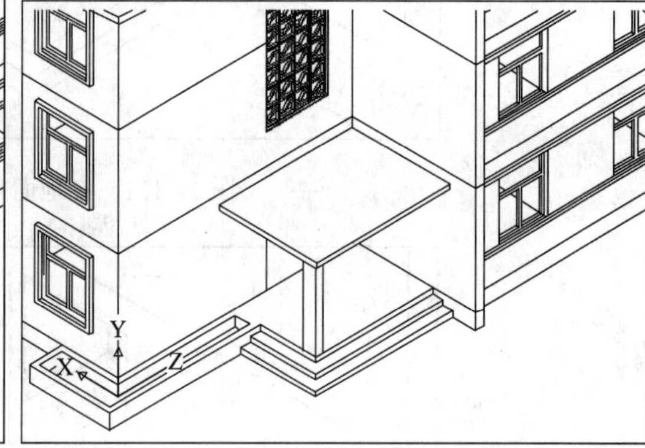

图 14-125　生成的花池

4. 绘制窗户的玻璃

窗户的玻璃不必每扇单独绘制，只需在墙体的对称位置加上一整块长方体（厚度比窗框要薄些，高度从地面到墙顶。为绘制窗户玻璃，将坐标系切换到世界坐标系，并将视图切换到当前坐标系的平面视图中，然后分别在 1 号轴线和 A、E 轴线的墙体对称位置绘制三个长方形，如图 14-126 所示。再将长方形拉伸 10000，并将各长方体赋予蓝色玻璃（BLUE GLASS）材质（设置材质的方法见第 7 章）。

切换到西南等轴测视图进行观察，如图 14-127 所示。

5. 绘制楼梯间窗户

单击菜单“视图“→”“三维视图”→“东北等轴测”，然后将楼梯间处放大，再将坐标系原点平移到楼梯间相邻的房间窗户的窗角处，并绕 Y 轴旋转-90°，如图 14-128 所示。

绘制第一个矩形，其左下角为“2100，0”，右上角为“@1500，580”；

绘制第二个矩形，其左下角为“2100，1860”，右上角为“@1500，1800”；

第三个矩形采用复制命令生成：将第二个矩形沿 Y 轴方向复制，距离为 3200。

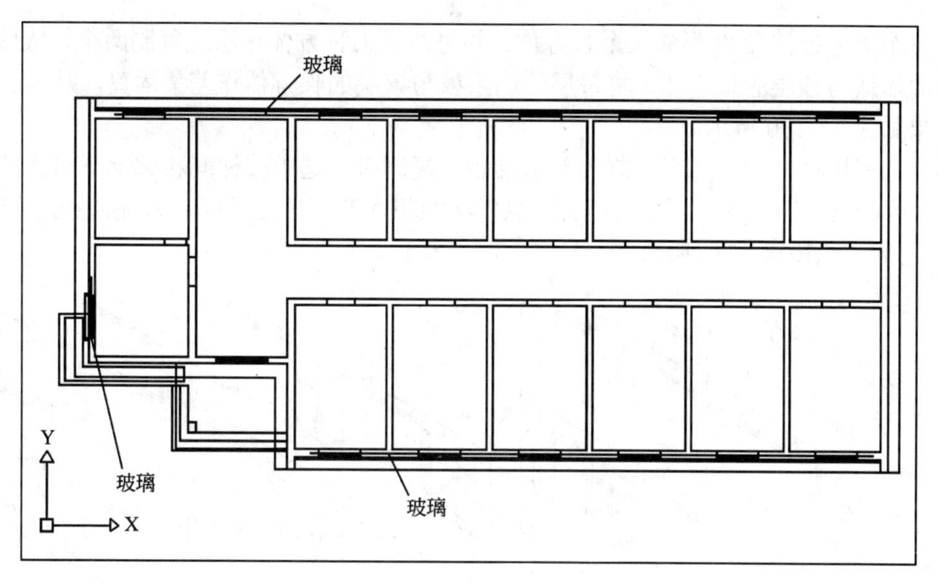

图 14-126　绘制窗户玻璃

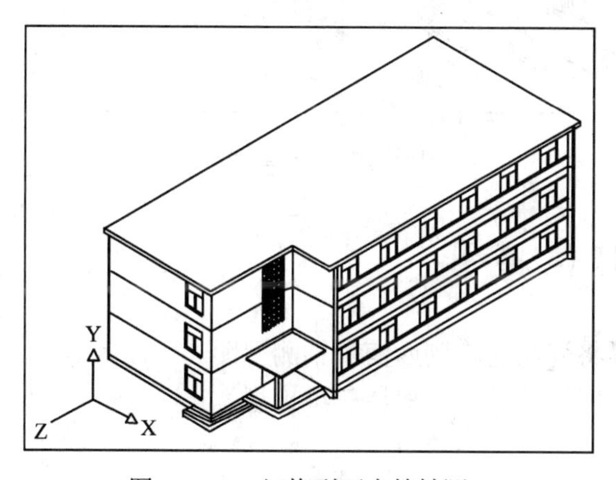

图 14-127　切换到西南等轴测

图 14-128　切换视图及定义坐标系

上述三个矩形为楼梯间窗洞轮廓，如图 14-129 所示。

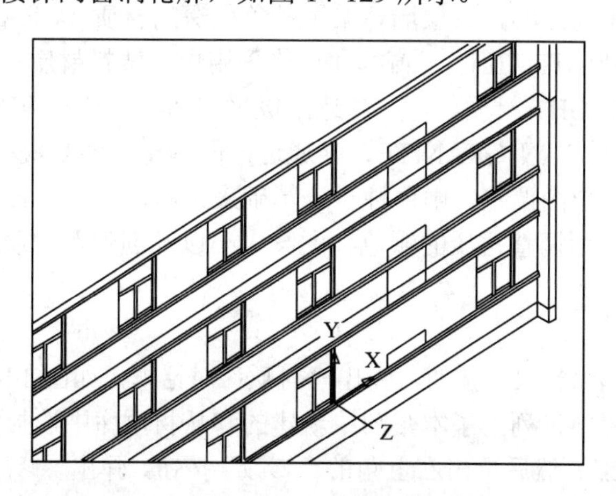

图 14-129　绘制楼梯间窗洞轮廓

将三个矩形拉伸-240 形成三个长方体，并将两个大长方体在原地复制两个，然后分别将每层的墙体与该层的长方体、将每层的遮阳板与该层的长方体作差集运算，从而生成窗洞，结果如图 14-130 所示。

第二、三层楼梯间窗户用复制的方法绘制（复制时，选中楼梯间相邻上下对齐的两个窗户，然后以一个窗户的窗洞角为基点，以楼梯间相应窗洞角为目标点），底层的窗户另外绘出，完成后如图 14-131 所示。

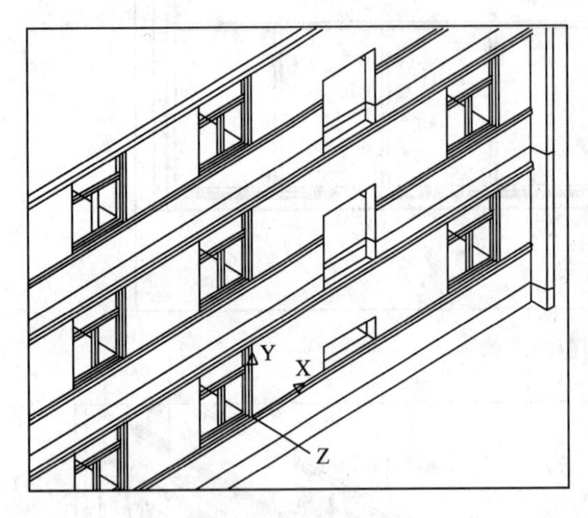

图 14-130　生成窗洞

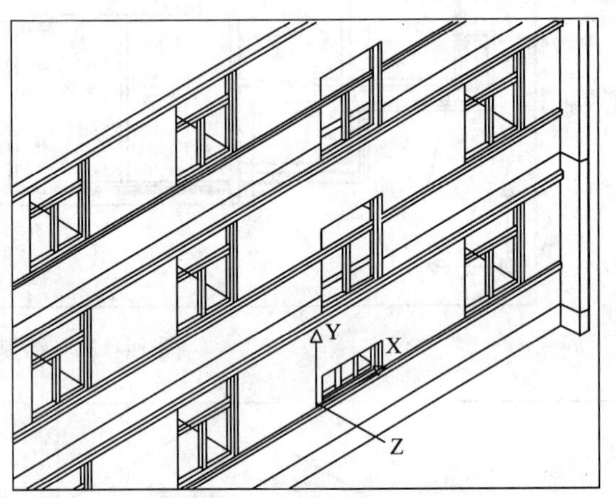

图 14-131　绘制窗框及窗格

14.3　制作渲染图

渲染图应该主要表现房屋的主立面，所以将视图切换到西南等轴测视图。

另起名保存图形以备制作平、立、剖面图用，图名为“房屋三维模型”。

14.3.1　设置材质

房屋各组成部分的材质如下：一层和三层墙体采用颜色稍浅的材质（WHITE PLASTIC 2S，并将其颜色值调整为 1.0），二层墙体采用颜色稍深的材质（GRAY MATTE），屋盖采用混凝土材质（CONCRATE TILE），窗框和窗格采用白色塑料材质（WHITE PLASTIC），花格窗采用 BRIGHT LIGHT 材质，窗台和遮阳板采用白色材质（WHITE MATTE），台阶和花池采用块材（TILE RAN GRANITE，并通过位图调整来调整块材的大小），雨篷采用 TILE WHITE 材质并作位图调整。雨篷柱子、基础采用新建材质。各种材质的选择及赋予见第 7 章。本节主要介绍调整材质的颜色、图案大小以及创建新材质的方法。

1．调整材质的颜色

单击渲染工具栏的“材质”按钮，弹出“材质”对话框，如图 14-132 所示。在该对话框的左边的“材质”栏中，列出了本张图中新建的和从材质库中选择的材质。选中其中的“WHITE PLASTIC 2S”，然后单击右上角的“修改”按钮，弹出“修改标准材质”对话框，如图 14-133 所示。

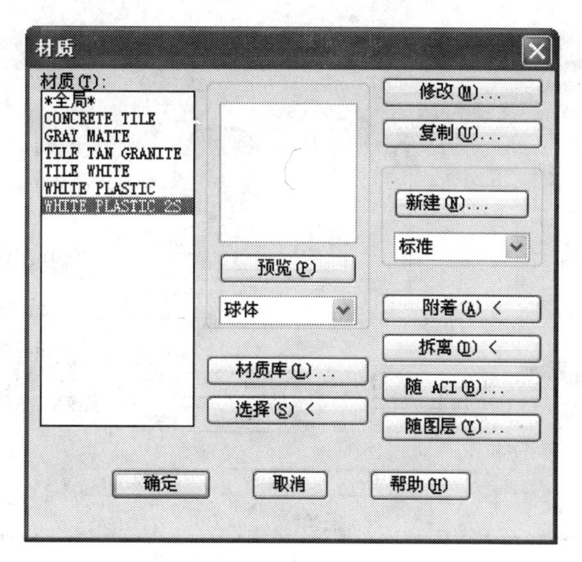

图 14-132　“材质”对话框

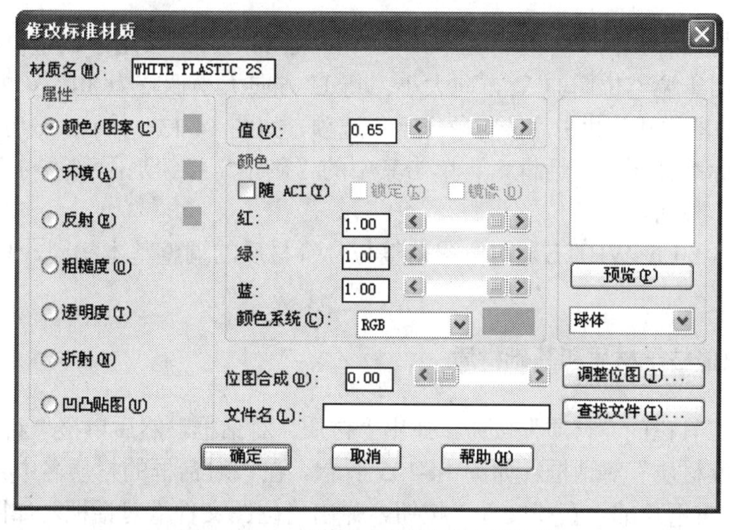

图 14-133　“修改标准材质”对话框

在“修改标准材质”对话框中，左边“属性”栏中列出了材质的七种属性，上方中间的“值(V)”栏显示了属性栏中当前所选中的属性的属性值。在“属性”栏中选中“颜色/图案（C）”选项，然后通过调整“值（v）” 栏中的滑块将颜色值调整到 1.0 左右，单击“确定”按钮退回到“材质”对话框，单击“材质”对话框中的“确定”按钮完成 WHITE PLASTIC 2S 材质的颜色的调整。

2．调整台阶和花池材质的方块大小

单击渲染工具栏的“材质”按钮，弹出“材质”对话框，在该对话框的左边的“材质”栏中，选中“TILE TAN GRANITE”，然后单击右上角的“修改”按钮，弹出“修改标准材质”对话框，如图 14-133 所示。单击对话框右下方的“调整位图（J）”按钮，弹出“调整材质位图位置”对话框，如图 14-134 所示。

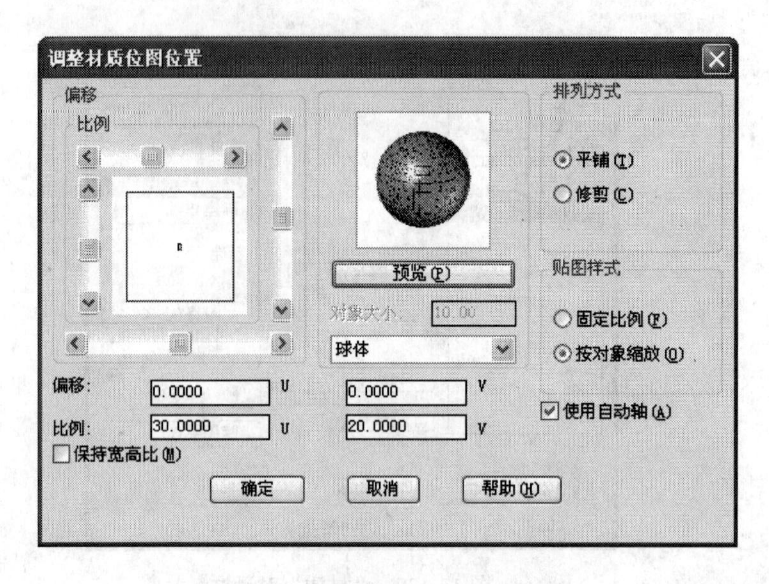

图 14-134 “调整材质位图位置”对话框

在“调整材质位图位置”对话框中，“比例”栏的上方滑块用于调整位图的 U 方向大小，左边滑块用于调整位图的 V 方向大小。将 U 方向大小调整为 30，V 方向大小调整为 20，并选中“贴图样式”栏中“按对象缩放”选项，如图 14-134 所示。然后单击确定按钮，退回到“修改标准材质”对话框，再单击其中的“确定”按钮退回到“材质”对话框，再次单击“确定”按钮，结束位图调整。

雨篷材质（TILE WHITE）的位图调整与台阶材质的调整基本相同，只是其 U、V 的值均调整为 1。

3．新建雨篷柱子材质和基础材质

单击渲染工具栏的“材质”按钮，弹出“材质”对话框，然后单极“新建（N）”按钮，弹出“新建标准材质”对话框，如图 14-135 所示。在该对话框的材质名中，输入“柱子材质”，然后单击右下角的“查找文件”按钮，弹出“位图文件”对话框，如图 14-136 所示。

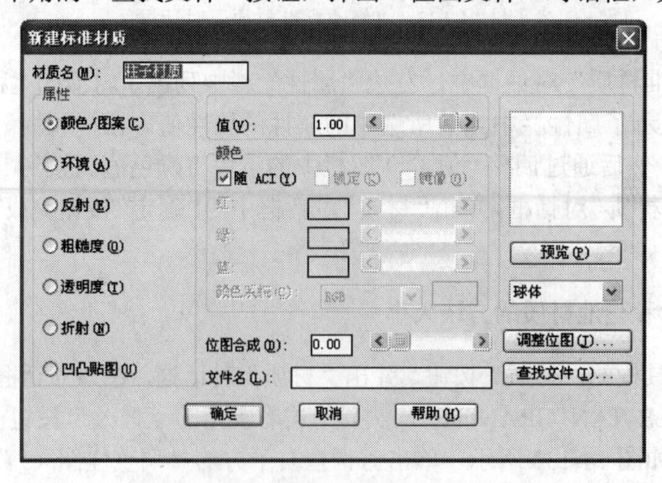

图 14-135 “新建标准材质”对话框

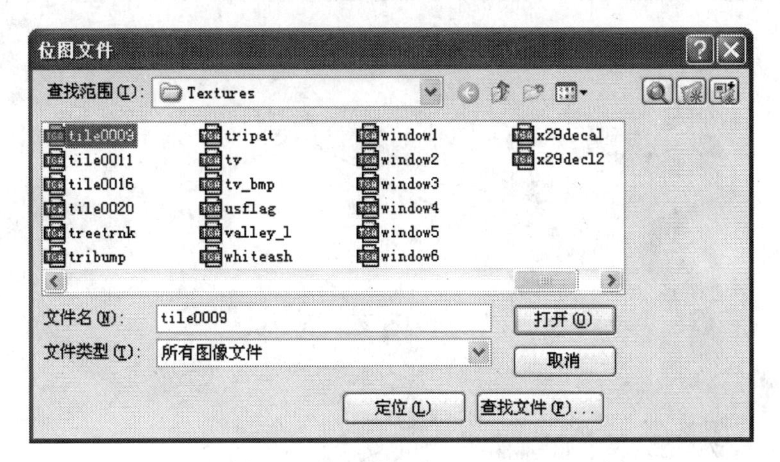

图 14-136　“位图文件”对话框

在位图文件对话框中，选择“tile009.tga”文件，然后单击“打开”按钮，返回到“新建标准材质”对话框，此时对话框中的“文件名”栏自动填上了该位图文件的路径和文件名。单击“新建标准材质”对话框的“调整位图”按钮，弹出“调整位图位置”对话框，在对话框中将 U、V 的的值分别调整为 40 和 20。然后单击“确定”按钮，返回到“材质”对话框，此时单击“附着”按钮，就可在图形窗口中选择雨篷柱子从而将新建材质赋予雨篷柱子。

基础材质的创建与柱子材质的创建基本类似，位图选择“conctile.tga”，U、V 值调整为 25、20。

设置完材质后，进行初步渲染（采用“照片级真实感”渲染类型），渲染结果如图 14-137 所示。将台阶、花池、雨篷等部位放大后进行观察，如图 14-138 所示。

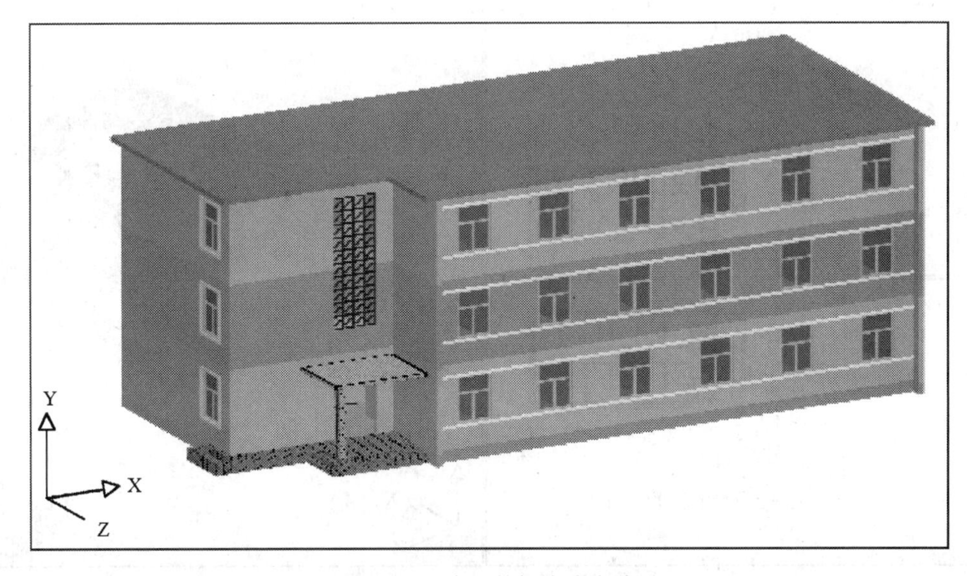

图 14-137　房屋的初步渲染结果

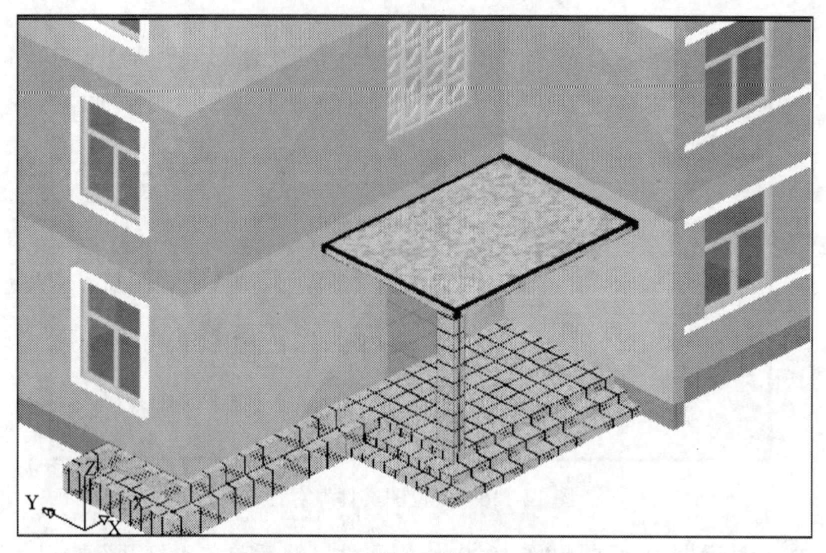

图 14-138　台阶、雨蓬、柱子材质

14.3.2　加入灯光

图 14-137 所示渲染图是没有加入灯光时的渲染效果，显得色调比较灰暗。一般情况下需要加入灯光以便使色调比较明快。

1．加入点光源

将视口设置成三个视口，并将左上方的视口设置成主视图，左下方的视口设置成俯视图，然后加入一个点光源（方法见第 7 章），位置如图 14-139 所示。

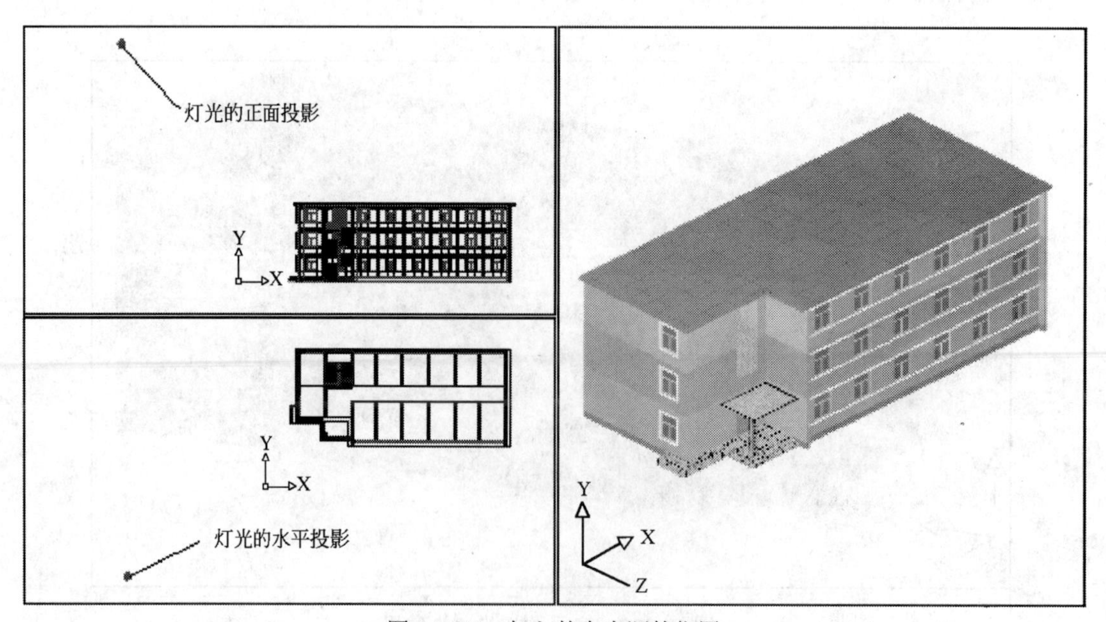

图 14-139　加入的点光源的位置

2．加入平行光（太阳光）

单击“渲染”工具栏的“光源”按钮，弹出“光源”对话框，如图 14-140 所示。

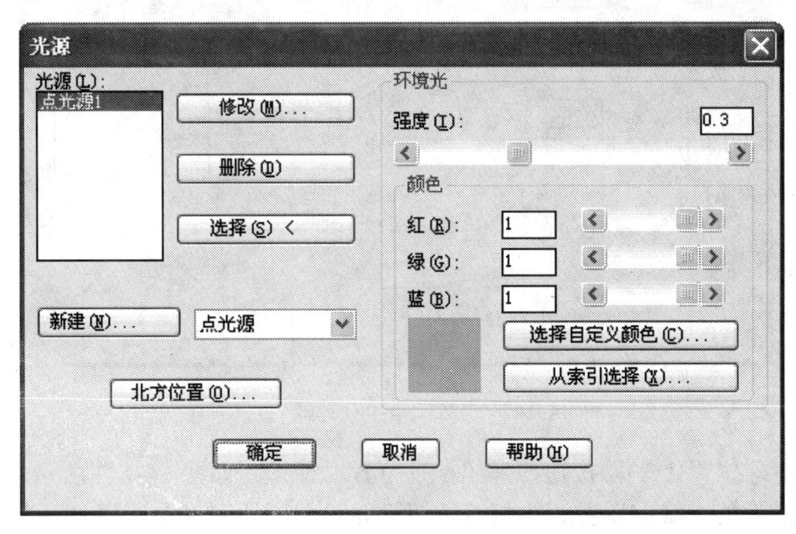

图 14-140　“光源”对话框

在“光源”对话框“新建”按钮右边的下拉列表中选择“平行光”，然后单击“新建”按钮，弹出“新建平行光”对话框，如图 14-141 所示。

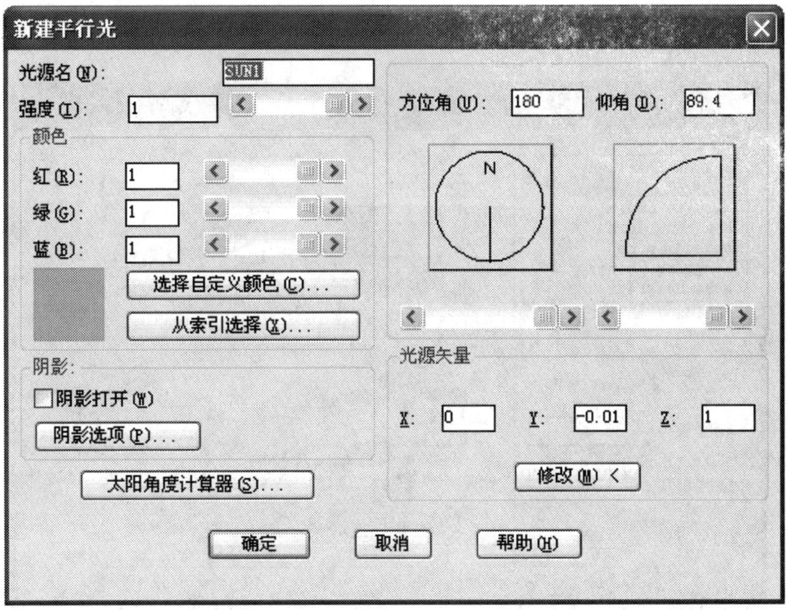

图 14-141　“新建平行光”对话框

在“新建平行光”对话框的“光源名”右边的文本框中输入平行光的名称，如 SUN1，然后单击“太阳角度计算器”按钮，弹出“太阳角度计算器”对话框，如图 14-142 所示。

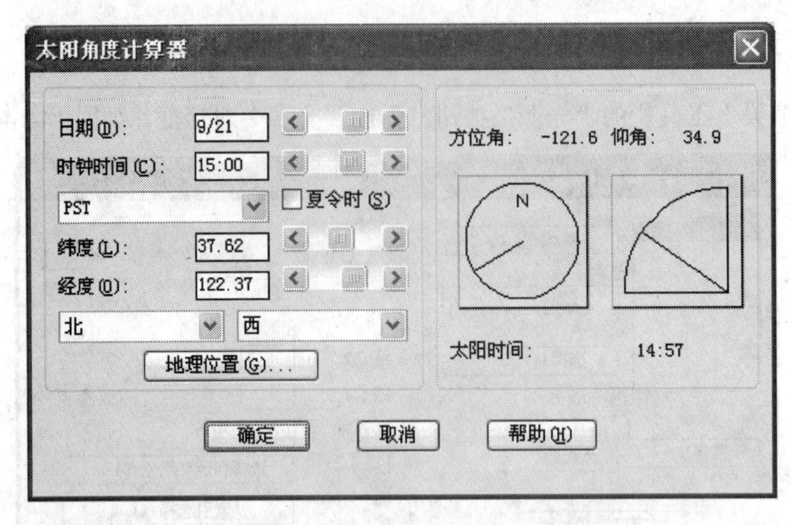

图 14-142 “太阳角度计算器”对话框

单击“地理位置（G）”按钮，弹出地理位置对话框，如图 14-143 所示。

选中“最近的大城市”左边的复选按钮，并且在下拉列表中选择“亚洲”，然后在左边的“城市”列表框中选择与你所在地距离最近的城市名，如 Beijing China,然后单击“确定”按钮，返回到“太阳角度计算器”对话框，再单击“确定”按钮，返回到“新建平行光”对话框，在此对话框中将平行光的强度调整到最大值，并选中对话框中“阴影打开（W）”选项，然后单击“确定”按钮，返回到“光源对话框”，在光源对话框中，将环境光的强度调整到 0.45。然后单击“确定”按钮，完成平行光的设置。

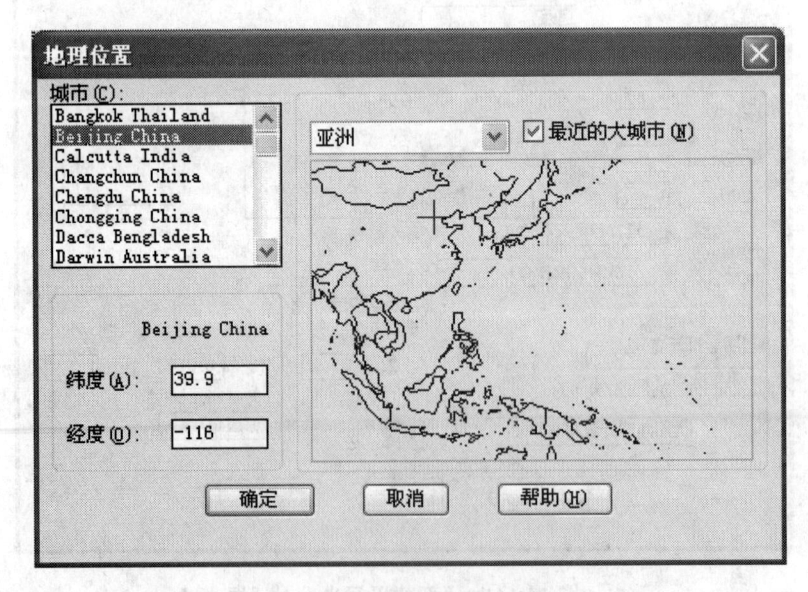

图 14-143 地理位置对话框

单击“渲染”工具栏的“渲染”按钮，渲染结果如图 14-144 所示。

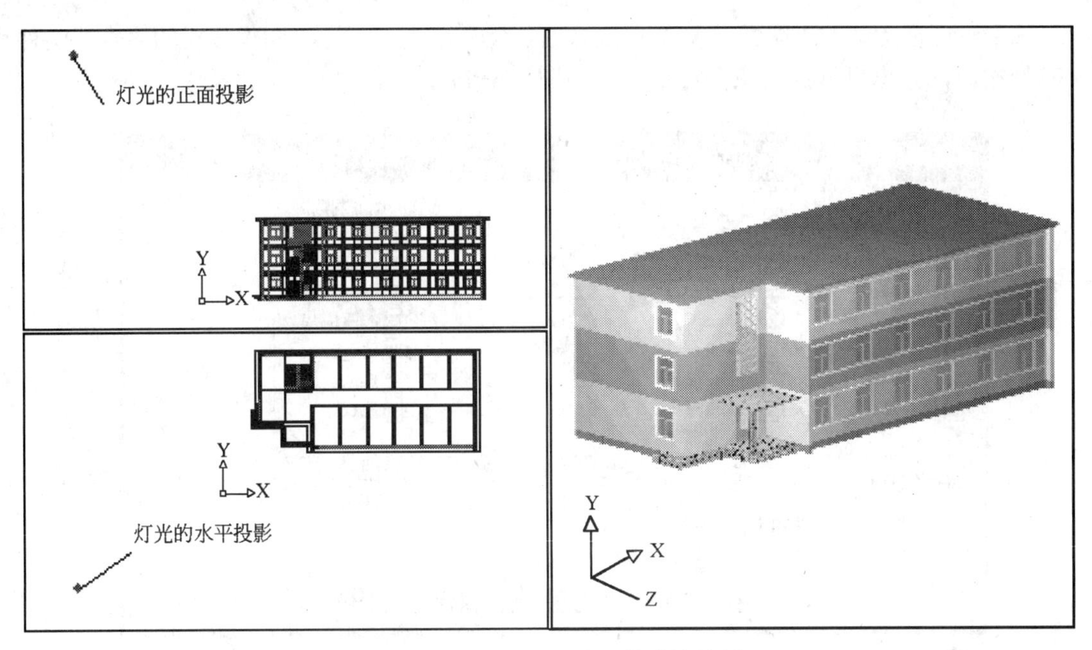

图 14-144　加入光线后的渲染结果

3．绘制地面并加入背景

（1）绘制地面

在平面图（俯视图）视口中绘制一个较大的长方形（宽度约为房屋宽度的 7~8 倍，长度约位房屋的 4~5 倍），而且位于房屋前面部分要比位于房屋后面的要多，如图 14-144 左下角视口所示。然后将该长方形拉伸-50，作为地面，并赋予其绿色材质。

（2）加入背景

单击“渲染”工具栏中的“背景”按钮，弹出“背景”对话框，如图 14-145 所示。

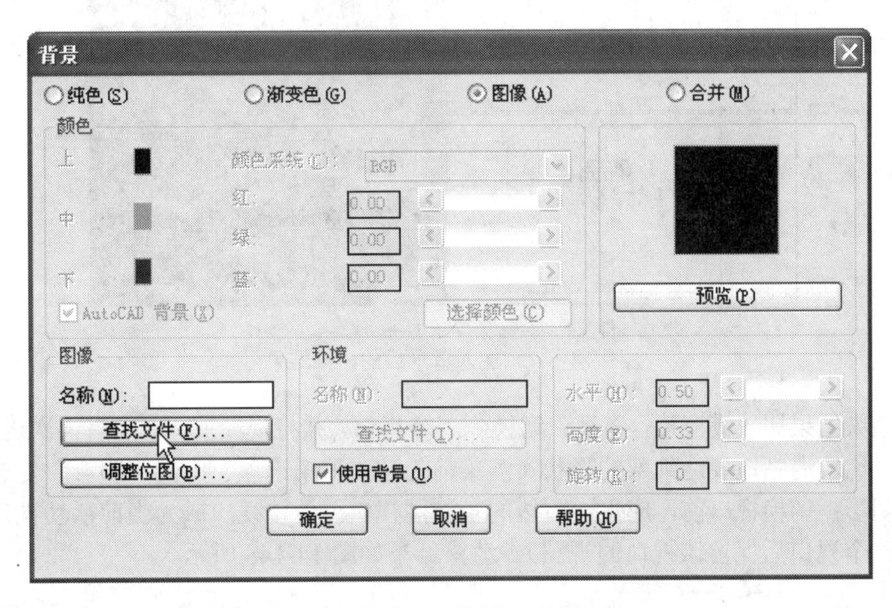

图 14-145　“背景”对话框

选中对话框上面的“图像（A）”单选按钮，然后单击左下方“图像”栏的“查找文件（F）”按钮，弹出“背景图像”对话框，如图 14-146 所示。

图 14-146 “背景图像”对话框

在该对话框中选择 Cloud.tga 文件，然后单击“打开（o）”按钮，返回到“背景”对话框。此时若单击“预览（P）”按钮可以在预览框中预览背景图像。当对所选背景满意后单击“确定”按钮，返回到图形窗口，并将背景设置成背景图像。

对右边的视口进行渲染，结果如图 14-147 所示。

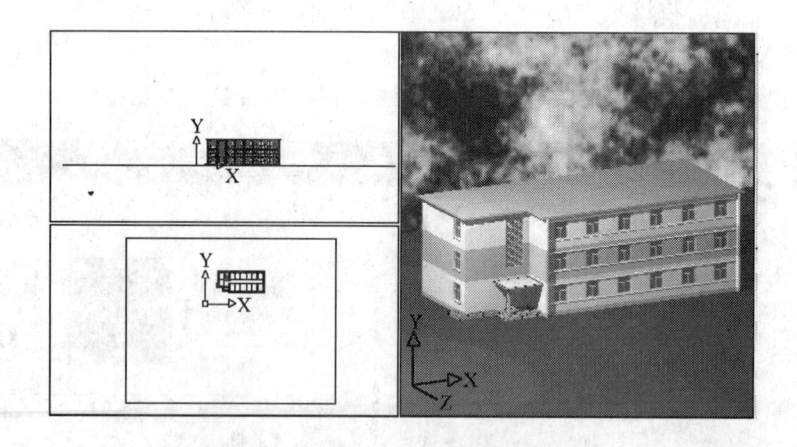

图 14-147 加入背景后的渲染结果

对渲染结果比较满意后，将视口切换到一个视口，并将视图放大，然后再次进行渲染。这样可以比较清晰地表达细部的形状（渲染前勾选“渲染选项”中的“阴影”复选框，可以产生阴影；切换视口前，应点击右边的轴测图视口，使该视口成为当前活动视口，以便切换成一个视口后保留该视口的视图）。渲染结果如图 14-148 所示。

图 14-148　单视口并放大后的渲染结果

14.3.3　生成透视图

上述生成的三维渲染图是轴测图，虽然立体感比较强，但是不够逼真，生成透视图可以更加逼真地反映出建筑物的空间效果。

将视图切换到主视图，如图 14-149 所示。然后单击菜单“视图”→“三维动态观察器（B）”，此时围绕着主视图出现一个旋转轨道，如图 14-150 所示。

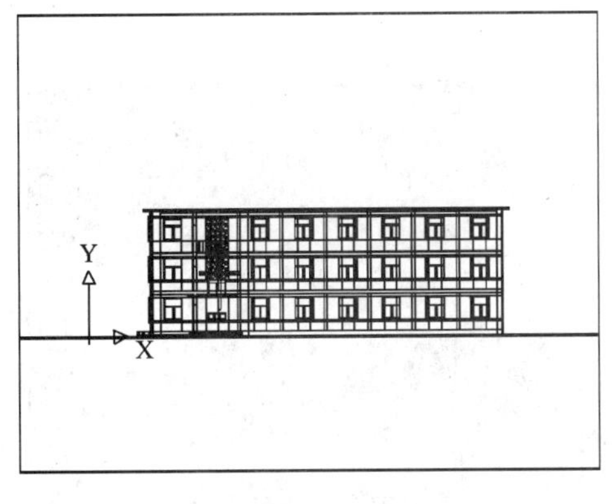

图 14-149　切换到主视图

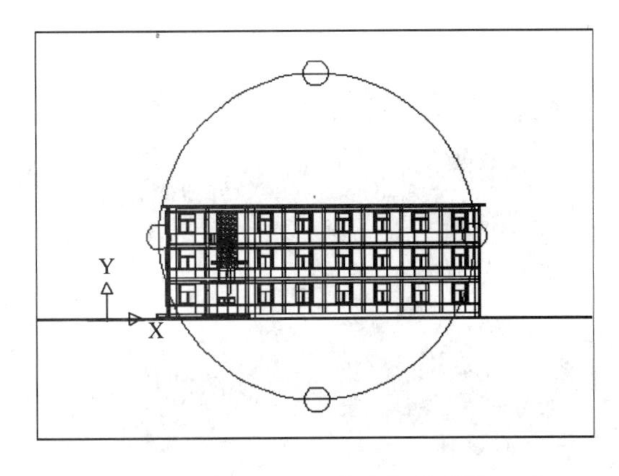

图 14-150　三维动态观察器

将光标移到轨道两侧的小圆内，光标显示为一水平椭圆环（此时可以拖动当前视窗绕竖直方向的轴旋转），向右移动光标，拖动视图绕竖直方向的轴按右手规则旋转。转过一定角度后，松开并右击鼠标，弹出快捷菜单，如图 14-151 所示。

将光标移到快捷菜单的“投影（C）”→“透视（E）”并单击之，此时视图已变成透视图。然后再次右击鼠标并选择“缩放”或“平移”选项，对透视图作缩放或平移操作，以调整透视图的大小和位置。最后选择“退出”选项，结束动态显示操作并完成透视图的设置。

再次进行渲染，结果如图 14-152 所示（由于楼层较低，其透视效果不十分明显）。

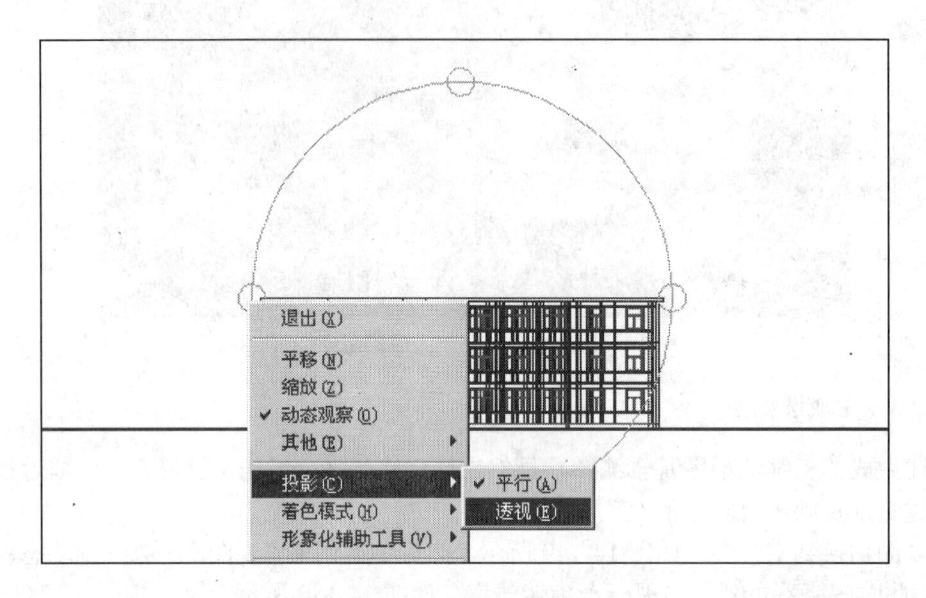

图 14-151　快捷菜单

图 14-152　渲染后的透视图

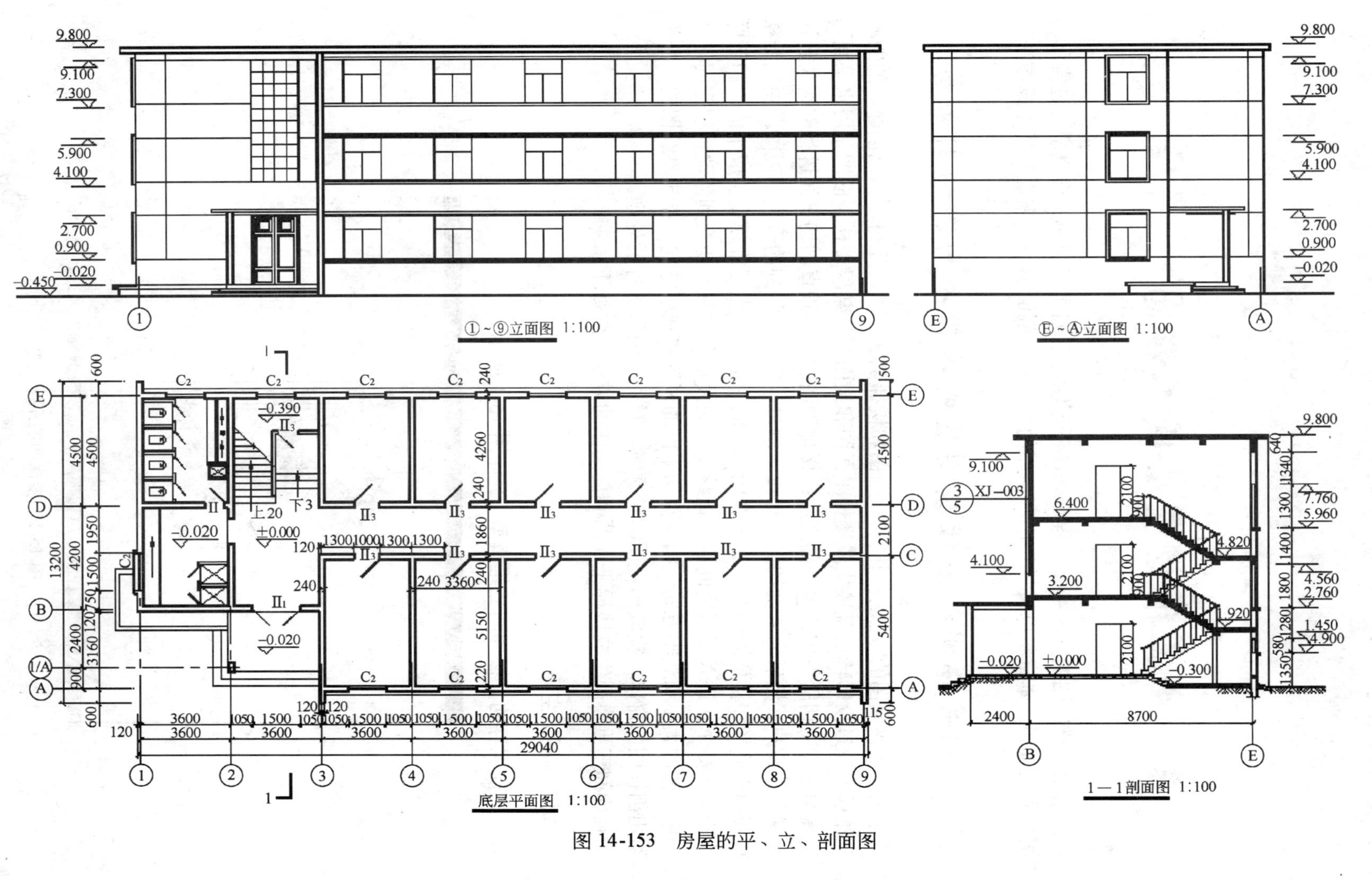

图 14-153　房屋的平、立、剖面图

第 15 章　由三维模型生成工程图

除了采用二维制图的方法绘制工程图外，还可以由已创建好的的三维模型通过投影转换直接生成工程图。本章将以楼梯详图和房屋的平、立、剖面图为例来说明其生成方法。

15.1　由楼梯间的三维模型生成楼梯平面图和剖面图

除了采用二维制图的方法绘制楼梯平面图和楼梯剖面图外，还可以由已创建好的的楼梯间三维模型通过投影转换直接生成楼梯平面图和剖面图。某层楼梯平面图是用水平面通过该层窗洞进行剖切所得到的水平剖视图；楼梯剖面图是用垂直剖切平面进行剖切（剖切到一个梯段和窗户）然后向未剖切到的梯段一侧进行投影所得到的垂直剖视图。由三维模型生成楼梯平面图和楼梯剖面图，必须在图纸空间中进行。由三维模型生成平面图和剖面图的过程大致如下：进入图纸空间后，调整视口的大小和位置，切换到浮动模型空间，调整视口中视图的大小和观察方向，指定剖切平面的位置和观察方向，指定剖视图的中心位置，给出剖视图的窗口，提取剖视图的轮廓线，对生成图形进行后处理。

由楼梯间三维模型生成楼梯平面图和剖面图的方法步骤如下：

1．切换到图纸空间

打开先前保存的“楼梯间三维模型”，如图 15-1 所示。

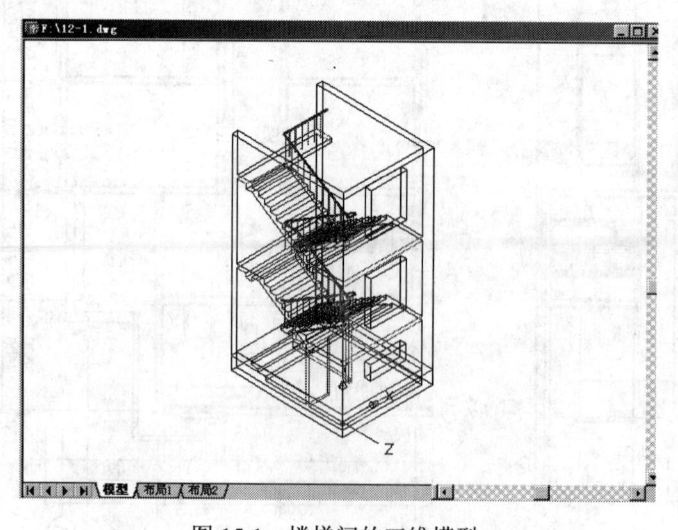

图 15-1　楼梯间的三维模型

选择菜单“文件”→“页面设置管理器”，弹出图 15-2 所示“页面设置管理器”对话框。”单击其中的“修改”按钮，打开“页面设置—布局 1”（或“页面设置—布局 2”）对话框。“页面设置—布局 1”对话框如图 15-3 所示。在“图纸尺寸”右边的下拉列表中选择“ISO A3（420.00×297.00 毫米）”，其他采用缺省设置。然后单击“确定”按钮切换回“页面设置管理器”对话框，再单击“确定”按钮，关闭对话框。图 15-4 所示为图 15-1 所示楼梯间三维模型在图纸布局 1 的缺省视口。

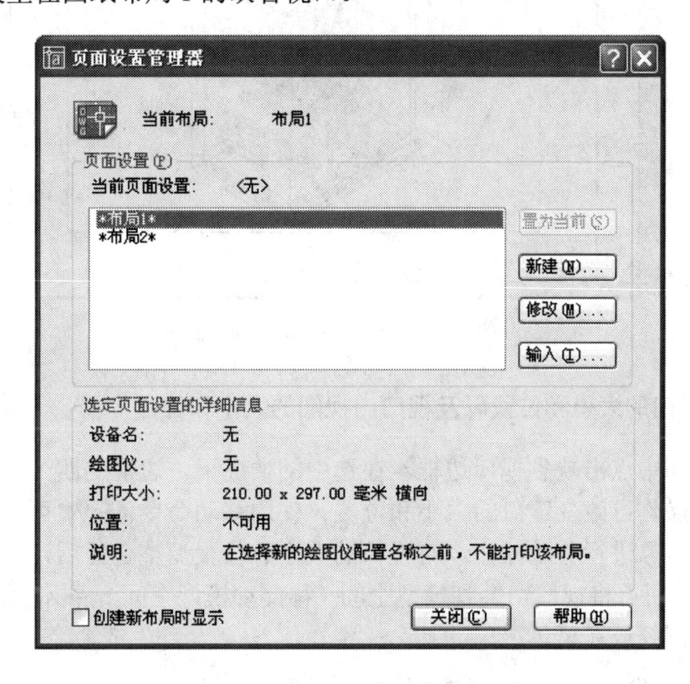

图 15-2　“页面设置管理器”对话框

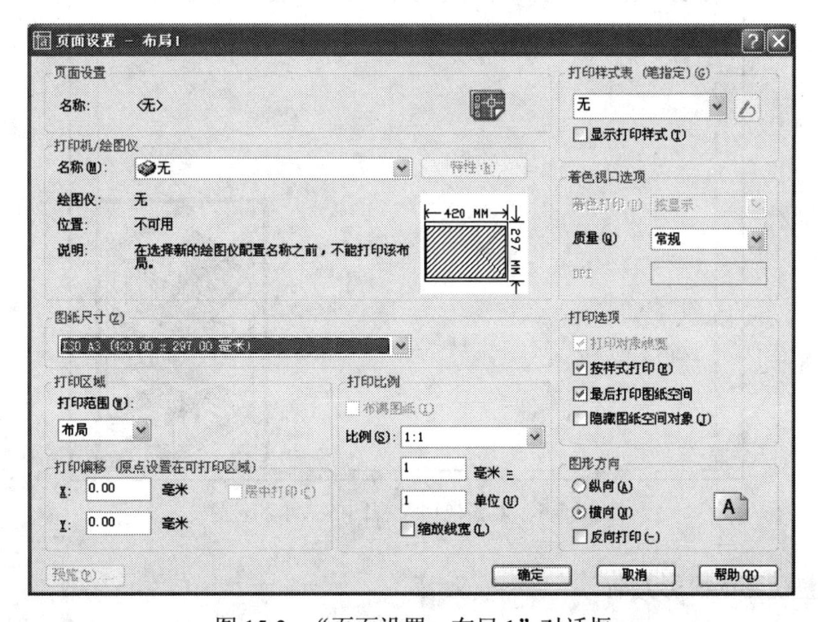

图 15-3　“页面设置—布局 1”对话框

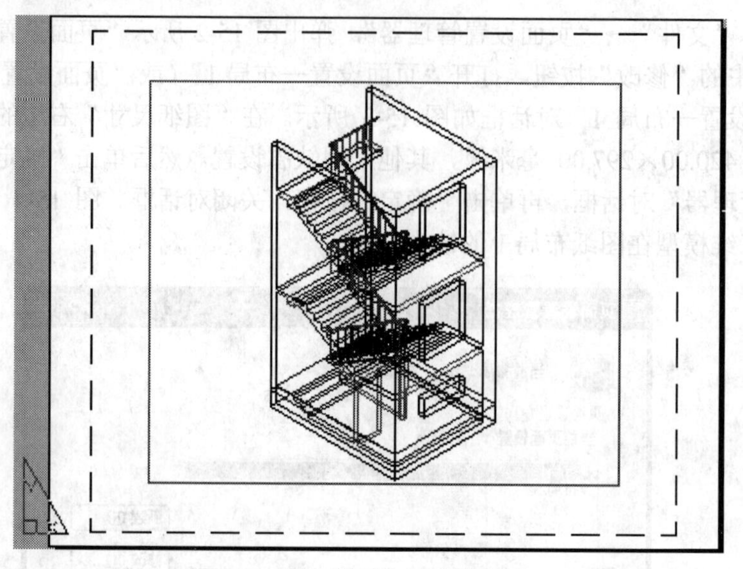

图 15-4　进入图纸布局的缺省视口

2．调整视口的大小和位置以及视口内视图的大小和位置

在图纸空间中点击缺省视口边框，在选中的情况下，边框的四个角点处出现夹点，对夹点进行移动操作可改变窗口的大小和位置；使用移动命令 Move 可以将视口及其内部的视图作为一个对象进行移动操作。对视口的大小和位置调整合适后，通过单击状态栏最右边的“图纸”按钮可将视口切换到模型空间（称浮动模型空间），并使用缩放命令对视口内的图形作全比例缩放（菜单：“视图”→“缩放”→“全部”或命令：“Zoom”→“All”），结果如图 15-5 所示。

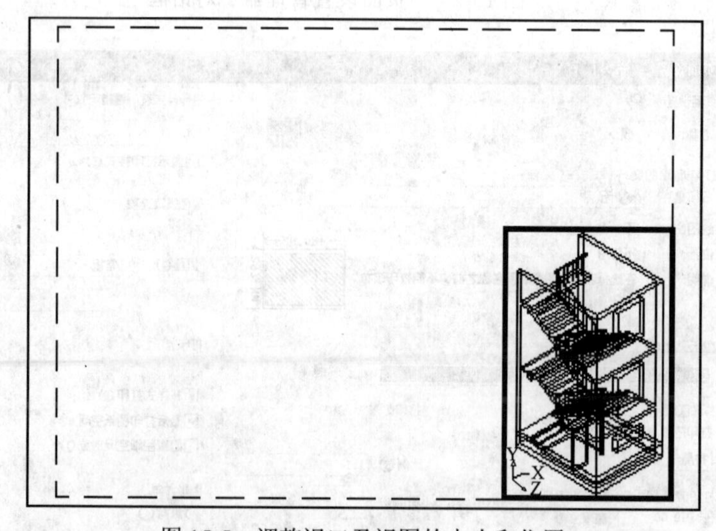

图 15-5　调整视口及视图的大小和位置

3．调整视图的投影方向

选择菜单“视图”→“三维视图”→“主视图”（或“视图”工具栏的“主视图”按

钮），视口显示楼梯间的主视图，如图 15-6 所示。此视口及其中的视图是生成平面图和剖面图的基础视图。生成平面图和剖面图时指定剖切位置和观察方向都是在此视口中进行的。

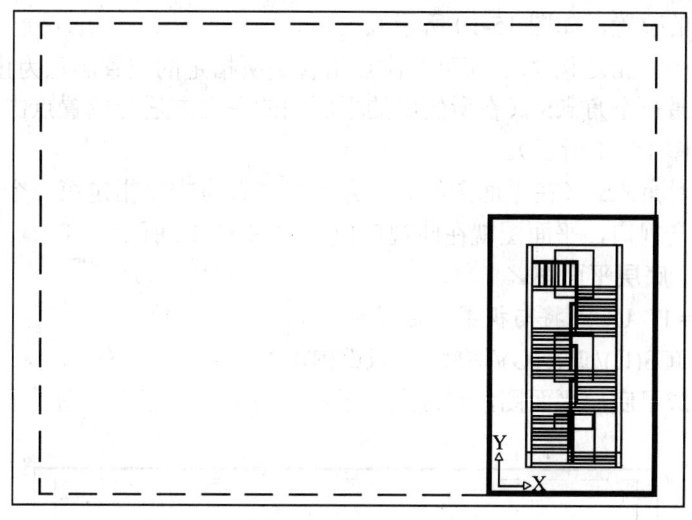

图 15-6 将视口中的视图设置为主视图

4．指定剖切位置并生成平面图

单击“实体”工具栏中的“设置视图”按钮，此时命令行的提示及操作过程如下：

命令：**SOLVIEW**↙

输入选项 [UCS(U)/正交(O)/辅助(A)/截面(S)]：**S**↙

指定剪切平面的第一个点：（在视口内楼梯间左侧且于底层窗户中间的高度指定一点）

指定剪切平面的第二个点：（在视口内楼梯间的右侧指定一点，使两点的连线为水平线，如图 15-7 所示）。

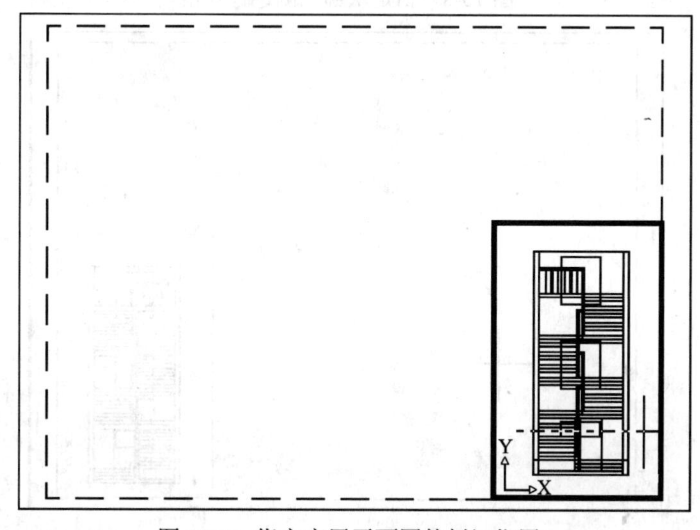

图 15-7 指定底层平面图的剖切位置

指定要从哪侧查看:（在剖切位置线的上侧指定一点，如图 15-8 所示）。

输入视图比例 <当前比例>:（输入一正数作为比例值，如果比例为 1:100，则输入 0.01）。

指定视图中心:（在准备绘制底层平面图的位置处点击，如图 15-9 所示位置，则平面图出现在所点击的位置，如图 15-10 所示）。

指定视图中心 <指定视口>:（可多次点击直到所指定的位置满意为止，然后回车）。

指定视口的第一个角点:（在所生成的平面图的左上方适当位置点击，以指定视口的第一个角点，如图 15-11 所示）。

指定视口的对角点:（在平面图的右下方适当位置点击以指定第二个角点，此时过所指定的两点生成一视口，平面图就在此视口内，如图 15-12 所示）。

输入视图名: **底层平面图↙**

UCSVIEW = 1　UCS 将与视图一起保存

输入选项 [UCS(U)/正交(O)/辅助(A)/截面(S)]:

至此，已生成了底层平面图，重复上述过程，可生成二层平面图、顶层平面图。如图 15-13 所示。

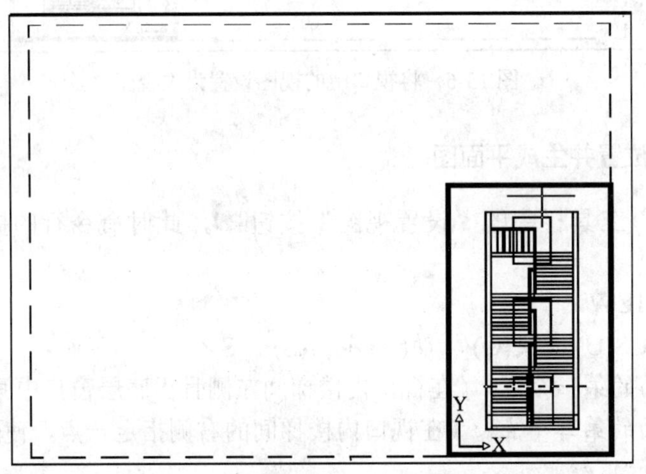

图 15-8　指定从哪一侧进行观察

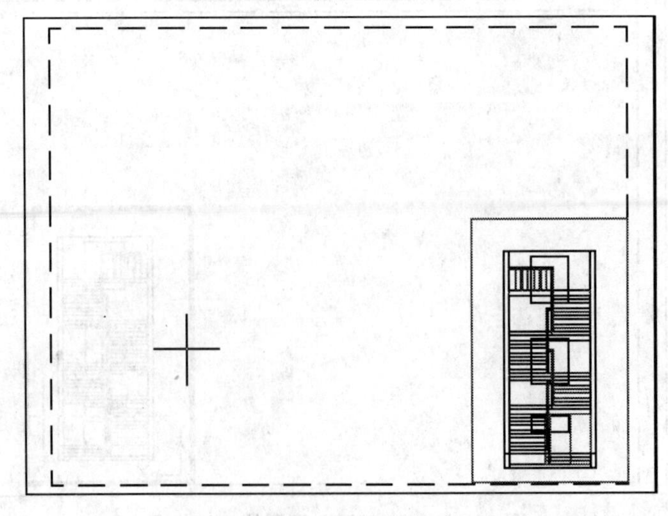

图 15-9　指定底层平面图的中心位置

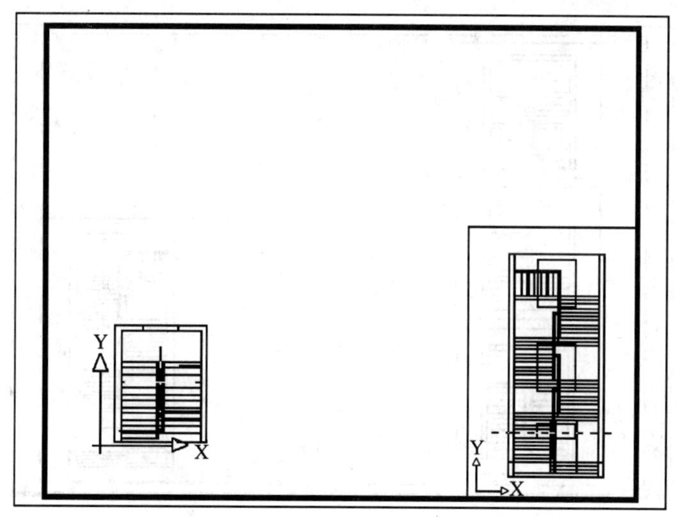

图 15-10　在视图中心出现底层平面图

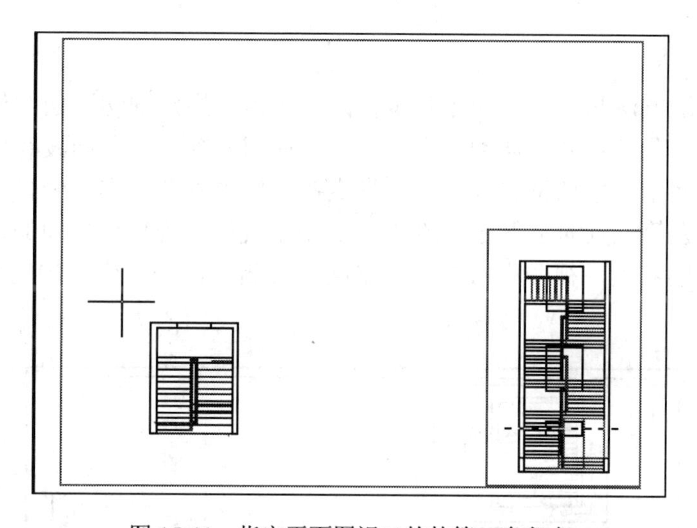

图 15-11　指定平面图视口的的第一个角点

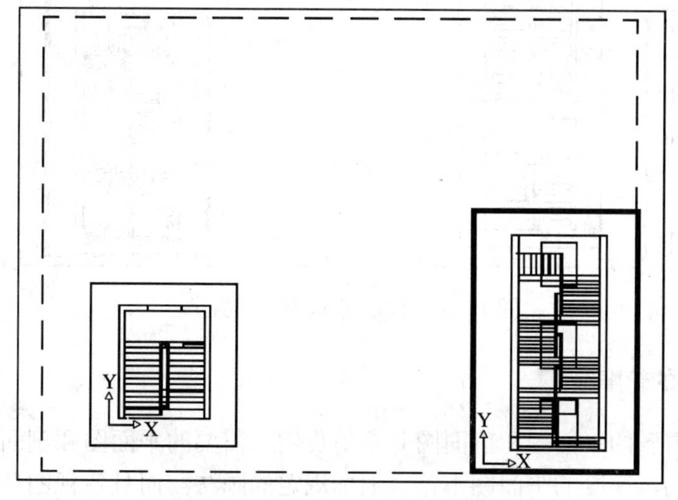

图 15-12　生成的底层平面图视口

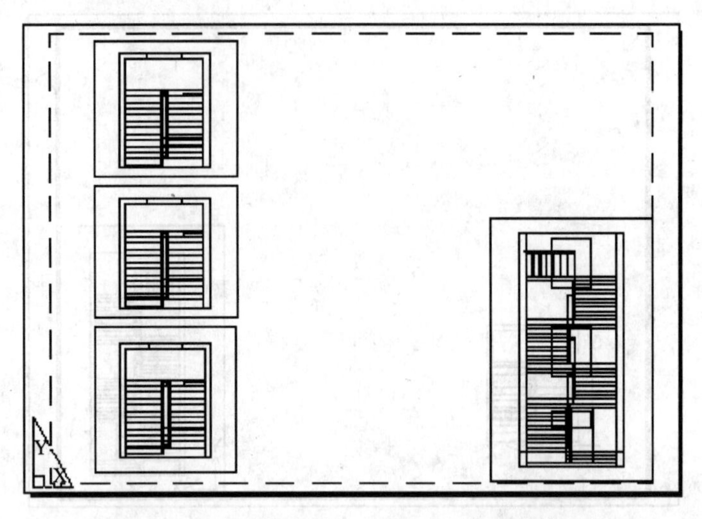

图 15-13　生成的底层、二层、顶层平面图视口

5．生成剖面图

生成剖面图的方法与生成平面图基本相同。只是在指定剖切平面的位置时，剖切平面要垂直于地面，且能够同时切到一个梯段和楼梯间的窗户，并向没有剖切到的梯段一侧进行投影。本例中，剖切位置的第一点指定在视口内视图上方右侧梯段靠近栏杆的地方，第二点指定在第一点的正下方，图 15-14 中虚线所示为剖切平面的位置。观察方向指定在剖切平面的右侧，视图中心指定在平面图右侧空白处。生成的剖面图如图 15-15 所示。

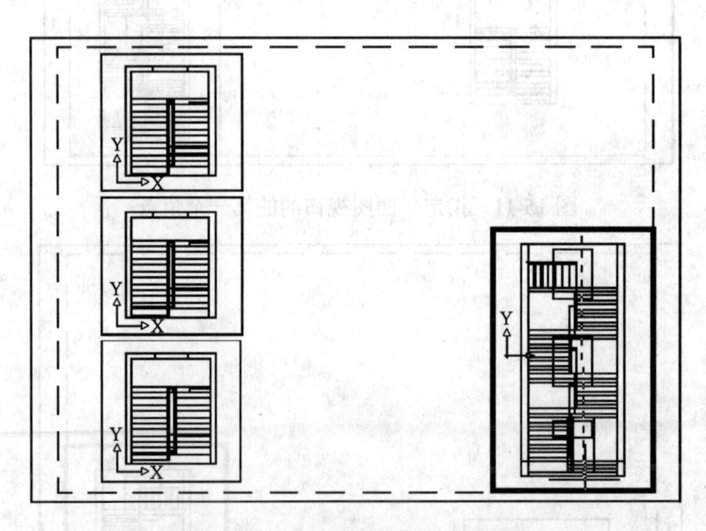

图 15-14　指定剖面图的剖切位置

6．提取视图的轮廓线

经上述方法得到的平面图和剖面图并不是我们所需要的平面图和剖面图。各视图均完全是按投影得到的，梯段的平面图不符合国标规定的画法；而且各视图并不是二维图形，

而仍然是三维图形，只不过是沿垂直于投影面的方向观察，三维图形显示成二维图形，所以无法对其进行进一步的编辑。所以还需要提取各视图的投影轮廓线。操作过程如下：

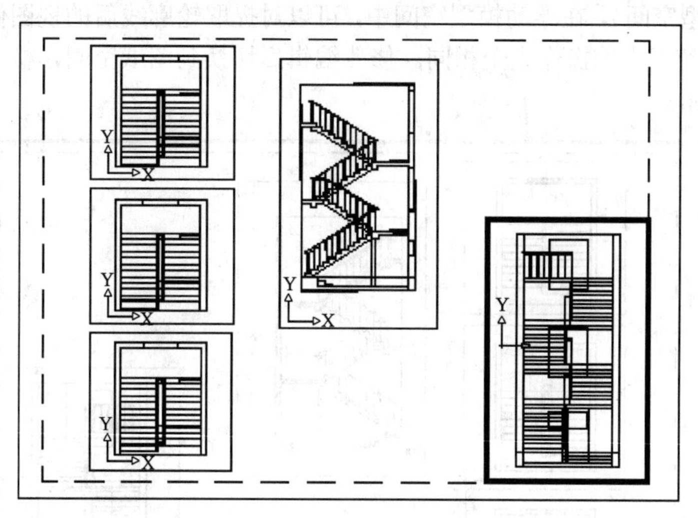

图 15-15　生成的剖面图视口

单击“实体”工具栏的“设置图形”按钮，然后拾取所有平面图和剖面图视口的边界并回车，系统便自动完成提取轮廓线的操作。各视图提取轮廓线后如图 15-16 所示。

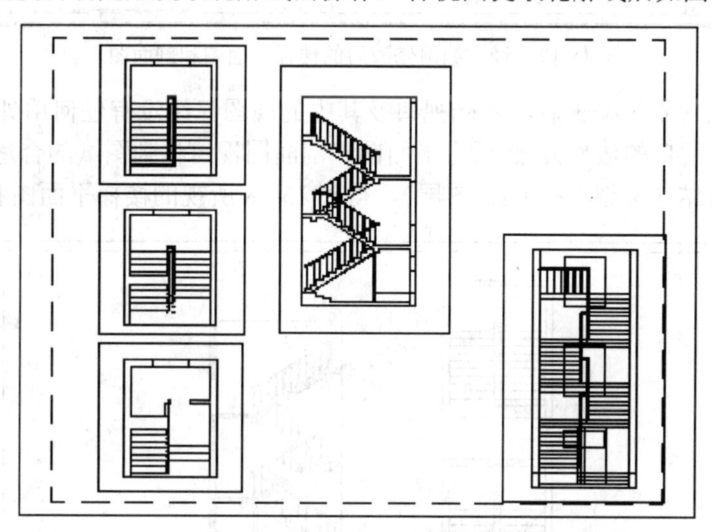

图 15-16　提取各视图的轮廓线

7．对生成图形进行后处理

从图 15-16 可看出，经提取轮廓线后所得到的视图是根据剖切后的物体严格按照投影关系绘制的，并不符合建筑制图关于楼梯平面图画法的规定。所以需要对其进行进一步的编辑与修改。如将梯段的切断线改成 45° 方向的折断线，删除被切断的栏杆的投影，将扶手画到折断线处，添加门、窗户、材料图例等。

在图纸空间中，将要修改编辑的视口放大，并将要修改的视图的-VIS 图层设置为当前层。例如要修改底层平面图，则将底层平面图的视口放大，并将“底层平面图-VIS”图层（图层名为系统自动形成）设置为当前层。然后单击状态栏的“图纸”按钮，切换到模型空间（称浮动模型空间），在浮动模型空间中，可以对提取轮廓线后的视图做任意的修改与编辑，与在模型空间中的操作完全相同。修改编辑后切换到图纸空间，楼梯平面图和剖面图如图 15-17 所示。

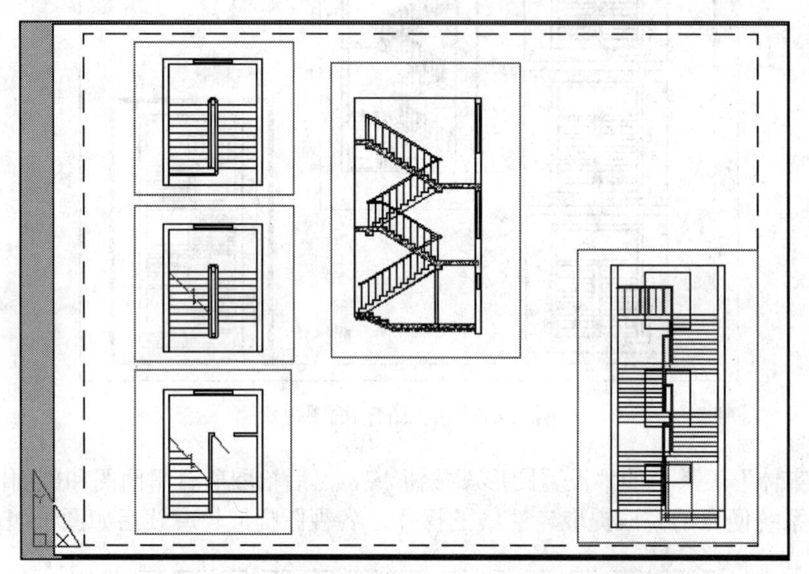

图 15-17　经过编辑修改后的楼梯平面图和剖面图

完成各视图的修改编辑后，基础视口及其中的视图已经没有任何用处，可将其删除（删除时要拾取视口的边界）。然后将平面图和剖面图视口移到图纸的合适位置，最后将各视口的边界冻结（冻结 VPORTS 图层），得到 15-18 所视的楼梯平面图和剖面图。

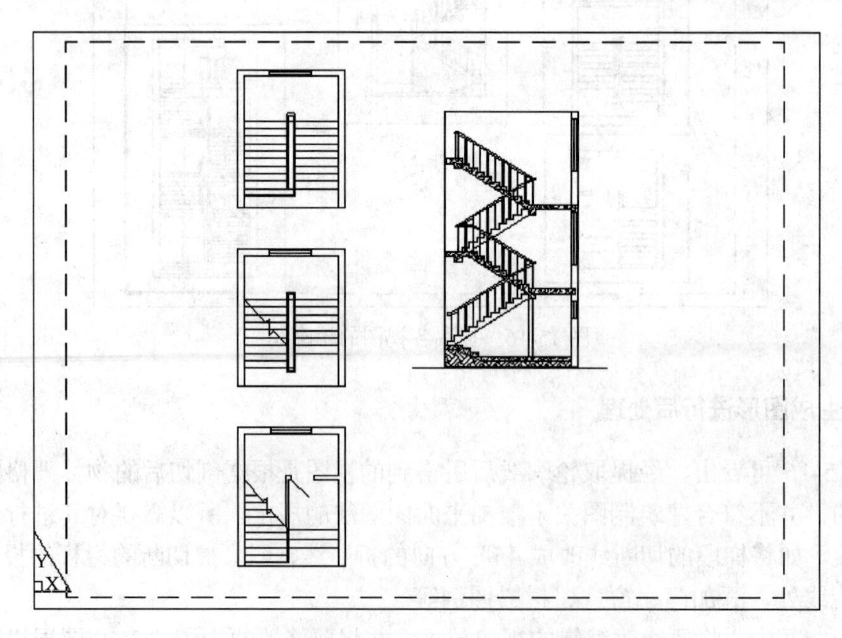

图 15-18　删除基础视口并冻结 VPORTS 图层

8．标注尺寸及注写标高和其他文字说明

标注尺寸必须在浮动模型空间中进行。而且要标注某个视图的尺寸，必须将该视图的“-DIM”图层设置为当前图层，例如要标注底层平面图的尺寸，就要将“底层平面图-DIM”图层设置为当前图层。其余与二维图形的尺寸标注相同，此处不再重复。由于图形太小，标注尺寸后无法看清楚，所以图中未将尺寸注出。

15.2　由房屋的三维模型生成建筑平、立、剖面图

打开先前保存的“房屋的三位模型”，切换到主视图，如图15-19所示。

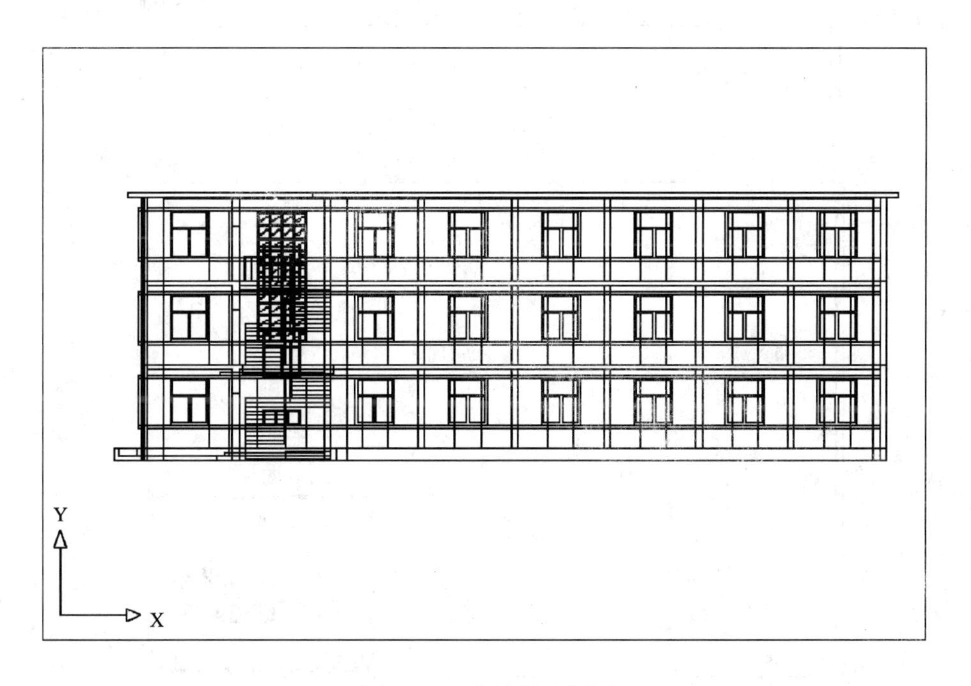

图15-19　房屋的主视图

单击“修改”工具栏的“分解”按钮，然后拾取楼梯并回车，此时楼梯被分解成非图块实体（分解前楼梯是图块，图块不能被剖切）。

由房屋的三维模型生成平面图、剖面图的方法与生成楼梯平面图、剖面图的方法相同。具体过程如下：

单击窗口下面的“布局 1”按钮，弹出“页面设置——布局 1”对话框，在对话框的“图纸尺寸（Z）”下拉列表中选择“ISO A2（594.00×420.00毫米）”，然后单击“确定”按钮，结果窗口如图15-20所示。

单击“布局视口的边界，并利用夹点调整布局视口的大小和位置（也可以用移动命令将调整好大小的视口移到适当的位置）；然后切换到模型空间（单击状态栏右边的“图纸”按钮），然后利用实时缩放命令调整视口内部图形的大小，如图15-21所示。

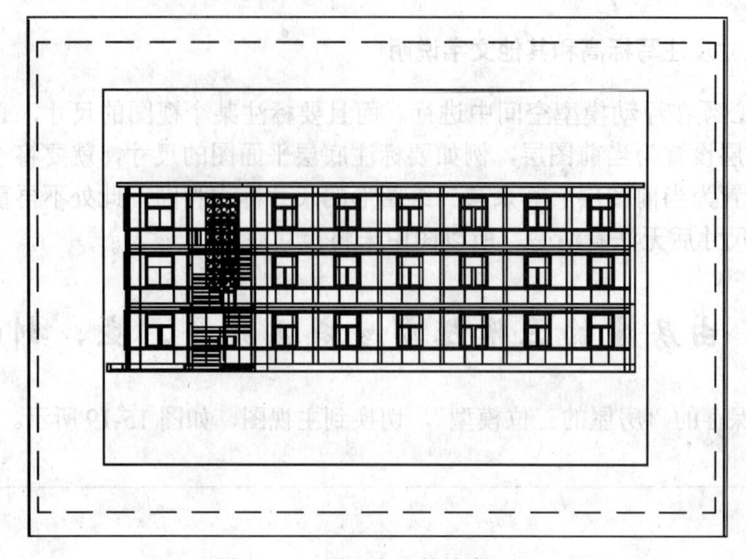

图 15-20　图纸布局的缺省视口

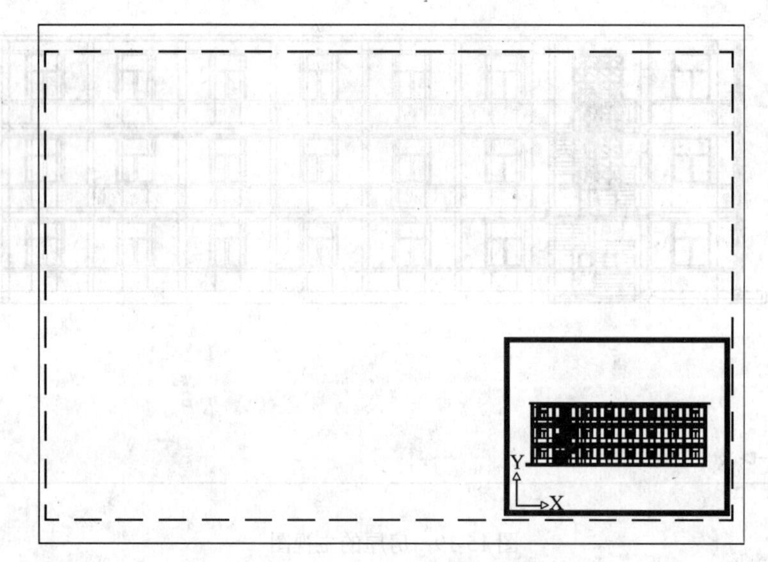

图 15-21　调整视口及视图

15.2.1　生成平面图

单击实体工具栏的“设置视图”按钮，此时命令提示区的提示及操作过程如下：

命令：**SOLVIEW**↙

输入选项[UCS[U]/正交（O）/辅助（A）/截面（S）]：**S**↙

指定剪切平面的第一个点：（在视口内底层窗台稍高处房屋的左侧指定一点）

指定剪切平面的第二个点：（在房屋的右侧指定一点，使两点的连线为水平线，如图 15-22 所示。指定第二点之前先按下“正交”按钮可保证两点在一水平线上）

指定要从哪一侧查看：（在视图上方指定一点，如图 15-23 所示）

输入视图比例 <当前比例>: **0.005**↙　（输入一正数作为比例值，如果比例为 1∶100，

则输入 0.01，此处取 1∶200,即输入 0.005）

指定视图中心:（在准备绘制底层平面图的位置处点击，则平面图出现在所点击的位置，如图 15-24 所示）

指定视图中心<指定视口>:（可多次点击直到所指定的位置满意为止，然后回车）

指定视口的第一个角点: （在所生成的平面图的左上方适当位置点击）

指定视口的对角点: （在平面图的右下方适当位置点击，此时过所指定的两点生成一视口，平面图就在此视口内，如图 15-25 所示）

输入视图名: **底层平面图↙**

UCSVIEW = 1　UCS 将与视图一起保存

输入选项 [Ucs(U)/正交(O)/辅助(A)/截面(S)]:

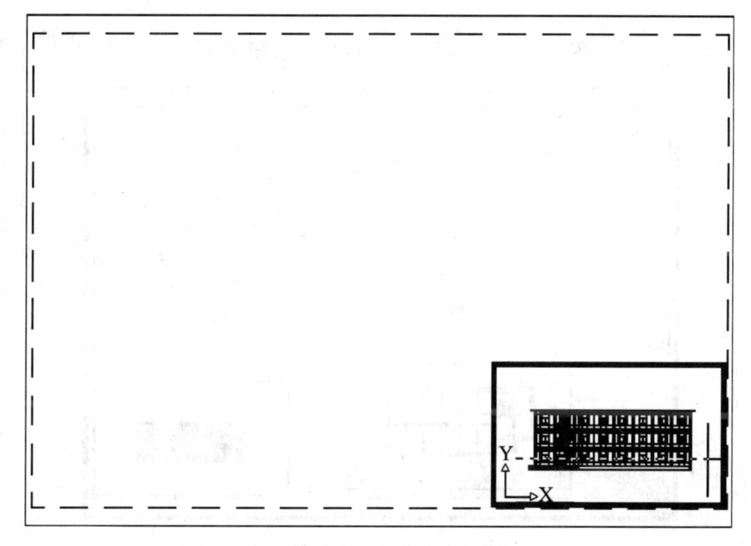

图 15-22　指定底层平面图的剖切位置

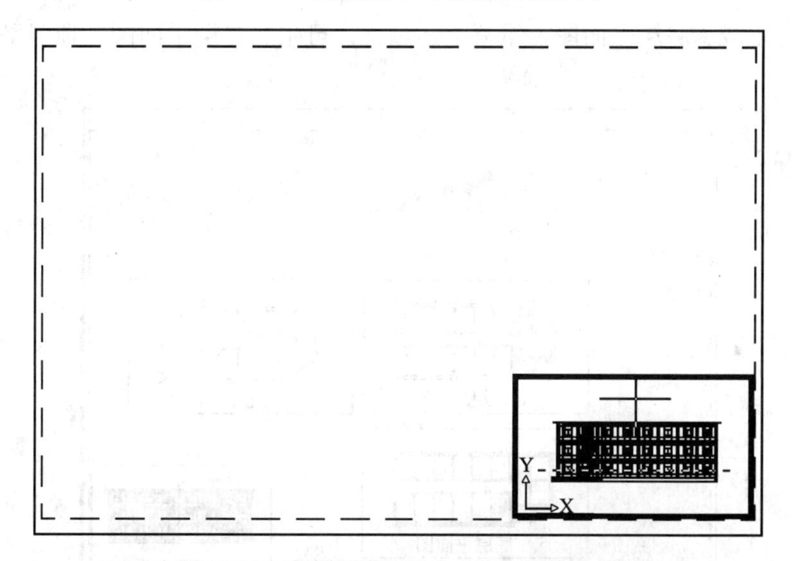

图 15-23　在剖切平面的上方指定观察位置

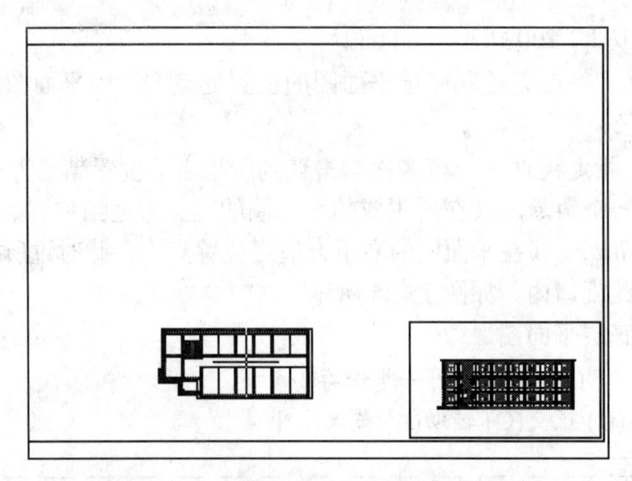

图 15-24　在视图中心处出现底层平面图

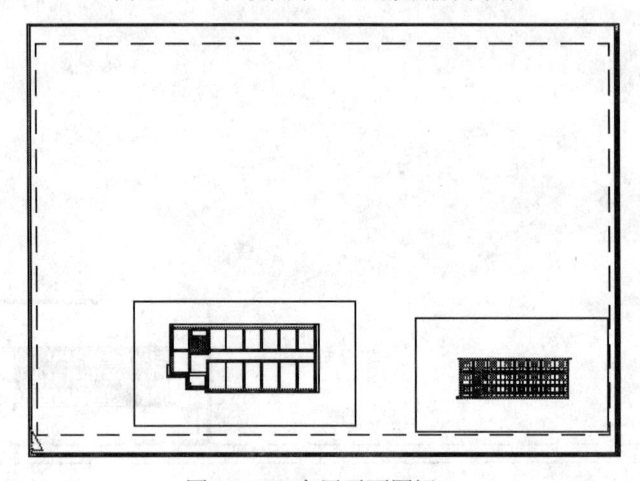

图 15-25　底层平面图视口

至此，已生成了底层平面图，重复上述过程，可生成二层平面图、顶层平面图，如图 15-26 所示。

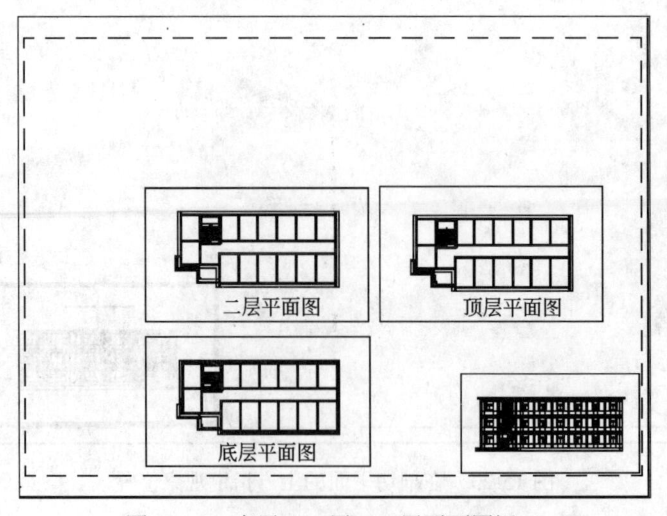

图 15-26　底层、二层、三层平面图视口

15.2.2　生成立面图

接着上述提示，操作过程如下：

输入选项 [Ucs(U)/正交(O)/辅助(A)/截面(S)]: **O**↙（输入 O 表示要绘制正交视图，立面图为正交视图）

指定视口要投影的那一侧:（平面图视口的下边为房屋的前面一侧，将光标置于平面图视口的下边中点,如图 15-27 所示，然后单击鼠标左键）

指定视口中心:（将光标移到二层平面图视口上方空白处，如图 15-28 所示，然后按下鼠标左键，主立面图立即显示在光标点击处，如图 15-29 所示）

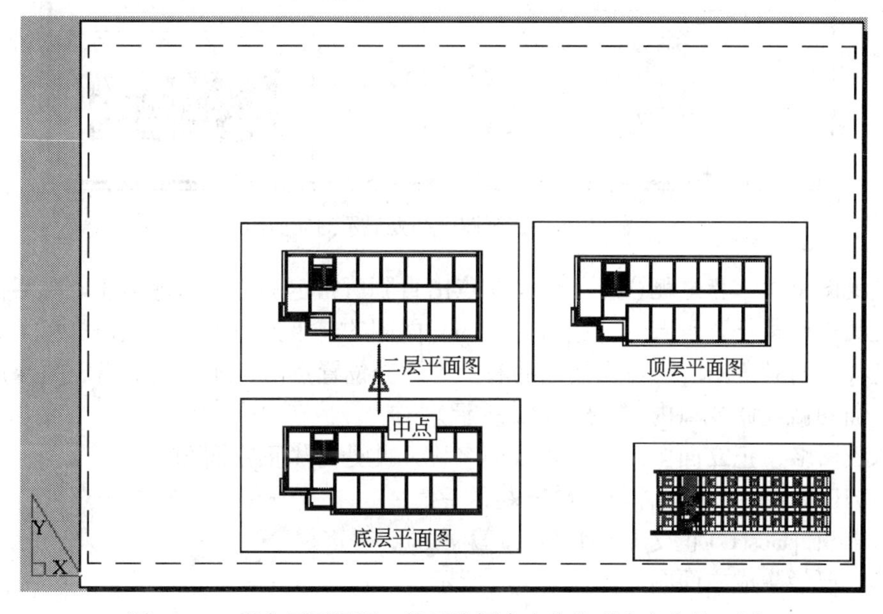

图 15-27　指定平面图视口的下边框中点作为观察方向的一侧

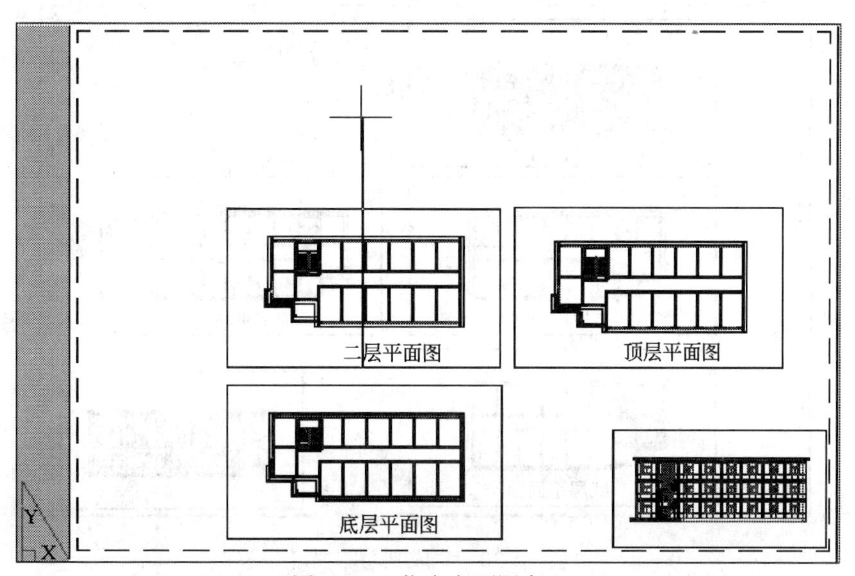

图 15-28　指定立面图中心

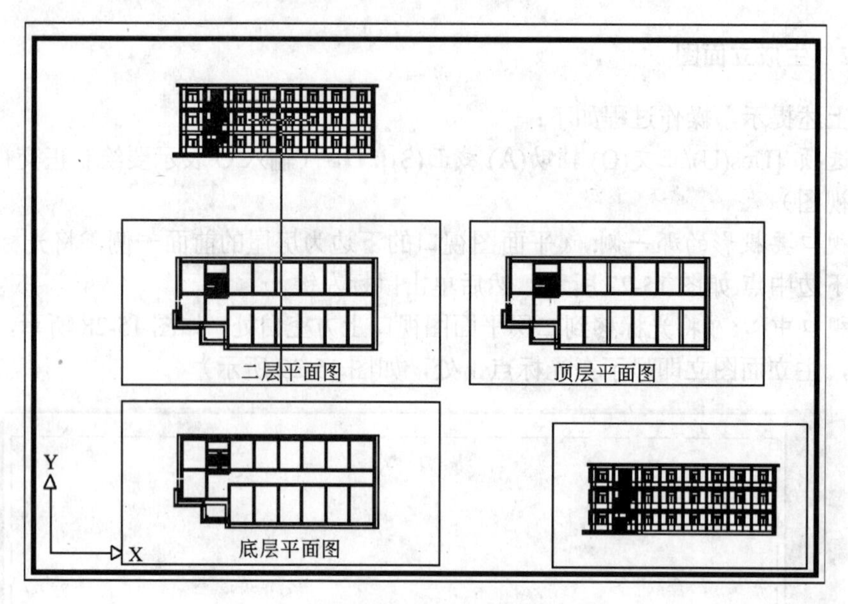

图 15-29　在视图中心处显示的立面图

指定视图中心 <指定视口>:（可多次点击直到所指定的位置满意为止，然后回车）

指定视口的第一个角点：（在所生成的立面图的左下方适当位置点击）

指定视口的对角点：（在立面图的右上方适当位置点击，此时过所指定的两点生成一视口，立面图就在此视口内,如图 15-30 所示）

输入视图名：**正立面图**↙（输入视图名称，此处为"正立面图"）

UCSVIEW = 1　UCS 将与视图一起保存

输入选项 [Ucs(U)/正交(O)/辅助(A)/截面(S)]:

至此，已经生成立面图，如图 15-30 所示。

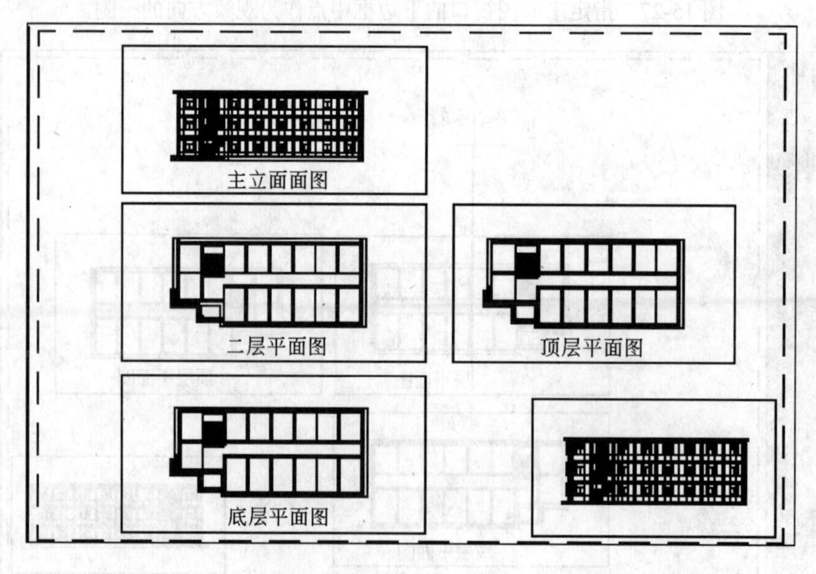

图 15-30　生成立面图视口

15.2.3　生成剖面图

生成剖面图的方法与生成平面图基本相同。只是在指定剖切平面的位置时，剖切平面要垂直于地面，且能够同时切到一个梯段和楼梯间的窗户。并向没有剖切到的梯段一侧进行投影(剖切位置在主立面图中指定)。本例中，剖切位置的第一点指定在门洞略靠右边且在屋顶上方处，第二点指定在第一点的正下方，图 15-31 中虚线所示为剖切平面的位置。观察方向指定在剖切平面的右侧（如图 15-32 中立面图右侧的十字为光标的点击位值，通过光标的点击来指定从哪一侧观察)，当提示指定视图中心位置时，将光标移到主立面图视口右侧（如图 15-33 所示）并点击鼠标左键，剖面图立即显示在光标点击处，如图 15-34 所示)，然后输入与立面相同的比例值(采用缺省值 0.005)，然后再指定剖面图视口的两个角点。生成的剖面图如图 15-35 所示。

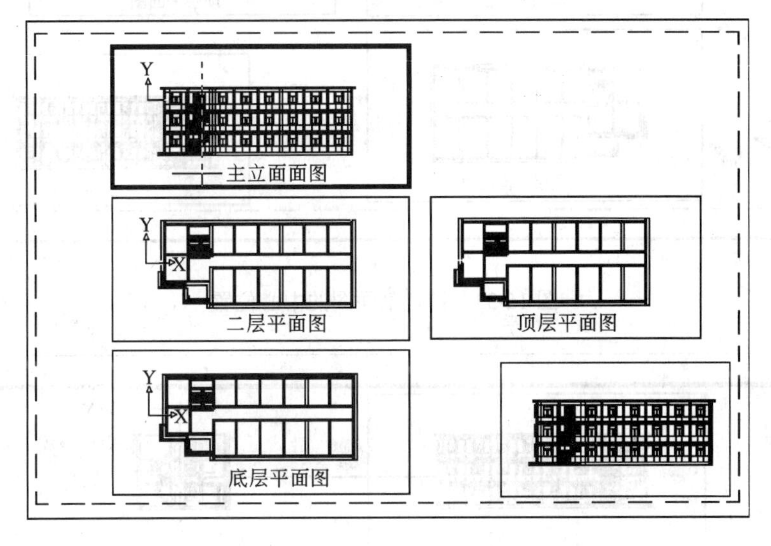

图 15-31　指定剖面图的剖切位置

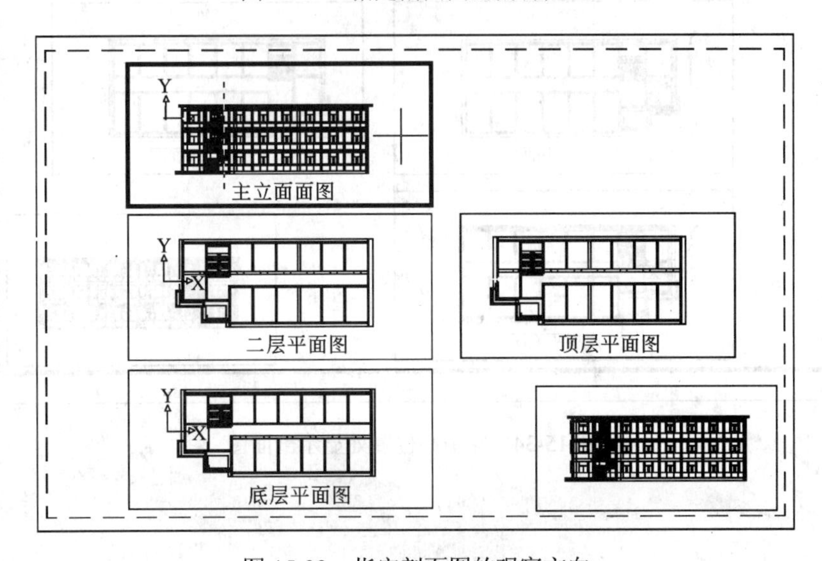

图 15-32　指定剖面图的观察方向

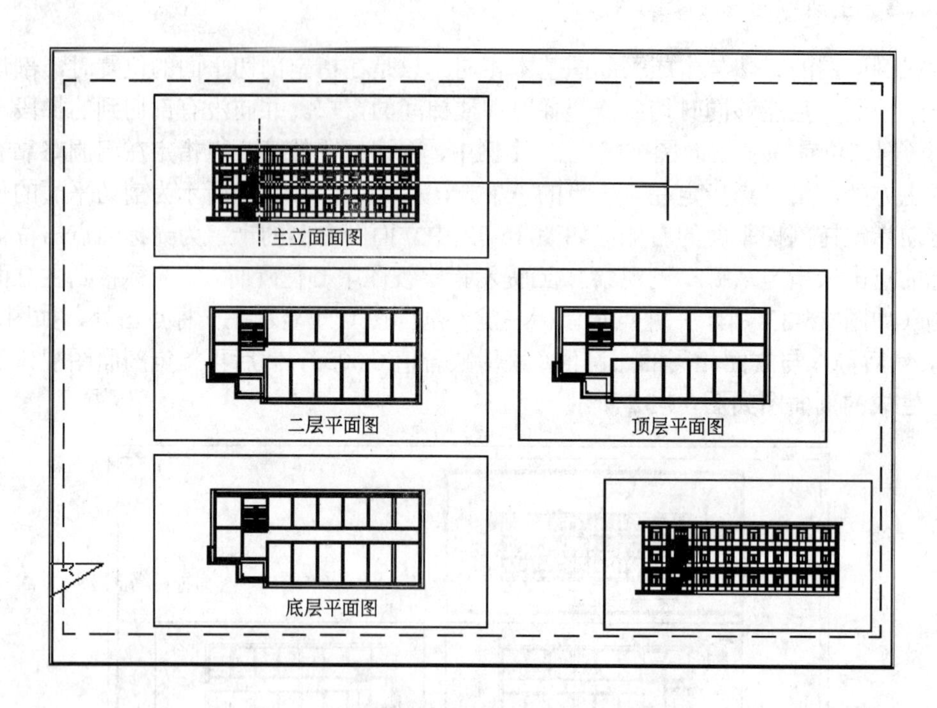

图 15-33　指定剖面图的中心位置

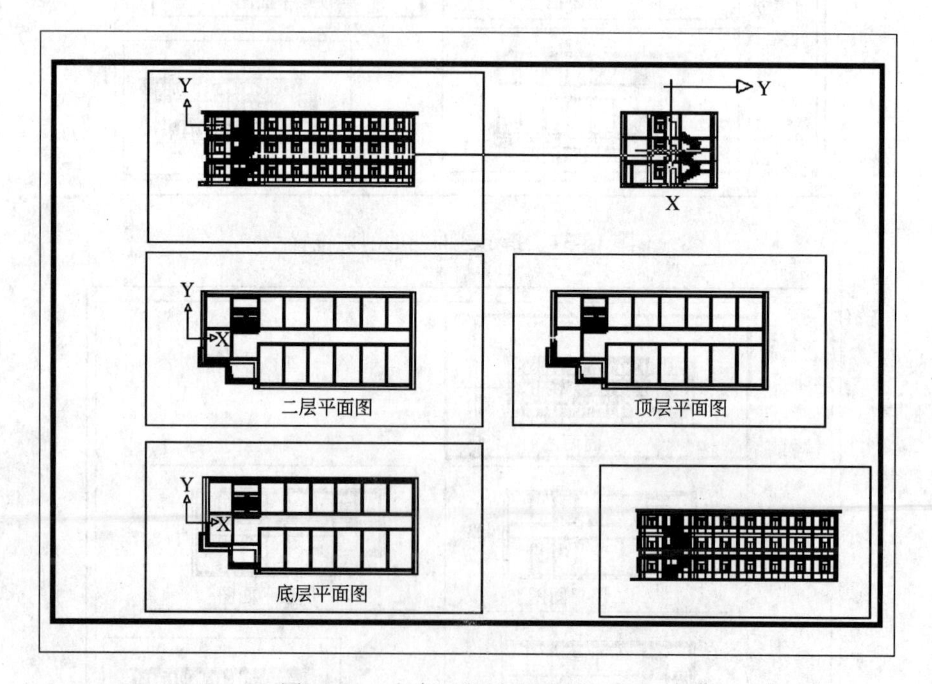

图 15-34　在中心位置处显示剖面图

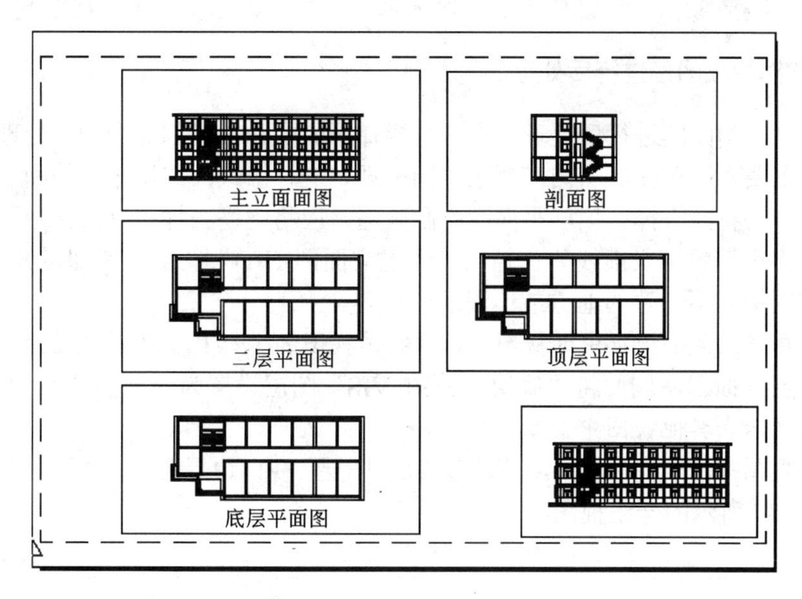

图 15-35 生成剖面图视口

15.2.4 提取视图的轮廓线

单击“实体”工具栏的“设置图形”按钮，然后拾取除右下角的视口之外的所有平面图、立面图和剖面图视口的边界并回车，系统便自动完成提取轮廓线的操作。各视图提取轮廓线后如图 15-36 所示。

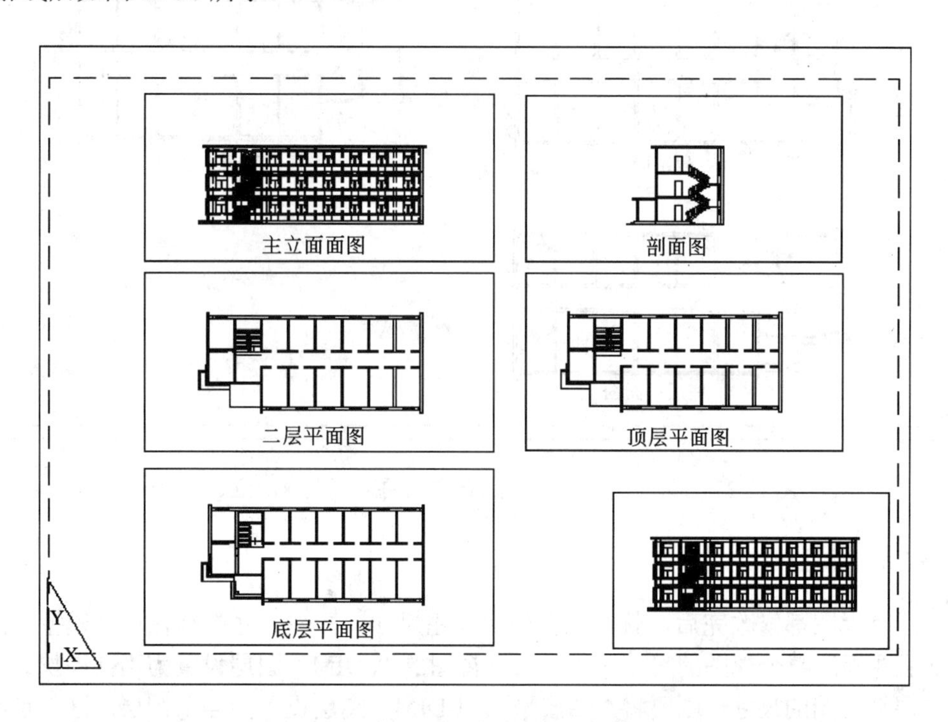

图 15-36 提取平、立、剖面图的轮廓线

15.2.5 对生成图形进行后处理

对平、立、剖面图进行后处理的方法与楼梯平面图和楼梯剖面图的后处理相同。这里需要处理的主要有：对楼梯图例需要按照国标规定进行修改；二层平面图和顶层平面图不画出花池，应将花池去掉；顶层平面图不画雨篷，应将雨篷去掉；立面图中不应显示内墙的轮廓，应将内墙轮廓（虚线）去掉（将“主立面图-HID”图层关闭即可）；以及其他一些与建筑制图标准不一致的地方或遗漏的图线等。

注意：要修改某个视口中的视图，必须将该视图的“-VIS”图层设置为当前图层（例如要修改底层平面图，则要将“底层平面图-VIS”图层设置为当前图层）；否则，添加的图线有可能显示在其他视图中。

当所有视图都修改完后，关闭“VPORTS”图层（视口边界图层），并删掉右下角视口，得到如图 15-37 所示的一组视图。

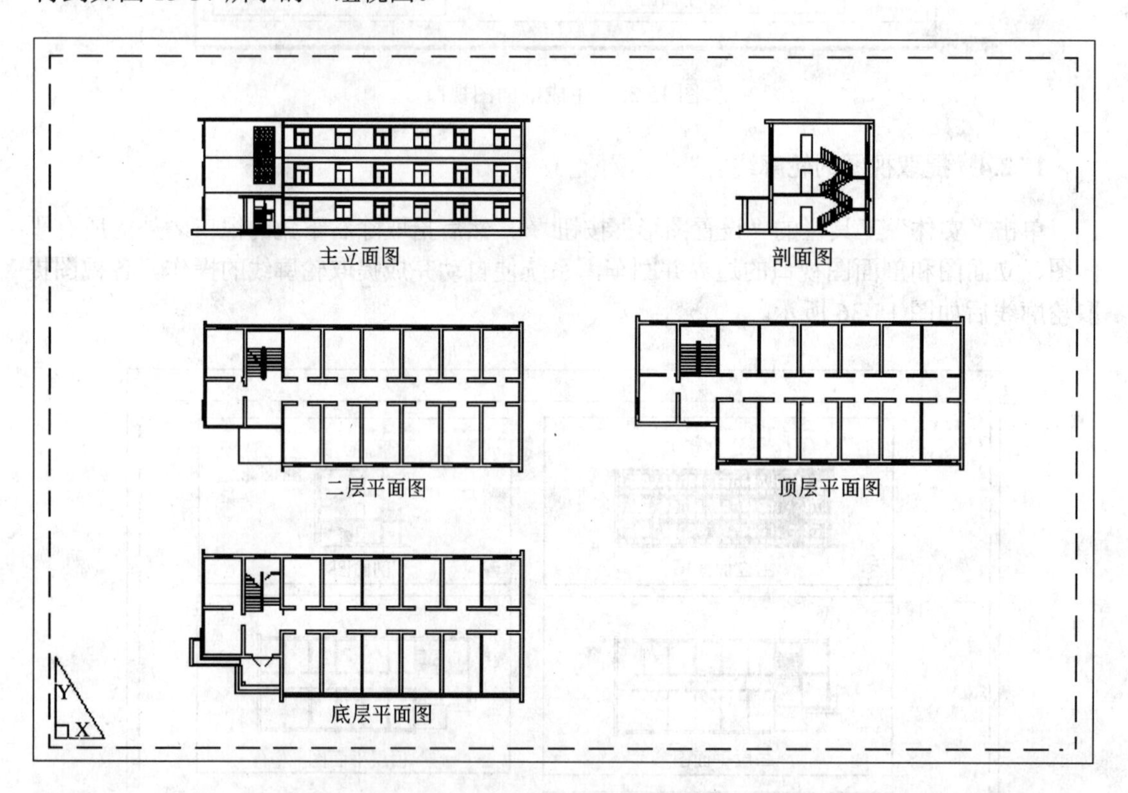

图 15-37 编辑、修改并冻结 VPORTS 图层后的平、立、剖面图

15.2.6 标注尺寸

当所有视图都修改完后，就可以在图上标注尺寸。标注尺寸必须在浮动模型空间中进行，而且要标注某个视图的尺寸，必须将该视图的“-DIM”图层设置为当前图层，例如要标注二层平面图的尺寸，则要将“二层平面图-DIM”图层设置为当前图层。这一点与修改某一视口中的图形道理相同，在浮动模型空间中标注尺寸与在模型空间中标注二维图形的尺寸是完全相同的。但在设置尺寸样式时，主单位中的比例因子不必取绘图比例的倒数。

图 15-38 是用三维模型生成的平、立、剖面图，其中的底层平面图中注出了外部尺寸，立面图中标注了标高（因地方太小，为清晰起见，其他地方未注尺寸）。

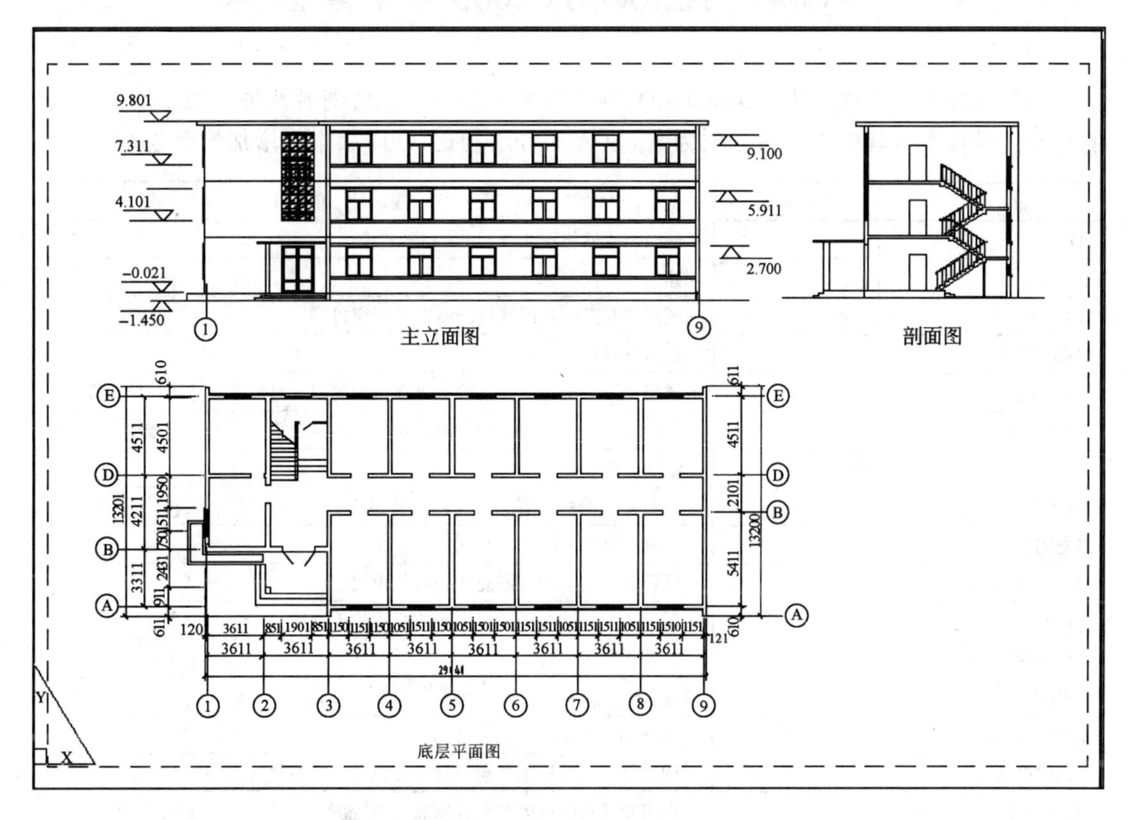

图 15-38　在生成的视图中注尺寸

说明：本节所举例子是将平、立、剖面图绘制在一张图纸上，建筑设计制图中，常常需要将平、立、剖面图分别绘制在不同的图纸上，比如一张图纸上可能只绘制一个或两个视图。用三维模型生成一个或两个视图或更多的视图其方法都是一样的。每绘制一张图纸，就打开一次三维模型，然后按前面的方法生成所需要的视图。

附录 AutoCAD 2005 命令集

本附录按字母顺序列出了 AutoCAD 2005 的所有命令、命令别名及每一命令所能实现的功能，供参考（其中带 * 符号的为 AutoCAD 2005 相比 2004 版本新增加的命令）。

命　令	命令别名	实 现 功 能
3D		绘制三维网格面
3DARRAY	3A	建立三维阵列
3DCLIP		调用交互三维视图并打开裁剪平面窗口
3DCONFIG		启用三维配置定制
3DCORBIT		调用交互三维视图并可将三维视图中的图形对象设置为可连续运动
3DDISTANCE		调用交互三维视图并使得图形对象在显示效果上显得更近或更远
3DFACE	3F	绘制三维表面
3DMESH		绘制三维网格表面
3DORBIT	3DO	控制三维对象的交互视图
3DORBITCTR		设置交互式三维视图旋转中心的位置
3DPAN		调用交互三维视图并可水平或垂直拖动视图
3DPOLY		绘制三维多段线
3DSIN		导入 3D Studio 格式的文件
3DSOUT		输出 3D Studio 格式的文件
3DSWTVEL		调用交互三维视图并模拟转动相机的视觉效果
3DZOOM		调用交互三维视图并允许缩放三维视图
ABOUT		显示 AutoCAD 的版本信息
ACISIN		导入一个 ACIS 文件
ACISOUT		输出一个 ACIS 文件
ADCCLOSE		关闭 AutoCAD 设计中心
ADCENTER	ADC	打开 AutoCAD 设计中心
ADCNAVIGATE		将 AutoCAD 设计中心的桌面指向文件名、目录位置或用户指定的新路径
ALIGN	AL	移动和旋转对象
AMECONVERT		转换 AME 对象为 AutoCAD 对象
APERTURE		控制对象捕捉目标框的尺寸
APPLOAD	AP	加载或卸载应用程序并决定启动 AutoCAD 2004 时加载哪些应用程序
ARC	A	绘制圆弧
ARCHIVE *		将当前要存档的图纸集文件打包
AREA	AA	计算一个对象或封闭区域的面积和周长
ARRAY	AR	建立图形阵列
ARX		加载或卸载 ARX 应用程序
ASSIST		打开“实时助手”窗口
ASSISTCLOSE *		关闭“快捷帮助”和“信息”选项板
ATTACHURL		附着超级连接

续表

命　令	命令别名	实 现 功 能
ATTDEF	ATT, DDATTDEF	设置属性定义(对话框方式)
－ATTDEF	－ATT	设置属性定义(命令行方式)
ATTDISP		控制属性的显示
ATTEDIT	ATE	编辑属性(对话框方式)
－ATTEDIT	－ATE, ATTE	编辑属性(命令行方式)
ATTEXT	DDATTEXT	提取属性数据
ATTREDEF		重新定义块并更新其属性
ATTSYNC		通过使用定义给块的当前属性,更新指定块的所有引用
AUDIT		检查和恢复损坏的图形数据
BACKGROUND		设置背景
BASE		为当前图形文件设置插入基点
BATTMAN		编辑块定义的属性特性
BHATCH	H, BH	对一个封闭区域进行图案填充
BLIPMODE		控制光标伴随标记的显示
BLOCK	B	定义图块(对话框方式)
－BLOCK	－B	定义图块(命令行方式)
BLOCKICON		为用 R14 以前版本定义的图块生成预览图像
BMPOUT		将被选择对象保存为 BMP 格式的图像文件
BOUNDARY	BO	设置一个封闭的多边形区域(对话框方式)
－BOUNDARY	－BO	设置一个封闭的多边形区域(命令行方式)
BOX		绘制长方体
BREAK	BR	将一个图形对象的一部分擦去或把一个图形对象一分为二
BROWSER		启动缺省的 Web 浏览器
CAL		提供在线计算功能
CAMERA		设置不同的相机及目标点
CHAMFER	CHA	对图形对象进行倒角处理
CHANGE	－CH	修改对象的特性
CHECKSTANDARDS		检查当前图形违反标准的情况
CHPROP		修改指定对象的颜色、图层、线型、线型比例因子、线宽、厚度、出图样式等特性
CIRCLE	C	绘制圆
CLOSE		关闭当前图形
CLOSEALL		关闭当前所有打开的图形
COLOR	COL, COLOUR, DDCOLOR	设置颜色
COMPILE		编译形文件或 PostScript 字体文件
CONE		绘制三维圆锥体
CONVERT		优化 AutoCAD R13 及其以前版本创建的二维多段线和关联图案填充
CONVERTCTB		将颜色相关的打印样式表 (CTB) 转换为命名打印样式表 (STB)

续表

命　令	命令别名	实 现 功 能
CONVERTPSTYLES		将当前图形转换为命名或颜色相关打印样式
COPY	CO, CP	复制对象
COPYBASE		复制带有指定基点的对象
COPYCLIP		复制对象至剪贴板中
COPYHIST		复制命令行上的内容至剪贴板中
COPYLINK		复制当前视图至剪贴板中,用于连接其他 OLE 应用程序
CUSTOMIZE		自定义工具栏、按钮和快捷键
CUTCLIP		复制对象至剪贴板中并从当前图形中将其删除
CYLINDER		创建一个圆柱体
DBCCLOSE		关闭数据库连接管理器
DBCONNECT	AAD, AEX, ALI, ASQ, ARO, ASE, DBC	连接外部数据库
DBLCLKEDIT		为外部数据库提供 AutoCAD 接口
DBLIST		列出图形数据库中的信息
DDEDIT	ED	编辑文本和属性定义
DDPTYPE		指定点的显示模式和尺寸
DDVPOINT	VP	设置三维观察方向
DELAY		在脚本文件中设置延时时间
DETACHURL		移去超级链接
DIM 和 DIM1		进入尺寸标注方式
DIMALIGNED	DAL, DIMALI	标注两点校准型线性尺寸
DIMANGULAR	DAN, DIMANG	标注角度尺寸
DIMBASELINE	DBA, DIMBASE	标注基准尺寸
DIMCENTER	DCE	标注圆心标记或者圆及圆弧的中心线
DIMCONTINUE	DCO, DIMCONT	标注连续的线性、角度和纵坐标尺寸
DIMDIAMETER	DDI, DIMDIA	标注直径尺寸
DIMDISASSOCIATE		删除指定尺寸标注的关联性
DIMEDIT	DED, DIMED	编辑尺寸
DIMLINEAR	DLI, DIMLIN	标注线性尺寸
DIMORDINATE	DOR, DIMORD	标注纵坐标尺寸
DIMOVERRIDE	DOV, DIMOVER	忽略尺寸系统变量
DIMRADIUS	DRA, DIMRAD	标注半径尺寸
DIMREASSOCIATE		将选定标注与几何对象相关联
DIMREGEN		更新所有关联标注
DIMSTYLE	D, DDIM, DST, DIMSTY	设置及修改尺寸标注样式
DIMTEDIT	DIMTED	移动或旋转尺寸文本
DIST	DI	测量两点间的距离与角度
DIVIDE	DIV	按用户指定的数目等分图形对象,并且放置一个标记号或者将用户指定的块插入在等分点上

续表

命　令	命令别名	实 现 功 能
DOUNT	DO	绘制一个填充的圆或环
DRAGMODE		控制使用拖动方式
DRAWORDER	DR	修改图形的显示顺序
DSETTINGS	DS, DDRMODES, RM, SE	具体设定捕捉、夹点以及极轴和对象捕捉跟踪的方式
DSVIEWER	AV	打开鹰眼观察视窗
DVIEW	DV	定义平行投影或透视投影观察方式
DWGPROPS		设置和显示当前图形特性
DXBIN		导入 DXB 格式的二进制文件
EATTEDIT		在块参照中编辑属性
EATTEXT		将块属性信息输出至外部文件
EDGE		修改三维网格面中边的可见性
EDGESURF		绘制三维网格面
ELEV		设置对象的高度与厚度
ELLIPSE	EL	绘制椭圆或椭圆弧
ERASE	E	从当前图形中删除指定的图形对象
ETRANSMIT		创建一个图形及其相关文件的传递集
EXPLODE	X	将一个图形块或多段线、图案填充分解为分离的图形对象
EXPORT	EXP	将图形对象保存为其他格式的文件
EXTEND	EX	延伸对象
EXTRUDE	EXT	拉伸一个二维对象为三维实体
FIELD *		创建具有字段的多行文字对象，该对象可随字段值更改而自动更新
FILL		控制对象的填充处理
FILLET	F	倒圆角
FILTER	FI	基于对象特性建立一个选择集
FIND		查找、替换选定的文本
FOG		提供远距离对象视觉显示上的雾化效果
GOTOURL		创建 URL 链接
GRAPHSCR		将文本屏幕切换为图形屏幕
GRID		控制栅格显示
GROUP	G	建立并命名选择集(对话框方式)
-GROUP	-G	建立并命名选择集(命令行方式)
HATCH	-H	使用指定的图案填充一个封闭区域
HATCHEDIT	HE	修改已经填充的图案
HELP(F1)		显示在线帮助信息
HIDE	HI	隐藏三维对象的不可见轮廓线
HLSETTINGS		设置隐藏线的显示属性
HYPERLINK		附着超链接到图形对象或修改已存在的超链接
HYPERLINKOPTIONS		控制超链接光标的可见性及超链接标识的显示
ID		显示用户指定点的坐标值
IMAGE	IM	管理图像(对话框方式)

续表

命　　令	命令别名	实　现　功　能
- IMAGE	- IM	管理图像(命令行方式)
IMAGEADJUST	IAD	调整在当前图形中插入的图像文件的亮度、对比度和浓淡
IMAGEATTACH	IAT	在当前图形中附着新的图像
IMAGECLIP	ICL	对一个图像对象创建新的裁剪边界
IMAGEFRAME		控制图像帧的显示
IMAGEQUALITY		控制图像在屏幕上的显示质量
IMPORT	IMP	将不同格式的文件导入当前图形中
INSERT	DDINSER, I	将用户指定的图形块插入到当前图形中(对话框方式)
- INSERT	- I	将用户指定的图形块插入到当前图形中(命令行方式)
INSERTOBJ	IO	插入连接或者嵌入对象
INTERFERE	INF	求并运算
INTERSECT	IN	求交运算
ISOPLANE		指定当前的等轴测平面
JPGOUT		保存为 JPG 格式图像文件
JUSTIFYTEXT		修改选定文字对象的对齐方式而不改变其位置
LAYER	DDLMODE, LA	管理图层(对话框方式)
- LAYER	- LA	管理图层(命令行方式)
LAYERP		放弃对图层设置所做的上一个或一组修改
LAYERPMODE		打开或关闭对图层设置所做的修改追踪
LAYOUT	LO	生成一个新的布局和更名、复制、存储或删除一个已存在的布局
LAYOUTWIZARD		启动布局向导,在此环境下可为一个新的布局分页和进行出图设定
LAYTRANS		将图形的图层修改为指定的图层标准
LEADER	LEAD	标注旁注尺寸
LENGTHEN	LEN	延长对象
LIGHT		设置及修改光源
LIMITS		设置图形的绘图范围
LINE	L	绘制直线
LINETYPE	LT, LTYPE, DDLTYPE	设置线型(对话框方式)
- LINETYPE	- LT, - LTYPE	设置线型(命令行方式)
LIST	LI, LS	列表显示指定对象的图形数据
LOAD		装入由 SHAPE 命令定义的形
LOGFILEOFF		关闭逻辑文件
LOGFILEON		打开逻辑文件。逻辑文件用于记录用户的操作,所记录的内容为命令提示区中显示的所有文字
LSEDIT		编辑配景对象
LSLIB		维护配景对象库
LSNEW		向图形中添加具有真实感的配景项目,例如树和灌木丛
LTSCALE	LTS	设置线型比例因子
LWEIGHT	LW, LINEWEIGHT	设定当前线宽、线宽显示选项和线宽的单位

续表

命　令	命令别名	实 现 功 能
MARKUP *		显示标记详细信息并允许更改其状态
MARKUPCLOSE *		关闭"标记集管理器"
MASSPROP		计算并显示用户指定对象的质量特性
MATCHCELL *		将选定表格单元的特性应用到其他表格单元
MATCHPROP	MA	复制对象特性
MATLIB		使用对象材质库
MEASURE	ME	测量用户指定的对象并放置标识点或图块
MENU		装入菜单文件
MENULOAD		装入部分菜单文件
MENUUNLOAD		卸载部分菜单文件
MINSERT		多重块插入
MIRROR	MI	镜象复制指定的对象
MIRROR3D		镜象复制三维对象
MLEDIT		编辑多线
MLINE	ML	绘制多线
MLSTYLE		定义多线样式
MODEL		从布局方式切换到模型方式并将其设置为当前
MOVE	M	移动指定的图形对象
MREDO		启用多次撤销前面的 UNDO 或 U 命令
MSLIDE		创建幻灯片文件
MSPACE	MS	从图纸空间切换到模型空间
MTEXT	T, MT	绘制多行文本(对话框方式)
-MTEXT	-T	绘制多行文本(命令行方式)
MULTIPLE		在脚本文件中重复下一行命令
MVIEW	MV	设置浮动视口
MVSETUP		设置图纸空间
NETLOAD *		加载 .NET 应用程序
NEW		建立新的图形文件
NEWSHEETSET *		创建新图纸集
OFFSET	O	使用偏移的方法复制对象
OLELINKS		修改 OLE 链接对象
OLESCALE		显示 OLE 特性对话框
OOPS		恢复被删除的对象
OPEN		打开一个已经存在的图形文件
OPENDWFMARKUP *		打开包含标记的 DWF 文件
OPENSHEETSET *		打开选定的图纸集
OPTIONS	DDGRIPS, GR, OP, PR	定制 AutoCAD 设置
ORTHO		控制使用正交方式
OSNAP	DDOSNAP, OS	设置对象捕捉方式(对话框方式)
-OSNAP	-OS	设置对象捕捉方式(命令行方式)

续表

命　令	命令别名	实 现 功 能
PAGESETUP		指定布局页、绘图设备、图纸尺寸并设定新的布局
PAN	P	平移当前视口(对话框方式)
-PAN	-P	平移当前视口(命令行方式)
PARTIALOAD		将附加几何图元调入部分打开的图形文件
PARTIALOPEN		从指定的视图或图层中调用几何图元到图形文件
PASTEBLOCK		粘贴图块到一个新的图形文件中
PASTECLIP		将 Windows 剪贴板中的内容粘贴至当前图形
PASTEORIG		在使用原图坐标的新图中粘贴一个复制的对象
PASTESPEC	PA	将 Windows 剪贴板中的内容粘贴至当前图形,并控制数据的格式
PCINWIZARD		显示输入 PCP 和 PC2 配置文件出图设置到模型页或当前布局页向导
PEDIT	PE	编辑多段线及三维多边形网格面
PFACE		绘制一个 M×N 的三维多边形网格面
PLAN		显示当前用户坐标系的平面视图
PLINE	PL	绘制二维多段线
PLOT	PRINT	把图形输出到绘图设备或文件中
PLOTSTAMP		在每一个图形的指定角放置打印戳记并将其记录到文件中
PLOTSTYLE		为新的图形对象设置当前出图样式或为选定的图形对象指定已定义的出图样式
PLOTTERMANAGER		显示出图管理器,在此环境下可启动附加出图向导和出图配置编辑器
POINT	PO	绘制点
POLYGON	POL	绘制正多边形
PREVIEW	PRE	图形预览
PROPERTIES	CH, DDCHPROP, DDMODIFY, MO, PROPS	控制已有图形对象的特性
PROPERTIESCLOSE	PRCLOSE	关闭对象特性窗口
PSETUPIN		将用户定义的页面设置赋给新的图形布局
PSPACE	PS	从模型空间切换到图纸空间
PUBLISH		创建并发布 DWF 文件
PUBLISHTOWEB		创建包括选定图形之图像的 HTML 页面
PURGE	PU	清除当前图形中无用的命名对象,如块定义、图层等
QDIM		快速标注尺寸
QLEADER	LE	快速标注引出线及引出线说明
QNEW		快速新建图形文件
QSAVE		快速保存当前图形
QSELECT		快速生成基于过滤的选择集
QTEXT		控制使用快速文本方式
QUIT	EXIT	退出 AutoCAD
RAY		绘制射线
RECOVER		修复损坏的图形文件

续表

命　　令	命令别名	实　现　功　能
RECTANG	REC	绘制矩形
REDEFINE		恢复 AutoCAD 的内部命令
REDO		恢复 UNDO 或 U 命令执行前的结果
REDRAW	R	重新绘制当前视口中的图形
REDRAWALL	RA	重新绘制当前所有视口中的图形
REFCLOSE		结束在线参照编辑
REFEDIT		选择欲在线编辑的外部参照
REFSET		在在线编辑过程中添加或删除对象
REGEN	RE	重新生成当前视口中的图形
REGENALL	REA	重新生成当前所有视口中的图形
REGENAUTO		控制是否重新生成图形
REGION	REG	建立面域
REINIT		重新初始化 I/O(输入/输出)端口及程序参数文件 ACAD.PGP
RENAME	REN	更改对象名称(对话框方式)
-RENAME	-REN	更改对象名称(命令行方式)
RENDER	RR	对三维表面或实体模型进行渲染
RENDSCR		重新显示上次的渲染结果
REPLAY		重新显示 GIF、TGA、TIFF 图像文件
RESUME		让中断的脚本文件继续执行
RETURNLICENSE		
REVOLVE	REV	使用旋转的方法基于一个二维对象来绘制一个三维实体
REVSURF		绘制旋转表面
RMAT		管理渲染材质
RMLIN		将来自 RML 文件的标记插入图形
ROTATE	RO	旋转对象
ROTATE3D		使用三维方式旋转对象
RPREF	RPR	渲染优先选项设置
RSCRIPT		在脚本文件中指示再次执行脚本文件
RULESURF		绘制一个规则表面
SAVE		保存当前图形
SAVEAS		使用用户指定的文件名称保存当前图形
SAVEIMG		保存渲染的图像至一个文件中
SCALE	SC	缩放对象
SCALETEXT		放大或缩小文字对象，而不改变它们的位置
SCENE		在模型空间管理渲染场景
SCRIPT	SCR	执行脚本文件
SECTION	SEC	对三维实体做断面
SECURITYOPTIONS		设置密码保护
SELECT		设置一个对象选择集
SETIDROPHANDLER		指定 i-drop 类型
SETUV		在实体上贴材质图

续表

命　　令	命令别名	实　现　功　能
SETVAR	SET	设置系统变量
SHADEMODE		在当前视口中对对象作阴影处理
SHAPE		插入一个形
SHEETSET *		打开“图纸集管理器”
SHEETSETHIDE *		关闭“图纸集管理器”
SHELL		执行 DOS 命令
SHOWMAT		显示所选对象的当前材质及材质的赋予方法
SIGVALIDATE		显示签名信息
SKETCH		绘制草图
SLICE	SL	对三维实体做剖切
SNAP	SN	控制使用捕捉方式
SOLDRAW		控制显示由 AME 转换的实体
SOLID	SO	绘制实心多边形
SOLIDEDIT		编辑三维对象的面和边
SOLPROF		绘制三维实体的轮廓线
SOLVIEW		建立 AME 实体的浮动视口
SPACETRANS		在模型空间和图纸空间之间转换长度值
SPELL	SP	控制使用拼写检查功能
SPHERE		绘制球体
SPLINE	SPL	绘制样条曲线
SPLINEDIT	SPE	编辑样条曲线
STANDARDS		管理标准文件与 AutoCAD 图形之间的关联性
STATS		统计渲染信息
STATUS		报告系统当前的绘图界限、内存、磁盘容量、工作方式等状态
STLOUT		以 ASCII 码文件或二进制文件格式存储实体
STRETCH	S	拉伸指定的图形对象
STYLE	ST	设置文字样式
STYLESMANAGER		显示出图样式管理器
SUBTRACT	SU	执行布尔“差”运算
SYSWINDOWS		排列视窗
TABLE *		在图形中创建空表格对象
TABLEDIT *		在表格单元中编辑文本
TABLEEXPORT *		以 CSV 文件格式从表格对象中导出数据
TABLESTYLE *		定义新表格样式
TABLET	TA	控制使用数字化仪
TABSURF		按一条路径曲线和方向矢量绘制板条表面
TEXT		绘制单行文本
TEXTSCR		切换到文本屏幕
TEXTTOFRONT *		将文本和标注置于图形中所有其他对象之前
TILEMODE	TI, TM	图纸空间和模型空间切换

续表

命　令	命令别名	实 现 功 能
TIFOUT		保存为 TIFF 格式文件
TIME		显示图形建立的日期与时间
TOLERANCE	TOL	设置几何公差
TOOLBAR	TO	控制使用工具栏
TOOLPALETTES		打开工具控制面板
TOOLPALETTESCLOSE		关闭工具控制面板
TORUS	TOR	绘制圆环体
TRACE		绘制轨迹线
TRANSPARENCY		控制图像是否透明
TRAYSETTINGS		控制图标显示和注释
TREESTAT		显示图形的当前空间索引信息
TRIM	TR	修剪图形
U		回退一步操作
UCS		管理用户坐标系
UCSICON		控制用户坐标系图标的显示
UCSMAN		管理用户定义的坐标系
UNDEFINE		覆盖 AutoCAD 的内部命令
UNDO		撤消一步操作
UNION	UNI	执行布尔"并"运算
UNITS	UN, DDUNITS	设置绘图单位(对话框方式)
- UNITS	- UN	设置绘图单位(命令行方式)
UPDATEFIELD *		手动更新图形中选定对象的字段
UPDATETHUMBSNOW *		在"图纸集管理器"中手动更新图纸的缩微预览、图纸视图和模型空间视图
VBAIDE		激活 Visual Basic 编辑器
VBALOAD		加载一个全局的 VBA 工程到当前的 AutoCAD 任务
VBAMAN		加载、卸载、存储、生成、嵌入及提取 VBA 工程
VBARUN		运行一个 VBA 宏
VBASTMT		在 AutoCAD 命令行执行一个 VBA 语句
VBAUNLOAD		卸载一个全局的 VBA 工程
VIEW	V, DDVIEW	控制使用视图(对话框方式)
- VIEW	- V	控制使用视图(命令行方式)
VIEWPLOTDETAILS		
VIEWRES		在当前视口中设置对象的分辨率
VLISP		激活 Visual LISP 交互开发环境
VPCLIP		裁剪视口对象
VPLAYER		设置视口中图层的可见性
VPMAX *		展开当前布局视口以进行编辑
VPMIN *		恢复当前布局视口
VPOINT	- VP	设置三维观察点
VPORTS		在当前视口中划分视口

续表

命　　令	命令别名	实 现 功 能
VSLIDE		在当前视口中显示幻灯片
WBLOCK	W	将块写入一个图形文件(对话框方式)
-WBLOCK	-W	将块写入一个图形文件(命令行方式)
WEDGE	WE	沿 X 轴绘制一个三维楔形实体
WHOHAS		显示已打开图形文件的所有者信息
WIPEOUT		创建封闭多边形
WMFIN		导入 Windows 图元文件
WMFOPTS		设置 WMFIN 命令的选项
WMFOUT		把对象保存成一个 Windows 图元文件
XATTACH	XA	附加外部参照至当前图形中
XBIND	XB	把外部参照绑定图形文件(对话框方式)
-XBIND	-XB	把外部参照绑定图形文件(命令行方式)
XCLIP	XC	定义外部参照和块的剪切边界
XLINE	XL	绘制构造线
XOPEN		打开外部参照
XPLODE		分解组合对象
XREF	XR	控制引用外部参照(对话框方式)
-XREF	-XR	控制引用外部参照(命令行方式)
ZOOM	Z	控制当前视口中对象的外观尺寸

参 考 文 献

1 郭朝勇等 .AutoCAD2004 中文版建筑应用实例教程 . 北京:清华大学出版社,2004
2 《房屋建筑制图统一标准》(GB/T 50001—2001)
3 《总图制图标准》(GB/T 50103—2001)
4 《建筑制图标准》(GB/T 50104—2001)
5 《建筑结构制图标准》(GB/T 50105—2001)